대학수학 I

민경진 지음

KM 경문사

대학 수학 I

저자 **민경진**

KM 경문사

Preface

머리말

비탈면에 속이 꽉 찬 공과 속이 비어있는 공을 동시에 굴리면 어느 것이 먼저 땅에 닿을까? 떨어지는 물체에 대한 아리스토텔레스의 고민과 갈릴레이의 아이디어, 그리고 뉴턴의 설명까지 인류는 많은 자연 현상을 설명하기 위해 노력해 왔다. 여전히 풀지 못하고 있는 자연과 우주의 많은 일이 미분과 적분이라는 수학 이론에 의해 해결될 수 있다면 하는 작은 바람을 가져봄 직하다.

이 책은 대학의 이공계 학생을 대상으로 하여 전공 강의에 꼭 필요한 기초적인 내용과 미분적분학의 응용까지 반드시 알고 있어야 하는 내용을 충실히 담고 있다. 특히 공과계열에서 제시하는 이론을 응용할 수 있는 능력을 달성하기 위하여 꼭 필요한 부분만을 엄선하여 제공하였다. 수학적 엄밀한 증명은 싣지 않았지만 많은 예제를 통하여 그 내용을 충분히 이해할 수 있도록 하였다.

이공계 학생 중에서 고등학교에서 수2까지 학습하였거나 혹은 대학에서 기초 수학을 학습한 학생이라면 부담 없이 본 내용을 이해할 수 있을 것이다. 그렇지 못한 경우 상대적으로 힘들게 느껴질 수 있을 것이다. 하지만 이 책에서 제시하는 많은 양의 예제와 연습문제를 충실히 해결하다 보면 부족한 부분이 채워지리라 생각한다.

비록 대학 수학이라는 이름의 책이지만, 단순한 수학책이 아닌 수학 및 자연과학 그리고 공학을 공부하는 많은 분에게 미분과 적분에 대한 지식을 잘 전달할 수 있고, 도움을 줄 수 있는 좋은 책을 만들려고 최선의 노력과 심혈을 기울였다. 그럼에도 불구하고 부족한 부분이 많다고 생각한다. 이 책을 읽으시는 여러분에게 도움이 되길 바란다.

마지막으로 이 책의 완성을 위해 애써주신 도서출판 경문사 가족 여러분께 감사를 드린다.

2023년 1월
저자 씀

Contents

차 례

대·학·수·학

CHAPTER 1

함수의 극한과 도함수

1. 함수의 극한과 계산
2. 함수의 연속과 성질
3. 변화율 문제
4. 도함수와 미분가능

1. 함수의 극한과 계산

이 절에서는 곡선의 접선이나 물체의 속도를 어떻게 구할 수 있는지 생각해보고, 이를 통하여 극한의 개념과 계산 방법에 대하여 알아본다.

곡선 C 위에 있는 고정점 점 P와 P와 다른 점 Q를 임의로 택하자. 점 Q가 곡선 C를 따라 점 P에 접근할 때, 직선 PQ가 하나의 직선 t에 접근하면 직선 t를 점 P에서 곡선 C의 **접선**(tangent line)이라 한다.

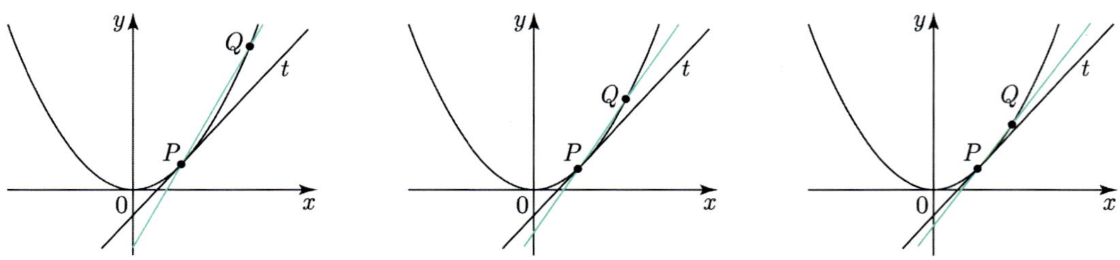

Q가 오른쪽에서 P에 접근

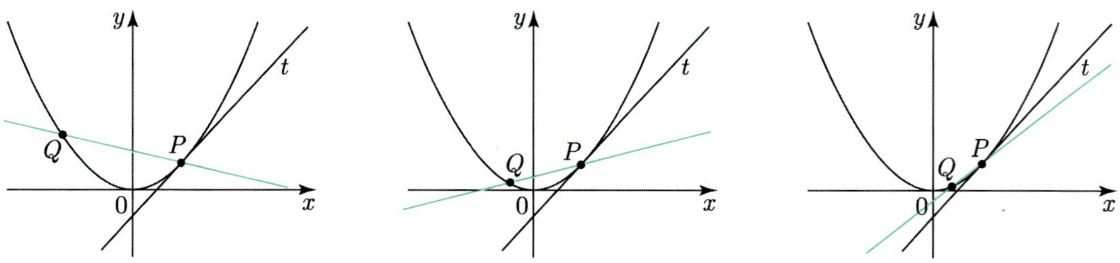

Q가 왼쪽에서 P에 접근

〈그림 1.1〉 접선

예제 1.1 곡선 $y = x^2$ 위의 점 $P(1,\ 1)$에서 접선의 방정식을 구하여라.

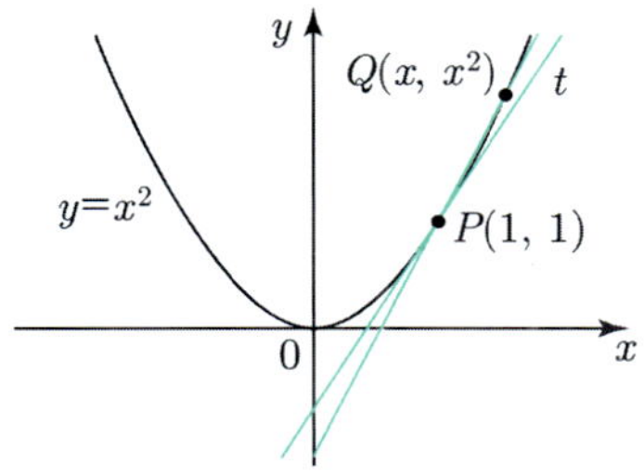

〈그림 1.2〉 접선

풀이

그림 1.2와 같이 점 $Q(x,\ x^2)$을 택하면 직선 PQ의 기울기는

$$m_{PQ} = \frac{x^2 - 1}{x - 1}$$

이다. 1에 가까운 x값들에 대하여 m_{PQ}를 계산해보면 아래의 표와 같다.

x	m_{PQ}	x	m_{PQ}
1.5	2.5	0.5	1.5
1.1	2.1	0.9	1.9
1.01	2.01	0.99	1.99
1.001	2.001	0.999	1.999

x가 1에 가까워지면 m_{PQ}는 2에 가까워짐을 알 수 있다. 즉, 점 P에서 접선의 기울기는 $m = 2$임을 알 수 있다. 이것을 기호로

$$m = \lim_{Q \to P} m_{PQ} = \lim_{x \to 1} \frac{x^2 - 1}{x - 1} = 2$$

라 나타낸다. 구하고자 하는 접선은 기울기가 $m = 2$이고 점 $P(1,\ 1)$을 지나는 직선이므로 접선의 방정식은

$$y - 1 = 2(x - 1)$$

이다. 즉 $y = 2x - 1$이다. ■

움직이는 물체의 속도는 어떻게 계산할 수 있을까? 직선 운동하는 물체의 t시간 후의 위치함수가 $s(t)$로 주어진다고 하자. 시간이 $t=a$에서 $t=b$까지 변하는 동안 평균속도는

$$\text{평균속도} = \frac{\text{움직인 거리}}{\text{시간}} = \frac{s(b)-s(a)}{b-a}$$

이다. 시간의 간격이 점점 더 작아져서 b가 a에 가까워질 때의 값을 **순간속도**(instantaneous velocity) 또는 **속도**(velocity)라 한다.

예제 1.2 44.1 m의 높이에서 떨어뜨린 물체의 t초 후의 높이가 $s(t)=44.1-4.9t^2$로 주어진다고 하자.

(1) $t=1$과 $t=2$ 사이의 물체의 평균속도를 구하여라.

(2) $t=1$일 때 물체의 속도를 구하여라.

풀이

(1) $t=1$과 $t=2$ 사이의 평균속도는

$$\begin{aligned}\text{평균속도} &= \frac{s(2)-s(1)}{2-1} = \frac{(44.1-4.9\cdot 2^2)-(44.1-4.9\cdot 1^2)}{1} \\ &= -14.7\,(\text{m/sec})\end{aligned}$$

이다.

(2) $t=1$부터 짧은 시간 구간 사이의 평균속도를 계산하면 아래 표와 같다.

시간구간	평균속력(m/sec)
$1 \le t \le 2$	14.7000
$1 \le t \le 1.1$	10.2900
$1 \le t \le 1.01$	9.8490
$1 \le t \le 1.001$	9.8049
$1 \le t \le 1.0001$	9.8005

따라서 $t=1$일 때의 속도는 $-9.8\,\text{m/sec}$임을 알 수 있다. ■

1.1 함수의 극한

1.1과 1.2에서 각각 어떤 직선이 또 하나의 직선에 접근해간다는 것과 순산 속도라는 것에 대하여 알아보았다. 여기서 접근해간다는 의미를 정확하게 정의해 보도록 하자.
함수 $f(x)=2x-1$에 대하여 $x=2$ 근처에서 함숫값이 어떻게 변하는지 알아보자. x가 2에 가깝지만 2는 아닌 몇 개의 점에서 함숫값을 계산하면 다음 표와 같다.

x	$f(x)$	x	$f(x)$
1.0	1.000	3.0	5.000
1.5	2.000	2.5	4.000
1.9	2.800	2.1	3.200
1.99	2.980	2.01	3.020
1.999	2.998	2.001	3.002

그러면 x가 2에 가까이 가면 $f(x)$는 3에 가까워짐을 알 수 있다. 그림 1.3의 그래프를 살펴보아도 x가 2에 가까이 가면 $f(x)$는 3에 가까워짐을 알 수 있다.

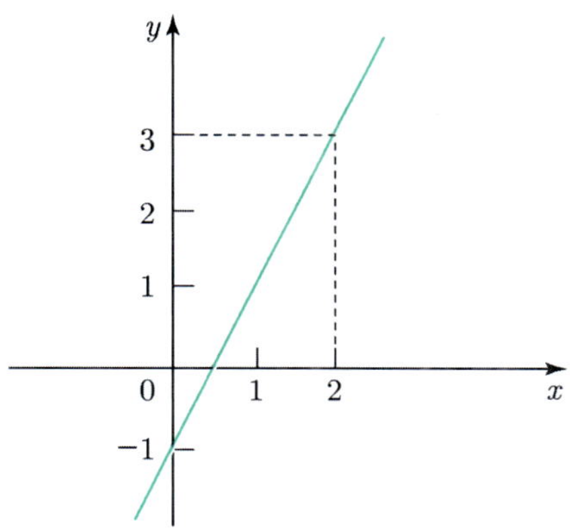

〈그림 1.3〉 $y=2x-1$

이때 '$x=2$에서 $f(x)=2x-1$의 극한은 3이다'라 하고 $\lim_{x\to 2}(2x-1)=3$으로 나타낸다.

정의 1.3 $x=a$에서 $f(x)$의 극한

함수 $f(x)$에서 x가 a에 한없이 가까이 갈 때, $f(x)$가 일정한 값 L에 한없이 가까이 가면 $x=a$에서 $f(x)$의 **극한**(limit)은 L이라 하고

$$\lim_{x\to a} f(x) = L$$

이라 나타낸다.

극한을 나타내는 기호

$$\lim_{x\to a} f(x) = L$$

을

$$x\to a \text{일 때 } f(x)\to L$$

로 나타내기도 한다.

함수의 극한의 정의에서 x가 a에 접근하는 것이지 x가 a는 아니다. 즉 $x \neq a$이다. 따라서 극한을 계산할 때 $f(a)$는 고려할 필요가 없다. 즉, 아래의 그림 1.4에서 (2)는 $f(a)$가 정의되지 않았고, (3)에서는 $f(a) \neq L$이지만 세 그림 모두에서

$$\lim_{x\to a} f(x) = L$$

이다.

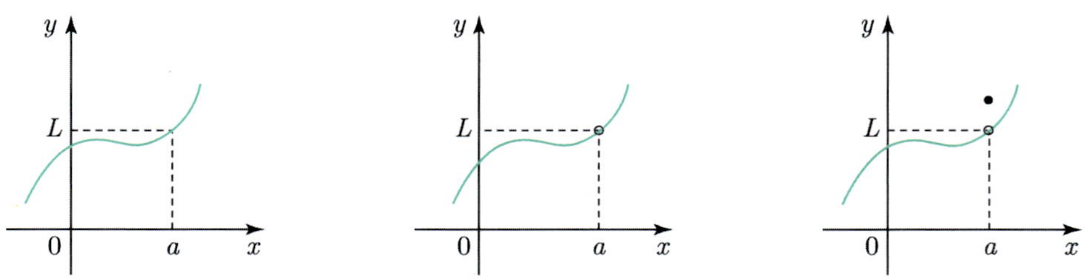

〈그림 1.4〉

예제 1.4 $x=1$에 가까운 값을 함수 $f(x)=x^2+1$에 대입하여 극한 $\lim_{x\to 1}(x^2+1)$을 구하여라.

풀이

$x=1$에 가까운 값을 $f(x)=x^2+1$에 대입해보면 다음 표와 같다.

x	$f(x)$	x	$f(x)$
0.9	1.810000	1.1	2.210000
0.99	1.980100	1.01	2.020100
0.999	1.998001	1.001	2.002001
0.9999	1.999800	1.0001	2.000200

따라서

$$\lim_{x\to 1}(x^2+1)=2$$

이다. ■

예제 1.5 $x=1$에 가까운 값을 함수 $f(x)=\dfrac{x^2-1}{x-1}$에 대입하여 극한 $\lim_{x\to 1}\dfrac{x^2-1}{x-1}$을 구하여라.

풀이

함수 $f(x)=\dfrac{x^2-1}{x-1}$는 $x=1$에서는 정의되지 않는다. $x=1$에 가까운 값을 $f(x)$에 대입해보면 다음 표와 같다.

x	$f(x)$	x	$f(x)$
0.9	1.900000	1.1	2.100000
0.99	1.990000	1.01	2.010000
0.999	1.999000	1.001	2.001000
0.9999	1.999900	1.0001	2.000010

따라서

$$\lim_{x\to 1}\frac{x^2-1}{x-1}=2$$

이다. ■

예제 1.6 함수 $f(x)=\sin\left(\frac{1}{x}\right)$는 $x=0$ 에서 정의 되지 않는다.

풀이

(그림 참조) 그림에서 y축 근처에서 그래프는 x 가 0에 가까이 접근할 때 함숫값은 한없이 1과 -1 사이를 진동하고 있음을 알 수 있다. 즉, 어떤 특정한 수에 접근하지 않으므로 $\lim_{x\to 0}\sin\left(\frac{1}{x}\right)$ 은 존재하지 않는다. ■

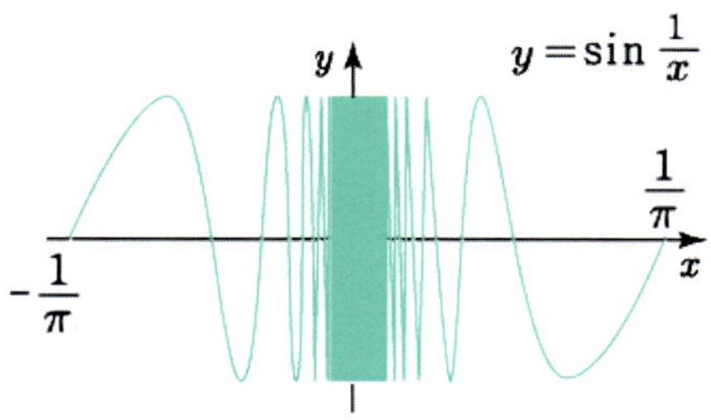

1.2 한쪽극한

때로는 x가 a보다 작으면서 a에 접근하거나, a보다 크면서 a에 접근할 때의 극한을 구해야 할 경우도 있다.

정의 1.7 한쪽극한

x가 a보다 작은 값을 취하면서 a에 가까워질 때 $f(x)$가 L에 가까워지면

$$\lim_{x\to a^-} f(x) = L$$

이라 나타낸다. 또 x가 a보다 큰 값을 취하면서 a에 가까워질 때 $f(x)$가 L에 가까워지면

$$\lim_{x\to a^+} f(x) = L$$

이라 나타내고, 이 값을 각각 $x=a$에서 $f(x)$의 **왼쪽극한**, **오른쪽극한**이라 한다.

예제 1.8 함수 $f(x)$의 그래프가 그림 1.5와 같을 때 다음을 구하여라.

(1) $\lim_{x \to 2^-} f(x)$ (2) $\lim_{x \to 2^+} f(x)$ (3) $\lim_{x \to 5^-} f(x)$ (4) $\lim_{x \to 5^+} f(x)$

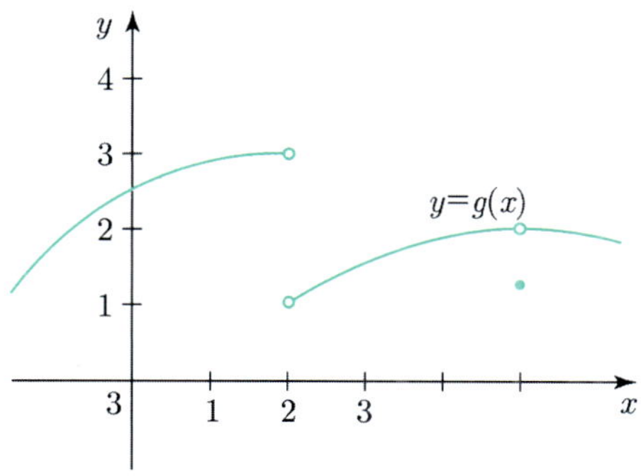

〈그림 1.5〉 $y = f(x)$의 그래프

풀이

(1) $\lim_{x \to 2^-} f(x) = 3$ (2) $\lim_{x \to 2^+} f(x) = 1$

(3) $\lim_{x \to 5^-} f(x) = 2$ (4) $\lim_{x \to 5^+} f(x) = 2$ ■

$x = a$에서 $f(x)$의 왼쪽극한과 오른쪽극한이 항상 같을 필요는 없다. 극한값 $\lim_{x \to a} f(x)$가 존재할 필요충분조건은 왼쪽극한 $\lim_{x \to a^-} f(x)$와 오른쪽극한 $\lim_{x \to a^+} f(x)$가 같은 것임을 알 수 있다. 즉

$$\lim_{x \to a^+} f(x) = \lim_{x \to a^-} f(x) = A \Leftrightarrow \lim_{x \to a} f(x) = A$$

이다.

예제 1.9 그림 1.5의 함수 $f(x)$에 대하여 $\lim_{x \to 2} f(x)$와 $\lim_{x \to 5} f(x)$를 구하여라.

풀이

$x = 2$에서 왼쪽극한과 오른쪽극한이 다르므로 $\lim_{x \to 2} f(x)$는 존재하지 않는다. 그러나 $x = 5$에서는 왼쪽극한과 오른쪽극한이 같으므로 $\lim_{x \to 5} f(x) = 2$이다. ■

예제 1.10 극한 $\lim_{x\to 0}\frac{|x|}{x}$는 존재하지 않음을 보여라.

풀이

왼쪽극한과 오른쪽극한을 계산해보자.

$$\lim_{x\to 0^-}\frac{|x|}{x} = \lim_{x\to 0^-}\frac{-x}{x} = \lim_{x\to 0^-}(-1) = -1$$

이고

$$\lim_{x\to 0^+}\frac{|x|}{x} = \lim_{x\to 0^+}\frac{x}{x} = \lim_{x\to 0^+}1 = 1$$

이므로 $\lim_{x\to 0}\frac{|x|}{x}$는 존재하지 않는다. ■

1.3 극한의 기본성질

앞에서 극한의 정의를 공부하였는데 모든 극한을 정의대로 계산하기는 쉽지 않다. 이 절에서는 극한의 성질을 공부하고 이를 이용하여 극한을 구하는 방법을 알아보자.

정리 1.11 극한의 기본성질

k가 상수이고 $\lim_{x\to a}f(x)=L$과 $\lim_{x\to a}g(x)=M$이 존재하면 다음이 성립한다.

(1) $\lim_{x\to a}kf(x) = k\lim_{x\to a}f(x)=kL$

(2) $\lim_{x\to a}[f(x)+g(x)] = \lim_{x\to a}f(x) + \lim_{x\to a}g(x)=L+M$

(3) $\lim_{x\to a}[f(x)-g(x)] = \lim_{x\to a}f(x) - \lim_{x\to a}g(x)=L-M$

(4) $\lim_{x\to a}f(x)g(x) = \lim_{x\to a}f(x)\cdot\lim_{x\to a}g(x)=LM$

(5) $\lim_{x\to a}\frac{f(x)}{g(x)} = \frac{\lim_{x\to a}f(x)}{\lim_{x\to a}g(x)}=\frac{L}{M}$ (단, $\lim_{x\to a}g(x)\neq 0$)

증명은 생략한다.

1.4 극한의 계산

앞에서 공부한 극한의 성질들을 이용하면 여러 가지 극한을 쉽게 구할 수 있다.

예제 1.12 다음 극한을 구하여라.

(1) $\lim_{x \to 2} 3x$ (2) $\lim_{x \to 1}(x^2 - 3x)$

(3) $\lim_{x \to 3}(x+1)(x^2+2x)$ (4) $\lim_{x \to 1}\dfrac{3x+2}{x^2+2x+4}$

풀이

(1) 정리 1.11의 (1)에 의하여

$$\lim_{x \to 2} 3x = 3\lim_{x \to 2} x = 3 \times 2 = 6$$

이다.

(2) 정리 1.11의 (1), (3)에 의하여

$$\lim_{x \to 1}(x^2 - 3x) = \lim_{x \to 1} x^2 - 3\lim_{x \to 1} x = 1 - 3 = -2$$

이다.

(3) 정리 1.11의 (4)에 의하여

$$\lim_{x \to 3}(x+1)(x^2+2x) = \lim_{x \to 3}(x+1)\lim_{x \to 3}(x^2+2x) = 4 \times 15 = 60$$

이다.

(4) 정리 1.11의 (5)에 의하여

$$\lim_{x \to 1}\frac{3x+2}{x^2+2x+4} = \frac{\lim_{x \to 1}(3x+2)}{\lim_{x \to 1}(x^2+2x+4)} = \frac{5}{7}$$

이다. ■

예제 1.12의 (2)에서 $f(x) = x^2 - 3x$ 라 하면 $f(1) = -2$이므로

$$\lim_{x \to 1} f(x) = f(1)$$

임을 알 수 있다. 이것은 다음과 같이 일반화할 수 있다. 즉, f가 다항식이거나 유리함수이고 a가 f의 정의역에 속하면

$$\lim_{x\to a} f(x) = f(a)$$

이다.

함수의 극한 $\lim_{x\to a} f(x)$는 x가 a에 가까이 갈 때 $f(x)$의 값은 어떻게 되는지를 묻는 것이므로 $f(a)$의 값과는 다를 수도 있다. 따라서 $x \neq a$일 때 $f(x) = g(x)$이면

$$\lim_{x\to a} f(x) = \lim_{x\to a} g(x)$$

임을 알 수 있다.

예제 1.13 다음 극한을 구하여라.

(1) $\displaystyle\lim_{x\to a} \frac{x^2-a^2}{x-a}$ (2) $\displaystyle\lim_{x\to 0} \frac{\sqrt{4+x}-2}{x}$

풀이

(1) $x=a$는 $f(x) = \dfrac{x^2-a^2}{x-a}$의 정의역에 속하지 않으므로 $f(a)$는 정의되지 않는다. 그러나 분자를 인수분해하면

$$\frac{x^2-a^2}{x-a} = \frac{(x-a)(x+a)}{x-a}$$

이고, $x \neq a$일 때 $\dfrac{x^2-a^2}{x-a} = x+a$이므로 다음과 같이 극한을 구할 수 있다.

$$\lim_{x\to a} \frac{x^2-a^2}{x-a} = \lim_{x\to a} \frac{(x-a)(x+a)}{x-a} = \lim_{x\to a}(x+a) = 2a$$

(2) 이 함수도 $x=0$에서 정의되지 않는다. 분자를 유리화하여 다음과 같이 극한을 구할 수 있다.

$$\begin{aligned}\lim_{x\to 0} \frac{\sqrt{4+x}-2}{x} &= \lim_{x\to 0} \frac{\sqrt{4+x}-2}{x} \cdot \frac{\sqrt{4+x}+2}{\sqrt{4+x}+2} \\ &= \lim_{x\to 0} \frac{4+x-4}{x(\sqrt{4+x}+2)} = \lim_{x\to 0} \frac{1}{\sqrt{4+x}+2} = \frac{1}{4}\end{aligned}$$

■

1.5 조임정리

다음 정리는 극한을 직접 구하기 어려운 함수에 적용할 수 있는 편리한 결과로 직관적으로 쉽게 이해할 수 있으므로 증명 없이 소개한다.

정리 1.14 함수의 극한의 대소관계

a의 근방의 모든 x(a는 제외)에 대하여 $f(x) \le g(x)$이고 $\lim_{x \to a} f(x)$와 $\lim_{x \to a} g(x)$가 존재하면

$$\lim_{x \to a} f(x) \le \lim_{x \to a} g(x)$$

이다.

정리 1.15 조임정리(Squeeze Theorem)

a의 근방(a는 제외)에서 $f(x) \le g(x) \le h(x)$이고

$$\lim_{x \to a} f(x) = L = \lim_{x \to a} h(x)$$

이면

$$\lim_{x \to a} g(x) = L$$

이다.

예제 1.16 극한 $\lim_{x \to 0} x^2 \sin\left(\frac{1}{x}\right)$ 을 구하여라.

풀이

예제 1.6에서 $\lim_{x \to 0} \sin\left(\frac{1}{x}\right)$ 은 존재하지 않는 것을 보였으므로

$$\lim_{x \to 0} x^2 \sin\left(\frac{1}{x}\right) \ne \left(\lim_{x \to 0} x^2\right)\left(\lim_{x \to 0} \sin \frac{1}{x}\right)$$

임을 알 수 있다. 이 때 $x \ne 0$에 대해서 $-1 \le \sin \frac{1}{x} \le 1$ 이므로

$$-x^2 \le x^2 \sin \frac{1}{x} \le x^2$$

여기서 $f(x) = -x^2$ 이고 $h(x) = x^2$ 으로 하면 $\lim_{x \to 0} f(x) = 0$ 이고 $\lim_{x \to 0} h(x) = 0$ 이므로 정리 1.15에 의해 $\lim_{x \to 0} x^2 \sin\left(\frac{1}{x}\right) = 0$ 임을 알 수 있다. ■

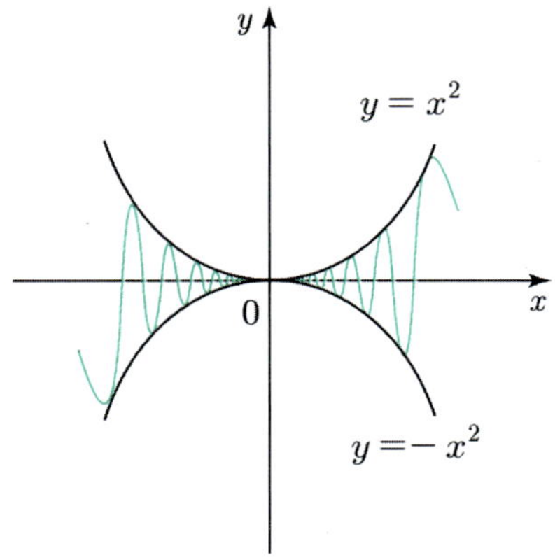

1.6 무한극한

앞에서는 x가 실수 a에 가까이 갈 때 $f(x)$가 실수 L에 가까이 가는 경우의 극한에 대하여 공부하였다. 함수 $f(x) = \frac{1}{x^2}$에 대하여 $x = 0$ 근처에서 함숫값을 구해보면 다음 표와 같다.

x	$f(x)$	x	$f(x)$
1.0	1	−1.0	1
0.1	100	−0.1	100
0.01	10,000	−0.01	10,000
0.001	1,000,000	−0.001	1,000,000

따라서 이 경우 x가 0에 가까이 가면 $\frac{1}{x^2}$은 무한히 커지며

$$\lim_{x \to 0} \frac{1}{x^2} = L$$

이 되는 실수 L은 없다. 이것을 기호로는

$$\lim_{x \to 0} \frac{1}{x^2} = \infty$$

로 나타내며 엄밀한 정의는 다음과 같다.

정의 1.17 무한극한

임의의 양수 M에 대하여 적당한 양수 δ가 존재하여 $0<|x-a|<\delta$인 모든 x에 대하여 $f(x)>M$이 성립하면

$$\lim_{x\to a} f(x)=\infty$$

로 나타낸다.

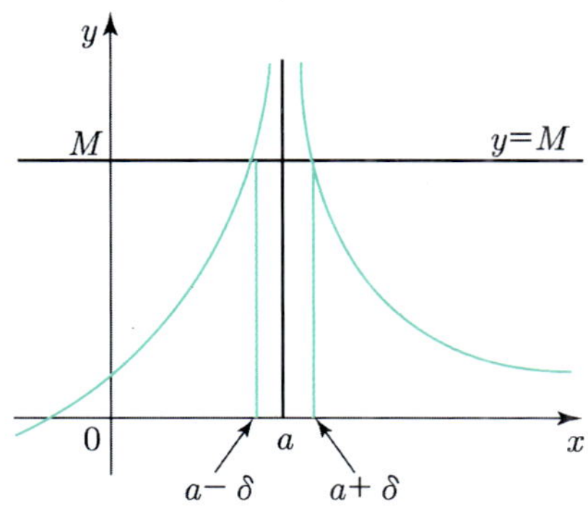

〈그림 1.6〉

또 임의의 음수 N에 대하여 적당한 양수 δ가 존재하여 $0<|x-a|<\delta$인 모든 x에 대하여 $f(x)<N$이 성립하면

$$\lim_{x\to a} f(x)=-\infty$$

로 나타낸다.

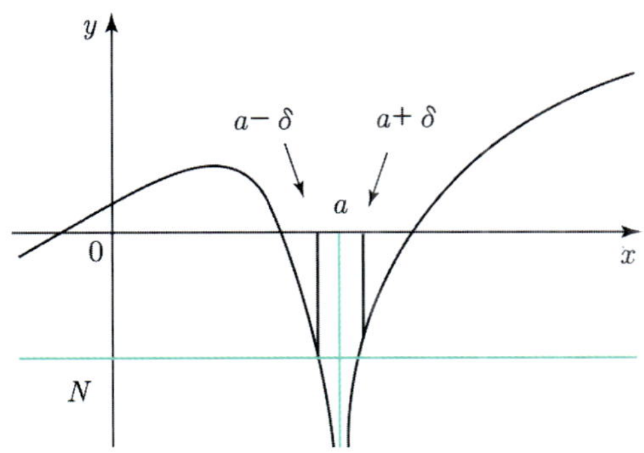

〈그림 1.7〉

무한대의 극한을 계산할 때에도 정리 1.11의 극한 법칙과 유사한 법칙이 성립한다. 즉, $\lim_{x \to a} f(x) = \infty$ 이고 $\lim_{x \to a} g(x) = L$ (L은 실수)이면, 다음이 성립한다.

$$\lim_{x \to a}[f(x) + g(x)] = \infty$$

$$\lim_{x \to a}[f(x)g(x)] = \infty, \ L > 0 \text{일 때}$$

$$\lim_{x \to a}[f(x)g(x)] = -\infty, \ L < 0 \text{일 때}$$

예제 1.18 다음 극한을 구하여라.

(1) $\lim_{x \to 2^+} \frac{x+2}{x-2}$ (2) $\lim_{x \to 0^-} \frac{1+\cos x}{\sin x}$

풀이

(1) x가 2^+에 가까이 가면

$$\lim_{x \to 2^+} \frac{1}{x-2} = \infty, \quad \lim_{x \to 2^+}(x+2) = 4$$

이므로

$$\lim_{x \to 2^+} \frac{x+2}{x-2} = \infty$$

이다.

(2) x가 0^-에 가까이 가면

$$\lim_{x \to 0^-} \frac{1}{\sin x} = -\infty, \quad \lim_{x \to 0^-}(1+\cos x) = 2$$

이므로

$$\lim_{x \to 0^-} \frac{1+\cos x}{\sin x} = -\infty$$

이다. ■

1.7 수직점근선

곡선 $f(x)=\frac{1}{x-1}$과 $g(x)=-\frac{1}{(x-1)^2}$의 그래프는 다음과 같다.

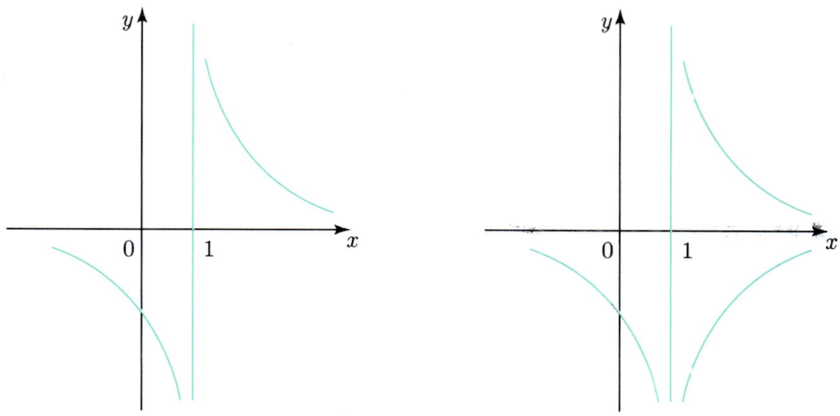

〈그림 1.8〉

두 그래프 모두에서 x가 1에 가까워지면 그래프는 직선 $x=1$에 가까워진다. 이때 직선 $x=1$을 그래프의 수직점근선이라 한다.

정의 1.19 수직점근선

다음 극한 중 적어도 하나가 참이면 직선 $x=a$를 곡선 $y=f(x)$의 **수직점근선**(vertical asymptote)이라 한다.

$$\lim_{x\to a^-} f(x)=\infty, \quad \lim_{x\to a^+} f(x)=\infty, \quad \lim_{x\to a} f(x)=\infty$$

$$\lim_{x\to a^-} f(x)=-\infty, \quad \lim_{x\to a^+} f(x)=-\infty, \quad \lim_{x\to a} f(x)=-\infty$$

예제 1.20 곡선 $f(x)=\frac{3-x}{(x-1)^2}$의 수직점근선을 구하여라.

풀이

$x=1$ 근처에서 분모가 0에 가까워지므로 $x=1$이 수직점근선일 가능성이 있다. $x=1$에서 극한을 계산해보면

$$\lim_{x\to 1}\frac{3-x}{(x-1)^2}=\infty$$

이므로 $x=1$이 수직점근선이다. ■

1.8 무한대에서 극한

아래의 그림 1.9는 함수 $f(x)=\dfrac{x}{1+x^2}$의 그래프이다. 그러나 그릴 수 있는 것은 전체 그래프의 일부분에 지나지 않는다.

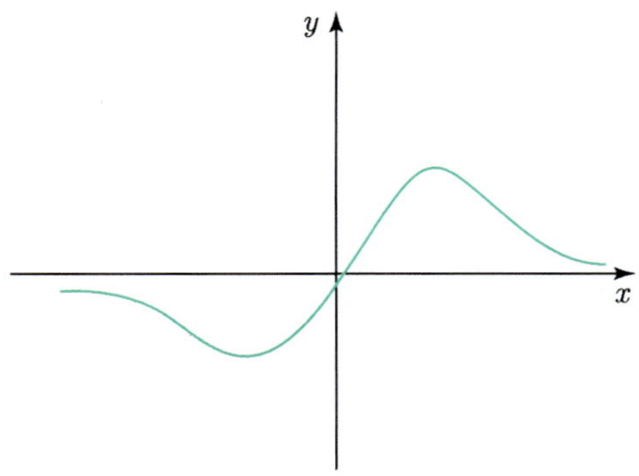

〈그림 1.9〉

그러면 x가 점점 커지면 $f(x)$는 어떻게 될까? 몇 개의 수 10, 10^2, 10^3, 10^4 등을 $f(x)$에 대입하여 보면 아래 표와 같다.

x	$f(x)=\dfrac{x}{1+x^2}$
10	0.099010
100	0.009999
1, 000	0.001000
10, 000	0.000100

따라서 x가 점점 커지면 $f(x)$는 점점 0에 가깝게 되는 것을 알 수 있다. 이것을

$$\lim_{x \to \infty} \frac{x}{1+x^2} = 0$$

으로 쓴다. 마찬가지 방법으로 큰 음수를 대입하여 보아도

$$\lim_{x \to -\infty} \frac{x}{1+x^2} = 0$$

임을 알 수 있다.

직관적으로 보면 그림 1.10과 같이 x가 충분히 커지면 $f(x)$가 L에 아주 가까이 갈 때

$$\lim_{x \to \infty} f(x) = L$$

이다.

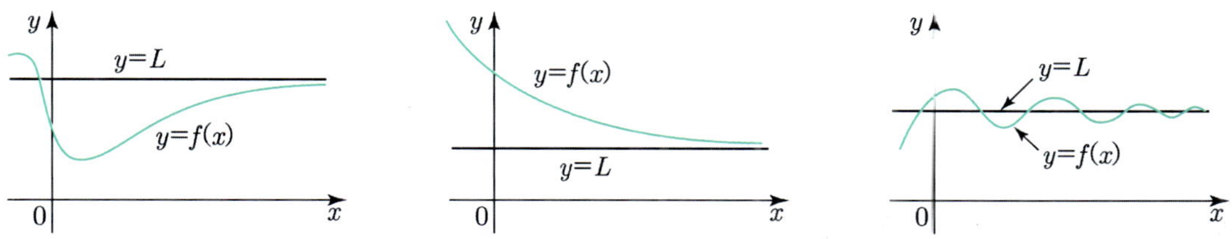

〈그림 1.10〉 $\lim_{x \to \infty} f(x) = L$

다음 정리는 무한대에서의 극한을 구할 때 자주 이용되는 정리이다.

정리 1.21 무한대에서 $\frac{1}{x^n}$의 극한

n이 자연수일 때

$$\lim_{x \to \infty} \frac{1}{x^n} = 0, \quad \lim_{x \to -\infty} \frac{1}{x^n} = 0$$

이다.

무한대에서 극한은 정리 1.20을 이용하면 많은 경우에 쉽게 구할 수 있다. 다음 예제에서 알아보자.

예제 1.22 극한 $\lim_{x\to\infty}\frac{x}{1+x^2}$를 구하여라.

풀이

분자와 분모를 각각 최고차항 x^2으로 나누어서 계산하면 다음과 같다.

$$\lim_{x\to\infty}\frac{x}{1+x^2}=\lim_{x\to\infty}\frac{\frac{x}{x^2}}{\frac{1+x^2}{x^2}}=\lim_{x\to\infty}\frac{\frac{1}{x}}{\frac{1}{x^2}+1}$$

$$=\frac{\lim_{x\to\infty}\frac{1}{x}}{\lim_{x\to\infty}\frac{1}{x^2}+\lim_{x\to\infty}1}=\frac{0}{0+1}=0$$

■

예제 1.23 극한 $\lim_{x\to\infty}(\sqrt{4x^2+x}-2x)$를 구하여라.

풀이

먼저 $\sqrt{4x^2+x}+2x$를 분모와 분자에 곱하여 분자를 유리화하자.

$$\lim_{x\to\infty}(\sqrt{4x^2+x}-2x)=\lim_{x\to\infty}(\sqrt{4x^2+x}-2x)\frac{\sqrt{4x^2+x}+2x}{\sqrt{4x^2+x}+2x}$$

$$=\lim_{x\to\infty}\frac{4x^2+x-4x^2}{\sqrt{4x^2+x}+2x}=\lim_{x\to\infty}\frac{x}{\sqrt{4x^2+x}+2x}$$

이제 분모와 분자를 x로 나누어주면

$$\lim_{x\to\infty}\left(\sqrt{4x^2+x}-2x\right)=\lim_{x\to\infty}\frac{1}{\sqrt{4+1/x}+2}=\frac{1}{4}$$

이다.

■

예제 1.23에서

$$\lim_{x\to\infty}\left(\sqrt{4x^2+x}-2x\right)=\lim_{x\to\infty}\sqrt{4x^2+x}-\lim_{x\to\infty}2x$$

$$=\infty-\infty=0$$

이라고 하면 안 된다. 우선 극한 $\lim_{x\to\infty}\sqrt{4x^2+x}$와 $\lim_{x\to\infty}2x$가 존재하지 않으므로(즉, 유한한 값이 아니므로) 정리 1.11의 성질 (2)를 이용할 수 없다. 또 ∞는 숫자가 아니므로 $\infty-\infty=0$도 틀린 계산이다.

무한대에서 극한의 정의와 같은 방법으로

$$\lim_{x\to\infty}f(x)=\infty,\qquad \lim_{x\to-\infty}f(x)=\infty$$

$$\lim_{x\to\infty}f(x)=-\infty,\qquad \lim_{x\to-\infty}f(x)=-\infty$$

등도 정의할 수 있다. 예를 들면, 임의의 양수 M에 대하여 적당한 양수 N이 존재하여

$$x>N\text{이면 } f(x)>M$$

이 성립할 때

$$\lim_{x\to\infty}f(x)=\infty$$

로 나타낸다.

예제 1.24 다음 극한을 구하여라.

(1) $\lim_{x\to\infty}(x^2-2x-3)$ (2) $\lim_{x\to-\infty}\dfrac{x^2+x}{2x-1}$

풀이

(1) 인수분해하면

$$\lim_{x\to\infty}(x^2-2x-3)=\lim_{x\to\infty}(x-3)(x+1)$$

이다. x가 커지면 $x-3$과 $x+1$ 모두 무한히 커지므로

$$\lim_{x\to\infty}(x^2-2x-3)=\infty$$

이다.

(2) 분모와 분자를 x로 나누면

$$\lim_{x \to -\infty} \frac{x^2+x}{2x-1} = \lim_{x \to -\infty} \frac{x+1}{2-1/x}$$

이다. 그런데 $x \to -\infty$이면 $x+1 \to -\infty$이고 $2-\frac{1}{x} \to 2$이므로

$$\lim_{x \to -\infty} \frac{x^2+x}{2x-1} = -\infty$$

이다. ■

1.9 수평점근선

그림 1.10과 같이 그래프의 왼쪽 끝이나 오른쪽 끝이 직선 $y=L$에 가까이 갈 때 이 직선을 수평점근선이라 한다.

정의 1.25 수평점근선

다음 극한 중 적어도 하나가 참이면 직선 $y=L$를 곡선 $y=f(x)$의 **수평점근선**(horizontal asymptote)이라 한다.

$$\lim_{x \to \infty} f(x) = L, \quad \lim_{x \to -\infty} f(x) = L$$

예제 1.26 곡선 $f(x) = \frac{x}{\sqrt{x^2+1}}$의 수평 점근선을 구하여라.

풀이

$\lim_{x \to \infty} \frac{x}{\sqrt{x^2+1}} = 1$ 이므로 수평점근선은 $y=1$ 이다. ■

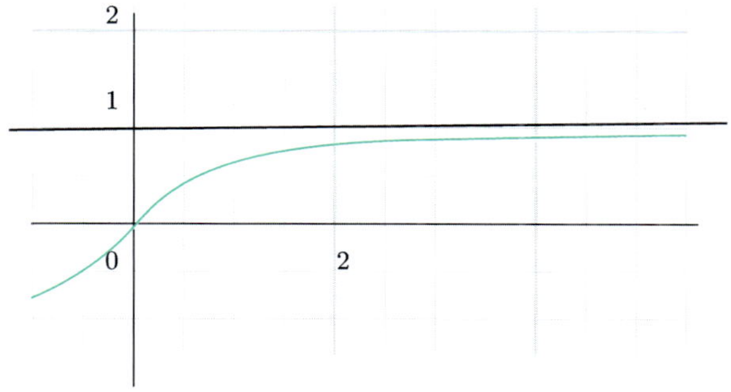

예제 **1.27** 곡선 $f(x)=\dfrac{3x}{x-1}$의 수평점근선을 구하여라.

풀이

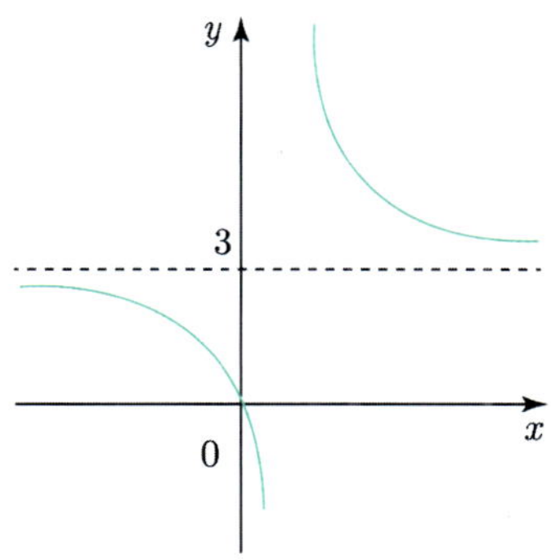

$\lim\limits_{x\to\infty}\dfrac{3x}{x-1}=3$이므로 수평점근선은 $y=3$이다.

SECTION 1.1

➡ 연습문제 해답 494쪽

1.1 연습문제

01. $g(x)=\begin{cases} 2-x, & x<-1 \\ x, & -1\le x<1 \\ 4, & x=1 \\ 4-x, & x>1 \end{cases}$ 일 때 $g(x)$의 그래프를 그리고 다음을 구하여라.

(1) $\lim_{x\to -1^-} g(x)$

(2) $\lim_{x\to -1^+} g(x)$

(3) $\lim_{x\to -1} g(x)$

(4) $\lim_{x\to 1^-} g(x)$

(5) $\lim_{x\to 1^+} g(x)$

(6) $\lim_{x\to 1} g(x)$

02. 극한 $\lim_{x\to 0}\dfrac{x}{\sqrt{x+1}-1}$를 구하여라.

03. 극한 $\lim_{x\to 0}\dfrac{1}{x}\left(\dfrac{1}{(a+x)^2}-\dfrac{1}{a^2}\right)$을 구하여라.

04. 극한 $\lim_{x\to 1}\dfrac{\sqrt{x}-x^2}{1-\sqrt{x}}$을 구하여라.

05. 함수 $f(x)$는 $0 \le x \le 2$일 때 $3x \le f(x) \le x^3 + 2$라고 한다. 극한 $\lim_{x \to 1} f(x)$를 구하여라.

06. 극한 $\lim_{x \to 3^+} \frac{x^2 - 9}{|x-3|}$을 구하여라.

07. 극한 $\lim_{x \to 3^+} \frac{[x]^2 - 9}{|x-3|}$를 구하여라. ($[x]$는 최대정수값 함수이다.)

08. 극한 $\lim_{x \to \infty} \frac{\sqrt{x^2+3}}{3x-6}$을 구하여라.

09. 극한 $\lim_{x \to \infty} \left(\sqrt{x^2+x} - x \right)$를 구하여라.

10. $f(x) = \frac{3}{9-x^2}$의 수평접근선과 수직접근선을 구하여라.

11. 다음 극한 값을 구하여라.

(1) $f(x) = \begin{cases} x^2, & x\text{는 유리수} \\ 0, & x\text{는 유리수} \end{cases}$

(2) $f(x) = \sqrt{x}\, e^{\sin\left(\frac{3\pi}{x}\right)}$

12. 다음 극한 값을 구하여라.

$$\lim_{x \to 0}\left(\frac{x + |x|(1 - |x|)}{x}\cos\frac{1}{x}\right)$$

Section 2

2. 연속함수의 성질

1절에서 f가 다항식이거나 유리함수이고 a가 f의 정의역에 속하면

$$\lim_{x \to a} f(x) = f(a)$$

임을 알았다. 이것은 $y=f(x)$의 그래프가 $x=a$에서 이어져 있기 때문에 가능한 것이다. 이렇게 곡선이 이어져 있는 것을 연속이라 하는데, 이 절에서는 함수의 연속과 성질에 대하여 알아본다.

2.1 함수의 연속

함수가 연속이라는 것은 직관적으로는 그 함수의 그래프가 이어져 있다는 것을 의미한다. 연속을 어떻게 정의하면 좋을지 다음 그래프에서 알아보자.

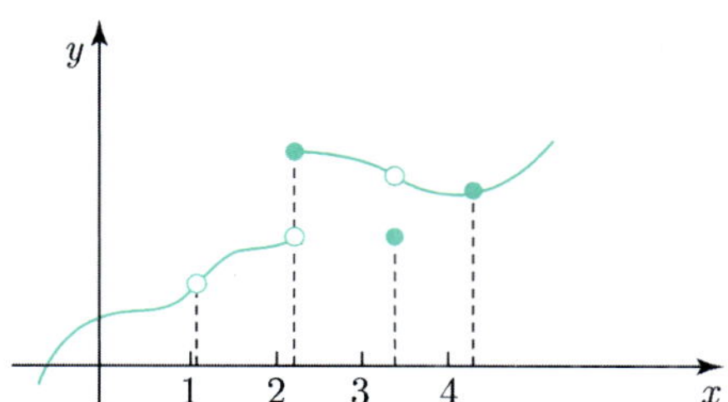

〈그림 2.1〉 $y=f(x)$의 그래프

위의 그림 2.1의 함수 $y=f(x)$는 $x=1,\ 2,\ 3$에서는 연속이 아니고 $x=4$에서는 연속임을 알 수 있다. 각 점에서의 함수 $f(x)$의 성질을 살펴보자.

$x=1$에서는 $f(1)$이 정의되지 않는다.

$x=2$에서는 $\lim_{x\to 2} f(x)$가 존재하지 않는다.

$x=3$에서는 $\lim_{x\to 3} f(x) \neq f(3)$이다.

$x=4$에서는 $\lim_{x\to 4} f(x) = f(4)$이다.

따라서 함수의 연속을 다음과 같이 정의할 수 있다.

정의 2.1 함수의 연속

함수 f가 $x=a$를 포함한 a의 근방에서 정의되어 있다고 하자.

$$\lim_{x\to a} f(x) = f(a)$$

가 성립하면 $f(x)$는 $x=a$에서 **연속**(continuous)이라 하고 연속이 아닐 때 **불연속**(discontinuous)이라 한다. 또 $f(x)$가 주어진 구간 내의 모든 점에서 연속일 때 $f(x)$는 구간에서 연속이라 하고, 정의역의 모든 점에서 연속일 때 $f(x)$는 **연속함수**(continuous function)라 한다.

예제 2.2 함수 $f(x) = \begin{cases} \dfrac{|x|}{x} & (x \neq 0) \\ 1 & (x=0) \end{cases}$의 연속성을 조사하여라.

풀이

$a>0$일 때

$$\lim_{x\to a^+} f(x) = \lim_{x\to a} \frac{a}{a} = 1 = f(a)$$

이고 $a<0$일 때

$$\lim_{x\to a^-} f(x) = \lim_{x\to a} \frac{-a}{a} = -1 = f(a)$$

이므로 $f(x)$는 $a \neq 0$인 모든 점에서 연속이다. 그런데

$$\lim_{x\to 0^+} f(x) = \lim_{x\to 0^+} \frac{x}{x} = 1, \quad \lim_{x\to 0^-} f(x) = \lim_{x\to 0^-} \frac{-x}{x} = -1$$

이므로 $\lim_{x\to 0} f(x)$가 존재하지 않는다. 그러므로 $f(x)$는 $x=0$에서 불연속이다. ■

2.2 연속의 기본성질

극한을 이용하여 연속을 정의하였으므로 정리 1.11을 이용하면 연속에 관한 다음 정리를 얻을 수 있다.

정리 2.3 연속의 기본성질

두 함수 f, g가 $x=a$에서 연속이면 다음 함수들도 $x=a$에서 연속이다.

$$kf(k\text{는 상수}),\ f\pm g,\ fg,\ \frac{f}{g}\ (g(a)\neq 0)$$

증명

$h(x)=kf(x)$라 하면

$$\lim_{x\to a}h(x)=\lim_{x\to a}kf(x)=k\lim_{x\to a}f(x)=kf(a)=h(a)$$

이므로 kf는 $x=a$에서 연속이다. 나머지 함수들도 정리 1.11의 극한에 관한 법칙을 이용하면 증명할 수 있다.

정리 2.3을 확장하면 다음 정리를 얻을 수 있다.

정리 2.4 다항함수와 유리함수의 연속성

다항함수는 $\mathbb{R}$에서 연속이고, 유리함수는 정의역 내의 모든 점에서 연속이다.

예제 2.5 극한 $\lim_{x\to\frac{\pi}{2}}\dfrac{2\sin x}{1+\cos x}$를 구하여라.

풀이

$f(x)=2\sin x$와 $g(x)=1+\cos x$는 연속함수이고 $x=\frac{\pi}{2}$에서 $g(x)\neq 0$이므로 $\frac{2\sin x}{1+\cos x}$는 $x=\frac{\pi}{2}$에서 연속이다. 따라서

$$\lim_{x\to\frac{\pi}{2}}\frac{2\sin x}{1+\cos x}=\frac{2\sin\frac{\pi}{2}}{1+\cos\frac{\pi}{2}}=2$$

이다. ■

2.3 중간값 정리와 응용

연속함수가 갖는 중요한 성질 중의 하나가 중간값 정리이다. 이 정리는 직관적으로는 쉽게 이해되지만 엄밀한 증명은 매우 어려우므로 생략하기로 하자.

정리 2.6 중간값 정리

함수 $f(x)$가 닫힌구간 $[a,\ b]$에서 연속이고 $f(a)\neq f(b)$라 하자. k가 $f(a)$와 $f(b)$ 사이의 값이면 $f(c)=k$를 만족하는 c가 구간 $(a,\ b)$에 적어도 하나 존재한다.

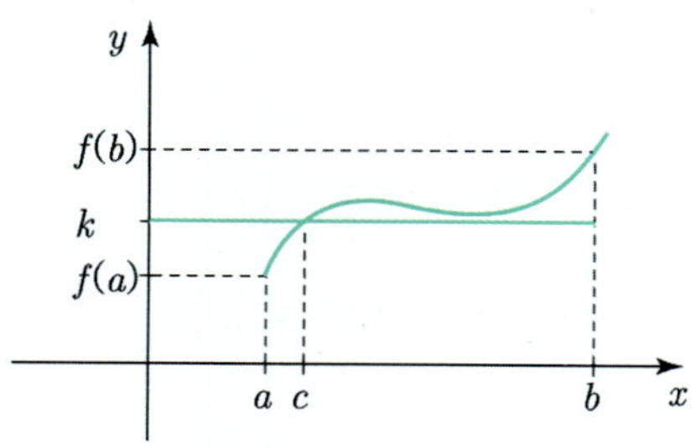

〈그림 2.2〉 중간값 정리

예제 2.7 방정식 $x-\cos x=0$은 적어도 하나의 실근을 가짐을 보여라.

풀이

$f(x)=x-\cos x$라 하면 x와 $\cos x$는 실수 전체에서 연속이므로 $f(x)$도 연속이다. 그런데 $f(0)=-1$, $f\left(\frac{\pi}{2}\right)=\frac{\pi}{2}$이므로

$$f(0)<0<f\left(\frac{\pi}{2}\right)$$

이다. 따라서 $f(c)=0$인 c가 구간 $\left(0,\ \frac{\pi}{2}\right)$에 존재한다. 그러므로 주어진 방정식은 적어도 하나의 실근을 갖는다. ■

예제 2.8 다항함수 $f(x)=x^2-x-4$는 구간$[-1, 4]$에서 연속함수이다. 이 함수에서 중간값 정리를 만족하는 c를 구하여라

풀이

$f(-1)=-2$이고 $f(4)=8$ 이므로 $-2 \le k \le 8$ 인 어떤 수 k가 존재해서 $f(c)=k$를 만족한다. 즉, $c^2-c-4=k$가 되어 $c^2-c-6=0$, $(c-3)(c+2)=0$이 성립한다. 이때 $c=3$이 $f(3)=2$를 만족하는 -1과 4 사이에 있는 유일한 값이다.

예제 2.9 $3x^3-5x^2+2x-1=0$의 근이 1과 2 사이에 존재함을 보여라.

풀이

$$f(x)=3x^3-5x^2+2x-1\text{로 두면}$$
$$f(1)=3-5+2-1=-1<0$$
$$f(2)=24-20+4-1=7>0$$

이므로 $f(1)<0<f(2)$이다.
중간값 정리에 의해 $f(c)=0$인 c가 1과 2 사이에 존재한다.

➡ 연습문제 해답 495쪽

SECTION 1.2

1.2 연습문제

01. 함수 $f(x)=\dfrac{x^2-3x+2}{x-2}$가 $x=2$에서 불연속인 이유를 설명하여라.

02. 함수 $f(x)=\begin{cases} x\sin\dfrac{1}{x}, & x\neq 0 \\ 0, & x=0 \end{cases}$의 연속성을 조사하여라.

03. 함수 $f(x)=\begin{cases} x^2-c^2, & x<2 \\ cx^2+8, & x\geq 2 \end{cases}$가 구간 $(-\infty,\ \infty)$에서 연속이 되도록 c의 값을 구하여라.

04. 함수 $f(x)=\dfrac{1-\sqrt{x}}{1-x}$가 불연속인 점을 구하고, 이 점에서 함숫값을 적당히 정의하여 연속함수로 만들어라.

05. 함수 $f(x)=x^2+\dfrac{x^2}{1+x^2}+\dfrac{x^2}{(1+x^2)^2}+\cdots+\dfrac{x^2}{(1+x^2)^n}+\cdots$은 $x=0$에서 연속인지 알아보라.

06. $\lim\limits_{x\to 7}2^{\sqrt{x^2-4x+28}}$의 극한 값을 구하여라.

07. 방정식 $2x^3 - 3x^2 + 7x - 10 = 0$은 1과 2 사이에 실근을 가짐을 보여라.

08. $\dfrac{1}{x-a} + \dfrac{1}{x-b} + \dfrac{1}{x-c} = 0$은 서로 다른 두 실근을 가짐을 보여라(단, $a < b < c$).

09. 자신의 세제곱보다 1만큼 큰 실수가 존재함을 보여라.

10. $\lim_{x \to \pi} \sin\left(\dfrac{x}{2} + \cos\dfrac{x}{2}\right)$로 구하여라.

11. 주어진 구간에서 정의된 함수 f에 대하여, 중간값 정리의 $f(c) = k$를 만족하는 c를 구하여라.

(1) $f(x) = x^2 - 2x$, $[1, 5]$, $k = 8$

(2) $f(x) = x^2 - 4x + 1$, $[-2, 5]$, $k = 6$

(3) $f(x) = \dfrac{17}{x^2 + 1}$, $[0, 5]$, $k = 1$

Section 3

3. 변화율 문제

1절에서는 곡선의 접선이나 물체의 속도는 모두 극한을 이용하여 구했는데 이때 이용한 식은 본질적으로는 같은 형태의 식이다. 이러한 형태의 극한은 과학이나 공학에서 많이 이용되는데, 이 절에서는 이에 대하여 알아본다.

3.1 접선

곡선 C의 방정식이 $y=f(x)$라 할 때, 점 $P(a,\ f(a))$에서 접선의 기울기를 구하는 방법을 다시 한번 생각해보자.

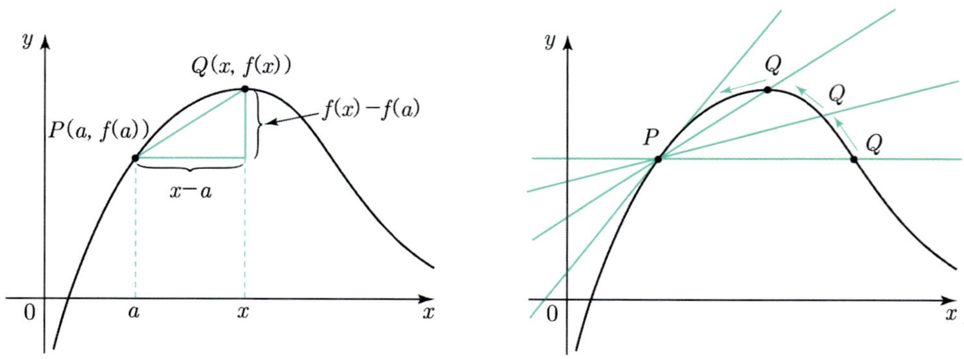

〈그림 3.1〉

$x \neq a$일 때, 점 $Q(x,\ f(x))$에 대하여 직선 PQ의 기울기는

$$m_{PQ}=\frac{f(x)-f(a)}{x-a}$$

이다. 점 Q가 점 P로 접근하는 것은 x가 a로 접근하는 것과 같다. 따라서 점 P에서 접선이 존재하면 **접선의 기울기** m은

$$m = \lim_{Q \to P} m_{PQ} = \lim_{x \to a} \frac{f(x) - f(a)}{x - a}$$

로 주어진다.

예제 3.1 곡선 $y = \frac{1}{x}$ 위의 점 $(1,\ 1)$에서 접선과 법선의 방정식을 구하여라.

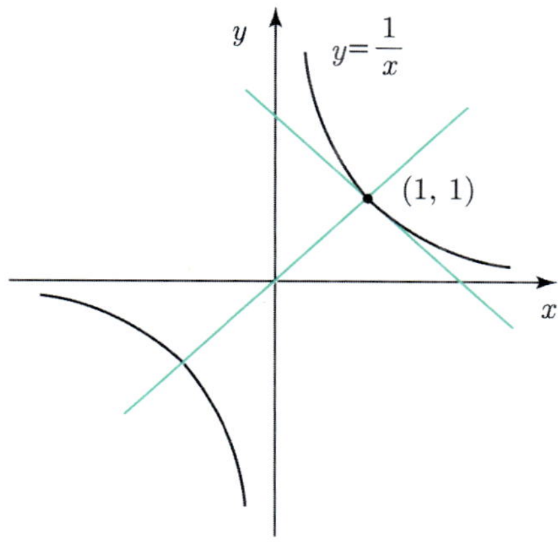

〈그림 3.2〉

풀이

$f(x) = \frac{1}{x}$이라 하면 점 $(1,\ 1)$에서 접선의 기울기는

$$m = \lim_{x \to 1} \frac{f(x) - f(1)}{x - 1} = \lim_{x \to 1} \frac{\frac{1}{x} - 1}{x - 1} = \lim_{x \to 1}\left(-\frac{1}{x}\right) = -1$$

이다. 따라서 접선의 방정식은

$$y - 1 = -(x - 1) \text{ 즉 } y = -x + 2$$

이다. 한편 법선의 기울기는 1이므로 법선의 방정식은

$y - 1 = x - 1$ 즉 $y = x$이다. ■

접선의 기울기를 구하는 위의 식에서

$$h = x - a$$

라 하면

$$x = a + h$$

이므로

$$m_{PQ} = \frac{f(a+h) - f(a)}{h}$$

이다. 또 x가 a에 접근하는 것을 h가 0에 접근하는 것과 같으므로 접선의 기울기는

$$m = \lim_{x \to 0} \frac{f(a+h) - f(a)}{h}$$

이다.

예제 3.2 곡선 $y = x^2$ 위의 점 $(1,\ 1)$에서 접선과 법선의 방정식을 구하여라.

풀이

$f(x) = x^2$이라 하면 점 $(1,\ 1)$에서 접선의 기울기는

$$m = \lim_{h \to 0} \frac{f(1+h) - f(1)}{h} = \lim_{h \to 0} \frac{(1+h)^2 - 1^2}{h} = \lim_{h \to 0}(2+h) = 2$$

이므로 접선의 방정식은

$$y - 1 = 2(x-1) \text{ 즉 } y = 2x - 1$$

이다. 한편 법선의 기울기는 $-\frac{1}{2}$이므로 법선의 방정식은

$$y - 1 = -\frac{1}{2}(x-1) \text{ 즉 } y = -\frac{1}{2}x + \frac{3}{2}$$

이다. ■

3.2 속도

직선 운동하는 물체의 시간 t일 때의 위치 함수가 $s = f(t)$로 주어진다고 하자. 시간이 $t = a$에서 $t = a + h$까지 변하는 동안 위치의 변화량은 $f(a+h) - f(a)$이므로 평균속도 v_{ave}은

$$v_{ave} = \frac{\text{변위}}{\text{시간}} = \frac{f(a+h)-f(a)}{h}$$

이다.

시간 간격이 점점 더 작아져서 h가 0에 접근할 때 평균속도의 극한을 **속도**(velocity) 또는 순간속도라 하고 $v(a)$라 나타낸다. 즉

$$v(a) = \lim_{h \to 0} \frac{f(a+h)-f(a)}{h}$$

이다.

예제 3.3 44.1 m의 높이에서 떨어뜨린 물체의 t초 후의 높이가 $f(t) = 44.1 - 4.9t^2$로 주어진다고 하자.

(1) $t=1$과 $t=2$ 사이의 물체의 평균속도를 구하여라.

(2) $t=a$일 때 물체의 속도를 구하여라.

(3) 물체가 땅에 닿는 순간의 속도를 구하여라.

풀이

(1) $t=1$과 $t=2$ 사이의 평균속도는

$$v_{ave} = \frac{f(2)-f(1)}{2-1} = (44.1 - 4.9 \cdot 2^2) - (44.1 - 4.9 \cdot 1^2)$$
$$= -14.7\,(\text{m/sec})$$

이다.

(2) $t=a$일 때 속도는

$$\begin{aligned} v(a) &= \lim_{h \to 0} \frac{f(a+h)-f(a)}{h} \\ &= \lim_{h \to 0} \frac{[44.1 - 4.9(a+h)^2] - [44.1 - 4.9a^2]}{h} \\ &= \lim_{h \to 0} \frac{-4.9(2ah+h^2)}{h} \\ &= \lim_{h \to 0} [-4.9(2a+h)] = -9.8a\,(\text{m/sec}) \end{aligned}$$

이다.

(3) 물체가 땅에 닿는 순간은 $f(t)=0$이므로

$$44.1-4.9t^2=0$$

이어야 한다. 이 식을 만족하는 t를 구하면 $t=3$이므로, 이때의 속도는

$$v(3)=-9.8\times 3=-29.4\,(\mathrm{m/sec})$$

이다. ■

3.3 미분계수

앞에서 $x=a$에서 곡선 $y=f(x)$의 접선의 기울기는

$$m=\lim_{h\to 0}\frac{f(a+h)-f(a)}{h}$$

이고, $t=a$에서 위치함수 $s=f(t)$의 속도는

$$v(a)=\lim_{h\to 0}\frac{f(a+h)-f(a)}{h}$$

이었다. 두 극한을 비교해보면 같은 형태의 식임을 알 수 있다. 이러한 형태의 극한은 변화하는 현상을 다루는 자연과학이나 공학에서 흔히 나타나기 때문에 다음과 같이 특별한 이름과 기호를 정해놓는 것이 편리하다.

정의 3.4 미분계수

함수 $y=f(x)$에 대하여 극한

$$f'(a)=\lim_{h\to 0}\frac{f(a+h)-f(a)}{h}$$

가 존재하면 이 값을 $x=a$에서 $f(x)$의 **미분계수**(differential coefficient)라 한다.

그림처럼 평면 위의 곡선 $y=f(x)$ 위의 두 점 $P(a,f(a))$, $Q(a+h,f(a+h))$에 대해, x가 a에서 $a+h$까지 변할 때 x의 변화량은 h이고, y의 변화량은 $f(a+h)-f(a)$이다. 이 때

$$\frac{f(a+h)-f(a)}{h}$$

를 f의 평균 변화율이라 한다. 평균 변화율의, h를 0으로 보내는 극한

$$\lim_{h\to 0}\frac{f(a+h)-f(a)}{h}$$

이 존재하면 이를 $x=a$ 에서의 f의 **미분 계수** 또는 $x=a$ 에서의 f의 **순간 변화율**이라 부르고 $f'(a)$로 쓴다.

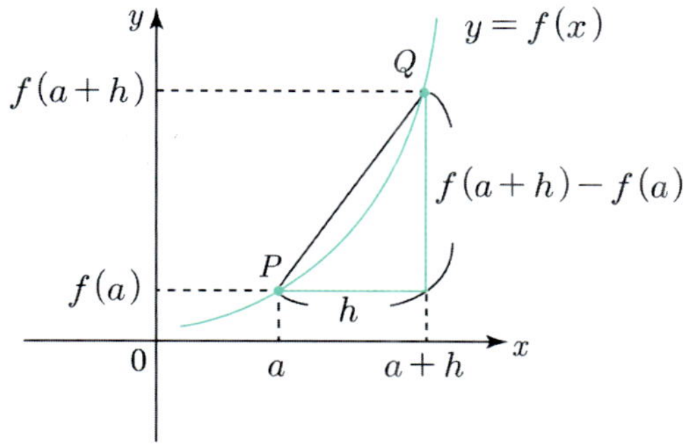

미분계수의 정의에서 $x=a+h$라 하면 h가 0에 접근하는 것은 x가 a에 접근하는 것과 논리적으로 같다. 따라서 $f'(a)$를

$$f'(a)=\lim_{x\to a}\frac{f(x)-f(a)}{x-a}$$

라 나타낼 수 있다.

예제 3.5 $x=a$에서 함수 $f(x)=x^2-8x+1$의 미분계수를 구하여라.

풀이

정의 3.4에 의하여

$$\begin{aligned}f'(a)&=\lim_{h\to 0}\frac{f(a+h)-f(a)}{h}\\&=\lim_{h\to 0}\frac{[(a+h)^2-8(a+h)+1]-[a^2-8a+1]}{h}\\&=\lim_{h\to 0}\frac{2ah+h^2-8h}{h}\\&=\lim_{h\to 0}(2a+h-8)\\&=2a-8\end{aligned}$$

이다. ■

예제 3.6 $x=a$ 에서 $f(x)=\sqrt{x}$ 의 미분 계수를 구하여라.

풀이

미분계수의 정의를 이용하면

$$f'(a)=\lim_{x\to a}\frac{f(x)-f(a)}{x-a}=\lim_{x\to a}\frac{\sqrt{x}-\sqrt{a}}{x-a}$$
$$=\lim_{x\to a}\frac{\sqrt{x}-\sqrt{a}}{(\sqrt{x}-\sqrt{a})(\sqrt{x}+\sqrt{a})}=\lim_{x\to a}\frac{1}{\sqrt{x}+\sqrt{a}}$$
$$=\frac{1}{2\sqrt{a}}$$

이다. ■

예제 3.7 미분 계수의 정의를 이용하여 $f(x)=\sqrt{2x+1}$ 일 때, $x=4$에서의 미분 계수를 구하여라.

풀이

식 (3-1-2)에 의하면

$$f'(4)=\lim_{x\to 4}\frac{f(x)-f(4)}{x-4}$$
$$=\lim_{x\to 4}\frac{\sqrt{2x+1}-3}{x-4}$$
$$=\lim_{x\to 4}\frac{(\sqrt{2x+1}-3)(\sqrt{2x+1}+3)}{(x-4)(\sqrt{2x+1}+3)}$$
$$=\lim_{x\to 4}\frac{2x-8}{(x-4)(\sqrt{2x+1}+3)}$$
$$=\lim_{x\to 4}\frac{2}{\sqrt{2x+1}+3}$$
$$=\frac{1}{3}$$

이다. ■

예제 **3.8** $f(x)=\dfrac{1}{x^2+1}$ 일 때, $x=-2$에서의 미분 계수를 구하여라.

풀이

식 (3-1-2)에 의하면

$$
\begin{aligned}
f'(-2) &= \lim_{x\to -2}\frac{f(x)-f(-2)}{x-(-2)} \\
&= \lim_{x\to -2}\frac{\dfrac{1}{x^2+1}-\dfrac{1}{5}}{x+2} \\
&= \lim_{x\to -2}\frac{1}{x+2}\frac{5-(x^2+1)}{5(x^2+1)} \\
&= \lim_{x\to -2}\frac{4-x^2}{5(x+2)(x^2+1)} \\
&= \lim_{x\to -2}\frac{2-x}{5(x^2+1)} \\
&= \frac{4}{25}
\end{aligned}
$$

이다. ■

3.4 변화율

y가 x의 함수로서 $y=f(x)$로 표현된다고 하자. x가 x_1에서 x_2까지 변할 때 x의 **증분** 또는 **변화량**은

$$\Delta x = x_2 - x_1$$

이고, 이때 y의 **증분** 또는 **변화량**은

$$\Delta y = f(x_2) - f(x_1)$$

이다. 또 두 변화량의 비

$$\frac{\Delta y}{\Delta x} = \frac{f(x_2)-f(x_1)}{x_2 - x_1}$$

를 구간 $[x_1, x_2]$에서 x에 대한 y의 **평균변화율**이라 한다. 또 x_2가 x_1에 접근할 때, 즉 Δx가

0에 접근할 때의 극한을 $x=x_1$에서 x에 대한 y의 **순간변화율**이라 한다. 즉

$$\text{순간변화율} = \lim_{\Delta x \to 0} \frac{\Delta y}{\Delta x} = \lim_{x_2 \to x_1} \frac{f(x_2)-f(x_1)}{x_2-x_1}$$

이다.

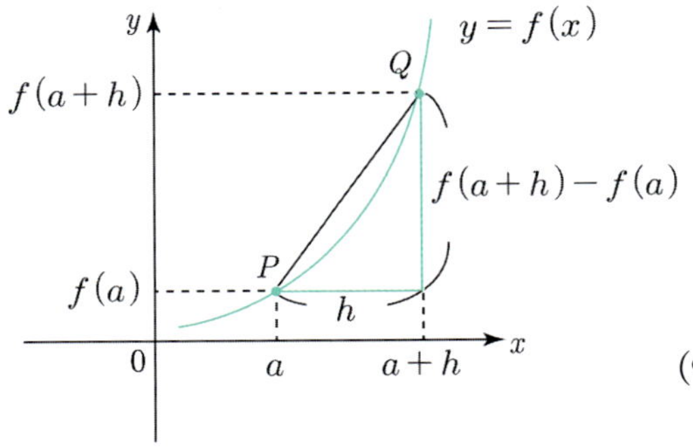

(이미지 수정예정)

순간변화율의 정의와 앞에서 공부한 미분계수의 정의를 비교해보면, 두 정의가 본질적으로는 같음을 알 수 있다. 따라서 미분계수 $f'(a)$는 $y=f(x)$의 $x=a$일 때의 순간변화율로 생각할 수 있다.

예제 3.9 $y=x^2$ 에 대하여 다음을 구하여라.

(1) $x=1$에서$x=3$이 되었을 때 x의 증분과 y의 증분

(2) $x=1$에서 $x=-3$이 되었을 때 x의 증분과 y의 증분

풀이

(1) $\Delta x=3-1=2$ 이고 $\Delta y=f(3)-f(1)=9-1=8$ 이다.

(2) $\Delta x=-3-1=-4$ 이고 $\Delta y=f(3)-f(1)=9-1=8$ 이다.

예제 3.10 실험실 실험에서 t시간 후의 박테리아 수는 $n=f(t)$이다.

(a) 도함수 $f'(4)$의 의미를 말하여라.

(b) 공간과 박테리아의 영양분의 양에 제한이 없다고 가정하자 $f'(4)$와 $f'(8)$ 중 어느 값이 더 큰가 설명하여라.

풀이

(a) $f'(4)$는 $t=4$일 때 박테리아 수의 증가율이다.

(b) t가 증가할 때 f'도 증가하므로, $f'(4) < f'(8)$이다.

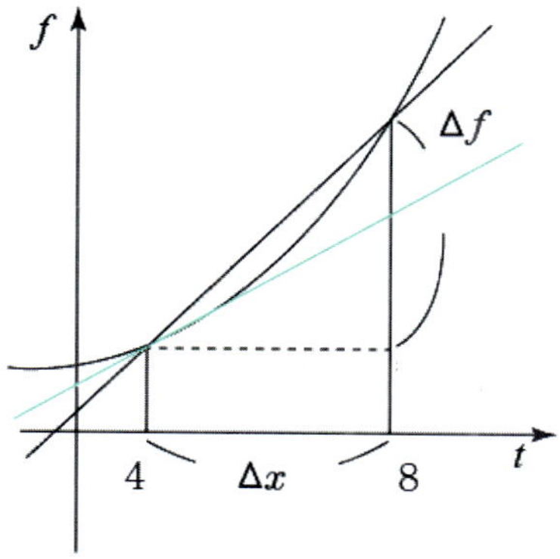

SECTION 1.3

➡ 연습문제 해답 496쪽

1.3 연습문제

01. 곡선 $y=x^3+1$ 위의 점 (1, 2)에서 접선과 법선의 방정식을 구하여라.

02. 공을 10m/sec의 속도로 공중에 던졌을 때 t초 후의 높이는 $f(t)=10t-4.9t^2$이다. $t=3$일 때 속도를 구하여라.

03. $f(0)=0$, $f'(0)=2$, $f'(1)=0$, $f'(2)=-1$, $\lim_{x\to-\infty} f(x)=-\infty$, $\lim_{x\to\infty} f(x)=0$을 만족하는 함수 $y=f(x)$의 개형을 그려라.

04. $x=2$에서 함수 $f(x)=\dfrac{a+2}{a+x}$의 미분계수를 구하여라.

05. $x=a$에서 $f(x)=\dfrac{1}{\sqrt{x}}$의 미분계수를 구하여라.

06. 다음 표는 A회사의 주식을 매입한 후 날짜별 주가를 나타낸 것이다.

x(일)	1	2	3	4	5
P(원)	12, 300	13, 400	12, 890	13, 950	15, 050

(1) 다음 구간에서 주가의 평균변화율을 구하여라.

3일부터 4일까지, 4일부터 5일까지, 1일부터 5일까지

(2) 매입한 후 4일째의 순간변화율을 추정하여라.

07. 소금 $x$kg을 생산하는데 드는 비용은 $C=f(x)$원이다.

(1) $f'(x)$의 의미를 설명하여라.

(2) $f'(20)=17{,}000$의 의미를 설명하여라.

Section 4

4. 도함수와 미분가능

앞에서 주어진 상수 a에 대하여 $x=a$에서 $f(x)$의 미분계수

$$f'(a)=\lim_{h\to 0}\frac{f(a+h)-f(a)}{h}$$

를 구하였다. 상수 a의 값이 바뀌면 새로운 값 a에서 미분계수를 구할 수 있다. 즉, a를 변수 x로 바꾸어 함수 $f'(x)$를 생각할 수 있다. 이 절에서는 이렇게 정의된 새로운 함수 $f'(x)$에 대하여 알아본다.

4.1 도함수

정의 4.1 도함수

함수 $y=f(x)$에 대하여

$$f'(x)=\lim_{h\to 0}\frac{f(x+h)-f(x)}{h}$$

를 $f(x)$의 **도함수**(derivative)라 한다. 또 $f(x)$로부터 $f'(x)$를 구하는 것을 $f(x)$를 x에 관해 미분한다고 한다.

곡선 $y=f(x)$에서 미분계수 $f'(a)$는 $x=a$일 때 접선의 기울기를 나타내므로 도함수 $f'(x)$는 각 점에서의 접선의 기울기를 나타내는 함수로 생각할 수 있다.

예제 4.2 $f(x)=\sin x$의 그래프를 보고 $f'(x)$의 그래프의 개형을 그려라.

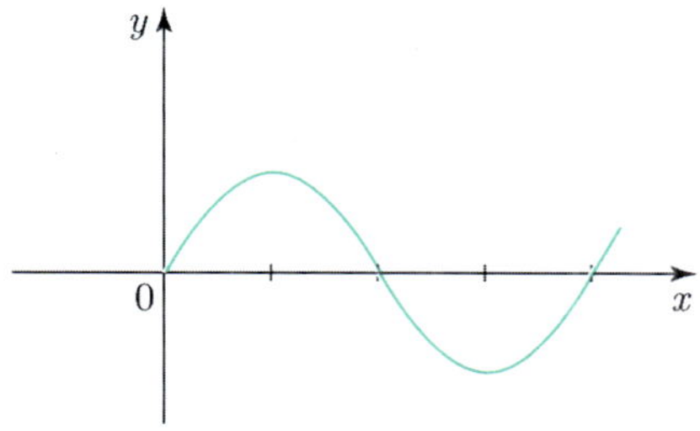

〈그림 4.1〉 $f(x)=\sin x$

풀이

점 $(x,\ \sin x)$에서 접선의 기울기를 추정하여 $f'(x)$의 그래프를 그려보자. $x=0$일 때는 기울기가 $m=1$이고 기울기가 점점 작아지다가 $x=\frac{\pi}{2}$일 때는 기울기가 $m=0$이다. 또 $x=\pi$일 때는 기울기가 $m=-1$, $x=\frac{3}{2}\pi$일 때는 기울기가 $m=0$, $x=2\pi$일 때는 기울기가 $m=1$이고 그 이후에는 같은 방법으로 반복된다.

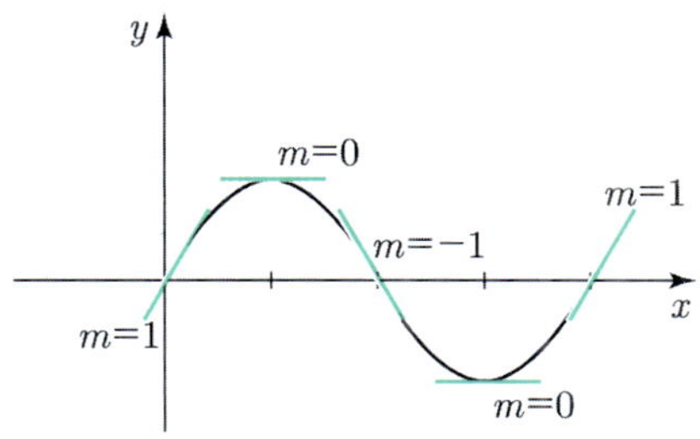

따라서 $y=f'(x)$의 그래프는 다음과 같을 것이라 예측할 수 있다.

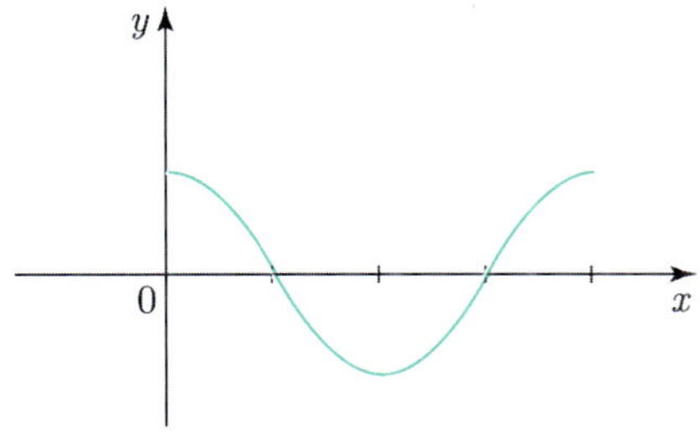

즉, $\sin x$의 도함수는 $\cos x$일 것이라 예측할 수 있다. ■

도함수 $f'(x)$를 다른 기호로

$$y', \quad \frac{dy}{dx}, \quad \frac{d}{dx}f(x)$$

등으로 나타내기도 한다. 여기서 $\frac{d}{dx}$는 라이프니츠가 개발한 기호이며 미분연산자라고 부르는데, 이렇게 나타내는 이유는 도함수는 극한

$$\lim_{\triangle x \to 0} \frac{\triangle y}{\triangle x}$$

이고 $\triangle$는 영어의 d에 해당하는 그리스 문자이기 때문이다. 라이프니츠 기호를 이용하여 미분계수를 나타낼 때에는

$$\left.\frac{dy}{dx}\right|_{x=a}$$

로 나타낸다.

예제 4.3 $f(x) = \sqrt{x-5}$의 도함수를 구하고 도함수의 정의역을 구하여라.

풀이

정의 4.1에 의하여

$$\begin{aligned}
f'(x) &= \lim_{h \to 0} \frac{f(x+h)-f(x)}{h} = \lim_{h \to 0} \frac{\sqrt{x+h-5} - \sqrt{x-5}}{h} \\
&= \lim_{h \to 0} \frac{\sqrt{x+h-5} - \sqrt{x-5}}{h} \cdot \frac{\sqrt{x+h-5} + \sqrt{x-5}}{\sqrt{x+h-5} + \sqrt{x-5}} \\
&= \lim_{h \to 0} \frac{1}{\sqrt{x+h-5} + \sqrt{x-5}} \\
&= \frac{1}{2\sqrt{x-5}}
\end{aligned}$$

이다. 따라서 $f'(x)$의 정의역은 $(5, \infty)$이다. ■

4.2 함수의 미분가능성

정의 4.4 함수의 미분가능성

함수 $y = f(x)$에 대하여 미분계수 $f'(a)$가 존재하면 $f(x)$는 $x = a$에서 **미분가능하다**고 한다. 또 $f(x)$가 정의역 내의 모든 점에서 미분가능할 때 **미분가능함수**라 한다.

예제 4.5 $f(x) = |x|$는 어디에서 미분가능한지 결정하여라.

풀이

정의 4.1에 의하여 $x \neq 0$이면

$$\begin{aligned} f'(x) &= \lim_{\Delta x \to 0} \frac{|x + \Delta x| - |x|}{\Delta x} \\ &= \lim_{\Delta x \to 0} \frac{|x + \Delta x| - |x|}{\Delta x} \cdot \frac{|x + \Delta x| + |x|}{|x + \Delta x| + |x|} \\ &= \lim_{\Delta x \to 0} \frac{(x + \Delta x)^2 - x^2}{\Delta x(|x + \Delta x| + |x|)} \\ &= \lim_{\Delta x \to 0} \frac{2x + \Delta x}{|x + \Delta x| + |x|} \\ &= \frac{x}{|x|} \end{aligned}$$

이다. 따라서

$$f'(x) = \begin{cases} 1, & x > 0 \\ -1, & x < 0 \end{cases}$$

이다. $x = 0$이면

$$f'(0) = \lim_{h \to 0} \frac{f(h) - f(0)}{h} = \lim_{h \to 0} \frac{|h|}{h}$$

인데

$$\lim_{h \to 0^+} \frac{|h|}{h} = \lim_{h \to 0^+} 1 = 1$$

이고,

$$\lim_{h \to 0^-} \frac{|h|}{h} = \lim_{h \to 0^-} (-1) = -1$$

이므로 $f'(0)$은 존재하지 않는다. 그러므로 $f(x) = |x|$는 $x = 0$에서는 미분가능하지 않고, $x = 0$을 제외한 모든 실수에서 미분가능하다. ■

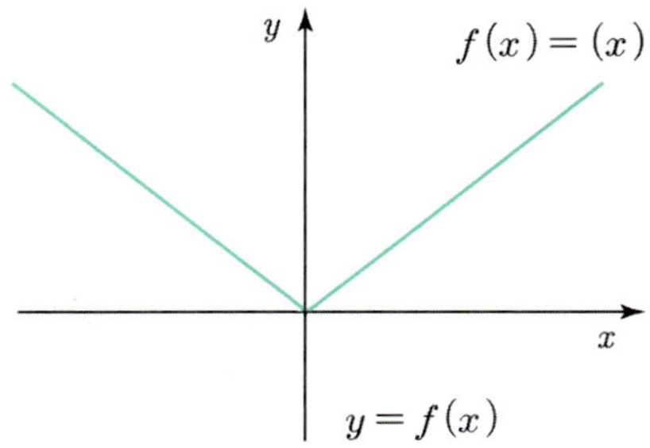

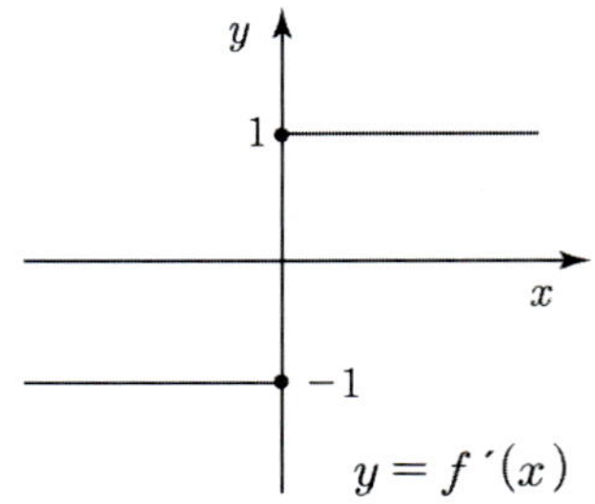

함수의 연속과 미분가능은 밀접한 관계가 있다. 다음 정리에서 살펴보자.

정리 4.6 함수의 미분가능과 연속

함수 $f(x)$가 $x=a$에서 미분가능하면 $f(x)$는 $x=a$에서 연속이다.

증명

$\lim_{x\to a} f(x) = f(a)$를 보이면 된다. 그런데

$$\lim_{x\to a}[f(x)-f(a)] = \lim_{x\to a}\left[\frac{f(x)-f(a)}{x-a}\cdot(x-a)\right]$$

이고 $f'(a) = \lim_{x\to a}\frac{f(x)-f(a)}{x-a}$가 존재하므로

$$\lim_{x\to a}[f(x)-f(a)] = \lim_{x\to a}\frac{f(x)-f(a)}{x-a}\cdot\lim_{x\to a}(x-a) = f'(a)\cdot 0 = 0$$

이다. 따라서 $f(x)$는 $x=a$에서 연속이다.

정리 4.6의 역은 참이 아니다. 즉 $f(x)$가 $x=a$에서 연속이라고 해서 그 점에서 반드시 미분가능한 것은 아니다. 예를 들어 $f(x)=|x|$는 $x=0$에서 연속이다. 왜냐하면

$$\lim_{x\to 0} f(x) = \lim_{x\to 0}|x| = f(0)$$

이기 때문이다. 하지만 예제 4.5에서 보았듯이 $f(x)=|x|$는 $x=0$에서 미분가능하지 않다.

예제 4.7 $f(x)=\begin{cases} x^2\sin\dfrac{\pi}{x} & (x\neq 0) \\ 0 & (x=0)\end{cases}$ 일 때,

(1) $x=0$ 에서의 연속성에 대해 알아 보아라.

(2) $x=0$ 에서의 미분 가능성에 대해 알아 보아라.

풀이

(1) $f(0)=0$이고 예제 1.16에 의해 $\lim_{x\to 0} f(x)=\lim_{x\to 0} x^2\sin\frac{\pi}{x}=0$ 이다.

그러므로 $\lim_{x\to 0} f(x)=0=f(0)$ 가 되어 $f(x)$는 $x=0$ 에서 연속이다.

(2) $x=0$ 에서의 미분 계수 $\lim_{x\to 0}\frac{f(x)-f(0)}{x-0}$ 가 존재하는지를 살펴 보면

$$\lim_{x\to 0}\frac{f(x)-f(0)}{x-0}$$

$$=\lim_{x\to 0}\frac{x^2\sin\frac{\pi}{x}}{x}$$

$$=\lim_{x\to 0} x\sin\frac{\pi}{x}$$

이다. 그런데 $0\le\left|\sin\frac{\pi}{x}\right|\le 1$ 이므로

$$0\le\left|x\sin\frac{\pi}{x}\right|=|x|\left|\sin\frac{\pi}{x}\right|\le|x|\cdot 1=|x|$$

이고, $\lim_{x\to 0} 0=\lim_{x\to 0}|x|=0$ 이므로 조임 정리에 의해

$$\lim_{x\to 0}\left|x\sin\frac{\pi}{x}\right|=0$$

이 되어 $\lim_{x\to 0} x\sin\frac{\pi}{x}=0$ 이다. 즉,

$$f'(0)=\lim_{x\to 0}\frac{f(x)-f(0)}{x-0}=0$$

이므로 $f(x)$는 $x=0$ 에서 미분 가능하다. ■

4.3 고계도함수

함수 $y=f(x)$의 도함수 $f'(x)$도 함수이므로 $y=f'(x)$의 도함수를 생각할 수 있다. $f'(x)$의 도함수를 $f''(x)$라 나타내고 $f(x)$의 **이계도함수**라 한다. 라이프니츠 기호로는

$$y'',\ f''(x),\ \frac{d}{dx}\left(\frac{dy}{dx}\right),\ \frac{d^2y}{dx^2}$$

라 나타낸다.

예제 4.8 $f(x)=x^3+2x$에 대하여 $f'(x)$와 $f''(x)$를 구하여라.

풀이

도함수의 정의에 의하여

$$\begin{aligned} f'(x) &= \lim_{h\to 0}\frac{f(x+h)-f(x)}{h} \\ &= \lim_{h\to 0}\frac{(x+h)^3+2(x+h)-(x^3+2x)}{h} \\ &= \lim_{h\to 0}(3x^2+2+3xh+h^2) \\ &= 3x^2+2 \end{aligned}$$

이고

$$\begin{aligned} f''(x)=(f')'(x) &= \lim_{h\to 0}\frac{f'(x+h)-f'(x)}{h} \\ &= \lim_{h\to 0}\frac{3(x+h)^2+2-(3x^2+2)}{h} \\ &= \lim_{h\to 0}(6x+3h) \\ &= 6x \end{aligned}$$

이다. ■

곡선의 방정식이 $y=f(x)$일 때 도함수 $f'(x)$는 접선의 기울기를 나타낸다. 따라서 이계도함수 $f''(x)$는 $f'(x)$의 변화율, 즉 접선의 기울기의 변화율을 나타낸다.

함수 $s=s(t)$가 직선 위를 움직이는 물체의 위치함수라면 도함수 $s'(t)$는 물체의 속도를 나타낸다. 즉,

$$v(t)=s'(t)$$

이다. 이계도함수 $s''(t)$는 물체의 속도의 변화율이므로 가속도를 나타낸다. 즉

$$a(t) = v'(t) = s''(t)$$

이다.

예제 4.9 직선 위를 움직이는 물체의 t초 후의 위치가 $s(t) = t^3 + 2t$일 때 1초 후의 속도와 가속도를 구하여라.

풀이

$v(t) = s'(t) = 3t^2 + 2$이고 $a(t) = s''(t) = 6t$이므로,
1초 후의 속도는 $v(1) = 5$이고 가속도는 $a(1) = 6$이다. ■

이계도함수 $f''(x)$의 도함수를 **삼계도함수**라 하고

$$y''', \quad f'''(x), \quad \frac{d^3y}{dx^3}, \quad \frac{d^3}{dx^3}(f(x))$$

등으로 나타낸다. 일반적으로 자연수 n에 대하여 함수 $f(x)$를 n번 미분한 함수를 **n계도함수**라 하고

$$y^{(n)}, \quad f^{(n)}(x), \quad \frac{d^ny}{dx^n}, \quad \frac{d^n}{dx^n}(f(x))$$

등으로 나타낸다.

예제 4.10 $(x^n)' = nx^{(n-1)}$임을 이용하여 $y = \sqrt{x}$의 3계 도함수를 구하여라.

풀이

$y = x^{\frac{1}{2}}, \ y' = \frac{1}{2}x^{-\frac{1}{2}}, \ y'' = -\frac{1}{4}x^{-\frac{3}{2}}, \ y''' = \frac{3}{8}x^{-\frac{5}{2}}$이다. ■

직선 위를 움직이는 물체의 위치함수 $s = s(t)$에 대하여 삼계도함수의 물리적의미는 가속도의 속도를 말하며 저크(jerk)라고 한다. 다시 말해서 저크 j는 가속도의 변화율이다. 저크가 큰 값은 가속도가 순간적으로 변한다는 의미로 자동차의 갑작스러운 움직임을 나타낸다.

$$j = \frac{da}{at} = \frac{d^2v}{dt^2} = \frac{d^3s}{dt^3}$$

➡ 연습문제 해답 497쪽

1.4 연습문제

01. 도함수의 정의를 이용하여 $f(x)=\dfrac{x}{x+1}$의 도함수를 구하여라.

02. 도함수의 정의를 이용하여 $f(x)=\dfrac{1}{\sqrt{x}}$의 도함수를 구하여라.

03. 함수 $f(x)=x|x|$는 어디에서 미분가능한지 판별하여라.

04. $x=0$에서 함수 $f(x)=\begin{cases} x^2+1, & x\text{가 유리수} \\ 1, & x\text{가 무리수} \end{cases}$의 미분가능성을 판별하여라.

05. 함수 $f(x)=\begin{cases} x\sin\dfrac{1}{x}, & x\neq 0 \\ 0, & x=0 \end{cases}$가 $x=0$에서 미분가능한지 밝혀라.

06. 함수 $f(x)=\begin{cases} x^2, & x\leq 1 \\ ax+b, & x>1 \end{cases}$가 모든 x에 대하여 미분가능하기 위한 상수 a, b의 값을 구하여라.

07. $a > 0$이고 f는 $x = a$에서 미분가능하다고 할 때 극한

$$\lim_{x \to a} \frac{f(x) - f(a)}{\sqrt[3]{x} - \sqrt[3]{a}}$$

를 $f'(a)$를 이용하여 나타내어라.

08. $f(x) = x^3 - x^2$에 대하여 $f'(x)$, $f''(x)$, $f'''(x)$, $f^{(4)}(x)$를 구하여라.

09. 직선 위를 움직이는 물체의 t초 후의 위치가 $s(t) = 5t - 2t^2$일 때 1초 후의 속도와 가속도를 구하여라.

10. 다음 그래프는 $f(x)$, $f'(x)$, $f''(x)$, $f'''(x)$의 그래프이다. 각각 어느 곡선인지 결정하고 그 이유를 설명하여라.

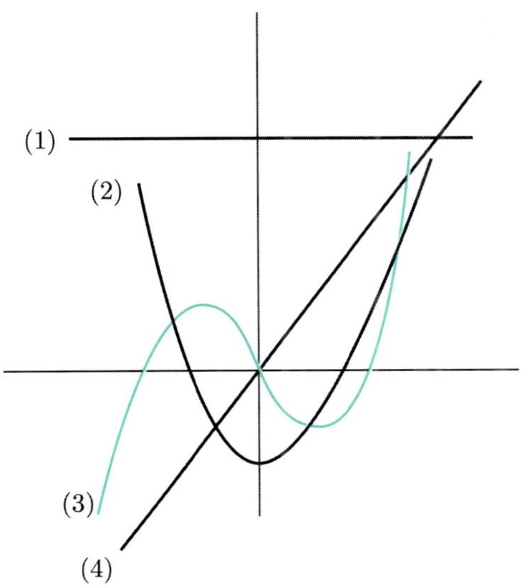

읽을 거리

라프니츠(G.W.Leibniz, 1646~1716)는 1673년과 1676년 사이에 카발리에리의 불가분량의 합을 나타내는 라틴어의 첫 글자 S 를 길게 늘인 문자로서 현대의 적분 기호인 $\int$ 을 처음 도입하였다.

1684년에 발간한 미분학에 관한 최초의 논문 〈미분적분학에 관한 보고〉에서 dx, dy 를 소개하였으며, 뉴턴에 대한 좋은 평가도 잊지 않았다고 한다,

그럼에도 불구하고 뉴턴의 추종자들과 라이프니츠의 추종자들 사이에서 누가 먼저 미적분학을 발견했는가에 관한 우선권 논쟁이 일어났다. 이러한 쓸모없는 소모적 논쟁이 있었지만 두 천재가 각자 독립적으로 발견해낸 미적분학은 인류의 가장 위대한 발견 중 하나로 꼽히고 있다. ▣

CHAPTER 2

미분법

1. 다항함수, 자연지수함수, 삼각함수의 미분법
2. 합성함수와 매개변수함수의 도함수, 음함수 미분법
3. 역삼각함수와 로그함수의 미분법
4. 쌍곡선함수의 미분법
5. 자연과학과 사회과학에서의 응용

Section 1

1. 다항함수, 자연지수함수, 삼각함수의 미분법

이 절에서는 다항함수와 지수함수의 미분법과 미분법에 활용되는 몇 가지 도함수의 성질들을 살펴본다. 또한 함수의 곱과 몫의 미분법을 소개하고 함수의 연산과 관련된 미분법의 공식을 정리한다. 라디안으로 주어지는 각에 대한 삼각함수의 몇 가지 유용한 극한을 계산하고 이를 활용하여 삼각함수의 미분법을 얻고 함수의 연산과 관련된 미분법의 공식을 정리한다.

1.1 상수한 수의 도함수

c가 상수일 때, 상수함수 $f(x)=c$의 정의역의 각 점에서 순간변화율은 0이므로 $f'(x)=0$임을 알 수 있다.

정리 1.1 상수함수의 도함수

c가 상수일 때, $f(x)=c$의 도함수는 $\frac{d}{dx}(c)=0$이다.

증명

$$f'(x)=\lim_{h\to 0}\frac{f(x+h)-f(x)}{h}=\lim_{h\to 0}\frac{c-c}{h}=\lim_{h\to 0}\frac{0}{h}=0$$

예제 1.2 다음 함수의 도함수를 구하여라.

(1) $f(x)=5$ (2) $f(x)=-12$ (3) $f(x)=e^2$ (4) $f(x)=1.2\times 10^{12}$

풀이

(1)~(4) 모두 상수함수이므로 도함수는 $f'(x)=0$이다. ■

1.2 거듭제곱함수의 도함수

세제곱함수 $f(x)=x^3$의 도함수를 구해보자. 도함수의 정의 $f'(x)=\lim_{b\to x}\frac{f(b)-f(x)}{b-x}$를 이용한다. 먼저 분자인 $f(b)-f(x)=b^3-x^3$를 인수분해하면

$$f(b)-f(x)=b^3-x^3=(b-x)(b^2+bx+x^2)$$

이다. 따라서

$$\begin{aligned} f'(x)&=\lim_{b\to x}\frac{f(b)-f(x)}{b-x} \\ &=\lim_{b\to x}\frac{(b-x)(b^2+bx+x^2)}{b-x}=\lim_{b\to x}(b^2+bx+x^2)=3x^2 \end{aligned}$$

이다. 이를 일반화하면 다음 정리를 얻을 수 있다.

정리 1.3 거듭제곱 규칙

n이 자연수일 때, 거듭제곱함수 $f(x)=x^n$의 도함수는 $\frac{d}{dx}(x^n)=nx^{n-1}$이다.

증명

$$\begin{aligned} f'(x)&=\lim_{b\to x}\frac{f(b)-f(x)}{b-x}=\lim_{b\to x}\frac{b^n-x^n}{b-x} \\ &=\lim_{b\to x}\frac{(b-x)(b^{n-1}+b^{n-2}x+b^{n-3}x^2+\cdots+b^2x^{n-3}+bx^{n-2}+x^{n-1})}{b-x} \\ &=\lim_{b\to x}(b^{n-1}+b^{n-2}x+b^{n-3}x^2+\cdots+b^2x^{n-3}+bx^{n-2}+x^{n-1}) \\ &=\underbrace{x^{n-1}+\cdots+x^{n-1}}_{n\text{개}} \\ &=nx^{n-1} \end{aligned}$$

예제 1.4 다음 함수의 도함수를 구하여라.

(1) $f(x)=x^3$ (2) $f(x)=x^5$ (3) $f(x)=x^{12}$ (4) $f(x)=x^{20}$

풀이

거듭제곱 규칙을 이용하면 각 함수의 도함수는 다음과 같다.

(1) $f'(x)=3x^2$ (2) $f'(x)=5x^4$

(3) $f'(x)=12x^{11}$ (4) $f'(x)=20x^{19}$ ■

거듭제곱 함수 $f(x)=x^n$의 도함수에 관한 거듭제곱 규칙은 n이 자연수일 때에 대해서만 증명하였지만 n이 음의 정수나 분수, 나아가 n이 임의의 실수일 때에도 성립한다. 예를 들어 도함수의 정의에 의해

$$\frac{d}{dx}(x^{-1})=-x^{-2}$$

이며

$$\frac{d}{dx}\left(x^{\frac{1}{2}}\right)=\frac{1}{2}x^{-\frac{1}{2}}$$

임을 보일 수 있다. 실제로 거듭제곱 규칙은 임의의 실수 n에 대해 성립하는데 이는 정리 3.14에서 증명한다.

정리 1.5 일반적인 거듭제곱 규칙

n이 실수일 때, 거듭제곱함수 $f(x)=x^n$의 도함수는 $\frac{d}{dx}(x^n)=nx^{n-1}$이다.

예제 1.6 다음 함수의 도함수를 구하여라.

(1) $f(x)=\frac{1}{x^2}$ (2) $f(x)=\sqrt{x^3}$ (3) $f(x)=x^2\sqrt{x}$ (4) $f(x)=\frac{x-\sqrt[3]{x}}{x^3}$

풀이

일반적인 거듭제곱 규칙을 이용하면 각 함수의 도함수는 다음과 같다.

(1) $f(x)=x^{-2}$이므로 $f'(x)=-2x^{-3}=-\dfrac{2}{x^3}$

(2) $f(x)=x^{\frac{3}{2}}$이므로 $f'(x)=\dfrac{3}{2}x^{\frac{1}{2}}=\dfrac{3}{2}\sqrt{x}$

(3) $f(x)=x^2x^{\frac{1}{2}}=x^{\frac{5}{2}}$이므로 $f'(x)=\dfrac{5}{2}x^{\frac{3}{2}}=\dfrac{5}{2}\sqrt{x^3}$

(4) $f(x)=x^{-2}-x^{\frac{1}{3}-3}=x^{-2}-x^{-\frac{8}{3}}$이므로

$f'(x)=-2x^{-3}+\dfrac{8}{3}x^{-\frac{11}{3}}=-\dfrac{2}{x^3}+\dfrac{8}{3\sqrt[3]{x^{11}}}$ ■

예제 1.7 함수 $f(x)=x^2\sqrt{x}$의 그래프의 점 $(1, 1)$에서 접선의 방정식을 구하여라.

풀이

앞의 예제 1.6 (3)에서 $f'(x)=\dfrac{5}{2}\sqrt{x^3}$이므로 $(1, 1)$에서 접선의 기울기는 $f'(1)=\dfrac{5}{2}$이다.

그러므로 접선의 방정식은 $y=\dfrac{5}{2}(x-1)+1=\dfrac{5}{2}x-\dfrac{3}{2}$이다. ■

1.3 합차의 미분법

함수의 상수배와 두 함수의 합과 차의 도함수는 다음 정리를 이용하여 구할 수 있다.

정리 1.8 상수배와 두 함수의 합의 도함수

$f(x)$와 $g(x)$가 미분 가능하고 c가 상수일 때 다음이 성립한다.

(1) $\dfrac{d}{dx}(cf(x))=c\dfrac{d}{dx}(f(x))$

(2) $\dfrac{d}{dx}(f(x)+g(x))=\dfrac{d}{dc}(f(x))+\dfrac{d}{dx}(g(x))$

증명

도함수의 정의와 극한의 성질을 이용하여 증명한다.

(1) $$(cf(x))' = \lim_{h\to 0}\frac{cf(x+h)-cf(x)}{h} = \lim_{h\to 0} c\cdot\frac{f(x+h)-f(x)}{h}$$
$$= c\cdot\lim_{h\to 0}\frac{f(x+h)-f(x)}{h} = cf'(x)$$

(2) $$(f(x)+g(x))' = \lim_{h\to 0}\frac{f(x+h)+g(x+h)-(f(x)+g(x))}{h}$$
$$= \lim_{h\to 0}\frac{f(x+h)-f(x)+g(x+h)-g(x)}{h}$$
$$= \lim_{h\to 0}\left(\frac{f(x+h)-f(x)}{h}+\frac{g(x+h)-g(x)}{h}\right)$$
$$= \lim_{h\to 0}\frac{f(x+h)-f(x)}{h}+\lim_{h\to 0}\frac{g(x+h)-g(x)}{h}$$
$$= f'(x)+g'(x)$$

정리 1.8을 이용하면 $\frac{d}{dx}(f(x)-g(x)) = \frac{d}{dx}(f(x)) - \frac{d}{dx}(g(x))$임을 도함수의 정의를 사용하지 않고도 증명할 수 있다.

따름정리 1.9 두 함수의 차의 도함수

$f(x)$와 $g(x)$가 미분 가능하면 $\frac{d}{dc}(f(x)-g(x)) = \frac{d}{dx}(f(x)) - \frac{d}{dx}(g(x))$이다.

증명

$-g(x) = (-1)\cdot g(x)$이므로 정리 1.8(2)와 1.8(1)을 차례로 적용하면

$$\begin{aligned}(f(x)-g(x))' &= (f(x)+(-1)\cdot g(x))' \\ &= f'(x)+((-1)\cdot g(x))' && \text{(정리 1.8(2))} \\ &= f'(x)+(-1)\cdot g'(x) && \text{(정리 1.8(1))} \\ &= f'(x)-g'(x)\end{aligned}$$

예제 1.10 다음 함수의 도함수를 구하여라.

(1) $f(x)=7x^2$ (2) $f(x)=7x^3-4x^2+5$ (3) $f(x)=(2x+1)^3$

풀이

(1) $f'(x)=7\cdot 2x=14x$

(2) $f'(x)=21x^2-8x$

(3) $f(x)=8x^3+12x^2+6x+1$이므로 $f'(x)=24x^2+24x+6$ ■

1.4 자연지수함수의 도함수

밑이 a ($a>0$이고 $a\neq 1$)인 지수함수 $f(x)=a^x$의 도함수를 도함수의 정의에 따라 구하면 다음과 같다.

$$f'(x)=\lim_{h\to 0}\frac{f(x+h)-f(x)}{h}=\lim_{h\to 0}\frac{a^{x+h}-a^x}{h}$$
$$=\lim_{h\to 0}\frac{a^x a^h-a^x}{h}=\lim_{h\to 0}\frac{a^x(a^h-1)}{h}$$

a^x는 h에 대해서는 상수항이므로 극한 앞으로 보낼 수 있다. 따라서

$$f'(x)=a^x\lim_{h\to 0}\frac{a^h-1}{h} \tag{1.1}$$

이다. 이때 $\lim_{h\to 0}\frac{a^h-1}{h}$가 존재한다고 가정하면 $\lim_{h\to 0}\frac{a^h-1}{h}$은 $x=0$에서 $f(x)=a^x$의 미분계수이므로 $f(x)=a^x$는 $x=0$에서 미분 가능하다. 식 (1.1)은 $f'(x)=f'(0)a^x$로 쓸 수 있으므로 $f(x)=a^x$가 $x=0$에서 미분 가능하면 실수 전체에서 미분 가능한 함수가 된다.

식 (1.1)에서 $\lim_{h\to 0}\frac{a^h-1}{h}$가 존재함을 증명할 수 있지만 간단히 $a=2$일 때와 $a=3$일 때의 $\lim_{h\to 0}\frac{a^h-1}{h}$을 추정해보자. 먼저 $a=2$인 경우 아래와 같이 계산해보면 $\lim_{h\to 0}\frac{2^h-1}{h}\approx 0.693$, $a=3$인 경우에는 $\lim_{h\to 0}\frac{3^h-1}{h}\approx 1.098$로 추정할 수 있다.

h	$\frac{2^h-1}{h}$	$\frac{3^h-1}{h}$
0.1	0.7177346	1.1612317
0.01	0.6955550	1.1046692
0.001	0.6933875	1.0992160
0.0000001	0.6931472	1.0986123

이 관찰에서 $\lim_{h\to 0}\frac{a^h-1}{h}$이 1이 되는 a는 2와 3 사이의 수임을 추정할 수 있는데 이 수를 e라고 쓰고 자연상수 또는 오일러의 수라고 부르며 다음과 같이 정의한다.

정의 1.11 자연상수 e의 정의

수 e는 극한 $\lim_{h\to 0}\frac{e^h-1}{h}=1$을 만족하는 수이다.

$f(x)=a^x$에서 $a=e$인 경우 식 (1.1)과 자연상수 e의 정의로부터 $f'(x)=e^x\lim_{h\to 0}\frac{e^h-1}{h}=e^x$가 된다.

정리 1.12 자연 지수함수의 도함수

$$\frac{d}{dx}(e^x)=e^x$$

정리 1.12는 자연 지수함수 $f(x)=e^x$의 그래프의 각 점에서 접선의 기울기가 바로 그 점의 x좌표의 함숫값인 y좌표임을 의미한다.

예제 1.13 다음 함수의 도함수를 구하여라.

(1) $f(x)=e^x-x^2$　　(2) $f(x)=x^3+2x^2+1-e^x$

풀이

(1) $f'(x)=e^x-2x$

(2) $f'(x)=3x^2+4x-e^x$ ■

예제 **1.14** 다음 곡선의 y절편에서 접선의 기울기를 구하여라.

(1) $f(x)=e^x-x^2$ (2) $f(x)=x^3+2x^2+1-e^x$

풀이

(1) y절편에서 접선의 기울기는 $f'(0)$이므로 $f'(x)=e^x-2x$에서 $f'(0)=1$이다.

(2) $f'(x)=3x^2+4x-e^x$에서 $f'(0)=-1$이다. ■

1.5 곱의 미분법

미분 가능한 두 함수 f와 g의 도함수 $(fg)'$이 $f'g'$이 아니라는 것은 $f(x)=x$, $g(x)=x^2$의 경우에서 쉽게 알 수 있다. $(fg)'$을 얻는 규칙을 곱 규칙이라고 하는데 라이프니츠(Gottfried Leibniz)가 생각했던 방법에 따라 살펴보자.

$f(x)$와 $g(x)$를 편의상 $u=f(x)$, $v=g(x)$라고 두면 x의 변화량이 Δx일 때 u와 v의 변화량은 각각 $\Delta u=f(x+\Delta x)-f(x)$, $\Delta v=g(x+\Delta x)-g(x)$이다. 그리고 x의 변화량이 Δx일 때 uv의 변화량 $\Delta(uv)$는 $(u+\Delta u)(v+\Delta v)$에서 uv를 뺀 값이다. 이를 계산하면

$$\Delta(uv)=(u+\Delta u)(v+\Delta v)-uv=u\Delta v+v\Delta u+\Delta u\Delta v$$

이고 이를 Δx로 나누면

$$\frac{\Delta(uv)}{\Delta x}=u\frac{\Delta v}{\Delta x}+v\frac{\Delta u}{\Delta x}+\Delta u\frac{\Delta v}{\Delta x}$$

이다. $(uv)'=\lim_{\Delta x\to 0}\frac{\Delta(uv)}{\Delta x}$이고 $\Delta x\to 0$이면 f가 미분 가능하며 연속이므로 $\Delta u=f(x+\Delta x)-f(x)\to 0$이다. 다음과 같이 uv의 도함수를 구할 수 있다.

$$(uv)' = \lim_{\Delta x \to 0} \frac{\Delta(uv)}{\Delta x} = u\left(\lim_{\Delta x \to 0} \frac{\Delta v}{\Delta x}\right) + v\left(\lim_{\Delta x \to 0} \frac{\Delta u}{\Delta x}\right) + \left(\lim_{\Delta x \to 0} \Delta u\right)\left(\lim_{\Delta x \to 0} \frac{\Delta v}{\Delta x}\right)$$
$$= uv' + vu' = u'v + uv'$$

정리 1.15 곱 규칙

f와 g가 미분 가능하면

$$\frac{d}{dx}(f(x)g(x)) = \frac{d}{dx}(f(x))g(x) + f(x)\frac{d}{dx}(g(x))$$

이다.

증명

$h(x) = f(x)g(x)$로 두면 $-f(x)g(x+\Delta x) + f(x)g(x+\Delta x) = 0$이므로

$$\frac{d}{dx}(h(x)) = \lim_{\Delta x \to 0} \frac{h(x+\Delta x) - h(x)}{\Delta x}$$
$$= \lim_{\Delta x \to 0} \frac{f(x+\Delta x)g(x+\Delta x) - f(x)g(x)}{\Delta x}$$
$$= \lim_{\Delta x \to 0} \frac{f(x+\Delta x)g(x+\Delta x) - f(x)g(x+\Delta x) + f(x)g(x+\Delta x) - f(x)g(x}{\Delta x}$$
$$= \lim_{\Delta x \to 0} \frac{(f(x+\Delta x) - f(x))g(x+\Delta x) + f(x)(g(x+\Delta x) - g(x))}{\Delta x}$$
$$= \lim_{\Delta x \to 0} \frac{(f(x+\Delta x) - f(x))g(x+\Delta x)}{\Delta x} + \lim_{\Delta x \to 0} \frac{f(x)g(x+\Delta x) - g(x)}{\Delta x}$$

이다. g가 연속이므로 $\Delta x \to 0$이면 $g(x+\Delta x) \to g(x)$이고 따라서

$$\frac{d}{dx}(h(x)) = f'(x)g(x) + f(x)g'(x)$$

이다.

예제 1.16 다음 함수의 도함수를 구하여라.

(1) $f(x) = x^2 e^x$

(2) $f(x) = (x^2 - 2x)(x^3 - x + 1)$

풀이

(1) $f'(x) = 2xe^x + x^2e^x = (x^2+2x)e^x$

(2) $f'(x) = (2x-2)(x^3-x+1) + (x^2-2x)(3x^2-1) = 5x^4-8x^3-3x^2+6x-2$ ■

예제 1.17 $f(1)=1$, $f'(1)=2$이고 $g(1)=3$, $g'(1)=-2$일 때, $x=1$에서 $f(x)g(x)$의 미분계수를 구하여라.

풀이

$$(f(x)g(x))' = f'(x)g(x) + f(x)g'(x)$$

이므로 $x=1$에서 $f(x)g(x)$의 미분계수는 $2\cdot 3 + 1\cdot(-2) = 4$이다. ■

1.6 몫의 미분법

미분 가능한 두 함수 f와 g의 몫 $\frac{f}{g}$의 도함수를 계산해보자. $\frac{f}{g} = h$라고 두면 $f = gh$이다. 곱의 미분법에 의해 $f' = g'h + gh'$이므로 $gh' = f' - g'h$, 즉 $h' = \frac{f'}{g} - \frac{g'h}{g}$이다. $h = \frac{f}{g}$이므로 $h' = \frac{f'}{g} - \frac{g'f}{g^2} = \frac{f'g - fg'}{g^2}$임을 알 수 있다.

정리 1.18 몫 규칙

f와 g가 미분 가능하고 $g(x) \neq 0$이면

$$\frac{d}{dx}\left(\frac{f(x)}{g(x)}\right) = \frac{\frac{d}{dx}(f(x))g(x) - f(x)\frac{d}{dx}(g(x))}{(g(x))^2}$$

이다.

증명

$h(x)=\dfrac{f(x)}{g(x)}$로 두면

$$\frac{d}{dx}(h(x))=\lim_{\Delta x\to 0}\frac{\dfrac{f(x+\Delta x)}{g(x+\Delta x)}-\dfrac{f(x)}{g(x)}}{\Delta x}$$

$$=\lim_{\Delta x\to 0}\frac{\dfrac{f(x+\Delta x)g(x)-f(x)g(x+\Delta x)}{g(x+\Delta x)g(x)}}{\Delta x}$$

$$=\lim_{\Delta x\to 0}\frac{f(x+\Delta x)g(x)-f(x)g(x)+f(x)g(x)-f(x)g(x+\Delta x)}{\Delta x g(x+\Delta x)g(x)}$$

$$=\lim_{\Delta x\to 0}\frac{f(x+\Delta x)-f(x)}{\Delta x g(x+\Delta x)}-\lim_{\Delta x\to 0}\frac{f(x)\{g(x+\Delta x)-g(x)\}}{g(x+\Delta x)g(x)\Delta x}$$

이다. g가 연속이므로 $\Delta x\to 0$이면 $g(x+\Delta x)\to g(x)$이고 따라서

$$\frac{d}{dx}(h(x))=\frac{f'(x)}{g(x)}-\frac{f(x)g'(x)}{(g(x))^2}=\frac{f'(x)g(x)-f(x)g'(x)}{(g(x))^2}$$

이다.

몫의 미분법에서 분자는 곱의 미분법과 비슷하나 분모의 미분 시 음의 부호가 붙는 것에 차이가 있다. 몫의 미분법을 사용하면 유리함수나 분수함수의 미분을 편리하게 할 수 있지만 분모가 제곱이 되므로 몫의 도함수는 조금 복잡한 형태를 갖게 된다.

예제 1.19 다음 함수의 도함수를 구하여라.

(1) $f(x)=\dfrac{x}{e^x}$ (2) $f(x)=\dfrac{x^2-2x}{x^3-x+1}$

풀이

(1) $f'(x)=\dfrac{e^x-xe^x}{e^{2x}}=\dfrac{(1-x)e^x}{e^{2x}}=\dfrac{1-x}{e^x}$

(2) $f'(x)=\dfrac{(2x-2)(x^3-x+1)-(x^2-2x)(3x^2-1)}{(x^3-x+1)^2}=-\dfrac{x^4-4x^3+x^2-2x+2}{(x^3-x+1)^2}$ ■

예제 1.20 $f(1)=1$, $f'(1)=2$이고 $g(1)=3$, $g'(1)=-2$일 때, $y=\dfrac{f(x)}{g(x)}$의 그래프에서 $x=1$인 점의 접선의 방정식을 구하여라.

풀이

$x=1$이면 $\dfrac{f(1)}{g(1)}=\dfrac{1}{3}$이므로 접점의 좌표는 $\left(1, \dfrac{1}{3}\right)$이다. $\left(\dfrac{f(x)}{g(x)}\right)'=\dfrac{f'(x)g(x)-f(x)g'(x)}{(g(x))^2}$ 이므로 $x=1$에서 $\dfrac{f(x)}{g(x)}$의 미분계수는 $\dfrac{2\cdot 3-1\cdot(-2)}{3^2}=\dfrac{8}{9}$이다. 따라서 구하는 접선의 방정식은 $y=\dfrac{8}{9}(x-1)+\dfrac{1}{3}=\dfrac{8}{9}x-\dfrac{5}{9}$이다. ■

1.7 삼각함수의 도함수

x가 라디안으로 주어진 각일 때, 삼각함수 $\sin x$, $\cos x$, $\tan x$, $\csc x$, $\sec x$, $\cot x$ 등은 각 함수의 정의역에서 연속이며 특히 $\sin x$와 $\cos x$는 실수 전체에서 연속함수이다. $f(x)=\sin x$가 미분 가능하다고 가정하고 도함수를 구해보자.

$$f'(x)=\lim_{h\to 0}\frac{f(x+h)-f(x)}{h}=\lim_{h\to 0}\frac{\sin(x+h)-\sin x}{h}$$

이고 덧셈정리에 의해 $\sin(x+h)-\sin x=\sin x\cos h+\cos x\sin h-\sin x$이다. 따라서

$$\begin{aligned}f'(x)&=\lim_{h\to 0}\frac{f(x+h)-f(x)}{h}\\&=\lim_{h\to 0}\frac{\sin x\cos h+\cos x\sin h-\sin x}{h}\\&=\lim_{h\to 0}\sin \mathrm{x}\frac{\cos h-1}{\mathrm{h}}+\lim_{h\to 0}\cos \mathrm{x}\frac{\sin h}{\mathrm{h}}\\&=\sin x\left(\lim_{h\to 0}\frac{\cos h-1}{h}\right)+\cos x\left(\lim_{h\to 0}\frac{\sin h}{h}\right)\end{aligned}$$

이다. 따라서 $\sin x$의 도함수를 구하기 위해서는 $\lim_{h\to 0}\dfrac{\cos h-1}{h}$과 $\lim_{h\to 0}\dfrac{\sin h}{h}$의 값을 알아야 한다.

정리 1.21 $\lim_{h\to 0} \sin h/h$의 값

$$\lim_{h\to 0}\frac{\sin h}{h}=1$$

증명

먼저 $0<h<\frac{\pi}{2}$의 경우를 생각하자. 중심이 원점이고 반지름이 1인 단위원을 그리고 중심각이 h이며 한 변이 x축이고 다른 한 변이 1사분면 위에 있는 부채꼴을 그리자.

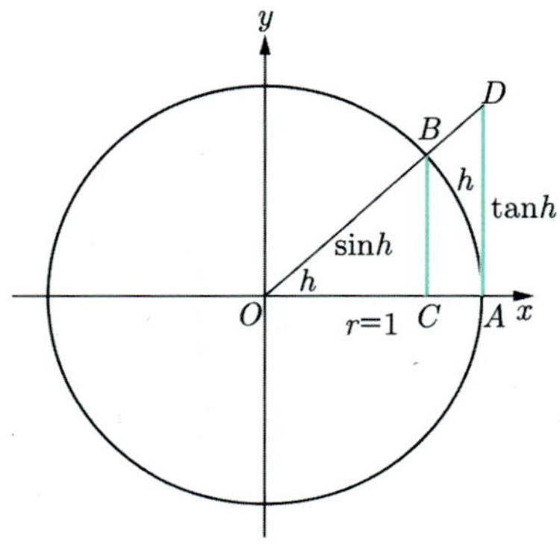

단위원의 넓이는 π이므로 중심각이 h인 부채꼴 BOA의 넓이는 $\pi\frac{h}{2\pi}=\frac{1}{2}h$이다. 삼각형 BOC의 넓이는 $\frac{1}{2}\cos h\sin h$이고 삼각형 DOA의 넓이는 $\frac{1}{2}\tan h$이다. 넓이 관계에 의해

$$\frac{1}{2}\cos h\sin h<\frac{1}{2}h<\frac{1}{2}\tan h$$

이고 $\tan h=\frac{\sin h}{\cos h}$이므로 양변을 $\frac{1}{2}\sin h$로 나누면 $\cos h<\frac{h}{\sin h}<\frac{1}{\cos h}$이고 역수를 취하면 $\frac{1}{\cos h}>\frac{\sin h}{h}>\cos h$이므로

$$\cos h<\frac{\sin h}{h}<\frac{1}{\cos h}\quad\left(0<h<\frac{\pi}{2}\right)$$

이다. 또한 $-\frac{\pi}{2}<h<0$인 경우에는 $0\leftarrow h<\frac{\pi}{2}$이므로 앞의 결과에 의해

$$\cos(-h) < \frac{\sin(-h)}{-h} < \frac{1}{\cos(-h)}$$

이다. $\sin(-h) = -\sin h$이고 $\cos(-h) = \cos h$이므로 $\cos h < \frac{-\sin h}{-h} < \frac{1}{\cos h}$이다. 즉

$$\cos h < \frac{\sin h}{h} < \frac{1}{\cos h} \quad \left(-\frac{\pi}{2} < h < 0\right)$$

이다. **조임정리**에 의해 $\lim_{h\to0}\cos h \le \lim_{h\to0}\frac{\sin h}{h} \le \lim_{h\to0}\frac{1}{\cos h}$이고 $\lim_{h\to0}\cos h = 1$이므로 $\lim_{h\to0}\frac{\sin h}{h} = 1$이다.

정리 1.22 $\lim_{h\to0}(\cos h - 1)/h$의 값

$$\lim_{h\to0}\frac{\cos h - 1}{h} = 0$$

증명

1인 $\frac{\cos h + 1}{\cos h + 1}$를 곱하고 $\sin^2 h + \cos^2 h = 1$과 정리 1.21을 적용하면

$$\begin{aligned}\lim_{h\to0}\frac{\cos h - 1}{h} &= \lim_{h\to0}\frac{\cos h - 1}{h}\cdot\frac{\cos h + 1}{\cos h + 1} = \lim_{h\to0}\frac{\cos^2 h - 1}{h(\cos h + 1)}\\ &= \lim_{h\to0}\frac{-\sin^2 h}{h(\cos h + 1)} = \lim_{h\to0}\frac{\sin h}{h}\cdot\frac{-\sin h}{\cos h + 1}\\ &= \left(\lim_{h\to0}\frac{\sin h}{h}\right)\cdot\left(\lim_{h\to0}\frac{-\sin h}{\cos h + 1}\right) = 1\cdot\frac{0}{2} = 0\end{aligned}$$

이다.

이제 $f(x) = \sin x$의 도함수를 구해보면 다음과 같다.

$$\begin{aligned}f'(x) &= \lim_{h\to0}\frac{f(x+h) - f(x)}{h}\\ &= \lim_{h\to0}\frac{\sin x\cos h + \cos x\sin h - \sin x}{h}\end{aligned}$$

$$= \lim_{h \to 0} \sin x \frac{\cosh - 1}{h} + \lim_{h \to 0} \cos x \frac{\sin h}{h}$$

$$= \sin x \left(\lim_{h \to 0} \frac{\cos h - 1}{h} \right) + \cos x \left(\lim_{h \to 0} \frac{\sin h}{h} \right)$$

$$= \sin x \cdot 0 + \cos x \cdot 1 = \cos x$$

정리 1.23 $\sin x$의 도함수

$$\frac{d}{dx}(\sin x) = \cos x$$

$f(x) = \cos x$의 경우도 $\sin x$와 비슷하게 도함수를 구할 수 있으며, 다음 장에서 배울 연쇄법칙을 사용하여 증명할 수 있다.

정리 1.24 $\cos x$의 도함수

$$\frac{d}{dx}(\cos x) = -\sin x$$

증명

$f(x) = \cos x$로 놓고 $\cos(x+h) = \cos x \cos h - \sin x \sin h$를 이용하면

$$f'(x) = \lim_{h \to 0} \frac{f(x+h) - f(x)}{h}$$

$$= \lim_{h \to 0} \frac{\cos(x+h) - \cos x}{h}$$

$$= \lim_{h \to 0} \frac{\cos x \cos h - \sin x \sin h - \cos x}{h}$$

$$= \lim_{h \to 0} \cos x \frac{\cos h - 1}{h} - \lim_{h \to 0} \sin x \frac{\sin h}{h}$$

$$= \cos x \left(\lim_{h \to 0} \frac{\cos h - 1}{h} \right) - \sin x \left(\lim_{h \to 0} \frac{\sin h}{h} \right)$$

$$= \cos x \cdot 0 - \sin x \cdot 1 = -\sin x$$

이다.

증명

덧셈정리에 의해 $\cos x = \sin\left(x+\frac{\pi}{2}\right)$이므로 $u = x+\frac{\pi}{2}$로 치환하고 정리 1.23과 연쇄법칙을 사용하면 $\frac{d}{dx}(\cos x) = \frac{d}{du}(\sin u)\frac{du}{dx} = \cos u \cdot 1 = \cos\left(x+\frac{\pi}{2}\right)$이다. 덧셈정리에 의해 $\cos\left(x+\frac{\pi}{2}\right) = -\sin x$이므로 $\frac{d}{dx}(\cos x) = -\sin x$이다.

예제 1.25 다음 함수의 도함수를 구하여라.

(1) $f(x) = e^x \sin x$ (2) $f(x) = x^2 \cos x$

풀이

(1) $f'(x) = e^x \sin x + e^x \cos x$ (2) $f'(x) = 2x\cos x - x^2 \sin x$ ■

$\tan x$의 도함수는 $\tan x = \frac{\sin x}{\cos x}$임과 정리 1.18(몫 규칙) 및 $\sin x$와 $\cos x$의 미분법을 사용하면 얻을 수 있다.

정리 1.26 $\tan x$의 도함수

$$\frac{d}{dx}(\tan x) = \sec^2 x$$

증명

$$\begin{aligned}\frac{d}{dx}(\tan x) &= \frac{d}{dx}\left(\frac{\sin x}{\cos x}\right)\\ &= \frac{\cos x \cdot \cos x - \sin x(-\sin x)}{\cos^2 x}\\ &= \frac{\cos^2 x + \sin^2 x}{\cos^2 x}\\ &= \frac{1}{\cos^2 x} = \sec^2 x\end{aligned}$$

삼각함수의 역수로 정의되는 함수인 $\csc x$, $\sec x$, $\cot x$의 도함수도 몫 규칙과 $\sin x$, $\cos x$, $\tan x$의 미분법을 이용하면 구할 수 있다.

정리 1.27 $\csc x$, $\sec x$, $\cot x$의 도함수

(1) $\dfrac{d}{dx}(\csc x) = -\csc x \cot x$

(2) $\dfrac{d}{dx}(\sec x) = \sec x \tan x$

(3) $\dfrac{d}{dx}(\cot x) = -\csc^2 x$

예제 1.28 다음 함수의 도함수를 구하여라.

(1) $f(x) = \csc x$ (2) $f(x) = \sec x$ (3) $f(x) = \cot x$

풀이

(1) $f'(x) = \left(\dfrac{1}{\sin x}\right)' = \dfrac{-\cos x}{\sin^2 x} = -\dfrac{1}{\sin x} \cdot \dfrac{\cos x}{\sin x} = -\csc x \cot x$

(2) $f'(x) = \left(\dfrac{1}{\cos x}\right)' = \dfrac{\sin x}{\cos^2 x} = \dfrac{1}{\cos x} \cdot \dfrac{\sin x}{\cos x} = \sec x \tan x$

(3) $f'(x) = \left(\dfrac{1}{\tan x}\right)' = \dfrac{-\sec^2 x}{\tan^2 x} = \dfrac{-\dfrac{1}{\cos^2 x}}{\dfrac{\sin^2 x}{\cos^2 x}} = -\dfrac{1}{\sin^2 x} = -\csc^2 x$ ■

지금까지 살펴본 삼각함수의 도함수를 정리하면 다음을 얻는다.

정리 1.29 삼각함수의 도함수 (단, x는 라디안)

$\dfrac{d}{dx}(\sin x) = \cos x$ $\dfrac{d}{dx}(\csc x) = -\csc x \cot x$

$\dfrac{d}{dx}(\cos x) = -\sin x$ $\dfrac{d}{dx}(\sec x) = \sec x \tan x$

$\dfrac{d}{dx}(\tan x) = \sec^2 x$ $\dfrac{d}{dx}(\cot x) = -\csc^2 x$

SECTION 2.1

➡ 연습문제 해답 498쪽

2.1 연습문제

01. 다음 함수의 도함수를 구하여라.

(1) $f(x)=7x^5-4x^3+3x^2-5x+9$

(2) $V(r)=\dfrac{4}{3}\pi r^3$

(3) $g(x)=\dfrac{x^2-3x+5}{\sqrt{x}}$

(4) $s=\sqrt[3]{t^2}+\dfrac{2}{\sqrt{t^3}}$

02. $f(x)=|x^2-4|$에 대하여 미분 가능한 x의 값을 찾고 도함수를 구하여라.

03. 다음 함수의 이계도함수를 구하여라.

(1) $f(x)=e^x-x^2$

(2) $f(x)=x^3+2x^2+1-e^x$

04 다음 극한을 구하여라.

(1) $\lim\limits_{x\to 1}\dfrac{x^{10}-1}{x-1}$

(2) $\lim\limits_{x\to 1}\dfrac{e^x-e}{x-1}$

05. 다음 함수를 미분하여라.

(1) $f(x)=(\sqrt{x}-5)(e^x+x)$

(2) $g(x)=\dfrac{e^x}{1+x^2}$

06. 함수 $f(x)=\dfrac{x^2}{e^x}$의 이계도함수를 구하여라.

07. f, g, h가 미분 가능한 함수일 때, (1)과 (2)를 증명하고 (3)을 풀어라.

(1) $(fgh)'=f'gh+fg'h+fgh'$

(2) $\dfrac{d}{dx}(f(x))^3=3(f(x))^2f'(x)$

(3) $y=(x^2+1)^3$의 도함수를 구하여라.

08. $y=\sin x$의 100계 도함수를 구하여라.

09. 다음 함수의 이계도함수를 구하여라.

(1) $f(x)=\sec x$

(2) $f(x)=\csc x$

10. $y=e^x$의 $x=0$에서의 이계도함수를 구하여라.

11. 다음 함수의 이계도함수를 구하여라.

(1) $f(x)=x^2\sin x$

(2) $g(x)=e^x\cos x$

12. 다음 함수를 미분하여라.

(1) $f(x)=x^2\sin x\cos x$

(2) $g(x)=\csc x(x+\cot x)$

(3) $h(\theta)=\dfrac{\theta}{\cos\theta}$

(4) $l(x)=\dfrac{\sec x}{1+\cos x}$

Section 2

2. 합성함수와 음함수 미분법

이 절에서는 두 함수의 합성함수의 도함수를 구하는 방법인 연쇄법칙을 살펴보고 이를 통하여 밑이 e가 아닌 지수함수 $f(x)=a^x$의 도함수를 구한다. 또한 연쇄법칙을 두 번 이상 적용하는 세 함수의 합성함수의 미분법도 살펴본다. 연쇄법칙을 활용하여 매개변수로 주어진 함수를 미분하고, 종속변수를 독립변수 하나의 함수로 표현하지 않고도 도함수를 구할 수 있는 음함수의 미분법을 살펴본다.

2.1 합성함수의 미분법

미분 가능한 두 함수 f와 g의 합성함수를 $F=f\circ g$라고 하자. 엄밀하지는 않지만 일단 $F'(x)$를 도함수의 정의를 따라 구해보자.

$$F'(x)=\lim_{h\to 0}\frac{F(x+h)-F(x)}{h}=\lim_{h\to 0}\frac{f(g(x+h))-f(g(x))}{h}$$

양변에 $\dfrac{1}{g'(x)}=\lim\limits_{h\to 0}\dfrac{h}{g(x+h)-g(x)}$를 곱해주면

$$\begin{aligned}F'(x)\cdot\left(\frac{1}{(g'(x))}\right)&=\lim_{h\to 0}\left(\frac{f(g(x+h))-f(g(x))}{h}\right)\cdot\left(\frac{h}{g(x+h)-g(x)}\right)\\&=\lim_{h\to 0}\left(\frac{f(g(x+h))-f(g(x))}{g(x+h)-g(x)}\right)\\&=f'(g(x))\end{aligned}$$

이므로 $F'(x)=f'(g(x))g'(x)$임을 알 수 있다. 이 증명은 $g'(x)$가 0이 될 수 있다는 것에 문제가 있지만 합성함수의 도함수의 형태를 짐작할 수 있게 해준다. $f\circ g$의 도함수는 f의 도함수와 g의 도함수를 곱한 것과 같게 되는데 이를 연쇄법칙이라 부른다.

라이프니츠의 기호를 사용하여 연쇄법칙을 살펴보자. $F(x)=f(g(x))$에서 $g(x)=u$로 놓으면 $F(x)=f(u)$이다. 따라서 F의 도함수는 $\frac{d}{dx}(F(x))=\frac{d}{dx}(f(u))$가 된다. $\frac{d}{dx}(f(u))$는 u에 관한 함수를 x에 관해 미분하는 것이므로 바로 표현할 수 없다. 그런데 앞서 살펴본 것처럼 $\frac{d}{dx}(f(g(x)))=f'(g(x))\cdot g'(x)$이므로 $\frac{d}{dx}(f(u))=\frac{d}{du}(f(u))\cdot\frac{du}{dx}$가 되어 f를 u에 관해 미분한 것에 x에 관한 함수인 u를 x에 대해 미분한 것을 곱하여 얻는다. 따라서 $y=f(g(x))$, $g(x)=u$로 놓으면 $y=f(u)$이고 연쇄법칙은 $\frac{dy}{dx}=\frac{dy}{du}\cdot\frac{du}{dx}$로도 쓸 수 있다.

정리 2.1 연쇄법칙

미분 가능한 두 함수 f와 g의 합성함수 $F=f\circ g$는 미분 가능하고 도함수는 $F'(x)=f'(g(x))g'(x)$이다. 또한 $y=f(g(x))$, $g(x)=u$로 놓으면 $y=f(u)$이고 $\frac{dy}{dx}=\frac{dy}{du}\cdot\frac{du}{dx}$이다.

증명

g가 모든 점 x에서 미분 가능하므로 $h\to 0$일 때 $\frac{g(x+h)-g(x)}{h}-g'(x)\to 0$이다. 따라서 v를 $v=\frac{g(x+h)-g(x)}{h}-g'(x)$로 정의하면 v는 h의 함수로 $h\to 0$일 때 $v\to 0$이다. 비슷하게 f는 모든 점 $y=g(x)$에서 미분 가능하므로 $k\to 0$일 때 $\frac{f(y+k)-f(y)}{k}-f'(y)\to 0$이다. 따라서 w를 $w=\frac{f(y+k)-f(y)}{k}-f'(y)$로 정의하면 w는 k의 함수로 $k\to 0$일 때 $w\to 0$이다. v와 w의 정의에 따라 $g(x+h)=g(x)+(g'(x)+v)h$, $f(y+k)=f(y)+(f'(y)+w)k$이다. 그러므로

$$f(g(x+h))=f(g(x)+(g'(x)+v)h)=f(y+(g'(x)+v)h)$$

이다. $k=(g'(x)+v)h$로 두면 $h\to 0$일 때, $k\to 0$이므로 $w\to 0$도 성립하며

$$\begin{aligned}f(g(x+h))&=f(g(x)+(g'(x)+v)h)=f(y+k)\\&=f(y)+(f'(y)+w)\cdot(g'(x)+v)h\end{aligned}$$

이다. 따라서

$$f(g(x+h))=f(g(x))+(f'(g(x))+w)\cdot(g'(x)+v)h$$

이다. 이제 $h\to 0$일 때 $v\to 0$이고 $w\to 0$임을 이용하여 $F'(x)$를 구하면

$$\begin{aligned}F'(x)&=\lim_{h\to 0}\frac{f(g(x+h))-f(g(x))}{h}\\&=\lim_{h\to 0}\frac{f(g(x))+(f'(g(x))+w)\cdot(g'(x)+v)h-f(g(x))}{h}\\&=\lim_{h\to 0}\frac{(f'(g(x))+w)\cdot(g'(x)+v)h}{h}\\&=\lim_{h\to 0}(f'(g(x))+w)\cdot(g'(x)+v)\\&=f'(g(x))\cdot g'(x)\end{aligned}$$

이다.

따라서 연쇄법칙을 도함수의 기호를 사용하여 나타내면 $(f\circ g)'=(f'\circ g)g'$, $(f\circ g)'(x)=f'(g(x))g'(x)$이며 $y=f(u)$와 $u=g(x)$로 두고 라이프니츠의 기호를 사용하여 나타내면 $\dfrac{dy}{dx}=\dfrac{dy}{du}\cdot\dfrac{du}{dx}$이다.

예제 2.2 $F(x)=\sin^3 x$에 대하여 $F'(x)$를 구하여라.

풀이

$F(x)=(\sin x)^3$이므로 $\sin x=u=g(x)$, $f(u)=u^3$으로 두면

$$F(x)=f(g(x))$$

이다.

$f'(u)=3u^2$이고 $g'(x)=\cos x$이므로

$$F'(x)=f'(g(x))g'(x)=3(\sin x)^2\cos x=3\sin^2 x\cos x$$

이다. ■

연쇄법칙 $(f\circ g)'(x)=f'(g(x))g'(x)$을 살펴보면 합성함수의 도함수는 외부함수를 미분하고 내부함수를 미분하는 것으로 이해할 수 있다. 예제에서 $F(x)=(\sin x)^3$의 외부함수인 세제곱 함수를 미분하고 내부함수인 $\sin x$를 미분하여 곱한다. 즉

$$F'(x) = 3(\sin x)^2(\sin x)' = 3\sin^2 x\cos x$$

가 된다.

예제 2.3 $F(x) = \cos(x^2)$에 대하여 $F'(x)$를 구하여라.

풀이

외부함수는 코사인함수이며 내부함수는 제곱함수이므로 연쇄법칙에 따라

$$F'(x) = -\sin(x^2)(2x) = -2x\sin(x^2)$$

이다. ■

정리 2.4 함수의 거듭제곱의 미분

$f(x)$가 미분 가능하면 $\dfrac{d}{dx}\{f(x)\}^n = n\{f(x)\}^{n-1}f'(x)$이다.

예제 2.5 다음을 미분하여라.

(1) $y = (-x^2 + 3x)^{32}$　　(2) $y = \sqrt{2x - x^2}$

(3) $y = \left(\dfrac{2x-3}{x+2}\right)^3$　　(4) $y = \tan^2 x$

풀이

(1) $y' = 32(-x^2+3x)^{31} \cdot (-2x+3) = -32(2x-3)(-x^2+3x)^{31}$

(2) $y = (2x-x^2)^{\frac{1}{2}}$이므로 $y' = \left((2x-x^2)^{\frac{1}{2}}\right)' = \dfrac{1}{2}(2x-x^2)^{-\frac{1}{2}}(2-2x) = \dfrac{1-x}{\sqrt{2x-x^2}}$

(3) 연쇄법칙과 몫 규칙을 적용하면 $y' = 3\left(\dfrac{2x-3}{x+2}\right)^2\left(\dfrac{2(x+2)-(2x-3)}{(x+2)^2}\right) = \dfrac{21(2x-3)^2}{(x+2)^4}$

(4) $y = (\tan x)^2$이므로 $y = 2(\tan x)(\sec^2 x)$ ■

예제 2.6 $x=0$에서 다음 함수의 접선의 방정식을 구하여라.

(1) $y=(x^2+1)^4(x^4-3x^2-1)^5$ (2) $y=(2x+1)\cos^3 x$

풀이

(1) 곱 규칙을 적용하여 미분하면

$$y'=4(x^2+1)^3 2x(x^4-3x^2-1)^5+(x^2+1)^4\left[5(x^4-3x^2-1)^4\right](4x^3-6x)$$

이므로 $x=0$에서의 접선의 기울기는 $y'|_{x=0}=0$이다. 한편 $x=0$이면 $y=-1$이므로 접점 $(0,\ -1)$에서 접선의 방정식은 $y=-1$이다.

(2) 곱 규칙을 적용하여 미분하면

$$y'=2\cos^3 x+(2x+1)(3\cos^2 x)(-\sin x)$$

이므로 $x=0$에서 접선의 기울기는 $y'|_{x=0}=2-0=2$이다. $x=0$이면 $y=1$이므로 $(0,\ 1)$에서 접선의 방정식은 $y=2(x-0)+1=2x+1$이다. ■

앞 장에서 $y=e^x$의 도함수는 $y'=e^x$임을 살펴보았다. 연쇄법칙을 사용하면 밑이 e가 아닌 일반적인 지수함수 $y=a^x$의 도함수를 구할 수 있다. 로그의 정의에 의해 $a=e^{\ln a}$이므로 $y=a^x=(e^{\ln a})^x=e^{(\ln a)x}$이다. $(\ln a)x=u$로 놓으면 $y=e^u$이므로

$$\frac{dy}{dx}=\frac{dy}{du}\frac{du}{dx}=e^u\cdot\ln a=y\ln a=a^x\ln a$$

이다. 일반적으로 미분 가능한 함수 $f(x)$에 대해 지수함수 $y=a^{f(x)}$의 도함수는 $y'=a^{f(x)}\ln a\cdot f'(x)$이다.

정리 2.7 일반 지수함수의 미분

지수함수 $y=a^x$에 대해 $\dfrac{d}{dx}(a^x)=a^x\ln a$이다. 또한 $f(x)$가 미분 가능하면 $\dfrac{d}{dx}\left(a^{f(x)}\right)=a^{f(x)}\ln a\left(\dfrac{d}{dx}f(x)\right)$이다.

예제 2.8 다음 함수의 도함수를 구하여라.

(1) $y = 2^{\sin x}$　　(2) $y = e^{\sin x}$

(3) $y = 10^{1-x^2}$　　(4) $y = xe^{-x^2}$

풀이

(1) $y' = 2^{\sin x}\ln 2 \cdot \cos x = \ln 2(2^{\sin x})\cos x$

(2) $y' = e^{\sin x} \cdot \cos x$

(3) $y' = 10^{1-x^2}\ln 10 \cdot (-2x) = -(2\ln 10)x10^{1-x^2}$

(4) $y' = e^{-x^2} + x(e^{-x^2})(-2x) = (-2x^2+1)e^{-x^2}$ ■

미분 가능한 세 개 이상의 함수의 합성함수의 경우에도 연쇄법칙을 여러 번 적용하여 도함수를 구할 수 있다. 예를 들어 미분 가능한 세 함수 f, g, h에 대해 합성함수 $y = f \circ g \circ h$를 미분해 보자. y를 x에 관한 함수라고 하면 $y = f(g(h(x)))$이므로 $h(x) = u$, $g(u) = v$로 두면 $y = f(v)$이고 연쇄법칙을 두 번 적용하면

$$\frac{dy}{dx} = \frac{dy}{dv}\frac{dv}{dx} = \frac{dy}{dv}\frac{dv}{du}\frac{du}{dx}$$

이다. 따라서 $\frac{dy}{dx} = f'(g(h(x))) \cdot g'(h(x)) \cdot h'(x)$이다.

정리 2.9 세 함수의 합성함수의 미분

미분 가능한 세 함수 f, g, h에 대해 x에 관한 합성함수 $y = f \circ g \circ h$의 도함수는 $\frac{dy}{dx} = f'(g(h(x))) \cdot g'(h(x)) \cdot h'(x)$이다. 또한 $y = f(g(h(x)))$에서 $h(x) = u$, $g(u) = v$로 두면 $y = f(v)$이고 $\frac{dy}{dx} = \frac{dy}{dv}\frac{dv}{dx} = \frac{dy}{dv}\frac{dv}{du}\frac{du}{dx}$이다.

예제 2.10 $y = \cos(\sin(x^2+1))$의 도함수를 구하여라.

풀이

정리 2.9를 적용하면 $y' = -\sin(\sin(x^2+1)) \cdot (\cos(x^2+1)) \cdot (2x)$이다. ■

예제 2.11 $y=e^{3\cos(x^2)}$의 도함수를 구하여라.

풀이

정리 2.9를 적용하면 $y'=e^{3\cos(x^2)}\cdot 3(-\sin(x^2))\cdot 2x$이다. ■

2.2 음함수의 미분법

보통의 함수는 $y=e^x\sin x$, $y=\dfrac{1}{\sqrt{x^2+1}}$과 같이 종속변수가 독립변수에 관한 하나의 함수로 나타나는 경우가 많다. 일반적으로 종속변수가 독립변수만의 식으로 표현되는 함수를 양함수라고 하며 독립변수가 하나인 경우의 양함수는 $y=f(x)$와 같은 형태가 된다.

이와 반대로 $x^2+y^2=4$와 같이 함수가 독립변수와 종속변수를 분리할 수 없는 관계식으로 정의되는 경우가 있다. 이 경우 $x^2+y^2=4$를 y에 관해 풀면 $y=\pm\sqrt{4-x^2}$이 되고 이는 반지름이 2인 원의 위쪽 반원과 아래쪽 반원을 나타낸다. 이렇게 종속변수를 독립변수에 관한 하나의 함수로 나타낼 수 없는 함수를 음함수라고 하며, 독립변수가 하나인 경우의 음함수는 $P(x, y)=0$과 같은 형태가 된다.

통상 음함수는 함수의 정의를 만족하지 못하므로 함수가 아니지만, 음함수는 종속변수를 독립변수에 관한 두 개 이상의 함수로 항상 나타낼 수 있다[1]. 예를 들어 $x^2+y^2=4$의 경우, 두 함수 $f(x)=\sqrt{4-x^2}$과 $g(x)=-\sqrt{4-x^2}$가 결정되며, y가 양수이면 $y=f(x)$, y가 음수이면 $y=g(x)$로 나타낼 수 있다. 그런데 음함수로 주어진 모든 함수를 y에 관해 구체적인 식으로 나타내는 것은 쉽지 않다. 하지만 음함수를 함수처럼 취급하여 사용하면 $y=f(x)$의 형태로 나타내지 않고도 미분계수를 구할 수 있는 등 여러 편리한 점이 많다.

음함수의 미분이란, 연쇄법칙을 이용한 미분법을 말하는데 음함수를 양함수로 바꾸지 않고 y를 x에 관한 함수로 생각하여 양변을 x에 대해 미분하여 얻은 식을 $\dfrac{dy}{dx}$에 관하여 푸는 것이다.

---

1) 음함수 정리(implicit function theorem)에 의해 특정한 조건을 만족하는 음함수는 국소적으로 양함수로 나타낼 수 있다.

이 방법은 먼저 양함수로 나타낸 후 미분을 시행한 결과와 같을 뿐더러 계산이 더 수월하다는 장점이 있다. 하지만 경우에 따라서는 양함수로 먼저 바꾸어 미분하는 편이 쉬운 경우도 있다.

예제 2.12 원의 방정식 $x^2+y^2=4$에 대해 다음 물음에 답하여라.

(1) $\dfrac{dy}{dx}$를 구하여라. (2) 원의 점 $(1, \sqrt{3})$에서 접선의 방정식을 구하여라.

풀이

(1) 원의 방정식 $x^2+y^2=4$의 양변을 x에 관해 미분하면 $\dfrac{d}{dx}(x^2)+\dfrac{d}{dx}(y^2)=0$이다. y를 x의 함수로 가정하고 연쇄법칙을 적용하면 $2x+\dfrac{d}{dy}(y^2)\dfrac{dy}{dx}=0$, 즉 $2x+2y\dfrac{dy}{dx}=0$이다. 따라서 $\dfrac{dy}{dx}=-\dfrac{x}{y}$이다.

(2) $(1, \sqrt{3})$에서 미분계수는 $\dfrac{dy}{dx}=-\dfrac{1}{\sqrt{3}}$이므로 접선의 방정식은 $y=-\dfrac{1}{\sqrt{3}}(x-1)+\sqrt{3}$ $=-\dfrac{1}{\sqrt{3}}x+\dfrac{4}{\sqrt{3}}$이다. ■

[참고] 예제 2.12의 (1)의 풀이에서 $x^2+y^2=4$의 양변을 x에 관해 미분할 때 x^2은 x에 관한 함수이므로 $(x^2)'=2x$, y^2은 x에 관한 함수가 아니므로 연쇄법칙을 적용하면 $(y^2)'=2yy'$이다.

예제 2.13 다음에서 y'을 구하여라.

(1) $y^2+x^3-y^3-3y=6$ (2) $\sin y-xy^2+\cos x=2y$

(3) $y^2-x\sin y+\dfrac{y^2}{x}=5$

풀이

(1) $y^2+x^3-y^3-3y=6$에서 y를 x에 관한 함수로 보고 x에 관해 음함수 미분을 하면 $2yy'+3x^2-3y^2y'-3y'=0$이다. y'에 대해 정리하면 $(2y-3y^2-3)y'=-3x^2$이므로 $y'=\dfrac{-3x^2}{2y-3y^2-3}$이다.

(2) $\sin y-xy^2+\cos x=2y$에서 y를 x에 관한 함수로 보고 x에 관해 음함수 미분을 하면

$\cos y y' - y^2 - x(2yy') - \sin x = 2y'$이다. y'에 대해 정리하면 $(\cos y - 2xy - 2)y' = y^2 + \sin x$이므로 $y' = \dfrac{y^2 + \sin x}{\cos y - 2xy - 2}$이다.

(3) $y^2 - x\sin y + \dfrac{y^2}{x} = 5$에서 y를 x에 관한 함수로 보고 x에 관해 음함수 미분을 하면 $2yy' - \sin y - x\cos y y' + \dfrac{2yy'x - y^2}{x^2} = 0$이다. 양변에 x^2을 곱하고 y'에 대해 정리하면 $(2x^2y - x^3\cos y + 2xy)y' = x^2\sin y + y^2$이므로 $y' = \dfrac{x^2\sin y + y^2}{2x^2y - x^3\cos y + 2xy}$이다. ■

예제 2.14 **데카르트의 엽선 $x^3 + y^3 - 9xy = 0$[2)]에 대해 다음 물음에 답하여라.**

(1) y'을 구하여라.

(2) 데카르트의 엽선의 점 $(2, 4)$와 $(4, 2)$에서 접선의 방정식을 구하여라.

풀이

(1) 데카르트의 엽선 $x^3 + y^3 - 9xy = 0$의 양변을 x에 관해 미분하면 $3x^2 + 3y^2y' - 9y - 9xy' = 0$이다. 여기서 $-9xy$를 미분할 때에는 곱 규칙을 적용하였다. y'에 관하여 정리하면 $3(y^2 - 3x)y' = -3(x^2 - 3y)$이므로 $y' = \dfrac{-x^2 + 3y}{y^2 - 3x}$이다.

(2) $(2, 4)$에서 미분계수는 $y' = \dfrac{-4 + 12}{16 - 6} = \dfrac{8}{10} = \dfrac{4}{5}$이고 $(4, 2)$에서 미분계수는 $y' = \dfrac{-16 + 6}{4 - 12} = \dfrac{-10}{-8} = \dfrac{5}{4}$이다.
따라서 $(2, 4)$와 $(4, 2)$에서 접선의 방정식은 각각
$y = \dfrac{4}{5}(x - 2) + 4$와
$y = \dfrac{5}{4}(x - 4) + 2$이다.

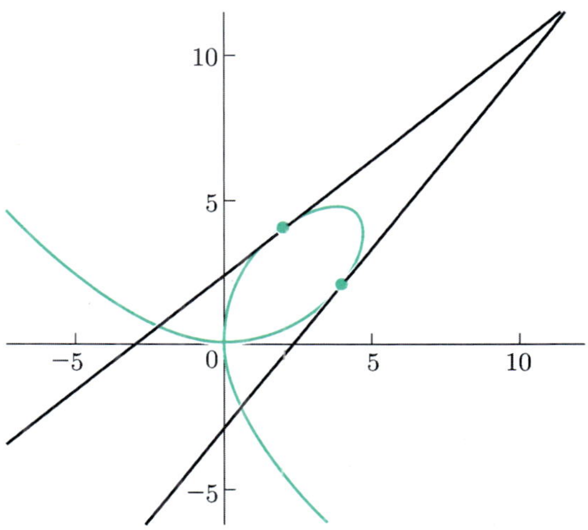

2) 방정식 $x^3 + y^3 - 3axy = 0$(a는 상수)의 그래프를 데카르트의 엽선(Folium of Descartes)이라고 한다.

➡ 연습문제 해답 499쪽

2.2 연습문제

01. 다음 함수를 미분하여라.

(1) $f(x)=\sqrt{x^2+1}$

(2) $g(x)=\dfrac{1}{(x^3+2x)^4}$

(3) $h(x)=\sin^3 x$

(4) $l(x)=\tan(\cos x)$

02. 다음 함수의 그래프의 주어진 점에서 접선의 방정식을 구하여라.

(1) $f(x)=(x^2+1)^3+\left(\dfrac{2}{x^2+1}\right)^2$, $(1, 9)$

(2) $g(x)=\cos^2 x+\sin^3 x$, $(0, 1)$

03. 다음 함수의 그래프의 주어진 점에서 접선의 방정식을 구하여라.

(1) $f(x)=(x^2+1)^3\left(\dfrac{1}{x^2+1}\right)^2$, $(0, 1)$

(2) $g(x)=\sin^3 x\cos^2(2x)$, $\left(\dfrac{\pi}{2}, 1\right)$

04. 다음 함수의 도함수를 구하여라.

(1) $y=xe^x$

(2) $y=x^2a^x$

(3) $y=3^{\cos x}$

(4) $y=e^{\sin x}\cos x$

05. 다음 함수의 도함수를 구하여라.

(1) $f(x)=2^{\cos(\sin(\tan x))}$

(2) $g(x)=3^{2^{x^2}}$

06. y'을 구하고 주어진 점에서 접선의 방정식을 구하여라.

(1) $x^2 - 2y^2 = 1$, $(3, 2)$

(2) $x^2y + y^2x = x + 2y$, $(0, 0)$

07. y'을 구하고 곡선의 어떤 점에서 접선이 수평한지 구하여라.

(1) $x^2 + xy + y^2 = 3$

(2) $3y^2 + \sin(2x) = 5 - y$

08. $\dfrac{dy}{dx}$를 구하여라.

(1) $x^2y + y^2x = \sqrt{2xy}$

(2) $x^2y^3 + y^4 = 1 + ye^x$

(3) $2\sin x \cos y = 1$

(4) $\tan(x + y) = \dfrac{y}{x - y}$

09. $\dfrac{dy}{dx}$를 구하여라.

(1) $y^2 e^{x^2 y} = \sqrt{3 + x^2 y}$

(2) $\sin^2 x + \cos^2 y = 2\sin x \cos y$

(3) $e^{x^2 + y^2} + \sin y = \sec y$

(4) $x^2 + xy + y^2 + \sin(x^2 + y^2) = \dfrac{1}{e^{xy}}$

10. 주어진 점에서 접선의 방정식을 구하여라.

(1) $3x + y^2 = x^2 - 19$, $(-4, 3)$

(2) $2\cos x \sin y = 1$, $\left(\dfrac{\pi}{4}, \dfrac{\pi}{4}\right)$

11. $y = e^{ax}$의 n계도함수를 구하여라.

Section 3

3. 역삼각함수와 로그함수의 미분법

이 절에서는 역삼각함수의 도함수를 음함수의 미분법을 사용하여 구한다. 로그함수의 도함수를 살펴보고 이를 활용하여 곱이나 몫으로 표현된 함수에 대한 로그미분법을 살펴본다. 마지막으로 무리수 e의 다른 형태의 극한 표시법을 알아본다.

3.1 역함수의 미분법

함수가 일대일이면 이 함수는 역함수를 가진다. 함수가 일대일이 아니면 어떤 적당한 방법으로 정의역을 제한하여 제한된 함수가 일대일이 되도록 할 수 있다. 함수 f와 그 역함수 f^{-1}의 성질을 살펴보자.

(1) f의 정의역의 임의의 원소 x에 대하여 $f^{-1}(f(x))=x$이고, f^{-1}의 정의역의 임의의 원소 x에 대하여 $f(f^{-1}(x))=x$이다.

(2) f의 정의역$=f^{-1}$의 치역이고 f의 치역$=f^{-1}$의 정의역이다.

(3) f의 그래프와 f^{-1}의 그래프는 직선 $y=x$에 관하여 대칭이다.

(4) 함수 $y=f(x)$가 역함수를 가지면, 이 역함수의 방정식은 $x=f(y)$이다. 이 방정식의 해가 $y=f^{-1}(x)$이다.

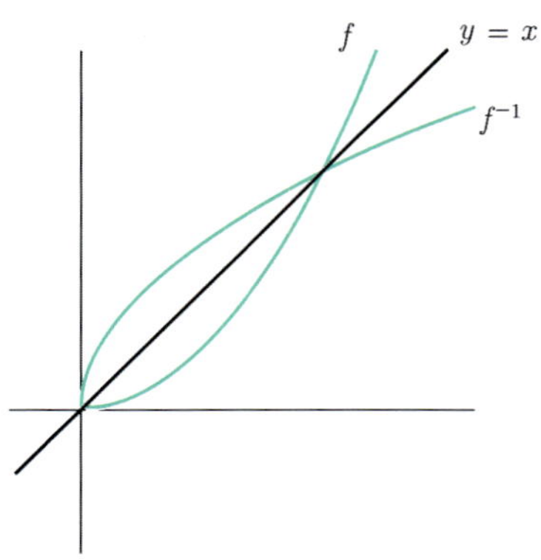

먼저 일반적인 역함수의 도함수를 구하는 방법을 살펴보고 이를 활용하여 역삼각함수의 도함수를 구하고자 한다.

정리 3.1 역함수의 미분

$y=f(x)$가 일대일 대응이고 역함수가 g라고 하자.

$f(a)=b$라 하면 $g(b)=a$이고

$$g'(b)=\frac{1}{f'(a)}=\frac{1}{f'(g(b))},\ \text{즉}\ (f^{-1})'(x)=\frac{1}{f'(f^{-1}(x))}$$

이다.

증명

역함수의 정의에 따라 $f(f^{-1}(x))=x$이므로 연쇄법칙을 적용하면

$$\frac{d}{dx}\left(f(f^{-1}(x))\right)=\frac{d}{dx}(x)$$

$$f'(f^{-1}(x))\cdot(f^{-1})'(x)=1$$

$$(f^{-1})'(x)=\frac{1}{f'(f^{-1}(x))}$$

이다.

역함수의 미분의 기하적인 의미를 살펴보자. $y=f^{-1}(x)$의 그래프는 $y=f(x)$의 그래프를 $y=x$에 대해 대칭이동한 것이다. 즉 $y=f(x)$의 점 (x, y)를 $y=f^{-1}(x)$의 점 (y, x)로 이동한 것이다. 따라서 $y=f^{-1}(x)$의 점 $\left(x, f^{-1}(x)\right)$은 $y=f(x)$의 점 $\left(f^{-1}(x), x\right)$으로 이동하며 정리 3.1에 의해 $(f^{-1})'(x)=\dfrac{1}{f'(f^{-1}(x))}$이므로 $\left(x, f^{-1}(x)\right)$에서 $y=f^{-1}(x)$에 접하는 접선의 기울기는 $\left(f^{-1}(x), x\right)$에서 $y=f(x)$에서 접하는 접선의 기울기의 역수이다.

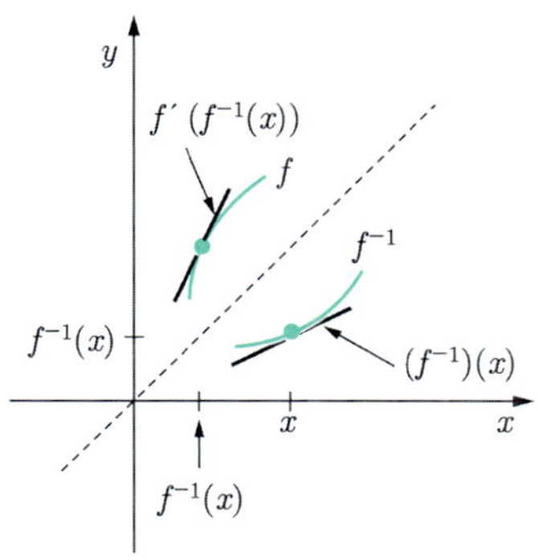

예제 3.2 정의역이 $[0, \infty)$인 함수 $f(x)=x^2$에 대해 물음에 답하여라.

(1) 역함수 $y=f^{-1}(x)$의 $x=4$인 점에서 접선의 기울기를 구하여라.

(2) $f^{-1}(x)=\sqrt{x}$ 임과 역함수의 미분을 이용하여 $y=\sqrt{x}$ 의 도함수를 구하여라.

풀이

(1) $f(2)=4$이므로 $f^{-1}(4)=2$이다. $f'(x)=2x$이고 $(f^{-1})'(x)=\dfrac{1}{f'(f^{-1}(x))}$이므로

$(f^{-1})'(4)=\dfrac{1}{f'(f^{-1}(4))}=\dfrac{1}{f'(2)}=\dfrac{1}{4}$이다.

(2) $f'(x)=2x$이므로 $f'(f^{-1}(x))=2\sqrt{x}$이다. 따라서 $(f^{-1})'(x)=\dfrac{1}{f'(f^{-1}(x))}=\dfrac{1}{2\sqrt{x}}$이다. 따라서 $y'=\dfrac{1}{2\sqrt{x}}$이다. ■

예제 3.3 $f(x)=\dfrac{x}{x+1}$에 대해 $x=\dfrac{1}{2}$에서 $\dfrac{d}{dx}(f^{-1}(x))$을 계산하여라.

풀이

$f^{-1}\left(\dfrac{1}{2}\right)=a$로 두면 $f(a)=\dfrac{1}{2}$이므로 $\dfrac{a}{a+1}=\dfrac{1}{2}$이고 따라서 $a=1$이다.

$f'(x)=\dfrac{x+1-x}{(x+1)^2}=\dfrac{1}{(x+1)^2}$이고 $f(1)=\dfrac{1}{2}$이므로

$\dfrac{d}{dx}(f^{-1})\left(\dfrac{1}{2}\right)=\dfrac{1}{f'\left(f^{-1}\left(\dfrac{1}{2}\right)\right)}=\dfrac{1}{f'(1)}=\dfrac{1}{4}$이다. ■

역함수의 미분을 라이프니츠 기호를 사용하여 나타내보자. 미분 가능한 함수 $y=f(x)$가 역함수 f^{-1}를 갖는다고 하면 $y=f(x)$에서 $f^{-1}(y)=x$이다. 음함수 미분법을 적용하면 $\dfrac{d}{dx}(f^{-1}(y))=\dfrac{d}{dx}(x)=1$이고 연쇄법칙을 적용하면 $\dfrac{d}{dy}(f^{-1}(y))\dfrac{dy}{dx}=1$이므로 $\dfrac{d}{dy}(f^{-1}(y))=\dfrac{1}{\frac{dy}{dx}}$임을 알 수 있다. 따라서 $\dfrac{dx}{dy}=\dfrac{1}{\frac{dy}{dx}}$이 성립한다.

역사인함수

그림 3.1는 $y=\sin x$의 그래프이다. 모든 가로 직선 $y=b(-1\leq b\leq 1)$는 무한 번 $y=\sin x$의 그래프와 만나므로, 함수 $y=\sin x$는 일대일이 아니다.

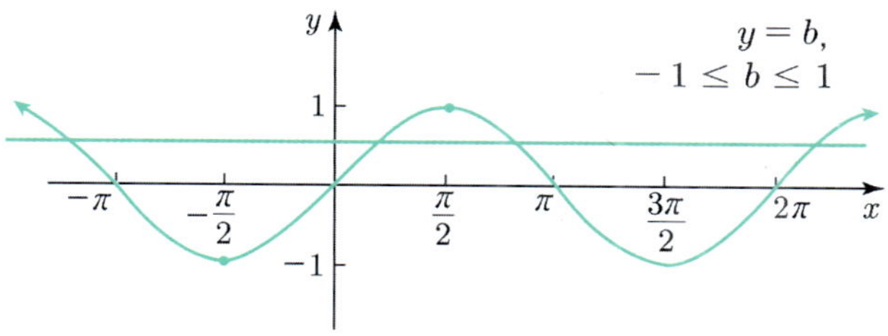

〈그림 3.1〉

그러나 $y=\sin x$의 정의역을 구간 $\left[-\frac{\pi}{2},\ \frac{\pi}{2}\right]$으로 제한하면, 제한된 함수

$$y=\sin x,\ -\frac{\pi}{2}\leq x\leq\frac{\pi}{2}$$

는 일대일이고 따라서 역함수를 갖는다. (정의역을 제한하여 일대일 함수를 얻는 방법은 많이 있을지라도, 수학자들은 $y=\sin x$의 역을 정의하기 위하여 구간 $\left[-\frac{\pi}{2},\ \frac{\pi}{2}\right]$를 일관되게 사용해왔다.) 그림 3.2을 보라.

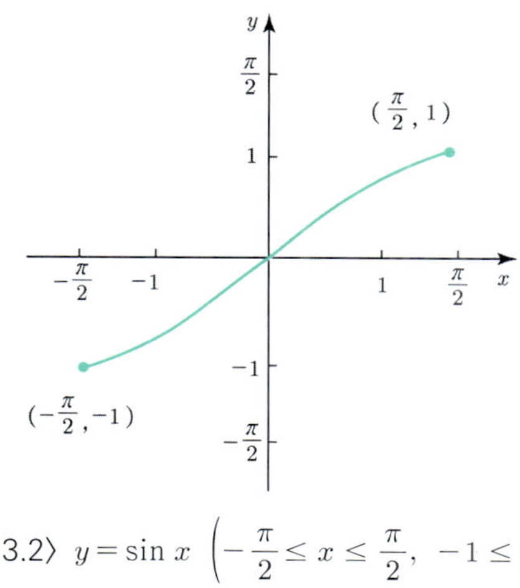

〈그림 3.2〉 $y=\sin x\ \left(-\frac{\pi}{2}\leq x\leq\frac{\pi}{2},\ -1\leq y\leq 1\right)$

$y=f(x)=\sin x$의 역함수의 방정식은 x와 y를 서로 바꿈으로써 얻는다. 역함수의 음함수 꼴은 $x=\sin y\ \left(-\frac{\pi}{2}\leq y\leq\frac{\pi}{2}\right)$이다. 양함수 꼴을 x의 **역사인**이라 하고 기호 $y=f^{-1}(x)=\sin^{-1}x$로 쓴다.

$$y = \sin^{-1}x \Leftrightarrow x = \sin y \tag{3.1}$$

여기서 $-1 \leq x \leq 1$이고 $-\dfrac{\pi}{2} \leq y \leq \dfrac{\pi}{2}$이다.

$y = \sin^{-1}x$는 $x = \sin y$를 의미하므로, $y = \sin^{-1}x$를 "y는 x의 역사인이다."라고 말할 수 있다. 사용된 표시에 조심하라. $y = \sin^{-1}x$에 나타나는 -1은 지수가 아니고 f의 역함수를 표시하기 위하여 사용된 상징적인 뜻 f^{-1}를 암시한다. (이 때문에 어떤 책들은 $y = \sin^{-1}x$ 대신에 $y = \text{arc} \sin x$를 사용한다.)

함수 f의 역은 f의 치역의 원소를 입력하고 f의 정의역의 원소를 출력한다. 제한된 사인함수 $y = f(x) = \sin x$는 구간 $\left[-\dfrac{\pi}{2}, \dfrac{\pi}{2}\right]$에 있는 각 또는 실수를 입력하고 구간 $[-1, 1]$에 있는 실수를 출력한다. 그러므로 역사인함수는 구간 $[-1, 1]$에 있는 실수를 입력하고 구간 $\left[-\dfrac{\pi}{2}, \dfrac{\pi}{2}\right]$에 있는 실수를 출력한다. f의 정의역$=f^{-1}$의 치역이고 f의 치역$=f^{-1}$의 정의역이므로, 역사인함수 $y = f^{-1}(x) = \sin^{-1}x$의 정의역은 $[-1, 1]$이고, 치역은 $\left[-\dfrac{\pi}{2}, \dfrac{\pi}{2}\right]$이다.

역사인함수의 그래프는 그림 3.2에서 보는 것처럼, $y = f(x) = \sin x$의 그래프의 제한된 부분을 직선 $y = x$에 관하여 대칭이동함으로써 얻을 수 있다.

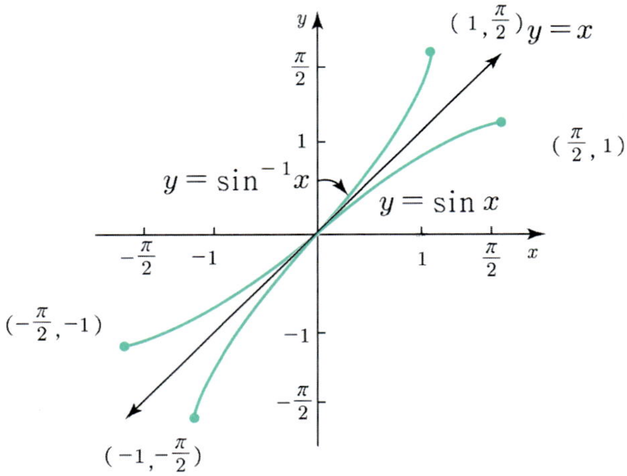

〈그림 3.3〉 $y = \sin^{-1}x \left(-1 \leq x \leq 1,\ -\dfrac{\pi}{2} \leq y \leq \dfrac{\pi}{2}\right)$

함수 f에 대하여 $f^{-1}(f(x)) = x$이고 $f(f^{-1}(x)) = x$이다. 사인함수와 그 역에 대하여 이 성질을 다음과 같은 꼴로 쓸 수 있다.

$$f^{-1}(f(x)) = \sin^{-1}(\sin x) = x, \text{ 여기서 } -\frac{\pi}{2} \le x \le \frac{\pi}{2} \tag{3.2a}$$

$$f(f^{-1}(x)) = \sin(\sin^{-1}x) = x, \text{ 여기서 } -1 \le x \le 1 \tag{3.2b}$$

예를 들어, $\frac{\pi}{8}$는 구간 $\left[-\frac{\pi}{2}, \frac{\pi}{2}\right]$에 있기 때문에 $\sin^{-1}\left[\sin\left(\frac{\pi}{8}\right)\right] = \frac{\pi}{8}$이다. 0.8 역시 구간 $[-1,1]$에 있기 때문에, $\sin[\sin^{-1}(0.8)] = 0.8$이다. 그러나 $\frac{5\pi}{8} \notin \left[-\frac{\pi}{2}, \frac{\pi}{2}\right]$이고 $1.8 \notin [-1, 1]$이므로

$$\sin^{-1}\left[\sin\left(\frac{5\pi}{8}\right)\right] \ne \frac{5\pi}{8} \text{이고 } \sin[\sin^{-1}(1.8)] \ne 1.8$$

이다.

역사인함수의 정확한 값 구하기

어떤 실수 x에 대하여 $y = \sin^{-1}x$의 정확한 값을 구할 수 있다.

예제 3.4 역사인함수의 정확한 값 구하기

$\sin^{-1}1$의 정확한 값을 구하여라.

풀이

$\theta = \sin^{-1}1$이라 하면

$$\sin\theta = 1, \quad -\frac{\pi}{2} \le \theta \le \frac{\pi}{2}$$

$y = \sin^{-1}x$의 정의에 의하여

이다. 이제 표 3.1와 그림 3.4를 살펴보자.

〈표 3.1〉

θ	$-\frac{\pi}{2}$	$-\frac{\pi}{3}$	$-\frac{\pi}{4}$	$-\frac{\pi}{6}$	0	$\frac{\pi}{6}$	$\frac{\pi}{4}$	$\frac{\pi}{3}$	$\frac{\pi}{2}$
$\sin\theta$	-1	$-\frac{\sqrt{3}}{2}$	$-\frac{\sqrt{2}}{2}$	$-\frac{1}{2}$	0	$\frac{1}{2}$	$\frac{\sqrt{2}}{2}$	$\frac{\sqrt{3}}{2}$	1

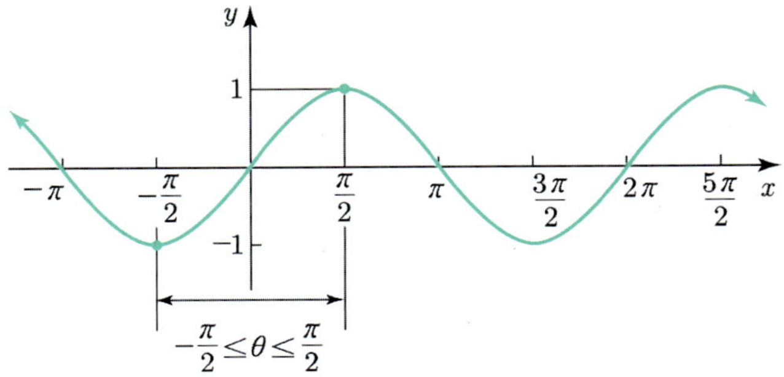

〈그림 3.4〉

$\sin\theta = 1$이 되는 $\left[-\frac{\pi}{2}, \frac{\pi}{2}\right]$ 내에 있는 각이 $\frac{\pi}{2}$뿐임을 알게 된다($\sin\frac{5\pi}{2} = 1$이지만 $\frac{5\pi}{2} \notin \left[-\frac{\pi}{2}, \frac{\pi}{2}\right]$에 유의). 따라서 $\sin^{-1}1 = \frac{\pi}{2}$이다. ■

예제 3.5 역사인함수의 정확한 값 구하기

$\sin^{-1}\left(\frac{1}{2}\right)$의 정확한 값을 구하여라.

풀이

$\theta = \sin^{-1}\left(\frac{1}{2}\right)$이라 하면

$$\sin\theta = \frac{1}{2}, \qquad -\frac{\pi}{2} \le \theta \le \frac{\pi}{2}$$

이다(필요하면 표 3.2와 그림 3.4를 참고하라). $\sin\left(\frac{\pi}{6}\right) = \frac{1}{2}$이고 $\frac{\pi}{6} \in \left[-\frac{\pi}{2}, \frac{\pi}{2}\right]$이므로 $\sin^{-1}\left(\frac{1}{2}\right) = \frac{\pi}{6}$이다. ■

역코사인함수

앞에서 $y = \cos x$의 그래프를 그려보았다(그림 3.5). 모든 가로 직선 $y = b(-1 < b < 1)$가 무한 번 $y = \cos x$의 그래프와 만나기 때문에, 코사인함수는 일대일이 아니다.

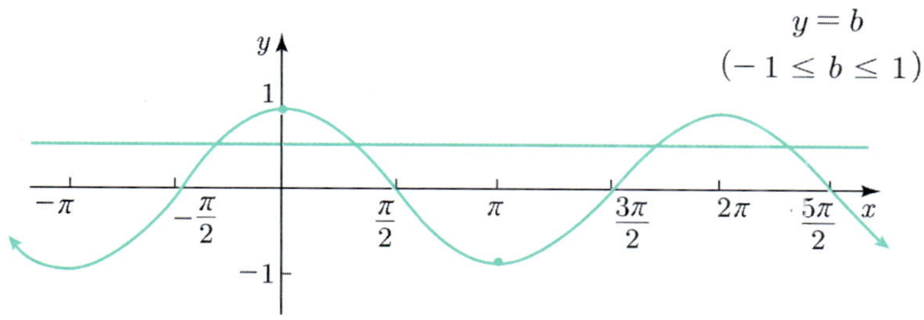

〈그림 3.5〉 $y = \cos x \ (-\infty < x < \infty, \ -1 \le y \le 1)$

그러나 $y = \cos x$의 정의역을 구간 $[0, \pi]$로 제한하면, 제한된 함수

$$y = \cos x, \ 0 \le x \le \pi$$

는 일대일이고 따라서 역함수를 갖는다. (일반적으로 코사인함수가 일대일이 되도록 정의역을 제한할 때 $[0, \pi]$를 사용한다.) 그림 3.6를 보라.

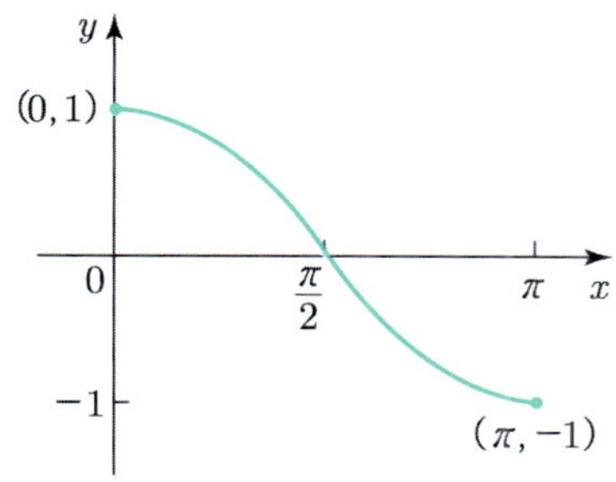

〈그림 3.6〉 $y = \cos x \ (0 \le x \le \pi, \ -1 \le y \le 1)$

$y = f(x) = \cos x$의 역에 대한 방정식은 x와 y를 서로 교환함으로써 얻어진다. 역함수의 음함수 꼴은 $x = \cos y, \ 0 \le y \le \pi$이다. 양함수 꼴을 x의 **역코사인**이라 하고 기호 $y = f^{-1}(x) = \cos^{-1}x$(또는 $y = \arccos x$)로 쓴다.

$$y = \cos^{-1}x \Leftrightarrow x = \cos y \ \ (-1 \le x \le 1, \ 0 \le y \le \pi) \tag{3.3}$$

여기서 y는 코사인이 x가 되는 각이다. 함수 $y = \cos^{-1}x$의 정의역은 $[-1, 1]$이고 치역은 $[0, \pi]$이다. $y = \cos^{-1}x$의 그래프는 그림 3.7에서 보듯이, $y = \cos x$의 그래프의 제한된 부분을 직선 $y = x$에 관하여 대칭이동함으로써 얻을 수 있다.

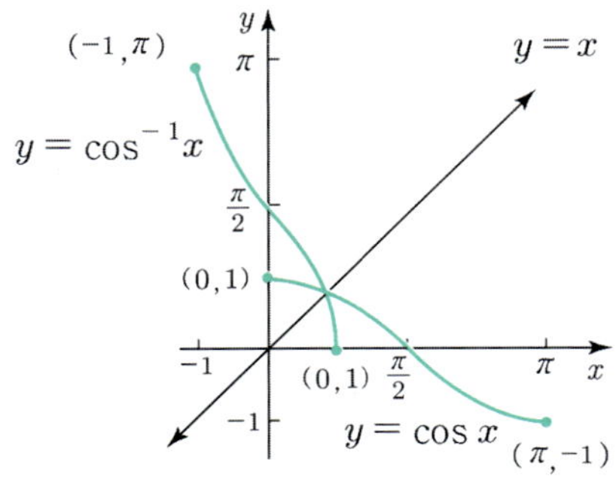

〈그림 3.7〉 $y=\cos^{-1}x$ $(-1 \le x \le 1,\ 0 \le y \le \pi)$

예제 3.6 역코사인함수의 정확한 값 구하기

$\cos^{-1}0$의 정확한 값을 구하여라.

풀이

$\theta=\cos^{-1}0$이라 하면 역코사인함수의 정의에 의하여

$$\cos\theta=0, \qquad 0 \le \theta \le \pi$$

이다. 표 3.2와 그림 3.8을 살펴보라.

〈표 3.2〉

θ	0	$\frac{\pi}{6}$	$\frac{\pi}{4}$	$\frac{\pi}{3}$	$\frac{\pi}{2}$	$\frac{2\pi}{3}$	$\frac{3\pi}{4}$	$\frac{5\pi}{6}$	π
$\sin\theta$	1	$\frac{\sqrt{3}}{2}$	$\frac{\sqrt{2}}{2}$	$\frac{\sqrt{2}}{2}$	0	$-\frac{1}{2}$	$-\frac{\sqrt{2}}{2}$	$-\frac{\sqrt{3}}{2}$	-1

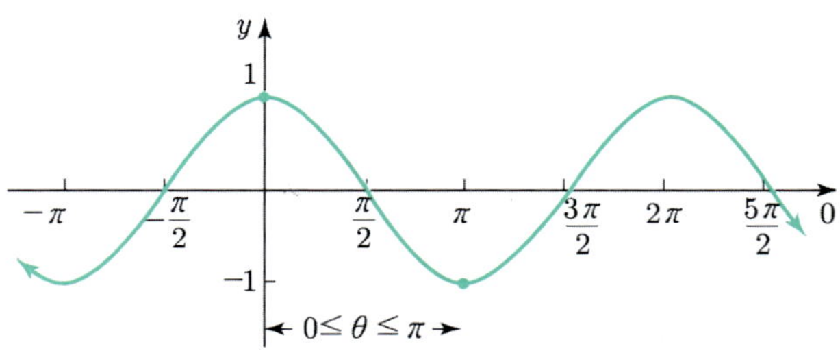

〈그림 3.8〉

$\cos\theta=0$인 θ는 구간 $[0, \pi]$ 내에서 $\frac{\pi}{2}$뿐이다. 즉, $\cos^{-1}0=\frac{\pi}{2}$이고 $\frac{\pi}{2}\in[0,\pi]$이다. ($\cos\frac{3\pi}{2}=0$이지만 $\frac{3\pi}{2}\notin[0,\pi]$임에 주목하라.) 따라서 $\cos^{-1}0=\frac{\pi}{2}$이다. ■

예제 3.7 역코사인함수의 정확한 값 구하기

$\cos^{-1}\frac{\sqrt{2}}{2}$ 의 정확한 값을 구하여라.

풀이

$\theta = \cos^{-1}\frac{\sqrt{2}}{2}$ 라 하면, 역코사인함수의 정의에 의하여

$$\cos\theta = \frac{\sqrt{2}}{2}, \qquad 0 \le \theta \le \pi$$

이다. 표 3.2와 그림 3.9을 살펴보자.

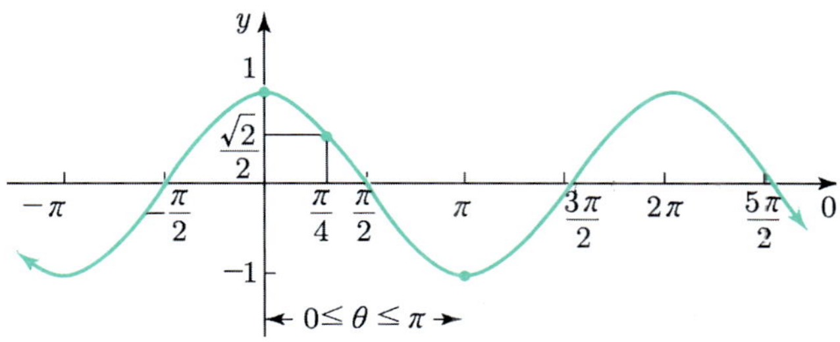

〈그림 3.9〉

$\cos\frac{\pi}{4} = \frac{\sqrt{2}}{2}$ 이고 $\frac{\pi}{4} \in [0, \pi]$ 이므로 $\cos^{-1}\frac{\sqrt{2}}{2} = \frac{\pi}{4}$ 이다. ■

코사인함수 $f(x) = \cos x$ 와 그 역함수 $f^{-1} = \cos^{-1}x$ 에 대하여, 다음의 성질이 성립한다.

$$f^{-1}(f(x)) = \cos^{-1}(\cos x) = x \quad (0 \le x \le \pi) \tag{3.4a}$$

$$f(f^{-1}(x)) = \cos(\cos^{-1}x) = x \quad (-1 \le x \le 1) \tag{3.4b}$$

예제 3.8 합성함수의 정확한 값 구하기

다음의 각 값을 구하여라.

(1) $\cos^{-1}\left[\cos\left(\frac{\pi}{12}\right)\right]$

(2) $\cos[\cos^{-1}(-0.4)]$

풀이

(1) $\cos^{-1}\left[\cos\left(\frac{\pi}{12}\right)\right] = \frac{\pi}{12}$ 　　　성질 (3.4a)에 의하여

(2) $\cos[\cos^{-1}(-0.4)] = -0.4$　　　　성질 (3.4b)에 의하여 ■

역탄젠트함수

그림 3.10은 $y = \tan x$의 그래프이다. 모든 가로 직선이 무한 번 이 그래프와 만나기 때문에, 탄젠트함수는 일대일이 아니다.

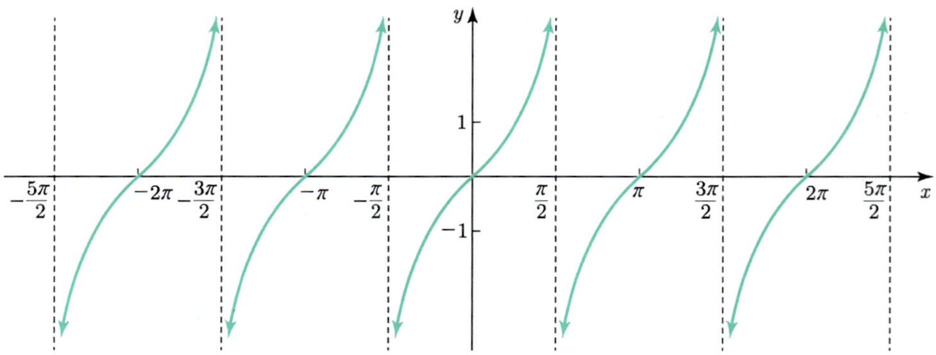

〈그림 3.10〉 $y = \tan x$ $(-\infty < x < \infty,\ x \neq \frac{\pi}{2}$의 홀수배수)

그러나 $y = \tan x$의 정의역을 구간 $\left(-\frac{\pi}{2}, \frac{\pi}{2}\right)$로 제한하면, 제한된 함수

$$y = \tan x,\ -\frac{\pi}{2} < x < \frac{\pi}{2}$$

는 일대일이고 따라서 역함수를 갖는다. ($y = \tan x$가 일대일 함수가 되도록 정의역을 구간 $\left(-\frac{\pi}{2}, \frac{\pi}{2}\right)$로 제한하는 것이 일반적이다.) 그림 3.11를 보라.

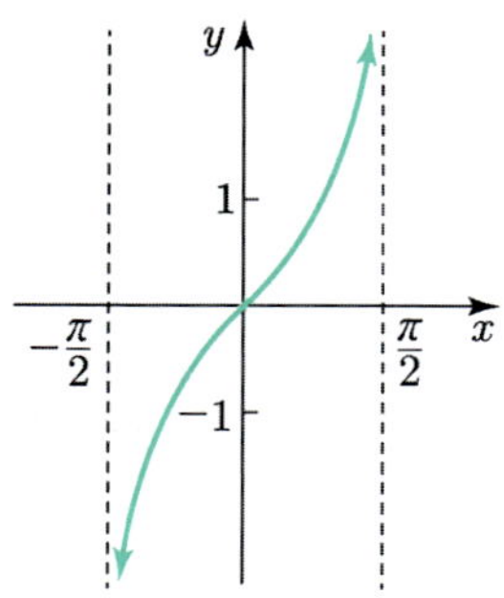

$y = \tan x$ $\left(-\frac{\pi}{2} < x < \frac{\pi}{2},\ -\infty < y < \infty\right)$

〈그림 3.11〉

$y=f(x)=\tan x$의 역함수의 방정식은 x와 y를 서로 바꿈으로써 얻을 수 있다. 역함수의 음함수 꼴은 $x=\tan y,\ -\frac{\pi}{2}<y<\frac{\pi}{2}$이다. 양함수 꼴을 x의 **역탄젠트**라 하고 기호

$$y=f^{-1}(x)=\tan^{-1}x \ (\text{또는 } y=\arctan x)$$

로 쓴다.

$$y=\tan^{-1}x \Leftrightarrow x=\tan y \ \left(-\infty<x<\infty,\ -\frac{\pi}{2}<y<\frac{\pi}{2}\right) \tag{3.5}$$

여기서 y는 탄젠트가 x가 되는 각이다. 함수 $y=\tan^{-1}x$의 정의역은 $\mathbb{R}$ 이고, 치역은 $\left(-\frac{\pi}{2}, \frac{\pi}{2}\right)$이다. $y=\tan^{-1}x$의 그래프는 그림 3.12에서 보는 것처럼, $y=\tan x$의 그래프의 제한된 부분을 직선 $y=x$에 관하여 대칭이동함으로써 얻을 수 있다.

탄젠트함수와 그 역에 대하여, 다음 성질이 성립한다.

$$f^{-1}(f(x))=\tan^{-1}(\tan x)=x\left(-\frac{\pi}{2}<x<\frac{\pi}{2}\right)$$

$$f(f^{-1}(x))=\tan(\tan^{-1}x)=x\,(-\infty<x<\infty)$$

예제 3.9 역탄젠트함수의 정확한 값 구하기

$\tan^{-1}1$의 정확한 값을 구하여라.

풀이

$\theta=\tan^{-1}1$이라 하면, 역탄젠트함수의 정의에 의하여

$$\tan\theta=1, \qquad -\frac{\pi}{2}\leq\theta\leq\frac{\pi}{2}$$

이다. 표 3.3 또는 그림 3.12를 살펴보라.

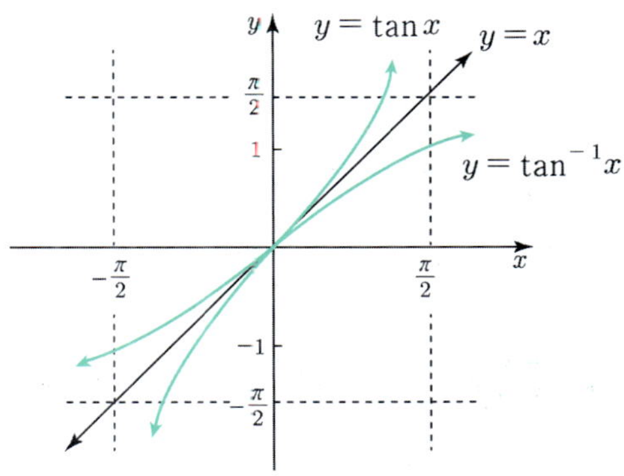

$y=\tan^{-1}x \ \left(-\infty<x<\infty,\ -\frac{\pi}{2}<y<\frac{\pi}{2}\right)$

〈그림 3.12〉

〈표 3.3〉

θ	$-\frac{\pi}{2}$	$-\frac{\pi}{3}$	$-\frac{\pi}{4}$	$-\frac{\pi}{6}$	0	$\frac{\pi}{6}$	$\frac{\pi}{4}$	$\frac{\pi}{3}$	$\frac{\pi}{2}$
$\tan\theta$	정의되지 않음	$-\sqrt{3}$	-1	$-\frac{\sqrt{3}}{3}$	0	$\frac{\sqrt{3}}{3}$	1	$\sqrt{3}$	정의되지 않음

$\tan\theta = 1$인 각 θ는 구간 $\left(-\frac{\pi}{2}, \frac{\pi}{2}\right)$ 내에서 $\frac{\pi}{4}$뿐이다. 즉, $\tan\frac{\pi}{4} = 1$이고 $\frac{\pi}{4} \in \left(-\frac{\pi}{2}, \frac{\pi}{2}\right)$이다. 따라서 $\tan^{-1}1 = \frac{\pi}{4}$이다. ■

예제 3.10 역탄젠트함수의 정확한 값 구하기

$\tan^{-1}(-\sqrt{3})$의 정확한 값을 구하여라.

풀이

$\theta = \tan^{-1}(-\sqrt{3})$이라 하면, 역탄젠트함수의 정의에 의하여

$$\tan\theta = -\sqrt{3}, \qquad -\frac{\pi}{2} \le \theta \le \frac{\pi}{2}$$

이다. 필요하면 표 3.3 또는 그림 3.12을 살펴보라.

$\tan\theta = -\sqrt{3}$인 각 θ는 구간 $\left(-\frac{\pi}{2}, \frac{\pi}{2}\right)$ 내에서 $-\frac{\pi}{3}$뿐이다. 즉, $\tan\left(-\frac{\pi}{3}\right) = -\sqrt{3}$이고 $-\frac{\pi}{3} \in \left(-\frac{\pi}{2}, \frac{\pi}{2}\right)$이다. 따라서 $\tan^{-1}(-\sqrt{3}) = -\frac{\pi}{3}$이다. ■

역삼각함수를 포함하는 식의 정확한 값

역삼각함수를 포함하는 식의 정확한 값을 구하는 구체적인 4개의 예제를 살펴본다.

예제 3.11 역삼각함수를 포함하는 식의 정확한 값 구하기

$\sin^{-1}\left(\sin\frac{5\pi}{4}\right)$의 정확한 값을 구하여라.

풀이

$$\sin^{-1}\left(\sin\frac{5\pi}{4}\right)=\sin^{-1}\left(-\frac{\sqrt{2}}{2}\right)=-\frac{\pi}{4}$$ ■

예제 3.11의 해를 구할 때, 성질 (3.2a)를 사용하지 않았음에 주목하라. 왜냐하면 사인함수의 독립변수인 $\frac{5\pi}{4}$가 구간 $\left[-\frac{\pi}{2}, \frac{\pi}{2}\right]$에 속하지 않기 때문이다. 다음의 사실을 사용하면

$$\sin\frac{5\pi}{4}=-\sin\frac{\pi}{4}=\sin\left(-\frac{\pi}{4}\right)$$

↑ $y=\sin x$는 기함수

이다. 이제 성질 (3.2a)를 사용할 수 있다.

$$\sin^{-1}\left(\sin\frac{5\pi}{4}\right)=\sin^{-1}\left[\sin\left(-\frac{\pi}{4}\right)\right]=-\frac{\pi}{4}$$

↑ 성질 (3.2a)

예제 3.12 역삼각함수를 포함하는 식의 정확한 값 구하기

$\sin\left(\tan^{-1}\frac{1}{2}\right)$의 정확한 값을 구하여라.

풀이

$\theta=\tan^{-1}\frac{1}{2}$이라 하면, 역탄젠트함수의 정의에 의하여

$$\tan\theta=\frac{1}{2}, \quad -\frac{\pi}{2}<\theta<\frac{\pi}{2}$$

이다. $\tan\theta=\frac{1}{2}=\frac{y}{x}$이므로, $x=2$이고 $y=1$라 하자. 그러면 $P=(x, y)=(2, 1)$은 원 $x^2+y^2=5$ 위에 있다. 왜냐하면 $r=d(O, P)=\sqrt{2^2+1^2}=\sqrt{5}$이기 때문이다(그림 3.13). 따라서

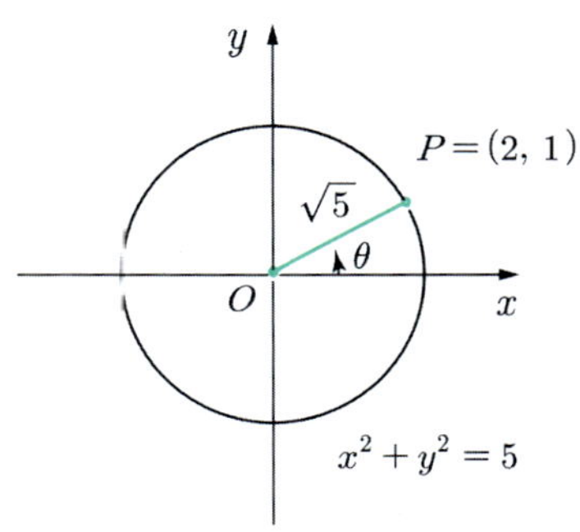

〈그림 3.13〉 $\tan\theta=\frac{1}{2}$

$$\sin\left(\tan^{-1}\frac{1}{2}\right)=\sin\theta=\frac{1}{\sqrt{5}}=\frac{\sqrt{5}}{5}$$

↑ $\sin\theta=\frac{y}{r}$

이다. ■

예제 3.13 역삼각함수를 포함하는 식의 정확한 값 구하기

$\cos\left[\sin^{-1}\left(-\frac{1}{3}\right)\right]$의 정확한 값을 구하여라.

풀이

$\theta=\sin^{-1}\left(-\frac{1}{3}\right)$이라 하면, 역사인함수의 정의에 의하여

$$\sin\theta=-\frac{1}{3},\quad -\frac{\pi}{2}\le\theta\le\frac{\pi}{2}$$

이다. $\sin\theta<0$이므로, $-\frac{\pi}{2}\le\theta<0$이므로 θ는 4사분면에 있다. $\sin\theta=-\frac{1}{3}=\frac{y}{r}$이므로, $y=-1$이고 $r=3$이라 하자. 그러면 $P(x, y)=(x, -1)$은 반지름 $r=3$인 원 $x^2+y^2=9$ 위에 있다. 여기서 $x>0$이다(그림 3.14). 따라서

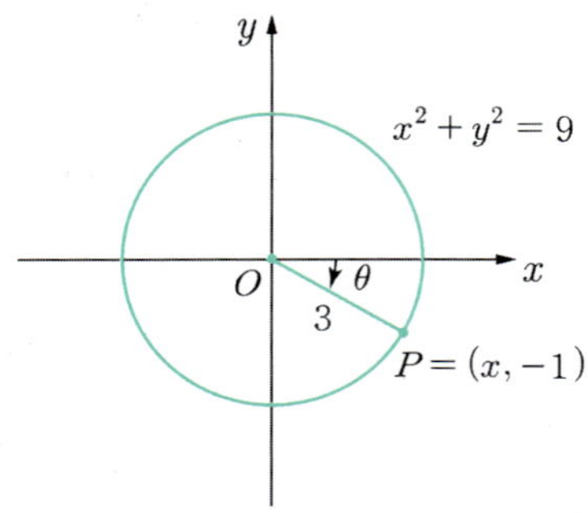

〈그림 3.14〉 $\sin\theta=-\frac{1}{3}$

$$x^2+y^2=9$$
$$x^2+(-1)^2=9 \qquad y=-1$$
$$x^2=8$$
$$x=2\sqrt{2} \qquad x>0$$

이므로

$$\cos\left[\sin^{-1}\left(-\frac{1}{3}\right)\right]=\cos\theta=\frac{2\sqrt{2}}{3}$$

↑ $\cos\theta=\frac{x}{r}$

이다. ■

예제 3.14 역삼각함수를 포함하는 식의 정확한 값 구하기

$\tan\left[\cos^{-1}\left(-\frac{1}{3}\right)\right]$의 정확한 값을 구하여라.

풀이

$\theta = \cos^{-1}\left(-\frac{1}{3}\right)$라 하면, 역코사인함수의 정의에 의하여

$$\cos\theta = -\frac{1}{3}, \quad 0 \le \theta \le \pi$$

이다. $\cos\theta < 0$이므로 $\frac{\pi}{2} < \theta \le \pi$이다. 따라서 θ는 2사분면에 있다. $\cos\theta = \frac{-1}{3} = \frac{x}{r}$이므로 $x = -1$이고 $r = 3$이라 하자. 그러면 $P = (x, y) = (-1, y)$는 반지름 $r = 3$인 원 $x^2 + y^2 = 9$ 위에 있다. 여기서 $y > 0$이다(그림 3.15). 따라서

$$x^2 + y^2 = 9$$
$$(-1)^2 + y^2 = 9 \qquad x = -1$$
$$y^2 = 8$$
$$y = 2\sqrt{2} \qquad y > 0$$

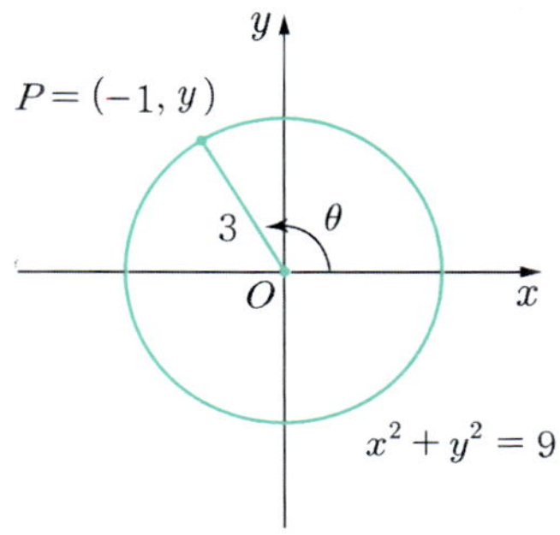

〈그림 3.15〉 $\cos\theta = -\frac{1}{3}$

이므로

$$\tan\left[\cos^{-1}\left(-\frac{1}{3}\right)\right] = \tan\theta = \frac{2\sqrt{2}}{-1} = -2\sqrt{2}$$

↑ $\tan\theta = \frac{y}{x}$

이다. ■

나머지 역삼각함수

역시컨트, 역코시컨트, 역코탄젠트함수는 다음과 같이 정의된다.

$$y = \sec^{-1}x \Leftrightarrow x = \sec y \ (|x| \ge 1,\ 0 \le y \le \pi,\ y \ne \frac{\pi}{2}) \tag{3.6}$$

[3)]

$$y = \csc^{-1}x \Leftrightarrow x = \csc y \ (|x| \ge 1,\ -\frac{\pi}{2} \le y \le \frac{\pi}{2},\ y \ne 0) \tag{3.7}$$

[4)]

$$y = \cot^{-1}x \Leftrightarrow x = \cot y \ (-\infty < x < \infty,\ 0 < y < \pi) \tag{3.8}$$

---

3) 대부분은 이 정의를 사용한다. 일부는 제한 $0 \le y < \frac{\pi}{2}$, $\pi \le y < \frac{3\pi}{2}$를 사용하기도 한다.

4) 대부분은 이 정의를 사용한다. 일부는 제한 $-\pi < y \le -\frac{\pi}{2}$, $0 < y \le \frac{\pi}{2}$를 사용하기도 한다.

예제 3.15 역코시컨트함수의 정확한 값 구하기

$\csc^{-1}2$의 정확한 값을 구하여라.

풀이

$\theta = \csc^{-1}2$라 하면, 역코시컨트함수의 정의에 의하여

$$\csc\theta = 2 \ \left(-\frac{\pi}{2} \le \theta \le \frac{\pi}{2},\ \theta \ne 0\right)$$

이다. 따라서 $\csc\theta = 2$인 $-\frac{\pi}{2} \le \theta \le \frac{\pi}{2},\ \theta \ne 0$에 있는 유일한 각 θ는 $\frac{\pi}{6}$이다. 그러므로

$\csc^{-1}2 = \frac{\pi}{6}$이다. ■

지금까지 살펴보았던 역삼각함수를 정리하면 다음과 같다.

$$y = \sin^{-1}(x) = \arcsin(x) \Leftrightarrow \sin(y) = x \left(-1 \le x \le 1,\ -\frac{\pi}{2} \le y \le \frac{\pi}{2}\right)$$

$$y = \cos^{-1}(x) = \arccos(x) \Leftrightarrow \cos(y) = x \ (-1 \le x \le 1,\ \ 0 \le y \le \pi)$$

$$y = \tan^{-1}(x) = \arctan(x) \Leftrightarrow \tan(y) = x \left(-\infty < x < \infty,\ -\frac{\pi}{2} < y < \frac{\pi}{2}\right)$$

$$y = \csc^{-1}(x) = \operatorname{arccsc}(x) \Leftrightarrow \csc(y) = x \left(|x| \ge 1,\ y \in \left[-\frac{\pi}{2}, 0\right) \cup \left(0, \frac{\pi}{2}\right]\right)$$

$$y = \sec^{-1}(x) = \operatorname{arcsec}(x) \Leftrightarrow \sec(y) = x \left(|x| \ge 1,\ y \in \left[0, \frac{\pi}{2}\right) \cup \left(\frac{\pi}{2}, \pi\right]\right)$$

$$y = \cot^{-1}(x) = \operatorname{arccot}(x) \Leftrightarrow \cot(y) = x \ (-\infty < x < \infty,\ 0 < y < \pi)$$

역함수의 미분을 이용하여 역삼각함수의 도함수를 살펴보자.

$\sin^{-1}x$, $\sin x$	$\cos^{-1}x$, $\cos x$
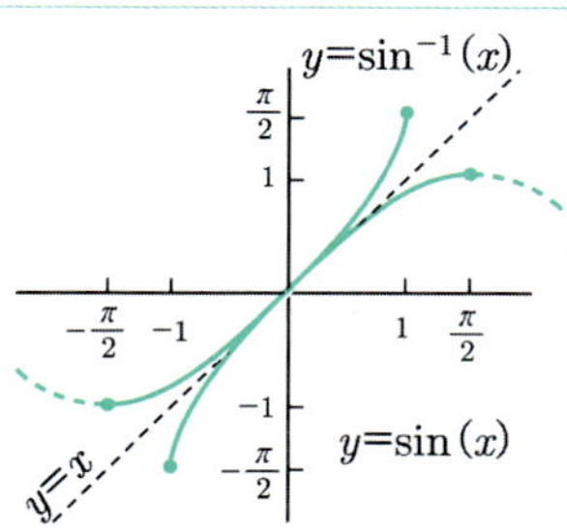	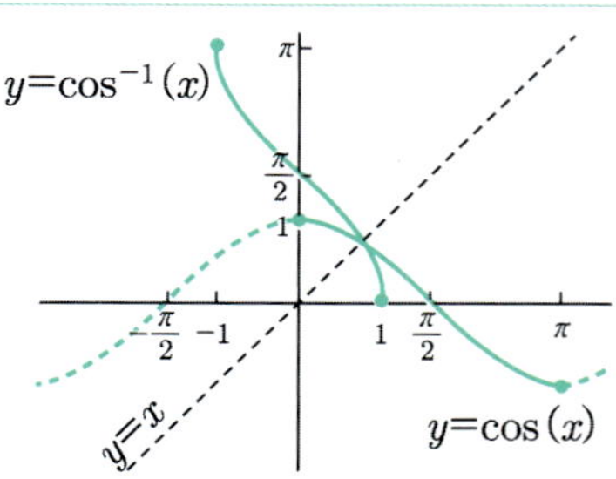

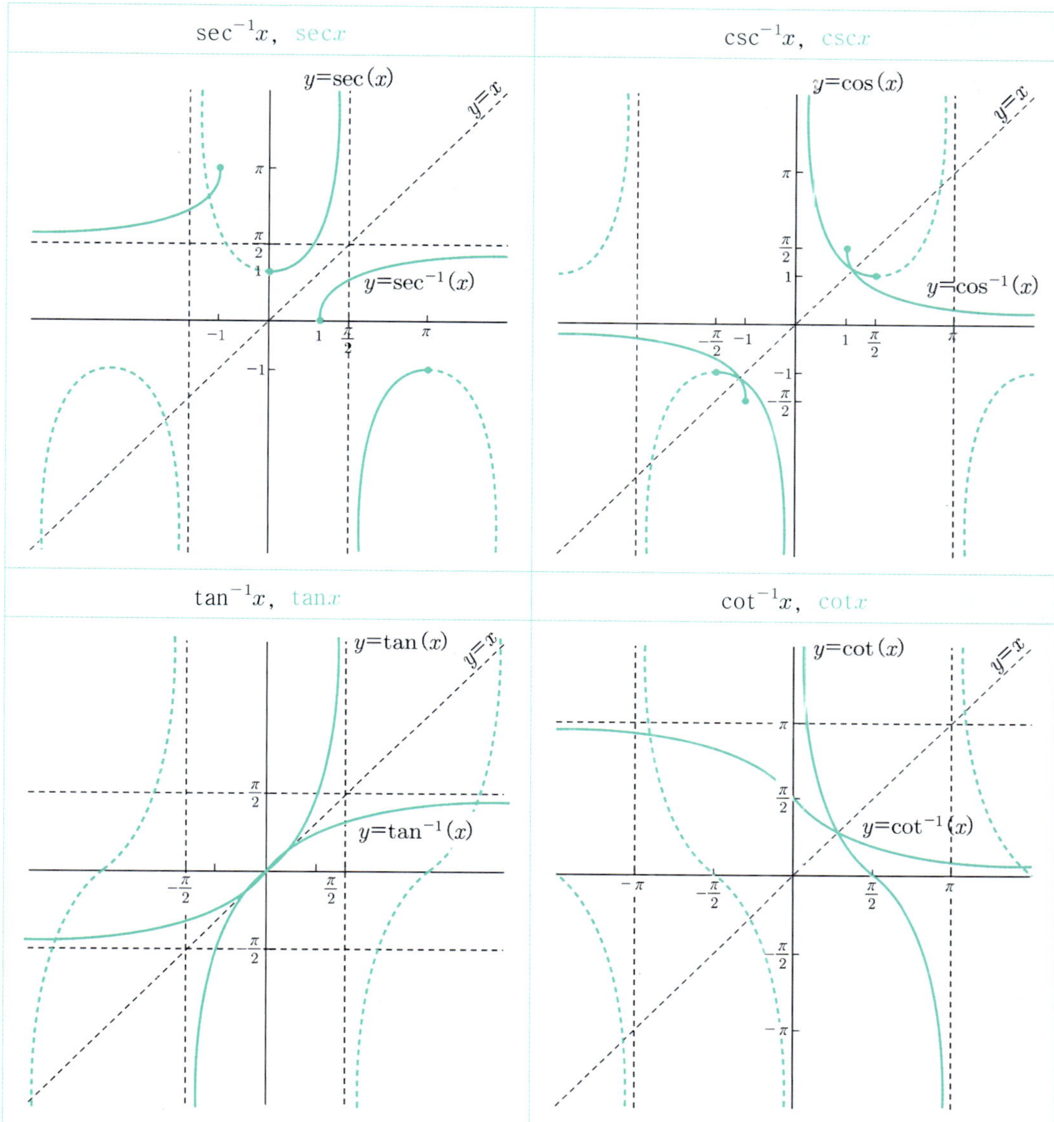

역삼각함수를 고려할 때, 삼각함수가 일대일 대응이 되도록 정의역을 설정하여 역함수를 갖도록 하였다. 또한 역삼각함수는 삼각함수의 수평접선을 갖는 점의 $y=x$에 대한 대칭점을 제외한 모든 점에서 미분 가능함을 알 수 있다.

이제 대표적인 3개의 역삼각함수 $\sin^{-1}(x)$, $\cos^{-1}(x)$, $\tan^{-1}(x)$ 의 도함수를 역함수의 도함수를 구하는 방법을 사용하여 구해보도록 하자.

정리 3.16 역삼각함수의 미분 1

(1) $\dfrac{d}{dx}(\sin^{-1}(x)) = \dfrac{1}{\sqrt{1-x^2}}$ (2) $\dfrac{d}{dx}(\cos^{-1}(x)) = -\dfrac{1}{\sqrt{1-x^2}}$

(3) $\dfrac{d}{dx}(\tan^{-1}(x)) = \dfrac{1}{1+x^2}$

증명

(1) $y=\sin^{-1}(x)$라고 두면 $\sin y = x$ $\left(-\dfrac{\pi}{2} \le y \le \dfrac{\pi}{2}\right)$이다. 음함수 미분법을 적용하면 $\cos y \dfrac{dy}{dx} = 1$이므로 $\dfrac{dy}{dx} = \dfrac{1}{\cos y}$이다. $-\dfrac{\pi}{2} \le y \le \dfrac{\pi}{2}$에서는 $\cos y \ge 0$이므로 $\cos y = \sqrt{1-\sin^2 y} = \sqrt{1-x^2}$이다. 따라서 $\dfrac{dy}{dx} = \dfrac{1}{\cos y} = \dfrac{1}{\sqrt{1-x^2}}$이다.

(2) $y=\cos^{-1}(x)$라고 두면 $\cos y = x$ $(0 \le y \le \pi)$이다. 음함수 미분법을 적용하면 $-\sin y \dfrac{dy}{dx} = 1$이므로 $\dfrac{dy}{dx} = -\dfrac{1}{\sin y}$이다. $0 \le y \le \pi$에서는 $\sin y \ge 0$이므로 $\sin y = \sqrt{1-\cos^2 y} = \sqrt{1-x^2}$이다. 따라서 $\dfrac{dy}{dx} = \dfrac{1}{\cos y} = -\dfrac{1}{\sqrt{1-x^2}}$이다.

(3) $y=\tan^{-1}(x)$라고 두면 $\tan y = x$ $\left(-\dfrac{\pi}{2} \le y \le \dfrac{\pi}{2}\right)$이다. 음함수 미분법을 적용하면 $\sec^2 y \dfrac{dy}{dx} = 1$이므로 $\dfrac{dy}{dx} = \dfrac{1}{\sec^2 y} = \dfrac{1}{1+\tan^2 y} = \dfrac{1}{1+x^2}$이다.

예제 3.17 다음 함수의 도함수를 구하여라.

(1) $f(x) = e^x \sin^{-1}(x)$ (2) $f(x) = \cos^{-1}(x^2-3x)$

(3) $f(x) = \arctan(\sqrt{x^2-1})$

풀이

(1) $f'(x)=e^x\sin^{-1}(x)+e^x\left(\dfrac{1}{\sqrt{1-x^2}}\right)=e^x\left(\sin^{-1}(x)+\dfrac{1}{\sqrt{1-x^2}}\right)$

(2) $f'(x)=-\dfrac{1}{\sqrt{1-(x^2-3x)^2}}\cdot(2x-3)=\dfrac{-2x+3}{\sqrt{1-9x^2+6x^3-x^4}}$

(3) $f'(x)=\dfrac{1}{1+(x^2-1)}\cdot\left(\dfrac{2x}{2\sqrt{x^2-1}}\right)=\dfrac{1}{x\sqrt{x^2-1}}$

나머지 역삼각함수의 도함수는 다음과 같다.

정리 3.18 역삼각함수의 미분 2

(1) $\dfrac{d}{dx}(\csc^{-1}(x))=-\dfrac{1}{|x|\sqrt{x^2-1}}$ (2) $\dfrac{d}{dx}(\sec^{-1}(x))=\dfrac{1}{|x|\sqrt{x^2-1}}$

(3) $\dfrac{d}{dx}(\cot^{-1}(x))=-\dfrac{1}{1+x^2}$

증명

(1) $y=\csc^{-1}(x)$라고 두면 $\csc y=x$ $\left(y\in\left[-\dfrac{\pi}{2},0\right)\cup\left(0,\dfrac{\pi}{2}\right]\right)$이다. 음함수 미분법을 적용하면 $-\csc y\cot y\dfrac{dy}{dx}=1$이므로 $\dfrac{dy}{dx}=-\dfrac{1}{\csc y\cot y}$이다.

따라서 $\csc y\cot y=\csc y\left(\pm\sqrt{\csc^2 y-1}\right)=|x|\sqrt{x^2-1}$이다.

그러므로 $\dfrac{dy}{dx}=-\dfrac{1}{\csc y\cot y}=-\dfrac{1}{|x|\sqrt{x^2-1}}$이다.

(2) $y=\sec^{-1}(x)$라고 두면 $\sec y=x$ $\left(y\in\left[0,\dfrac{\pi}{2}\right)\cup\left(\dfrac{\pi}{2},\pi\right]\right)$이다. 음함수 미분법을 적용하면 $\sec y\tan y\dfrac{dy}{dx}=1$이므로 $\dfrac{dy}{dx}=\dfrac{1}{\sec y\tan y}$이다.

따라서 $\sec y\tan y=\sec y\left(\pm\sqrt{\sec^2 y-1}\right)=|x|\sqrt{x^2-1}$이다.

그러므로 $\dfrac{dy}{dx}=\dfrac{1}{\sec y\tan y}=\dfrac{1}{|x|\sqrt{x^2-1}}$이다.

(3) $y=\cot^{-1}(x)$라고 두면 $\cot y=x$ $(0<y<\pi)$이다. 음함수 미분법을 적용하면 $-\csc^2 y\dfrac{dy}{dx}=1$이므로 $\dfrac{dy}{dx}=-\dfrac{1}{\csc^2 y}=-\dfrac{1}{1+\cot^2 y}=-\dfrac{1}{1+x^2}$이다.

예제 3.19 다음 함수의 도함수를 구하여라.

(1) $f(x)=\sec^{-1}(x^2-2x)$

(2) $f(x)=x\cot^{-1}(1-2x)$

(3) $f(x)=\sqrt{\operatorname{arc}\csc(1-3x)}$

풀이

(1) $f'(x)=\dfrac{1}{|x^2-2x|\sqrt{(x^2-2x)^2-1}}\cdot(2x-2)=\dfrac{2(x-1)}{|x(x-2)|\sqrt{(x^2-2x)^2-1}}$

(2) $f'(x)=\cot^{-1}(1-2x)+x\left(-\dfrac{1}{1+(1-2x)^2}\right)\cdot(-2)=\cot^{-1}(1-2x)+\dfrac{2x}{1+(1-2x)^2}$

(3) $f'(x)=\dfrac{1}{2\sqrt{\operatorname{arc}\csc(1-3x)}}\cdot\left(-\dfrac{1}{|1-3x|\sqrt{(1-3x)^2-1}}\right)\cdot(-3)$

$=\dfrac{3}{2|1-3x|\sqrt{\operatorname{arc}\csc(1-3x)((1-3x)^2-1)}}$ ■

3.2 로그함수의 미분법

일반 지수함수 $f(x)=a^x$ 와 일반 로그함수 $g(x)=\log_a x$[5] 에 대하여 두 함수의 합성함수를 생각해 보자.

$(g\circ f)(x)=g(f(x))=\log_a(a^x)=x\log_a a=x$

이고

$(f\circ g)(x)=f(g(x))=a^{\log_a x}=x$

이므로 두 함수는 역함수관계에 있다. 마찬가지로 자연지수 함수 $y=e^x$ 와 자연로그함수 $y=\ln x$ 가 역함수 관계에 있다. 따라서 음함수의 미분법을 적용하여 로그함수의 도함수를 구할 수 있다.

5) 밑이 10인 상용로그는 $\log_{10}x$ 또는 $\log x$ 로 나타내기로 한다.

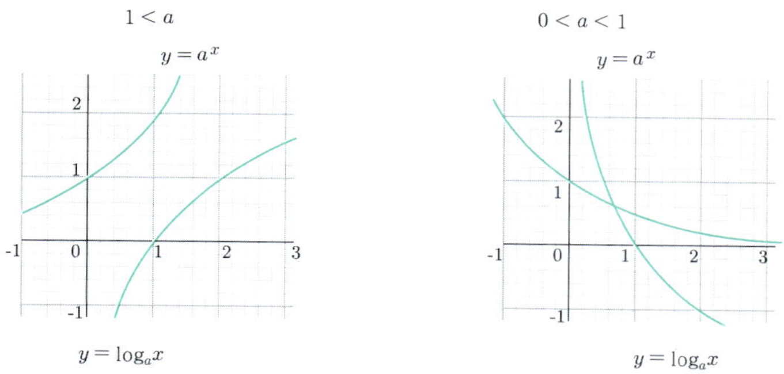

일반지수함수와 일반로그함수의 그래프

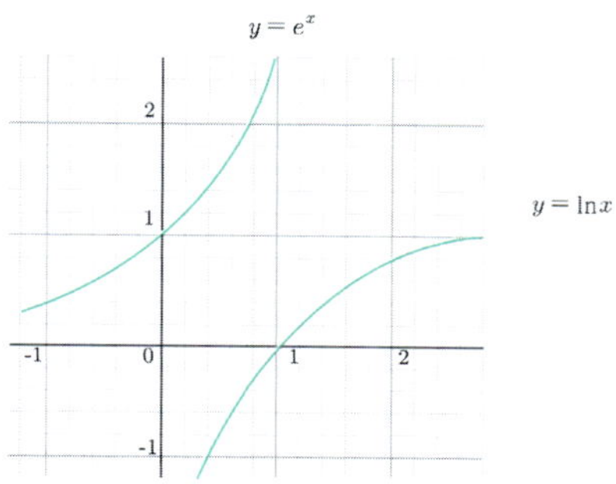

자연지수함수와 자연로그함수의 그래프

정리 3.20 로그함수의 도함수

(1) $\dfrac{d}{dx}(\log_a x)=\dfrac{1}{x\ln a}$ (2) $\dfrac{d}{dx}(\ln x)=\dfrac{1}{x}$

(3) $f(x)$가 미분 가능하고 $\ln(f(x))$가 정의되면 $\dfrac{d}{dx}(\ln(f(x)))=\dfrac{f'(x)}{f(x)}$이다.

증명

(1) $y=\log_a x$로 두면 $x=a^y$이다. x에 관해 음함수 미분법을 적용하면

$$1=\frac{d}{dx}(x)=\frac{d}{dx}(a^y)=\frac{d}{dy}(a^y)\frac{dy}{dx}=a^y\ln a\frac{dy}{dx}$$

이다. 따라서

$$\frac{dy}{dx}=\frac{1}{a^y\ln a}=\frac{1}{x\ln a}$$

이다.

(2) (1)에서 $a=e$이므로 $\ln a = \ln e = 1$이다. 따라서

$$\frac{d}{dx}(\ln x) = \frac{1}{x}$$

이다.

(3) $f(x) = y$로 두면

$$\frac{d}{dx}(\ln(f(x))) = \frac{d}{dx}(\ln y) = \frac{d}{dy}(\ln y)\frac{dy}{dx} = \frac{1}{y}\frac{dy}{dx} = \frac{1}{f(x)}f'(x)$$

이다.

예제 3.21 다음 함수의 도함수를 구하여라.

(1) $f(x) = \log_2(\tan x - 2x)$

(2) $f(x) = \log_{10}\left(\frac{x+1}{x-1}\right)$

(3) $f(x) = \log_5(\sin^{-1}x)$

(4) $f(x) = \log_{\frac{1}{2}}(x^3 + 2x - 1)$

풀이

(1) 정리 3.20의 (1)과 연쇄법칙을 이용하면

$$f'(x) = \frac{\sec^2 x - 2}{(\tan x - 2x)\ln 2}$$

이다.

(2) $f(x) = \log_{10}(x+1) - \log_{10}(x-1)$이므로

$$f'(x) = \frac{1}{(x+1)\ln 10} - \frac{1}{(x-1)\ln 10} = \frac{-2}{\ln 10(x+1)(x-1)}$$

이다.

(3) $f'(x) = \dfrac{1}{(\sin^{-1}x)\ln 5\sqrt{1-x^2}}$

이다.

(4) $f(x) = \log_{\frac{1}{2}}(x^3 + 2x - 1) = -\log_2(x^3 + 2x - 1)$ 이므로 $f'(x) = \dfrac{-3x^2 - 2}{(x^3 + 2x - 1)\ln 2}$

이다. ■

예제 3.22 다음 함수의 도함수를 구하여라.

(1) $f(x)=\ln(x^2-2x)$　　(2) $f(x)=\ln(\cos x)$

(3) $f(x)=\sqrt{\ln x}$　　(4) $f(x)=\ln\sqrt{x}$

풀이

(1) 정리 3.20의 (3)을 이용하면 $f'(x)=\dfrac{2x-2}{x^2-2x}$ 이다.

(2) $f'(x)=-\dfrac{\sin x}{\cos x}=-\tan x$

(3) $f(x)=(\ln x)^{\frac{1}{2}}$ 이므로 $f'(x)=\dfrac{1}{2}(\ln x)^{-\frac{1}{2}}(\ln x)'=\dfrac{1}{2\sqrt{\ln x}}\dfrac{1}{x}=\dfrac{1}{2x\sqrt{\ln x}}$ 이다.

(4) $f(x)=\ln\sqrt{x}=\dfrac{1}{2}\ln x$ 이므로 $f'(x)=\dfrac{1}{2x}$ 이다. ■

로그함수는 진수가 양수인 곳에서 정의된다. 따라서 일반적으로 로그함수는 $\ln|x|$나 $\ln|f(x)|$와 같이 나타낸다.

3.3 로그미분법의 응용

로그의 성질인 $\ln ab=\ln a+\ln b$, $\ln\left(\dfrac{b}{a}\right)=\ln b-\ln a$, $\ln a^n=n\ln a$ 등을 이용하면 함수들의 곱셈, 나눗셈, 거듭제곱으로 이루어진 함수의 도함수는 먼저 로그를 취하고 로그의 성질과 로그함수의 도함수를 이용하면 간단히 구할 수 있다. 양변에 로그를 취하고 로그의 성질을 이용하여 도함수를 구하는 방법을 로그미분법이라고 부른다.

> 로그미분법의 순서
>
> (1) $y=f(x)$의 양변에 자연로그를 취하고 로그함수의 성질을 이용하여 식을 정리한다.
>
> (2) x에 대해서 음함수 미분한다.
>
> (3) y'에 대해 푼다. ($y=f(x)$를 사용하여 y'을 x에 관해 정리한다.)

$\frac{d}{dx}(\ln|x|)=\frac{1}{x}$ 이므로 $y=f(x)$의 함숫값이 음수가 될 수 있는 경우 $|y|=|f(x)|$로 간주하고 양변에 로그를 취하여 로그미분법을 적용할 수 있다.

예제 3.23 다음을 미분하여라.

(1) $y=\frac{(x-4)^3}{(2x-3)^2\sqrt{x^2+1}}$ (2) $y=\frac{e^x\cos x}{x^3(3-x)^2}$

풀이

(1) 양변에 자연로그를 취하면

$$\ln y=\ln\left(\frac{(x-4)^3}{(2x-3)^2\sqrt{x^2+1}}\right)=3\ln(x-4)-2\ln(2x-3)-\frac{1}{2}\ln(x^2+1)$$

이다. x에 관해 음함수 미분하면

$$\frac{y'}{y}=\frac{3}{x-4}-2\frac{2}{2x-3}-\frac{1}{2}\frac{2x}{x^2+1}$$

이다. y'에 대해 풀면

$$y'=y\left(\frac{3}{x-4}-\frac{4}{2x-3}-\frac{x}{x^2+1}\right)$$

이고 y를 대입하여 정리하면

$$y'=\frac{(x-4)^3}{(2x-3)^2\sqrt{x^2+1}}\left(\frac{3}{x-4}-\frac{4}{2x-3}-\frac{x}{x^2+1}\right)$$

이다.

(2) 양변에 자연로그를 취하면

$$\ln y=\ln\left(\frac{e^x\cos x}{x^3(3-x)^2}\right)=\ln e^x+\ln\cos x-3\ln x-2\ln(3-x)$$
$$=x+\ln\cos x-3\ln x-2\ln(3-x)$$

이다. x에 관해 음함수 미분하면

$$\frac{y'}{y}=1-\frac{\sin x}{\cos x}-\frac{3}{x}+\frac{2}{3-x}=1-\tan x-\frac{3}{x}+\frac{2}{3-x}$$

이다. y'에 대해 풀면

$$y' = y\left(1 - \tan x - \frac{3}{x} + \frac{2}{3-x}\right)$$

이고 y를 대입하여 정리하면

$$y' = \frac{e^x \cos x}{x^3(3-x)^2}\left(1 - \tan x - \frac{3}{x} + \frac{2}{3-x}\right)$$

이다. ■

$y = x^x$이나 $y = (\ln x)^x$와 같이 지수에 변수가 있는 지수함수의 경우 로그미분법 사용하여 간단히 미분할 수 있다. 예를 들어 $y = x^x$의 경우 양변에 자연로그를 취하면 $\ln y = x \ln x$이고 미분하면 $\frac{y'}{y} = \ln x + x\frac{1}{x} = \ln x + 1$이므로 $y' = x^x(\ln x + 1)$이다.

예제 3.24 다음을 미분하여라.

(1) $y = x^{\sqrt{x}}$　　(2) $y = \frac{(\ln x)^x}{2^{5x-3}}$　　(3) $y = x^{\ln x}(\sin x)^{2x}$

풀이

(1) 양변에 자연로그를 취하면 $\ln y = \sqrt{x}\ln x$이다. x에 관해 음함수 미분하면

$$\frac{y'}{y} = \frac{1}{2\sqrt{x}}\ln x + \sqrt{x}\frac{1}{x}$$

이다. y'에 대해 풀면

$$y' = y\left(\frac{\ln x}{2\sqrt{x}} + \frac{1}{\sqrt{x}}\right) = \frac{y}{\sqrt{x}}\left(\frac{\ln x}{2} + 1\right)$$

이고 y를 대입하여 정리하면

$$y' = \frac{x^{\sqrt{x}}}{\sqrt{x}}\left(\frac{\ln x}{2} + 1\right)$$

이다.

(2) 양변에 자연로그를 취하면 $\ln y = x\ln(\ln x) - (5x-3)\ln 2$이다. x에 관해 음함수 미분하면

$$\frac{y'}{y} = \ln(\ln x) + \frac{1}{\ln x} - 5\ln 2$$

이다. y'에 대해 풀면

$$y' = (\ln(\ln x) + \frac{1}{\ln x} - 5\ln 2) \cdot y$$

이고 y를 대입하여 정리하면

$$y' = \frac{(\ln x)^x}{2^{5x-3}}(\ln(\ln x) + \frac{1}{\ln x} - 5\ln 2)$$

이다.

(3) 양변에 자연로그를 취하면 $\ln y = (\ln x)^2 + 2x\ln(\sin x)$이다. x에 관해 음함수 미분하면

$$\frac{y'}{y} = 2(\ln x)\frac{1}{x} + 2\ln(\sin x) + 2x\frac{\cos x}{\sin x} = \frac{2}{x}\ln x + 2\ln(\sin x) + 2x\cot x$$

이다. y'에 대해 풀면

$$y' = y\left(\frac{2}{x}\ln x + 2\ln(\sin x) + 2x\cot x\right)$$

이고 y를 대입하여 정리하면

$$y' = x^{\ln x}(\sin x)^{2x}\left(\frac{2}{x}\ln x + 2\ln(\sin x) + 2x\cot x\right)$$

이다. ■

로그미분법을 이용하면 일반적인 거듭제곱 규칙을 증명할 수 있다.

3.4 지수미분법의 응용

우리는 일반 지수함수 $y = a^x$ 와 자연 지수함수 $y = e^x$ 의 도함수를 알고 있다. 음함수의 미분법을 이용하면 그 도함수를 간단하게 얻을 수 있다. 일반 지수함수의 도함수를 구하기 위해 $y = a^x$ 의 양변에 로그를 취하면 $\ln y = x\ln a$ 가 된다. 양변을 미분하면 $\frac{y'}{y} = \ln a$ 가 되어 $y' = y\ln a = a^x \ln a$ 를 얻는다.

1절에서 자연상수 또는 오일러의 수 e는 $\lim_{h\to 0}\frac{e^h - 1}{h} = 1$을 만족하는 수로 2와 3 사이의 수임을 추정하였고 $(e^x)' = e^x$임도 살펴보았다.

이제 e의 다른 형태의 극한 표시를 살펴보자. 자연로그함수 $f(x)=\ln x$의 도함수는 $f'(x)=\dfrac{1}{x}$이므로 도함수의 정의에 의해

$$\begin{aligned} f'(1) &= \lim_{x\to 0}\frac{f(1+x)-f(1)}{x} \\ &= \lim_{x\to 0}\frac{\ln(1+x)-\ln 1}{x} \\ &= \lim_{x\to 0}\frac{1}{x}\ln(1+x) \\ &= \lim_{x\to 0}\ln(1+x)^{\frac{1}{x}} \end{aligned}$$

이다. $f'(1)=1$이므로 $\lim\limits_{x\to 0}\ln(1+x)^{\frac{1}{x}}=1$임을 알 수 있다. 여기로부터 다음 정리를 얻을 수 있다.

정리 3.25 무리수 e의 다른 형태의 극한

(1) $e=\lim\limits_{x\to 0}(1+x)^{\frac{1}{x}}$ (2) $e=\lim\limits_{n\to\infty}\left(1+\dfrac{1}{n}\right)^n$

증명

(1) $e=e^1=e^{\lim\limits_{x\to 0}\ln(1+x)^{\frac{1}{x}}}$이다. 자연지수함수는 연속이므로

$$e=\lim_{x\to 0}e^{\ln(1+x)^{\frac{1}{x}}}=\lim_{x\to 0}(1+x)^{\frac{1}{x}}$$

이다.

(2) (1)에서 $n=\dfrac{1}{x}$로 두면 $x=\dfrac{1}{n}$이고 $x\to 0^+$일 때 $n\to\infty$이므로

$$e=\lim_{x\to 0}(1+x)^{\frac{1}{x}}=\lim_{n\to\infty}\left(1+\frac{1}{n}\right)^n$$

이다.

$y=(1+x)^{\frac{1}{x}}$에 대해 $x=0$ 근처에서의 값을 계산하면 다음과 같다.

x	$(1+x)^{\frac{1}{x}}$
0.1	2.5937425
0.01	2.7048138
0.001	2.7169239
0.0001	2.7181459
0.00001	2.7182682
0.000001	2.7182805
0.0000001	2.7182817
0.00000001	2.7182818
0.000000001	2.7182821
↓	↓
0	e

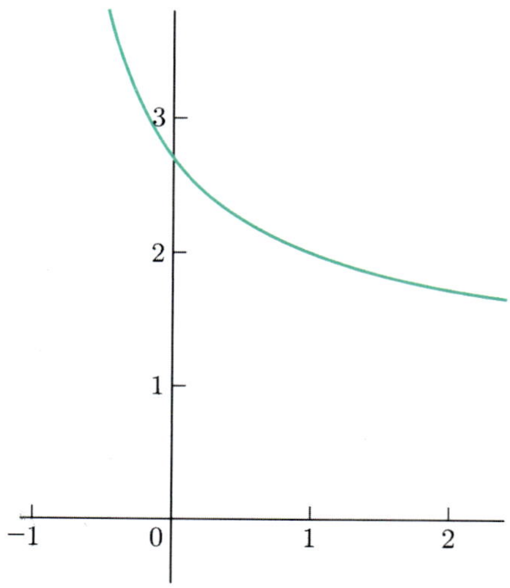

또한 $y=\left(1+\frac{1}{x}\right)^x$에 대해 x가 커질 때의 함숫값을 계산해도 같은 결과를 얻는다.

x	$\left(1+\frac{1}{x}\right)^x$
10	2.5937425
100	2.7048138
1000	2.7169239
10000	2.7181459
100000	2.7182682
1000000	2.7182805
10000000	2.7182817
100000000	2.7182818
1000000000	2.7182821
↓	↓
∞	e

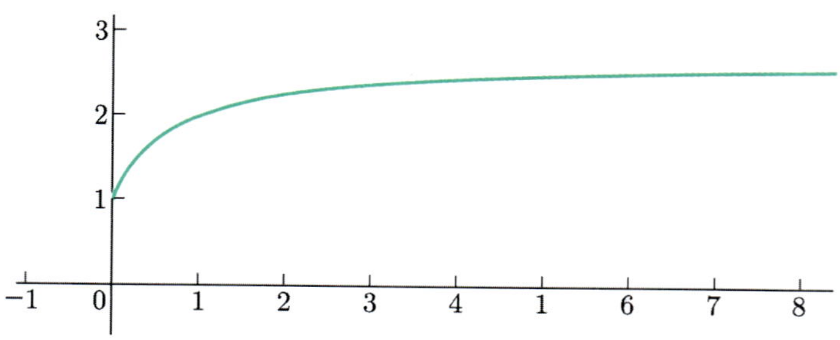

실제로 $e=2.718281828459045 09080\cdots$인 무리수이며 소수점 이하 9번째 자리까지 써보면 $2.718281828\cdots$으로 1828이 반복된 것도 확인할 수 있다.

지수, 로그함수의 미분법을 이용하여 $\frac{0}{0}$꼴의 극값을 구할 수 있다.

예제 3.26 다음 극한을 구하여라.

(1) $\lim_{x\to 0}\frac{\ln(1+x)}{x}$　　(2) $\lim_{x\to 0}\frac{\log_2(1+2x)}{x}$

(3) $\lim_{x\to 0}\frac{e^x-1}{x}$　　(4) $\lim_{x\to 0}\frac{10^x-1}{x}$

풀이

(1) $\lim_{x\to 0}\frac{\ln(1+x)}{x}=\lim_{x\to 0}\frac{1}{x}\ln(1+x)=\lim_{x\to 0}\ln(1+x)^{\frac{1}{x}}=\ln\left(\lim_{x\to 0}(1+x)^{\frac{1}{x}}\right)=\ln e=1$

(2) $\lim_{x\to 0}\frac{\log_2(1+2x)}{x}=\lim_{x\to 0}\frac{1}{x}\log_2(1+2x)=\lim_{x\to 0}\log_2(1+2x)^{\frac{1}{x}}$

$$=\log_2\left(\lim_{x\to 0}(1+2x)^{\frac{1}{2x}}\right)^2=\log_2 e^2=2\log_2 e$$

(3) $e^x-1=t$로 치환하면 $e^x=1+t$이므로 $x=\ln(1+t)$이다.

$x\to 0$이면 $t\to 0$이므로 $\lim_{x\to 0}\frac{e^x-1}{x}=\lim_{t\to 0}\frac{t}{\ln(1+t)}=\lim_{t\to 0}\frac{1}{\frac{\ln(1+t)}{t}}$이다.

(1)에서 $\lim_{t\to 0}\frac{\ln(1+t)}{t}=1$이므로 $\lim_{x\to 0}\frac{e^x-1}{x}=1$이다.

(4) $10^x-1=t$로 치환하면 $10^x=1+t$이므로 $x=\log_{10}(1+t)$이다.

$x\to 0$이면 $t\to 0$이므로 $\lim_{x\to 0}\frac{10^x-1}{x}=\lim_{t\to 0}\frac{t}{\log_{10}(1+t)}=\lim_{t\to 0}\frac{1}{\frac{\log_{10}(1+t)}{t}}$이다.

$\lim_{t\to 0}\frac{\log_{10}(1+t)}{t}=\lim_{t\to 0}\log_{10}(1+t)^{\frac{1}{t}}=\log_{10}e$이므로 $\lim_{x\to 0}\frac{10^x-1}{x}=\frac{1}{\log_{10}e}=\ln 10$

이다. ■

읽을 거리

$y=\ln x$의 도함수를 정의에 의해 구해보자.

$$\begin{aligned} y' &= \lim_{h\to 0}\frac{\ln(x+h)-\ln x}{h} \\ &= \lim_{h\to 0}\frac{x}{h}\cdot\frac{1}{x}\cdot\ln\frac{x+h}{x} \\ &= \lim_{h\to 0}\frac{1}{x}\cdot\frac{x}{h}\cdot\ln\left(1+\frac{h}{x}\right) \\ &= \frac{1}{x}\lim_{h\to 0}\ln\left(1+\frac{h}{x}\right)^{\frac{x}{h}} \end{aligned}$$

여기서 $\frac{x}{h}=n$으로 두면

$$\begin{aligned} &= \frac{1}{x}\lim_{n\to\infty}\ln\left(1+\frac{1}{n}\right)^{n} \\ &= \frac{1}{x}\ln\left(\lim_{n\to\infty}\ln\left(1+\frac{1}{n}\right)^{n}\right) \\ &= \frac{1}{x}\ln e = \frac{1}{x} \end{aligned}$$

이 된다.

또 $(\log_a x)' = \left(\frac{\ln x}{\ln a}\right)' = \frac{1}{x\cdot\ln a}$이다.

➡ 연습문제 해답 500쪽

2.3 연습문제

01. 함수 $f(x)=x^3$에 대해 물음에 답하여라.

(1) $x=-8$에서 역함수 $y=f^{-1}(x)$의 접선의 기울기를 구하여라.

(2) $f^{-1}(x)=\sqrt[3]{x}$ 임과 역함수의 미분을 이용하여 $y=\sqrt[3]{x}$ 의 도함수를 구하여라.

02. $f(x)=x^3-2x+1$의 역함수 $y=f^{-1}(x)$의 그래프의 점 $(0,\ 1)$에서 접선의 방정식을 구하여라.

03. 각 식의 정확한 값을 구하여라.

(1) $\sin^{-1}(-1)$

(2) $\cot^{-1}\sqrt{3}$

04. 각 식의 정확한 값을 구하여라.

(1) $\tan\left[\cos^{-1}\left(-\frac{\sqrt{3}}{2}\right)\right]$

(2) $\csc(\tan^{-1}1)$

(3) $\sec\left[\sin^{-1}\left(-\frac{1}{2}\right)\right]$

(4) $\tan\left(\sin^{-1}\frac{1}{3}\right)$

(5) $\sin[\tan^{-1}(-3)]$

(6) $\sin^{-1}\left(\cos\frac{3\pi}{4}\right)$

05. $\sin(\tan^{-1}v)=\dfrac{v}{\sqrt{1+v^2}}$를 증명하라.

06. 다음을 증명하라.

(1) $\sec(\tan^{-1}v) = \sqrt{1+v^2}$　　(2) $\cos(\sin^{-1}v) = \sqrt{1-v^2}$

07. 각 식의 정확한 값을 구하여라.

(1) $\sin\left(\sin^{-1}\frac{1}{2} + \cos^{-1}0\right)$　　(2) $\cos\left(\sin^{-1}\frac{5}{13} - \tan^{-1}\frac{3}{4}\right)$

08. $\tan(\sin^{-1}u - \cos^{-1}v)$를 u와 v를 포함하는 대수식으로 나타내라.

09. 다음을 증명하라.

(1) $\sin^{-1}v + \cos^{-1}v = \frac{\pi}{2}$　　(2) $v > 0$일 때, $\tan^{-1}\left(\frac{1}{v}\right) = \frac{\pi}{2} - \tan^{-1}v$

10. $z = \tan\frac{\alpha}{2}$일 때, $\sin\alpha = \frac{2z}{1+z^2}$를 증명하라.

11. 다음 함수의 역함수에 대해, 주어진 점에서 역함수의 그래프에 접하는 접선의 방정식을 구하여라.

(1) $f(x) = \frac{e^{-3x}}{x^2+1}$, $(1, 0)$　　(2) $g(x) = \sin(2x) - \cos(3x)$, $(-1, 0)$

12. 다음 함수의 도함수를 구하여라.

(1) $f(x) = x^2 - \cos^{-1}x$　　(2) $f(x) = x^2\tan^{-1}x$

(3) $f(t) = e^t\sin^{-1}t - \cos^{-1}t$

13. 다음 함수의 도함수를 구하여라.

(1) $f(x)=\dfrac{\sin^{-1}x}{x+1}$ (2) $g(x)=e^{\tan^{-1}(2x)}$

(3) $h(t)=\dfrac{1-\cos^{-1}t}{1+\sin^{-1}t}$

14. 다음 함수의 도함수를 구하여라.

(1) $f(x)=\sec^{-1}x-x^3\cos^{-1}x$ (2) $f(x)=(1-\csc^{-1}x)(x-\cot^{-1}x)$

(3) $f(x)=\tan^{-1}x+\cot^{-1}x$

15. 다음 함수의 도함수를 구하여라.

(1) $f(x)=\sec^{-1}\left(\sqrt{1+\mathrm{x}^2}\right)$ (2) $g(x)=\cot^{-1}(\cos(x^2+1))$

(3) $h(x)=\tan^{-1}(\cot(x^2+1))$ (4) $i(r)=\csc^{-1}r+\csc^{-1}\left(\dfrac{1}{r}\right)$

16. 다음 함수의 도함수를 구하여라.

(1) $f(x)=\ln(x^2+5)$ (2) $f(x)=\ln(\tan x)$

(3) $f(x)=\log_{10}(1+e^x)$ (4) $f(x)=\log_2\left(\dfrac{x}{x-1}\right)$

17. 다음 함수의 도함수를 구하여라.

(1) $f(x)=\ln(e^{-x}+x^2e^{-x})$ (2) $g(x)=\dfrac{2\ln x}{1+\ln(2x)}$

18. 다음 함수의 이계도함수를 구하여라.

(1) $f(x)=\ln(\cot x+\csc x)$ (2) $g(x)=x^2\log_{10}(x^2+1)$

19. 주어진 점에서 접선의 방정식을 구하여라.

(1) $y = 3x^3 \ln x$, $(1, 0)$　　(2) $y = \dfrac{3x}{\ln x}$, $(e, 3e)$

20. 주어진 점에서 접선의 방정식을 구하여라.

(1) $y = \dfrac{x^2}{\ln x}$, (e, e^2)　　(2) $y = \ln(\ln x)$, $(e, 0)$

21. 로그미분법을 적용하여 다음 함수의 도함수를 구하여라.

(1) $f(x) = (x^2 - 5)^5 (x^4 + 3x)^{-6}$　　(2) $f(x) = \dfrac{\sin^2 x \cos^4 x}{(x^2 + 1)^3}$

(3) $f(x) = (\ln x)^{\sin x}$

22. 로그미분법을 적용하여 다음 함수의 도함수를 구하여라.

(1) $f(x) = (\ln(x+2))^{(x^2 + 2x)}$　　(2) $f(x) = (1 - 3x^2)^{\sin^2 x}$

(3) $f(x) = \dfrac{e^x \ln x}{\sqrt{x^2 + 1}\,(x+2)^4}$

23. 다음 극한을 구하여라.

(1) $\displaystyle\lim_{x \to 0} \frac{\ln(1 + 3x)}{4x}$　　(2) $\displaystyle\lim_{x \to 0} \frac{\log_2(1 - 3x)}{2x}$

(3) $\displaystyle\lim_{x \to 0} \frac{e^{2x} - 1}{x}$　　(4) $\displaystyle\lim_{x \to 0} \frac{3^{2x} - 1}{x}$

24. 다음 극한을 구하여라.

(1) $\displaystyle\lim_{x \to -\infty} \left(1 - \frac{1}{x}\right)^{3x}$　　(2) $\displaystyle\lim_{x \to 0} \frac{\log_2(1 + 3x)}{\log_2(1 + 2x)}$

(3) $\displaystyle\lim_{x \to 0} \frac{e^{3x} - 1}{\tan x}$　　(4) $\displaystyle\lim_{x \to 1} \ln x^{\frac{2}{1-x}}$

Section 4

4. 쌍곡선함수의 미분법

무게가 있는 끈의 양 끝을 양 손으로 잡고 양 손을 모으면 끈은 아래로 쳐지며 포물선 모양을 만든다. 하시만 이 끈이 만드는 모양은 $y=x^2$의 그래프와 같은 포물선이 아니다. 실제로는 쌍곡선함수라 부르는 함수로 표현되는 그래프이며 현수선이라고도 부른다.

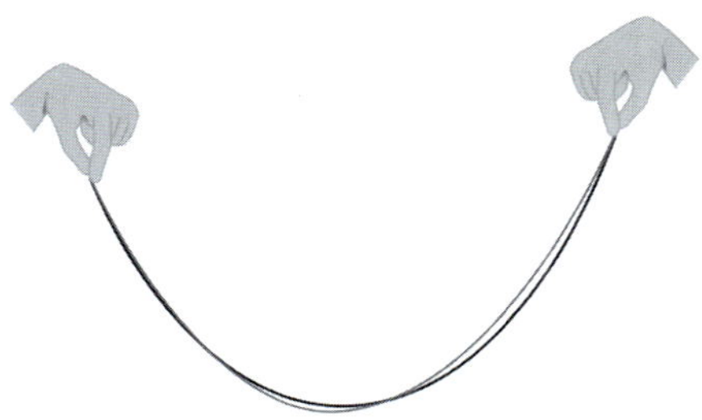

쌍곡선함수는 지수함수 e^x와 e^{-x}의 결합으로 정의되는데 이들 함수의 특징은 일계도함수 또는 이계도함수가 자신과 관련이 있다는 것이다. 이러한 성질을 갖는 함수에는 삼각함수가 있으며 쌍곡선함수는 삼각함수와 매우 유사한 성질을 갖고 있다. 이름이 쌍곡선함수인 것은 $x^2-y^2=1$과 같은 쌍곡선 위의 점을 나타내는 데 쌍곡선함수가 사용되기 때문이며 삼각함수는 원 위의 점을 나타내는 데 사용된다. 이 절에서는 기하학, 미분방정식 등 여러 응용문제에 등장하는 쌍곡선함수의 정의와 쌍곡선함수의 도함수, 역쌍곡선함수의 도함수를 살펴본다.

4.1 쌍곡선함수의 정의와 성질

쌍곡사인함수, 쌍곡코사인함수, 쌍곡탄젠트함수와 이들의 역수는 다음과 같이 정의한다.

정의 4.1 쌍곡선함수의 정의

$$\sinh x = \frac{e^x - e^{-x}}{2} \qquad \operatorname{csch} x = \frac{1}{\sinh x}$$

$$\cosh x = \frac{e^x + e^{-x}}{2} \qquad \operatorname{sech} x = \frac{1}{\cosh x}$$

$$\tanh x = \frac{\sinh x}{\cosh x} = \frac{e^x - e^{-x}}{e^x + e^{-x}} \qquad \coth x = \frac{1}{\tanh x}$$

e^x와 e^{-x}의 정의역이 실수 전체집합이므로 쌍곡사인, 쌍곡코사인, 쌍곡탄젠트함수의 정의역은 모든 실수이다. 쌍곡사인함수의 치역은 실수 전체집합이지만 쌍곡코사인함수의 치역은 $[1, \infty)$, 쌍곡탄젠트함수의 치역은 $(-1, 1)$이며 $y=1$와 $y=-1$이 점근선이 된다. 쌍곡선함수의 그래프는 다음과 같다.

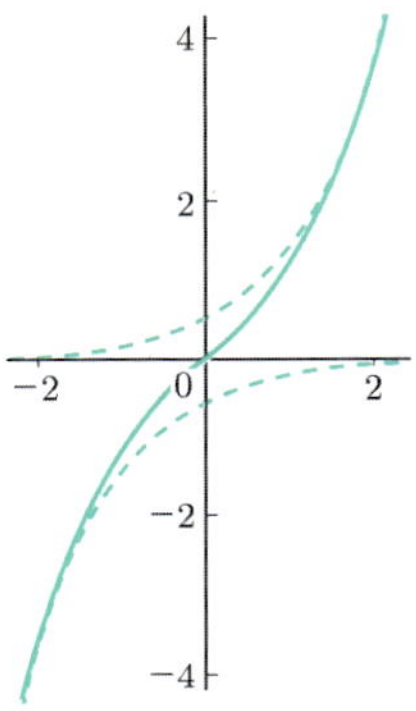

$y = \sinh x = \frac{1}{2}e^x - \frac{1}{2}e^{-x}$

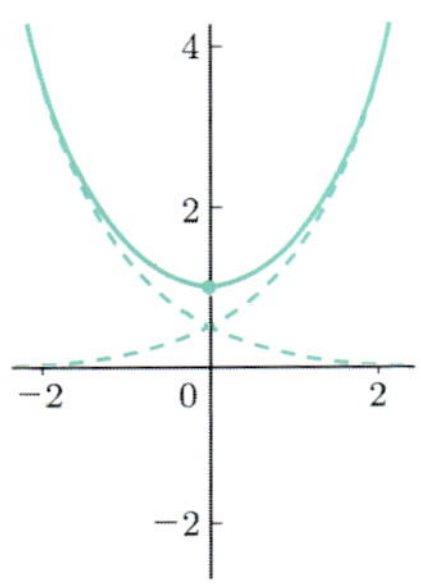

$y = \cosh x = \frac{1}{2}e^x + \frac{1}{2}e^{-x}$

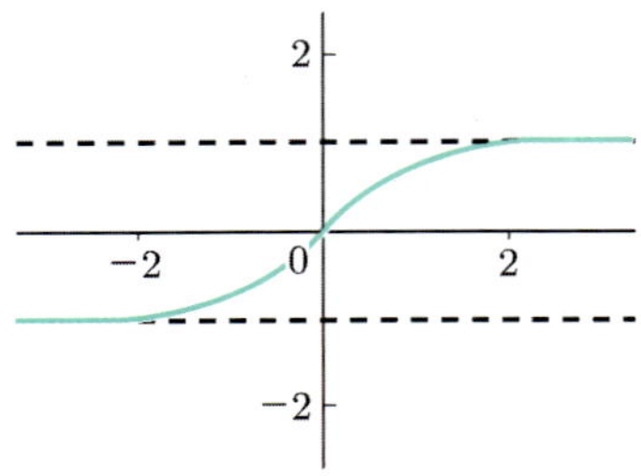

$y = \tanh x$($y = \pm 1$은 점근선)

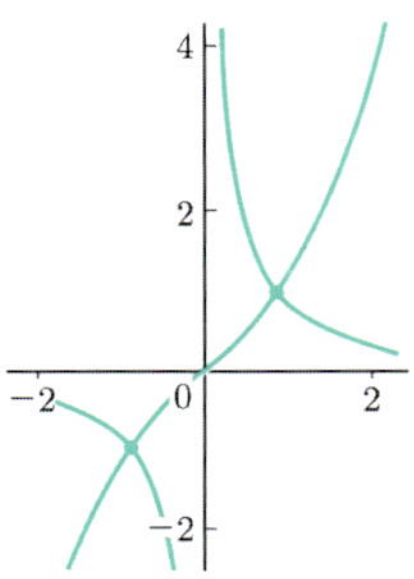

$y = \sinh x$와 $y = \operatorname{sech} x$

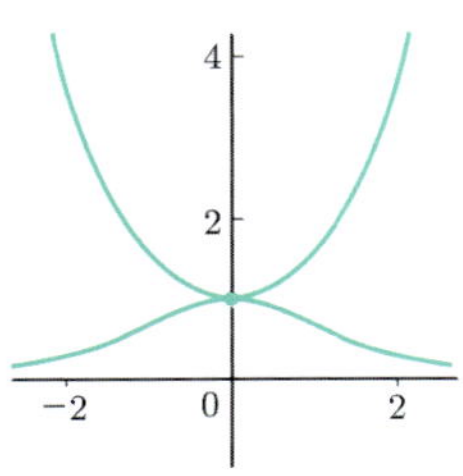

$y = \cosh x$와 $y = \operatorname{sech} x$

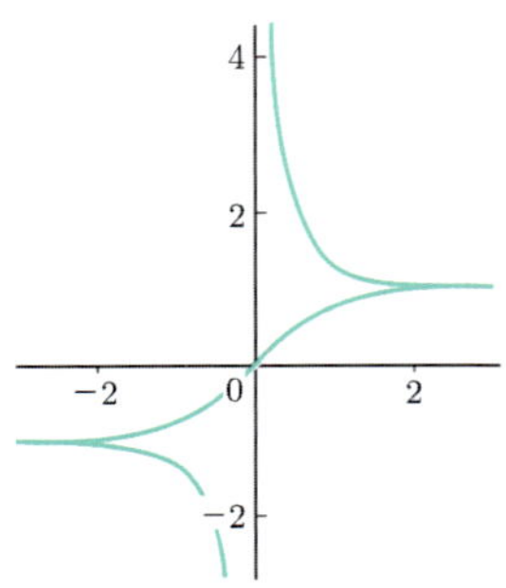

$y = \tanh x$와 $y = \coth x$

$\left(\dfrac{e^x+e^{-x}}{2}\right)^2-\left(\dfrac{e^x-e^{-x}}{2}\right)^2=\left(\dfrac{e^{2x}+2+e^{-2x}}{4}\right)-\left(\dfrac{e^{2x}-2+e^{-2x}}{4}\right)=1$이므로 쌍곡선함수의 정의로부터 $\cosh^2 x-\sinh^2 x=1$임을 알 수 있다. 즉 $\cosh x=X$, $\sinh x=Y$로 두면 $X^2-Y^2=1$이므로 $(\cosh x, \sinh x)$는 쌍곡선 $X^2-Y^2=1$ 위의 점을 나타낸다. 이는 $(\cos x, \sin x)$가 원 $X^2+Y^2=1$ 위의 점을 나타내는 것과 같다.

지수함수들로 정의된 쌍곡선함수는 삼각함수와 비슷한 항등식 성질을 갖는데 이는 지수함수의 성질을 이용하여 간단히 증명할 수 있다.

정리 4.2 쌍곡선함수의 항등식

$\sinh(-x)=-\sinh x \qquad \cosh(-x)=\cosh(x) \qquad \tanh(-x)=-\tanh(x)$

$\cosh^2 x-\sinh^2 x=1 \qquad 1-\tanh^2 x=\operatorname{sech}^2 x \qquad \coth^2 x-1=\operatorname{csch}^2 x$

$\sinh(x+y)=\sinh x\cosh y+\cosh x\sinh y$

$\cosh(x+y)=\cosh x\cosh y+\sinh x\sinh y$

예제 4.3 다음을 증명하여라.

(1) $1-\tanh^2 x=\operatorname{sech}^2 x$ (2) $\coth^2 x-1=\operatorname{csch}^2 x$

풀이

(1) $\cosh^2 x-\sinh^2 x=1$의 양변을 $\cosh^2 x$로 나누면 $1-\dfrac{\sinh^2 x}{\cosh^2 x}=\dfrac{1}{\cosh^2 x}$이므로

$1-\tanh^2 x=\operatorname{sech}^2 x$이 성립한다.

(2) $\cosh^2 x-\sinh^2 x=1$의 양변을 $\sinh^2 x$로 나누면 $\dfrac{\cosh^2 x}{\sinh^2 x}-1=\dfrac{1}{\sinh^2 x}$이므로

$\coth^2 x-1=\operatorname{csch}^2 x$이 성립한다. ■

예제 4.4 다음을 증명하여라.

(1) $\sinh(x+y)=\sinh x\cosh y+\cosh x\sinh y$

(2) $\cosh(x+y)=\cosh x\cosh y+\sinh x\sinh y$

(3) $\tanh(x+y)=\dfrac{\tanh x+\tanh y}{1+\tanh x\tanh y}$

풀이

(1) $\sinh x \cosh y + \cosh x \sinh y$를 정의에 의해 계산하면

$$\begin{aligned}\sinh x \cosh y + \cosh x \sinh y &= \left(\frac{e^x - e^{-x}}{2}\right)\left(\frac{e^y + e^{-y}}{2}\right) - \left(\frac{e^x + e^{-x}}{2}\right)\left(\frac{e^y - e^{-y}}{2}\right) \\ &= \frac{1}{4}\left(e^{x+y} + e^{x-y} - e^{y-x} - e^{-x-y}\right) \\ &\quad - \frac{1}{4}\left(e^{x+y} - e^{x-y} + e^{y-x} - e^{-x-y}\right) \\ &= \frac{1}{4}\left(2e^{x-y} - 2e^{y-x}\right) \\ &= \frac{1}{2}\left(e^{x+y} - e^{-(x+y)}\right) \\ &= \sinh(x+y)\end{aligned}$$

(2) $\cosh x \cosh y + \sinh x \sinh y$를 정의에 의해 계산하면

$$\begin{aligned}\cosh x \cosh y + \sinh x \sinh y &= \left(\frac{e^x + e^{-x}}{2}\right)\left(\frac{e^y + e^{-y}}{2}\right) + \left(\frac{e^x - e^{-x}}{2}\right)\left(\frac{e^y - e^{-y}}{2}\right) \\ &= \frac{1}{4}\left(e^{x+y} + e^{x-y} + e^{y-x} + e^{-x-y}\right) \\ &\quad + \frac{1}{4}\left(e^{x+y} - e^{x-y} - e^{y-x} + e^{-x-y}\right) \\ &= \frac{1}{4}\left(2e^{x+y} + 2e^{-(x+y)}\right) \\ &= \frac{1}{2}\left(e^{x+y} + e^{-(x+y)}\right) \\ &= \cosh(x+y)\end{aligned}$$

(3) $\tanh(x+y) = \dfrac{\sinh(x+y)}{\cosh(x+y)}$이므로 $\tanh(x+y) = \dfrac{\sinh x \cosh y + \cosh x \sinh y}{\cosh x \cosh y + \sinh x \sinh y}$이고 우변의 분자와 분모를 $\cosh x \cosh y$로 나누면 $\tanh(x+y) = \dfrac{\sinh x \cosh y + \cosh x \sinh y}{\cosh x \cosh y + \sinh x \sinh y}$ $= \dfrac{\tanh x + \tanh y}{1 + \tanh x \tanh y}$이다. ■

쌍곡선함수의 정의에 의해 $e^x = \cosh x + \sinh x$, $e^{-x} = \cosh x - \sinh x$이므로 모든 지수함수는 쌍곡선함수로 나타낼 수 있다.

예제 **4.5** (1) $5e^x-4e^{-x}$를 $\sinh x$와 $\cosh x$로 나타내어라.

(2) $2\sinh x+4\cosh x$를 e^x와 e^{-x}로 나타내어라.

풀이

(1) $5e^x-4e^{-x}=5(\cosh x+\sinh x)-4(\cosh x-\sinh x)=\cosh x+9\sinh x$

(2) $2\sinh x+4\cosh x=2\left(\frac{e^x-e^{-x}}{2}\right)+4\left(\frac{e^x+e^{-x}}{2}\right)=3e^x+e^{-x}$ ■

4.2 쌍곡선함수의 도함수

지수함수들로 정의된 쌍곡선함수의 도함수는 지수함수 e^x의 도함수가 e^x, e^{-x}의 도함수가 $-e^{-x}$임을 이용하여 쉽게 얻을 수 있다. 즉 $\frac{d}{dx}(\sinh x)==\frac{d}{dx}\left(\frac{e^x-e^{-x}}{2}\right)=\left(\frac{e^x+e^x}{2}\right)=\cosh x$가 성립한다. 삼각함수의 도함수와 비슷하지만 부호에 차이가 있음을 확인할 수 있다.

정리 **4.6 쌍곡선함수의 도함수**

$$\frac{d}{dx}(\sinh x)=\cosh x \qquad \frac{d}{dx}(\operatorname{csch} x)=-\operatorname{csch} x\coth x$$

$$\frac{d}{dx}(\cosh x)=\sinh x \qquad \frac{d}{dx}(\operatorname{sech} x)=-\operatorname{sech} x\tanh x$$

$$\frac{d}{dx}(\tanh x)=\operatorname{sech}^2 x \qquad \frac{d}{dx}(\coth x)=-\operatorname{csch}^2 x$$

예제 **4.7** 다음 함수의 도함수를 구하여라.

(1) $f(x)=3\cosh\left(\frac{x}{3}\right)+2$ (2) $g(x)=\sinh^2(3x)$ (3) $h(x)=\tanh\sqrt{x}$

풀이

(1) 연쇄법칙을 적용하면 $f'(x)=3\sinh\left(\frac{x}{3}\right)\cdot\frac{1}{3}=\sinh\frac{x}{3}$이다.

(2) 연쇄법칙을 적용하면 $g'(x)=2\sinh(3x)\cdot\cosh(3x)\cdot 3=6\sinh(3x)\cosh(3x)$이다.

(3) 연쇄법칙을 적용하면 $h'(x)=\operatorname{sech}^2\sqrt{x}\cdot\frac{1}{2\sqrt{x}}=\frac{\operatorname{sech}^2\sqrt{x}}{2\sqrt{x}}$이다. ■

4.3 역쌍곡선함수의 도함수

쌍곡사인함수와 쌍곡탄젠트함수는 그래프에서 일대일 대응함수임을 알 수 있으므로 역함수 $\sinh^{-1}$과 $\tanh^{-1}$을 갖는다. 쌍곡코사인함수는 정의역을 $x \geq 0$으로 제한하면 일대일함수가 되어 역함수 $\cosh^{-1}$를 갖는다.

따라서 모든 실수 x에 대해 역쌍곡사인함수는

$$y = \sinh^{-1}x \Leftrightarrow \sinh y = x$$

로 정의되며 $x \geq 1$인 실수 x에 대해 역쌍곡코사인함수는

$$y = \cosh^{-1}x \Leftrightarrow \cosh y = x,\ y \geq 0$$

으로 정의된다. 마지막으로 $x \in (-1, 1)$인 실수 x에 대해 역쌍곡탄젠트함수는

$$y = \tanh^{-1}x \Leftrightarrow \tanh y = x$$

이다. 나머지 3개의 역쌍곡선함수도 비슷하게 정의할 수 있으며 이들 역쌍곡선함수의 그래프는 다음과 같다.

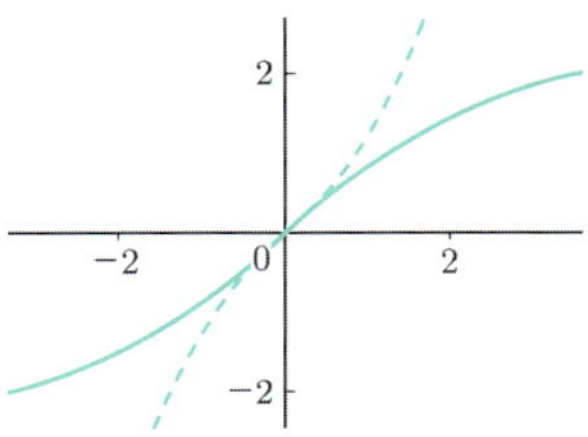

$y = \sinh^{-1}x$의 그래프
정의역$= \mathbb{R}$
치역$= \mathbb{R}$

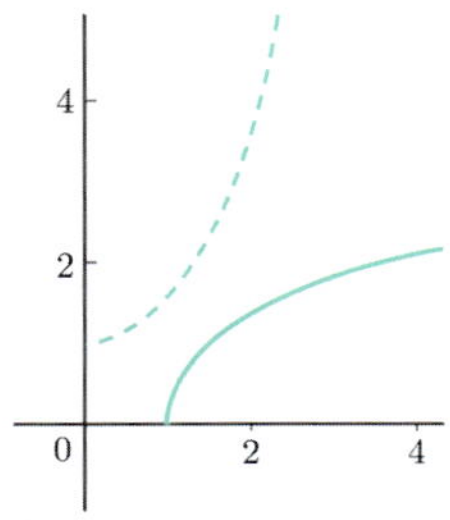

$y = \cosh^{-1}x$의 그래프
정의역$= [1, \infty)$
치역$= [0, \infty)$

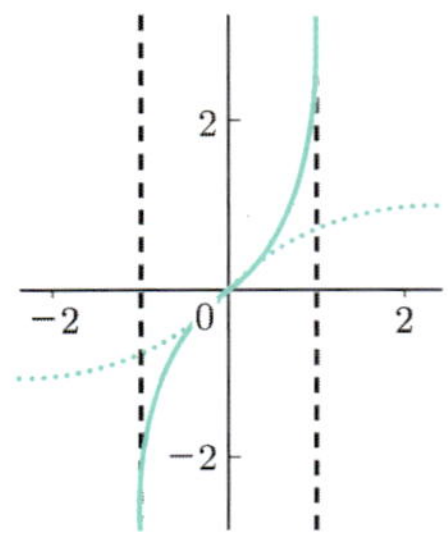

$y = \tanh^{-1}x$의 그래프
정의역$= (-1, 1)$
치역$= \mathbb{R}$

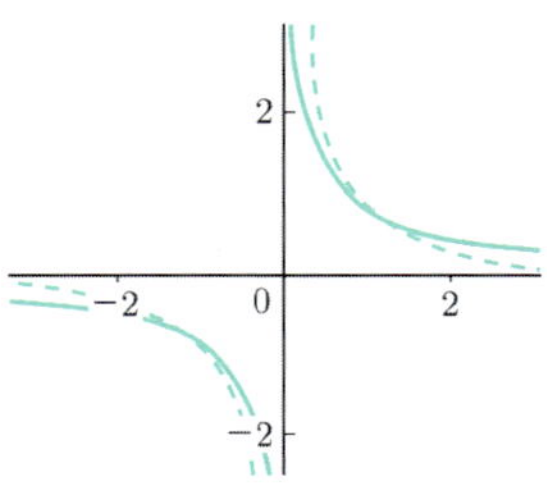

$y = \text{csch}^{-1}x$의 그래프
정의역$= \mathbb{R} - \{0\}$
치역$= \mathbb{R} - \{0\}$

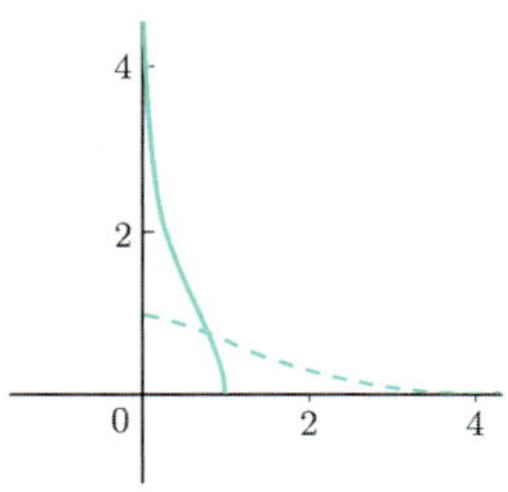

$y = \text{sech}^{-1}x$의 그래프
정의역$= (0, 1]$
치역$= [0, \infty)$

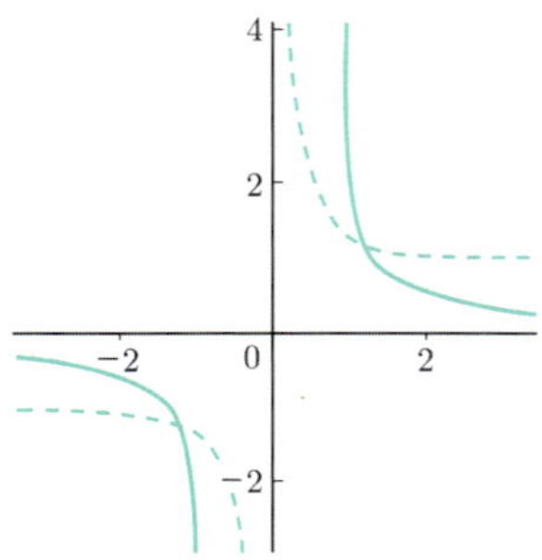

$y = \coth^{-1}x$의 그래프
정의역$= \mathbb{R} - (-1, 1)$
치역$= \mathbb{R} - \{0\}$

쌍곡선함수가 지수함수로 정의되었으므로 역쌍곡선함수는 지수함수의 역함수인 로그함수로 표현이 가능하다. 다음은 역쌍곡사인, 역쌍곡코사인, 역쌍곡탄젠트함수를 로그함수를 이용하여 나타낸 것이다.

정리 4.8 역쌍곡선함수의 로그 표현

(1) $\sinh^{-1}x = \ln(x+\sqrt{x^2+1}),\ x\in\mathbb{R}$

(2) $\cosh^{-1}x = \ln(x+\sqrt{x^2-1}),\ x\geq 1$

(3) $\tanh^{-1}x = \dfrac{1}{2}\ln\left(\dfrac{1+x}{1-x}\right),\ -1<x<1$

(4) $\coth^{-1}(x) = \dfrac{1}{2}\ln\left(\dfrac{x+1}{x-1}\right),\ |x|>1$

(5) $\operatorname{sech}^{-1}x = \ln\left(\dfrac{1+\sqrt{1-x^2}}{x}\right),\quad 0<x\leq 1$

(6) $\operatorname{csch}^{-1}x = \ln\left(\dfrac{1}{x}+\dfrac{\sqrt{1+x^2}}{|x|}\right),\quad x\neq 0$

증명

(1) $y=\sin^{-1}x$로 두면 $x=\sinh y=\dfrac{e^y-e^{-y}}{2}$이므로 정리하면 $e^y-2x-e^{-y}=0$이다. 양변에 e^y를 곱하면 $e^{2y}-2xe^y-1=0$이므로 e^y에 관한 이차방정식을 풀면 근의 공식에 의해 $e^y=\dfrac{x\pm\sqrt{x^2+1}}{1}=x\pm\sqrt{x^2+1}$ 이다. $e^y>0$인데 $x-\sqrt{x^2+1}<0$이므로 $e^y=x+\sqrt{x^2+1}$이다.
따라서 $y=\ln(e^y)=\ln(x+\sqrt{x^2+1})$이다.

(2) $y=\cos^{-1}x$로 두면 $x\geq 1$이고 $y\geq 0$이다. $x=\cosh y=\dfrac{e^y+e^{-y}}{2}$이므로 정리하면 $e^y-2x+e^{-y}=0$이다. 양변에 e^y를 곱하면 $e^{2y}-2xe^y+1=0$이므로 e^y에 관한 이차방정식을 풀면 근의 공식에 의해 $e^y=\dfrac{x\pm\sqrt{x^2-1}}{1}=x\pm\sqrt{x^2-1}$ 이다. $y\geq 0$이므로 $e^y\geq 1$인데 $x-\sqrt{x^2-1}\leq 1$이므로 $e^y=x+\sqrt{x^2-1}$이다.
따라서 $y=\ln(e^y)=\ln(x+\sqrt{x^2-1}),\ x\geq 1$이다.

(3) $y=\tanh^{-1}x$로 두면 $x=\tanh y=\dfrac{e^y-e^{-y}}{e^y+e^{-y}}$이므로 이를 정리하면 e^y-e^{-y} $=x(e^y+e^{-y})$이다. 양변에 e^y를 곱하면 $e^{2y}-1=x(e^{2y}+1)$이므로 $(x-1)e^{2y}$ $=-(x+1)$이다. 따라서 $e^{2y}=-\dfrac{x+1}{x-1}=\dfrac{1+x}{1-x}$이므로 $2y=\ln\left(\dfrac{1+x}{1-x}\right)$이다. 따라서 $y=\dfrac{1}{2}\ln\left(\dfrac{1+x}{1-x}\right)$이다. $e^{2y}=\dfrac{1+x}{1-x}>0$이므로 $-1<x<1$이다.

(4), (5), (6)의 증명은 독자에게 남긴다.

음함수의 미분법 또는 정리 4.8을 사용하면 역삼각함수의 도함수와 비슷하게 역쌍곡선함수의 도함수를 구할 수 있으며 그 결과도 역삼각함수의 도함수와 유사함을 알 수 있다.

정리 4.9 역쌍곡선함수의 도함수

(1) $\dfrac{d}{dx}(\sinh^{-1}x)=\dfrac{1}{\sqrt{1+x^2}}$ (2) $\dfrac{d}{dx}(\operatorname{csch}^{-1}x)=-\dfrac{1}{|x|\sqrt{1+x^2}}$

(3) $\dfrac{d}{dx}(\cosh^{-1}x)=\dfrac{1}{\sqrt{x^2-1}}$ (4) $\dfrac{d}{dx}(\operatorname{sech}^{-1}x)=-\dfrac{1}{x\sqrt{1-x^2}}$

(5) $\dfrac{d}{dx}(\tanh^{-1}x)=\dfrac{1}{1-x^2}$ (6) $\dfrac{d}{dx}(\coth^{-1}x)=\dfrac{1}{1-x^2}$

예제 4.10 다음을 증명하여라.

(1) $\dfrac{d}{dx}(\sinh^{-1}x)=\dfrac{1}{\sqrt{1+x^2}}$

(2) $\dfrac{d}{dx}(\cosh^{-1}x)=\dfrac{1}{\sqrt{x^2-1}}$

(3) $\dfrac{d}{dx}(\tanh^{-1}x)=\dfrac{1}{1-x^2}$

풀이

(1) $y=\sinh^{-1}x$로 두면 $\sinh y=x$이다. 음함수 미분법을 적용하면 $\cosh y\dfrac{dy}{dx}=1$이므로

$\frac{dy}{dx} = \frac{1}{\cosh y}$이다. $\cosh^2 y - \sinh^2 y = 1$이므로 $\cosh^2 y = 1 + \sinh^2 y = 1 + x^2$인데 $\cosh y \geq 0$이므로 $\cosh y = \sqrt{1+x^2}$이다. 따라서 $\frac{d}{dx}(\sinh^{-1} x) = \frac{dy}{dx} = \frac{1}{\cosh y}$ $= \frac{1}{\sqrt{1+x^2}}$이다.

(2) $y = \cosh^{-1} x$로 두면 $\cosh y = x$이다. 음함수 미분법을 적용하면 $\sinh y \frac{dy}{dx} = 1$이므로 $\frac{dy}{dx} = \frac{1}{\sinh y}$이다. $\cosh^2 y - \sinh^2 y = 1$이므로 $\sinh^2 y = \cosh^2 y - 1 = x^2 - 1$인데 $y = \cosh^{-1} x \geq 0$이므로 $\sinh y \geq 0$이다. 따라서 $\sinh y = \sqrt{x^2 - 1}$이므로 $\frac{d}{dx}(\cosh^{-1} x) = \frac{dy}{dx} = \frac{1}{\sinh y} = \frac{1}{\sqrt{x^2-1}}$이다.

(3) $y = \tanh^{-1} x$로 두면 $\tanh y = x$이다. 음함수 미분법을 적용하면 $\text{sech}^2 y \frac{dy}{dx} = 1$이므로 $\frac{dy}{dx} = \frac{1}{\text{sech}^2 y}$이다. $1 - \tanh^2 y = \text{sech}^2 y$이므로 $\text{sech}^2 y = 1 - x^2$이다. 따라서 $\frac{d}{dx}(\tanh^{-1} x) = \frac{dy}{dx} = \frac{1}{\text{sech}^2 y} = \frac{1}{1-x^2}$이다. ■

예제 4.11 다음을 구하여라.

(1) $\frac{d}{dx}(\sinh^{-1}(\tan x))$

(2) $\frac{d}{dx}(\coth^{-1}\sqrt{x^2+1})$

풀이

(1) 역쌍곡사인함수의 도함수와 연쇄법칙을 이용하면 $\frac{d}{dx}(\sinh^{-1}(\tan x)) = \frac{1}{\sqrt{1+\tan^2 x}}$ $\cdot \frac{d}{dx}(\tan x) = \frac{1}{|\sec x|}\sec^2 x = |\sec x|$이다.

(2) 역쌍곡사인함수의 도함수와 연쇄법칙을 이용하면 $\frac{d}{dx}(\coth^{-1}\sqrt{x^2+1}) = \frac{1}{1-(x^2+1)}$ $\cdot \frac{d}{dx}(\sqrt{x^2+1}) = -\frac{1}{x^2} \cdot \frac{2x}{2\sqrt{x^2+1}} = -\frac{1}{x\sqrt{x^2+1}}$이다. ■

➡ 연습문제 해답 503쪽

2.4 연습문제

01. 다음을 계산하여라.

(1) $\sinh 0$　　(2) $\cosh 0$

(3) $\tanh 0$　　(4) $\sinh(\ln 3)$

(5) $\cosh(\ln 2)$　　(6) $\tanh(\ln 5)$

02. 다음을 계산하여라.

(1) $\sinh^{-1} 1$　　(2) $\cosh^{-1} 1$

(3) $\tanh^{-1}\left(\frac{1}{4}\right)$

03. 다음 항등식을 증명하여라.

(1) $\sinh(-x) = -\sinh x$　　(2) $\cosh(-x) = \cosh x$

(3) $\tanh(-x) = -\tanh x$

04. $\tanh(\ln x) = \dfrac{x^2-1}{x^2+1}$ 임을 증명하여라.

05. 다음 항등식을 증명하여라.

(1) $\sinh 2x = 2\sinh x \cosh x$　　(2) $\cosh 2x = \cosh^2 x + \sinh^2 x$

(3) $\tanh 2x = \dfrac{2\tanh x}{1+\tanh^2 x}$

06. 다음 함수의 도함수를 구하여라.

(1) $f(x) = \sinh 2x + \cosh 3x$

(2) $g(x) = x^5 \sinh x - 3\tanh x$

(3) $h(x) = \sinh x \cosh x$

(4) $k(x) = \dfrac{x+2}{\tanh x}$

07. 다음 함수의 도함수를 구하여라.

(1) $y = e^x \tanh x$

(2) $y = \coth \sqrt{1+x^2}$

(3) $y = \ln(\cosh x)$

(4) $y = e^{\cosh 2x}$

08. 다음 함수의 도함수를 구하여라.

(1) $y = \tanh^{-1}\sqrt{x}$

(2) $y = \sinh^{-1}(x^2 - 2x)$

(3) $y = \coth^{-1}(x^2 + 1)$

(4) $y = \mathrm{sech}^{-1}(\sqrt{1-x^2})$

09. $y = 10\cosh\left(\dfrac{x}{10}\right) - 5$의 그래프에 대해 다음을 구하여라.

(1) $x = 0$에서 접선의 방정식을 구하여라.

(2) $x = 10$에서 접선의 방정식을 구하여라.

10. $y = \cosh x$의 그래프에서 접선의 기울기가 1이 되는 점의 x좌표를 구하여라.

11. a와 b가 상수일 때, $ae^x + be^{-x}$를 $\sinh x$와 $\cosh x$로 나타내어라.

12. a와 b가 상수일 때, $a\cosh x + b\sinh x$를 e^x와 e^{-x}로 나타내어라.

Section 5

5. 자연과학과 사회과학에서의 응용

이 절에서는 도함수의 개념을 물리, 화학, 생물 등의 자연과학과 경제학 등의 사회과학에서 어떻게 응용하고 있는지 살펴본다.

앞에서 살펴본 변화율의 개념을 다시 살펴보자. 구간 $[x_1, x_2]$에서 함수 $y=f(x)$의 평균변화율은 $\dfrac{\Delta y}{\Delta x}=\dfrac{f(x_2)-f(x_1)}{x_2-x_1}$이고 이것은 두 점 $(x_1, f(x_1))$과 $(x_2, f(x_2))$를 지나는 직선의 기울기이다. $\Delta x \to 0$일 때의 극한 $\displaystyle\lim_{\Delta x \to 0}\frac{\Delta y}{\Delta x}=\frac{dy}{dx}$은 x_1에서 x에 대한 y의 순간변화율이며 이것은 $(x_1, f(x_1))$에서 접선의 기울기이다.

$y=f(x)$의 도함수 $\dfrac{dy}{dx}$는 독립변수 x에 대한 함수 y의 순간변화율을 의미하는데 함수 $y=f(x)$가 가지는 의미에 따라 도함수 $\dfrac{dy}{dx}$도 특별한 의미를 갖게 된다. 따라서 자연과학과 사회과학의 각 분야에 등장하는 특별한 함수와 그 도함수, 그리고 어떻게 응용되는지를 살펴본다.

5.1 물리학에서의 응용

속도

직선 위를 움직이는 어떤 물체의 위치 $s=f(t)$가 시간 t에 대한 함수라고 하자. $\dfrac{\Delta s}{\Delta t}$는 시간에 따른 거리의 비율로 Δt시간 동안의 평균속도이며, 이의 극한 $\dfrac{ds}{dt}$는 시간에 따른 위치의 변화율로 특정 순간의 순간속도이다. 위치함수를 시간에 관해 미분하면 순간속도에 대한 함수를 얻을 수 있다.

예제 5.1 수직선 위를 움직이는 물체의 위치가 $s(t)=12+24t-3t^2$으로 주어진다. 이때 t와 s의 단위는 각각 초와 m이다.

(1) 시각 t에서의 속도를 구하여라.

(2) $t=3$일 때와 $t=6$일 때의 속도를 구하여라.

(3) 물체가 멈출 때의 시각을 구하여라.

(4) 물체가 출발하여 멈출 때까지 움직인 거리를 구하여라.

풀이

(1) 위치함수를 미분하면 속도함수를 얻는다. 따라서 속도함수는 $v(t)=s'(t)=24-6t$이다.

(2) $t=3$일 때의 속도는 $v(3)=24-18=6$(m/s)이다.

$t=6$일 때의 속도는 $v(6)=24-36=-12$(m/s)이다.

(3) 물체가 멈출 때에는 속도가 0이므로 $v(t)=24-6t=0$에서 $t=4$이다.

(4) $s(0)=12$이고 $v(t)=24-6t$이므로 $t=4$에서 멈출 때까지 속력은 양이고 따라서 출발 후 양의 방향으로 계속 이동한다. 따라서 $t=0$에서 출발한 물체가 $t=4$일 때까지 움직인 거리는 $s(4)-s(0)=60-12=48$(m)이다. ■

전류

전류란 일정 시간 동안 흐른 전하량의 비율로 단위는 암페어(A)이다. 전선의 한 단면을 전하가 통과할 때, 시각 t에서 전하량을 $Q(t)$라고 하면 시간의 변화량 Δt에 대한 전류의 변화량 ΔQ의 비율을 그 시간 동안의 평균전류라고 한다. 즉 평균전류를 I_a라고 하면 $I_a=\dfrac{\Delta Q}{\Delta t}$이다. $\Delta t \to 0$일 때 평균전류의 극한을 구하면 주어진 시각에서 시간에 따른 전하량의 변화율을 얻게 되는데 이것이 바로 전류 I이다.

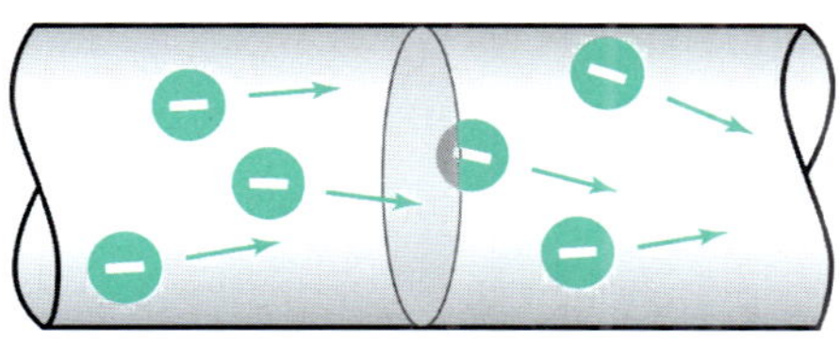

$$I=\lim_{\Delta t\to 0}\frac{\Delta Q}{\Delta t}=\frac{dQ}{dt}$$

예제 5.2 시각 t(초)에서 전선의 한 점을 지나는 전하량 Q(쿨롱, C)가 $Q(t)=-t^2+4t+2$ 이다.

(1) 시각 t에서 전류 $I(t)$를 구하여라.

(2) $t=1$과 $t=1.5$에서 전류를 구하여라.

(3) 언제 전류가 가장 높은가?

풀이

(1) 전하량을 미분하면 전류이므로 $I(t)=-2t+4$이다.

(2) $I(1)=-2+4=2$이고 $I(1.5)=-3+4=1$이다.

(3) $Q(t)$가 최고차항이 음수인 이차함수이므로 대칭축에서 최댓값을 갖는다. $I(t)=-2t+4=0$에서 $t=2$이므로 2초에 가장 전류가 높으며 $I(2)=-4+8+2=6$이다.

유도전압

촘촘하게 N번 감긴 코일을 통과하는 자속[6]이 변할 때 이 코일에 유도되는 전류는 자속의 변화를 방해하는 방향으로 흐른다고 한다. 패러데이의 전자기 유도 법칙은 자속의 변화에 의해 유도되는 전압은 코일의 단면을 통과하는 자속의 시간 변화율과 코일이 감긴 횟수에 비례한다는 법칙이다. 이 법칙에 의해 t_1에서 t_2 동안 코일을 통과하는 자속이 Φ_1에서 Φ_2로 변하였다면, N번 감긴 코일에 유도되는 전압의 크기는 $V=-N\dfrac{d\Phi}{dt}$이다. 음의 부호는 유도된 전류가 자속의 변화를 방해하는 방향으로 흐른다는 렌츠의 법칙을 의미한다.

선밀도

실이나 철사같이 가늘고 긴 물체가 지니는 단위 길이당 질량이며 질량을 길이로 나눈 값이다. 먼저 길이가 l(m)이고 질량이 m(kg)인 균일한 가늘고 긴 물체의 밀도 ρ는 $\rho=\dfrac{m}{l}$(kg/m)으로 정의한다. 균일하지 않은 경우에 이 가늘고 긴 물체의 밀도가 왼쪽 끝에서 특정한 점 x까지 질량이 $m(x)$로 주어진다고 하자.

---

6) 자기력선의 수로 자기장의 세기와 면적을 곱한 것이다.

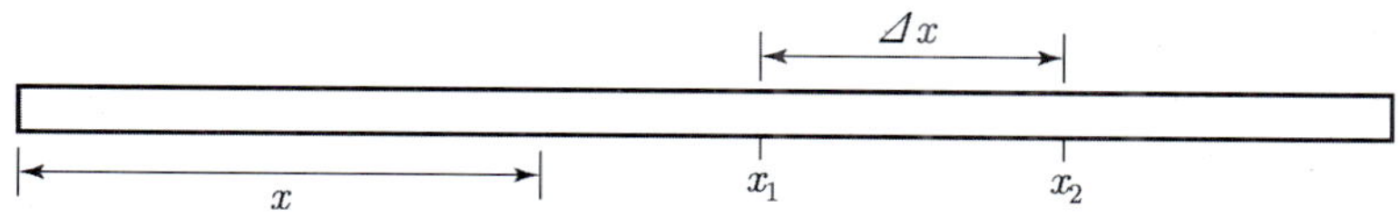

x_1과 x_2 사이의 질량은 $\Delta m = m(x_2) - m(x_1)$이므로 이 부분에서 평균밀도는 $\rho_a = \dfrac{\Delta m}{\Delta x} = \dfrac{m(x_2) - m(x_1)}{x_2 - x_1}$이다. $\Delta x \to 0$일 때 평균밀도의 극한을 구하면 주어진 점에서 길이에 따른 질량의 변화율을 얻게 되는데 이것을 선밀도 ρ라고 하며

$$\rho = \lim_{\Delta x \to 0} \frac{\Delta m}{\Delta x} = \frac{dm}{dx}$$

이다. 즉 가늘고 긴 물체의 선밀도는 길이에 대한 질량의 도함수이다.

예제 5.3 왼쪽 끝에서 오른쪽 방향으로 xm 떨어진 점 사이에 놓여 있는 금속막대의 질량이 $2\sqrt{x}$ kg이다.

(1) $1 \leq x \leq 2$에서 금속막대의 평균밀도를 구하여라.

(2) $x = 1$과 $x = 2$에서 선밀도를 구하여라.

풀이

(1) $m(x) = 2\sqrt{x}$로 두면 $1 \leq x \leq 2$에서 금속막대의 평균밀도는

$$\rho_a = \frac{\Delta m}{\Delta x} = \frac{m(2) - m(1)}{2 - 1} = 2\sqrt{2} - 2 \approx 0.828427$$

이다.

(2) $x = 1$에서 선밀도는 $\rho = \left.\dfrac{dm}{dx}\right|_{x=1} = \left.\dfrac{1}{\sqrt{x}}\right|_{x=1} = 1\text{kg/m}$이고 $x = 2$에서 선밀도는

$$\rho = \left.\frac{dm}{dx}\right|_{x=2} = \left.\frac{1}{\sqrt{x}}\right|_{x=2} = \frac{1}{\sqrt{2}} \approx 0.707107\text{kg/m}$$ 이다. ■

5.2 생물학에서의 응용

성장률

$P(t)$를 시각 t에서 일정 범위 안에 있는 동물이나 식물의 개체 수라고 하자. 특정한 시간 $t=t_1$에서 $t=t_2$ 동안 개체 수의 변화는 $\Delta P = n(t_2)-n(t_1)$이므로 이 시간 동안의 평균성장률은 $\dfrac{\Delta P}{\Delta y}=\dfrac{n(t_2)-n(t_1)}{t_2-t_1}$이다. $\Delta t \to 0$일 때의 평균성장률 극한을 구하면, 주어진 시각에서 시간에 따른 개체 수의 변화율을 얻게 되는데 이것을 성장률이라고 하며

$$\text{성장률} = \lim_{\Delta x \to 0} \frac{\Delta P}{\Delta x} = \frac{dP}{dx}$$

이다. 즉 개체의 성장률은 시간에 대한 개체 수 함수의 도함수이다.

예제 5.4 **어떤 생명체의 개체 수는 매 시간 2배씩 증가하고 있다고 한다. 처음 개체 수가 P일 때, 다음 물음에 답하여라.**

(1) t를 단위시간이라고 할 때, 이 생명체의 개체 수의 함수 $P(t)$를 구하여라.

(2) 처음 3시간 동안 평균성장률을 구하여라.

(4) 3시간 후의 성장률을 구하여라.

풀이

(1) 처음 개체 수가 P이므로 1시간 후의 개체 수는 $2P$, 2시간 후의 개체 수는 2^2P이다. 즉, P에서 시작하여 매 시간 2배씩 증가하므로 개체 수의 함수는 $P(t)=2^tP$이다.

(2) $t=0$과 $t=3$ 사이의 평균성장률은 $\dfrac{\Delta P}{\Delta t}=\dfrac{P(3)-P(0)}{3-0}=\dfrac{8P-P}{3}=\dfrac{7}{3}P$이다.

(3) 성장률은 개체 수의 함수 $P(t)=2^tP$의 t에 관한 도함수이므로 $\dfrac{dP}{dt}=2^t\ln 2P$이다. 따라서 3시간 후의 성장률은 $\left.\dfrac{dP}{dt}\right|_{t=3}=8\ln 2P \approx 5.545177P$로 처음 개체 수의 약 5.5배의 비율로 성장한다. ■

로지스틱 모형

생물체의 개체나 개체군의 단순한 성장을 나타내는 대표적인 모형으로 로지스틱 성장모형이

있다. 로지스틱 성장모형은 인구증가를 설명하는 모델에서 출발한 개체군의 성장에 관한 수학적 모형으로 시각 t에서 생명체의 개체 수 함수 $P(t)$는 $P(t)=\dfrac{KP_0e^{rt}}{K+P_0(e^{rt}-1)}$이다. 여기서 K는 $\lim\limits_{n\to\infty}P(t)=K$, 즉 최대가능 개체 수이고 P_0는 초기 개체 수이며 r은 개체군의 성장률에 따른 상수이다. 따라서 이 모형에서 성장률은

$$\begin{aligned}P'(t)&=\frac{KP_0re^{rt}(K+P_0(e^{rt}-1))-KP_0e^{rt}(P_0re^{rt})}{(K+P_0(e^{rt}-1))^2}\\&=\frac{KP_0re^{rt}(K+P_0(e^{rt}-1)-P_0e^{rt})}{(K+P_0(e^{rt}-1))^2}\\&=\frac{KP_0re^{rt}(K-P_0)}{(K+P_0(e^{rt}-1))^2}\\&=rP(t)\frac{K-P_0}{(K+P_0(e^{rt}-1))}\end{aligned}$$

이다.

혈액 속도

사람의 몸속의 혈액은 심장의 좌심실에서 출발하여 우심방으로 되돌아오는 혈관 내 순환을 계속한다. 혈액의 흐름은 혈관 중앙에서 가장 빠르고 혈관 벽에 가까울수록 느림을 관찰할 수 있는데 이러한 혈액의 흐름을 수학적으로 모델링해보자. 먼저 우리 몸속 혈관의 모양을 반지름 R, 길이 l인 원통 관으로 생각하자.

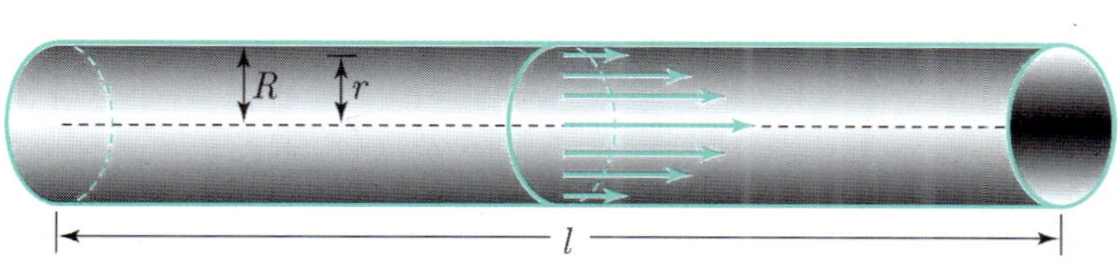

혈액의 속도 v는 혈관 벽면의 마찰로 인해, 중심축에서 가장 빠르고, 중심축으로부터의 거리 r이 커짐에 따라 벽면에서 속도 v가 0이 될 때까지 감소한다. η를 혈액의 점도, P를 혈관 양 끝의 압력차라고 하면 혈액의 속도 v는 $v=\dfrac{P}{4\eta l}(R^2-r^2)$임이 알려져 있다. 이때 혈액이 중심축으로부터 r_1만큼 떨어진 지점에서 흐르다가 다시 r_2만큼 떨어진 지점에서 흐르게 되면

혈액의 속도의 평균변화율은 $\dfrac{\Delta v}{\Delta r} = \dfrac{v(r_2) - v(r_1)}{r_2 - r_1}$이고, $\Delta r \to 0$일 때 r에 대한 속도의 순간변화율은 $\dfrac{dv}{dr} = \dfrac{-2rP}{4\eta l}$이다.

예제 5.5 정상적인 사람의 동맥의 반지름은 $R = 0.008\text{cm}$이고 혈관의 길이 $l = 2\text{cm}$에 대해 점도는 $\eta = 0.027$, 혈관 양 끝의 압력차는 $P = 4,000\text{dyn/cm}^2$이다. 혈액의 속도가 $v = \dfrac{P}{4\eta l}(R^2 - r^2)$로 주어질 때, 중심축에서 0.002cm만큼 떨어진 지점에서 혈액의 속도와 속도의 순간변화율을 구하여라.

풀이

$r = 0.002$에서 혈액의 속도는

$$v = 4,\frac{000}{4(0.027)2}((0.008)^2 - (0.002)^2) = 1,\frac{000}{0.054}(0.01)(0.006) \approx 1.1111\text{cm/s}$$

이다. v를 r에 대해 미분하면

$$\frac{dv}{dr} = \frac{P}{4\eta l}(0 - 2r) = -\frac{Pr}{2\eta l}$$

이므로

$$\left.\frac{dv}{dr}\right|_{r=0.002} = -\frac{4,000(0.002)}{2(0.027)2} \approx -74(\text{cm/s})/\text{cm}$$

이다. ■

5.3 화학에서의 응용

압축률

열역학에서 보일의 법칙에 따르면 온도가 일정한 경우 압력과 부피는 반비례한다. 즉 기체의 양과 온도가 일정하면 압력 P와 부피 V는 서로 반비례하며 수식으로 표현하면 $PV = n$이다. n은 비례상수로 기체의 종류와 온도에 따라 결정되는 상수이다. 따라서 주어진 기체가 일정한

온도를 유지한다면, 부피는 압력에만 의존하므로 압력에 관한 부피의 변화율인 $\frac{dV}{dP}$를 생각할 수 있다. 압력이 증가하면 부피는 감소하므로 $\frac{dV}{dP} < 0$이다. 압축률은 단위부피에 대하여 온도가 일정할 때, 압력이 증가함에 따라 물질의 부피가 얼마나 빨리 감소하는가를 나타내는 것으로 β로 나타내며 $\beta = -\frac{1}{V}\frac{dV}{dP}$이다. $PV = n$이므로 음함수 미분법에 의해 $V + P\frac{dV}{dP} = 0$에서 $\frac{dV}{dP} = -\frac{V}{P} = -\frac{n}{P^2}$이다. 따라서 $\beta = \frac{n}{VP^2} = \frac{n}{\frac{n}{P}P^2} = \frac{1}{P}$이므로 압축률은 압력의 역수임을 알 수 있다.

예제 5.6 **25℃의 표본 공기의 부피 $V(\mathrm{m}^3)$와 압력 P(kilopascal)는 $PV = 5.3$인 관계가 성립한다고 한다.**

(1) $P = 50\mathrm{kPa}$일 때 압력에 대한 부피의 변화율을 구하여라.
(2) $P = 50\mathrm{kPa}$일 때 압축률을 구하여라.

풀이

(1) $PV = 5.3$에 음함수 미분법을 적용하면 $V + P\frac{dV}{dP} = 0$이므로 $\frac{dV}{dP} = -\frac{V}{P} = -\frac{5.3}{P^2}$이다.

따라서 $\left.\frac{dV}{dP}\right|_{P=50} = -\frac{5.3}{2500} = -0.00212\ \mathrm{m}^3/\mathrm{kPa}$이다.

(2) 압축률 β는 $\beta = -\frac{1}{V}\frac{dV}{dP}$이므로 $\beta = -\frac{1}{V}\left(-\frac{5.3}{P^2}\right) = \frac{5.3}{\frac{5.3}{P}P^2} = \frac{1}{P}$이다.

따라서 $P = 50\mathrm{kPa}$일 때 압축률 $\beta = \frac{1}{50} = 0.02\ (\mathrm{m}^3/\mathrm{kPa})/\mathrm{m}^3$이다. ■

반응속도

화학에서 1몰(mol)은 원자나 분자 약 6.022×10^{23}개를 한 묶음으로 보는 단위로, 물질의 몰농도란 용액 1ℓ 속에 녹아 있는 용질의 몰수를 말하며 용액이 얼마나 진하고 묽은지를 수치적으로 나타내는 방법이다. 여러 물질이 반응하면 각 물질의 농도가 변하면서 새로운 생성물이 생기는데 각 물질의 시간에 대한 농도의 변화율을 반응률 또는 반응속도라고 한다. 따라서 반응속도는 화학 반응에서 얼마나 반응이 빠르게 일어났는지를 나타내는 지표이며 일반적으로 시간당 화학

반응에 참여하는 물질의 몰수 변화로 나타낸다.

물질 A와 B가 반응하여 물질 C가 만들어진다고 하자. 이를 화학반응식 $A+B\to C$로 나타내는데 A, B를 반응물질, C를 생성물질이라고 한다. 반응물질 A의 농도를 $[A]$로 나타내면 $[A]$, $[B]$, $[C]$는 시간 t에 관한 함수이다. 특정한 시간 $t=t_1$에서 $t=t_2$ 동안 C의 농도 변화는 $\Delta[C]=[C](t_2)-[C](t_1)$이므로 이 시간 동안의 생성물 C의 평균 반응속도 v는 $\dfrac{\Delta[C]}{\Delta t}=\dfrac{[C](t_2)-[C](t_1)}{t_2-t_1}$이다. $\Delta t\to 0$일 때 평균 반응속도의 극한을 구하면, 주어진 시각에서 시간에 따른 생성물의 농도의 변화율을 얻게 되는데 이것을 반응속도라고 하며

$$\text{반응속도 } v=\lim_{\Delta t\to 0}\frac{\Delta[C]}{\Delta t}=\frac{d[C]}{dt}$$

이다. 즉 반응속도는 시간에 대한 생성물의 농도의 도함수이다. 이때 $[A]$와 $[B]$의 반응속도는 $[C]$의 반응속도와 동일하나 $[C]$가 증가하면 $[A]$와 $[B]$는 감소하므로 반응속도는

$$\text{반응속도 } v=\frac{d[C]}{dt}=-\frac{d[A]}{dt}=-\frac{d[B]}{dt}$$

이다. 좀 더 일반적인 반응식 $aA+bB\to cC+dD$에서 반응속도 v는 다음과 같이 나타낼 수 있다.

$$\text{반응속도 } v=-\frac{1}{a}\frac{d[A]}{dt}=-\frac{1}{b}\frac{d[B]}{dt}=\frac{1}{c}\frac{d[C]}{dt}=\frac{1}{d}\frac{d[C]}{dt}$$

반응에 참여하는 물질의 반응식에서 시간당 농도의 변화율을 계수로 나누어준 것은, 반응이 일어날 때 각 물질의 시간당 몰수변화가 모두 다르므로 각 물질의 계수로 나누어주어 하나의 반응에 대해서 반응속도를 하나로 통일하기 위한 것이다.

예제 5.7 농도가 $5(\mathrm{mol/L})$인 반응물질 A와 B 각 1분자가 반응하여 생성물질 C 1분자가 형성된다고 하자. 상수 k에 대해 $[C](t)=\dfrac{25kt}{5kt+1}$일 때, 다음 물음에 답하여라.

(1) 시각 t에서 반응속도를 구하여라.

(2) $x=[C]$이면 $\dfrac{dx}{dt}=k(5-x)^2$임을 보여라.

풀이

(1) 반응속도는 $\frac{d[C]}{dt}$이므로 $\frac{d[C]}{dt}=\frac{25k(5kt+1)-25kt\cdot 5k}{(5kt+1)^2}=\frac{25k}{(5kt+1)^2}$이다.

(2) $[C](t)=\frac{25kt}{(5kt+1)}=x$라고 하면

$$
\begin{aligned}
\frac{dx}{dt}=\frac{d[C]}{dt}&=\frac{25k}{(5kt+1)^2}=k\frac{25}{(5kt+1)^2}\\
&=k\left(\frac{25kt+5-25kt}{5kt+1}\right)^2=k\left(5-\frac{25kt}{5kt+1}\right)\\
&=k(5-x)^2
\end{aligned}
$$

이다. ■

5.4 경제학에서의 응용

경제학에서 어떤 상품을 x개 생산할 때 드는 총비용을 원가함수라고 하고 $C(x)$로 표기한다. 이때 생산된 상품의 개수가 x_1에서 x_2로 증가한다면 추가로 드는 비용은 $\Delta C=C(x_2)-C(x_1)$이고, 이 비용의 평균 변화율은 $\frac{\Delta C}{\Delta x}=\frac{C(x_2)-C(x_1)}{x_2-x_1}=\frac{C(x_1+\Delta x)-C(x_1)}{\Delta x}$이다. $\Delta x\to 0$일 때 비용의 평균변화율의 극한, 즉 상품의 생산 비용의 순간변화율을 한계비용이라고 한다.

$$\text{한계비용}=\lim_{\Delta x\to 0}\frac{\Delta C}{\Delta x}=\frac{dC}{dx}=C'(x)$$

Δx가 아주 작으면 한계비용의 근사는 $C'(x)\approx\frac{C(x+\Delta x)-C(x)}{\Delta x}$이며 실제로 x는 자연수이므로 $\Delta x=1$로 생각하면 한계비용은 $C'(x)\approx C(x+1)-C(x)$이다. 즉, 한계비용은 생산량이 한 단위 증가할 때 늘어나는 비용을 의미한다.

예제 5.8 x개의 물품을 생산하는 데 드는 비용(원)이 $C(x)=\frac{1}{10}x^2+5x+1,000$이다.

(1) 한계비용을 구하여라.

(2) $1,000$개를 생산할 때 비용과 한계비용을 구하여라.

(3) $C'(1,000)$을 해석하여라.

풀이

(1) 한계비용함수는 $C'(x)=\frac{1}{5}x+5$이다.

(2) 1,000개를 생산할 때 비용은 $C(1,000)=\frac{1}{10}1,000,000+5\cdot 1,000+1,000=106,000$(원)이고 이때 한계비용은 $C'(1,000)=\frac{1}{5}1,000+5=205$(원/개)이다.

(3) $C'(1,000)$은 $x=1,000$일 때 비용의 증가율을 말하며 실제로 $x=1,001$번째 생산비용은

$$\begin{aligned} C(1,001)-C(1,000) &= \left(\frac{1}{10}\cdot 1,001^2+5\cdot 1,001+1,000\right) \\ &\quad -\left(\frac{1}{10}\cdot 1,000^2+5\cdot 1,000+1,000\right) \\ &=205.10(\text{원/개}) \end{aligned}$$

로 $C'(1,000)=205$와의 차이는 0.1(원/개)이다. ■

수요함수, 소득함수, 이익함수의 도함수를 각각 한계수요, 한계소득, 한계이익이라 하며 경제학에서 많이 연구하는 개념이다.

우리는 도함수를 이용하여 물리학에서는 속도, 전류, 유도전압, 선밀도를, 화학에서는 반응률, 압축률, 반응속도를, 생물학에서는 혈액의 속도 및 성장률 등을 분석할 수 있었다. 경제학에서 수요함수, 소득함수, 이익함수의 도함수로 나타나는 한계수요, 한계소득, 한계이익 등도 알 수 있었다. 경제학의 연구와 심리학의 학습곡선 및 성취도 함수에서 증진율 등을 연구할 때도 유용하며 부동산 정보를 분석하거나 GPS의 위치 보정을 통한 위치분석 프로그램 등 일상생활에 필요한 영역에도 미분의 개념이 활용되고 있다.

그 밖에도 지질학에서는 용해된 바위가 열전도에 의하여 냉각되는 비율을 알고자 할 때 미분을 사용하며, 댐 안팎으로 흐르는 물의 비율을 알고자 할 때와 도시 내외의 인구밀도에 대한 변화율 및 기상학에서 높이에 따른 대기압의 변화율을 알고자 할 때도 미분이 사용된다.

➡ 연습문제 해답 504쪽

2.5 연습문제

01. 수직선 위를 움직이는 물체의 위치가 $s(t)=10+36t-12t^2+t^3$으로 주어진다. 이때 t와 s의 단위는 각각 초와 m이다.

(1) 시각 t에서 속도를 구하여라.

(2) $t=3$일 때와 $t=6$일 때 속도를 구하여라.

(3) 물체가 멈춘 시각을 구하여라.

(4) 물체가 출발하여 처음 멈춘 시각부터 두 번째 멈춘 때까지 움직인 거리를 구하여라.

02. 수직선을 움직이는 물체의 위치가 $s(t)=\dfrac{t}{1+t^2}$으로 주어진다. 이때 t와 s의 단위는 각각 초와 m이다.

(1) 시각 t에서 속도를 구하여라.

(2) $t=2$일 때와 $t=3$일 때 속도를 구하여라.

(3) 물체가 출발 후 멈춘 때의 시각을 구하여라.

(4) 물체가 출발하여 멈춘 때까지 움직인 거리를 구하여라.

03. 시각 t(초)에서 전선의 한 점을 지나는 전하량 Q(쿨롱, C)가 $Q(t)=t^3-3t^2+5t-2$로 주어져 있다.

(1) 시각 t에서 전류 $I(t)$를 구하여라.

(2) $t=1$과 $t=2$에서 전류를 구하여라.

(3) 전류가 항상 양수임을 보여라.

04. 왼쪽 끝에서 오른쪽 방향으로 xm 떨어진 점 사이에 놓여 있는 금속막대의 질량이 $\frac{\sqrt{x}}{x+1}$ $(0 \le x \le 1)$kg이다.

(1) $0 \le x \le 1$에서 금속막대의 평균밀도를 구하여라.

(2) $x = 0.5$과 $x = 1$에서 선밀도를 구하여라.

(3) $0 \le x \le 1$에서 선밀도가 최고, 최저가 되는 지점을 구하여라.

05. 어떤 생명체의 개체 수는 매 시간 3배씩 증가하고 있다고 한다. 처음 개체 수가 P일 때, 다음 물음에 답하여라.

(1) t를 단위시간이라고 할 때, 이 생명체의 개체 수의 함수 $P(t)$를 구하여라.

(2) 처음 2시간 동안의 평균성장률을 구하여라.

(3) 2시간 후의 성장률을 구하여라.

06. 어떤 사람의 동맥의 반지름은 $R = 0.01$cm이고 혈관을 $l = 4$cm에 대해 생각하면 점도는 $\eta = 0.016$, 혈관 양 끝의 압력차는 $P = 4,000\text{dyn/cm}^2$이다. 혈액의 속도가 $v = \frac{P}{4\eta l}(R^2 - r^2)$로 주어질 때, 다음 물음에 답하여라.

(1) 중심축에서 0.001cm만큼 떨어진 지점에서 혈액의 속도를 구하여라.

(2) 중심축에서 0.001cm만큼 떨어진 지점에서 속도의 순간변화율을 구하여라.

(3) 어디에서 속도가 가장 빠른가?

(4) 어디에서 속도가 가장 많이 변하는가?

07. 절대온도가 T(켈빈), 압력이 P(기압), 부피가 V(리터)인 이상기체에 대해 $PV = nRT$가 성립한다. 여기서 n은 기체의 몰수이고 R은 기체의 기체상수로 $R = 0.082$이다. $P = 10$이고 분당 압력의 증가율이 0.1(기압/분), $V = 100$이고 분당 부피의 감소율이 0.21(리터/분)인 순간에 $n = 10$몰인 경우, 이 순간에 절대온도 T의 변화율을 구하여라.

08. 농도가 5(mol/L)인 반응물질 A와 B 각 1분자가 반응하여 생성물질 C 1분자가 형성된다고 하자. 상수 k에 대해 $[C](t)=\dfrac{9kt}{3kt+1}$ 일 때, 다음 물음에 답하여라.

(1) 시각 t에서 반응속도를 구하여라.

(2) $t\to\infty$ 일 때 반응속도는 어떻게 되는가?

09. x개의 물품을 생산하는 데 드는 비용(원)이 $C(x)=\dfrac{2}{1,000}x^3+\dfrac{3}{100}x^2+3x+5,000$ 이다.

(1) 한계비용을 구하여라.

(2) 100개를 생산할 때 비용과 한계비용을 구하여라.

(3) $C'(100)$은 어떤 의미인가?

10. x개의 물품을 생산하는 데 드는 비용(원)이 $C(x)=200+\dfrac{1}{2}x+\dfrac{10,000}{x}$ 이다.

(1) 한계비용을 구하여라.

(2) 100개와 200개를 생산할 때 각 비용과 한계비용을 구하여라.

(3) 언제 한계비용이 0이 되는가?

11. 구 모양의 풍선에 바람을 넣는데 반지름이 r일 때 풍선의 겉넓이는 $S=4\pi r^2$, 부피는 $V=\dfrac{4}{3}\pi r^3$이다. $r=2$와 $r=4$일 때 풍선의 겉넓이와 부피의 변화율을 구하여라.

읽을 거리

이슬람의 등장

7~8 세기 동안 이슬람제국은 페르시아와 시리아 서쪽에서 부터 스페인 모로코에 이르기까지 지중해 지역으로 빠르게 세력을 확장했다. 지역이 달라지면서 이들은 새로운 병에 걸리게 되었다. 그 당시 의학 연구는 주로 그리스인과 유대인이 주관이 되어 있었으므로 칼리프는 이들 의사들을 바그다드나 다른 도시에 정착 하도록 하였고, 그 결과 8세기 후반부터 이슬람문화는 정복한 지역의 지식을 흡수하게 되면서 두 문화가 만나게 되었고 그 결과 수학 지식도 함께 전파되었다. 특히 이 시기에 인도의 숫자가 아라비아에 전해지게 되었고 우리는 자연스럽게 아라비아 숫자라고 부르게 되었다. 800년 경 칼리프 하룬 알 라시드는 히포크라데스, 아리스토텔레스, 갈레노스의 많은 업적을 아랍어로 번역하였고, 12 세기에는 아랍어가 라틴어로 번역 되어 유럽인들이 이해하기 쉽게 되었다. 809년부터 통치한 알 마문은 지구 자오선을 측정하였으며, 알마게스트가 아랍어로 번역되었고, 원론(elements)이 완역되기도 하였다. 대수 (Algebra) 의 기원은 힌두교의 기원과 함께 한다.

부 압둘라 무함마드 이븐 무사 알콰리즈미

Muhammad ibn Musa Al-khwarizmi
(850년? ~ 780년? , أبو عبد هللا محمد بن موسى الخوارز
مي 아랍어:خوارزمی, 페르시아어)

알 콰리즈미는 9세기 초반 바그다드에서 산술과 대수에 대한 중요한 서적을 집필하였다.

그 중 첫 번째가 힌두계 산법에 대한 해설서이며 이를 통해 인도의 수 체계가 널리 알려지게 되었다. 두 번째 책의 제목은 Al-jabr wa'l muqabalah (이항과 소거의 과학) 이며, 이 말이 현대의 대수(Algebra) 로 남게 되었다. 우리가 흔히 사용하는 알고리즘이라는 용어도 알 콰리즈미에서 비롯되었다.

알 콰리즈미 → 알고리트미(Algoritmi) → 알고리즘(Algorithm)

알콰리즈미의 이차방정식 해법

문제: 근의 제곱과 근의 6배의 합은 16과 같다고 할 때 근을 구하여라.

풀이: 이 문제를 식으로 쓰면 $x^2+6x=16$ 이다. 알 콰리즈미의 방법은 다음 순서에 따른다

(1) 일차항의 계수의 반을 택한다: 3
(2) 그 수를 제곱한다: 9
(3) 여기에 16을 더한다: 25
(4) 이 수의 제곱근을 취한다 : 5
(5) 이 수에서 일차항의 계수의 절반을 빼라: 5-3=2
이 값 2가 주어진 식의 근이다.

이 시기에는 음의 근을 허락하지 않았기 때문에 양의 근만 구하여도 충분했다. 음의 근와 헌근이 하나의 근으로 인정 받기까지는 아직도 많은 시간을 요구하고 있었다. ▣

CHAPTER 3

미분법의 응용

1. 최댓값과 최솟값
2. 함수의 그래프의 모양과 도함수 사이의 관계
3. 부정형과 로피탈의 법칙
4. 최적화 문제
5. 선형근사, 뉴턴 방법, 미분과 역도함수

Section 1

1. 최댓값과 최솟값

이 절에서는 함수의 극댓값, 극솟값의 정의와 최댓값, 최솟값의 정의와 보기를 살펴본다. 연속함수의 최댓값, 최솟값의 존재성과 구하는 방법, 극값과 미분계수 사이의 관계와 극값을 구하는 방법을 알아본다. 함수의 평균변화율과 순간변화율의 관계를 설명하는 롤의 정리와 평균값 정리를 보기와 함께 살펴보고 평균값 정리의 일반적인 형태인 코시의 정리를 알아본다.

1.1 최댓값, 최솟값과 극댓값, 극솟값

함숫값 중 가장 큰 값과 가장 작은 값을 구하는 것은 연속함수의 치역을 쉽게 결정할 수 있게 하며 함수에 대한 최선의 결과를 살펴보는 최적화 문제의 근본적인 내용이다.

정의 1.1 최댓값, 최솟값

정의역이 $D \subset \mathbb{R}$인 함수 $f : D \to \mathbb{R}$에 대해

(1) 모든 $x \in D$에 대해 $f(c) \geq f(x)$를 만족하면 f는 $x = c$에서 최대라고 하며 $f(c)$를 D에서 f의 최댓값이라고 한다.

(2) 모든 $x \in D$에 대해 $f(c) \leq f(x)$를 만족하면 f는 $x = c$에서 최소라고 하며 $f(c)$를 D에서 f의 최솟값이라고 한다.

(3) f의 최댓값과 최솟값을 f의 극값이라고 한다.

아래에서 함수 f는 $x = 4$에서 최댓값 5를 갖고 $x = 2$에서 최솟값 -6을 갖는다. $x = 2$에서 미분이 불가능하므로 함수의 최대, 최소는 미분과는 상관없이 정의하는 개념이다. $x = -3$에 아주 가까운 x값만 생각하면 $x = -3$에서 가장 작은 값을 갖는다. 또한 $x = -1$에 아주 가까운 x값만 생각하면 $x = -1$에서 가장 큰 값을 갖는다. 물론 $x = 2$ 근처에서만 생각하면 $x = 2$일

때 가장 작은 값을, $x=4$ 근처에서만 생각하면 $x=4$에서 가장 큰 값을 갖는다. 이러한 값을 극솟값 또는 극댓값이라고 한다.

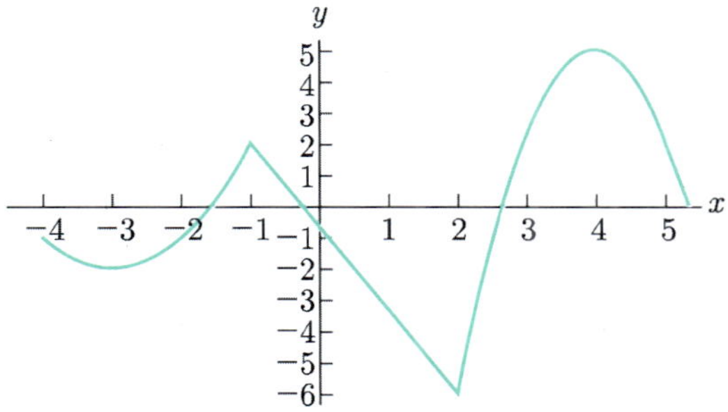

정의 1.2 극댓값, 극솟값

정의역이 $D\subset\mathbb{R}$인 함수 $f:D\to\mathbb{R}$에 대해

(1) D 내의 c의 적당한 열린 열린구간 I의 모든 x에 대해 $f(c)\geq f(x)$이면 f는 $x=c$에서 극대라고 하고 $f(c)$를 극댓값이라고 한다.

(2) D 내의 c의 적당한 열린 열린구간 I의 모든 x에 대해 $f(c)\leq f(x)$이면 f는 $x=c$에서 극소라고 하고 $f(c)$를 극솟값이라고 한다.

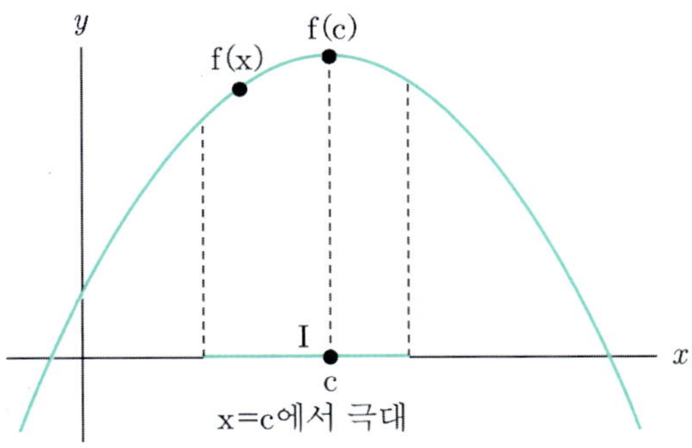

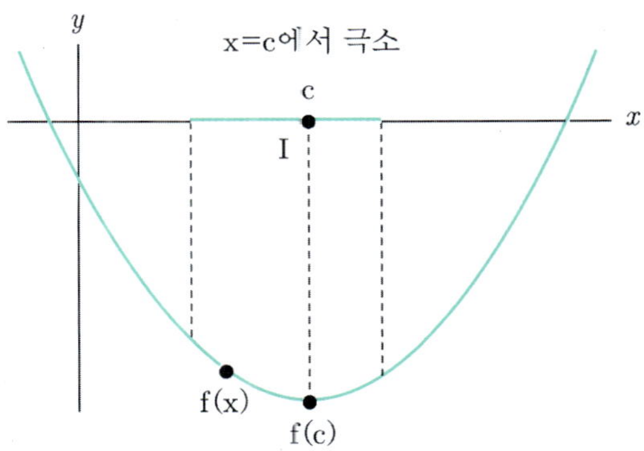

최댓값과 최솟값은 당연히 각각 극댓값과 극솟값이 되지만 역은 성립하지 않을 수 있다.

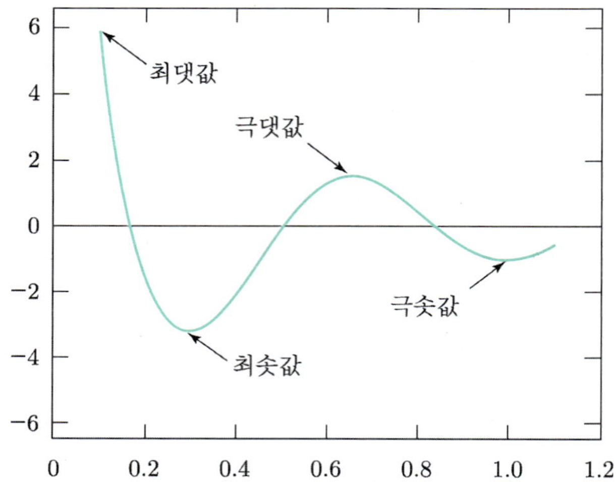

예제 1.3 함수 $f(x)=x^2-x$의 극댓값과 극솟값을 구하여라. 또한 최댓값과 최솟값을 구하여라.

풀이

$f(x)=x^2-x$의 그래프는 대칭축이 $x=\frac{1}{2}$, 꼭짓점이 $\left(\frac{1}{2}, -\frac{1}{4}\right)$이며 다음과 같다.

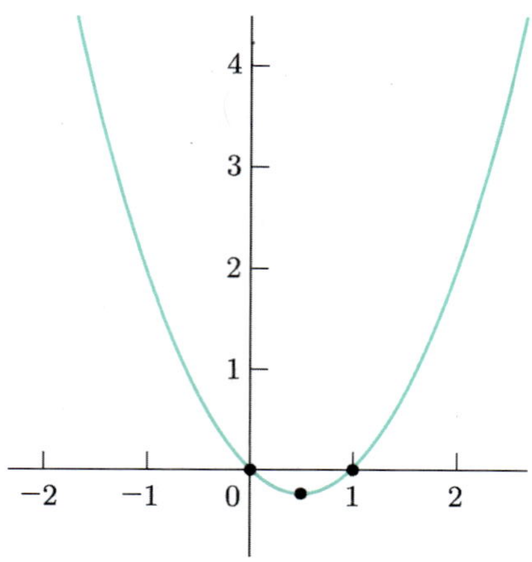

따라서 $x=\frac{1}{2}$에서 $f(x)$는 극소인 동시에 최소가 되며 그 값은 $f\left(\frac{1}{2}\right)=-\frac{1}{4}$이다. 극댓값과 최댓값은 없다. ■

예제 1.4 함수 $f(x)=|x^2-x|$의 극댓값과 극솟값을 구하여라. 또한 최댓값과 최솟값을 구하여라.

풀이

$x^2-x=x(x-1)$이므로 $x \le 0$ 또는 $x \ge 1$이면 $x^2-x \ge 0$이고 $0<x<1$이면 $x^2-x<0$이다. 따라서 $f(x)=\begin{cases} x^2-x, & x \le 0 \text{ 또는 } x \ge 1 \\ -x^2+x, & 0<x<1 \end{cases}$이고 그래프를 그리면 다음과 같다.

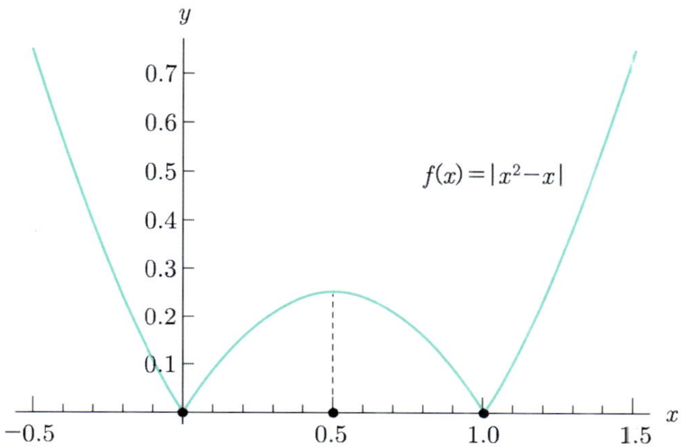

$x=0$과 $x=1$에서 극소이며 동시에 최소이고 $x=\frac{1}{2}$에서 극대이며 최댓값은 없다. 따라서 극솟값과 최솟값은 $f(0)=f(1)=0$이고 극댓값은 $f\left(\frac{1}{2}\right)=-\frac{1}{4}+\frac{1}{2}=\frac{1}{4}$이다. ■

1.2 최대 최소 정리와 페르마 정리, 임계점

앞서 살펴본 함수들 중에서 닫힌구간에서 정의된 연속함수는 최댓값과 최솟값이 존재함을 알 수 있다. 직관적으로 닫힌구간에서 연속적으로 그래프를 그리면 그 닫힌구간 내에서 반드시 가장 큰 값과 가장 작은 값이 존재한다. 이에 관한 정리가 최대 최소 정리이며 증명은 여기서 다루기 어려우므로 생략한다.

정리 1.5 최대 최소 정리

정의역이 닫힌구간 $[a, b] \subset \mathbb{R}$인 연속함수 $f : [a, b] \to \mathbb{R}$는 $[a, b]$ 내의 어떤 점 c와 d에서 최댓값 $f(c)$, 최솟값 $f(d)$를 갖는다.

정의역이 닫힌구간이 아니거나 함수가 연속이 아니면 최대 최소 정리는 성립하지 않을 수 있다.

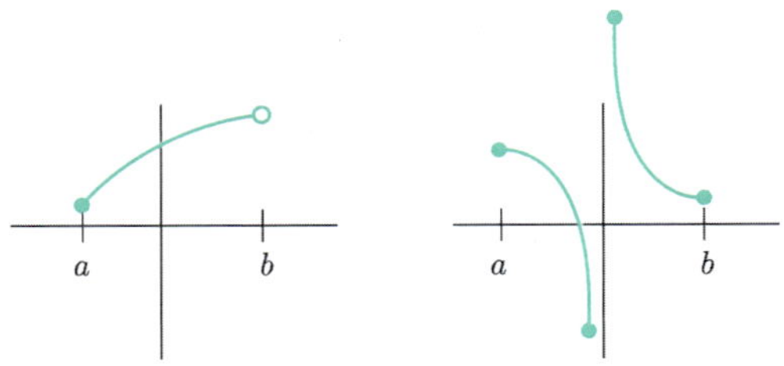

최대 최소 정리는 닫힌구간에서 정의된 연속함수는 반드시 정의역에서 최댓값과 최솟값을 갖는다는 정리이다. 최대, 최소가 되는 c와 d는 $[a, b]$ 내의 점일 뿐 어디에 존재하는지는 함수에 따라 다르며 a 또는 b에서 최대, 최소가 될 수도 있다.

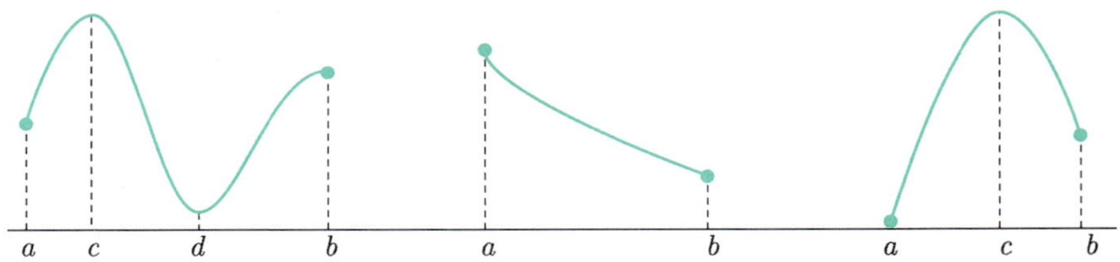

이제 닫힌구간에서 정의된 연속함수에 대해 최댓값과 최솟값을 구하는 방법을 알아보자. 극댓값과 극솟값이 최댓값과 최솟값이 되는 경우가 있으므로 먼저 극댓값과 극솟값을 구하는 방법을 살펴보자.

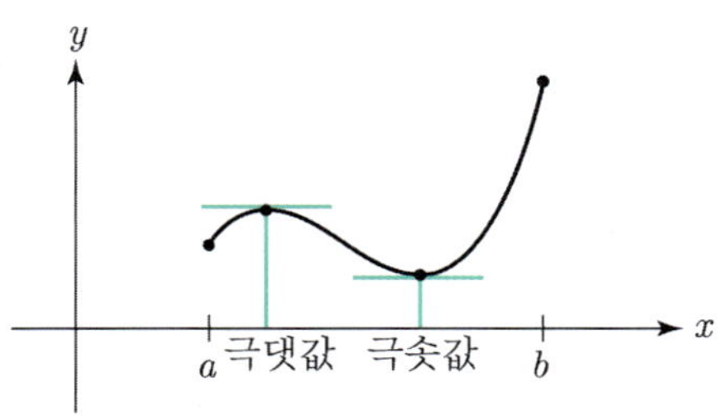

$x = c$에서 극댓값을 갖는 경우, 이 점에서 접선은 수평이므로 기울기는 0이다. 마찬가지로 $x = d$에서 극솟값을 갖는 경우에도 이 점에서 접선의 기울기는 0이다. 접선의 기울기는 미분계수이므로 미분 가능한 경우 다음 정리가 성립함을 알 수 있다.

정리 1.6 페르마 정리

함수 f가 $x=c$에서 미분 가능하고 극댓값이나 극솟값을 갖는다면 $f'(c)=0$이다.

증명

먼저 f가 $x=c$에서 극댓값을 갖는다고 가정하자.

0에 아주 가까이 있는 양수 $h>0$에 대해 $f(c)\geq f(c+h)$이다.

$f(c+h)-f(c)\leq 0$이고 $h>0$이므로 $\dfrac{f(c+h)-f(c)}{h}\leq 0$이다.

따라서 $\displaystyle\lim_{h\to 0^+}\frac{f(c+h)-f(c)}{h}\leq \lim_{h\to 0^+}0=0$이다.

$f'(c)$가 존재하므로 $f'(c)=\displaystyle\lim_{h\to 0^+}\frac{f(c+h)-f(c)}{h}\leq 0$이다.

0에 아주 가까이 있는 음수 $h<0$에 대해서도 $f(c+h)\leq f(c)$이므로

$f(c+h)-f(c)\leq 0$이나 $h<0$이므로 $\dfrac{f(c+h)-f(c)}{h}\geq 0$이다.

따라서 $\displaystyle\lim_{h\to 0^-}\frac{f(c+h)-f(c)}{h}\geq \lim_{h\to 0^-}0=0$이다.

$f'(c)$가 존재하므로 $f'(c)=\displaystyle\lim_{h\to 0^-}\frac{f(c+h)-f(c)}{h}\geq 0$이다.

$f'(c)\leq 0$이고 $f'(c)\geq 0$이므로 $f'(c)=0$이다.

f가 $x=c$에서 극솟값을 갖는 경우에도 극댓값을 갖는 경우와 비슷하게 증명할 수 있다.

페르마 정리의 역은 성립하지 않는다. 즉, 방정식 $f'(x)=0$의 해에서 극대나 극소를 갖지 않을 수도 있기 때문이다. 또한 미분이 불가능한 점에 대해서는 아무 정보를 주지 못한다.

예를 들어 $f(x)=2x^5-10x^3$의 그래프는 다음과 같다.

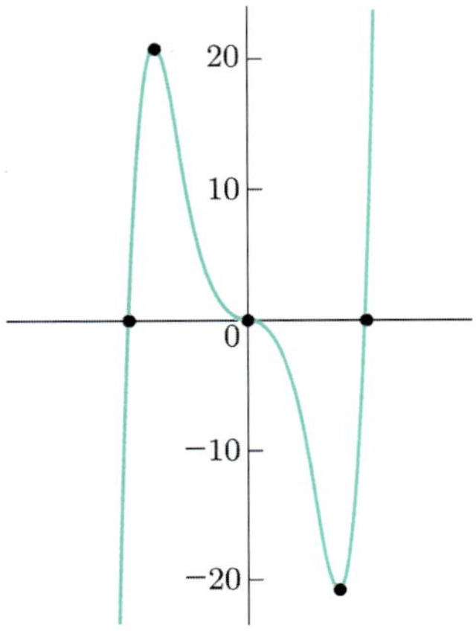

$f'(x) = 10x^4 - 30x^2 = 10x^2(x^2-3)$이므로 $f'(x) = 0$의 해는 $x = 0$과 $x = \pm\sqrt{3}$이다. $x = -\sqrt{3}$에서 극댓값을, $x = \sqrt{3}$에서 극솟값을 갖지만 $x = 0$에서는 극대도 극소도 아니다.

$f(x) = |x|$의 경우 $x = 0$에서 미분이 불가능하지만 극솟값이면서 동시에 최솟값을 갖는다.

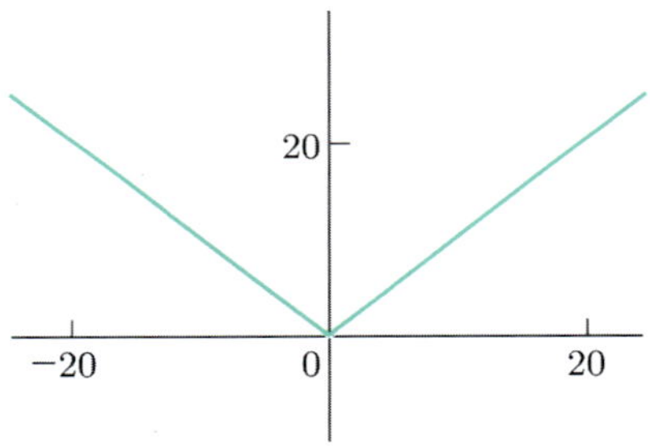

극대와 극소를 구하기 위해서 미분 가능한 경우에는 $f'(x) = 0$의 해를 구하여 살펴볼 수 있지만 미분이 불가능한 경우에는 극대, 극소를 갖는지는 별도로 따져보아야 한다. 이에 관한 정의는 다음과 같다.

정의 1.7 임계점

함수 f에 대해 $f'(c) = 0$이거나 $f'(c)$가 존재하지 않으면 $x = c$를 **임계점**(critical point)이라고 한다.

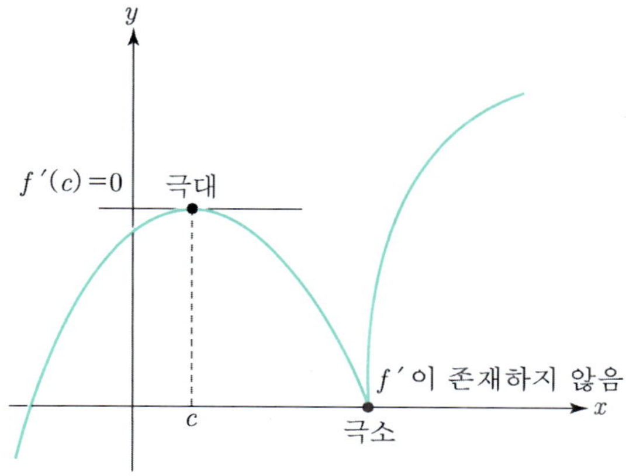

예제 1.8 $f(x)=\sqrt{x}(x-6)$의 임계점을 구하여라.

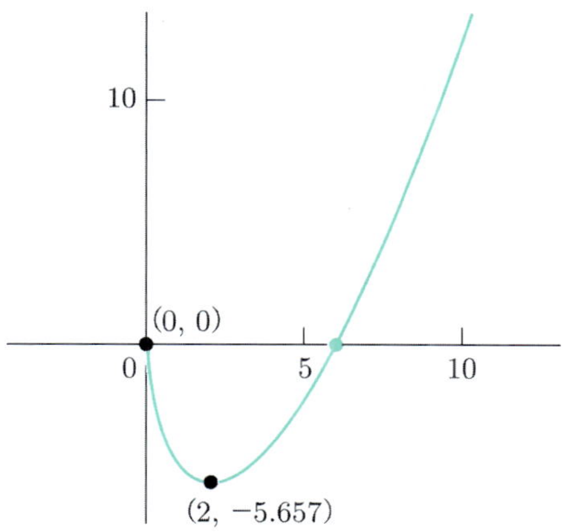

풀이

$f'(x)=\dfrac{1}{2\sqrt{x}}(x-6)+\sqrt{x}=\dfrac{x-6+2x}{2\sqrt{x}}=\dfrac{3x-6}{2\sqrt{x}}$이므로 $f'(x)=0$의 해는 $x=2$이다. 또한 $x=0$에서 $f'(x)$는 정의되지 않는다. 그러므로 $x=2$와 $x=0$이 $f(x)$의 임계점이며 $x=2$에서는 극소이자 동시에 최소이다. ■

페르마 정리와 임계점의 정의에 의해 함수 f가 $x=c$에서 극대나 극소를 가지면 $x=c$는 임계점이다. 따라서 함수의 임계점을 통해 극대, 극소를 찾을 수 있다.

1.3 닫힌구간에서 함수의 최댓값, 최솟값 구하기

지금까지 논의한 내용을 바탕으로 닫힌구간에서 정의된 연속함수의 최댓값과 최솟값을 구하는 방법에 대해 알아보자. 먼저 임계점을 구하여 극대와 극소를 구하고, 닫힌구간의 양 끝에서 함숫값을 구해 이 값 중에서 가장 큰 값이 최댓값, 가장 작은 값이 최솟값이 됨을 알 수 있다.

닫힌구간 $[a, b]$에서 정의된 연속함수 f의 최댓값과 최솟값을 구하는 절차

1. 열린구간 (a, b) 내의 f의 임계점에서 함숫값을 구한다.
2. 구간 양 끝의 함숫값 $f(a)$와 $f(b)$를 구한다.
3. 1과 2에서 구한 값들 중에서 가장 큰 값이 최댓값, 가장 작은 값이 최솟값이다.

예제 1.9 닫힌구간 $[-2, 5]$에서 정의된 함수 $f(x) = 2x^5 - 10x^3$의 최댓값과 최솟값을 구하여라.

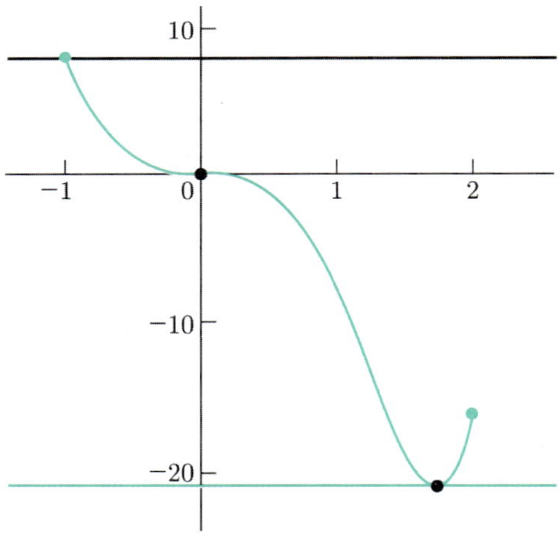

풀이

$f'(x) = 10x^4 - 30x^2 = 10x^2(x^2 - 3)$이므로 $[-1, 2]$에서 $f'(x) = 0$의 해는 $x = 0$과 $x = \sqrt{3}$이다. 따라서 임계점의 함숫값은 $f(0) = 0$, $f(\sqrt{3}) = 18\sqrt{3} - 30\sqrt{3} = -12\sqrt{3}$이다. 구간 양 끝의 함숫값은 $f(-1) = -2 + 10 = 8$, $f(2) = 64 - 80 = -16$이다. 이 값들 중에서 가장 큰 값 8이 최댓값이며, 가장 작은 값 $-12\sqrt{3}$이 최솟값이다. ■

예제 1.10 $f(x) = \sqrt{x}(x-6)\ (0 \le x \le 4)$의 최댓값과 최솟값을 구하여라.

풀이

$f'(x) = \dfrac{3(x-2)}{2\sqrt{x}}$이므로 $x=2$와 $x=0$이 $f(x)$의 임계점이다. 임계점의 함숫값은 $f(0)=0$, $f(2)=-4\sqrt{2}$이다. 구간 양 끝의 함숫값은 $f(0)=0$과 $f(4)=-4$이다.
이 값들 중에서 가장 큰 값 0이 최댓값, 가장 작은 값 $-4\sqrt{2}$가 최솟값이다. ■

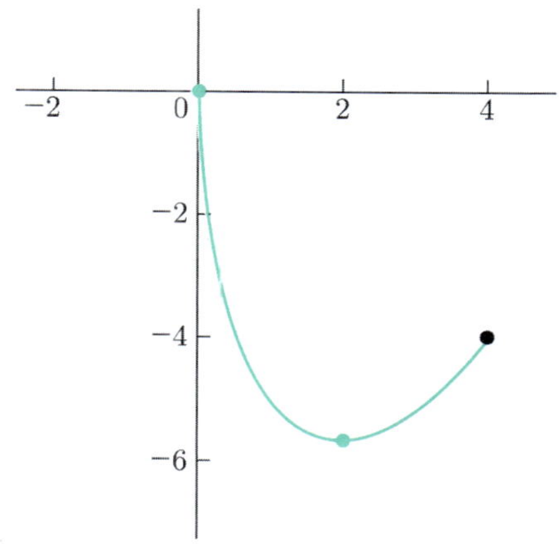

1.4 롤의 정리

미분 가능한 함수가 가지는 중요한 성질로 평균값 정리가 있다. 이 절에서는 평균값 정리의 특별한 경우인 롤의 정리를 소개한다. 이 정리는 미분 가능한 함수의 어떤 두 점의 함숫값이 같으면 두 점 사이에 미분계수가 0이 되는 곳이 존재한다는 정리이다.

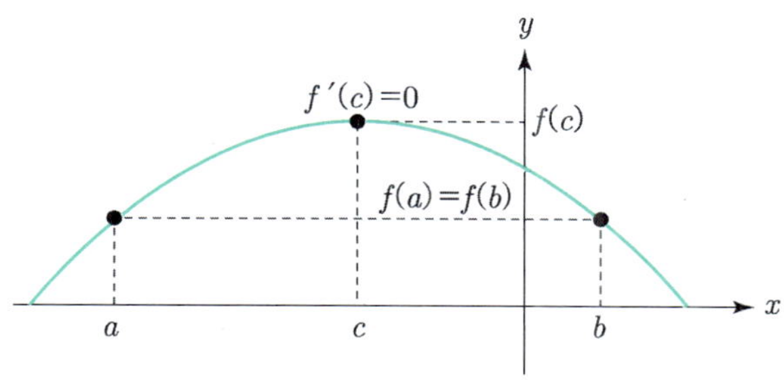

정리 1.11 롤의 정리

실수집합에서 정의된 함수 $f:\mathbb{R}\to\mathbb{R}$가 닫힌구간 $[a, b]$에서 연속이고 열린구간 (a, b)에서 미분 가능할 때 $f(a)=f(b)$이면 $f'(c)=0$이 되는 c가 (a, b) 사이에 존재한다.

증명

경우 1 $f(x)$가 $[a, b]$에서 상수함수인 경우: 상수 C에 대해 $[a, b]$에서 $f(x) = C$로 두면 $f'(x) = 0$이므로 (a, b)의 모든 c에 대해 $f'(c) = 0$이다.

경우 2 $f(x)$가 (a, b)의 한 점 x에서 $f(x) > f(a)$인 경우: 최대 최소 정리에 의해 $[a, b]$의 적당한 c에서 최댓값을 갖는다. $f(c) > f(a) = f(b)$이므로 c는 $[a, b]$의 끝점이 아니다. f가 미분 가능하므로 페르마 정리에 의해 $f'(c) = 0$이다.

경우 3 $f(x)$가 (a, b)의 한 점 x에서 $f(x) < f(a)$인 경우: 최대 최소 정리에 의해 $[a, b]$의 적당한 c에서 최솟값을 갖는다. $f(c) < f(a) = f(b)$이므로 c는 $[a, b]$의 끝점이 아니다. f가 미분 가능하므로 페르마 정리에 의해 $f'(c) = 0$이다.

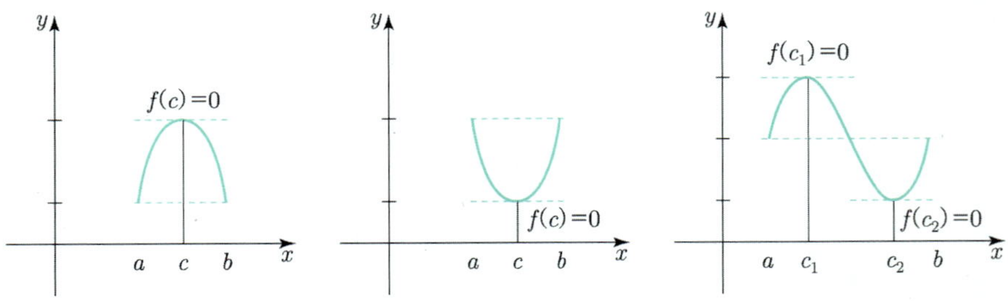

롤의 정리는 가정의 조건을 모두 만족하는 경우에만 성립한다. 예를 들어 $f(x) = 1 - \sqrt[3]{x^2}$의 그래프를 보면 $f(-1) = f(1)$이지만 $f'(c) = 0$를 만족하는 c가 $(-1, 1)$ 안에 존재하지 않는데, $f(x) = 1 - \sqrt[3]{x^2}$가 $(-1, 1)$에서 미분 가능하지 않은 곳이 있기 때문이다.

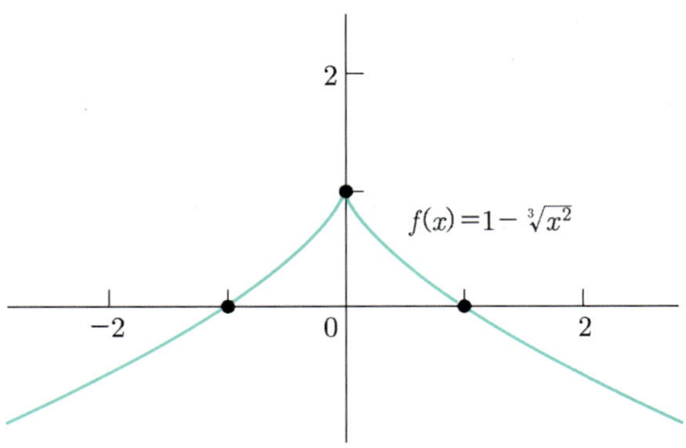

예제 **1.12** 이차함수 $f(x) = x^2 - x$에 대해 $(0, 1)$ 내에서 $f'(c) = 0$을 만족하는 c를 구하여라.

풀이

$f(x)=x^2-x$는 다항함수이므로 $[0, 1]$에서 연속이고 $(0, 1)$에서 미분 가능하다. $f(0)=0$이고 $f(1)=0$이므로 롤의 정리에 의해 $f'(c)=0$을 만족하는 c가 0과 1 사이에 존재한다. 실제로 $f'(x)=2x-1$이므로 $f'(c)=2c-1=0$에서 $c=\frac{1}{2}$이다 ■

예제 1.13 움직이는 물체의 시간에 대한 위치함수 $s=f(t)$가 미분 가능하다고 하자. 특정한 두 순간에 같은 위치에 있다면 그 두 순간 사이에 속도가 0이 되는 순간이 있음을 보여라.

풀이

물체가 서로 다른 순간 $t=a$와 $t=b$에서 위치가 같다고 하면 $f(a)=f(b)$이다. $s=f(t)$가 미분 가능하므로 롤의 정리에 의해 $s'=f'(c)=0$이 되는 c가 (a, b) 사이에 존재한다. s'은 속도함수이므로 $t=a$와 $t=b$ 사이에 속도가 0이 되는 순간이 존재한다. ■

예제 1.14 두 자동차가 동시에 직선주로를 한 지점에서 출발하여 다른 지점에 동시에 도착하였다. 운행 도중 두 자동차의 속력이 같은 순간이 반드시 존재함을 보여라.

풀이

두 자동차의 시간에 따른 위치함수를 $f(t)$와 $g(t)$로 두자. $t=0$일 때 출발하여 $t=a$일 때 도착하였다고 하자.

$h(t)=f(t)-g(t)$로 두면 $h(0)=f(0)-g(0)=0$이고 $h(a)=f(a)-g(a)=0$이므로 롤의 정리에 의해 $h'(c)=f'(c)-g'(c)=0$인 c가 0과 a 사이에 존재한다. 따라서 $t=c$에서 $f'(c)=g'(c)$이므로 운행 도중 두 자동차의 속력이 같은 순간이 존재한다. ■

예제 1.15 방정식 $4x^5+x^3+5x-5=0$이 오직 하나의 실근을 가짐을 보여라.

풀이

5차방정식이므로 근은 최대 5개가 존재할 수 있다. 먼저 방정식이 적어도 하나의 실근을 가짐을 보인다. $f(x)=4x^5+x^3+5x-5$로 두면 $f(0)=-5$이고 $f(1)=5$이다. $f(x)$는 다항함수이므로 연속이다. 따라서 중간값 정리에 의해 $f(c)=0$인 c가 $(0, 1)$ 사이에 존재한다. 따라서 주어진 방정식은 0과 1 사이에서 실근을 갖는다.

이제 이 실근이 유일한 실근임을 보이기 위해 귀류법을 사용한다. 주어진 방정식이 두 개의 실근 a와 b를 갖는다고 하자. $f(a)=f(b)=0$이고 $f(x)$가 다항함수이므로 $(a,\,b)$에서 미분가능하고 $[a,\,b]$에서 연속이다. 롤의 정리에 의해 $f'(c)=0$인 c가 $(a,\,b)$ 안에 존재한다. 그런데 $f'(x)=20x^4+3x^2+5\geq 5$이므로 $f'(c)=0$인 c가 존재할 수 없게 되어 모순이다. 그러므로 주어진 방정식은 오직 하나의 실근을 갖는다. ■

1.5 평균값 정리

앞 절에서 살펴본 롤의 정리는 미분 가능한 함수의 두 점 사이의 평균변화율이 0인 경우, 그 두 점 사이의 어떤 점의 미분계수가 0인 점이 존재한다는 정리였다. 롤의 정리에서 평균변화율을 0으로 제한하지 않는 일반적인 상황에서 성립하는 평균값 정리를 알아본다. 이 평균값 정리는 미분 가능한 함수의 서로 다른 두 점 사이의 평균변화율이 그 두 점 사이의 어떤 점의 미분계수와 같다는 정리이다.

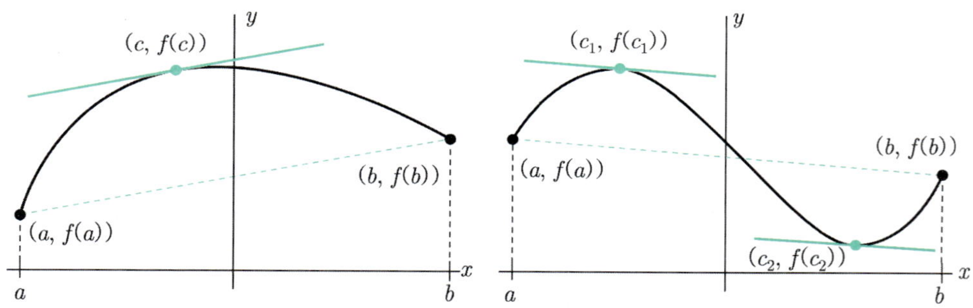

이를 먼저 기하적으로 살펴보면 함수 $f(x)$가 닫힌구간 $[a,\,b]$에서 연속이고 $(a,\,b)$에서 미분가능하다고 하자. 구간 $[a,\,b]$의 평균변화율은 $\dfrac{f(b)-f(a)}{b-a}$이고 이는 $y=f(x)$의 그래프의 두 점 $(a,\,f(a))$, $(b,\,f(b))$를 잇는 직선의 기울기이다. $f'(c)$는 $x=c$의 미분계수이며 $(c,\,f(c))$의 접선의 기울기이다. 따라서 평균값 정리는 두 점 $(a,\,f(a))$, $(b,\,f(b))$를 잇는 직선의 기울기 $\dfrac{f(b)-f(a)}{b-a}$와 그래프의 적어도 한 곳 $(c,\,f(c))$의 접선의 기울기인 $f'(c)$가 같다는 것이다.

정리 1.16 평균값 정리

실수집합에서 정의된 함수 $f:\mathbb{R}\rightarrow\mathbb{R}$가 닫힌구간 $[a, b]$에서 연속이고 열린구간 (a, b)에서 미분 가능하면 $f'(c)=\dfrac{f(b)-f(a)}{b-a}$를 만족하는 c가 (a, b) 사이에 존재한다. 즉, $f(b)-f(a)=f'(c)(b-a)$를 만족하는 c가 (a, b) 사이에 존재한다.

증명

f의 그래프의 두 점 $(a, f(a))$와 $(b, f(b))$를 잇는 직선의 기울기는 $\dfrac{f(b)-f(a)}{b-a}$이고 한 점 $(a, f(a))$를 지나므로 직선의 방정식은 $y=\dfrac{f(b)-f(a)}{b-a}(x-a)+f(a)$이다. x에서 함숫값 $f(x)$와 직선의 값의 차이함수를 $g(x)$라고 하면 $g(x)=f(x)-\left[\dfrac{f(b)-f(a)}{b-a}(x-a)+f(a)\right]$이다.

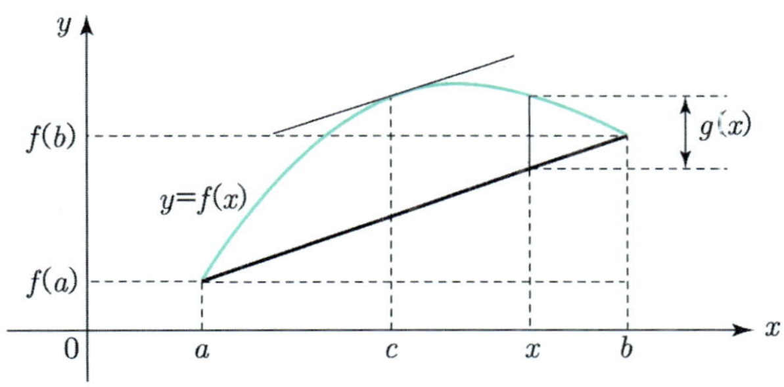

이 함수 g가 구간 $[a, b]$에서 롤의 정리를 만족함을 보이자. 먼저 $g(a)=g(b)=0$이다. 또한 f와 일차함수 $\dfrac{f(b)-f(a)}{b-a}(x-a)+f(a)$가 $[a, b]$에서 연속이고 (a, b)에서 미분 가능하므로 g도 $[a, b]$에서 연속이고 (a, b)에서 미분 가능하다. 따라서 롤의 정리에 의해 (a, b) 내의 c가 존재하여 $g'(c)=0$이다. $g'(c)=f'(c)-\dfrac{f(b)-f(a)}{b-a}=0$이므로 $f'(c)=\dfrac{f(b)-f(a)}{b-a}$이다.

예제 1.17 $f(x)=\sqrt{4x-3}$에 대해 구간 $[1, 3]$에서 평균값 정리를 만족하는 c를 구하여라.

풀이

f는 무리함수이므로 $4x-3 \geq 0$인 곳에서 연속이고 $4x-3>0$인 곳에서 미분 가능하다. 따라서 구간 $[1, 3]$에서 평균값 정리의 조건을 만족한다. $f(1)=1$이고 $f(3)=3$이므로 $\frac{f(3)-f(1)}{3-1}=\frac{2}{2}=1=f'(c)$를 풀면 $f'(c)=\frac{4}{2\sqrt{4c-3}}=1$에서 $\sqrt{4c-3}=2$, $4c-3=4$ 즉 $c=\frac{7}{4}$이다.

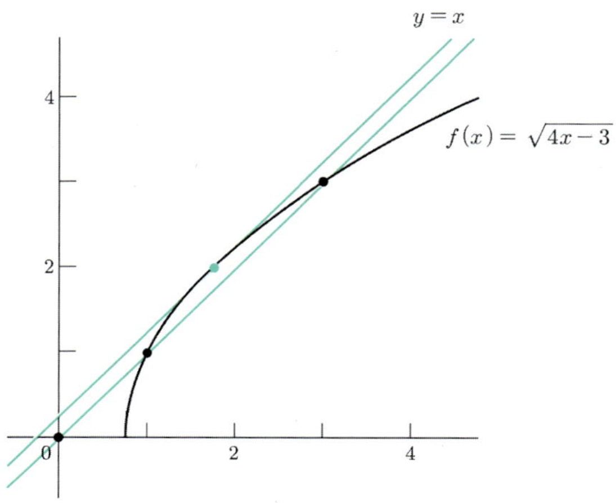

■

예제 1.18 움직이는 물체의 시간에 대한 위치함수 $s=f(t)$가 미분 가능하다고 하자. 특정한 두 시각 $t=a$와 $t=b$의 평균속도와 같은 속도를 갖는 순간이 적어도 한 번 있음을 보여라.

풀이

$t=a$와 $t=b$의 평균속도는 $\frac{\Delta s}{\Delta t}=\frac{f(b)-f(a)}{b-a}$이다. 또한 순간속도는 $\lim_{\Delta t \to 0}\frac{\Delta s}{\Delta t}=\frac{ds}{dt}=f'(t)$이다. 평균값 정리에 의해 $\frac{f(b)-f(a)}{b-a}=f'(c)$인 c가 (a, b) 내에 존재하므로 $t=a$와 $t=b$의 평균속도와 같은 속도를 갖는 순간이 적어도 한 번 있게 된다. ■

예제 1.19 두 실수 a, b에 대해 부등식 $|\sin a-\sin b| \leq |a-b|$이 항상 성립함을 보여라.

풀이

$f(x)=\sin x$로 두면 $f'(x)=\cos x$이다. 먼저 $a=b$인 경우에는 등호가 성립하므로 $a\neq b$라고 하자. 평균값 정리에 의해 $\dfrac{f(b)-f(a)}{b-a}=\dfrac{\sin b-\sin a}{b-a}=\cos c$를 만족하는 c가 a와 b 사이에 존재한다. $|\cos c|\leq 1$이므로 $\left|\dfrac{\sin b-\sin a}{b-a}\right|=|\cos c|\leq 1$이고, 따라서 $|\sin a-\sin b|\leq|a-b|$이 성립한다. ■

일반적으로 $f(x)$가 구간 I에서 미분 가능하고 임의의 $x\in I$에 대해 $|f'(x)|\leq M$이면 $x_1,\ x_2\in I$에 대해 $|f(x_1)-f(x_2)|\leq M|x_1-x_2|$이 성립한다.

또한 평균값 정리를 만족하는 경우 $f(b)-f(a)=f'(c)(b-a)$를 만족하는 c가 (a,b) 사이에 존재하므로 $f(b)=f(a)+f'(c)(b-a)$이다. b를 a보다 큰 값을 가지는 변수 x로 생각하면 구간 $[a,\ x]$에서 평균값 정리를 만족하는 함수에 대해 $f(x)=f(a)+f'(c)(x-a)$를 만족하는 c가 $(a,\ x)$ 사이에 존재한다. 따라서 x의 함숫값이 $(a,\ x)$ 사이의 적당한 x의 미분계수에 의해 결정된다. 따라서 함숫값의 정보를 미분계수의 정보로부터 해석할 수 있게 된다.

예제 1.20 함수 $f(x)$가 구간 $[1,\ 5]$에서 연속이고 $(1,\ 5)$에서 미분 가능하다. $f(1)=1$이고 $x\in[1,\ 5]$에서 $f'(x)\leq 2$일 때, $f(5)$가 가질 수 있는 최댓값을 구하여라.

풀이

평균값 정리에 의해 적당한 $c\in(1,5)$에 대해 $f(5)-f(1)=f'(c)(5-1)$이다.
$f(5)=f(1)+f'(c)(5-1)=1+4f'(c)\leq 1+4\cdot 2=9$이므로 $f(5)$가 가질 수 있는 최댓값은 9이다. ■

예제 1.21 $f(x)$가 미분 가능하고 방정식 $f(x)=0$이 두 실근을 갖는다면 $f'(x)=0$은 적어도 하나의 실근을 가짐을 보여라.

풀이

$f(x)=0$의 두 실근을 a와 b라 하자. 가정에 의해 f는 $[a, b]$에서 연속이고 (a, b)에서 미분 가능하다. 평균값 정리에 의해 $c\in(a, b)$가 존재하여 $f'(c)=\frac{f(b)-f(a)}{b-a}$이므로 $f'(c)=\frac{0-0}{b-a}=0$이다. 따라서 c가 $f'(x)=0$의 실근이다. ■

앞의 예제를 일반화하면 $f(x)$가 미분 가능하고 $f(x)=0$이 세 실근을 가지면 $f'(x)=0$은 적어도 2개 이상의 실근을 가짐을 보일 수 있다.

평균값 정리를 응용하여 증명할 수 있는 기본적인 미분에 관한 정리를 살펴보자. 다음 정리와 따름정리의 함수는 모두 구간 $[a, b]$에서 연속이고 (a, b)에서 미분 가능함을 가정한다.

정리 1.22 실수집합에서 정의된 함수 $f:\mathbb{R}\to\mathbb{R}$가 열린구간 (a, b) 안의 모든 x에 대해 $f'(x)=0$이면 f는 (a, b)에서 상수함수이다.

증명

x_1과 x_2를 (a, b) 안의 두 수로 $x_1<x_2$라고 하자. $f(x)$가 $[a, b]$에서 연속이고 (a, b)에서 미분 가능하므로 또한 $[x_1, x_2]$에서 연속이고 (x_1, x_2)에서 미분 가능하다. 평균값 정리에 의해 $f(x_2)-f(x_1)=f'(c)(x_2-x_1)$인 c가 x_1과 x_2 사이에 존재한다. 가정에서 모든 $x\in(a, b)$에 대해 $f'(x)=0$이므로 $f'(c)=0$이다. 따라서 $f(x_2)-f(x_1)=0$이고 $f(x_2)=f(x_1)$이다. x_1과 x_2는 열린구간 (a, b) 안의 임의의 두 수이고 $f(x_2)=f(x_1)$이므로 f는 (a, b)에서 상수함수이다.

따름정리 1.23 실수집합에서 정의된 함수 f와 g가 열린구간 (a, b) 안의 모든 x에 대해 $f'(x)=g'(x)$이면 $f-g$는 (a, b)에서 상수함수이다. 즉, (a, b)에서 적당한 상수 C에 대해 $f(x)=g(x)+C$이다.

증명

$h(x)=f(x)-g(x)$로 두면 f와 g가 $[a, b]$에서 연속이고 (a, b)에서 미분 가능하므로 h 또한 $[a, b]$에서 연속이고 (a, b)에서 미분 가능하다. (a, b)에서 $h'(x)=f'(x)-g'(x)=0$이므로 정리 1.22에 의해 h는 (a, b)에서 상수함수이다. 즉 (a, b)에서 적당한 상수 C에 대해 $h(x)=C$이므로 $h(x)=f(x)-g(x)=C$, $f(x)=g(x)+C$이다.

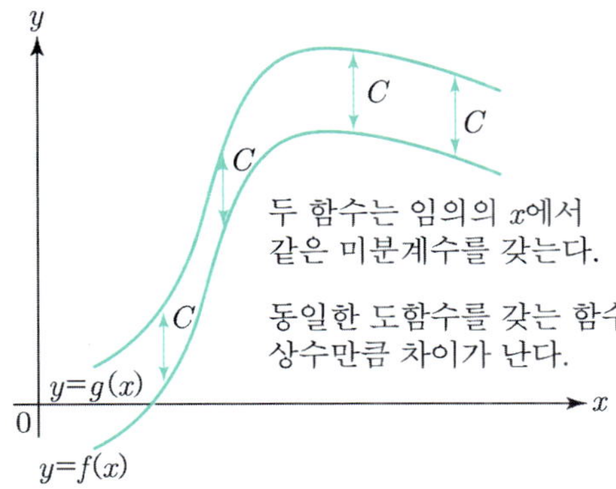

예제 1.24 다음 등식이 성립함을 보여라.

(1) $\sin^2 x+\cos^2 x=1$

(2) $\sin^{-1}x+\cos^{-1}x=\dfrac{\pi}{2}\ (-1<x<1)$

풀이

(1) $f(x)=\sin^2 x+\cos^2 x$로 두면 모든 x에 대해 $f'(x)=2\sin x\cos x-2\cos x\sin x=0$이므로 적당한 상수 C에 대해 $f(x)=C$이다. $x=0$을 대입하면 $f(0)=\sin^2 0+\cos^2 0=1=C$이므로 $\sin^2 x+\cos^2 x=1$이다.

(2) $f(x)=\sin^{-1}x+\cos^{-1}x$로 두면 모든 $x\in(-1, 1)$에 대해

$$f'(x)=\frac{1}{\sqrt{1-x^2}}+\frac{-1}{\sqrt{1-x^2}}=0$$

이므로 상수 C에 대해 $f(x)=C$이다. $x=0$을 대입하면

$$f(0)=\sin^{-1}0+\cos^{-1}0=0+\frac{\pi}{2}=\frac{\pi}{2}=C$$

이므로 $\sin^{-1}x+\cos^{-1}x=\dfrac{\pi}{2}(-1<x<1)$이다. ■

예제 1.25 모든 x에 대해 $f'(x)$가 상수함수이면 $f(x)$는 일차함수임을 보여라.

풀이

상수 C에 대해 $f'(x)=C$, $g(x)=Cx$로 두자. $g'(x)=C$이고 $f'(x)=g'(x)$이므로 적당한 상수 D에 대해 $f(x)=g(x)+D$이다. 따라서 $f(x)=Cx+D$이므로 $f(x)$는 일차함수이다. ■

1.6 코시의 정리

이 절에서는 평균값 정리를 일반화한 코시의 정리를 살펴본다. 코시의 정리는 나중에 로피탈의 법칙를 증명하는 데 응용된다.

정리 1.26 코시의 평균값 정리

실수집합에서 정의된 함수 f와 g가 닫힌구간 $[a, b]$에서 연속이고 열린구간 (a, b)에서 미분 가능하면 $(f(b)-f(a))g'(c)=(g(b)-g(a))f'(c)$를 만족하는 적당한 $c\in(a, b)$가 존재한다. 아울러 $g(a)\neq g(b)$이고 $g'(c)\neq 0$이면 $\dfrac{f(b)-f(a)}{g(b)-g(a)}=\dfrac{f'(c)}{g'(c)}$를 만족하는 적당한 $c\in(a, b)$가 존재한다.

증명

함수 h를 $h(x)=(f(b)-f(a))g(x)-(g(b)-g(a))f(x)$로 정의하면 h는 닫힌구간 $[a, b]$에서 연속이고 열린구간 (a, b)에서 미분 가능하다.

$$h(a)=(f(b)-f(a))g(a)-(g(b)-g(a))f(a)=f(b)g(a)-f(a)g(b),$$
$$h(b)=(f(b)-f(a))g(b)-(g(b)-g(a))f(b)=-f(a)g(b)+f(b)g(a)$$

이므로 $h(a)=h(b)$이다. $h'(x)=(f(b)-f(a))g'(x)-(g(b)-g(a))f'(x)$이므로 평균값 정리에 의해 적당한 $c\in(a, b)$에 대해

$$h'(c)=(f(b)-f(a))g'(c)-(g(b)-g(a))f'(c)=0$$

이다. 따라서 적당한 $c\in(a, b)$에 대해 $(f(b)-f(a))g'(c)=(g(b)-g(a))f'(c)$이다.

$g(x)=x$이면 코시의 정리는 평균값 정리와 같다.

예제 1.27 $f(x)=x\sin x$이고 $g(x)=\cos x$라고 하자. 코시의 평균값 정리를 사용하여 $\dfrac{f'(p)}{g'(p)}=-\dfrac{\pi}{2}$인 $p\in\left(0,\ \dfrac{\pi}{2}\right)$가 존재함을 보여라.

풀이

코시의 평균값 정리에 의해 $\dfrac{f\left(\frac{\pi}{2}\right)-f(0)}{g\left(\frac{\pi}{2}\right)-g(0)}=\dfrac{f'(p)}{g'(p)}$를 만족하는 $p\in\left(0,\ \dfrac{\pi}{2}\right)$가 존재한다.

$\dfrac{f\left(\frac{\pi}{2}\right)-f(0)}{g\left(\frac{\pi}{2}\right)-g(0)}=\dfrac{\frac{\pi}{2}-0}{0-1}=-\dfrac{\pi}{2}$이므로 $\dfrac{f'(p)}{g'(p)}=-\dfrac{\pi}{2}$인 $p\in\left(0,\ \dfrac{\pi}{2}\right)$가 존재한다. ■

예제 1.28 $x\neq 0$인 x에 대해 $\dfrac{\sin x}{x}<1$[7]임과 코시의 평균값 정리를 사용하여 $1-\dfrac{x^2}{2}<\cos x(x\neq 0)$가 성립함을 보여라.

풀이

$f(x)=1-\cos x$ 이고 $g(x)=\dfrac{x^2}{2}$ 라 하고 구간 $[0,\ x]$에서 코시의 평균값 정리를 적용하면

$\dfrac{f(x)-f(0)}{g(x)-g(0)}=\dfrac{1-\cos x-0}{\frac{x^2}{2}-0}=\dfrac{1-\cos x}{\frac{x^2}{2}}$ 이고

$\dfrac{f'(p)}{g'(p)}=\dfrac{\sin p}{p}$ 이므로 $\dfrac{1-\cos x}{\frac{x^2}{2}}=\dfrac{\sin p}{p}$ 이다. $\dfrac{\sin x}{x}<1$ 이므로 $1-x^2<\cos x$ 가 성립한다. ■

7) $\dfrac{\sin x}{x}<1$이 성립하는 것은 3절 오피탈의 법칙에서 보인 것이다.

➡ 연습문제 해답 505쪽

SECTION 3.1

3.1 연습문제

01. 함수 $f(x)=|x^2-2x|$의 그래프를 그리고 주어진 구간에서 최대, 최소, 극대 극솟값을 구하여라.

(1) $(-\infty, \infty)$ (2) $[-1, 2]$

(3) $[0, 2)$ (4) $(-1, 1)$

02. 함수 $f(x)=-2\cos x+3$의 그래프로부터 극댓값과 극솟값을 구하여라. 또한 최댓값과 최솟값을 구하여라.

03. 다음 함수의 임계점을 구하여라.

(1) $f(x)=2x^2-8x+5$ (2) $f(x)=\sqrt[3]{x^2}(2x-5)$

(3) $f(x)=\dfrac{x^2}{x+1}$ (4) $f(x)=\tan x-4x$

04. 다음 함수의 임계점을 구하여라.

(1) $f(x)=9x^4-22x^3-3x^2+36x+5$ (2) $f(x)=\sqrt[3]{x^2-2x}$

(3) $f(x)=\dfrac{x+1}{x^2+x+1}$ (4) $f(x)=\sin^2 x-2\cos x$

05. 주어진 구간에서 다음 함수의 최댓값과 최솟값을 구하여라.

(1) $f(x)=8x^3+81x^2-42x-8$, $[-10, 3]$

(2) $f(x)=(x-1)^2(x+9)^3$, $[-10, 2]$

(3) $f(x)=\dfrac{2x-5}{x^2+x+2}$, $[-5, 10]$

(4) $f(x)=e^{x^3-3x^2-9x}$, $[-3, 3]$

06. 다음 함수의 주어진 구간에서 최댓값과 최솟값을 구하여라.

(1) $f(x)=\sin 4x-2x,\ \left[-\frac{\pi}{2},\ \frac{\pi}{2}\right]$ (2) $g(x)=\ln(x^2-x+1)+\ln(4-x),\ [-3,\ 3]$

07. 삼차함수 $f(x)=x^3+x^2-2x$에 대해 $(-2,\ 1)$ 내에서 $f'(c)=0$을 만족하는 c를 구하여라.

08. $15x-e^{-3x}=0$이 오직 하나의 실근을 가짐을 보여라,

09. 다음 함수의 주어진 구간에서 평균값 정리를 만족하는 c를 구하여라.

(1) $f(x)=x^3+2x^2-x,\ [-3,\ 1]$ (2) $f(x)=e^{4x}-12x-6,\ [-1,\ 1]$

10. 두 실수 $a,\ b$에 대해 부등식 $|\cos(2a)-\cos(2b)|\le 2|a-b|$이 항상 성립함을 보여라.

11. 코시의 평균값 정리를 이용하여 다음 등식이 성립함을 보여라.

(1) $\tan^{-1}x+\tan^{-1}\frac{1}{x}=\frac{\pi}{2}\ \ (x>0)$ (2) $\sin^{-1}\left(\frac{x-1}{x+1}\right)=2\tan^{-1}\sqrt{x}-\frac{\pi}{2}$

12. $f(x)=x\sin x$이고 $g(x)=\cos x$일 때, 코시의 평균값 정리를 적용하여 $\frac{f'(c)}{g'(c)}=-\frac{\pi}{2}$를 만족하는 $c\in\left(0,\ \frac{\pi}{2}\right)$가 존재함을 증명하여라.

13. $a>0$이고 f는 $[a,\ b]$에서 연속이고 $(a,\ b)$에서 미분 가능하면 적당한 $c\in(a,\ b)$가 존재하여 $\frac{bf(a)-af(b)}{b-a}=f(c)-cf'(c)$를 만족함을 증명하여라.

Section 2

2. 함수의 그래프와 도함수 사이의 관계

이 절에서는 함수의 그래프를 그리기 위해 일계도함수와 이계도함수로부터 증가, 감소 및 그래프의 모양을 해석하는 방법을 살펴본다. 극대, 극소를 판정하는 일계도함수 판정법과 이계도함수 판정법에 대해 알아보고 함수의 그래프를 그리는 절차를 체계적으로 정리한다.

2.1 함수의 증감

함수가 증가하는 곳에서 미분계수가 양수이고 감소하는 곳에서 미분계수가 음수이며 도함수를 접선의 기울기로 해석하여 주어진 각 점의 접선의 기울기에 따라서 도함수의 그래프를 그릴 수 있었다.

함수 f의 그래프를 그릴 때 필요한 증가, 감소에 대한 정보를 도함수 f'으로부터 해석하는 방법을 살펴본다. 먼저 함수 f의 증감에 대해 정의하자.

정의 2.1 함수의 증가, 감소

실수집합에서 정의된 함수 f와 정의역의 구간 I에 대해

(1) $x_1 < x_2$인 임의의 $x_1,\ x_2 \in I$에 대해 $f(x_1) < f(x_2)$이면 f가 I에서 증가한다고 하고 f가 $x=c$를 포함한 적당한 열린구간에서 증가하면 f는 $x=c$에서 증가상태라고 한다. f가 정의역에서 증가하면 f를 증가함수라고 한다.

(2) $x_1 < x_2$인 임의의 $x_1,\ x_2 \in I$에 대해 $f(x_1) > f(x_2)$이면 f가 I에서 감소한다고 하고 f가 $x=c$를 포함한 적당한 열린구간에서 감소하면 f는 $x=c$에서 감소상태라고 한다. f가 정의역에서 감소하면 f를 감소함수라고 한다.

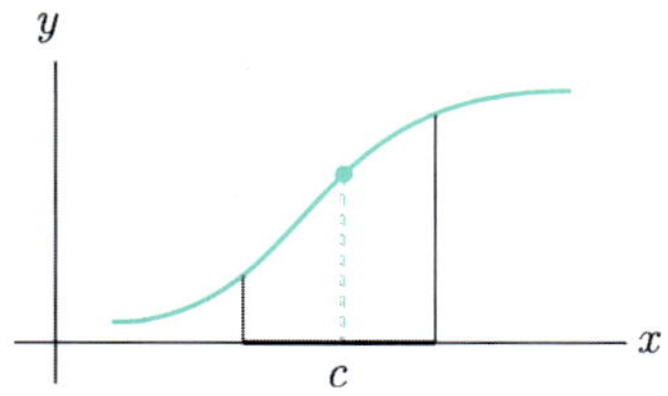

$x=c$에서 증가
(c를 포함한 적당한 열린구간에서 증가)

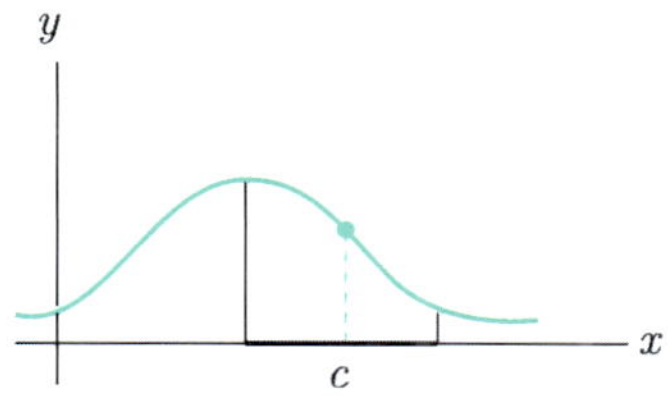

$x=c$에서 감소
(c를 포함한 적당한 열린구간에서 감소)

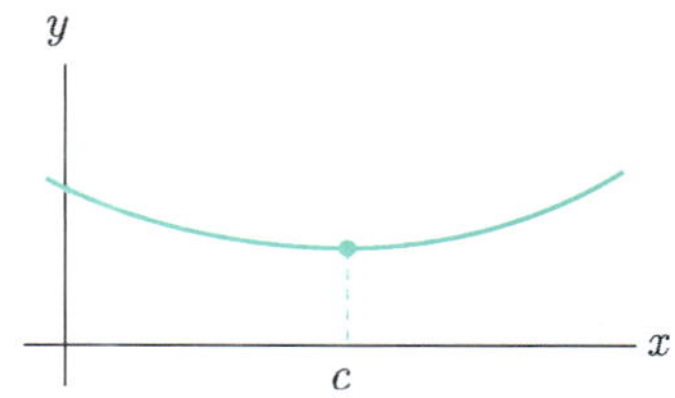

$x=c$에서
증가하지도 감소하지도 않음

함수 f가 $x=c$에서 증가상태이면 충분히 작은 임의의 양수 h에 대해

$$f(a-h)<f(a)<f(a+h)$$

가 성립하고 $x=c$에서 감소상태이면

$$f(a-h)>f(a)>f(a+h)$$

이 성립한다.

증가, 감소의 정의를 사용하여 앞에서 살펴본 극댓값과 극솟값을 다시 정의할 수 있다.

정의 2.2 극댓값, 극솟값

정의역이 $D\subset\mathbb{R}$인 함수 $f:D\to\mathbb{R}$에 대해

(1) D 내의 $x=c$에서 증가에서 감소로 바뀌면 f는 $x=c$에서 극대라고 하고 $f(c)$를 극댓값이라고 한다.

(2) D 내의 $x=c$에서 감소에서 증가로 바뀌면 f는 $x=c$에서 극소라고 하고 $f(c)$를 극솟값이라고 한다.

증명

(1) $x=c$에서 증가에서 감소로 바뀌므로 적당한 구간 $(a, c]\subset D$와 $[c, b)\subset D$가 존재하여 f는 $(a, c]$에서 증가하고 $[c, b)$에서 감소한다. 따라서 임의의 $x\in(a, c]$에 대해 $f(x)<f(c)$이고 임의의 $x\in[c, b)$에 대해 $f(c)>f(x)$이다. 따라서 구간 (a, b)의 모든 x에 대해 $f(c)>f(x)$이므로 f는 $x=c$에서 극대이다.

(2) $x=c$에서 감소에서 증가로 바뀌므로 적당한 구간 $(a, c]\subset D$와 $[c, b)\subset D$가 존재하여 f는 $(a, c]$에서 감소하고 $[c, b)$에서 증가한다. 따라서 임의의 $x\in(a, c]$에 대해 $f(x)>f(c)$이고 임의의 $x\in[c, b)$에 대해 $f(c)<f(x)$이다. 따라서 구간 (a, b)의 모든 x에 대해 $f(c)<f(x)$이므로 f는 $x=c$에서 극소이다.

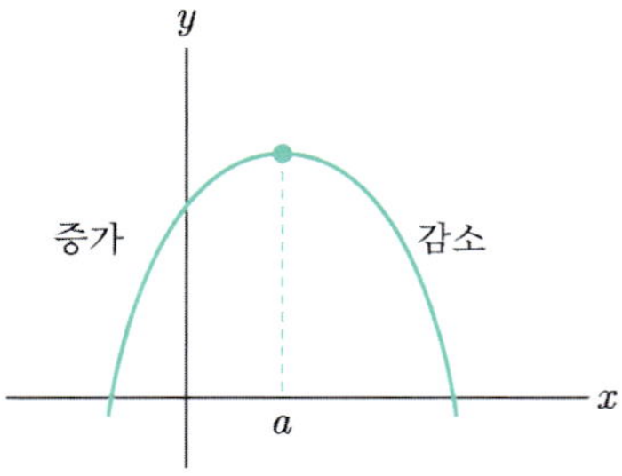

$x=a$에서 극대

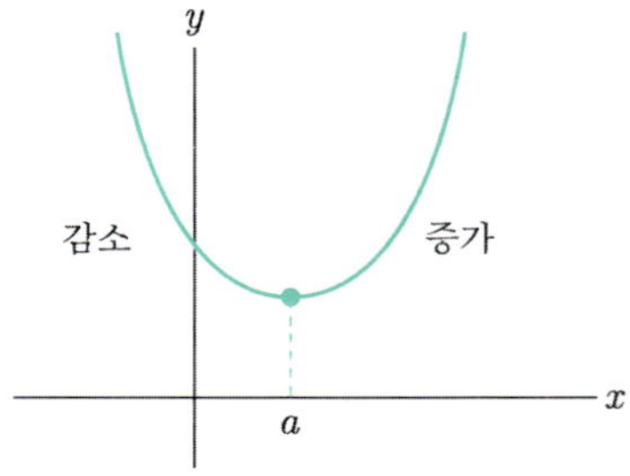

$x=a$에서 극소

함수 f의 증감과 극대, 극소를 도함수 f'을 이용하여 해석하는 방법을 살펴보자. 먼저 미분 가능한 함수 f가 $x=a$에서 $f'(a)>0$이라고 하자. $(a, f(a))$에서 접선의 기울기가 $f'(a)$이고 양수이므로 접선은 $x=c$에서 증가상태이다. $x=a$ 근처에서 $y=f(x)$와 접선의 증감이 일치하므로 $f(x)$도 $x=c$에서 증가상태임을 알 수 있다. 비슷하게 $f'(a)<0$이면 $f(x)$는 $x=c$에서 감소상태이다. 따라서 다음 정리가 성립함을 알 수 있다.

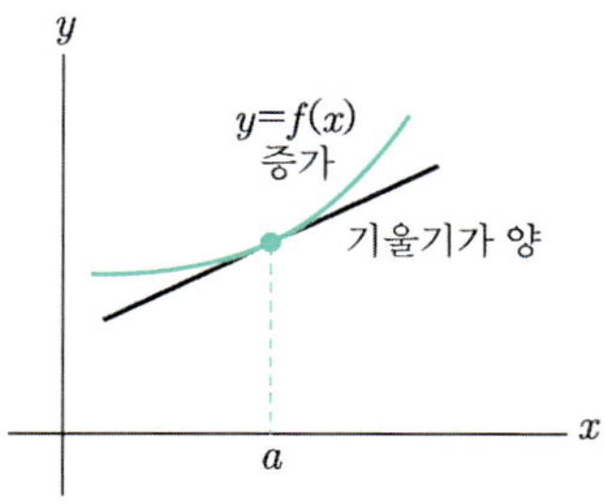

$f'(a)>0$

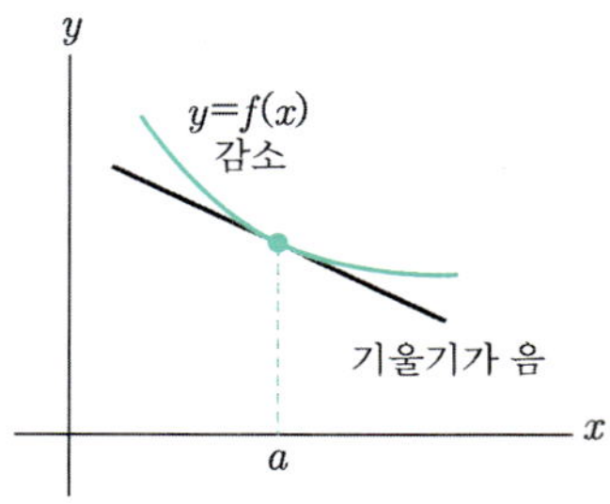

$f'(a)<0$

정리 2.3 증가상태, 감소상태 판정법

미분 가능한 함수 $f:D\to\mathbb{R}$에 대해, $x=a$에서 $f'(a)>0$이면 f는 증가상태이고 $f'(a)<0$이면 감소상태이다.

증명

$f'(a)>0$이면 $\lim_{x\to 0}\dfrac{f(a+x)-f(a)}{x}>0$이므로

$$\lim_{x\to 0^+}\frac{f(a+x)-f(a)}{x}>0\text{이고 }\lim_{x\to 0^-}\frac{f(a+x)-f(a)}{x}>0$$

이다. 따라서 아주 작은 임의의 양수 h에 대해 $\dfrac{f(a+h)-f(a)}{h}>0$이므로

$$f(a+h) > f(a)$$

이다. 또한 아주 작은 임의의 음수 h에 대해 $\dfrac{f(a+h)-f(a)}{h} > 0$이므로

$$f(a+h) < f(a)$$

이다. 따라서 아주 작은 임의의 양수 h에 대해

$$f(a-h) < f(a) < f(a+h)$$

가 성립한다. $f'(a) < 0$인 경우에도 비슷하게 증명할 수 있다.

예제 2.4 $f(x) = 2x^5 - 10x^3$에 대해 다음 수에서 증가상태인지 감소상태인지 살펴보아라.

(1) $x = -1$ (2) $x = 1$ (3) $x = 2$

풀이

$f'(x) = 10x^4 - 30x^2$이다.

(1) $f'(-1) = 10 - 30 = -20 < 0$이므로 $x = -1$에서 감소상태이다.

(2) $f'(1) = 10 - 30 = -20 < 0$이므로 $x = 1$에서 감소상태이다.

(3) $f'(2) = 160 - 120 = 40 > 0$이므로 증가상태이다. ■

구간에서 함수의 증가, 감소도 도함수의 부호를 통해 알 수 있다.

정리 2.5 증가, 감소 판정법

미분 가능한 함수 $f : D \to \mathbb{R}$에 대해, 구간 $I \subset D$에서 $x \in I$에 대하여 $f'(x) > 0$이면 f는 I에서 증가하고, $f'(x) < 0$이면 I에서 감소한다.

증명

구간 $I \subset D$에서 $f'(x) > 0$이라고 가정하고 x_1, x_2를 $x_1 < x_2$인 I의 임의의 두 수라고 하자. f는 $[x_1, x_2]$에서 미분 가능하므로 평균값 정리에 의해 $f(x_2) - f(x_1) = f'(c)(x_2 - x_1)$을 만족하는 c가 구간 $[x_1, x_2]$ 내에 존재한다. 가정에 의해 $f'(c) > 0$이고 $x_2 > x_1$이므로

$$f(x_2) - f(x_1) = f'(c)(x_2 - x_1) > 0$$

이다. 따라서 $f(x_2) > f(x_1)$이므로 f는 I에서 증가한다.

구간 $I \subset D$에서 $f'(x) < 0$인 경우에도 비슷하게 $f'(c) < 0$이고 $x_2 > x_1$이므로

$$f(x_2) - f(x_1) = f'(c)(x_2 - x_1) < 0$$

이 되어 $f(x_2) < f(x_1)$이다.

예제 2.6 함수 $f(x) = \frac{1}{3}x^3 - 2x^2 + 3x + 1$에 대해 증가하는 구간과 감소하는 구간을 구하여라.

풀이

$f'(x) = x^2 - 4x + 3 = (x-1)(x-3)$이므로 다음 표를 얻을 수 있다.

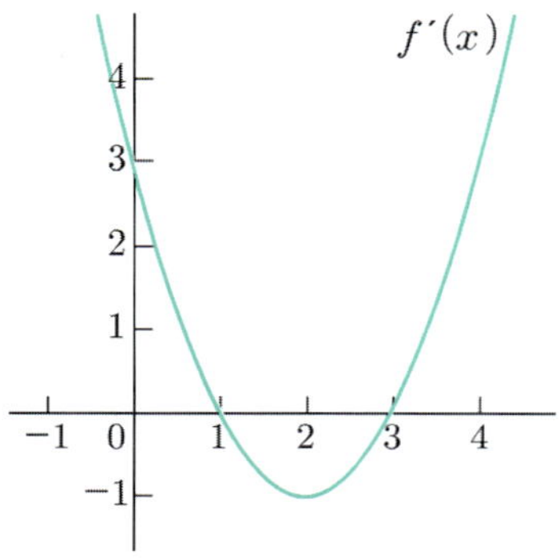

	$x < 1$	$x = 1$	$1 < x < 3$	$x = 3$	$3 < x$
$f'(x)$의 부호	$+$	0	$-$	0	$+$
$f(x)$의 증감	증가		감소		증가
$f(x)$의 그래프 개형	↗		↘		↗

따라서 $f(x)$는 구간 $(-\infty, 1)$과 $(3, \infty)$에서 증가하고 구간 $(1, 3)$에서 감소한다. ■

앞의 예제에서 함수의 증가구간과 감소구간을 이용하여 함수의 그래프의 개형을 그릴 수 있다. $f'(x) = 0$인 $x = 1$에서 극대이므로 증가에서 감소로 바뀌며 $x = 3$에서 극소이므로 감소에서

증가로 바뀐다.

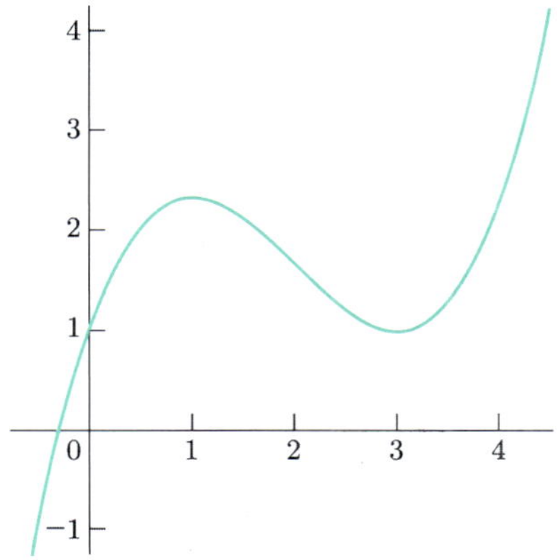

앞에서 살펴본 페르마 정리에서는 미분 가능한 함수 f가 $x=c$에서 극대나 극소이면 $f'(c)=0$임을 알 수 있었다. 역으로 $f'(c)=0$인 $x=c$에서 극대인지 극소인지는 $x=c$ 주변의 증가, 감소 여부를 알아야 한다. 따라서 정의 2.2와 정리 1.9에 의해 함수의 극대, 극소에 대한 다음 일계도함수 판정법을 얻을 수 있다.

일계도함수 판정법

미분 가능한 함수 $f: D \to \mathbb{R}$에 대해

(1) $f'(a)=0$이고 f'이 $x=a$에서 양수에서 음수로 바뀌면, f는 $x=a$에서 극대이다.

(2) $f'(a)=0$이고 f'이 $x=a$에서 음수에서 양수로 바뀌면, f는 $x=a$에서 극소이다.

(3) $f'(a)=0$이고 f'이 $x=a$에서 부호가 바뀌지 않는다면, f는 $x=a$에서 극대나 극소가 아니다.

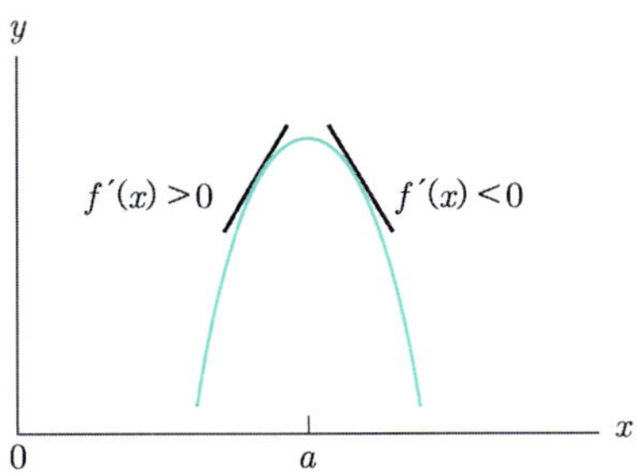

(a) 극대

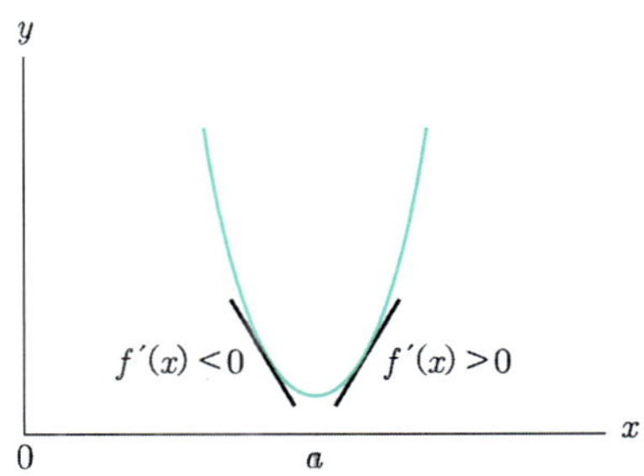

(b) 극소

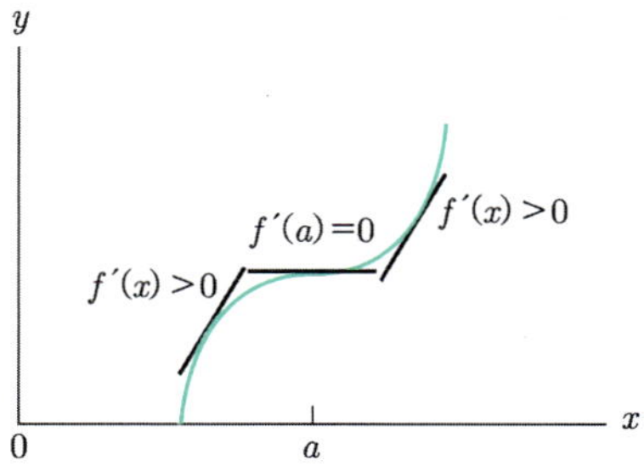

(c) 극점이 없다.

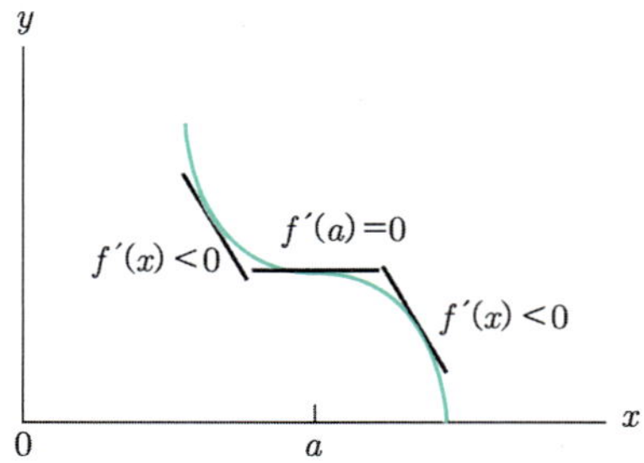

(d) 극점이 없다.

예제 2.7 함수 $f(x)=(x-3)^3(x-1)^2$에 대해 극값을 구하여라.

풀이

$$\begin{aligned} f'(x) &= 3(x-3)^2(x-1)^2+2(x-3)^3(x-1) \\ &= (x-3)^2(x-1)(3x-3+2x-6) \\ &= (x-3)^2(x-1)(5x-9) \end{aligned}$$

이므로 다음 표를 얻는다.

	$x<1$	$x=1$	$1<x<\frac{9}{5}$	$x=\frac{9}{5}$	$\frac{9}{5}<x<3$	$x=3$	$3<x$
$f'(x)$의 부호	+	0	−	0	+	0	+
$f(x)$의 증감	증가		감소		증가		증가
$f(x)$의 그래프 개형	↗	극대	↘	극소	↗		↗

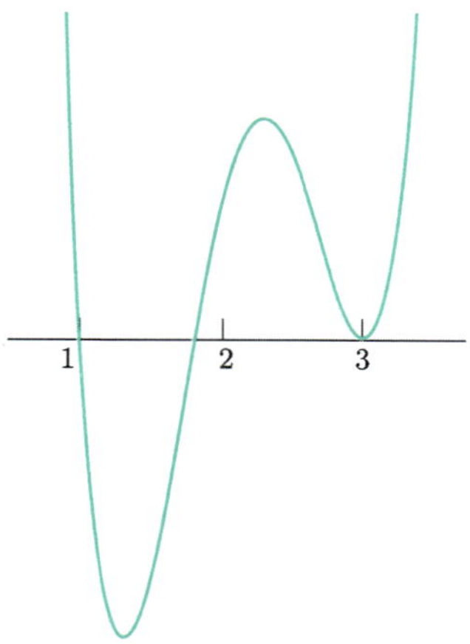

따라서 $x=1$에서 극댓값 $f(1)=0$과 $x=\frac{9}{5}$에서 극솟값

$$f\left(\frac{9}{5}\right)=\left(\frac{9}{5}-3\right)^3\left(\frac{9}{5}-1\right)^2=-\frac{3456}{3125}=-1.10592$$

를 갖는다.

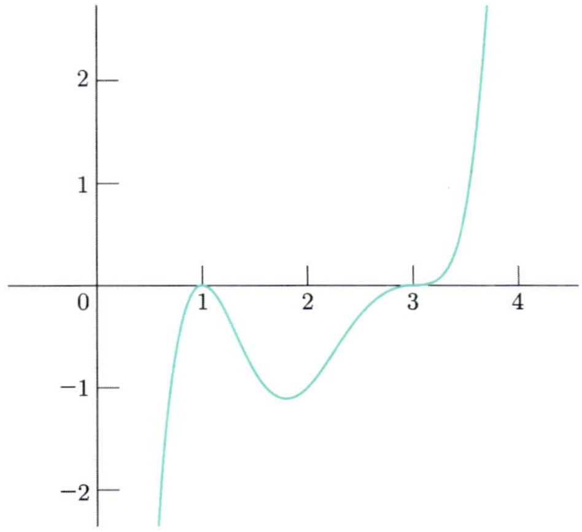

2.2 함수의 오목과 볼록, 변곡점

같은 증가, 감소함수라도 그래프의 굽어있는 모양에 따라 증가, 감소의 형태가 다르다. 다음 두 증가함수 f와 g의 그래프를 보면 f의 그래프의 각 점의 접선 위에 그래프가 위치하고, g의 그래프의 각 점의 접선 아래에 그래프가 위치한다.

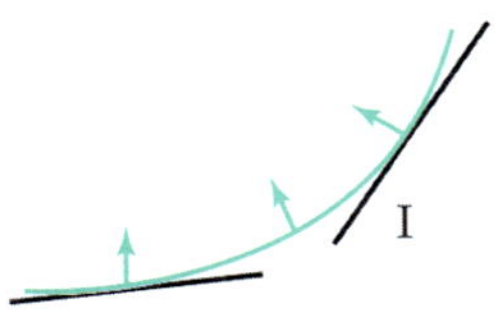

f, 위로 오목(아래로 볼록)

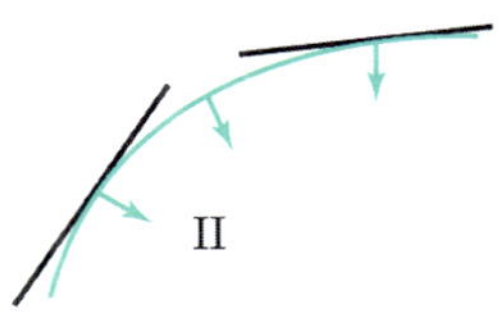

g, 아래로 오목(위로 볼록)

정의 2.8 오목, 볼록

함수 f의 그래프가 구간 I에서 모든 접선 위에 존재하면 f는 I에서 위로 오목(아래로 볼록)이라고 한다. f의 그래프가 구간 I에서 모든 접선 아래에 존재하면 f는 I에서 아래로 오목(위로 볼록)이라고 한다.

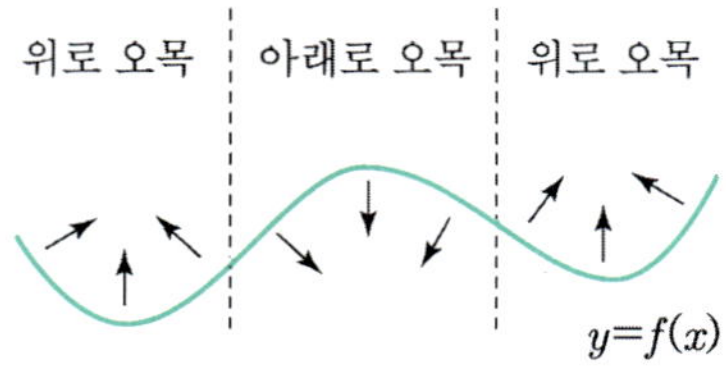

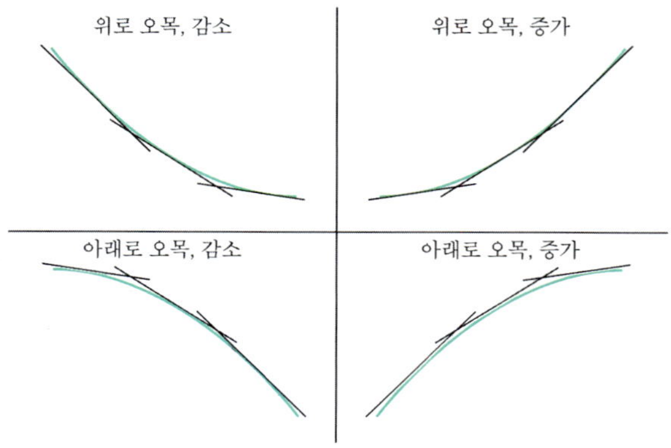

그래프가 위로 오목한 경우 접선의 기울기가 증가하며 이는 f'이 증가함수임을 의미한다. 따라서 그래프가 위로 목하면 f''이 양수이다. 또한 그래프가 아래로 오목한 경우 접선의 기울기가 감소하며 이는 f'이 감소함수임을 의미한다. 따라서 그래프가 아래로 오목하면 f''이 음수이다. 이는 역도 참이므로 다음 판정법을 얻을 수 있다.

오목, 볼록 판정법

(1) 구간 I의 모든 x에 대해 $f''(x)>0$이면 f는 I에서 **위로 오목**(concave up)이다.

(2) 구간 I의 모든 x에 대해 $f''(x)<0$이면 f는 I에서 **아래로 오목**(concave down)이다.

극대, 극소 판정법과 오목, 볼록 판정법을 요약하면 다음과 같다.

구간 I의 모든 x에 대해	구간 I에서 f의 판정	구간 I에서 f의 그래프
$f'(x)>0,\ f''(x)>0$	증가함수, 위로 오목	
$f'(x)>0,\ f''(x)<0$	증가함수, 아래로 오목	
$f'(x)<0,\ f''(x)>0$	감소함수, 위로 오목	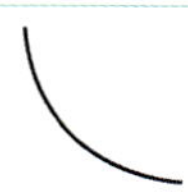
$f'(x)<0,\ f''(x)<0$	감소함수, 아래로 오목	

위로 오목에서 아래로 오목으로 바뀌거나 아래로 오목에서 위로 오목으로 바뀌는 곳에서는 f''이 0이면서 f''의 부호가 바뀐다. 예를 들어 아래에서 $x=c$에서 $f''(c)=0$이며 f''이 음수에서 양수로 바뀌므로 아래로 오목에서 위로 오목으로 바뀐다. 그래프의 점 중에서 오목함의 방향이 변하는 점을 변곡점[8]이라고 한다.

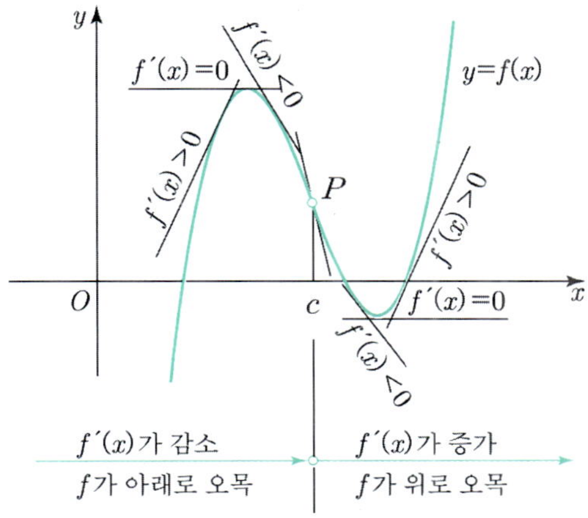

정의 2.9 변곡점

함수 f의 그래프 위의 점 P에서 위로 오목에서 아래로 오목으로, 또는 아래로 오목에서 위로 오목으로 변하면 P를 f의 **변곡점(inflection point)**이라고 한다.

아래의 그래프에서는 b와 g가 변곡점이 되며 변곡점에서 접선을 그리면 접선의 양쪽에 모두 그래프가 있음을 알 수 있다.

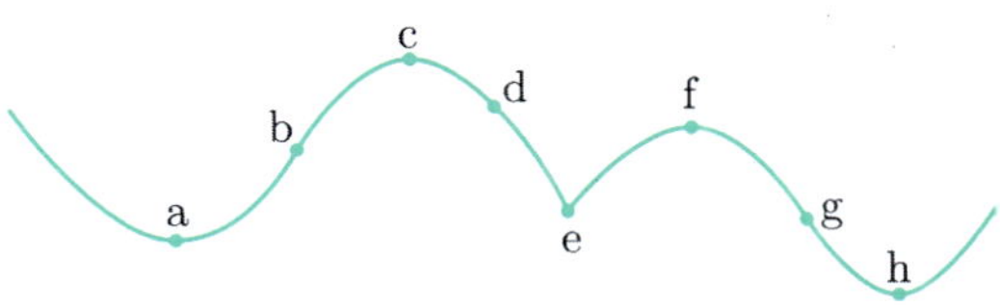

예제 2.10 다음 함수의 변곡점이 있으면 구하여라.

(1) $f(x)=x^3-3x^2+3x+1$

(2) $f(x)=x-2\sin x \ (0 \le x \le 2\pi)$

8) 변곡점은 곡선 외의 점이므로 $(c, f(c))$꼴 이다.

풀이

(1) $f'(x)=3x^2-6x+3=3(x-1)^2$이고 $f''(x)=6x-6=6(x-1)$이므로 다음 표를 얻는다.

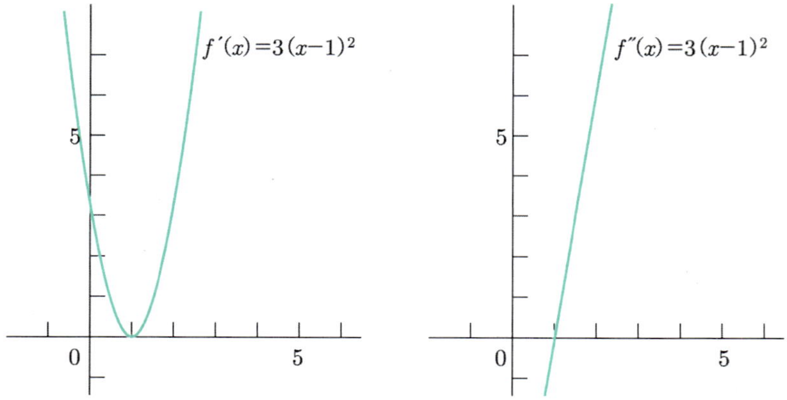

	$x<1$	$x=1$	$x>1$
$f'(x)$의 부호	$+$	0	$+$
$f''(x)$의 부호	$-$	0	$+$
$f(x)$의 증감	↗		↗
$f(x)$의 오목, 볼록	아래로 오목($\cap$)		위로 오목($\cup$)
$f(x)$의 그래프 개형	↱	변곡점	⤴

$x=1$에서 $f''(x)$의 부호가 바뀌므로 $(1,\ f(1))=(1,\ 2)$가 변곡점이다.

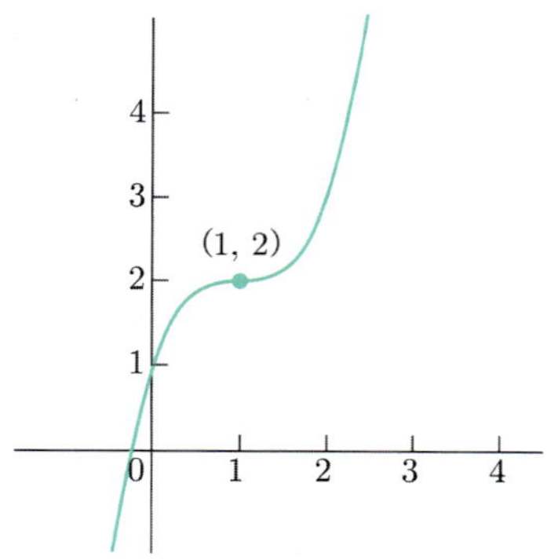

(2) $f'(x)=1-2\cos x$이므로 $1-2\cos x=0$ 즉 $\cos x=\dfrac{1}{2}$을 풀면 $x=\dfrac{\pi}{3}$, $x=\dfrac{5\pi}{3}$이다. 또한 $f''(x)=2\sin x$이므로 $2\sin x=0$을 풀면 $x=0$, $x=\pi$, 2π이다. 일계도함수와 이계도함수의 그래프를 통해 다음 표를 얻을 수 있다.

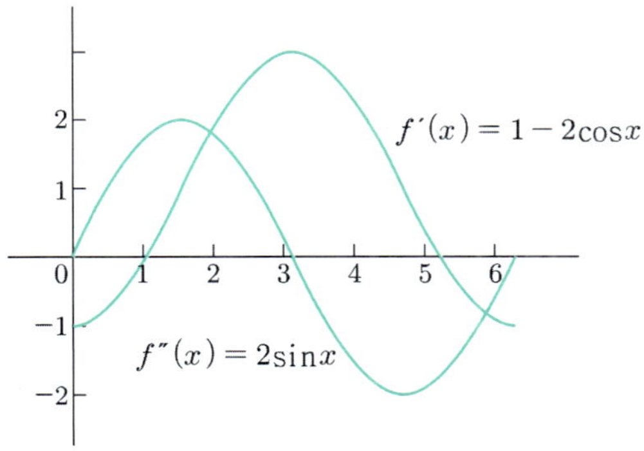

	$x=0$	$0<x<\frac{\pi}{3}$	$x=\frac{\pi}{3}$	$\frac{\pi}{3}<x<\pi$	$x=\pi$
$f'(x)$의 부호	$-$	$-$	0	$+$	$+$
$f''(x)$의 부호	0	$+$	$+$	$+$	0
$f(x)$의 증감	↘	↘		↗	↗
$f(x)$의 오목, 볼록		∪	∪	∪	
$f(x)$의 그래프 개형		⤷	극소	⤴	변곡점

	$\pi<x<\frac{5\pi}{3}$	$x=\frac{5\pi}{3}$	$\frac{5\pi}{3}<x<2\pi$	$x=2\pi$
$f'(x)$의 부호	$+$	0	$-$	$-$
$f''(x)$의 부호	$-$	$-$	$-$	0
$f(x)$의 증감	↗		↘	↘
$f(x)$의 오목, 볼록	∩	∩	∩	
$f(x)$의 그래프 개형	↱	극대	↴	

$x=\pi$에서 $f''(x)$의 부호가 바뀌므로 $(\pi, f(\pi)) = (\pi, \pi)$가 변곡점이다.

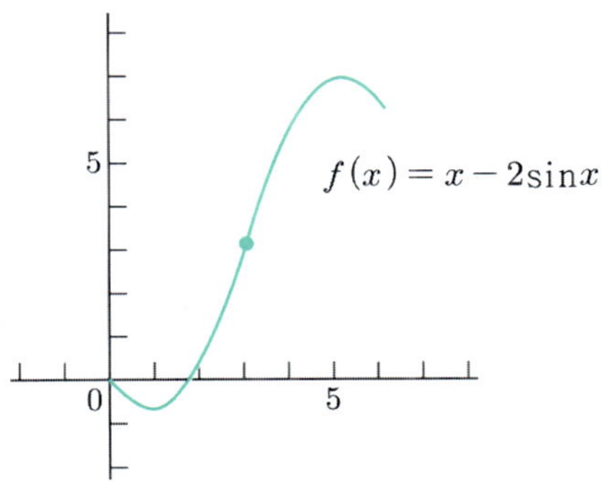

■

예제 2.11 함수 $f(x)=\frac{1}{3}x^3-2x^2+3x+1$의 오목, 볼록을 조사하고 극대, 극소를 구하는 과정을 통해 그래프의 개형을 그려라.

풀이

$f'(x)=x^2-4x+3=(x-1)(x-3)$, $f''(x)=2x-4=2(x-2)$이므로 다음 표를 얻는다.

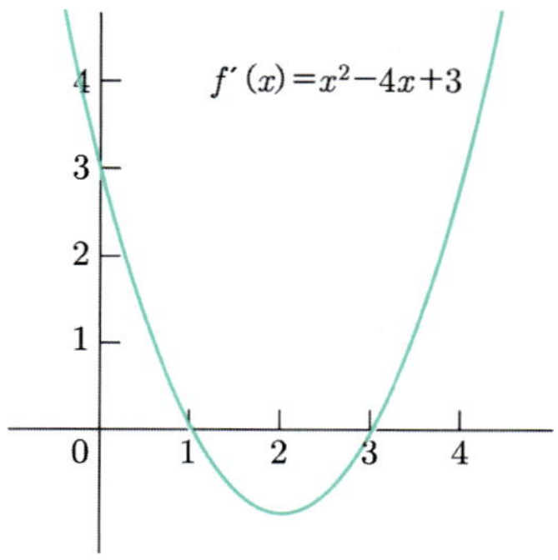

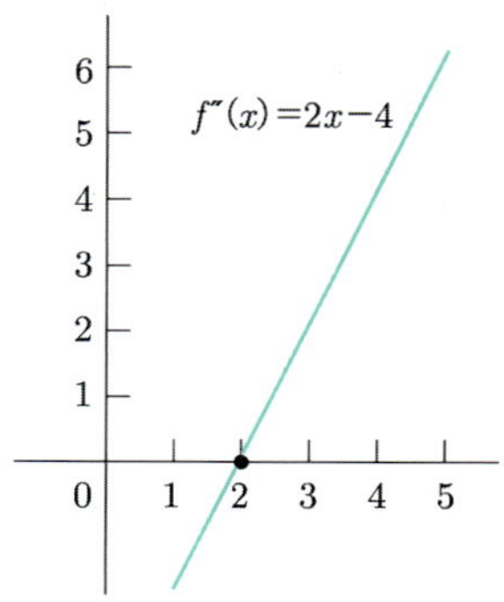

	$x<1$	$x=1$	$1<x<2$	$x=2$	$2<x<3$	$x=3$	$3<x$
$f'(x)$의 부호	$+$	0	$-$	$-$	$-$	0	$+$
$f''(x)$의 부호	$-$	$-$	$-$	0	$+$	$+$	$+$
$f(x)$의 증감	증가		감소	감소	감소		증가
$f(x)$의 오목, 볼록	$\cap$	$\cap$	$\cap$		$\cup$	$\cup$	$\cup$
$f(x)$의 그래프 개형	↗	극대	↘	변곡점	↘	극소	↗

따라서 $(1, f(1))$이 극댓점, $(3, f(3))$이 극솟점, $(2, f(2))$가 변곡점이고 증가, 감소, 오목성의 정보를 이용하여 그래프를 그리면 다음과 같다.

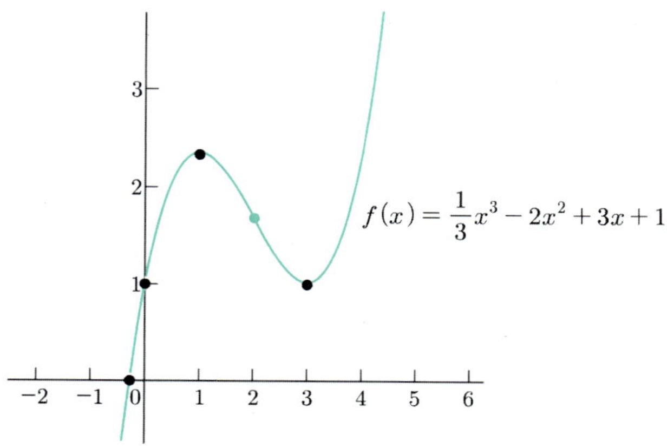

■

2.3 극댓값, 극솟값에 대한 이계도함수 판정법

앞에서 살펴본 오목, 볼록 판정법에 의해 한 구간 I의 모든 x에 대해 $f''(x)>0$이면 f는 I에서 위로 오목이며 구간 I의 모든 x에 대해 $f''(x)<0$이면 f는 I에서 아래로 오목이다. 미분 가능한 함수의 극대, 극소에서는 $f'(x)=0$이므로 다음 극대, 극소에 대한 다음 이계도함수 판정법을 얻을 수 있다.

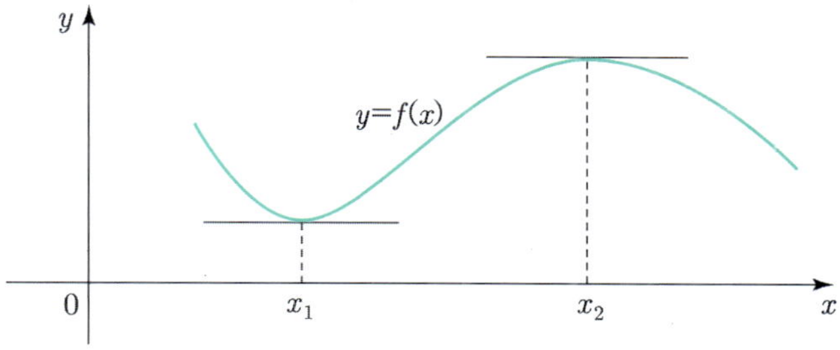

정리 2.12 이계도함수 판정법

$f''(x)$가 $x=c$ 근방에서 연속이라고 하자.

(1) $f'(c)=0$이고 $f''(c)>0$이면 $f(x)$는 $x=c$에서 극소를 갖는다.

(2) $f'(c)=0$이고 $f''(c)<0$이면 $f(x)$는 $x=c$에서 극대를 갖는다.

증명

(1) $f'(c)=0$이므로 $y=f(x)$의 그래프는 $x=c$에서 수평접선을 갖는다. $f''(c)>0$이므로 $y=f(x)$의 그래프는 $x=c$에서 위로 오목하다. 따라서 $x=c$ 근방에서 $y=f(x)$의 그래프는 $(c, f(c))$의 수평접선 위에 존재하므로 해당 근방의 모든 x에 대해 $f(c)\le f(x)$이다. 따라서 $f(x)$는 $x=c$에서 극소를 갖는다.

(2) $f'(c)=0$이므로 $y=f(x)$의 그래프는 $x=c$에서 수평접선을 갖는다. $f''(c)<0$이므로 $y=f(x)$의 그래프는 $x=c$에서 아래로 오목하다. 따라서 $x=c$ 근방에서 $y=f(x)$의 그래프는 $(c, f(c))$의 수평접선 아래에 존재하므로 해당 근방의 모든 x에 대해 $f(c)\ge f(x)$이다. $f(x)$는 $x=c$에서 극대를 갖는다.

$f'(c)=0$이면서 $f''(c)=0$인 경우에는 이계도함수 판정법이 극대, 극소에 관한 어떤 정보도 제공하지 못한다. 예를 들어 $f_1(x)=x^4$, $f_2(x)=-x^4$, $f_3(x)=x^3$ 도두 $x=0$에서 $f'(0)=0$

이고 $f''(0)=0$이지만 $(0, 0)$에서 $f_1(x)$는 극소, $f_2(x)$는 극대, $f_3(x)$는 변곡점이다. 이 경우 극대, 극소 판정법인 일계도함수 판정법이 극대, 극소를 판정할 수 있다.

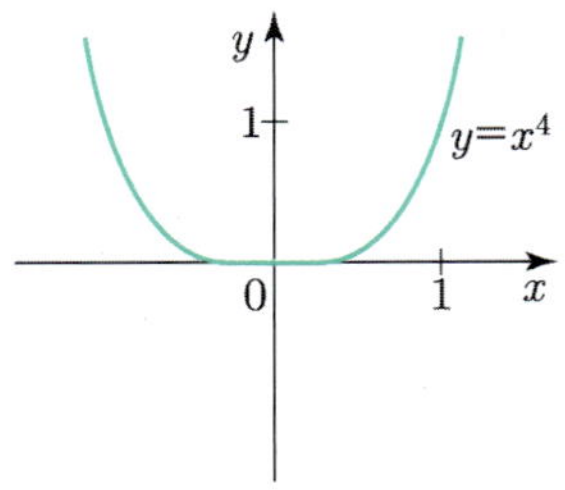

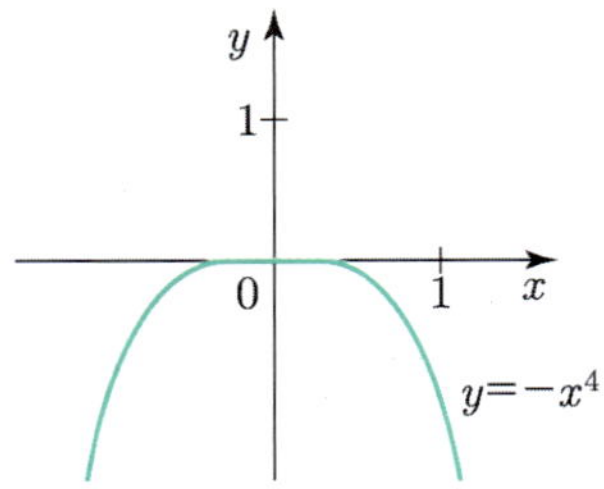

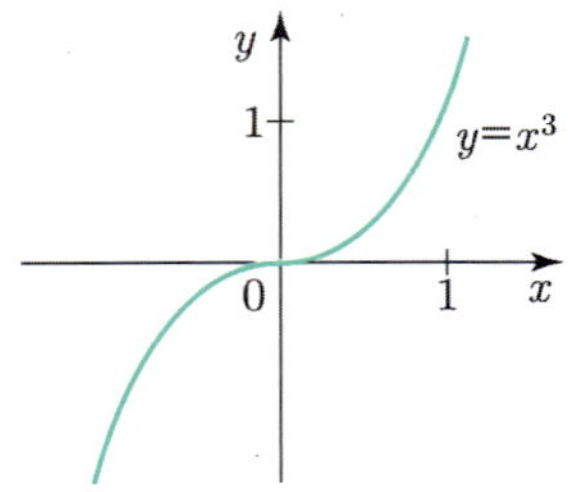

예제 2.13 함수 $f(x)=x-\dfrac{1}{2}x^2-xe^{-x}$의 극댓값과 극솟값을 구하여라.

풀이

$$f'(x)=1-x-e^{-x}+xe^{-x}=1-x-e^{-x}(1-x)=(1-x)(1-e^{-x})$$

이므로 $f'(x)=0$을 풀면 $x=1$ 또는 $1-e^{-x}=0$에서 $x=0$을 얻는다.

$$f''(x)=-1+e^{-x}+e^{-x}-xe^{-x}=-1+e^{-x}(2-x)$$

이므로 $f''(0)=-1+1(2-0)=1>0$이고 $f''(1)=-1+e^{-1}(2-1)=-1+\dfrac{1}{e}<-1+1$ $=0$

이다. 따라서 $f(x)$는 $x=1$에서 극댓값 $f(1)=1-\dfrac{1}{2}-e^{-1}=\dfrac{1}{2}-\dfrac{1}{e}$, $x=0$에서 극솟값 $f(0)=0$을 갖는다.

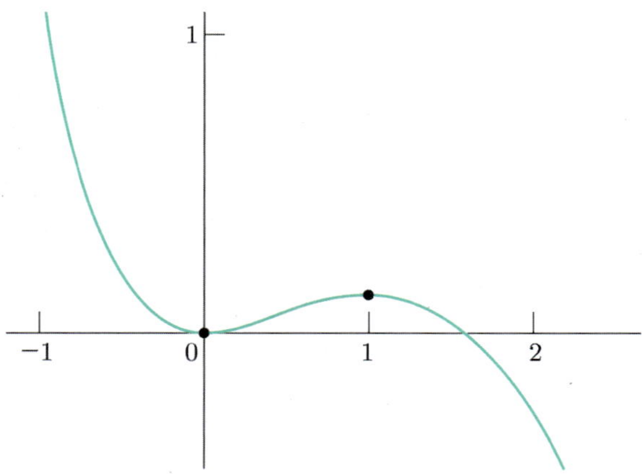

예제 2.14 함수 $f(x)=\dfrac{3x}{1+x^2}$의 극댓값과 극솟값, 변곡점을 구하고 그래프를 그려라.

풀이

$$f'(x)=\frac{3(1+x^2)-3x(2x)}{(1+x^2)^2}=\frac{3-3x^2}{(1+x^2)^2}=\frac{3(1-x^2)}{(1+x^2)^2}$$

이고 $(1+x^2)^2$은 항상 양수이므로 $f'(x)$의 부호는 분자인 $3(1-x^2)$의 부호와 일치한다. 따라서 $f'(x)$는 $x=\pm 1$에서 0이고 $x<-1$과 $x>1$에서 음수, $-1<x<1$에서 양수이다.

$$f''(x)=\frac{-6x(1+x^2)^2-(3-3x^2)2(1+x^2)2x}{(1+x^2)^4}=\frac{6x(x^2-3)}{(1+x^2)^3}$$

이고 $(1+x^2)^3$도 항상 양수이므로 $f''(x)$의 부호는 분자인 $6x(x^2-3)$의 부호와 일치한다. 따라서 $f''(x)$는 $x=0$과 $x=\pm\sqrt{3}$에서 0이고 $x\leftarrow\sqrt{3}$과 $0<x<\sqrt{3}$에서 음수이고 $-\sqrt{3}<x<0$과 $x>\sqrt{3}$에서 양수이다.

$f(x)$의 임계점은 $x=-1$과 $x=1$이며 $f''(-1)>0$이고 $f''(1)<0$이다. 따라서 이계도함수 판정법에 의해 $f(-1)=-\dfrac{3}{2}$이 극솟값, $f(1)=\dfrac{3}{2}$이 극댓값이다. $f''(x)=0$이면서 부호가 바뀌는 $x=0$, $x=\pm\sqrt{3}$에서 $f(x)$는 변곡점 $(0, 0)$, $\left(-\sqrt{3},\ -\dfrac{3\sqrt{3}}{4}\right)$, $\left(\sqrt{3},\ \dfrac{3\sqrt{3}}{4}\right)$을 갖는다.

$f(x)$의 증감과 오목성을 이용하여 그래프를 그리면 다음과 같다.

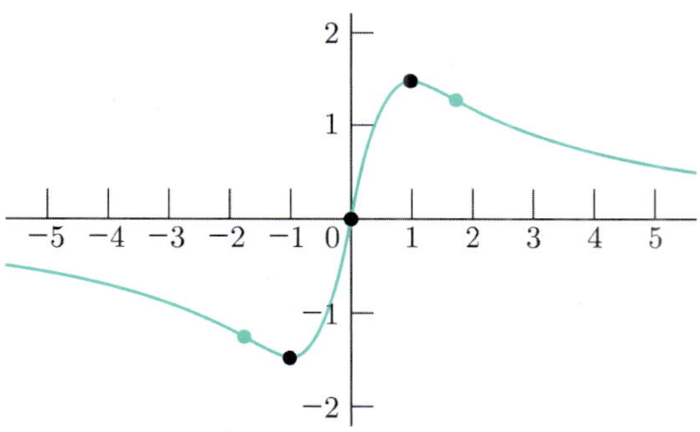

■

앞의 예제에서 $\lim_{x\to\infty} f(x)=0$이고 $\lim_{x\to-\infty} f(x)=0$이므로 x가 한없이 큰 값이나 작은 값을 가지면 함숫값은 $y=0$에 가까우므로 $y=0$을 점근선으로 갖는다. 따라서 $x>1$일 때에 $f(x)=\dfrac{3x}{1+x^2}$는 감소하지만 극한값이 0이므로 x축 위에서 감소한다.

예제 2.15 함수 $f(x)=x^2e^{-x}$의 극댓값과 극솟값, 변곡점을 구하고 그래프를 그려라.

풀이

$f'(x)=2xe^{-x}-x^2e^{-x}=x(2-x)e^{-x}$이고 e^{-x}는 항상 양수이므로 $f'(x)$의 부호는 $x(2-x)$의 부호와 일치한다. 따라서 $f'(x)$는 $x=0$과 $x=2$에서 0이고 $x<0$과 $x>2$일 때 음수이고, $0<x<2$에서 양수이다.

$f''(x)=2e^{-x}-2xe^{-x}-2xe^{-x}+x^2e^{-x}=(2-4x+x^2)e^{-x}$이고 e^{-x}가 항상 양수이므로 $f''(x)$의 부호는 $(2-4x+x^2)$의 부호와 일치한다. 따라서 $f''(x)$는 $x=2\pm\sqrt{2}$에서 0이고 $x<2-\sqrt{2}$와 $x>2+\sqrt{2}$에서 양수이고 $2-\sqrt{2}<x<2+\sqrt{2}$에서 음수이다.

$f(x)$의 임계점은 $x=0$과 $x=2$이며 $f''(0)=2>0$이고 $f''(2)=(2-8+4)e^{-2}<0$이다. 따라서 이계도함수 판정법에 의해 $f(0)=0$이 극솟값, $f(2)=\dfrac{4}{e^2}$가 극댓값이다. $f''(x)=0$이면서 부호가 바뀌는 $x=2\pm\sqrt{2}$에서 $f(x)$는 변곡점 $\left(2-\sqrt{2},\ (6-4\sqrt{2})e^{-2+\sqrt{2}}\right)$와 $\left(2+\sqrt{2},\ (6+4\sqrt{2})e^{-2-\sqrt{2}}\right)$을 갖는다.

$x>2$일 때 $f(x)$는 감소하지만 $f(x)=x^2e^{-x}>$이므로 그래프는 다음과 같다.

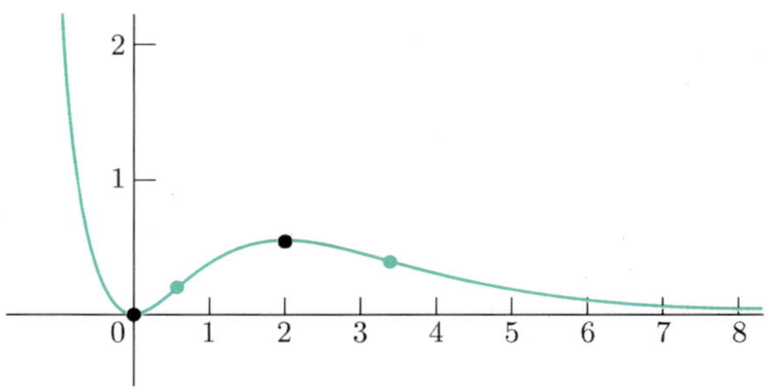

■

예제 2.16 함수 $f(x)=x^{\frac{2}{3}}(x-2)$의 극댓값과 극솟값, 변곡점을 구하고 그래프를 그려라.

풀이

$$f'(x)=\frac{2}{3}x^{-\frac{1}{3}}(x-2)+x^{\frac{2}{3}}=\frac{5x-4}{3\sqrt[3]{x}}$$

이고 $\sqrt[3]{x}$의 부호는 x의 부호와 일치하므로 $f'(x)$의 부호는 $x(5x-4)$의 부호와 일치한다. 따라서 $f'(x)$는 $x=0$에서 정의되지 않으며 $x=\frac{4}{5}$에서 0이고 $x<0$과 $x>\frac{4}{5}$일 때 양수이고, $0<x<\frac{4}{5}$에서 음수이다.

$$f''(x)=\frac{15\sqrt[3]{x}-(5x-4)x^{-\frac{2}{3}}}{9\sqrt[3]{x^2}}=\frac{2(5x+2)}{9\sqrt[3]{x^4}}$$

이고 $x=0$을 제외한 모든 곳에서 $\sqrt[3]{x^4}$이 항상 양수이므로 $f''(x)$의 부호는 $5x+2$의 부호와 일치한다. 따라서 $f''(x)$는 $x=0$에서 정의되지 않으며 $x=-\frac{2}{5}$에서 0이고 $x<-\frac{2}{5}$에서 음수이고 $x>-\frac{2}{5}(x\neq 0)$에서 양수이다.

$f(x)$의 임계점은 $x=0$과 $x=\frac{4}{5}$이나 $f''(0)$은 정의되지 않고 $f''\left(\frac{4}{5}\right)=\frac{12}{9\sqrt[3]{\left(\frac{4}{5}\right)^4}}>0$이다.

$x=0$에서 $f'(x)$의 부호가 양수에서 음수로 바뀌므로 일계도함수 판정법에 의해 $f(0)=0$이 극댓값, $f'\left(\frac{4}{5}\right)=0$이고 $f''\left(\frac{4}{5}\right)>0$이므로 이계도함수 판정법에 의해 $f\left(\frac{4}{5}\right)=-\frac{6}{5}\left(\frac{4}{5}\right)^{\frac{2}{3}}$이 극솟값이다. $f''(x)=0$이면서 부호가 바뀌는 $x=-\frac{2}{5}$에서 $f(x)$는 변곡점 $\left(-\frac{2}{5},\ -\frac{12}{5}\left(-\frac{2}{5}\right)^{\frac{2}{3}}\right)$을 갖는다. 그래프를 그리면 다음과 같다.

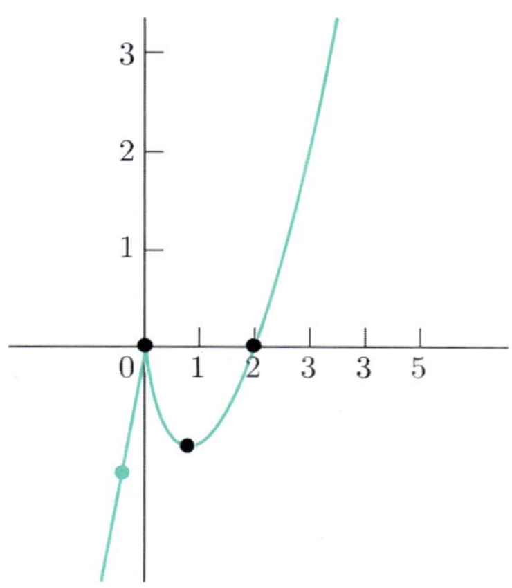

■

2.4 함수의 그래프

여기에서는 함수의 그래프를 그릴 때 고려해야 하는 점근선에 대해 알아보고 지금까지 살펴본 일계도함수 $f'(x)$와 이계도함수 $f''(x)$의 정보를 이용하여 $y=f(x)$의 그래프를 그리는 방법을 체계적으로 정리하고자 한다.

먼저 수평점근선과 수직점근선에 대해 살펴보자. $f(x)=\dfrac{1}{x}$의 그래프는 다음과 같다.

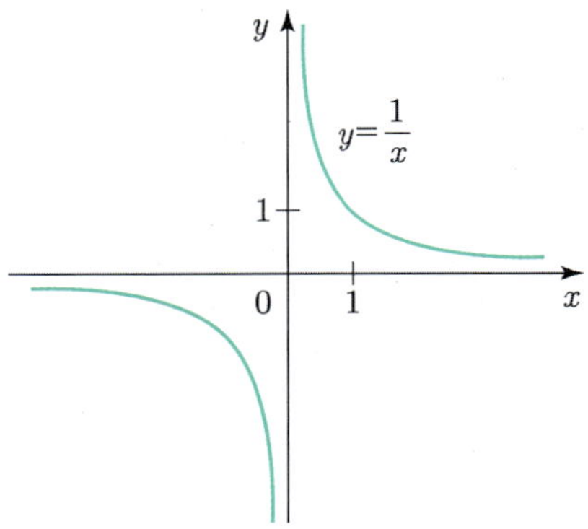

$\lim\limits_{x\to\infty}\dfrac{1}{x}=0$이므로 x가 한없이 커지면 x축에 한없이 가까워진다. 또한 $\lim\limits_{x\to-\infty}\dfrac{1}{x}=0$이므로 x가 한없이 작아지면 $f(x)=\dfrac{1}{x}$의 그래프는 x축에 한없이 가까워진다. 이때 x축인 $y=0$을 $f(x)=\dfrac{1}{x}$의 그래프의 수평점근선이라고 한다.

$\lim\limits_{x\to0^+}f(x)=\infty$이므로 x가 양의 값을 가지며 0에 한없이 가까이 가면 $f(x)=\dfrac{1}{x}$의 그래프는 한없이 올라가며 y축인 $x=0$에 가까워진다. 또한 $\lim\limits_{x\to0^-}f(x)=-\infty$이므로 x가 음의 값을 가지며 0에 한없이 가까이 가면 $f(x)=\dfrac{1}{x}$의 그래프는 한없이 내려가며 y축인 $x=0$에 가까워진다. 이때 y축인 $x=0$을 $f(x)=\dfrac{1}{x}$의 그래프의 수직점근선이라고 한다.

일반적으로 다음과 같이 수평점근선과 수직점근선을 정의한다.

정의 2.17 수평점근선, 수직점근선

(1) $\lim\limits_{x\to\infty} f(x) = L$ 또는 $\lim\limits_{x\to-\infty} f(x) = L$이면 x축에 평행한 직선 $y = L$을 $y = f(x)$의 그래프의 수평점근선이라고 한다.

(2) 다음 중 하나가 성립하면 $x = a$를 $y = f(x)$의 그래프의 수직점근선이라고 한다.

- $\lim\limits_{x\to a^+} f(x) = \infty$
- $\lim\limits_{x\to a^+} f(x) = -\infty$
- $\lim\limits_{x\to a^-} f(x) = \infty$
- $\lim\limits_{x\to a^-} f(x) = -\infty$
- $\lim\limits_{x\to a} f(x) = \infty$
- $\lim\limits_{x\to a} f(x) = -\infty$
- $\lim\limits_{x\to a^+} f(x) = \infty$이고 $\lim\limits_{x\to a^-} f(x) = -\infty$
- $\lim\limits_{x\to a^+} f(x) = -\infty$이고 $\lim\limits_{x\to a^-} f(x) = \infty$

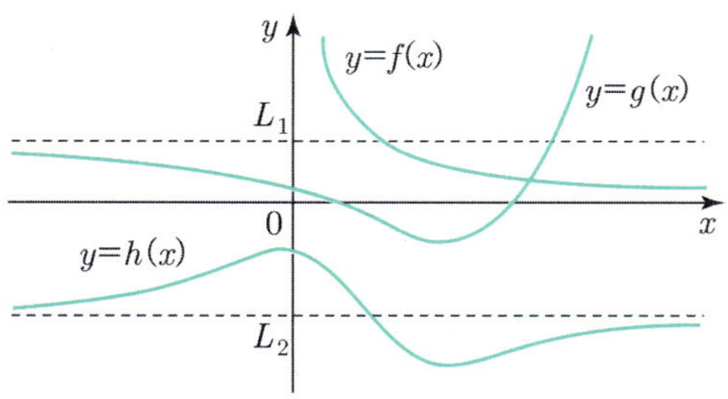

수평점근선의 예

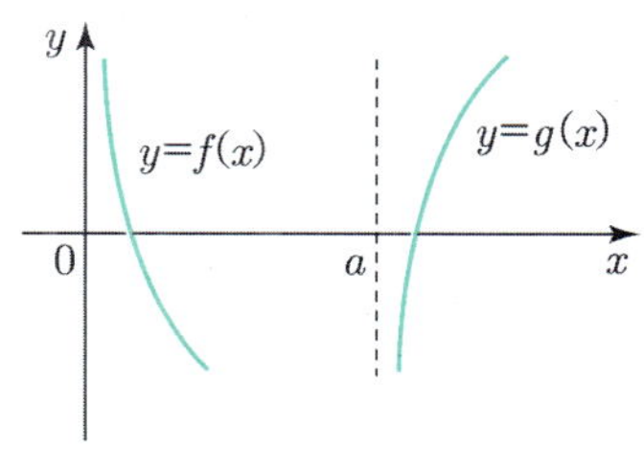

수직점근선의 예

유리함수의 경우 수직점근선은 분모, 분자의 공통인수를 지우고 난 후 분모를 0으로 만들어 구할 수 있다. 예를 들어 $y = \dfrac{x-2}{(x-1)(x-2)(x-3)}$의 그래프의 수직점근선은 $x = 1$과 $x = 3$이다.

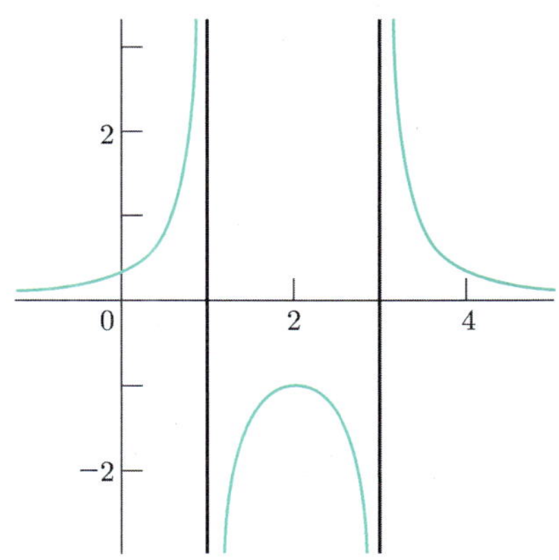

수직점근선, 수평점근선 외에도 일반적인 형태의 직선 $y = mx + n$이 점근선인 그래프도 존재한다. 예를 들어 $f(x) = \dfrac{x^2 - 4x + 6}{2x - 6}$의 그래프는 분모가 0이 되는 $x = 3$을 수직점근선으로 갖는다. 실제로

$f(x)=\dfrac{x^2-4x+6}{2x-6}$의 그래프를 그려보면 아래와 같이 $y=\dfrac{1}{2}x-\dfrac{1}{2}$을 점근선으로 갖는 것을 알 수 있다.

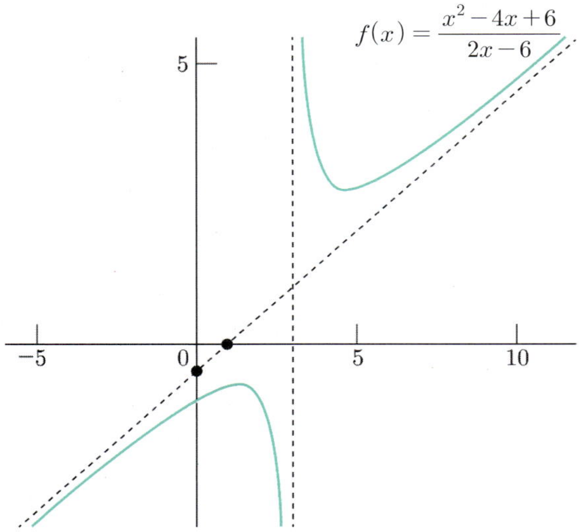

이는 $f(x)=\dfrac{x^2-4x+6}{2x-6}$의 분자를 분모로 나누면

$$f(x)=\frac{x}{2}-\frac{1}{2}+\frac{3}{2x-6}$$

이 되는데

$$\lim_{x\to\infty}\left(f(x)-\frac{1}{2}x+\frac{1}{2}\right)=\lim_{x\to\infty}\frac{3}{2x-6}=0$$

이고

$$\lim_{x\to-\infty}\left(f(x)-\frac{1}{2}x+\frac{1}{2}\right)=\lim_{x\to-\infty}\frac{3}{2x-6}=0$$

이 되므로 $f(x)$는 x가 한없이 커지거나 작아지면 $y=\dfrac{x}{2}-\dfrac{1}{2}$에 한없이 가까워지기 때문이다.

이 점근선 $y=\dfrac{1}{2}x-\dfrac{1}{2}$을 $f(x)=\dfrac{x^2-4x+6}{2x-6}$의 그래프의 경사점근선이라고 한다. 경사점근선은 분모의 차수가 분자의 차수보다 1만큼 작은 유리함수에서 많이 나타난다.

정의 2.18 경사점근선

$\lim_{x\to\infty}(f(x)-(mx+n))=0$이거나 $\lim_{x\to-\infty}(f(x)-(mx+n))=0$이면

직선 $y=mx+n$을 $f(x)$의 그래프의 **경사점근선**이라고 한다.

예제 2.19 다음 유리함수의 점근선을 구하여라.

(1) $f(x)=\dfrac{x}{x^2-1}$ (2) $g(x)=\dfrac{x^2}{x-1}$ (3) $h(x)=\dfrac{x^3-3x}{x^2-1}$

풀이

(1) $f(x)=\dfrac{x}{(x-1)(x+1)}$이므로 $x=-1$과 $x=1$에서 수직점근선을 갖는다. $\lim_{x\to\infty}\dfrac{x}{x^2-1}=0$

이고 $\lim_{x\to-\infty}\dfrac{x}{x^2-1}=0$이므로 $y=0$을 수평점근선으로 갖는다. 실제로 그래프는 다음과 같다.

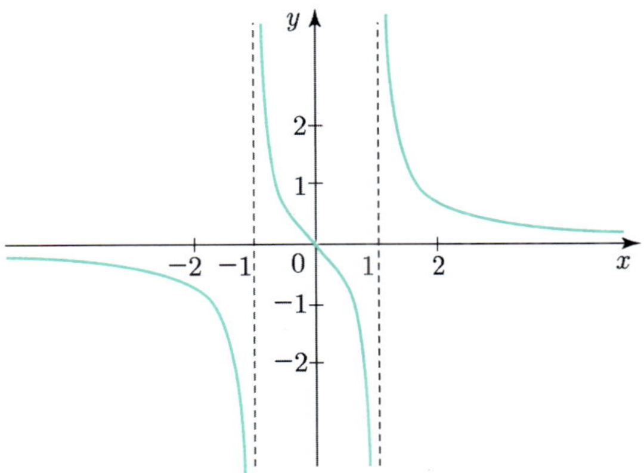

(2) $g(x)=\dfrac{x^2}{x-1}$은 $x=1$에서 분모가 0이 되므로 $x=1$이 수직점근선이다.

$g(x)=x+1+\dfrac{1}{x-1}$이고 $\lim_{x\to\infty}(g(x)-(x+1))=\lim_{x\to\infty}\dfrac{1}{x-1}=0$이므로 $y=x+1$이 경사점근선이다. 수평점근선은 존재하지 않으며 실제로 그래프는 다음과 같다.

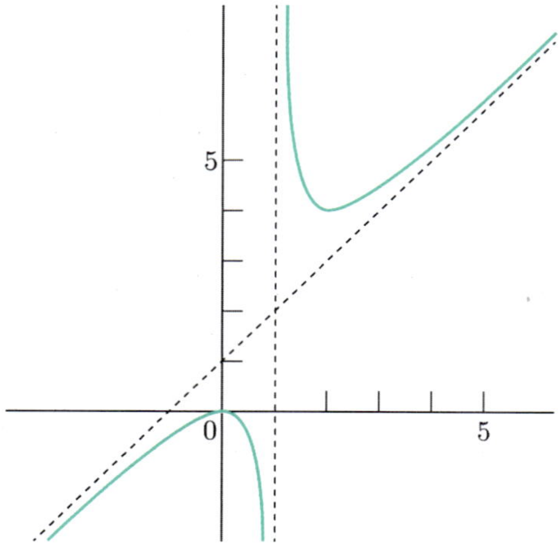

(3) $h(x)=\dfrac{x^3-3x}{x^2-1}=x-\dfrac{2x}{x^2-1}=x-\dfrac{2x}{(x+1)(x-1)}$이므로 $x=-1$과 $x=1$이 수직점근선이다. $\lim\limits_{x\to\infty}(h(x)-x)=\lim\limits_{x\to\infty}\dfrac{2x}{x^2-1}=0$이므로 $y=x$가 경사점근선이다. 수평점근선은 존재하지 않으며 실제로 그래프는 다음과 같다.

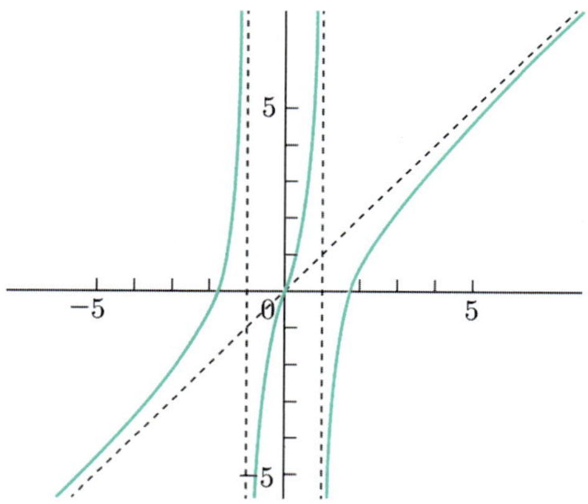

■

함수의 그래프를 그릴 때에는 일계도함수와 이계도함수 외에도 함수 자체로 파악할 수 있는 정보가 있는데 함수의 정의역, 치역, 절편, 대칭성과 함께 극한에 의한 점근선 등이다. 지금까지 살펴본 함수의 그래프를 그리는 내용과 절차를 정리하면 다음과 같다.

함수의 그래프 그리는 절차

함수 $y=f(x)$의 그래프를 그리는 절차는 보통 다음의 순서에 따른다.

A. 함수 $f(x)$로부터 얻는 정보

A-1. $f(x)$의 정의역

A-2. x절편과 y절편

A-3. 대칭성과 주기성

A-4. 극한과 점근선

B. 일계도함수 $f'(x)$로부터 얻는 정보

B-1. 임계점

B-2. $f(x)$의 증가, 감소구간

B-3. 극대, 극소점

C. 이계도함수 $f''(x)$로부터 얻는 정보

C-1. $f''(x)=0$인 x와 $f''(x)$가 정의되지 않는 x

C-2. 오목성과 변곡점

예제 2.20 함수 $f(x)=\dfrac{x^3-9x}{x^2-4}$의 그래프를 그려라.

풀이

A-1. $f(x)=\dfrac{x(x+3)(x-3)}{(x+2)(x-2)}$이므로 $f(x)$의 정의역은

$\{x : x^2-4 \neq 0\}=\{x : x \neq \pm 2\}=(-\infty,\ -2)\cup(-2,\ 2)\cup(2,\ \infty)$이다.

A-2. x절편은 $-3,\ 0,\ 3$이고 y절편은 0이다.

A-3.
$$f(-x)=\frac{(-x)^3-9(-x)}{(-x)^2-4}$$
$$=-\frac{x^3-9x}{x^2-4}=-f(x)$$

이므로 $f(x)$는 기함수이고 그래프는 원점대칭이다.

A-4. $f(x)=x-\dfrac{5x}{x^2-4}$이므로 분모가 0이 되는 $x=-2$와 $x=2$가 수직점근선이고

$y=x$가 경사점근선, $\lim\limits_{x\to\infty} f(x)=\infty$이고 $\lim\limits_{x\to-\infty} f(x)=-\infty$이므로 수평점근선은 없다.

B-1. $f'(x) = \dfrac{(3x^2-9)(x^2-4)-(x^3-9x)(2x)}{(x^2-4)^2}$

$$= \frac{x^4-3x^2+36}{(x^2-4)^2}$$

이므로 $f(x)$의 임계점은 없다.

B-2. $f'(x) > 0$이므로 $f(x)$는 항상 증가한다.

B-3. $f'(x) > 0$이므로 $f(x)$의 극대, 극소는 존재하지 않는다.

C-1. $f''(x) = \dfrac{(4x^3-6x)(x^2-4)^2-(x^4-3x^2+36)2(x^2-4)(2x)}{(x^2-4)^4}$

$$= -\frac{10x(x^2+12)}{(x^2-4)^3}$$

이므로 $f''(x)=0$인 x는 $x=0$이다.

C-2. x^2+12는 항상 양수이고 $(x^2-4)^3$의 부호는 (x^2-4)의 부호와 일치하므로 $f''(x)$의 부호는 $-x(x^2-4)$의 부호와 일치한다. 따라서 $-2<x<0$이고 $x>2$이면 $f''(x)<0$이므로 아래로 오목이고 $x<-2$이고 $0<x<2$이면 $f''(x)>0$이므로 위로 오목이다. $x=0$에서 이계도함수의 부호가 바뀌므로 변곡점은 $(0, 0)$이다.

이 모든 정보를 이용하여 그래프를 그리면 다음과 같다.

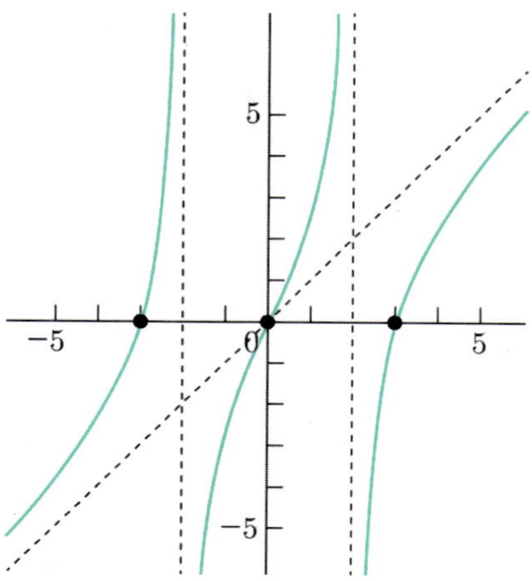

예제 2.21 함수 $f(x)=\dfrac{x^2}{\sqrt{x^2-1}}$의 그래프를 그려라.

풀이

A-1. $f(x)$의 정의역은 $\{x : x^2-1>0\}=(-\infty,\ -1)\cup(1,\ \infty)$이다.

A-2. x절편과 y절편은 존재하지 않는다.

A-3. $f(-x)=\dfrac{(-x)^2}{\sqrt{(-x)^2-1}}=\dfrac{x^2}{\sqrt{x^2-1}}=f(x)$이므로 $f(x)$는 우함수이고 그래프는 y축 대칭이다.

A-4. $\displaystyle\lim_{x\to-1^-}\frac{x^2}{\sqrt{x^2-1}}=\infty$이고 $\displaystyle\lim_{x\to1^+}\frac{x^2}{\sqrt{x^2-1}}=\infty$이므로 $x=-1$과 $x=1$이 수직점근선이고 $\displaystyle\lim_{x\to\infty}f(x)=\infty$이고 $\displaystyle\lim_{x\to-\infty}f(x)=-\infty$이므로 수평점근선은 없다.

B-1. $f'(x)=\dfrac{x(x^2-2)}{(x^2-1)^{3/2}}$이므로 $f(x)$의 임계점은 $x=\pm\sqrt{2}$이다.

B-2. $x\leftarrow\sqrt{2}$ 또는 $1<x<\sqrt{2}$이면 $f'(x)<0$이므로 $f(x)$는 감소하며 $-\sqrt{2}<x<-1$ 또는 $x>\sqrt{2}$이면 $f'x)>0$이므로 $f(x)$는 증가한다.

B-3. $f'(-\sqrt{2})=0$이고 f'이 음에서 양으로 변하므로 $(-\sqrt{2},2)$는 극소점이고 $f'(\sqrt{2})=0$이고 f'이 음에서 양으로 변하므로 $(\sqrt{2},2)$도 극소점이다.

C-1. $f''(x)\dfrac{x^2+2}{(x^2-1)^{5/2}}$이므로 $f''(x)=0$인 x는 없다.

C-2. 정의역에서 $f''(x)>0$이므로 $f(x)$는 위로 오목이고 변곡점은 없다.

이 모든 정보를 이용하여 그래프를 그리면 다음과 같다.

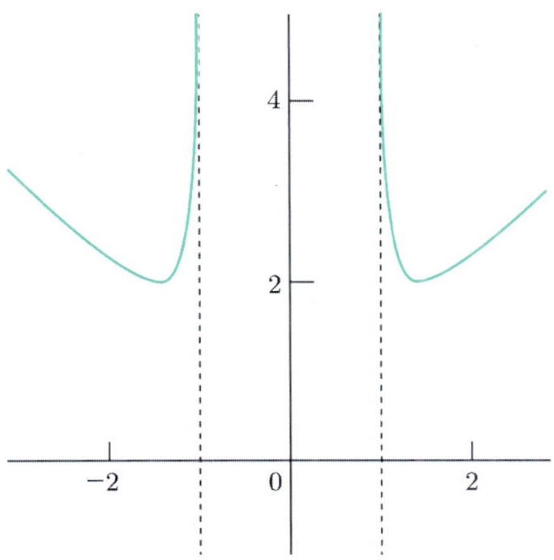

■

예제 2.22 함수 $f(x)=(x-1)e^x$의 그래프를 그려라.

풀이

A-1. $f(x)$의 정의역은 $\mathbb{R}$이다.

A-2. x절편은 1, y절편 -1이다.

A-3. $f(-x)=(-x-1)^{-x}$이므로 대칭성은 없다.

A-4. $\lim_{x\to\infty}(x-1)e^x=\infty$이나 $\lim_{x\to-\infty}(x-1)e^x=0$[9]이므로 $y=0$이 수평점근선이다.

B-1. $f'(x)=e^x+(x-1)e^x=xe^x$이므로 $f(x)$의 임계점은 $x=0$이다.

B-2. $x<0$이면 $f'(x)<0$이므로 $f(x)$는 감소하며 $x>0$이면 $f'(x)>0$이므로 $f(x)$는 증가한다.

B-3. $f'(0)=0$이고 f'이 음에서 양으로 변하므로 $(0,\ -1)$은 극소점이다.

C-1. $f''(x)=e^x+xe^x=(1+x)e^x$이므로 $f''(x)=0$인 x는 $x=-1$이다.

C-2. $x<-1$이면 $f''(x)<0$이므로 $f(x)$는 아래로 오목이며 $x>-1$이면 $f''(x)>0$이므로 $f(x)$는 위로 오목이다. $f''(-1)=0$이고 f''의 부호가 바뀌므로 $(-1,\ -2e^{-1})$이 변곡점이다.

이 모든 정보를 이용하여 그래프를 그리면 다음과 같다.

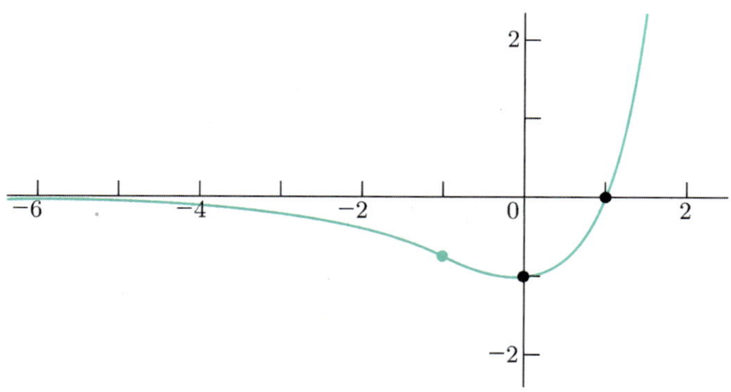

■

예제 2.23 함수 $f(x)=2\sin x-\sin 2x$의 그래프를 그려라.

---

9) 로피탈의 법칙을 사용하면 $\lim_{x\to-\infty}(x-1)e^x=\lim_{x\to-\infty}\frac{(x-1)}{e^{-x}}=\lim_{x\to-\infty}\frac{1}{-e^{-x}}=\lim_{x\to-\infty}-e^x=0$

풀이

A-1. $f(x)$의 정의역은 $\mathbb{R}$이다.

A-2. y절편은 $f(0)=0$이다.

x절편은 $2\sin x-\sin 2x=2\sin x-2\sin x\cos x=2\sin x(1-\cos x)=0$에서 $\sin x=0$ 또는 $\cos x=1$을 만족하는 x이다. 구간 $[0, 2\pi]$에서 x절편은 0, π, 2π이다.

A-3. $f(-x)=2\sin(-x)-\sin(-2x)=-2\sin x+\sin 2x=-f(x)$이므로 $f(x)$는 기함수이고 그래프는 원점대칭이다. $\sin x$의 주기는 2π이고 $\sin 2x$의 주기는 π이므로 $f(x)=2\sin x-\sin 2x$의 주기는 2π이다. 즉, $f(x+2\pi)=f(x)$이므로 $f(x)$의 그래프는 $[0, 2\pi]$에서만 그린 후 평행이동하여 얻을 수 있다.

A-4. 점근선은 없다.

B-1. $f'(x)=2\cos x-2\cos 2x=2\cos x-2(2\cos^2 x-1)=-4\cos^2 x+2\cos x+2$

$$=-2(2\cos^2 x-\cos x-1)=-2(\cos x-1)(2\cos x+1)$$

이므로 $f(x)$의 임계점은 $\cos x=1$ 또는 $\cos x=-\dfrac{1}{2}$인 x이다. 구간 $[0, 2\pi]$에서는 $x=0$, $\dfrac{2\pi}{3}$, $\dfrac{4\pi}{3}$, 2π이다.

B-2. 구간 $[0, 2\pi]$에서 $f'(x)$의 부호를 살피기 위해 $\cos x-1\le 0$임을 이용하면 다음을 얻을 수 있다.

	$0<x<\dfrac{2\pi}{3}$	$\dfrac{2\pi}{3}<x<\dfrac{4\pi}{3}$	$\dfrac{4\pi}{3}<x<2\pi$
$f'(x)$의 부호	$+$	$-$	$+$
$f(x)$의 증감	↗	↘	↗

B-3. $f'\left(\dfrac{2\pi}{3}\right)=0$이고 f'이 양에서 음으로 변하므로 $\left(\dfrac{2\pi}{3}, \dfrac{3\sqrt{3}}{2}\right)$는 극대점이다. $f'\left(\dfrac{4\pi}{3}\right)=0$이고 f'이 음에서 양으로 변하므로 $\left(\dfrac{4\pi}{3}, -\dfrac{3\sqrt{2}}{2}\right)$은 극소점이다.

C-1. $f''(x)=-2\sin x+4\sin 2x=-2\sin x+8\sin x\cos x=-2\sin x(1-4\cos x)$이므로 구간 $[0, 2\pi]$에서 $f''(x)=0$인 x는 $\sin x=0$에서 0, π, 2π 그리고 $\cos x=\dfrac{1}{4}$을 만족하는 x로 이들을 α와 β로 두자.

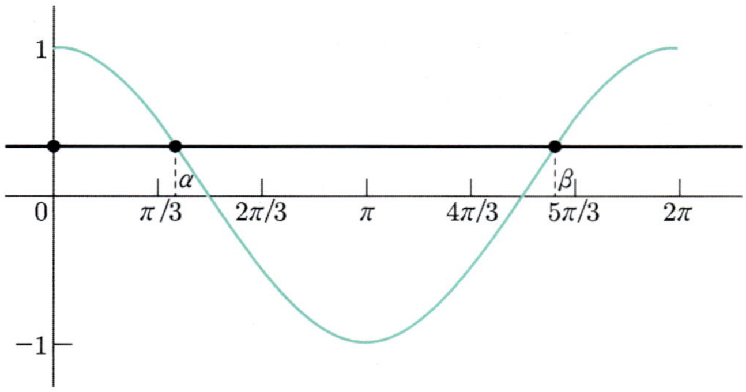

C-2. $f''(x)$의 부호를 살펴보기 위해 아래 표를 사용하면 $0<x<\alpha$ 또는 $\pi<x<\beta$에서 $f''(x)<0$이므로 $f(x)$의 그래프는 아래로 오목이고, $\alpha<x<\pi$ 또는 $\beta<x<2\pi$에서 $f''(x)>0$이므로 $f(x)$의 그래프는 위로 오목이다. $x=\alpha$, $x=\pi$, $x=\beta$에서 변곡점이 나타나며, 주기성에 의해 $x=2n\pi$ (n은 정수)에서도 변곡점이 나타난다.

	$0<x<\alpha$	$\alpha<x<\pi$	$\pi<x<\beta$	$\beta<x<2\pi$
$-2\sin x$의 부호	$-$	$-$	$+$	$+$
$1-4\cos x$의 부호	$-$	$+$	$+$	$-$
$f''(x)$의 부호	$+$	$-$	$+$	$-$
$f(x)$의 오목성	$\cup$	$\cap$	$\cup$	$\cap$

이 모든 정보를 이용하여 구간 $[0, 2\pi]$에서 그래프를 그리고 주기를 이용하여 확장하면 다음과 같다.

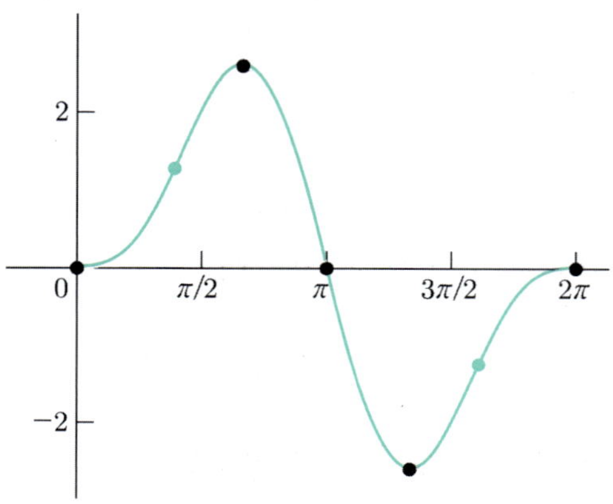

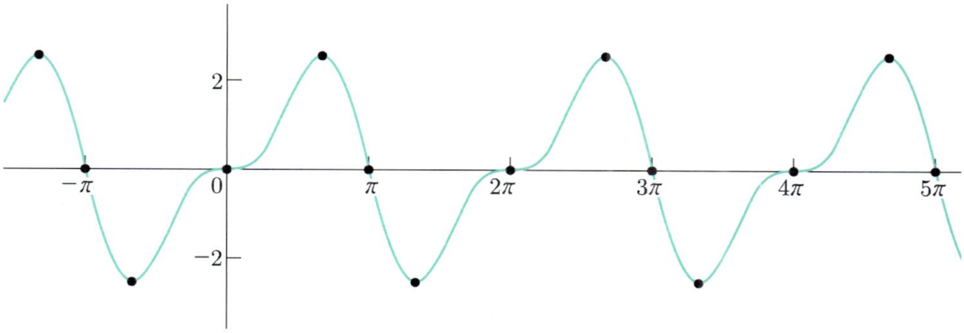

■

예제 2.24 함수 $f(x)=e^{-\frac{x^2}{2}}$ 의 그래프를 그려라.

풀이

A-1. $f(x)$의 정의역은 $\mathbb{R}$ 이다.

A-2. y절편은 $f(0)=e^0=1$ 이다. x절편은 존재하지 않는다.

A-3. $f(-x)=e^{-\frac{(-x)^2}{2}}=e^{-\frac{x^2}{2}}=f(x)$ 이므로 그래프는 y 축 대칭이다.

A-4. $\lim\limits_{x\to\infty}e^{-\frac{x^2}{2}}=0$ 이고 $\lim\limits_{x\to-\infty}e^{-\frac{x^2}{2}}=0$ 이므로 $y=0$을 점근선으로 갖는다.

B-1. $f'(x)=-xe^{-\frac{x^2}{2}}$ 이므로 임계점은 $x=0$ 이다.

B-2. $x<0$ 일 때 $f'(x)>0$ 이므로 f는 증가 상태이고, $x>0$ 일 때 $f'(x)<0$ 이므로 f는 감소 상태이다.

	$x<0$	$x>0$
$f'(x)$의 부호	$+$	$-$
$f(x)$의 증감	증가	감소

B-3. $f'(0)=0$ 이고 f'이 양에서 음으로 변하므로 $(0,\ 1)$은 극댓점이고 $f(0)=1$이 극댓값이다.

C-1. $f''(x)=(x^2-1)e^{-\frac{x^2}{2}}$ 이므로 $f''(x)=0$인 $x=1,\ -1$ 이다.

C-2. $f''(x)$ 의 부호를 살펴보면 다음과 같다.

	$x<-1$	$-1<x<1$	$x>1$
$f''(x)$의 부호	$+$	$-$	$+$
$f(x)$의 증감	$\cup$	$\cap$	$\cup$

이 모든 정보를 이용하여 그래프를 그리면 다음과 같다.

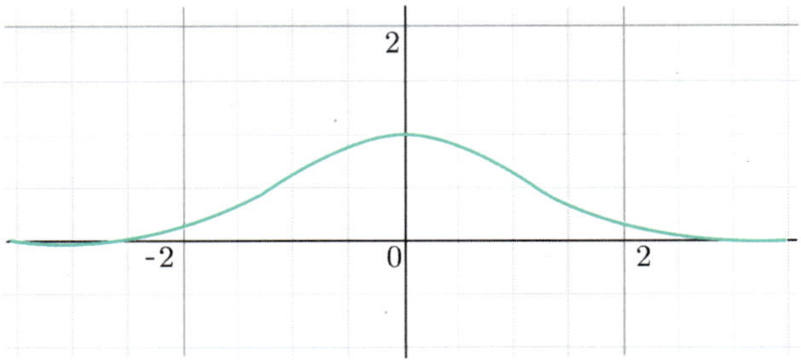

■

➡ 연습문제 해답 507쪽

3.2 연습문제

01. $f(x)=\frac{1}{2}x^4-\frac{7}{3}x^3-\frac{7}{2}x^2+12x-5$에 대해 다음을 구하여라.

(1) 증가구간 또는 감소구간을 구하여라.

(2) 극댓값 또는 극솟값을 구하여라.

02. 다음 함수의 오목 또는 볼록구간과 변곡점이 있으면 구하여라.

(1) $f(x)=-x^4+2x^2+3$

(2) $f(x)=\sqrt[5]{x^4}(x-3)$

(3) $f(x)=\sin^2 x+2\cos x,\ 0\le x\le 2\pi$

03. 일계 및 이계도함수 판정법을 사용하여 다음 함수의 극대와 극소를 구하여라.

(1) $f(x)=\frac{1}{2}x^4-\frac{10}{3}x^3+6x^2-2$

(2) $f(x)=\frac{x^2}{x+1}$

(3) $f(x)=-2\cos x+3$

(4) $f(x)=x^2e^x$

04. $f(x)=\frac{x^2}{x^2-1}$의 그래프를 그려라.

05. 함수 $f(x)=x\ln(x^2)$의 그래프를 그려라.

3. 부정형과 로피탈의 법칙

이 절에서는 특정한 꼴의 함수의 극한을 구하는 데 미분을 활용할 수 있는 로피탈의 법칙에 대해 살펴보고 이를 활용한 다양한 극한의 계산문제를 다룬다.

3.1 부정형의 종류와 로피탈의 법칙

2장 1절에서 $\lim\limits_{x\to 3}\dfrac{x-3}{x^2-4x+3}$이나 $\lim\limits_{x\to 2}\dfrac{\sqrt{x+2}-2}{x-2}$와 같이 $x=3$이나 $x=2$를 대입하여 분자와 분모가 동시에 0이 되는 경우, 그 극한을 구할 때에는 인수분해나 유리화를 통해 분모나 분자에서 0이 되는 인수를 찾아 이들을 약분하여 극한을 구하였다.

$$\lim_{x\to 3}\frac{x-3}{x^2-4x+3}=\lim_{x\to 3}\frac{x-3}{(x-3)(x-1)}=\lim_{x\to 3}\frac{1}{(x-1)}=\frac{1}{2}$$

$$\begin{aligned}\lim_{x\to 2}\frac{\sqrt{x+2}-2}{x-2}&=\lim_{x\to 2}\frac{(\sqrt{x+2}-2)(\sqrt{x+2}+2)}{(x-2)(\sqrt{x+2}+2)}\\&=\lim_{x\to 2}\frac{x-2}{(x-2)(\sqrt{x+2}+2)}\\&=\lim_{x\to 2}\frac{1}{(\sqrt{x+2}+2)}=\frac{1}{4}\end{aligned}$$

또한 $\lim\limits_{x\to\infty}\dfrac{3x^2-x-5}{2x^2-3x+2}$와 같이 x가 한없이 커질 때 분자와 분모가 모두 ∞로 발산하는 형태의 극한은 분모의 최고차항으로 분모, 분자를 나누어 $\lim\limits_{x\to\infty}\dfrac{1}{x}=\lim\limits_{x\to\infty}\dfrac{1}{x^2}=0$을 이용하여 계산하였다.

$$\lim_{x\to\infty}\frac{3x^2-x-5}{2x^2-3x+2}=\lim_{x\to\infty}\frac{3-\dfrac{1}{x}-\dfrac{5}{x^2}}{2-\dfrac{3}{x}+\dfrac{2}{x^2}}=\frac{3}{2}$$

단, $\lim_{x\to\infty}\frac{x^3+5}{x^2-x+3}$와 같이 x가 한없이 커질 때 분자와 분모가 모두 ∞로 발산하더라도 극한이 존재하지 않는 경우도 있다.

정의 3.1 부정형

(1) $\lim_{x\to a}f(x)=0$이고 $\lim_{x\to a}g(x)=0$이면 $\lim_{x\to a}\frac{f(x)}{g(x)}$을 $\frac{0}{0}$ 부정형이라고 한다.

(2) $\lim_{x\to a}f(x)=\pm\infty$이고 $\lim_{x\to a}g(x)=\pm\infty$이면 $\lim_{x\to a}\frac{f(x)}{g(x)}$을 $\frac{\infty}{\infty}$ 부정형이라고 한다.

정의 3.1에서 "$x\to a$"는 $x\to a^+$, $x\to a^-$, $x\to\infty$, $x\to-\infty$ 중 어떤 것으로 대체하더라도 동일하게 정의한다. 부정형이라고 부르는 이유는 극한이 약분되는 경우나 최고차항의 계산에 따라 극한값이 달라져 특정하게 하나로 정할 수 없기 때문이다.

앞 장에서 기하적인 방법으로 계산한 $\lim_{x\to 0}\frac{\sin x}{x}$는 $\frac{0}{0}$ 부정형이지만 분모, 분자가 약분되는 형태가 아니다. 또한 $\lim_{x\to\infty}\frac{e^x}{x^2}$은 $\frac{\infty}{\infty}$ 부정형이지만 분모의 최고차항으로 나누어 계산하는 것이 의미가 없다. 따라서 이러한 부정형의 경우에는 다른 계산방법이 필요한데 이 방법을 로피탈의 법칙이라 한다.

로피탈의 법칙은 $\frac{0}{0}$이나 $\frac{\infty}{\infty}$ 부정형인 분수함수의 극한이 분모와 분자의 도함수로 이루어진 분수함수의 극한과 같다는 법칙이다. $\frac{0}{0}$ 부정형에 대한 로피탈의 법칙의 증명을 위해서는 코시의 평균값 정리인 정리 1.26을 이용할 수 있다. $\frac{\infty}{\infty}$ 부정형에 대한 로피탈의 법칙의 증명은 코시의 평균값 정리를 사용하나 다소 복잡하여 생략하기로 한다.

극한의 계산에서 $\frac{0}{0}$이나 $\frac{\infty}{\infty}$ 부정형 외에도 $0\cdot\infty$, 1^∞, 0^0, ∞^0, $\infty-\infty$ 부정형이 있는데 이들은 적당한 방법을 통해 $\frac{0}{0}$이나 $\frac{\infty}{\infty}$ 부정형으로 바꿀 수 있으며 로피탈의 법칙을 적용하여 계산할 수 있다.

정리 3.2 로피탈의 법칙

$f(x)$와 $g(x)$가 미분 가능하고 a 근방에서 $g'(x) \neq 0$이라고 가정하자. $\lim_{x \to a} \frac{f(x)}{g(x)}$가 $\frac{0}{0}$이거나 $\frac{\infty}{\infty}$ 부정형이고 $\lim_{x \to a} \frac{f'(x)}{g'(x)}$이 존재하면 $\lim_{x \to a} \frac{f(x)}{g(x)} = \lim_{x \to a} \frac{f'(x)}{g'(x)}$이다.

증명

$\lim_{x \to a} \frac{f(x)}{g(x)}$가 $\frac{0}{0}$ 부정형이라고 하자. 코시의 평균값 정리에 의해 $g'(x) \neq 0$인 a 근방의 임의의 x에 대해 $\frac{f(x) - f(a)}{g(x) - g(a)} = \frac{f'(c)}{g'(c)}$를 만족하는 적당한 $c \in (a, x)$가 존재한다. $f(a) = g(a) = 0$이므로 $\frac{f(x)}{g(x)} = \frac{f'(c)}{g'(c)}$이고 $x \to a$이면 $c \to a$이므로 $\lim_{x \to a} \frac{f(x)}{g(x)} = \lim_{c \to a} \frac{f'(c)}{g'(c)}$이다.

예제 3.3 다음 극한을 구하여라.

(1) $\lim_{x \to 0} \frac{\sin x}{x}$

(2) $\lim_{x \to \infty} \frac{e^x}{x^2}$

풀이

(1) $\lim_{x \to 0} \sin x = 0$이고 $\lim_{x \to 0} x = 0$이므로 로피탈의 법칙을 적용하면 $\lim_{x \to 0} \frac{\sin x}{x} = \lim_{x \to 0} \frac{\cos x}{1} = \frac{1}{1} = 1$이다.

(2) $\lim_{x \to \infty} e^x = \infty$이고 $\lim_{x \to \infty} x^2 = \infty$이므로 로피탈의 법칙을 적용하면 $\lim_{x \to \infty} \frac{e^x}{x^2} = \lim_{x \to \infty} \frac{e^x}{2x}$이다.

$\lim_{x \to \infty} 2x = \infty$이므로 로피탈의 법칙을 한 번 더 적용하면 $\lim_{x \to \infty} \frac{e^x}{x^2} = \lim_{x \to \infty} \frac{e^x}{2x} = \lim_{x \to \infty} \frac{e^x}{2} = \infty$이다. ■

예제 3.5 다음 극한을 구하여라.

(1) $\lim_{x\to-3}\frac{x+3}{\ln(x+4)}$ (2) $\lim_{x\to\infty}\frac{\ln x}{\sqrt{x}}$ (3) $\lim_{x\to\infty}\frac{x^2-3x+2}{2^x}$

풀이

(1) $\lim_{x\to-3}(x+3)=0$이고 $\lim_{x\to-3}\ln(x+4)=0$이므로 로피탈의 법칙을 적용하면

$$\lim_{x\to-3}\frac{x+3}{\ln(x+4)}=\lim_{x\to-3}\frac{1}{\frac{1}{x+4}}=\frac{1}{1}=1$$
이다.

(2) $\lim_{x\to\infty}\ln x=\infty$이고 $\lim_{x\to\infty}\sqrt{x}=\infty$이므로 로피탈의 법칙을 적용하면

$$\lim_{x\to\infty}\frac{\ln x}{\sqrt{x}}=\lim_{x\to\infty}\frac{\frac{1}{x}}{\frac{1}{2\sqrt{x}}}=\lim_{x\to\infty}\frac{2\sqrt{x}}{x}=\lim_{x\to\infty}\frac{2}{\sqrt{x}}=0$$
이다.

(3) $\lim_{x\to\infty}(x^2-3x+2)=\infty$이고 $\lim_{x\to\infty}2^x=\infty$이므로 로피탈의 법칙을 적용하면

$\lim_{x\to\infty}\frac{x^2-3x+2}{2^x}=\lim_{x\to\infty}\frac{2x-3}{2^x\ln 2}$이다. $\lim_{x\to\infty}(2x-3)=\infty$이고 $\lim_{x\to\infty}(2^x\ln 2)=\infty$이므로

로피탈의 법칙을 한 번 더 적용하면 $\lim_{x\to\infty}\frac{x^2-3x+2}{2^x}=\lim_{x\to\infty}\frac{2x-3}{2^x\ln 2}=\lim_{x\to\infty}\frac{2}{2^x(\ln 2)^2}=0$

이다. ■

예제 3.5 다음 극한을 구하여라.

(1) $\lim_{x\to0}\frac{x+\tan x}{\sin x}$ (2) $\lim_{x\to0}\frac{4x-\tan 4x}{x^3}$

풀이

(1) $\lim_{x\to0}\frac{x+\tan x}{\sin x}$는 $\frac{0}{0}$ 부정형이므로 로피탈의 법칙을 적용하면

$$\lim_{x\to0}\frac{x+\tan x}{\sin x}=\lim_{x\to0}\frac{1+\sec^2 x}{\cos x}=\frac{1+1}{1}=2$$
이다.

(2) $\lim_{x\to0}\frac{4x-\tan4x}{x^3}$은 $\frac{0}{0}$ 부정형이므로 로피탈의 법칙을 적용하면

$$\lim_{x\to0}\frac{4x-\tan4x}{x^3}=\lim_{x\to0}\frac{4-4\sec^2 4x}{3x^2}=\frac{4}{3}\lim_{x\to0}\frac{1-\sec^2 4x}{x^2}$$

이다. $1-\sec^2 4x=-\tan^2 4x=-\frac{\sin^2 4x}{\cos^2 4x}$이므로

$$\frac{4}{3}\lim_{x\to0}\frac{1-\sec^2 4x}{x^2}=-\frac{4}{3}\lim_{x\to0}\frac{\sin^2 4x}{x^2}\cdot\frac{1}{\cos^2 4x}$$

이다. $\lim_{x\to0}\frac{\sin4x}{x}$는 $\frac{0}{0}$ 부정형이므로 로피탈의 법칙을 적용하면

$\lim_{x\to0}\frac{\sin4x}{x}=\lim_{x\to0}\frac{4\cos4x}{1}=4$이고 $\lim_{x\to0}\frac{1}{\cos^2 4x}=1$이므로

$$-\frac{4}{3}\lim_{x\to0}\frac{\sin^2 4x}{x^2}\cdot\frac{1}{\cos^2 4x}=-\frac{4}{3}\cdot4^2\cdot\frac{1}{1^2}=-\frac{64}{3}$$

이다. 이 과정을 한 번에 정리하면 다음과 같다.

$$\lim_{x\to0}\frac{4x-\tan4x}{x^3}=\lim_{x\to0}\frac{4-4\sec^2 4x}{3x^2}=\frac{4}{3}\lim_{x\to0}\frac{1-\sec^2 4x}{x^2}=-\frac{4}{3}\lim_{x\to0}\frac{\tan^2 4x}{x^2}$$
$$=-\frac{4}{3}\lim_{x\to0}\frac{\sin^2 4x}{x^2}\cdot\frac{1}{\cos^2 4x}=-\frac{4}{3}\cdot4^2\cdot\frac{1}{1^2}=-\frac{64}{3}$$ ■

로피탈의 법칙을 적용할 때에는 반드시 $\frac{0}{0}$이거나 $\frac{\infty}{\infty}$ 부정형인지 확인하여야 한다. 로피탈의 법칙의 가정이 성립하지 않는 경우에는 다른 방법을 고려해야 한다.

예제 3.6 다음 극한을 구하여라.

(1) $\lim_{x\to\pi^+}\frac{\sin x}{1-\cos x}$

(2) $\lim_{x\to\infty}\frac{x+\sin x}{x+\cos x}$

풀이

(1) 로피탈의 법칙을 바로 적용하여 $\lim_{x\to\pi^+}\frac{\sin x}{1-\cos x}=\lim_{x\to\pi^+}\frac{\cos x}{\sin x}=\infty$와 같이 계산하면 안 된다. 왜냐하면 $\lim_{x\to\pi}\sin x=0$이나 $\lim_{x\to\pi}(1-\cos x)=2$이므로 $\frac{0}{0}$ 부정형이 아니기 때문이다.

실제로 $\lim_{x\to\pi^+}\dfrac{\sin x}{1-\cos x}=\dfrac{\sin\pi}{1-\cos\pi}=\dfrac{0}{1-(-1)}=0$이다.

(2) 로피탈의 법칙을 바로 적용하여 $\lim_{x\to\infty}\dfrac{x+\sin x}{x+\cos x}=\lim_{x\to\infty}\dfrac{1+\cos x}{1-\sin x}$로 계산하여 극한이 존재하지 않는다고 하면 안 된다. 왜냐하면 $\lim_{x\to\infty}\dfrac{1+\cos x}{1-\sin x}$의 극한이 존재하지 않기 때문에 로피탈의 법칙을 적용할 수 없다. 실제로 $\lim_{x\to\infty}\dfrac{x+\sin x}{x+\cos x}=\lim_{x\to\infty}\dfrac{1+\dfrac{\sin x}{x}}{1+\dfrac{\cos x}{x}}$인데 조임정리에 의해

$\lim_{x\to\infty}\dfrac{\sin x}{x}=0$이고 $\lim_{x\to\infty}\dfrac{\cos x}{x}=0$이므로 $\lim_{x\to\infty}\dfrac{x+\sin x}{x+\cos x}=\lim_{x\to\infty}\dfrac{1+\dfrac{\sin x}{x}}{1+\dfrac{\cos x}{x}}=1$이다. ■

예제 3.7 **함수** $f:[0,1]\to\mathbb{R}$ **는** $f(x)=\begin{cases}x^2\sin\left(\dfrac{1}{x}\right), & x\neq 0\\ 0, & x=0\end{cases}$ **으로 정의된 함수이고** $g:[0,1]\to\mathbb{R}$**는** $g(x)=\sin x$ **라 하자.** $\lim_{x\to 0+}\dfrac{f(x)}{g(x)}$ **를 구하여라.**

풀이

로피탈의 법칙을 사용하면 $\lim_{x\to 0+}\dfrac{f'(x)}{g'(x)}=\lim_{x\to 0+}\dfrac{2x\sin\left(\dfrac{1}{x}\right)-\cos\left(\dfrac{1}{x}\right)}{\cos x}$ 이 되고 이 극한 값은 존재 하지 않는다. 따라서 주어진 극한 값은 존재 하지 않는다고 하면 틀린 것이다. 이 경우는 로프탈으; 법칙을 적용할 수 없다. 실제로 이 극한값은

$$\lim_{x\to 0+}\frac{f(x)}{g(x)}=\lim_{x\to 0+}\frac{x^2\sin\left(\dfrac{1}{x}\right)}{\sin x}==\lim_{x\to 0+}\frac{x}{\sin x}\cdot\lim_{x\to 0+}x\sin\left(\frac{1}{x}\right)=1\cdot 0=0$$

이다.

3.2 $0\cdot\infty$와 $\infty-\infty$ 부정형의 극한

$\lim_{x\to0^+} x\cdot\frac{1}{x}=\lim_{x\to0^+}1=1$이지만 $\lim_{x\to0^+} x\cdot\frac{1}{x^2}=\lim_{x\to0^+}\frac{1}{x}=\infty$이고 $\lim_{x\to0^+} x^2\cdot\frac{1}{x}=\lim_{x\to0^+}x=0$이다. 또한 $\lim_{x\to\infty}(x-x)=\lim_{x\to\infty}0=0$이지만 $\lim_{x\to\infty}(x^2-x)=\infty$이고 $\lim_{x\to\infty}(x-x^2)=-\infty$이다. 이렇게 $\lim_{x\to a}f(x)=0$이고 $\lim_{x\to a}g(x)=\infty$일 때 $\lim_{x\to a}f(x)g(x)$의 값과 $\lim_{x\to a}f(x)=\infty$이고 $\lim_{x\to a}g(x)=\infty$일 때 $\lim_{x\to a}(f(x)-g(x))$의 값은 특정할 수 없다. 이러한 종류의 극한을 각각 $0\cdot\infty$ 부정형, $\infty-\infty$ 부정형이라 한다.

정의 3.8 부정형

(1) $\lim_{x\to a}f(x)=0$이고 $\lim_{x\to a}g(x)=\pm\infty$이면 $\lim_{x\to a}f(x)g(x)$을 $0\cdot\infty$ 부정형이라고 한다.

(2) $\lim_{x\to a}f(x)=\infty$이고 $\lim_{x\to a}g(x)=\pm\infty$이면 $\lim_{x\to a}(f(x)-g(x))$을 $\infty-\infty$ 부정형이라고 한다.

정의 3.7에서 "$x\to a$"는 $x\to a^+$, $x\to a^-$, $x\to\infty$, $x\to-\infty$ 중 어떤 것으로 대체하더라도 동일하게 정의한다. $0\cdot\infty$ 부정형은 $f(x)g(x)=\dfrac{f(x)}{\dfrac{1}{g(x)}}$ 또는 $f(x)g(x)=\dfrac{g(x)}{\dfrac{1}{f(x)}}$와 같이 적당한 번분수 표현을 통해서 $\frac{0}{0}$ 또는 $\frac{\infty}{\infty}$ 부정형으로 바꾼 후 로피탈의 법칙을 적용할 수 있다. $\infty-\infty$ 부정형은 적당히 분수 형태로 변환하여 $\frac{0}{0}$ 또는 $\frac{\infty}{\infty}$ 부정형으로 바꾼 후 로피탈의 법칙을 적용할 수 있다.

예제 3.9 다음 극한을 구하여라.

(1) $\lim_{x\to0^+} x\ln x$

(2) $\lim_{x\to\infty}(x-\ln x)$

(3) $\lim_{x\to0^+}\sin x\ln x$

(4) $\lim_{x\to1}\left(\frac{1}{\ln x}-\frac{1}{x-1}\right)$

풀이

(1) $\lim_{x\to0^+} x\ln x$는 $0\cdot\infty$ 부정형이므로 $\lim_{x\to0^+}\frac{\ln x}{\frac{1}{x}}$은 $\frac{\infty}{\infty}$ 부정형이다. 로피탈의 법칙을 적용하면

$\lim_{x\to0^+} x\ln x=\lim_{x\to0^+}\frac{\ln x}{\frac{1}{x}}=\lim_{x\to0^+}\frac{\frac{1}{x}}{-\frac{1}{x^2}}=\lim_{x\to0^+}(-x)=0$이다.

(2) $\lim_{x\to\infty}(x-\ln x)$은 $\infty-\infty$ 부정형이다. $x=\ln e^x$이므로 $\lim_{x\to\infty}(x-\ln x)=\lim_{x\to\infty}(\ln e^x-\ln x)$

$=\lim_{x\to\infty}\ln\left(\frac{e^x}{x}\right)=\ln\left(\lim_{x\to\infty}\frac{e^x}{x}\right)$이다. $\lim_{x\to\infty}\frac{e^x}{x}$이 $\frac{\infty}{\infty}$ 부정형이므로 로피탈의 법칙을 적용하면

$\ln\left(\lim_{x\to\infty}\frac{e^x}{x}\right)=\ln\left(\lim_{x\to\infty}\frac{e^x}{1}\right)=\infty$이다.

(3) $\lim_{x\to0^+}\sin x\ln x$는 $0\cdot\infty$ 부정형이므로 $\lim_{x\to0^+}\frac{\ln x}{\frac{1}{\sin x}}$은 $\frac{\infty}{\infty}$ 부정형이다. 로피탈의 법칙을 적용

하면 $\lim_{x\to0^+}\frac{\ln x}{\frac{1}{\sin x}}=\lim_{x\to0^+}\frac{\frac{1}{x}}{-\frac{\cos x}{\sin^2 x}}=-\lim_{x\to0^+}\frac{\sin^2 x}{x\cos x}$이다. $-\lim_{x\to0^+}\frac{\sin^2 x}{x\cos x}$이 $\frac{0}{0}$ 부정형이

므로 계속해서 로피탈의 법칙을 적용하면 $-\lim_{x\to0^+}\frac{\sin^2 x}{x\cos x}=-\lim_{x\to0^+}\frac{2\sin x\cos x}{\cos x-x\sin x}=$

$-\frac{2\cdot0\cdot1}{1-0\cdot0}=-\frac{0}{1}=0$이다.

(4) $\lim_{x\to1}\left(\frac{1}{\ln x}-\frac{1}{x-1}\right)$은 $\infty-\infty$ 부정형이므로 통분하여 정리하면 $\lim_{x\to1}\left(\frac{1}{\ln x}-\frac{1}{x-1}\right)=$

$\lim_{x\to1}\frac{x-1-\ln x}{(\ln x)(x-1)}$이고 이것은 $\frac{0}{0}$ 부정형이므로 로피탈의 법칙을 적용하면

$\lim_{x\to1}\frac{x-1-\ln x}{(\ln x)(x-1)}=\lim_{x\to1}\left(\frac{1-\frac{1}{x}}{\frac{x-1}{x}+\ln x}\right)$이다. 분모와 분자에 x를 곱하고 정리하면

$\lim_{x\to1}\left(\frac{1-\frac{1}{x}}{\frac{x-1}{x}+\ln x}\right)=\lim_{x\to1}\left(\frac{x-1}{x-1+x\ln x}\right)$이다. 아직 $\frac{0}{0}$ 부정형이므로 로피탈의 법칙을 적

용하면 $\lim_{x\to1}\left(\frac{x-1}{x-1+x\ln x}\right)=\lim_{x\to1}\left(\frac{1}{1+\ln x+1}\right)=\frac{1}{2}$이다. ■

3.3 0^0, ∞^0, 1^∞ 부정형의 극한

$\lim_{x\to\infty}\left(1+\frac{1}{x}\right)^x=e$이고 $\lim_{x\to\infty}\left(1+\frac{1}{x}\right)^{2x}=e^2$이므로 $\lim_{x\to a}f(x)^{g(x)}$에서 $\lim_{x\to a}f(x)=1$이고 $\lim_{x\to a}g(x)=\infty$이더라도 $\lim_{x\to a}f(x)^{g(x)}$의 값은 특정할 수 없다. 이렇게 지수함수의 극한에서 등장하는 부정형은 다음 세 가지 종류가 있다.

정의 3.10 부정형

(1) $\lim_{x\to a}f(x)=0$이고 $\lim_{x\to a}g(x)=0$이면 $\lim_{x\to a}f(x)^{g(x)}$을 0^0 부정형이라고 한다.

(2) $\lim_{x\to a}f(x)=\infty$이고 $\lim_{x\to a}g(x)=0$이면 $\lim_{x\to a}f(x)^{g(x)}$을 ∞^0 부정형이라고 한다.

(3) $\lim_{x\to a}f(x)=1$이고 $\lim_{x\to a}g(x)=\pm\infty$이면 $\lim_{x\to a}f(x)^{g(x)}$을 1^∞ 부정형이라고 한다.

정의 3.10에서 "$x\to a$"는 $x\to a^+$, $x\to a^-$, $x\to\infty$, $x\to-\infty$ 중 어떤 것으로 대체하더라도 동일하게 정의한다.

$\lim_{x\to a}f(x)^{g(x)}$이 0^0, ∞^0, 1^∞ 부정형 중 하나이면 $y=f(x)^{g(x)}$에 적당히 자연로그를 취해 $\ln y=g(x)\ln f(x)$로 바꾸거나 로그를 이용하여 $f(x)^{g(x)}=e^{g(x)\ln f(x)}$으로 표현하면 앞에서 다룬 $0\cdot\infty$ 부정형으로 바꿀 수 있다. $0\cdot\infty$ 부정형은 $\frac{0}{0}$이나 $\frac{\infty}{\infty}$ 부정형으로 바꿀 수 있으므로 로피탈의 법칙을 적용할 수 있게 된다.

예제 3.11 다음 극한을 구하여라.

(1) $\lim_{x\to0^+}x^x$ (2) $\lim_{x\to\infty}x^{\frac{1}{x}}$ (3) $\lim_{x\to0^+}(1+\sin3x)^{\cot5x}$

풀이

(1) $\lim_{x\to0^+} x^x$은 0^0 부정형이다. $x^x = (e^{x\ln x})$이므로 $\lim_{x\to0^+} x^x = \lim_{x\to0^+} e^{x\ln x} = e^{\left(\lim_{x\to0^+} x\ln x\right)}$이다.

$\lim_{x\to0^+} x\ln x$는 $0\cdot\infty$ 꼴로 앞의 예제에서 0임을 보였으므로 $e^{\left(\lim_{x\to0^+} x\ln x\right)} = e^0 = 1$이다. 따라서 $\lim_{x\to0^+} x^x = \lim_{x\to0^+} e^{x\ln x} = e^0 = 1$이다.

(2) $\lim_{x\to\infty} x^{\frac{1}{x}}$은 ∞^0 부정형이다. $y = x^{\frac{1}{x}}$로 놓고 양변에 자연로그를 취하면 $\ln y = \frac{1}{x}\ln x = \frac{\ln x}{x}$

이다. $\lim_{x\to\infty}\frac{\ln x}{x}$는 $\frac{\infty}{\infty}$이므로 로피탈의 법칙을 적용하면 $\lim_{x\to\infty}\frac{\ln x}{x} = \lim_{x\to\infty}\frac{\frac{1}{x}}{1} = \lim_{x\to\infty}\frac{1}{x} = 0$

이다. 따라서 $\lim_{x\to\infty}\ln y = \ln\left(\lim_{x\to\infty} y\right) = \lim_{x\to\infty}\frac{\ln x}{x} = 0$이므로 $\lim_{x\to\infty} y = e^0 = 1$이다. 그러므로

$\lim_{x\to\infty} x^{\frac{1}{x}} = 1$이다.

(3) $\lim_{x\to0^+}(1+\sin 3x)^{\cot 5x}$은 1^∞ 부정형이다. $y = (1+\sin 3x)^{\cot 5x}$로 놓고 양변에 자연로그를

취하면 $\ln y = \cot 5x \ln(1+\sin 3x) = \frac{\ln(1+\sin 3x)}{\tan 5x}$이다. $\lim_{x\to0^+}\frac{\ln(1+\sin 3x)}{\tan 5x}$는 $\frac{0}{0}$ 부정

형이므로 로피탈의 법칙을 적용하면 $\lim_{x\to0^+}\ln y = \lim_{x\to0^+}\frac{\ln(1+\sin 3x)}{\tan 5x} = \lim_{x\to0^+}\frac{\frac{3\cos 3x}{1+\sin 3x}}{5\sec^2 x}$

$= \frac{\frac{3}{1}}{5} = \frac{3}{5}$이다. 따라서 $\lim_{x\to0^+}\ln y = \ln\left(\lim_{x\to0^+} y\right) = \frac{3}{5}$이므로 $\lim_{x\to0^+}(1+\sin 3x)^{\cot 5x} = e^{\frac{3}{5}}$이다.

■

예제 3.12 다음 극한을 구하여라.

(1) $\lim_{x\to0^+}(\tan 5x)^x$

(2) $\lim_{x\to\infty}\left(\frac{x+1}{x-1}\right)^x$

풀이

(1) $\lim_{x\to 0^+}(\tan 5x)^x$는 0^0 부정형이다. $y=(\tan 5x)^x$로 놓고 양변에 자연로그를 취하면

$\ln y = x\ln(\tan 5x)$이다. $\lim_{x\to 0^+}x\ln(\tan 5x)$는 $0\cdot\infty$ 부정형이므로 $\lim_{x\to 0^+}\dfrac{\ln(\tan 5x)}{\frac{1}{x}}$은 $\dfrac{\infty}{\infty}$ 부정형이다. 로피탈의 법칙을 적용하면 $\lim_{x\to 0^+}\dfrac{\ln(\tan 5x)}{\frac{1}{x}}=\lim_{x\to 0^+}\dfrac{\frac{5\sec^2 5x}{\tan 5x}}{-\frac{1}{x^2}}=$

$-\lim_{x\to 0^+}\dfrac{5x^2\sec^2 5x}{\tan 5x}=-\lim_{x\to 0^+}\dfrac{\frac{5x^2}{\cos^2 5x}}{\frac{\sin 5x}{\cos 5x}}=-\lim_{x\to 0^+}\dfrac{5x^2}{\sin 5x\cos 5x}$이다.

$-\lim_{x\to 0^+}\dfrac{5x^2}{\sin 5x\cos 5x}$은 $\dfrac{0}{0}$ 부정형이므로 다시 로피탈의 법칙을 적용하면

$-\lim_{x\to 0^+}\dfrac{5x^2}{\sin 5x\cos 5x}=-\lim_{x\to 0^+}\dfrac{10x}{5\cos^2 5x-5\sin^2 5x}=-\dfrac{0}{5-0}=0$이다. $\lim_{x\to 0^+}\ln y=0$이므로 $\lim_{x\to 0^+}(\tan 5x)^x=e^0=1$이다.

(2) $\lim_{x\to\infty}\left(\dfrac{x+1}{x-1}\right)^x$은 1^∞ 부정형이다. $y=\left(\dfrac{x+1}{x-1}\right)^x$로 놓고 양변에 자연로그를 취하면

$\ln y = x\left(\ln\dfrac{x+1}{x-1}\right)$이다. $\lim_{x\to\infty}x\left(\ln\dfrac{x+1}{x-1}\right)$은 $0\cdot\infty$ 부정형이므로 $\lim_{x\to\infty}\dfrac{\left(\ln\frac{x+1}{x-1}\right)}{\frac{1}{x}}$는 $\dfrac{0}{0}$ 부정형이다. $\lim_{x\to\infty}\dfrac{\left(\ln\frac{x+1}{x-1}\right)}{\frac{1}{x}}$을 $\lim_{x\to\infty}\dfrac{\ln(x+1)-\ln(x-1)}{\frac{1}{x}}$로 변형하고 로피탈의 법칙을 적용하면 $\lim_{x\to\infty}\dfrac{\left(\ln\frac{x+1}{x-1}\right)}{\frac{1}{x}}=\lim_{x\to\infty}\dfrac{\left(\frac{1}{x+1}-\frac{1}{x-1}\right)}{-\frac{1}{x^2}}=\lim_{x\to\infty}\dfrac{\frac{-2}{x^2-1}}{-\frac{1}{x^2}}=\lim_{x\to\infty}\dfrac{2x^2}{x^2-1}=2$이다.

$\lim_{x\to 0^+}\ln y=2$이므로 $\lim_{x\to\infty}\left(\dfrac{x+1}{x-1}\right)^x=e^2$이다. ■

➡ 연습문제 해답 509쪽

3.3 연습문제

01. $f'(1)=2$일 때, 다음 극한을 구하여라.

(1) $\lim_{h\to 0}\frac{f(1+3h)-f(1)}{h}$

(2) $\lim_{h\to 0}\frac{f(1-5h)-f(1)}{3h}$

(3) $\lim_{h\to 0}\frac{f(1+2h)-f(1-3h)}{4h}$

(4) $\lim_{h\to 0}\frac{2h}{f(1-3h)-f(1+4h)}$

02. 다음 극한을 구하여라.

(1) $\lim_{x\to 0}\frac{(4+5x)^2-16}{3x}$

(2) $\lim_{x\to 0}\frac{\sqrt{4+x}-2}{3x}$

(3) $\lim_{x\to 0}\frac{e^{2x}-1}{x}$

(4) $\lim_{x\to 0}\frac{\ln(1+2x)}{x}$

(5) $\lim_{x\to 0}\frac{1-e^{-3x}}{\sin x}$

(6) $\lim_{x\to 0}\frac{\cos x-1}{x^2}$

03. 다음 극한을 구하여라.

(1) $\lim_{x\to 0}\frac{x}{\sin x}$

(2) $\lim_{x\to 0}\frac{\tan x}{x}$

(3) $\lim_{x\to 0}\frac{\sin ax}{bx}$ (a와 b는 상수)

(4) $\lim_{x\to 0}\frac{ax}{\tan bx}$ (a와 b는 상수)

04. 다음 극한을 구하여라.

(1) $\lim_{x\to 0}\frac{\tan 3x}{\sin 7x}$

(2) $\lim_{x\to 0}x\cot x$

(3) $\lim_{\theta\to\frac{\pi}{2}}\frac{1}{\sec\theta\sin(\cos\theta)}$

(4) $\lim_{\theta\to\frac{\pi}{2}}\frac{\sin x}{\cot^{-1}(\sin x)}$

05. 다음 극한을 구하여라.

(1) $\lim_{x\to0}\frac{\cos x-1}{\sin x}$

(2) $\lim_{x\to2}\frac{\sin(x-2)}{x^2-x-2}$

(3) $\lim_{\theta\to0}\frac{\sin\theta}{\theta+\tan\theta}$

(4) $\lim_{x\to3}\frac{\tan(x-3)}{x^2+3x-18}$

06. 다음 극한을 구하여라.

(1) $\lim_{x\to0}\frac{x+\tan x}{x-\sin x}$

(2) $\lim_{x\to\infty}\frac{x-\sin x}{x+\cos x}$

(3) $\lim_{x\to1^-}\frac{\cos^{-1}x}{x^2-1}$

(4) $\lim_{x\to-\infty}x^3e^{-x^2}$

07. 다음 극한을 구하여라.

(1) $\lim_{x\to0}(1+3x)^{\frac{2}{x}}$

(2) $\lim_{x\to\infty}\left(1+\frac{3}{x}\right)^x$

(3) $\lim_{x\to0^+}\left(\frac{x+3}{x}\right)^{5x}$

(4) $\lim_{x\to0^+}x^{x^2}$

(5) $\lim_{x\to\infty}(x+e^x)^{\frac{1}{x}}$

(6) $\lim_{x\to\infty}\left(\frac{2x+5}{2x-4}\right)^{2x+3}$

08. 다음 극한을 구하여라.

(1) $\lim_{x\to0}\sin x\ln x$

(2) $\lim_{x\to0}\left(\frac{1}{\sin^2x}-\frac{1}{x^2}\right)$

(3) $\lim_{x\to0^+}\left(\frac{\sin x}{x}\right)^{\frac{1}{x^2}}$

(4) $\lim_{x\to\infty}(ax)^{\frac{b}{cx}}$ (단, a와 c는 0이 아닌 수)

Section 4

4. 최적화 문제

생활 속에서 자주 등장하는 개념인 넓이, 이익, 비용, 시간 등이 언제 최대가 되는지, 최소가 되는지를 살펴보게 된다. 이러한 문제는 해당 개념을 함수로 표현하고 주어진 조건하에서 언제 이 함수가 최대가 되는지, 최소가 되는지를 해석하는 문제로 바꾸어 해결할 수 있다. 이 절에서는 지금까지 살펴본 함수의 최솟값이나 최댓값을 구하는 문제를 실생활이나 사회, 자연과학에 응용하는 최적화의 사례를 살펴본다.

4.1 최적화의 의미

최적화란 특정한 구간이나 집합에서 정의된 함수가 어떤 수에서 최댓값과 최솟값을 갖게 되는지를 찾는 것이다. 따라서 최적화는 최소화와 최대화로 나눌 수 있다.

정의 4.1 최적화

실수의 집합 $\mathbb{R}$의 부분집합 A에서 정의된 함수 $f: A \to \mathbb{R}$이 있을 때, 모든 $x \in A$에 대해 $f(a) \le f(x)(f(a) \ge f(x))$인 $a \in A$를 찾는 것을 f의 최소화(최대화) 문제라 하고 정의역 A를 f의 최소화(최대화) 문제의 제한조건이라고 한다. 최소화 또는 최대화 문제를 최적화 문제라고 하며 최적화 문제에서 찾은 $a \in A$를 최적화 해라고 한다.

최적화 문제를 해결하기 위해서는 해당 문제를 함수의 최대, 최소를 구하는 문제로 바꾸어야 한다. 일반적으로 최적화 문제를 해결하는 절차는 다음과 같다.

최적화 문제 해결 절차

(1) **문제의 이해**: 최대화 또는 최소화하고자 하는 것, 주어진 조건이나 제한조건이 무엇인지 파악하고 그림이나 도표를 그려 해당 문제를 전체적으로 이해한다.

(2) **수식화**: 최대화 또는 최소화할 양과 이에 관여하는 변수를 기호를 도입해 표현하고 이를 이용해 최대화 또는 최소화할 양을 식으로, 제한조건을 구간이나 집합으로 표현한다.

최대화(또는 최소화): 식이나 함수

제한조건: 구간이나 집합

(3) **일변수화**: (2)에서 해당 함수가 2개 이상의 변수를 포함한 함수로 표현된다면 해당 변수를 소거하여 일변수 함수로 만들고 제한조건에 따라 해당 함수의 정의역을 구한다.

(4) **최적화 해 구하기**: 지금까지 배운 함수와 도함수의 해석 방법을 이용하여 주어진 조건에서 함수의 최대, 최소를 구한다.

예제 4.2 합이 15인 음이 아닌 두 정수로 한 수와 다른 수의 제곱의 곱이 최대가 되게 할 때 두 수를 구하여라.

풀이

음이 아닌 두 정수를 x와 y라고 두면 한 수와 다른 수의 제곱의 곱 Q는 $Q = xy^2$이고 제한조건은 $x + y = 15$이다. 따라서 이 최적화 문제는 다음과 같이 나타낼 수 있다.

최대화: $Q = xy^2$

제한조건: $x + y = 15,\ x \geq 0,\ y \geq 0$

Q를 일변수화하기 위해 $y = 15 - x$를 대입하면 $Q(x) = x(15-x)^2$이고 $y = 15 - x \geq 0$이므로 $0 \leq x \leq 15$이다. 닫힌구간에서 정의된 연속함수의 최댓값은 임계점 또는 닫힌구간의 양 끝점의 함숫값 중에서 가장 큰 값이므로 $0 \leq x \leq 15$에서 $Q(x) = x(15-x)^2$의 최댓값을 구하기 위해 Q의 임계점을 구하면

$$Q' = (15-x)^2 - 2x(15-x) = (15-x)(15-x-2x) = (15-x)(15-3x)$$

에서 $x = 5$와 $x = 15$이다. Q의 임계점 $x = 5$, $x = 15$와 구간 $[0, 15]$의 양 끝점에서 $Q(x) = x(15-x)^2$의 값을 구해보면 $Q(5) = 500$, $Q(15) = 0$, $Q(0) = 0$이므로 Q의 최댓값은 $x = 5$에서 $Q(5) = 500$이다. 그러므로 최적화의 두 수는 5와 10이다. ■

예제 4.3 한쪽이 벽으로 이루어진 곳에 40m의 철책으로 울타리를 쳐 직사각형 모양의 땅을 확보하고자 한다. 어떻게 하면 최대 영역이 되는가?

풀이

울타리의 가로의 길이를 x, 세로의 길이를 y라고 하면 울타리로 둘러싸인 영역의 넓이 A는 $A = xy$이고 제한조건은 $x + 2y = 40$이다. 따라서 이 최적화 문제는 다음과 같이 나타낼 수 있다.

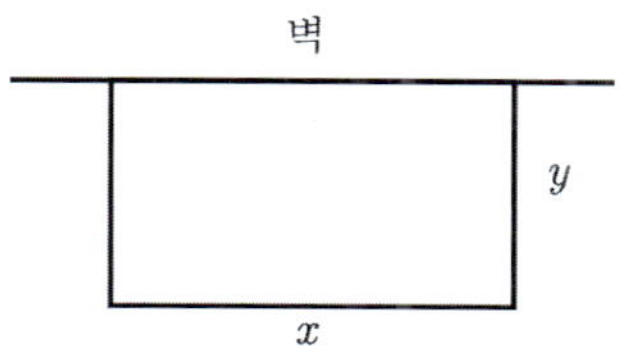

최대화: $A = xy$

제한조건: $x + 2y = 40,\ x \geq 0,\ y \geq 0$

제한조건에서 $y = -\frac{1}{2}x + 20$이고 $x \geq 0,\ y \geq 0$이므로 $A = x\left(-\frac{1}{2}x + 20\right)$이고 제한조건은 $y = -\frac{1}{2}x + 20 \geq 0$에서 $0 \leq x \leq 40$이다. $A'(x) = -x + 20$이므로 A의 임계점 $x = 20$과 구간 $[0, 40]$의 양 끝점에서 $A(x) = -\frac{1}{2}x^2 + 20x$의 값을 구해보면 $A(20) = 200$, $A(0) = 0$, $A(40) = 0$이므로 최댓값은 $x = 20$에서 $A(20) = 200$이다. 그러므로 울타리는 가로가 20m, 세로가 10m일 때, 둘러싸인 넓이가 최대가 된다. ■

앞에서 살펴본 일계도함수 판정법과 이계도함수 판정법은 극대, 극소를 판정하는 방법이었다. 닫힌구간이 아닌 곳에서 정의된 함수의 최대, 최소를 구하기 위한 일계도함수 판정법과 이계도함수 판정법은 다음과 같이 특정한 경우에 대해 성립한다.

정리 4.4 최대, 최소에 대한 일계도함수 판정법

구간 I에서 정의된 연속함수 $f: I \to \mathbb{R}$의 임계점이 c라고 하자.

(1) 모든 $x < c$에 대해 $f'(x) > 0$이고 모든 $x > c$에 대해 $f'(x) < 0$이면 f는 $x = c$에서 최대이다.

(2) 모든 $x < c$에 대해 $f'(x) < 0$이고 모든 $x > c$에 대해 $f'(x) > 0$이면 f는 $x = c$에서 최소이다.

증명

구간 I의 양쪽 경계의 수를 a, $b(a < b)$라고 하자.

(1) 모든 $x < c$에 대해 $f'(x) > 0$이므로 f는 $x < c$에서 증가하고 따라서 $x < c$이면 $f(x) < f(c)$이다. 또한 모든 $x > c$에 대해 $f'(x) < 0$이므로 f는 $x > c$에서 감소하고 따라서 $x > c$이면 $f(x) < f(c)$이다. 가정과 일계도함수 판정법에 의해 f는 $x = c$에서 극대이고 $x \neq c$인 모든 $x \in I$에 대해 $f(c) > f(x)$이므로 $f(c)$가 $f(x)$의 최댓값이다.

(2) 모든 $x < c$에 대해 $f'(x) < 0$이므로 f는 $x < c$에서 감소하고 따라서 $x < c$에서 $f(x) > f(c)$이다. 또한 모든 $x < c$에 대해 $f'(x) > 0$이므로 f는 $x > c$에서 증가하고 따라서 $x > c$이면 $f(x) > f(c)$이다. 가정과 일계도함수 판정법에 의해 f는 $x = c$에서 극소이고 $x \neq c$인 모든 $x \in I$에 대해 $f(x) > f(c)$이므로 $f(c)$가 $f(x)$의 최솟값이다.

정리 4.5 최대, 최소에 대한 이계도함수 판정법

구간 I에서 정의된 연속함수 $f: I \to \mathbb{R}$와 $c \in I$에 대해 $f'(c) = 0$이라고 하자.

(1) 모든 $x \in I$에 대해 $f''(x) > 0$이면 f는 $x = c$에서 최소이다.

(2) 모든 $x \in I$에 대해 $f''(x) < 0$이면 f는 $x = c$에서 최대이다.

증명

구간 I의 양쪽 경계의 수를 a, $b(a < b)$라고 하자.

(1) 모든 $x \in I$에 대해 $f''(x) > 0$이므로 f는 정의역에서 위로 오목이고 $x = c$에서 접선은 y축에 평행하므로 f의 그래프는 직선 $y = f(c)$ 위쪽에 존재한다. 따라서 모든 $x \in I$에 대해 $f(x) \geq f(c)$이므로 f는 $x = c$에서 최소이다.

(2) 모든 $x \in I$에 대해 $f''(x) < 0$이므로 f는 정의역에서 아래로 오목이고 $x = c$에서 접선은 y축에 평행하므로 f의 그래프는 직선 $y = f(c)$ 아래쪽에 존재한다. 따라서 모든 $x \in I$에 대해 $f(x) \leq f(c)$이므로 f는 $x = c$에서 최대이다.

정리 4.4와 4.5는 f가 구간에서 정의되지 않거나 연속함수가 아니면 성립하지 않는다. 예를 들어 다음 그림의 함수인 경우 정리 4.4의 (1)과 4.5의 (2)의 조건을 만족하나 $x = c$에서 최대가 아니다.

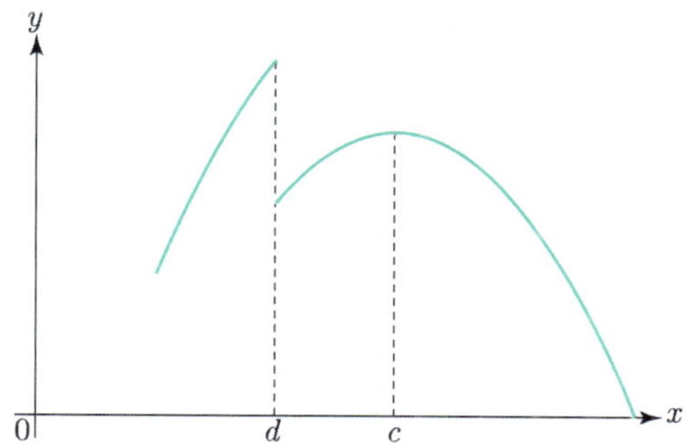

예제 4.6 **바닥이 있고 뚜껑이 없으며 용량이 $2L$인 원통을 종이를 이용하여 만들려고 한다. 이 원통을 만드는 데 사용되는 종이의 넓이를 최소화하기 위한 원통의 치수를 구하여라.**

풀이

원통의 반지름을 r(cm), 높이를 h(cm)로 두자. 원통의 밑면과 옆면을 만드는 데 사용되는 종이의 넓이를 A라고 하면 $A = \pi r^2 + 2\pi rh$이다. 원통의 용량이 $2L$이고 이는 2000cm^3이므로 제한조건은 $\pi r^2 h = 2000$이다. 따라서 이 최적화 문제는 다음과 같이 나타낼 수 있다.

최소화: $A = \pi r^2 + 2\pi rh$

제한조건: $\pi r^2 h = 2000,\ r > 0,\ h > 0$

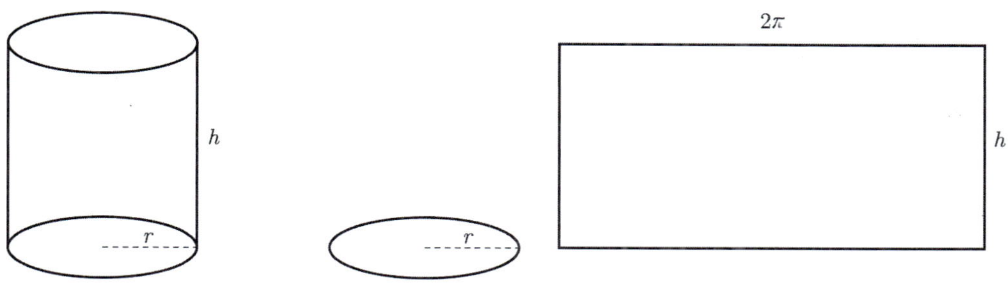

A를 일변수화하기 위해 $\pi r^2 h = 2000$에서 $h = \dfrac{2000}{\pi r^2}$을 대입하면

$$A(r) = \pi r^2 + 2\pi r\left(\frac{2000}{\pi r^2}\right) = \pi r^2 + \frac{4000}{r},\ r > 0$$

이다. $r > 0$에서 $A(r) = \pi r^2 + \dfrac{4000}{r}$의 최솟값을 구하기 위해 A의 임계점을 구하면

$$A'(r) = 2\pi r - \frac{4000}{r^2} = 2\frac{\pi r^3 - 2000}{r^2} = 0\text{에서 } r = \sqrt[3]{\frac{2000}{\pi}}$$

이다. $A'(r)$의 부호는 $\pi r^3 - 2000$의 부호와 일치하므로

$$r < \sqrt[3]{\frac{2000}{\pi}}\text{이면 } A'(r) < 0\text{이고 } r > \sqrt[3]{\frac{2000}{\pi}}\text{이면 } A'(r) > 0$$

이다. 따라서 정리 4.4에 의해 $A(r)$는 $r = \sqrt[3]{\dfrac{2000}{\pi}}$에서 최소이고 이때의 높이는

$$h = \frac{2000}{\pi r^2} = \frac{2000}{\pi\sqrt[3]{\left(\dfrac{2000}{\pi}\right)^2}} = \sqrt[3]{\frac{2000}{\pi}} = r$$

이다. 그러므로 원통을 만드는 데 사용되는 종이의 넓이가 최소가 되려면 원통의 반지름과 높이 모두 $\sqrt[3]{\dfrac{2000}{\pi}}$ (cm)가 되어야 한다. ■

예제 4.7 반지름이 5인 원에 내접하는 직사각형의 넓이가 최대가 되게 하는 직사각형의 가로의 길이와 세로의 길이를 구하여라.

풀이

중심이 원점이고 반지름이 5인 원에 내접하는 직사각형을 그리고 원과 직사각형이 원과 내접하는 점 중에서 1사분면 위의 점을 (x, y)로 두자. 내접하는 직사각형의 가로의 길이는 $2x$이고 세로의 길이는 $2y$이므로 직사각형의 넓이 A는 $A = 4xy$이다. 또한 (x, y)는 중심이 원점이고 반지름이 5인 원 위의 점이므로 제한조건은 $x^2 + y^2 = 25$이다. 따라서 이 최적화 문제는 다음과 같이 나타낼 수 있다.

최대화: $A = 4xy$

제한조건: $x^2 + y^2 = 25,\ 0 < x < 5,\ 0 < y < 5$

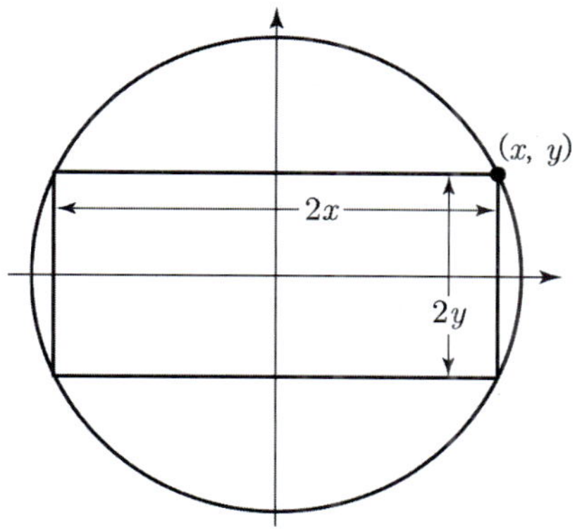

A를 일변수화하기 위해 $x^2+y^2=25$에서 $y^2=25-x^2$이고 $y>0$이므로

$$y=\sqrt{25-x^2}$$

이다. 따라서 $y=\sqrt{25-x^2}$을 대입하면 $A(x)=4x\sqrt{25-x^2}$이고 $0<x<5$이다. $0<x<5$에서 $A(x)=4x\sqrt{25-x^2}$의 최댓값을 구하기 위해 A의 임계점을 구하면

$$A'(x)=4\sqrt{25-x^2}+4x\frac{-2x}{2\sqrt{25-x^2}}=\frac{4(25-x^2)-4x^2}{\sqrt{25-x^2}}=4\frac{25-2x^2}{\sqrt{25-x^2}}=0$$

에서 $x=\dfrac{5\sqrt{2}}{2}$이다. $0<x<\dfrac{5\sqrt{2}}{2}$에서 $A'(x)>0$이고 $\dfrac{5\sqrt{2}}{2}<x<5$에서 $A'(x)<0$이므로 정리 4.4 (1)에 의해 $A(x)$는 $x=\dfrac{5\sqrt{2}}{2}$에서 최대이다. 또한

$$x=\frac{5\sqrt{2}}{2}\text{이면 } y=\sqrt{25-\frac{50}{4}}=\sqrt{\frac{50}{4}}=\frac{5\sqrt{2}}{2}$$

이다. 따라서 반지름이 5인 원에 내접하는 직사각형의 가로의 길이와 세로의 길이가 모두 $2\cdot\dfrac{5\sqrt{2}}{2}=5\sqrt{2}$일 때 직사각형의 넓이가 최대가 된다. ■

예제 4.8 포물선 $y=x^2+1$ 위의 점 중에서 $(0, 2)$와의 거리가 가장 가까운 점을 구하여라.

풀이

포물선 위의 점을 (x, y)로 두면 $y = x^2 + 1$이 제한조건이다. 점 (x, y)와 $(0, 2)$와의 거리 r은 $r = \sqrt{x^2 + (y-2)^2}$ 이므로 이 최적화 문제는 다음과 같이 나타낼 수 있다.

최소화: $r = \sqrt{x^2 + (y-2)^2}$

제한조건: $y = x^2 + 1$

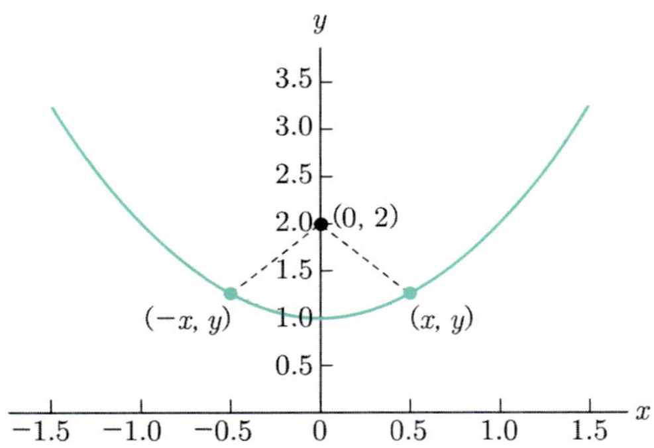

r을 일변수화하기 위해 $x^2 = y - 1$을 대입하면

$$r(y) = \sqrt{y - 1 + (y-2)^2} = \sqrt{y^2 - 3y + 3}$$

이다. 이제 $r(y) = \sqrt{y^2 - 3y + 3}$ 이 최소가 되는 때는 $f(y) = y^2 - 3y + 3$이 최소가 되는 때이다. $f(y)$의 임계점을 구하면 $f'(y) = 2y - 3 = 0$에서 $y = \frac{3}{2}$이다. $f''(y) = 2 > 0$이므로 최대, 최소에 대한 이계도함수 판정법에 의해 f는 $y = \frac{3}{2}$에서 최솟값을 갖는다. $y = \frac{3}{2}$이면 $x^2 = y - 1 = \frac{3}{2} - 1 = \frac{1}{2}$에서 $x = \pm\frac{\sqrt{2}}{2}$이다. 그러므로 포물선 $y = x^2 + 1$ 위의 점 중에서 $(0, 2)$와의 거리가 가장 가까운 점은 $\left(-\frac{\sqrt{2}}{2}, \frac{3}{2}\right)$과 $\left(\frac{\sqrt{2}}{2}, \frac{3}{2}\right)$ 이다. ■

예제 4.9 오른쪽 그림처럼 20m 떨어진 두 곳에 각각 6m와 15m의 막대가 수직으로 서 있다. 이 두 막대기의 양 끝과 막대기가 세워진 바닥의 두 점을 연결하는 선분 위의 한 점을 선택하여 철사로 연결하려고 할 때, 철사의 길이를 최소화하려면 어디를 선택해야 하는가?

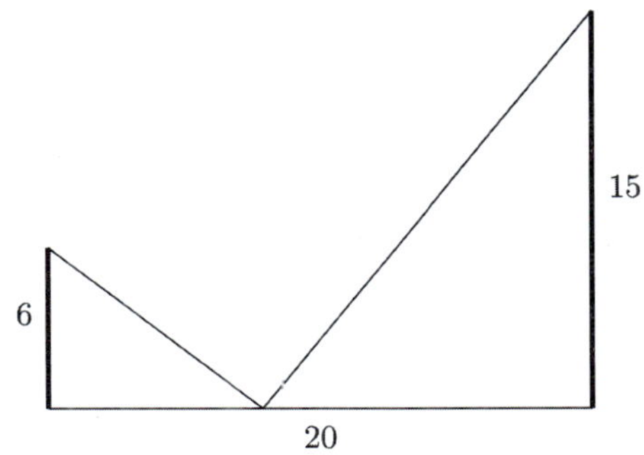

풀이

다음 그림과 같이 길이가 6인 막대기가 세워진 점으로부터 선택해야 하는 점까지의 거리를 x로 두고 꺾인 철사의 길이를 각각 L_1과 L_2로 두자. x는 0 이상 20 이하이므로 이 최적화 문제는 다음과 같이 나타낼 수 있다.

최소화: $L = L_1 + L_2$

제한조건: $0 \le x \le 20$

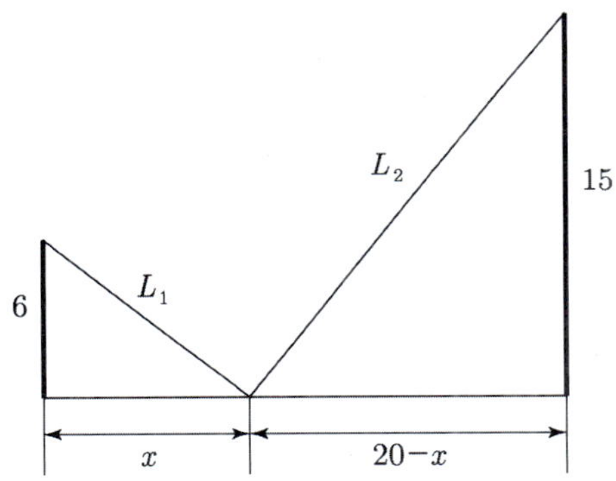

피타고라스 정리에 의해 $L_1 = \sqrt{x^2+36}$ 이고 $L_2 = \sqrt{(20-x)^2+225}$ 이므로

$$L(x) = \sqrt{x^2+36} + \sqrt{x^2-40x+625}$$

이다. L의 임계점을 구하기 위해

$$L'(x) = \frac{2x}{2\sqrt{x^2+36}} + \frac{2x-40}{2\sqrt{x^2-40x+625}}$$

$$= \frac{x}{\sqrt{x^2+36}} + \frac{x-20}{\sqrt{x^2-40x+625}}$$

$$= \frac{x\sqrt{x^2-40x+625}+(x-20)\sqrt{x^2+36}}{\sqrt{x^2+36}\sqrt{x^2-40x+625}} = 0$$

에서 $x\sqrt{x^2-40x+625}+(x-20)\sqrt{x^2+36}=0$을 풀면

$$\begin{aligned}
& x\sqrt{x^2-40x+625} = -(x-20)\sqrt{x^2+36} \\
\Leftrightarrow\ & x^2(x^2-40x+625) = (x-20)^2(x^2+36) \\
\Leftrightarrow\ & x^4-40x^3+625x^2 = (x^2-40x+400)(x^2+36) \\
\Leftrightarrow\ & x^4-40x^3+625x^2 = x^4-40x^3+436x^2-1440x+14400 \\
\Leftrightarrow\ & 189x^2+1440x-14400=0 \\
\Leftrightarrow\ & 9(3x+40)(7x-40)=0
\end{aligned}$$

이고 $0 \le x \le 20$이므로 $x=\frac{40}{7}$이 임계점이다. 닫힌구간에서 정의된 연속함수의 최솟값은 임계점 또는 닫힌구간의 양 끝점의 함숫값 중에서 가장 작은 값이므로 $L(0)=31$, $L\left(\frac{40}{7}\right)=29$, $L(20)=15+2\sqrt{109}\approx 35.8806$에서 $L\left(\frac{40}{7}\right)=29$가 최솟값이다. 따라서 길이가 6인 막대로부터 $\frac{40}{7}$만큼 떨어진 곳을 선택하면 된다. ■

예제 4.10 그림과 같이 폭이 90cm인 철판의 폭을 3등분하여 양쪽을 동일한 각도로 들어 올려 수로를 만든다. 이 철판 위를 통과하는 물의 양이 최대가 되는 각의 크기를 구하여라.

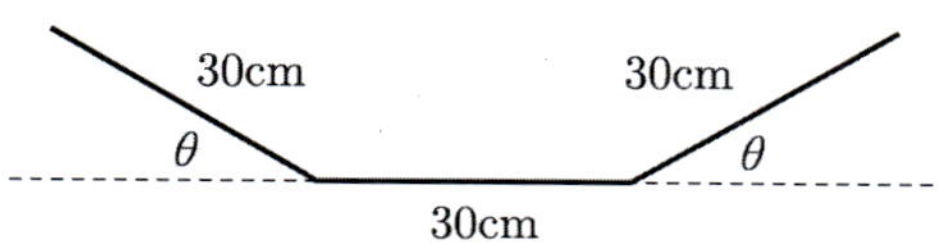

풀이

수로의 높이를 h, 들어 올리는 각도를 θ로 두면 다음 그림에서 $b=30\cos\theta$, $h=30\sin\theta$이므로

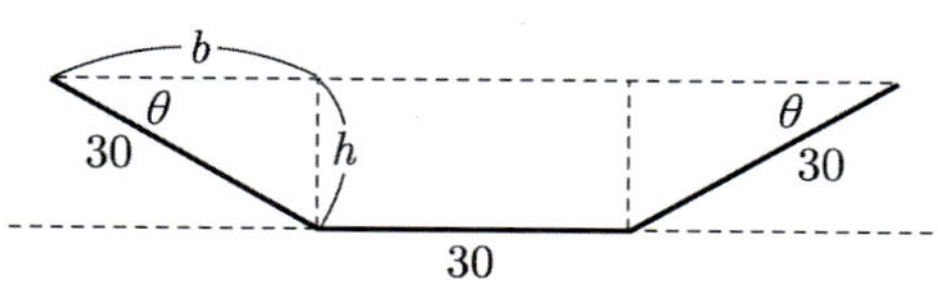

수로의 단면적 A는

$$A = 30h + 2 \cdot \frac{1}{2}(bh) = 30h + bh = (30+b)h = (30 + 30\cos\theta)30\sin\theta$$

이다. θ는 0에서 $\frac{\pi}{2}$까지이므로 다음과 같이 나타낼 수 있다.

최대화: $A = (30 + 30\cos\theta)30\sin\theta$

제한조건: $0 \le \theta \le \frac{\pi}{2}$

$A(\theta) = (30 + 30\cos\theta)30\sin\theta = 900(1 + \cos\theta)\sin\theta$의 임계점을 구하기 위해

$$\begin{aligned} A'(\theta) &= 900(-\sin^2\theta + \cos\theta + \cos^2\theta) \\ &= 900(-(1-\cos^2\theta) + \cos\theta + \cos^2\theta) = 900(2\cos^2\theta + \cos\theta - 1) \\ &= 900(2\cos\theta - 1)(\cos\theta + 1) \\ &= 0 \end{aligned}$$

을 풀면 $\cos\theta = \frac{1}{2}$에서 $\theta = \frac{\pi}{3}$, $\cos\theta = -1$에서 $\theta = \pi$이다. 닫힌구간에서 정의된 연속함수의 최댓값은 임계점 또는 닫힌구간의 양 끝점의 함숫값 중에서 가장 큰 값이므로

$$A(0) = 0,\ A\left(\frac{\pi}{3}\right) = 675\sqrt{3} \approx 1169.1343,\ A\left(\frac{\pi}{2}\right) = 900$$

이므로 철판을 $\theta = \frac{\pi}{3}$ 즉 $60°$만큼 들어 올리면 된다. ■

SECTION 3.4

➡ 연습문제 해답 510쪽

3.4 연습문제

01. 곱하면 1000이 되고 합이 최소가 되는 두 양수를 구하여라.

02. 둘레의 길이가 1000 cm 인 사각형의 넓이가 최대가 되도록 사각형의 가로의 길이와 세로의 길이를 결정하여라.

03. 정해진 수를 둘레의 길이로 갖는 사각형이 최대의 넓이를 가지는 경우는 정사각형임을 보여라. 또한 정해진 수를 넓이로 가지는 사각형이 최소의 둘레의 길이를 가지는 경우도 정사각형임을 보여라.

04. 직사각형 모양의 울타리를 만들려고 한다. 위쪽에 있는 가로방향의 울타티를 만드는 데는 미터당 5000 원이, 아래쪽 가로방향으로는 미터당 8000 원이, 양쪽 세로방향으로 울타리를 만드는 데는 미터당 10000 원이 필요하다고 한다. 10만 원을 예산으로 할 때, 울타리가 둘러싸는 사각형의 넓이가 최대가 되도록 가로와 세로의 길이를 결정하여라.

05. 정사각형 바닥을 가지고 뚜껑은 없는 종이상자를 만들려고 한다. 사용할 수 있는 종이는 $2400\,\text{cm}^2$일 때, 부피가 최대가 되는 상자의 치수를 구하여라.

06. 가로가 18cm, 세로가 10cm 인 종이를 아래와 같이 접어 상자를 만들려고 한다. 이 상자의 부피가 최대가 되는 높이 h를 구하여라.

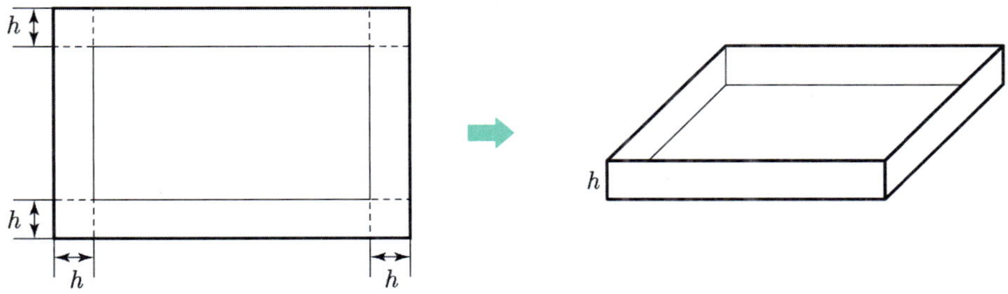

07. 반지름이 6 cm 인 구에 내접하는 직각원통의 최대 부피를 구하여라.

08. 반지름이 r cm 인 반원에 내접하는 직사각형의 최대 넓이를 구하여라.

09. 타원 $\frac{x^2}{36}+\frac{y^2}{4}=1$ 위의 점 중에서 점 $(1, 0)$과의 거리가 가장 가까운 점을 구하여라.

10. 좌표평면에서 점 $(3, 4)$를 지나는 직선의 양의 x절편과 양의 y절편, 그리고 원점을 꼭짓점으로 갖는 삼각형의 최대 넓이를 구하여라.

11. 길이가 25 cm 인 철사를 두 조각으로 잘라 하나는 정삼각형을, 하나는 원을 만든다. 이 두 도형이 둘러싸는 두 영역의 넓이의 합이 최대일 때와 최소일 때의 삼각형의 둘레의 길이를 구하여라.

12. 공기 중에서 빛의 속도를 v_1, 물에서 빛의 속도를 v_2라고 하자. 빛은 이동시간을 최소화하는 경로로 이동한다는 페르마의 법칙을 적용하면 $\frac{\sin\theta_1}{\sin\theta_2}=\frac{v_1}{v_2}$ 임을 증명하여라. 단, 입사각 θ_1과 굴절각 θ_2는 다음 그림과 같다.

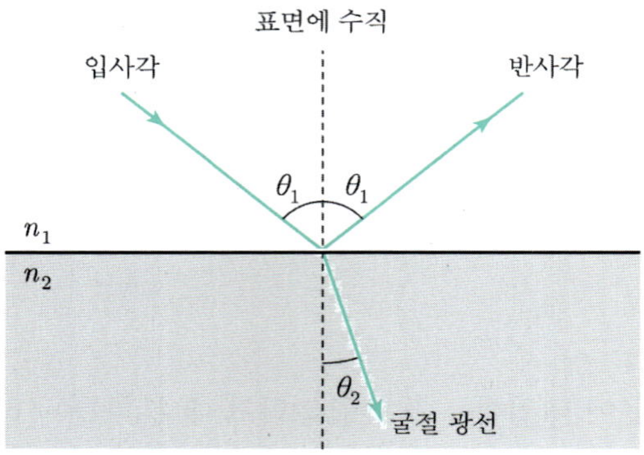

13. 폭이 8 m 인 직선도로의 끝에 폭이 10 m 인 직선도로가 수직으로 이어져 있다. 이 꺾인 도로를 통해 직선 모양의 파이프를 운반하고자 할 때, 운반 가능한 파이프의 길이로 가장 긴 길이를 구하여라.

14. 다음 그림에서 각도 θ가 최대가 되도록 하는 선분 AB 위의 점 P의 위치를 결정하여라.

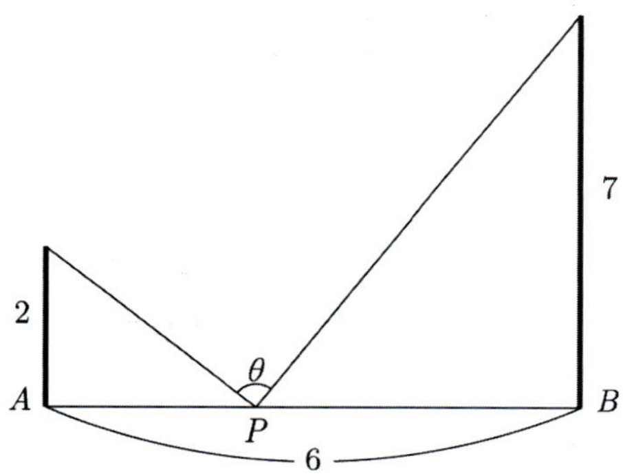

Section 5

5. 선형근사와 역도함수

이 절에서는 함수의 접선을 이용하여 함수를 일차식으로 근사하여 일차함수를 이용하여 함숫값의 근삿값을 구하는 방법을 살펴본다. 또한 방정식의 차수나 유형에 상관없이 미분을 이용한 수치적인 방법을 통해 방정식의 근사해를 구하는 방법과 함수가 먼저 주어졌을 때 이 함수를 도함수로 갖는 함수인 역도함수에 대해 알아본다.

5.1 선형근사와 선형화

함수의 그래프로 주어진 곡선의 한 점의 접선은 그 접점 근방에서 함수의 그래프와 아주 가깝게 놓여 있으므로 접점 근방의 함수값을 접선의 함숫값으로 근사하여 생각할 수 있다.

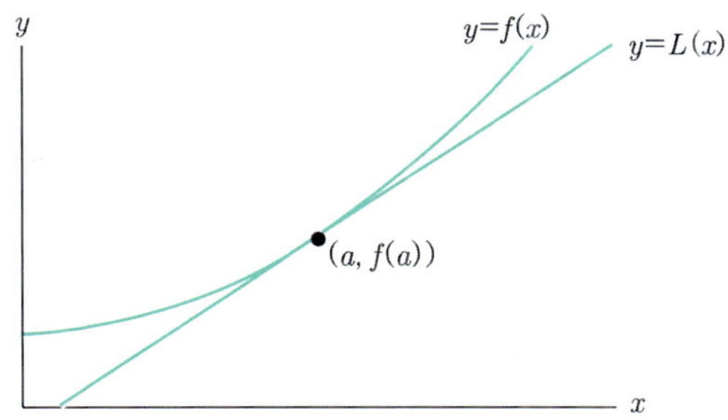

따라서 $x=a$에서 미분 가능한 함수 $y=f(x)$의 그래프의 점 $(a, f(a))$에서 접선의 방정식은 $y=f'(a)(x-a)+f(a)$이며 따라서 x가 a와 가까운 경우 $y=f(x)$의 근사식으로 $y=f'(a)(x-a)+f(a)$를 사용할 수 있게 되며 x가 a와 가까울수록 $y=f'(a)(x-a)+f(a)$로부터 얻은 $y=f(x)$의 근삿값의 정확도가 높아진다.
이 접선의 식을 $L(x)=f(a)+f'(a)(x-a)$로 두면 $x=a$ 근방의 근사식 $f(x)\approx L(x)=f(a)+f'(a)(x-a)$을 얻게 되는데 $L(x)$를 $x=a$에서 함수 $f(x)$의 선형화라고 한다.

정의 5.1 선형근사

$x=a$에서 미분 가능한 함수 $f(x)$에 대해 $f(x)\approx f(a)+f'(a)(x-a)$를 $x=a$에서 f의 일차근사 또는 선형근사식이라 한다. 또한 $L(x)=f(a)+f'(a)(x-a)$를 $x=a$에서 f의 선형화라고 한다.

예제 5.2 $x=8$에서 $f(x)=\sqrt[3]{x}$의 선형화를 구하여라. 또한 이 선형화를 이용하여 $\sqrt[3]{7.98}$과 $\sqrt[3]{20}$의 근삿값을 구하여라.

풀이

$f'(x)=\frac{1}{3}x^{-\frac{2}{3}}=\frac{1}{3\sqrt[3]{x^2}}$이고 $f(8)=2$, $f'(8)=\frac{1}{3\sqrt[3]{64}}=\frac{1}{12}$이므로 $x=8$에서 $f(x)$의 선형화는

$$L(x)=2+\frac{1}{12}(x-8)=\frac{1}{12}x+\frac{4}{3}$$

이다. 이 선형화를 이용하여 $\sqrt[3]{7.98}$과 $\sqrt[3]{20}$의 근삿값을 구하면

$$\sqrt[3]{7.98}\approx L(7.98)=\frac{1}{12}\times 7.98+\frac{4}{3}\approx 1.998333,$$

$$\sqrt[3]{20}\approx L(20)=\frac{1}{12}\times 20+\frac{4}{3}=3$$

이다. 실제로 $\sqrt[3]{7.98}=1.9983319\cdots$이고 $\sqrt[3]{20}=2.7144176\cdots$이므로 $x=8$과 가까울수록 근삿값의 정확도는 높아진다.

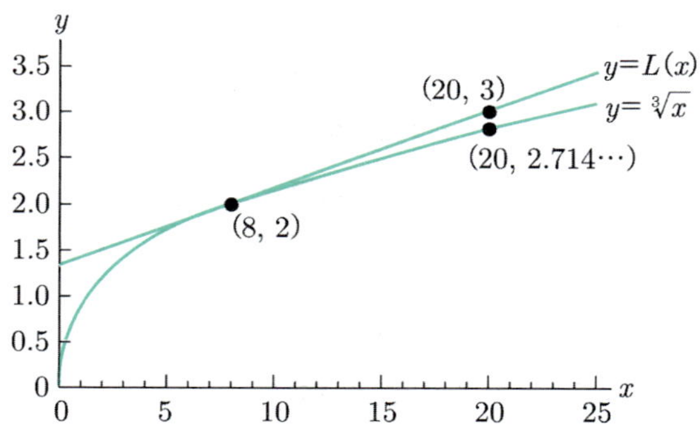

■

예제 5.3 $\theta=0$에서 $f(\theta)=\sin\theta$의 선형화를 구하여라. 또한 이 선형화를 이용하여 $\sin(0.05)$와 $\sin(1)$의 근삿값을 구하여라.

풀이

$f'(\theta)=\cos\theta$이고 $f(0)=\sin 0=0$, $f'(0)=\cos 0=1$이므로 $\theta=0$에서 $f(\theta)$의 선형화는

$$L(\theta)=0+1(x-0)=x$$

이다. 이 선형화를 이용하여 $\sin(0.05)$와 $\sin(1)$의 근삿값을 구하면

$$\sin(0.05)\approx L(0.05)=0.05,\ \sin(1)\approx L(1)=1$$

이다. 실제로 $\sin(0.05)=0.0499791\cdots$이고 $\sin(1)=0.8414709\cdots$이므로 $\theta=0$과 가까울수록 근삿값의 정확도는 높아진다.

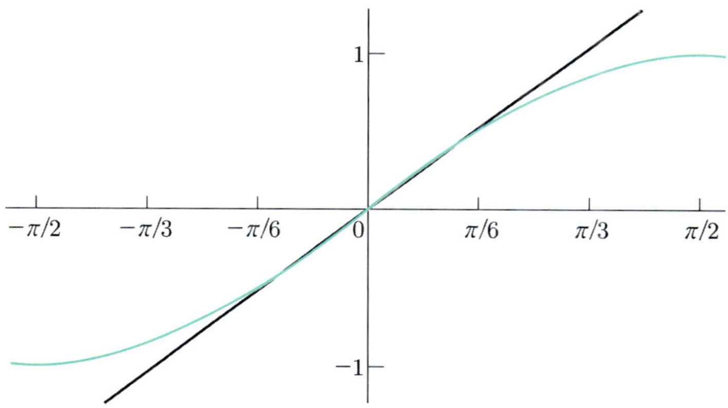

■

일반적으로 미분 가능한 함수 $y=f(x)$에 대해 미분이라 부르는 dx와 dy는 방정식 $dy=f'(x)dx$로 정의하는데 여기서 dx는 독립변수이고 dy는 종속변수로 x의 미분계수와 dx에 의해 결정된다. 1장 3절의 3.4에서 다루었던 변화량을 더 자세히 다루어보자.

정의 5.4 미분

미분 가능한 함수 $y=f(x)$에 대해 $dy=f'(x)dx$를 만족하는 독립변수 dx와 종속변수 dy를 각각 x의 미분, y의 미분이라고 한다.

정의 5.4에 의하면 $df(x)=f'(x)dx$이고 상수 C에 대해 $dC=0$이다.

미분의 기하적인 의미를 살펴보자. $A(x, f(x))$와 $B(x+\Delta x, f(x+\Delta x))$를 $y=f(x)$의 그래프 위의 두 점이라고 하고 $\Delta x=dx$로 두자. y의 변화량은

$$\Delta y=f(x+\Delta x)-f(x)$$

이다. 또한 접선 AB의 기울기는 $f'(x)$이며 접선에서 y의 변화량은 $\overline{CD}=f'(x)dx=dy$이다.

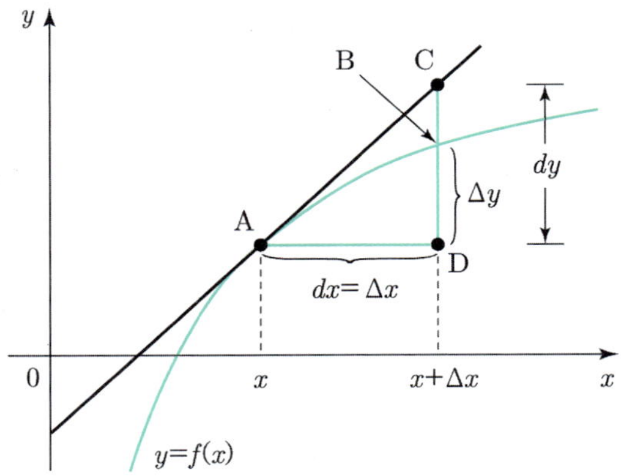

따라서 x가 dx만큼 변할 때, y의 미분 dy는 접선 $y=L(x)$의 접선의 변화량을 나타내고 Δy는 함수 $y=f(x)$의 변화량을 나타낸다.

예제 5.5 다음의 미분을 구하여라.

(1) $y=t^3-3t^2+2t-5$

(2) $w=x^2\sin(3x+2)$

(3) $f(s)=e^{1-s^2}$

(4) $V=\dfrac{4}{3}\pi r^3$

풀이

(1) $f(t)=t^3-3t^2+2t-5$로 두고 미분 dt를 독립변수, dy를 종속변수로 두면

$$f'(t)=3t^2-6t+2$$

이므로

$$dy=(3t^2-6t+2)dt$$

이다.

(2) 미분 dx를 독립변수로 두면 미분 dw는

$$dw = (x\sin(3x+2) + 3x^2\cos(3x+2))dx$$

이다.

(3) ds를 독립변수로 두면 미분 df는

$$df = -2se^{1-s^2}ds$$

이다.

(4) dr을 독립변수로 두면 미분 dV는

$$dV = 4\pi r^2 dr$$

이다. ■

예제 5.6 $y = f(x) = x^3 - 3x^2 + 2x - 5$에 대해 다음을 구하여라.

(1) x가 2에서 2.05까지 변할 때 Δy와 dy, $|\Delta y - dy|$를 구하여라.

(2) x가 2에서 2.01까지 변할 때 Δy와 dy, $|\Delta y - dy|$를 구하여라.

풀이

(1) $x = 2$, $\Delta x = dx = 0.05$로 두면

$$\Delta y = f(x + \Delta x) - f(x),\ dy = (3x^2 - 6x + 2)dx$$

이므로

$$\Delta y = f(2.05) - f(2) = -4.892375 - (-5) = 0.107625$$

$$dy = (3 \cdot 2^2 - 6 \cdot 2 + 2) \cdot 0.05 = 2 \cdot 0.05 = 0.1$$

이다. 따라서 $|\Delta y - dy| = 0.007625$이다.

(2) $x = 2$, $\Delta x = dx = 0.01$로 두면

$$\Delta y = f(2.01) - f(2) = -4.979699 - (-5) = 0.020301$$

$$dy = (3 \cdot 2^2 - 6 \cdot 2 + 2) \cdot 0.01 = 2 \cdot 0.01 = 0.02$$

이다. 따라서 $|\Delta y - dy| = 0.000301$이다.

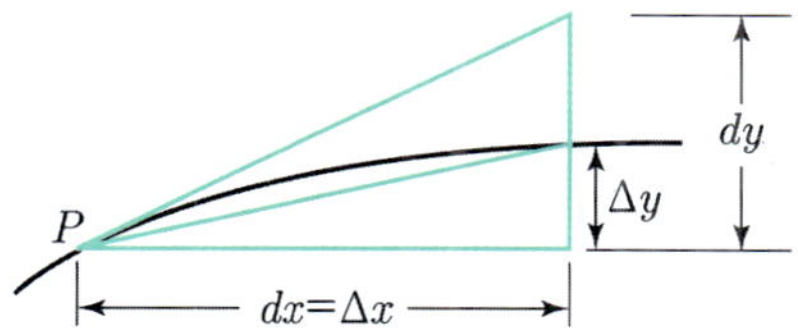

■

dy는 Δy보다 계산이 쉬우며 Δx가 0에 가까울수록 근사식 $\Delta y \approx dy$는 오차가 작아짐을 알 수 있다.

선형근사식 $f(x) \approx f(a) + f'(a)(x-a)$에서 $x-a=dx$로 두면

$$f(a+dx) \approx f(a) + f'(a)dx = f(a) + dy$$

이다. 즉

$$f(a+dx) \approx f(a) + dy$$

로 쓸 수 있다. 앞에서 살펴본 $f(x) = \sqrt[3]{x}$에 대해 $\sqrt[3]{7.98}$의 근삿값을 구하는 문제를 근사식 $f(a+dx) \approx f(a) + dy$를 이용하여 풀어보자.

$a=8,\ dx = \Delta x = -0.02$로 두고 $dy = \dfrac{1}{3\sqrt[3]{x^2}}dx$에서

$$dy = \frac{1}{3\sqrt[3]{64}}dx = \frac{1}{12}(-0.02) = -\frac{1}{600}$$

이므로

$$\sqrt[3]{7.98} = f(8-0.02) \approx f(8) - \frac{1}{600} = 2 - \frac{1}{600} \approx 1.998333$$

으로 같은 결과를 얻는다.

예제 5.7 $y = \sin(x^2+1)$**에 대해** x**가** $x=2$**에서** $x=2.03$**까지 변할 때** Δy**와** dy**를 구하여라.**

풀이

$f(x) = \sin(x^2+1)$에 대해 $x=2,\ \Delta x = dx = 0.03$이므로

$$\Delta y = f(2.03) - f(2) \approx 0.0412109 \text{이고}$$
$$dy = 2x\cos(x^2+1)dx = 4\cos(5) \cdot 0.03 \approx 0.0340395$$

이다. ■

마지막 예제는 측정이나 근삿값으로 생기는 오차를 미분을 통해 측정하는 문제이다.

예제 5.8 구의 반지름의 측정값은 35 cm 이고 이 측정값의 최대오차는 0.01 cm 이다. 측정값을 사용하여 구의 부피를 구하면 부피의 최대오차는 얼마인가?

풀이

반지름이 r인 구의 부피는 $V = \frac{4}{3}\pi r^3$이다. r의 측정값의 오차를 $\Delta r = dr$로 두면 V를 계산할 때의 오차 ΔV는 미분을 이용한 근삿값 $dV = 4\pi r^2 dr$로 구할 수 있다. $r = 35$이고 $dr = 0.01$이므로

$$\Delta V \approx dV = 4\pi(35)^2 \cdot 0.01 \approx 153.938$$

이다. 그러므로 부피를 구할 대 생길 수 있는 최대 오차는 약 154 cm^3이다. ■

5.2 방정식의 근사해

이차방정식 $ax^2 + bx + c = 0$은

$$\text{근의 공식 } x = \frac{-b \pm \sqrt{b^2 - 4ac}}{2a}$$

에 의해 정확한 해를 구할 수 있다. 삼차 또는 사차방정식의 경우에도 다소 복잡하지만 근의 공식이 있어 해를 구할 수 있다. 하지만 오차 이상의 방정식에는 근의 공식이 없으며 $\cos x = x$와 같이 초월함수를 포함한 방정식의 정확한 해를 구할 수 있는 근의 공식은 존재하지 않는다.

방정식 $f(x) = 0$의 정확한 해를 구하지 못하는 경우, 해의 근삿값을 구하는 방법에 대해 살펴보자. $f(x) = 0$의 해는 $y = f(x)$의 x절편이므로 $y = f(x)$의 그래프를 그려 x절편을 정확히 구할 수 있으면 정확한 해를, 근사적으로 구할 수 있으면 근사해를 얻게 된다. 예를 들어 방정식 $\cos x - x = 0$에서 $y = \cos x - x$의 그래프는 다음과 같다.

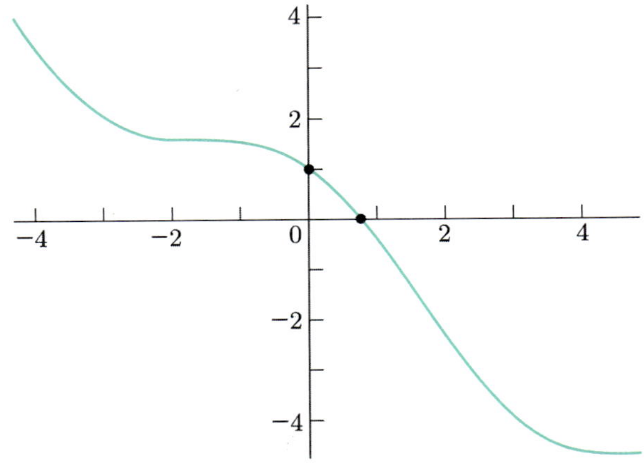

x절편을 알기 위해 이 그래프를 좀 더 확대해보면 다음 그림에서 0.74가 근사해임을 알 수 있다. 실제로 $\cos x - x = 0$의 해는 $x = 0.739085133\cdots$이다.

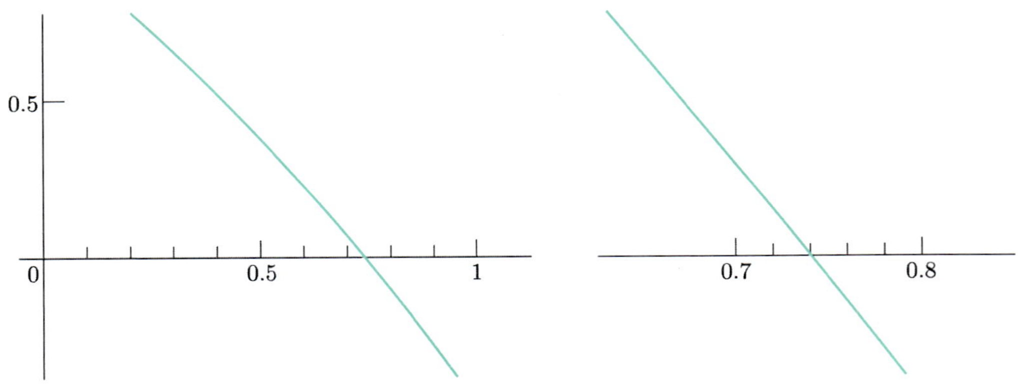

방정식 $f(x) = 0$의 근사해를 수치적으로 구하는 방법은 여러 방법이 있지만 대부분의 공학용계산기에서 채택하는 방법으로 뉴턴 방법이 있다. 뉴턴 방법은 뉴턴-랩슨 방법이라고 부르기도 한다.

방정식 $f(x) = 0$의 한 해를 $x = r$이라고 하자. $f(x)$가 미분 가능하면 $x = x_0$에서 $y = f(x)$의 선형근사식으로 $L(x) = f(x_0) + (x - x_0)f'(x_0)$를 생각할 수 있다. $L(x)$가 $f(x)$의 좋은 근사식이라면 $y = L(x)$의 x절편은 r에 가까울 것이다. $y = L(x)$의 x절편을 x_1이라고 두고 r에 대한 첫 번째 근사해라고 하자.

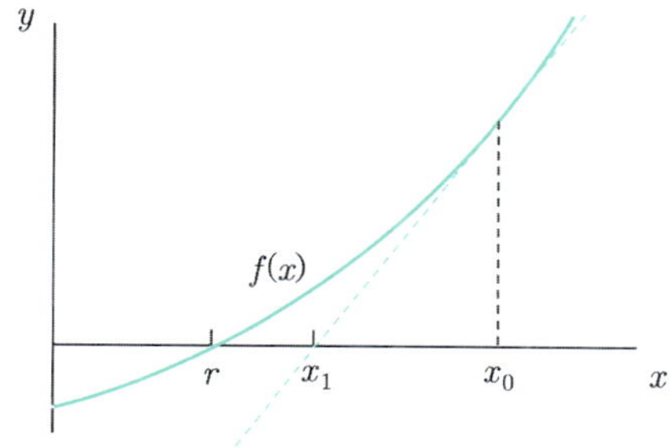

x_1이 x_0보다 r에 더 가까이 있다고 가정하자. 그러면 $x=x_1$에서 $y=f(x)$의 선형근사식 $L(x)=f(x_1)+(x-x_1)f'(x_1)$을 생각하고 $y=L(x)$의 x절편을 x_2라고 하면 x_1보다 r에 더 가까우며 x_2는 r의 두 번째 근사해라고 한다. 실제로 x_2를 구하면

$$0=f(x_1)+(x_2-x_1)f'(x_1)$$

이므로 $(x_2-x_1)f'(x_1)=-f(x_1)$에서 $x_2-x_1=-\dfrac{f(x_1)}{f'(x_1)}$이고 따라서

$$x_2=x_1-\frac{f(x_1)}{f'(x_1)}$$

이다. 계속해서 $x=x_2$의 선형근사식을 이용해서 세 번째 근사해 x_3를 구하면

$$x_3=x_2-\frac{f(x_2)}{f'(x_2)}$$

이며 이 과정을 반복하여 얻은 r의 $k+1$번째 근사해 x_{k+1}은 k번째 x_k보다 r에 더 가깝게 된다.

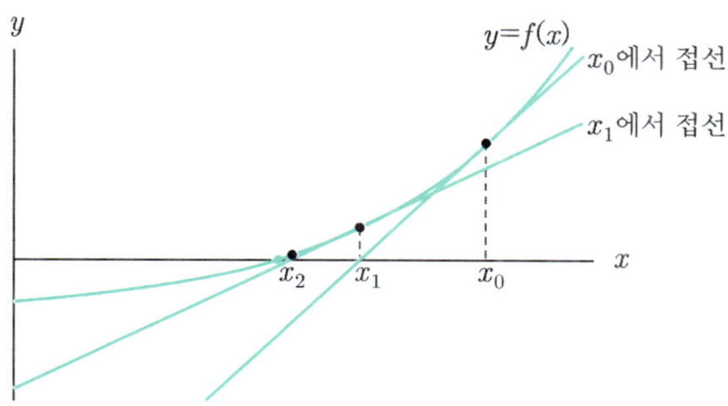

뉴턴 방법

x_n이 방정식 $f(x)=0$의 n번째 근사해이고 초기조건 x_0가 주어져 있을 때, $f'(x_n)\neq 0$이면 $n+1$번째 근사해 x_{n+1}은 $x_{n+1}=x_n-\dfrac{f(x_n)}{f'(x_n)}$이다.

예제 5.9 $x^2-x-1=0$의 해를 초기조건 $x_0=1$로 시작하여 뉴턴 방법으로 세 번째 근사해까지 구하여라.

풀이

$f(x)=x^2-x-1$로 두고

$$x_0=1,$$

$$x_{n+1}=x_n-\frac{f(x_n)}{f'(x_n)}=x_n-\frac{x_n^2-x_n-1}{2x_n-1}=\frac{x_n^2+1}{2x_n-1}$$

을 반복적으로 이용하여 근사해를 구하면 다음과 같다.

$$x_1=\frac{x_0^2+1}{2x_0-1}=\frac{1+1}{2-1}=2$$

$$x_2=\frac{x_1^2+1}{2x_1-1}=\frac{4+1}{4-1}=\frac{5}{3}=1.6666666666666667$$

$$x_3=\frac{x_2^2+1}{2x_2-1}=\frac{\frac{25}{9}+1}{\frac{10}{3}-1}=\frac{34}{21}=1.6190476190476191$$

■

실제로 $x^2-x-1=0$의 해는

$$\frac{1-\sqrt{5}}{2}\approx-0.618033988749895\text{와 }\frac{1+\sqrt{5}}{2}\approx 1.61803398874989$$

인데 앞의 예제에서는 초기조건이 $x_0=1$이므로 예제의 과정을 계속하면 $\dfrac{1+\sqrt{5}}{2}$에 대한 근사해를 얻을 수 있다. 예제의 x_2와 x_3의 소수점 아래 첫째 자리의 수가 일치하므로 $x^2-x-1=0$의 근사해를 소수점 아래 첫째까지 확정할 수 있고 이 과정을 계속하면

$x_4 = 1.61803444478216817$

$x_5 = 1.618033988749989$

$x_6 = 1.61803398874989 47$

$x_7 = 1.61803398874989 49$

이므로 x_7까지 구하면 소수점 아래 15번째 자리까지 정확한 해를 구할 수 있다.
같은 예제에서 초기조건을 $x_0 = -1$로 두면

$$x_1 = \frac{x_0^2+1}{2x_0-1} = -\frac{2}{3},\ x_2 = \frac{x_1^2+1}{2x_1-1} = \frac{\frac{4}{9}+1}{-\frac{4}{3}-1} = -\frac{13}{21}$$

등을 얻고 이 과정을 계속하면 $\frac{1-\sqrt{5}}{2}$에 대한 근사해를 얻을 수 있다.

뉴턴 방법은 초기조건의 선택과 방정식의 형태에 의해 해를 구할 수도 있고 그렇지 못할 수도 있다. 실제로 다음 그림처럼 x_0와 x_1이 반복되는 경우나 x_1이 x_0보다 근과 멀어지는 경우에는 뉴턴 방법으로 근사해를 구할 수 없다.

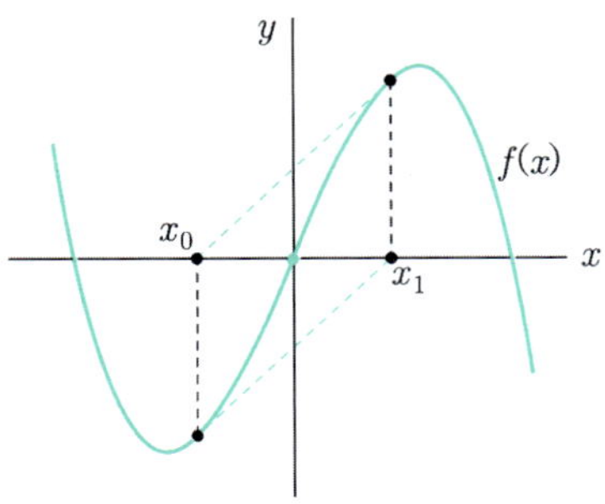

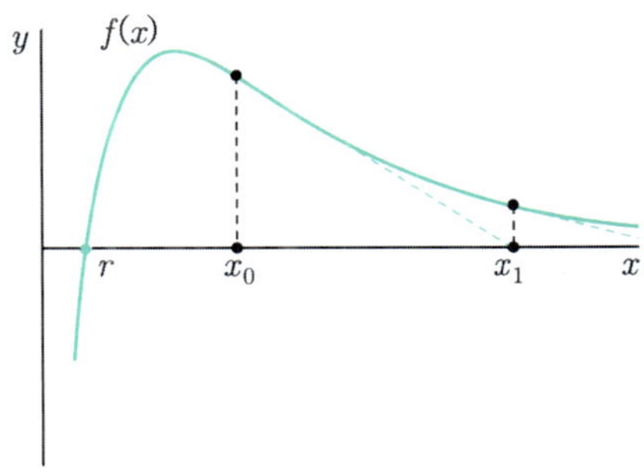

예제 5.10 뉴턴 방법을 이용하여 $\sqrt{2}$의 근삿값을 소수 아홉째 자리까지 구하여라.

풀이

$\sqrt{2}$는 $x^2-2=0$의 양의 해이므로 $f(x)=x^2-2$로 두자. $y=f(x)$의 그래프를 그리면

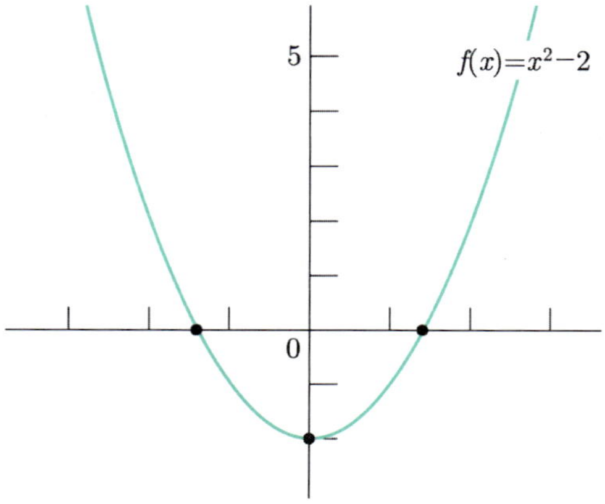

이므로 양의 x절편을 구하기 위해 초기조건을 $x_0=2$로 두자.

$$x_{n+1}=x_n-\frac{f(x_n)}{f'(x_n)}=x_n-\frac{x_n^2-2}{2x_n}=\frac{x_n^2+2}{2x_n}$$

이므로

$$x_1=\frac{x_0^2+2}{2x_0}=\frac{6}{4}=\frac{3}{2}=1.5$$

$$x_2=\frac{x_1^2+2}{2x_1}=\frac{\frac{9}{4}+2}{3}=\frac{17}{12}\approx 1.416666666$$

$$x_3=\frac{x_2^2+2}{2x_2}=\frac{\left(\frac{17}{12}\right)^2+2}{2\cdot\frac{17}{12}}=\frac{577}{408}\approx 1.414215686$$

$$x_4=\frac{x_3^2+2}{2x_3}=\frac{\left(\frac{577}{408}\right)^2+2}{2\cdot\frac{577}{408}}=\frac{665857}{470832}\approx 1.414213562$$

$$x_5=\frac{x_4^2+2}{2x_4}=\frac{\left(\frac{665857}{470832}\right)^2+2}{2\cdot\frac{665857}{470832}}=\frac{886731088897}{627013566048}\approx 1.414213562$$

이다. x_4와 x_5가 소수점 아래 아홉째 자리까지 같으므로 $\sqrt{2}\approx 1.414213562$이다. ■

예제 5.11 뉴턴 방법을 이용하여 $\cos x = x$의 해의 근삿값을 소수점 아래 여덟째 자리까지 구하여라.

풀이

$\cos x - x = 0$이므로 $f(x) = \cos x - x$로 놓고 그래프를 그려보면 다음과 같다.

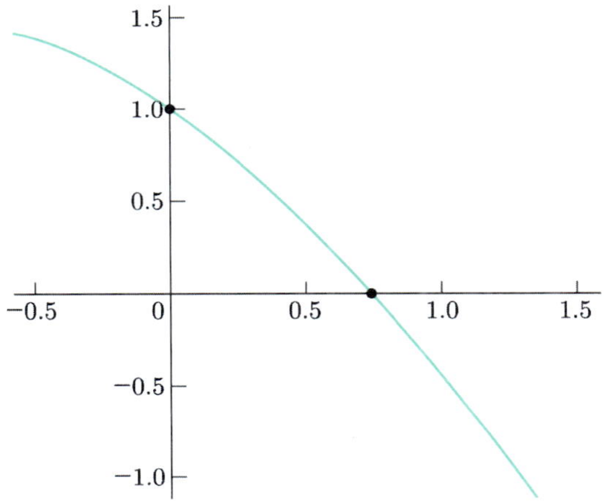

초기조건을 $x_0 = 1$로 두면 $x_{n+1} = x_n - \dfrac{f(x_n)}{f'(x_n)} = x_n + \dfrac{\cos(x_n) - x_n}{\sin(x_n) + 1}$에서 다음을 얻는다.

$$x_2 \approx 0.75036387$$
$$x_3 \approx 0.73911289$$
$$x_3 \approx 0.73908513$$
$$x_4 \approx 0.73908513$$

x_3과 x_4가 소수점 아래 여덟째 자리까지 일치하므로 방정식의 근은 $x \approx 0.73908513$이다. ■

5.3 역도함수

함수 $f(x)$에 대해 $f(x)$를 도함수로 갖는 함수를 생각할 수 있는데 $(F(x))' = f(x)$인 $F(x)$가 존재한다면 이 함수 F를 f의 역도함수 또는 원시함수라고 한다. 실제로 위치를 미분하면 속도이므로 속도의 역도함수를 통해 위치를 알 수 있으며 개체군의 성장률을 알고 있을 때 성장률의 역도함수를 통해 개체군의 개체 수를 알 수 있게 된다.

정의 5.12 역도함수

구간 I의 모든 x에 대해 $F'(x)=f(x)$이면 함수 F를 구간 I에서 f의 역도함수라고 한다.

$f(x)=x^3$의 역도함수는 미분법칙을 생각하면 $F(x)=\frac{1}{4}x^4$임을 알 수 있다. 또한 상수함수의 도함수는 0이므로 $G(x)=\frac{1}{4}x^4+1$도 $f(x)=x^3$의 역도함수이다. 실제로 상수 C에 대해 $H(x)=\frac{1}{4}x^4+C$ 형태의 모든 함수는 $f(x)=x^3$의 역도함수가 된다. 실제로 구간에서 정의된 두 함수의 도함수가 같으면 두 함수는 상수만큼 차이가 있음을 이미 증명하였다.

정리 5.13 일반적인 역도함수

F가 구간 I에서 f의 역도함수이면 일반적인 역도함수는 임의의 상수 C에 대해 $F(x)+C$이다.

증명

G가 구간 I에서 f의 또 다른 원시함수이면 $F'(x)=G'(x)=f(x)$이다. 따름정리 1.26에 의해 $F-G$는 I에서 상수함수이다. 따라서 적당한 상수 C에 대해 $G(x)=F(x)+C$이다.

예제 5.14 다음 함수의 일반적인 역도함수를 구하여라.

(1) $f(x)=\sin x$

(2) $f(x)=x^n$ (단, $n\neq-1$)

(3) $f(x)=\frac{1}{x}$

(4) $f(x)=3^x$

풀이

(1) $(-\cos x)'=\sin x$이므로 $f(x)=\sin x$의 일반적인 역도함수는 $-\cos x+C$이다.

(2) $n\neq-1$일 때, $\left(\frac{1}{n+1}x^{n+1}\right)'=x^n$이므로

$f(x)=x^n$의 일반적인 역도함수는 $\frac{1}{n+1}x^{n+1}+C$이다.

(3) $(\ln|x|)' = \frac{1}{x}$이므로 $f(x) = \frac{1}{x}$의 일반적인 역도함수는 $\ln|x| + C$이다.

(4) $\left(\frac{1}{\ln 3}3^x\right)' = 3^x$이므로 $f(x) = 3^x$의 일반적인 역도함수는 $\frac{1}{\ln 3}3^x + C$이다. ■

역도함수에 관한 공식은 미분의 공식을 반대 방향으로 해석하여 얻을 수 있다. 일반적인 역도함수는 특정한 역도함수와 상수만큼의 차이가 있음을 감안하여 다음 역도함수에 관한 기본공식을 이용한다.

〈기본공식〉

함수	특정한 역도함수	미분공식
$f(x)$	$F(x)$	$\frac{d}{dx}(F(x)) = f(x)$
$f(x) \pm g(x)$	$F(x) \pm G(x)$	$\frac{d}{dx}(F(x) \pm G(x)) = f(x) \pm g(x)$
x^n	$\frac{1}{n+1}x^{n+1}$	$\frac{d}{dx}(x^{n+1}) = (n+1)x^n$
$\frac{1}{x}$	$\ln\lvert x\rvert$	$\frac{d}{dx}(\ln\lvert x\rvert) = \frac{1}{x}$
e^x	e^x	$\frac{d}{dx}(e^x) = e^x$
a^x	$\frac{1}{\ln a}a^x$	$\frac{d}{dx}(a^x) = a^x \ln a$
$\sin x$	$-\cos x$	$\frac{d}{dx}(\cos x) = -\sin x$
$\cos x$	$\sin x$	$\frac{d}{dx}(\sin x) = \cos x$
$\sec^2 x$	$\tan x$	$\frac{d}{dx}(\tan x) = \sec^2 x$
$\sec x \tan x$	$\sec x$	$\frac{d}{dx}(\sec x) = \sec x \tan x$
$\frac{1}{\sqrt{1-x^2}}$	$\sin^{-1}x$	$\frac{d}{dx}(\sin^{-1}x) = \frac{1}{\sqrt{1-x^2}}$
$\frac{1}{1+x^2}$	$\tan^{-1}x$	$\frac{d}{dx}(\tan^{-1}x) = \frac{1}{1+x^2}$

예제 **5.15** 다음을 만족하는 모든 f를 구하여라.

(1) $f'(x)=\dfrac{5x^4-\sqrt{x}}{3x}$　　(2) $f'(x)=5\sin 3x-7e^{2x}$

(3) $f'(x)=\dfrac{x^4+x^2+1}{x^2+1}$　　(4) $f'(x)=2\sec^2(3x)+5^x$

풀이

(1) $f'(x)=\dfrac{5x^4}{3}-\dfrac{1}{3\sqrt{x}}=\dfrac{5}{3}x^4-\dfrac{1}{3}x^{-\frac{1}{2}}$이므로 역도함수 공식에 의해

$$f(x)=\frac{5}{3}\cdot\frac{1}{5}x^5-\frac{1}{3}\cdot\frac{1}{-\frac{1}{2}+1}x^{-\frac{1}{2}+1}=\frac{1}{3}x^5-\frac{2}{3}\sqrt{x}+C$$

이다.

(2) $(\cos 3x)'=-3\sin 3x$이므로 $\sin 3x$의 역도함수는 $-\dfrac{1}{3}\cos 3x$이다. 또한 $(e^{2x})'=2e^{2x}$이므로 e^{2x}의 역도함수는 $\dfrac{1}{2}e^{2x}$이다. 따라서 $f(x)=-\dfrac{5}{3}\cos 3x-\dfrac{7}{2}e^{2x}+C$이다.

(3) $f'(x)=\dfrac{x^4+x^2+1}{x^2+1}=\dfrac{x^2(x^2+1)+1}{x^2+1}=x^2+\dfrac{1}{x^2+1}$이므로 역도함수 공식에 의해 $f(x)=\dfrac{1}{3}x^3+\tan^{-1}x+C$이다.

(4) $(\tan(3x))'=\dfrac{1}{3}\sec^2(3x)$이고 $(5^x)'=\ln 5\cdot 5^x$이므로 $f(x)=\dfrac{2}{3}\tan(3x)+\dfrac{5^x}{\ln 5}+C$이다. ■

일반적인 역도함수의 상수는 역도함수의 조건에 의해 특정한 값으로 결정된다. 특히 $f'(x)$와 특정한 $x=a$에서 f의 함숫값 $f(a)$가 주어지면 이 조건을 만족하는 유일한 $f(x)$를 구할 수 있게 된다. 이렇게 어떤 함수의 도함수와 그 함수의 함숫값 조건을 포함하는 방정식을 미분방정식이라고 하는데 간단한 미분방정식의 경우 역도함수를 구해 풀 수 있다.

예제 **5.16** 다음 조건을 만족하는 함수 f를 구하여라.

(1) $f'(x)=4x^3-8+2\cos x+5e^{2x}$, $f(0)=5$

(2) $f''(x) = 4x^2 - 4x + 4$, $f(0) = 0$, $f(1) = 1$

풀이

(1) $f'(x)$의 일반적인 역도함수는 $f(x) = x^4 - 8x + 2\sin x + \frac{5}{2}e^{2x} + C$이다. $f(0) = 5$이므로 $f(0) = \frac{5}{2} + C = 5$에서 $C = \frac{5}{2}$이다. 따라서 $f(x) = x^4 - 8x + 2\sin x + \frac{5}{2}e^{2x} + \frac{5}{2}$이다.

(2) $f''(x)$의 일반적인 역도함수는 $f'(x) = \frac{4}{3}x^3 - 2x^2 + 4x + C$이고 $f'(x)$의 일반적인 역도함수는 $f(x) = \frac{1}{3}x^4 - \frac{2}{3}x^3 + 2x^2 + Cx + D$이다. $f(0) = 0$과 $f(1) = 1$을 이용해 C와 D를 결정하면 $f(0) = D = 0$이고 $f(1) = \frac{1}{3} - \frac{2}{3} + 2 + C + D = 1$에서 $C = -\frac{1}{3} + \frac{2}{3} - 1 = -\frac{2}{3}$이다. 따라서 $f(x) = \frac{1}{3}x^4 - \frac{2}{3}x^3 + 2x^2 - \frac{2}{3}x$이다. ■

직선 위를 움직이는 물체의 위치함수 $s = f(t)$를 미분하면 속도함수 $v = f'(t)$를 얻고 이를 다시 미분하면 가속도함수 $a = f''(t)$를 얻는다. 따라서 가속도함수의 역도함수는 속도함수이고, 속도함수의 역도함수는 위치함수이므로 가속도나 속도함수가 주어진 경우, 해당 함수를 가속도나 속도로 갖는 위치함수를 구할 수 있고, 속도나 가속도의 초기조건 $v(0)$와 $a(0)$이 주어지면 해당하는 위치함수를 유일하게 결정할 수 있다.

예제 5.17 직선 위를 움직이는 물체의 속도가 $v(t) = \cos t - \sin t$이고 이 물체의 초기 위치는 $s(0) = 0$이다. 이 물체의 위치함수 $s(t)$를 구하여라.

풀이

$s'(t) = v(t) = \cos t - \sin t$이므로 s'의 역도함수는 $s(t) = \sin t + \cos t + C$이다. $s(0) = 0$이므로 $s(0) = 1 + C = 0$에서 $C = -1$이다. 따라서 $s(t) = \sin t + \cos t - 1$이다. ■

예제 5.18 직선 위를 움직이는 물체의 가속도가 $a(t) = 5t + 2$이고 이 물체의 초기 속도는 $v(0) = -5\,\mathrm{cm/s}$이고 초기 위치는 $s(0) = 1$이다. 이 물체의 위치함수 $s(t)$를 구하여라.

풀이

$v'(t)=a(t)=5t+2$이므로 v'의 역도함수는 $v(t)=\frac{5}{2}t^2+2t+C$이다. $v(0)=-5$이므로

$C=-5$이고 따라서 $v(t)=\frac{5}{2}t^2+2t-5$이다.

$s'(t)=v(t)=\frac{5}{2}t^2+2t-5$이므로 s'의 역도함수는 $s(t)=\frac{5}{6}t^3+t^2-5t+D$이다.

$s(0)=1$이므로 $D=1$이다. 따라서 $s(t)=\frac{5}{6}t^3+t^2-5t+1$이다. ■

예제 5.19. 다음을 만족하는 모든 함수 f를 구하여라.

$f'(x)=5\cos x+\sqrt{x}-\frac{1}{x^2}$

풀이

주어진 식의 원시함수(역도함수)를 구하면

$f(x)=-5\sin x+\frac{2}{3}x^{\frac{3}{2}}+\frac{1}{x}+C$

이다.

예제 5.20. $f'(x)=\sin x+\sqrt{x}+e^{3x}$ 이고 $f(0)=1$ 을 만족하는 함수 f를 구하여라.

풀이

주어진 식의 원시함수(역도함수)를 구하면

$f(x)=-\cos x+\frac{2}{3}x^{\frac{3}{2}}+\frac{1}{3}e^{3x}+C$

이다. 이 함수에서

$f(0)=-1+0+\frac{1}{3}+C=1$ 이므로 $C=\frac{5}{3}$ 이다 따라서 구하는 함수는

$f(x)=-\cos x+\frac{2}{3}x^{\frac{3}{2}}+\frac{1}{3}e^{3x}+\frac{5}{3}$

이다.

➡ 연습문제 해답 511쪽

3.5 연습문제

01. $x = 1$에서 $f(x) = \sqrt{x+3}$의 선형화를 구하여라. 또한 이 선형화를 이용하여 $\sqrt{3.99}$와 $\sqrt{4.02}$의 근삿값을 구하여라.

02. $x = 0$에서 $f(x) = \ln(x+1)$의 선형화를 구하여라. 또한 이 선형화를 이용하여 $\ln(0.98)$과 $\ln(1.02)$의 근삿값을 구하여라.

03. $\theta = \frac{\pi}{2}$에서 $f(\theta) = \cos\theta$의 선형화를 구하여라. 또한 이 선형화를 이용하여 $\cos 90.1°$의 근삿값을 구하여라.

04. 주어진 값에서 다음 함수의 일차 근사식을 구하여라.

(1) $f(x) = \dfrac{1}{(1+2x)^3}$, $x = 0$

(2) $f(x) = \sqrt{1+x^2}$, $x = 1$

(3) $f(x) = x\ln x$, $x = 1$

(4) $f(x) = e^x\cos x$, $x = 0$

05. 일차 근사식을 이용하여 다음의 근삿값을 구하여라.

(1) $(1.999)^4$

(2) $\dfrac{1}{(1.0001)^3}$

(3) $e^{0.1}$

(4) $\tan 46°$

06. 정육면체의 한 변의 길이의 측정값은 $20\,\mathrm{cm}$이고 이 측정값의 최대오차는 $0.1\,\mathrm{cm}$이다. 측정값을 사용하여 정육면체의 부피와 겉넓이를 구하면 부피와 겉넓이의 최대오차는 얼마인가?

07. 높이가 h이고 내부 반지름이 r, 두께가 Δr인 원통형 모양의 얇은 관에 대해 다음을 구하여라.

(1) 이 얇은 관의 부피의 근사식을 구하여라.

(2) (1)에서 얻은 근사식의 오차를 구하여라.

08. 다음 방정식의 해를 주어진 x_0에서 시작하여 뉴턴 방법으로 n번째 근사해까지 구하여라.

(1) $x^3 - 4x^2 + 6x - 3 = 0$, $x_0 = 0$, $n = 3$

(2) $\sin x - 2x = 1$, $x_0 = 0$, $n = 2$

09. 방정식 $1-x=\tan^{-1}x$의 해를 $x_0=1$에서 시작하여 뉴턴 방법으로 3번째 근사해까지 구하여라.

10. 다음 함수의 일반적인 역도함수를 구하여라.

(1) $f(x)=x^5-3x^4+8x^3-2x+5$ (2) $f(x)=5\sqrt[4]{x}+7\sqrt[3]{x^5}$

(3) $f(x)=\dfrac{4+4x^3+5x^7}{x^7}$ (4) $f(x)=\dfrac{x^3+\sqrt[3]{x}}{x^2}$

11. 다음을 만족하는 모든 f를 구하여라.

(1) $f'(x)=2+\sin x,\ f(0)=1$ (2) $f''(x)=\sin x-\cos x,\ f(0)=1,\ f'(0)=1$

(3) $f'(x)=\dfrac{4}{\sqrt{1-x^2}},\ f\left(\dfrac{1}{2}\right)=1$ (4) $f''(x)=e^x+2\cos x,\ f(\pi)=2,\ f'(0)=1$

12. 직선 위를 움직이는 물체의 가속도가 $a(t)=\dfrac{1}{t^2}$이고 $t=1$에서 위치는 $s(1)=1,\ t=1$에서 속도는 $v(1)=1$이다. 이 물체의 위치함수 $s(t)$를 구하여라.

읽을 거리

수학의 실제적인 응용에서 중요한 역할을 하는 것들에는 길이, 넓이, 부피, 무게가 있다. 이들 측정 단위 중 기본은 길이의 단위이다. 18세기의 가장 중요한 업적 중 하나가 전 세계의 혼란스럽고, 비 과학적인 도량형을 정돈하여 일정하고 과학적이며 정확하고 간단한 한가지로 대치하도록 한 미터법을 만든 것이다.

▪ 미터의 발달

1. 1670년 : Mouton이 지구 둘레의 몇 분의 1을 길이의 단위로 제안
2. 1791년 : 파리를 통과하는 자오선 위에서 지구 둘레의 ¼ 의 1/10,000,000을 기본 단위로 결정
3. 1795년 : 황동으로 된 임시 미터 원기의 길이
4. 1799년 : 백금으로 된 표준 미터 원기의 길이
5. 1889년 : 단면이 X 형태인 백금과 이리듐의 하븜으로 된 국제 미터 원기의 길이
6. 1960년 : 진공 상태에서측정된 크립톤 86의 동위원소에서 방출된 주황색 빛의 파장의 1,650,763.73 배의 길이
7. 오늘날의 미터: 진공 상태에서 빛이 1/299,792,458 초 동안 이동한 길이

▪ 조선의 음악가 박연

길이의 시작은 소리였다. 음을 발견한 사람은 피타고라스였다. 조선 세종때 음악 이론가였던 박연은 오랜 노력 끝에 1427년(세종 9년)에 이르러 1틀에 12개 달린 조선식 석경을 완성했다. 당시 그는 석경의 황종음을 기준으로 응종까지 3분씩 자르는 삼분손익법(三分損益法)을 써서 12개의 해죽으로 된 율관(律管)을 만든 다음 검은 기장으로 조율했다. 박연이 만든 12율관을 기본으로 하여 길이가 정해졌고, 길이가 두 개 만나면서 넓이를 정하게 되었고 또 하나의 길이가 더해져서 부피를 말할 수 있었다. 여기에 물을 부어 무게를 잴 수 있었다.

CHAPTER 4

부정적분

1. 부정적분의 성질
2. 치환적분법
3. 부분적분법
4. 삼각함수의 적분
5. 유리함수의 적분
6. 무리함수의 적분

Section 1

1. 부정적분의 성질

여기에서는 3장의 5.3에서 제시한 기본공식을 포함하여 다항함수, 로그함수, 지수함수, 삼각함수, 역삼각함수, 쌍곡선함수, 역쌍곡선함수의 적분공식을 자세히 다루어 본다.

정의 1.1 부정적분

$f : D \to \mathbb{R}$일 때 모든 $x \in D$에 대하여

$$F'(x) = f(x)$$

인 함수 $F(x)$를 $f(x)$의 **역도함수**(antiderivative) 또는 **원시함수**(primitive function)라 하고

$$F(x) = \int f(x)\, dx$$

로 나타낸다.

$F(x)$가 $f(x)$의 역도함수일 때 임의의 상수 C에 대하여

$$(F(x) + C)' = f(x)$$

이므로, $F(x) + C$도 $f(x)$의 역도함수이다. 예를 들어 $(x^3 + 1)' = 3x^2$이고 $(x^3 - 2)' = 3x^2$이므로, $x^3 + 1$과 $x^3 - 2$는 모두 $3x^2$의 역도함수이다. 임의의 상수 C에 대하여 $F(x) + C$가 $f(x)$의 역도함수이므로

$$\int f(x)\, dx = F(x) + C$$

이고 $F(x) + C$를 $f(x)$의 **부정적분**(indefinite integral)이라 한다. 이때 상수 C를 **적분상수**(constant of integration), $f(x)$를 **피적분함수**(integrand)라 한다.
다항함수와 로그함수의 미분공식으로부터 다음 적분공식을 얻을 수 있다.

정리 1.2 x^n 의 부정적분

임의의 실수 n에 대하여 다음이 성립한다.

(1) $n \neq -1$ 이면, $\int x^n\,dx = \dfrac{x^{n+1}}{n+1} + C$

(2) $n = -1$ 이면, $\int x^{-1}\,dx = \int \dfrac{1}{x}\,dx = \ln|x| + C$

증명

(1) C가 임의의 상수라 하자. 그러면 $\left(\dfrac{x^{n+1}}{n+1} + C\right)' = x^n$ 이므로 $\dfrac{x^{n+1}}{n+1} + C$는 x^n 의 역도함수이다. 따라서

$$\int x^n\,dx = \frac{x^{n+1}}{n+1} + C$$

이다.

(2) C가 임의의 상수라 하자. 그러면 $(\ln|x| + C)' = \dfrac{1}{x}$ 이므로 $\ln|x| + C$는 $\dfrac{1}{x}$ 의 역도함수이다. 따라서

$$\int x^{-1}\,dx = \int \frac{1}{x}\,dx = \ln|x| + C$$

이다.

예제 1.3 다음 부정적분을 구하여라.

(1) $\int x^{10}\,dx$　　　(2) $\int x^{-7}\,dx$

(3) $\int x^{\pi}\,dx$　　　(4) $\int x^{1.2}\,dx$

풀이

(1) $n = 10$ 이므로, 정리 1.2에 의하여

$$\int x^{10}\,dx = \frac{1}{11}x^{11} + C$$

(2) $n = -7$ 이므로, 정리 1.2에 의하여

$$\int x^{-7}\, dx = \frac{1}{-6} x^{-6} + C = -\frac{1}{6} x^{-6} + C$$

(3) $n = \pi$ 이므로, 정리 1.2에 의하여

$$\int x^{\pi}\, dx = \frac{1}{\pi + 1} x^{\pi + 1} + C$$

(4) $n = 1.2$ 이므로, 정리 1.2에 의하여

$$\int x^{1.2}\, dx = \frac{1}{2.2} x^{2.2} + C$$

■

다항함수를 포함한 일반적인 함수의 부정적분을 구할 때, 다음 결과를 사용한다.

정리 1.4 부정적분의 성질

$f(x)$와 $g(x)$는 임의의 함수이고 α는 임의의 상수라 하면 다음이 성립한다.

(1) $\displaystyle\int (f(x) + g(x))\, dx = \int f(x)\, dx + \int g(x)\, dx$

(2) $\displaystyle\int (f(x) - g(x))\, dx = \int f(x)\, dx - \int g(x)\, dx$

(3) $\displaystyle\int \alpha f(x)\, dx = \alpha \int f(x)\, dx$

예제 1.5 다음 부정적분을 구하여라.

(1) $\displaystyle\int (2x^4 + 5x)\, dx$　　　　(2) $\displaystyle\int \left(x - \frac{2}{x} + \frac{3}{x^3}\right) dx$

풀이

(1) $\displaystyle\int (2x^4 + 5x)\, dx = \int 2x^4\, dx + \int 5x\, dx$　　[정리 1.4의 (1)]

$\displaystyle= 2\int x^4\, dx + 5\int x\, dx$　　[정리 1.4의 (3)]

$\displaystyle= \frac{2}{5}x^5 + \frac{5}{2}x^2 + C$　　[정리 1.2]

(2) $\int (x - \frac{2}{x} + \frac{3}{x^3})\,dx = \int x\,dx - \int \frac{2}{x}\,dx + \int \frac{3}{x^3}\,dx$ [정리 1.4의 (1), (2)]

$= \int x\,dx - 2\int \frac{1}{x}\,dx + 3\int \frac{1}{x^3}\,dx$ [정리 1.4의 (3)]

$= \frac{1}{2}x^2 - 2\ln|x| - \frac{3}{2x^2} + C$ [정리 1.2] ■

정리 1.4에서 두 함수의 합과 차에 대한 부정적분은 각각의 함수의 부정적분의 합과 차임을 설명하였다. 그러나 일반적으로 두 함수의 곱과 나눗셈에 대한 부정적분은

$$\int f(x)g(x)\,dx \neq \int f(x)\,dx \cdot \int g(x)\,dx$$

$$\int \frac{f(x)}{g(x)}\,dx \neq \frac{\int f(x)\,dx}{\int g(x)\,dx}$$

이다. 따라서 $\int f(x)g(x)\,dx$ 또는 $\int \frac{f(x)}{g(x)}\,dx$를 구하려면 $f(x)g(x)$와 $\frac{f(x)}{g(x)}$를 전개하거나 간단히 한 후 부정적분을 구해야 한다.

예제 1.6 다음 부정적분을 구하여라.

(1) $\int (x-1)(x+1)\,dx$　　(2) $\int \frac{x^\pi - \sqrt{x} + 1}{2x}\,dx$

풀이

(1) $\int (x-1)(x+1)\,dx = \int (x^2 - 1)\,dx = \frac{1}{3}x^3 - x + C$

(2) $\int \frac{x^\pi - \sqrt{x} + 1}{2x}\,dx = \frac{1}{2}\int \left(x^{\pi-1} - x^{-1/2} + \frac{1}{x}\right)dx$

$= \frac{1}{2}\left(\frac{1}{\pi}x^\pi - 2\sqrt{x} + \ln|x|\right) + C$ ■

미분공식으로부터 다음의 삼각함수와 지수함수의 적분공식을 얻을 수 있다.

정리 1.7 삼각함수와 지수함수의 부정적분

(1) $\int \cos x\, dx = \sin x + C$

(2) $\int \sin x\, dx = -\cos x + C$

(3) $\int \sec^2 x\, dx = \tan x + C$

(4) $\int \csc^2 x\, dx = -\cot x + C$

(5) $\int \sec x \tan x\, dx = \sec x + C$

(6) $\int \csc x \cot x\, dx = -\csc x + C$

(7) $\int e^x\, dx = e^x + C$

(8) $a > 0,\ a \neq 1$일 때, $\int a^x\, dx = \frac{1}{\ln a} a^x + C$

예제 1.8 다음 부정적분을 구하여라.

(1) $\int (x^3 + \sec^2 x)\, dx$

(2) $\int \left(\frac{\sin x}{\cos^2 x} + \frac{\cos x}{\sin^2 x}\right) dx$

(3) $\int \left(\sec x \tan x - \frac{1}{x^2} + 3e^x\right) dx$

(4) $\int (\sqrt{2}\sec^2 x - 3^x)\, dx$

풀이

(1) $\int (x^3 + \sec^2 x)\, dx = \int x^3\, dx + \int \sec^2 x\, dx$

$$= \frac{1}{4}x^4 + \tan x + C$$

(2) $\int \left(\frac{\sin x}{\cos^2 x} + \frac{\cos x}{\sin^2 x}\right) dx = \int \sec x \tan x\, dx + \int \csc x \cot x\, dx$

$$= \sec x - \csc x + C$$

(3) $\int \left(\sec x \tan x - \frac{1}{x^2} + 3e^x\right) dx = \int \sec x \tan x\, dx - \int \frac{1}{x^2}\, dx + 3\int e^x\, dx$

$$= \sec x + \frac{1}{x} + 3e^x + C$$

(4) $$\int (\sqrt{2}\sec^2 x - 3^x)\,dx = \sqrt{2}\int \sec^2 x - \int 3^x\,dx$$

$$= \sqrt{2}\tan x - \frac{1}{\ln 3}3^x + C$$

■

정리 1.7의 (8)를 적용할 때, 지수는 반드시 x 이어야 하므로 지수가 x 가 아닌 경우 밑을 조정하여야 한다. 예를 들어 $2^{-x} = \left(\frac{1}{2}\right)^x$ 로, $3^{2x} = 9^x$ 로 변형한 후 부정적분을 구한다.

예제 1.9 다음 부정적분을 구하여라.

(1) $\int \tan^2 x\,dx$ (2) $\int \cot^2 x\,dx$

(3) $\int 2^{-x}(1 - 2^x)\,dx$ (4) $\int \frac{5^{3x} - 2}{5^x}\,dx$

풀이

(1) 삼각함수 공식 $\tan^2 x = \sec^2 x - 1$ 로부터

$$\int \tan^2 x\,dx = \int (\sec^2 x - 1)\,dx = \tan x - x + C$$

(2) 삼각함수 공식 $\cot^2 x = \csc^2 x - 1$ 로부터

$$\int \cot^2 x\,dx = \int (\csc^2 x - 1)\,dx = -\cot x - x + C$$

(3) $2^{-x}(1 - 2^x) = 2^{-x} - 1 = \left(\frac{1}{2}\right)^x - 1$ 이므로

$$\int 2^{-x}(1 - 2^x)\,dx = \int \left(\left(\frac{1}{2}\right)^x - 1\right)dx = \frac{1}{\ln 1/2}\left(\frac{1}{2}\right)^x - x + C$$

(4) $\frac{5^{3x} - 2}{5^x} = 5^{2x} - 2\left(\frac{1}{5}\right)^x = 25^x - 2\left(\frac{1}{5}\right)^x$ 이므로

$$\int \frac{5^{3x} - 2}{5^x}\,dx = \int 25^x\,dx - 2\int (\frac{1}{5})^x\,dx$$

$$= \frac{1}{\ln 25}25^x - \frac{2}{\ln 1/5}\left(\frac{1}{5}\right)^x + C$$

■

역삼각함수와 관련된 부정적분은 다음과 같다.

정리 1.10 역삼각함수와 관련된 부정적분

(1) $\int \frac{1}{\sqrt{1-x^2}}\,dx = \sin^{-1}x + C$

(2) $\int -\frac{1}{\sqrt{1-x^2}}\,dx = \cos^{-1}x + C$

(3) $\int \frac{1}{1+x^2}\,dx = \tan^{-1}x + C$

(4) $\int -\frac{1}{x\sqrt{x^2-1}}\,dx = \csc^{-1}x + C$

(5) $\int \frac{1}{x\sqrt{x^2-1}}\,dx = \sec^{-1}x + C$

(6) $\int -\frac{1}{1+x^2}\,dx = \cot^{-1}x + C$

[주의] 교재에 따라서 (4)와 (5)를 다음과 같이 서술하기도 한다.

(4) $\int -\frac{1}{|x|\sqrt{x^2-1}}\,dx = \csc^{-1}x + C$

(5) $\int \frac{1}{|x|\sqrt{x^2-1}}\,dx = \sec^{-1}x + C$

예제 1.11 다음 부정적분을 구하여라.

(1) $\int \left(\frac{1}{x} - \frac{1}{1+x^2}\right)dx$ (2) $\int \left(\frac{1}{x^2} + \frac{1}{1+x^2}\right)dx$

풀이

(1) $\int \left(\frac{1}{x} - \frac{1}{1+x^2}\right)dx = \int \frac{1}{x}\,dx - \int \frac{1}{1+x^2}\,dx$

$= \ln|x| - \tan^{-1}x + C$

(2) $\int \left(\frac{1}{x^2} + \frac{1}{1+x^2}\right)dx = \int \frac{1}{x^2}\,dx + \int \frac{1}{1+x^2}\,dx$

$$= -\frac{1}{x} + \tan^{-1}x + C$$ ■

쌍곡선함수와 관련된 부정적분은 다음과 같다.

정리 1.12 쌍곡선함수의 부정적분

(1) $\int \cosh x\, dx = \sinh x + C$

(2) $\int \sinh x\, dx = \cosh x + C$

(3) $\int \operatorname{sech}^2 x\, dx = \tanh x + C$

(4) $\int \operatorname{sech} x \tanh x\, dx = -\operatorname{sech} x + C$

(5) $\int \operatorname{csch} x \coth x\, dx = -\operatorname{csch} x + C$

(6) $\int \operatorname{csch}^2 x\, dx = -\coth x + C$

예제 1.13 다음 부정적분을 구하여라.

(1) $\int (2\sin x + 3\sinh x)\, dx$ (2) $\int (\cos x - \sqrt{3}\cosh x)\, dx$

풀이

(1) $$\int (2\sin x + 3\sinh x)\, dx = 2\int \sin x\, dx + 3\int \sinh x\, dx$$
$$= -2\cos x + 3\cosh x + C$$

(2) $$\int (\cos x - \sqrt{3}\cosh x)\, dx = \int \cos x\, dx - \sqrt{3}\int \cosh x\, dx$$
$$= \sin x - \sqrt{3}\sinh x + C$$ ■

역쌍곡선함수와 관련된 부정적분은 다음과 같다. 증명은 생략한다.

정리 1.14 역쌍곡선함수의 부정적분

(1) $\displaystyle\int \frac{1}{\sqrt{x^2+1}}\,dx = \sinh^{-1}x + C$

(2) $\displaystyle\int \frac{1}{\sqrt{x^2-1}}\,dx = \cosh^{-1}x + C$

(3) $\displaystyle\int \frac{1}{1-x^2}\,dx = \tanh^{-1}x + C$

(4) $\displaystyle\int \frac{1}{x\sqrt{1+x^2}}\,dx = -\operatorname{csch}^{-1}x + C$

(5) $\displaystyle\int \frac{1}{x\sqrt{1-x^2}}\,dx = -\operatorname{sech}^{-1}x + C$

(6) $\displaystyle\int \frac{1}{x^2-1}\,dx = \coth^{-1}x + C$

예제 1.15 다음 부정적분을 구하여라.

(1) $\displaystyle\int \left(x^2+1+\frac{1}{\sqrt{x^2+1}}\right)dx$ (2) $\displaystyle\int \left(x^2-1-\frac{1}{\sqrt{x^2-1}}\right)dx$

(3) $\displaystyle\int \frac{2-x^2}{1-x^2}\,dx$ (4) $\displaystyle\int \frac{x^3\sqrt{1-x^2}-1}{x\sqrt{1-x^2}}\,dx$

풀이

(1) $\displaystyle\int \left(x^2+1+\frac{1}{\sqrt{x^2+1}}\right)dx = \int x^2\,dx + \int 1\,dx + \int \frac{1}{\sqrt{x^2+1}}\,dx$

$$= \frac{1}{3}x^3 + x + \sinh^{-1}x + C$$

(2) $\displaystyle\int \left(x^2-1-\frac{1}{\sqrt{x^2-1}}\right)dx = \int x^2\,dx - \int 1\,dx - \int \frac{1}{\sqrt{x^2-1}}\,dx$

$$= \frac{1}{3}x^3 - x - \cosh^{-1}x + C$$

(3) $\displaystyle\int \frac{2-x^2}{1-x^2}\,dx = \int \left(1+\frac{1}{1-x^2}\right)dx = \int 1\,dx + \int \frac{1}{1-x^2}\,dx$

$$= x + \tanh^{-1}x + C$$

(4) $$\int \frac{x^3\sqrt{1-x^2}-1}{x\sqrt{1-x^2}}\,dx = \int \left(x^2 - \frac{1}{x\sqrt{1-x^2}}\right)dx$$

$$= \frac{1}{3}x^3 + \operatorname{sech}^{-1}x + C$$

■

➡ 연습문제 해답 512쪽

4.1 연습문제

01. 다음 부정적분을 구하여라.

(1) $\int (3x^4 - x + \frac{1}{2})\, dx$

(2) $\int \frac{1}{\sqrt[3]{x}}\, dx$

(3) $\int (3x^2 + \frac{5}{x^2})\, dx$

(4) $\int (\frac{x}{\pi} + \frac{\pi}{x})\, dx$

(5) $\int (\frac{1}{x} + \frac{1}{x^2})\, dx$

(6) $\int (2x+1)^2\, dx$

(7) $\int (x-2)^3\, dx$

(8) $\int x^2 (x^2 - 1)\, dx$

02. 다음 부정적분을 구하여라.

(1) $\int \frac{x^2 - 3x + 3}{x}\, dx$

(2) $\int \frac{x^4 - 3}{x^2}\, dx$

(3) $\int \frac{x^3 + 27}{x+3}\, dx$

(4) $\int \frac{2x^3 + x^2\sqrt{x} - 1}{x^2}\, dx$

03. 다음 부정적분을 구하여라.

(1) $\int (\cos x + \frac{1}{\cos^2 x})\, dx$

(2) $\int (e^x - \frac{1}{x})\, dx$

(3) $\int 5^{3x}\, dx$

(4) $\int 3^x (9^x - 1)\, dx$

04. 다음 부정적분을 구하여라.

(1) $\int \left(\frac{1}{x^3} - \frac{1}{\sqrt{1-x^2}} \right) dx$

(2) $\int \frac{1}{x} \left(1 + \frac{1}{\sqrt{x^2-1}} \right) dx$

(3) $\int \left(\frac{1}{1-x^2} + \frac{1}{\sqrt{1-x^2}} \right) dx$

(4) $\int \left(\frac{1}{1+x^2} + \frac{1}{\sqrt{x^2+1}} \right) dx$

05. 다음 부정적분을 구하여라.

(1) $\int (\sin x + \sinh x)\, dx$

(2) $\int \cosh x\, (1 + \operatorname{sech} x)\, dx$

Section 2

2. 치환적분법

1절에서 소개한 몇 가지 부정적분에 대한 기본공식으로 풀 수 없는 부정적분을 구할 수 있는 적분법 중 하나인 치환적분법에 대하여 알아본다.

정의 2.1 치환적분법

$\int f(x)\,dx = F(x) + C$이고 $t = g(x)$가 미분가능한 함수라 하자. 그러면

$$\begin{aligned}\int f(g(x))g'(x)\,dx &= \int f(t)\,dt \\ &= F(t) + C \\ &= F(g(x)) + C\end{aligned}$$

이다. 위와 같이 부정적분을 구하는 방법을 **치환적분법**이라 한다.

일반적으로

$$\int f(t)\,dx \tag{2.1}$$

꼴에서, $t = x$ 또는 $t = g(x)$이다. 여기에서 $t = x$이면, 1장에서 소개한 부정적분에 대한 기본공식을 이용한다. $t = g(x)$이면, 치환적분법을 이용한다.

치환적분법을 적용해야 하는 경우는 다양하기 때문에 적용 가능한 경우별로 분류하여 그 해법을 찾아보자.

TYPE 1 $\int (ax+b)^n\,dx \quad (n \neq -1)$ 꼴

해법

첫째, $ax+b=t$로 치환한다.

둘째, $ax+b=t$를 미분하면 $dt=adx$이므로 $dx=\frac{1}{a}dt$이다.

셋째, $ax+b=t$와 $dx=\frac{1}{a}dt$를 주어진 식에 대입하면

$$\int (ax+b)^n\,dx=\int t^n\left(\frac{1}{a}\right)dt=\frac{1}{a}\int t^n\,dt$$

$$=\frac{1}{a(n+1)}t^{n+1}+C$$

$$=\frac{1}{a(n+1)}(ax+b)^{n+1}+C$$

예제 2.2 다음 부정적분을 구하여라.

(1) $\int (x-5)^{10}\,dx$

(2) $\int (3x+1)^5\,dx$

(3) $\int (-4x+5)^{-3}\,dx$

(4) $\int \frac{1}{(2x+3)^4}\,dx$

풀이

(1) $x-5=t$라 하면 $dx=dt$이므로

$$\int (x-5)^{10}\,dx=\int t^{10}\,dt$$

$$=\frac{1}{11}t^{11}+C$$

$$=\frac{1}{11}(x-5)^{11}+C$$

(2) $3x+1=t$라 하면 $dx=\frac{1}{3}dt$이므로

$$\int (3x+1)^5\,dx=\int t^5\left(\frac{1}{3}\,dt\right)=\frac{1}{3}\int t^5\,dt$$

$$=\frac{1}{18}t^6+C$$

$$=\frac{1}{18}(3x+1)^6+C$$

(3) $-4x+5=t$라 하면 $dx=-\frac{1}{4}dt$이므로

$$\int(-4x+5)^{-3}dx=\int t^{-3}\left(-\frac{1}{4}dt\right)=-\frac{1}{4}\int t^{-3}dt$$
$$=-\frac{1}{4}\int t^{-3}dt$$
$$=-\frac{1}{4}\left(-\frac{1}{2}t^{-2}\right)+C$$
$$=\frac{1}{8}(-4x+5)^{-2}+C$$

(4) $2x+3=t$라 하면 $dx=\frac{1}{2}dt$이므로

$$\int\frac{1}{(2x+3)^4}dx=\int\frac{1}{t^4}\left(\frac{1}{2}dt\right)=\frac{1}{2}\int t^{-4}dt$$
$$=\frac{1}{2}\left(-\frac{1}{3}t^{-3}\right)+C=-\frac{1}{6}t^{-3}+C$$
$$=-\frac{1}{6(2x+3)^3}+C$$

■

예제 2.3 다음 부정적분을 구하여라.

(1) $\int\sin 3x\,dx$

(2) $\int\cos 4x\,dx$

(3) $\int\sec^2\left(-\frac{1}{3}x\right)dx$

(4) $\int\cos^2\left(\frac{1}{4}x\right)dx$

풀이

(1) $3x=t$라 하면 $dx=\frac{1}{3}dt$이므로

$$\int\sin 3x\,dx=\int\sin t\left(\frac{1}{3}dt\right)$$
$$=\frac{1}{3}\int\sin t\,dt$$
$$=\frac{1}{3}(-\cos t)+C$$

$$= -\frac{1}{3}\cos t + C$$

$$= -\frac{1}{3}\cos 3x + C$$

(2) $4x = t$라 하면 $dx = \frac{1}{4}dt$이므로

$$\int \cos 4x\, dx = \int \cos t\left(\frac{1}{4}\, dt\right)$$

$$= \frac{1}{4}\int \cos t\, dt$$

$$= \frac{1}{4}(\sin t) + C$$

$$= \frac{1}{4}\sin 4x + C$$

(3) $-\frac{1}{3}x = t$라 하면 $dx = -3\,dt$이므로

$$\int \sec^2\left(-\frac{1}{3}x\right)dx = \int \sec^2 t\,(-3\,dt)$$

$$= -3\int \sec^2 t\, dt$$

$$= -3\tan t + C$$

$$= -3\tan\left(-\frac{1}{3}x\right) + C$$

$$= 3\tan\frac{1}{3}x + C$$

(4) $\frac{x}{4} = t$라 하면 $dx = 4dt$이므로

$$\int \csc^2\left(\frac{x}{4}\right)dx = -4\int \csc^2 t\, dt$$

$$= -4\cot(t) + C$$

$$= -4\cot\left(\frac{x}{4}\right) + C$$

■

Type 1을 삼각함수에 적용하여 다음의 결과를 얻는다.

정리 2.4 삼각함수의 치환적분

a가 0이 아닌 실수이고 b가 실수일 때, 다음이 성립한다.

(1) $\displaystyle\int \sin(ax+b)\,dx = -\frac{1}{a}\cos(ax+b)+C$

(2) $\displaystyle\int \cos(ax+b)\,dx = \frac{1}{a}\sin(ax+b)+C$

(3) $\displaystyle\int \sec^2(ax+b)\,dx = \frac{1}{a}\tan(ax+b)+C$

(4) $\displaystyle\int \csc^2(ax+b)\,dx = -\frac{1}{a}\cot(ax+b)+C$

(5) $\displaystyle\int \sec(ax+b)\tan(ax+b)\,dx = \frac{1}{a}\sec(ax+b)+C$

(6) $\displaystyle\int \csc(ax+b)\cot(ax+b)\,dx = -\frac{1}{a}\csc(ax+b)+C$

증명

(1)만을 증명한다. 나머지 모두 비슷하므로 독자에게 증명을 맡긴다.

$ax+b=t$라 하면 $a\,dx=dt$, $dx=\dfrac{1}{a}\,dt$이므로

$$\begin{aligned}\int \sin(ax+b)\,dx &= \int \sin t\left(\frac{1}{a}\,dt\right)\\ &= \frac{1}{a}\int \sin t\,dt\\ &= \frac{1}{a}(-\cos t)+C\\ &= -\frac{1}{a}\cos t+C\\ &= -\frac{1}{a}\cos(ax+b)+C\end{aligned}$$

각이 x에 관한 1차식인 삼각함수의 부정적분은 정리 2.4를 이용하여 쉽게 구할 수 있다. 예를 들어,

$$\int \sin \frac{\sqrt{3}}{\pi} x\, dx \text{의 경우 } a = \frac{\sqrt{3}}{\pi},\ b = 0 \text{이므로}$$

$$\int \sin \frac{\sqrt{3}}{\pi} x\, dx = -\frac{\pi}{\sqrt{3}} \cos \frac{\sqrt{3}}{\pi} x + C$$

정리 2.4를 이용하려면 삼각함수의 각이 반드시 1차식이어야 한다는 점에 유의해야 한다. 예를 들어,

$$\int \sin(2x^2 + 3)\, dx \neq -\frac{1}{2} \cos(2x^2 + 3) + C$$

이고

$$\int \cos\left(\frac{3}{x} + 2\right) dx \neq \frac{1}{3} \sin\left(\frac{3}{\mathrm{x}} + 2\right) + \mathrm{C}$$

이다.

예제 2.5 다음 부정적분을 구하여라.

(1) $\int \sec^2(3x + 2)\, dx$　　(2) $\int \csc^2(1 - 2x)\, dx$

(3) $\int \sec\left(\frac{1}{2}x + 1\right) \tan\left(\frac{1}{2}x + 1\right) dx$　　(4) $\int \csc\left(\frac{1}{2} - \frac{2}{3}x\right) \cot\left(\frac{1}{2} - \frac{2}{3}x\right) dx$

풀이

(1) $a = 3$ 이므로 정리 2.4에 의하여

$$\int \sec^2(3x + 2)\, dx = \frac{1}{3} \tan(3x + 2) + C$$

(2) $a = -2$ 이므로 정리 2.4에 의하여

$$\begin{aligned} \int \csc^2(1 - 2x)\, dx &= \frac{1}{(-2)} (-\cot(1 - 2x)) + C \\ &= \frac{1}{2} \cot(1 - 2x) + C \end{aligned}$$

(3) $a = \frac{1}{2}$ 이므로 정리 2.4에 의하여

$$\int \sec\left(\frac{1}{2}x+1\right)\tan\left(\frac{1}{2}x+1\right)dx = 2\sec\left(\frac{1}{2}x+1\right)+C$$

(4) $a = -\frac{2}{3}$ 이므로 정리 2.4에 의하여

$$\int \csc\left(\frac{1}{2}-\frac{2}{3}x\right)\cot\left(\frac{1}{2}-\frac{2}{3}x\right)dx = \frac{1}{(-2/3)}\left(-\csc\left(\frac{1}{2}-\frac{2}{3}x\right)\right)+C$$
$$= \frac{3}{2}\csc\left(\frac{1}{2}-\frac{2}{3}x\right)+C$$ ■

쌍곡선함수 역시 변수가 x에 관한 1차식일 때, Type 1을 적용하여 다음의 결과를 얻는다.

정리 2.6 쌍곡선함수의 치환적분

a가 0이 아닌 실수이고 b가 실수일 때, 다음이 성립한다.

(1) $\int \cosh(ax+b)\,dx = \frac{1}{a}\sinh(ax+b)+C$

(2) $\int \sinh(ax+b)\,dx = \frac{1}{a}\cosh(ax+b)+C$

(3) $\int \mathrm{sech}^2(ax+b)\,dx = \frac{1}{a}\tanh(ax+b)+C$

(4) $\int \mathrm{sech}(ax+b)\tanh(ax+b)\,dx = -\frac{1}{a}\mathrm{sech}(ax+b)+C$

(5) $\int \mathrm{csch}(ax+b)\coth(ax+b)\,dx = -\frac{1}{a}\mathrm{csch}(ax+b)+C$

(6) $\int \mathrm{csch}^2(ax+b)\,dx = -\frac{1}{a}\coth(\mathrm{ax}+\mathrm{b})+\mathrm{C}$

증명

(2)만을 증명한다. 나머지는 비슷하므로 독자 스스로 증명해보라.

$ax+b=t$라 하면 $a\,dx = dt$, $dx = \frac{1}{a}dt$ 이므로

$$\int \sinh(ax+b)\,dx = \int \sinh t\left(\frac{1}{a}dt\right)$$

예제 2.7 다음 부정적분을 구하여라.

(1) $\int \sinh(3x-1)\,dx$ (2) $\int \cosh(3-4x)\,dx$

풀이

$$\int \cosh(3-4x)\,dx = -\frac{1}{4}\sinh(3-4x)+C$$

(1) $a=3$ 이므로 정리 2.6에 의하여

$$\int \sinh(3x-1)\,dx = \frac{1}{3}\cosh(3x-1)+C$$

(2) $a=-4$ 이므로 정리 2.6에 의하여

$$\int \cosh(3-4x)\,dx = -\frac{1}{4}\sinh(3-4x)+C$$

■

정리 2.6을 적용하려면 정리 2.4의 경우처럼 쌍곡선함수의 변수가 반드시 1차식이어야 한다는 점에 유의하라. 예를 들어,

$$\int \sinh(2x^2+1)\,dx \neq \frac{1}{2}\cosh(2x^2+1)+C$$

이고

$$\int \cosh\left(4\cdot\frac{1}{x}+3\right)dx \neq \frac{1}{4}\sinh\left(4\cdot\frac{1}{x}+3\right)+C$$

이다.

TYPE 2 $\int p(x)(f(x))^n\,dx$ 꼴

해법

첫째. $f(x)=t$ 로 치환한다.

둘째. $f(x)=t$ 를 미분하여 $\frac{df(x)}{dx}=\frac{dt}{dk}$ 로부터 dt 를 구한다.

예제 **2.8** 다음 부정적분을 구하여라.

(1) $\int x(x^2+1)^4\,dx$ (2) $\int x^2(x^3-1)^6\,dx$

(3) $\int x^2(3-2x^3)^3\,dx$ (4) $\int 3x^3(4x^4-1)^2\,dx$

(5) $\int (x+1)(x^2+2x+3)^3\,dx$ (6) $\int (x^2-1)(x^3-3x+3)^4\,dx$

풀이

(1) $x^2+1=t$ 라 하면 $2x\,dx=dt$, $x\,dx=\frac{1}{2}\,dt$ 이므로

$$\begin{aligned}\int x(x^2+1)^4\,dx &= \int t^4\left(\frac{1}{2}\,dt\right)\\ &= \frac{1}{2}\int t^4\,dt\\ &= \frac{1}{10}t^5+C\\ &= \frac{1}{10}(x^2+1)^5+C\end{aligned}$$

(2) $x^3-1=t$ 라 하면 $3x^2\,dx=dt$, $x^2\,dx=\frac{1}{3}\,dt$ 이므로

$$\begin{aligned}\int x^2(x^3-1)^6\,dx &= \int t^6\left(\frac{1}{3}\,dt\right)\\ &= \frac{1}{3}\int t^6\,dt\\ &= \frac{1}{3}\cdot\frac{1}{7}t^7+C\\ &= \frac{1}{21}(x^3-1)^7+C\end{aligned}$$

(3) $3-2x^3=t$ 라 하면 $-6x^2\,dx=dt$, $x^2\,dx=-\frac{1}{6}\,dt$이므로

$$\begin{aligned}\int x^2(3-2x^3)^3\,dx &= \int t^3\left(-\frac{1}{6}\,dt\right)\\ &= -\frac{1}{6}\int t^3\,dt\\ &= -\frac{1}{24}t^4+C\\ &= -\frac{1}{24}(3-2x^3)^4+C\end{aligned}$$

(4) $4x^4-1=t$라 하면 $16x^3dx=dt$, $3x^2dx=\frac{3}{16}dt$이므로

$$\begin{aligned}\int 3x^3(4x^4-1)^2dx &= \int t^2\left(\frac{3}{16}dt\right)\\ &= \frac{3}{16}\int t^2dt\\ &= \frac{3}{16}\cdot\frac{1}{3}t^3+C\\ &= \frac{1}{16}(4x^4-1)^3+C\end{aligned}$$

(5) $x^2+2x+3=t$라 하면 $2(x+1)dx=dt$, $(x+1)dx=\frac{1}{2}dt$이므로

$$\begin{aligned}\int (x+1)(x^2+2x+3)^3dx &= \int t^3\left(\frac{1}{2}dt\right)\\ &= \frac{1}{2}\int t^3dt\\ &= \frac{1}{8}t^4+C\\ &= \frac{1}{8}(x^2+2x+3)^4+C\end{aligned}$$

(6) $x^3-3x+3=t$라 하면 $3(x^2-1)dx=dt$, $(x^2-1)dx=\frac{1}{3}dt$이므로

$$\begin{aligned}\int (x^2-1)(x^3-3x+3)^4dx &= \int t^4\left(\frac{1}{3}dt\right)\\ &= \frac{1}{3}\int t^4dt\\ &= \frac{1}{15}t^5+C\\ &= \frac{1}{15}(x^3-3x+3)^5+C\end{aligned}$$

■

예제 2.9 다음 부정적분을 구하여라.

(1) $\int x^2(x+1)^{10}dx$　　(2) $\int x^3(x^2-1)^3dx$

(3) $\int x^5(2x^3-1)^4dx$　　(4) $\int x^5(x^2+2)^5dx$

풀이

(1) $x+1=t$ 라 하면 $dx=dt$, $x=t-1$ 이므로

$$\begin{aligned}\int x^2(x+1)^{10}\,dx &= \int (t-1)^2 t^{10}\,dt \\ &= \int (t^{12}-2t^{11}+t^{10})\,dt \\ &= \frac{1}{13}t^{13}-\frac{2}{12}t^{12}+\frac{1}{11}t^{11}+C \\ &= \frac{1}{13}(x+1)^{13}-\frac{1}{6}(x+1)^{12}+\frac{1}{11}(x+1)^{11}+C\end{aligned}$$

(2) $x^2-1=t$ 라 하면 $2x\,dx=dt$, $x\,dx=\frac{1}{2}dt$ 이고 $x^2=t+1$ 이므로

$$\begin{aligned}\int x^3(x^2-1)^3\,dx &= \int x^2(x^2-1)^3 x\,dx \\ &= \int (t+1)t^3\left(\frac{1}{2}dt\right) \\ &= \frac{1}{2}\int (t^4+t^3)\,dt \\ &= \frac{1}{2}\left(\frac{1}{5}t^5+\frac{1}{4}t^4\right)+C \\ &= \frac{1}{10}(x^2-1)^5+\frac{1}{8}(x^2-1)^4+C\end{aligned}$$

(3) $2x^3-1=t$ 라 하면 $6x^2\,dx=dt$, $x^2\,dx=\frac{1}{6}dt$ 이고 $x^3=\frac{1}{2}(t+1)$ 이므로

$$\begin{aligned}\int x^5(2x^3-1)^4\,dx &= \int x^3(2x^3-1)^4 x^2\,dx \\ &= \int \frac{1}{2}(t+1)t^4\left(\frac{1}{6}dt\right) \\ &= \frac{1}{12}\int (t^5+t^4)\,dt \\ &= \frac{1}{12}\left(\frac{1}{6}t^6+\frac{1}{5}t^5\right)+C \\ &= \frac{1}{12}\left(\frac{1}{6}(2x^3-1)^6+\frac{1}{5}(2x^3-1)^5\right)+C\end{aligned}$$

(4) $x^2+2=t$ 라 하면 $2x\,dx=dt$, $x\,dx=\frac{1}{2}dt$ 이고 $x^4=(x^2)^2=(t-2)^2$ 이므로

$$\begin{aligned}\int x^5(x^2+2)^5\,dx &= \int x^4(x^2+2)^5\,x\,dx\\ &= \int (t-2)^2 t^5\left(\frac{1}{2}\,dt\right)\\ &= \frac{1}{2}\int (t^2-4t+4)\,t^5\,dt\\ &= \frac{1}{2}\int t^7-4t^6+4t^5\,dt\\ &= \frac{1}{2}\left(\frac{1}{8}t^8-\frac{4}{7}t^7+\frac{4}{6}t^6\right)+C\\ &= \frac{1}{2}\left(\frac{1}{8}(x^2+2)^8-\frac{4}{7}(x^2+2)^7+\frac{2}{3}(x^2+2)^6\right)+C \quad ■\end{aligned}$$

TYPE 3 $\int p(x)q(x)\,dx$, $p(x)=\sqrt[n]{f(x)}$ 꼴인 경우

해법

$f(x)=t$ 로 치환하였을 때

경우 1: $df(x)=kq(x)dx$ ($k\neq 0$인 상수)

$$\int p(x)q(x)\,dx=\int \sqrt[n]{f(x)}\left(\frac{1}{k}df(x)\right)=\frac{1}{k}\int \sqrt[n]{t}\,dt$$

꼴로 변형한다.

경우 2: $df(x)\neq kq(x)dx$ ($k\neq 0$인 상수)

$f(x)=t$ 로 치환하여

$$\int p(x)q(x)\,dx=\int F(t)\,dt$$

꼴로 변형한다.

예제 2.10 다음 부정적분을 구하여라.

(1) $\int x\sqrt{x+1}\,dx$ (2) $\int x\sqrt{3-2x}\,dx$

(3) $\int x^2\sqrt{x-1}\,dx$ (4) $\int x^3\sqrt{x^2+1}\,dx$

풀이

(1) $x+1=t$라 하면 $dx=dt$이고 $x=t-1$이므로

$$\begin{aligned}\int x\sqrt{x+1}\,dx &= \int (t-1)\sqrt{t}\,dt \\ &= \int (t^{3/2}-t^{1/2})\,dt \\ &= \frac{2}{5}t^{5/2}-\frac{2}{3}t^{3/2}+C \\ &= \frac{2}{5}(x+1)^2\sqrt{x+1}-\frac{2}{3}(x+1)\sqrt{x+1}+C\end{aligned}$$

(2) $3-2x=t$라 하면 $-2dx=dt$, $dx=-\frac{1}{2}dt$이고 $x=\frac{1}{2}(t+3)$이므로

$$\begin{aligned}\int x\sqrt{3-2x}\,dx &= \int \frac{1}{2}(t+3)\sqrt{t}\left(-\frac{1}{2}dt\right) \\ &= -\frac{1}{4}\int (t^{3/2}+3t^{1/2})\,dt \\ &= -\frac{1}{4}\left(\frac{2}{5}t^{5/2}+2t^{3/2}\right)+C \\ &= -\frac{1}{4}\left(\frac{2}{5}(3-2x)^2\sqrt{3-2x}+2(3-2x)\sqrt{3-2x}\right)+C\end{aligned}$$

(3) $x-1=t$라 하면 $dx=dt$이고 $x=t+1$이므로

$$\begin{aligned}\int x^2\sqrt{x-1}\,dx &= \int (t+1)^2\sqrt{t}\,dt \\ &= \int (t^2\sqrt{t}-2t\sqrt{t}+\sqrt{t})\,dt \\ &= \frac{2}{7}t^3\sqrt{t}-2\cdot\frac{2}{5}t^2\sqrt{t}+\frac{2}{3}t\sqrt{t}+C \\ &= \frac{2}{7}(x-1)^3\sqrt{x-1}-\frac{4}{5}(x-1)^2\sqrt{x-1}+\frac{2}{3}(x-1)\sqrt{x-1}+C\end{aligned}$$

(4) $x^2+1=t$라 하면 $2x\,dx=dt$, $x\,dx=\frac{1}{2}dt$이고 $x^2=t-1$이므로

$$\begin{aligned}\int x^3\sqrt{x^2+1}\,dx &= \int x^2\sqrt{x^2+1}\cdot x\,dx \\ &= \int (t-1)\sqrt{t}\left(\frac{1}{2}dt\right)\end{aligned}$$

$$= \frac{1}{2}\left(\int t\sqrt{t}\,dt - \sqrt{t}\,dt\right)$$

$$= \frac{1}{2}\left(\frac{2}{5}t^2\sqrt{t} - \frac{2}{3}t\sqrt{t}\right) + C$$

$$= \frac{1}{5}(x^2+1)^2\sqrt{x^2+1} - \frac{1}{3}(x^2+1)\sqrt{x^2+1} + C \quad ■$$

TYPE 4 $\int \frac{q(x)}{p(x)}\,dx$, $dp(x) = kq(x)dx$ ($k \neq 0$는 상수) 꼴

해법

$$\int \frac{q(x)}{p(x)}\,dx = \int \frac{\frac{1}{k}dp(x)}{p(x)}$$

$$= \frac{1}{k}\int \frac{dp(x)}{p(x)}$$

$$= \frac{1}{k}\int \frac{dt}{t}$$

꼴로 변형하여 적분할 수 있다.

즉 $p(x)$를 미분하여 $g(x)$꼴을 얻을 수 있는 경우를 말한다.

예제 2.11 다음 부정적분을 구하여라.

(1) $\int \frac{x}{1+x^2}\,dx$

(2) $\int \frac{x-1}{x^2-2x+3}\,dx$

(3) $\int \frac{e^x}{3+e^x}\,dx$

(4) $\int \frac{e^{2x}}{2-e^{2x}}\,dx$

(5) $\int \frac{\cos x}{\sin x + 3}\,dx$

(6) $\int \frac{2\sin x}{\cos x - 4}\,dx$

풀이

(1) $1+x^2=t$ 라 하면 $2x\,dx=dt$, $x\,dx=\frac{1}{2}dt$ 이므로

$$\begin{aligned}\int \frac{x}{1+x^2}dx &= \int \frac{1}{t}\left(\frac{1}{2}dt\right)\\ &= \frac{1}{2}\int \frac{1}{t}dt\\ &= \frac{1}{2}\ln|t|+C\\ &= \frac{1}{2}\ln|1+x^2|+C\\ &= \frac{1}{2}\ln(1+x^2)+C\end{aligned}$$

(2) $x^2-2x+3=t$ 라 하면 $(2x-2)dx=dt$, $(x-1)dx=\frac{1}{2}dt$ 이므로

$$\begin{aligned}\int \frac{x-1}{x^2-2x+3}dx &= \int \frac{1}{t}\left(\frac{1}{2}dt\right)\\ &= \frac{1}{2}\int \frac{1}{t}dt\\ &= \frac{1}{2}\ln|t|+C\\ &= \frac{1}{2}\ln|x^2-2x+3|+C\end{aligned}$$

(3) $3+e^x=t$ 라 하면 $e^x\,dx=dt$ 이므로

$$\begin{aligned}\int \frac{e^x}{3+e^x}dx &= \int \frac{1}{t}dt\\ &= \ln|t|+C\\ &= \ln|3+e^x|+C\end{aligned}$$

(4) $2-e^{2x}=t$ 라 하면 $-2e^{2x}dx=dt$, $e^{2x}dx=-\frac{1}{2}dt$ 이므로

$$\begin{aligned}\int \frac{e^{2x}}{2-e^{2x}}dx &= \int \frac{1}{t}\left(-\frac{1}{2}dt\right)=-\frac{1}{2}\int \frac{1}{t}dt\\ &= -\frac{1}{2}\ln|t|+C\end{aligned}$$

$$= -\frac{1}{2}\ln|2-e^{2x}|+C$$

(5) $\sin x+3=t$라 하면 $\cos x\,dx=dt$이므로

$$\int\frac{\cos x}{\sin x+3}dx=\int\frac{1}{t}(dt)=\int\frac{1}{t}dt$$
$$=\ln|t|+C$$
$$=\ln|\sin x+3|+C$$

(6) $\cos x-4=t$라 하면 $-\sin x\,dx=dt$, $2\sin x\,dx=-2dt$이므로

$$\int\frac{2\sin x}{\cos x-4}dx=\int\frac{1}{t}(-2dt)=-2\int\frac{1}{t}dt$$
$$=-2\ln|t|+C$$
$$=-2\ln|\cos x-4|+C$$

■

TYPE 5 $q(x)$를 미분하여 $p(x)$ 얻을 수 없는 인 꼴

해법

$q(x)=t$로 치환하거나 $q(x)$의 일부를 t로 치환하여

$$\int\frac{q(x)}{p(x)}dx=\int F(t)\,dt$$

꼴로 변형한다. $q(x)$를 미분하여 $p(x)$를 얻을 수 없는 경우를 말한다.

예제 2.12 다음 부정적분을 구하여라.

(1) $\displaystyle\int\frac{\ln x}{x}dx$

(2) $\displaystyle\int\frac{\sin\left(\frac{1}{x}+2\right)}{x^2}dx$

(3) $\displaystyle\int\frac{2^{\tan x}}{\cos^2 x}dx$

(4) $\displaystyle\int\frac{\tan^{-1}x}{x^2+1}dx$

풀이

(1) $\ln x = t$ 라 하면 $\frac{1}{x}\,dx = dt$ 이므로

$$\int \frac{\ln x}{x}\,dx = \int t\,dt$$
$$= \frac{1}{2}t^2 + C$$
$$= \frac{1}{2}(\ln x)^2 + C$$

(2) $\frac{1}{x} + 2 = t$ 라 하면 $-\frac{1}{x^2}\,dx = dt$, $\frac{1}{x^2}\,dx = -dt$ 이므로

$$\int \frac{\sin\left(\frac{1}{x} + 2\right)}{x^2}\,dx = \int \sin t\,(-dt)$$
$$= -\int \sin t\,dt$$
$$= \cos t + C$$
$$= \cos\left(\frac{1}{x} + 2\right) + C$$

(3) $\tan x = t$ 라 하면 $\sec^2 x\,dx = \frac{1}{\cos^2 x}\,dx = dt$ 이므로

$$\int \frac{2^{\tan x}}{\cos^2 x}\,dx = \int 2^t\,dt$$
$$= \frac{1}{\ln 2}\,2^t + C$$
$$= \frac{1}{\ln 2}\,2^{\tan x} + C$$

(4) $\tan^{-1} x = t$ 라 하면 $\frac{1}{x^2 + 1}\,dx = dt$ 이므로

$$\int \frac{\tan^{-1} x}{x^2 + 1}\,dx = \int t\,dt$$
$$= \frac{1}{2}t^2 + C$$

$$= \frac{1}{2}(\tan^{-1}x)^2 + C$$ ■

예제 2.13 다음 부정적분을 구하여라.

(1) $\displaystyle\int \frac{\sin\sqrt{x}}{\sqrt{x}}\,dx$ (2) $\displaystyle\int \frac{(x+1)+an\sqrt{x^2+2x+5}}{\sqrt{x^2+2x+5}}\,dx$

풀이

(1) $\sqrt{x} = t$로 치환하면 $\frac{1}{2\sqrt{x}}dx = dt$가 되어

$2\sqrt{\sin t}\,dt = -2\cos t + C = -2\cos\sqrt{x} + C$

(1) $\sqrt{x^2+2x+5} = t$로 치환하면 $\frac{2x+2}{2\sqrt{x^2+2x+5}}dx = dt$가 되어

$\int \tan t\,dt = -\ln|\cos t| + C = -\ln\left|\cos\sqrt{x^2+2x+5}\right| + C$

➡ 연습문제 해답 513

SECTION 4.2

4.2 연습문제

01. 다음 부정적분을 구하여라.

(1) $\int (x-1)^{100}\,dx$ (2) $\int (2-3x)^{7}\,dx$

(3) $\int (\pi x-1)^{-2}\,dx$ (4) $\int \frac{1}{3x-5}\,dx$

(5) $\int \left(\frac{1}{2}x+\frac{1}{3}\right)^{\pi} dx$ (6) $\int \sqrt[5]{7x+2}\,dx$

02. 다음 부정적분을 구하여라.

(1) $\int \sin\frac{2}{7}x\,dx$ (2) $\int \cos\frac{11}{3}x\,dx$

(3) $\int \sin 0.14x\,dx$ (4) $\int \cos 1.315x\,dx$

(5) $\int \sin\frac{\pi}{\sqrt{5}}x\,dx$ (6) $\int \cos\frac{5!}{\pi^2}x\,dx$

(7) $\int \sec^2\left(\sqrt{5}-\frac{1}{\sqrt{5}}x\right)dx$ (8) $\int \sinh\left(3-\frac{1}{\sqrt{2}}x\right)dx$

(9) $\int \operatorname{sech}(1-2x)\tanh(1-2x)\,dx$ (10) $\int \operatorname{csch}^2 3x\,dx$

03. 다음 부정적분을 구하여라.

(1) $\int x(x^2+4)^5\,dx$ (2) $\int x^2(x^3-2)^4\,dx$

(3) $\int x(x^2-3)^2\sqrt{x^2-3}\,dx$ (4) $\int x^2\sqrt[3]{4-x^3}\,dx$

(5) $\int (x^2+1)\cos(x^3+3x)\,dx$ (6) $\int (x+1)e^{(x+1)^2}\,dx$

(7) $\int \sinh x(\cosh x + 2)^4\, dx$

(8) $\int \operatorname{sech}^2 x\,(3 - 2\tanh x)^3\, dx$

04. 다음 부정적분을 구하여라.

(1) $\int x^2 (x-1)^{10}\, dx$

(2) $\int x(2x-3)^4\, dx$

(3) $\int x^3 (x^2-1)^5\, dx$

(4) $\int x^5 \left(\frac{1}{3}x^3 - 1\right)^3 dx$

(5) $\int \sin^3 x\,(\cos x + 1)^4\, dx$

(6) $\int \cosh^3 x\,(\sinh x - 4)^4\, dx$

05. 다음 부정적분을 구하여라.

(1) $\int x^2 \sqrt{x^3+3}\, dx$

(2) $\int x^3 \sqrt{4x^4+3}\, dx$

(3) $\int (x+1)\sqrt[4]{x^2+2x+1}\, dx$

(4) $\int x^2 \sqrt[5]{3-2x^3}\, dx$

(5) $\int \sin x \sqrt{(\cos x + 2)^3}\, dx$

(6) $\int \cosh x \sqrt[3]{2+3\sinh x}\, dx$

06. 다음 부정적분을 구하여라.

(1) $\int \frac{x^2}{x^3-2}\, dx$

(2) $\int \frac{x^3}{3-x^4}\, dx$

(3) $\int \frac{3x}{4x^2+11}\, dx$

(4) $\int \frac{-2x^4}{1-x^5}\, dx$

(5) $\int \frac{x-3}{x^2-6x+10}\, dx$

(6) $\int \frac{2x-1}{\left(x-\frac{1}{2}\right)^2}\, dx$

(7) $\int \frac{\sin x}{3\cos x - 2}\, dx$

(8) $\int \frac{\pi \cos x}{2 - 5\sin x}\, dx$

(9) $\int \frac{e^x}{e^x+3}\, dx$

(10) $\int \frac{e^{3x}}{e^{3x}+3}\, dx$

07. 다음 부정적분을 구하여라.

(1) $\int \frac{x^2}{\sqrt{x-1}}\,dx$ (2) $\int \frac{x^3}{\sqrt{x^2+1}}\,dx$

(3) $\int \sin x \sec^2 x\,dx$ (4) $\int \tan x\,dx$

(5) $\int -\frac{1}{\sqrt{1-2x^2}}\,dx$ (6) $\int \frac{1}{9x^2+1}\,dx$

08. 다음 부정적분을 구하여라.

(1) $\int \frac{\cos\sqrt{x}}{\sqrt{x}}\,dx$ (2) $\int \frac{e^{-\sqrt{x}}}{\sqrt{x}}\,dx$

(3) $\int \frac{1}{x(\ln x)^4}\,dx$ (4) $\int \frac{1}{\sqrt{x}(\sqrt{x}+3)^2}\,dx$

(5) $\int \frac{\sinh\left(\frac{1}{x}+1\right)}{x^2}\,dx$ (6) $\int \frac{\sec^{-1}x}{x\sqrt{x^2-1}}\,dx$

09. 피적분함수에 근호가 있는 다음 함수의 부정적분을 적절한 방법을 사용하여 구하여라.

(1) $\int \frac{1}{\sqrt{x}}\,dx$ (2) $\int \frac{1}{\sqrt{x+2}}\,dx$

(3) $\int \frac{x}{\sqrt{x+2}}\,dx$ (4) $\int \frac{1}{\sqrt{x}+2}\,dx$

Section 3

3. 부분적분법

1절과 2절에서 다룬 적분법으로 부정적분을 구할 수 없을 때, 사용하는 기본 적분법 중 하나인 부분적분법에 대하여 알아보기로 한다.

두 함수 $f(x)$와 $g(x)$가 모두 미분가능할 때, 곱 $f(x)g(x)$를 미분하면 $(f(x)g(x))' = f'(x)g(x) + f(x)g'(x)$이다. 이때

$$f'(x)g(x) = (f(x)g(x)') - f(x)g'(x)$$

이므로 양변을 x로 적분하면

$$\int f'(x)g(x)dx = f(x)g(x) - \int f(x)g'(x)dx$$

를 얻고,
이것을 **부분적분법**이라 한다.

부분적분법을 쉽게 적용할 수 있도록

$$\int u\,dv = u\,v - \int v\,du$$

으로 나타내기도 한다.

부분적분법을 적용할 때, 피적분함수 중 어떤 부분을 u와 dv로 선택하느냐에 따라서 적분이 가능할 수도 있고 그렇지 않을 수도 있음에 유의해야 한다. 일반적으로 u는 미분하면 식이 작아지는 또는 줄어드는 함수를 선택하고 나머지를 dv로 선택한다.

TYPE 1 아래의 부정적분 꼴 (n은 자연수이고 p, q, r 은 실수)

$$\int x^n \sin px\, dx\,,\ \int x^n \cos qx\, dx\,,\ \int x^n e^{rx}\, dx\,,$$

$$\int x^n \sinh px\, dx\,,\ \int x^n \cosh qx\, dx$$

해법

$u = x^n$, 나머지부분$= dv$로 놓고 부분적분법을 적용한다.

예제 3.1 다음 부정적분을 구하여라.

(1) $\int x \sin x\, dx$ (2) $\int x\, e^x\, dx$

풀이

(1) $u = x,\ dv = \sin x\, dx$라 하면 $du = dx,\ v = \int \sin x\, dx = -\cos x$이므로

$$\begin{aligned}\int x \sin x\, dx &= \int udv \\ &= uv - \int vdu \\ &= -x\cos x - \int (-\cos x)\, dx \\ &= -x\cos x + \int \cos x\ dx \\ &= -x\cos x + \sin x + C\end{aligned}$$

(2) $u = x,\ dv = e^x dx$라 하면 $du = dx,\ v = \int e^x\, dx = e^x$이므로

$$\begin{aligned}\int x\, e^x\, dx &= x\, e^x - \int e^x\, dx \\ &= x\, e^x - e^x + C\end{aligned}$$

■

TYPE 2 $\int x^n \ln x\, dx$ (n은 실수) 꼴

해법

$u = \ln x,\ dv = x^n dx$로 놓는다.

예제 3.2 다음 부정적분을 구하여라.

(1) $\int x \ln x \, dx$ (2) $\int x^4 \ln x \, dx$

풀이

(1) $u = \ln x$, $dv = x dx$라 하면, $du = \frac{1}{x} dx$, $v = \frac{1}{2} x^2$이므로

$$\begin{aligned}\int x \ln x \, dx &= \frac{1}{2} x^2 \ln x - \int \frac{1}{2} x \, dx \\ &= \frac{1}{2} x^2 \ln x - \frac{1}{4} x^2 + C\end{aligned}$$

(2) $u = \ln x$, $dv = x^4 dx$라 하면 $du = \frac{1}{x} dx$, $v = \frac{1}{5} x^5$이므로

$$\begin{aligned}\int x^4 \ln x \, dx &= \frac{1}{5} x^5 \ln x - \frac{1}{5} \int x^4 \, dx \\ &= \frac{1}{5} x^5 \ln x - \frac{1}{25} x^5 + C\end{aligned}$$

■

TYPE 3 $\int f(x) dx$에서, $f(x)$=로그함수, 역삼각함수, 역쌍곡선함수 꼴

해법

$u = f(x)$, $dv = dx$로 놓는다.

예제 3.3 다음 부정적분을 구하여라.

(1) $\int \ln x \, dx$ (2) $\int \tan^{-1} x \, dx$

풀이

(1) $u = \ln x$, $dv = dx$라 하면 $du = \frac{1}{x} dx$, $v = x$이므로

$$\begin{aligned}\int \ln x \, dx &= x \ln x - \int 1 \, dx \\ &= x \ln x - x + C\end{aligned}$$

(2) $u = \tan^{-1}x$, $dv = dx$라 하면 $du = \dfrac{dx}{1+x^2}$, $v = x$이므로

$$\int \tan^{-1}x\,dx = x\tan^{-1}x - \int \frac{x}{1+x^2}\,dx$$

이다. 이제는 $1+x^2 = t$라 하면 $x\,dx = \dfrac{1}{2}dt$이므로

$$\begin{aligned}\int \frac{x}{1+x^2}\,dx &= \frac{1}{2}\int \frac{1}{t}\,dt \\ &= \frac{1}{2}\ln|t| + C \\ &= \frac{1}{2}\ln|1+x^2| + C\end{aligned}$$

이다. 그러므로 $\int \tan^{-1}x\,dx = x\tan^{-1}x - \dfrac{1}{2}\ln|1+x^2| + C$이다. ■

TYPE 4 $\int f(x)g(x)dx$ 에서 $f(x) = \sin x$, $\cos x$, $\sinh x$ 또는 $\cosh x$이고 $g(x) = e^x$ 꼴

해법

$u = f(x)$, $dv = g(x)dx$ 또는 $u = g(x)$, $dv = f(x)dx$로 놓는다.

예제 3.4 다음 부정적분을 구하여라.

(1) $\int \sin x\, e^x\,dx$　　(2) $\int \cos x\, e^x\,dx$

풀이

(1) $u = \sin x$, $dv = e^x dx$라 하면 $du = \cos x\,dx$, $v = e^x$이므로

$$\int \sin x\, e^x\,dx = \sin x\, e^x - \int \cos x\, e^x\,dx$$

이다. 우변의 적분을 구하기 위하여 $u = \cos x$, $dv = e^x dx$라 하면 $du = -\sin x\,dx$, $v = e^x$이므로

$$\begin{aligned}\int \sin x\, e^x\, dx &= \sin x\, e^x - \int \cos x\, e^x\, dx \\ &= \sin x\, e^x - \left(\cos x\, e^x - \int (-\sin x) e^x\, dx\right) \\ &= (\sin x - \cos x) e^x - \int \sin x e^x dx\end{aligned}$$

이다. 우변의 적분을 좌변으로 이항하여 정리하면

$$\int \sin x\, e^x\, dx = \frac{1}{2}(\sin x - \cos x)e^x + C$$

(2) $u = \cos x$, $dv = e^x dx$라 하면 $du = -\sin x\, dx$, $v = e^x$이므로

$$\int \cos x\, e^x\, dx = \cos x\, e^x - \int (-\sin x)\, e^x\, dx$$

이다. 우변의 적분을 구하기 위하여 $u = \sin x$, $dv = e^x dx$라 하면 $du = \cos x\, dx$, $v = e^x$이므로

$$\begin{aligned}\int \cos x\, e^x\, dx &= \cos x\, e^x + \int \sin x\, e^x\, dx \\ &= \cos x\, e^x + \left(\sin x\, e^x - \int \cos x\, e^x\, dx\right) \\ &= (\cos x + \sin x) e^x - \int \cos x\, e^x\, dx\end{aligned}$$

이다. 우변의 적분을 좌변으로 이항하여 정리하면

$$\int \cos x\, e^x\, dx = \frac{1}{2}(\cos x + \sin x)e^x + C$$ ■

[주의] **3.5** 예제 3.4에서 $u = e^x$, $dv =$(삼각함수)dx로 선택해도 같은 결과를 얻는다.

[주의] **3.6** $\int \sin x\, e^x\, dx$ 또는 $\int \cos x\, e^x\, dx$를 구할 때, u와 dv를 자유롭게 선택하여 계산할 수 있다. 이때 주의해야 할 점은 만일 $u = e^x$로 하였다면 두 번째 적분을 구할 때도 반드시 $u = e^x$로 선택하여 부분적분을 해야 한다는 것이다. 마찬가지로 삼각함수인 $\sin x$ 또는 $\cos x$를 u로 하였다면 두 번째 적분을 구할 때도 반드시 u를 삼각함수로 두고 부분적분을 해야 한다.

예제 3.7 다음 부정적분을 구하여라.

(1) $\int \sinh 3x\, e^x\, dx$　　　　(2) $\int \cosh x\, e^{2x}\, dx$

풀이

(1) $u = \sinh 3x$, $dv = e^x dx$라 하면 $du = 3\cosh \mathrm{dx}$, $\mathrm{v} = \mathrm{e^x}$이므로

$$\int \sinh 3x\, e^x\, dx = \sinh 3x\, e^x - 3\int \cos 3x\, e^x\, dx$$

이다. 우변의 적분을 구하기 위하여 $u = \cosh 3x$, $dv = e^x dx$라 하면

$du = 3\sinh 3\mathrm{x}\, \mathrm{dx}$, $\mathrm{v} = \mathrm{e^x}$이므로

$$\begin{aligned}\int \sinh 3x\, e^x\, dx &= \sinh 3x\, e^x - 3\left(\cosh 3x\, e^x - \int 3\sinh 3x\, e^x\, dx\right)\\ &= \sinh 3x\, e^x - 3\cosh 3x\, e^x + 9\int \sinh 3x\, e^x\, dx\end{aligned}$$

이다. 우변의 적분을 좌변으로 이항하여 정리하면

$$\int \sinh 3x\, e^x\, dx = -\frac{1}{8}(\sinh 3x - 3\cosh 3x)e^x + C$$

(2) $u = \cosh x$, $dv = e^{2x} dx$라 하면 $du = \sinh \mathrm{x}\, \mathrm{dx}$, $\mathrm{v} = \frac{1}{2}\mathrm{e^{2x}}$이므로

$$\int \cosh x\, e^{2x}\, dx = \frac{1}{2}\cosh x\, e^{2x} - \frac{1}{2}\int \sinh x\, e^{2x}\, dx$$

이다. 우변의 적분을 구하기 위하여 $u = \sinh x$, $dv = e^{2x} dx$라 하면

$du = \cosh \mathrm{x}\, \mathrm{dx}$, $\mathrm{v} = \frac{1}{2}\mathrm{e^{2x}}$이므로

$$\begin{aligned}\int \cosh x\, e^{2x}\, dx &= \frac{1}{2}\cosh x\, e^{2x} - \frac{1}{2}\left(\frac{1}{2}\sinh x\, e^{2x} - \frac{1}{2}\int \cosh x\, e^{2x}\, dx\right)\\ &= \frac{1}{2}\cosh x\, e^{2x} - \frac{1}{4}\sinh x\, e^{2x} + \frac{1}{4}\int \cosh x\, e^{2x}\, dx\end{aligned}$$

이다. 우변의 적분을 좌변으로 이항하여 정리하면

$$\int \cosh x\, e^x\, dx = \frac{1}{3}(2\cosh x - \sinh x)e^x + C$$ ■

SECTION 4.3

➡ 연습문제 해답 515쪽

4.3 연습문제

01. 다음 부정적분을 구하여라.

(1) $\int x\, e^{-x}\, dx$

(2) $\int x \sin(2x) dx$

(3) $\int x \sinh(2x) dx$

(4) $\int x \cosh(3x) dx$

02. 다음 부정적분을 구하여라.

(1) $\int x^2 \sin(2x) dx$

(2) $\int x^4 e^x\, dx$

(3) $\int x^2 \cosh x\, dx$

(4) $\int x^2 \sinh(2x)\, dx$

03. 다음 부정적분을 구하여라.

(1) $\int x^2 \ln x\, dx$

(2) $\int (2 - 3x) \ln x\, dx$

(3) $\int \frac{\ln x}{x^2}\, dx$

(4) $\int (x^2 + 1) \ln x\, dx$

04. 다음 부정적분을 구하여라.

(1) $\int \sin^{-1} x\, dx$

(2) $\int \cot^{-1} x\, dx$

(3) $\int \ln(2 + x)\, dx$

(4) $\int \tan^{-1}\left(\frac{1}{x}\right) dx$

05. 다음 부정적분을 구하여라.

(1) $\int \sin(x)e^{-x}\,dx$

(2) $\int \sin(x)e^{3x}\,dx$

(3) $\int \sin x \sinh x\,dx$

(4) $\int \cos x \cosh x dx$

06. 다음 부정적분을 구하여라.

(1) $\int x^3 \cos(x^2)dx$

(2) $\int \cos^2(3x+1)\,dx$

(3) $\int \frac{1}{x^3}\sin\left(\frac{1}{x}\right)dx$

(4) $\int \sin^2(x+3)\,dx$

Section 4

4. 삼각함수의 적분

1장에서 삼각함수에 관한 많은 공식들을 학습하였다. 피적분함수가 삼각함수로만 이루어진 부정적분은 삼각함수의 여러 가지 변형공식을 이용하여 구하는 경우가 많다. 삼각함수의 부정적분을 구할 때 자주 사용하는 공식은 다음과 같다.

(1) $\sin^2 x + \cos^2 x = 1$

(2) $1 + \tan^2 x = \sec^2 x$

(3) $1 + \cot^2 x = \csc^2 x$

(4) $\sin^2 x = \dfrac{1 - \cos 2x}{2}$

(5) $\cos^2 x = \dfrac{1 + \cos 2x}{2}$

삼각함수의 적분법은 다양하기 때문에 유형을 나누어 학습한다.

TYPE 1 $\int \sin^m x \cos^n x \, dx$ (m과 n 중 적어도 하나는 홀수) 꼴

해법

경우 1: m은 홀수, n은 짝수

$$\int \sin^m x \cos^n x \, dx = \int \sin^{m-1} x \cos^n x \sin x \, dx$$

이때 $m-1$이 짝수이므로, $m-1=2k$ (k는 정수)라 하면

$$\int \sin^m x \cos^n x \, dx = \int \sin^{2k} x \cos^n x \sin x \, dx$$
$$= \int (\sin^2 x)^k \cos^n x \sin x \, dx$$

$$= \int (1-\cos^2 x)^k \cos^n x \sin x \, dx$$

이고 $\cos x = t$라 하면 $\sin x\, dx = -dt$이므로

$$\int \sin^m x \cos^n x \, dx = -\int (1-t^2)^k t^n \, dt$$

이것은 t에 관한 다항식의 부정적분으로 변형된다.

경우 2: m은 짝수, n은 홀수

경우 1과 비슷하게

$$\begin{aligned}\int \sin^m x \cos^n x \, dx &= \int \sin^m x \cos^{n-1} x \, dx \\ &= \int \sin^m x (\cos^2 x)^k \cos x \, dx \\ &= \int \sin^m x \, (\cos^2 x)^k \cos x \, dx \\ &= \int \sin^m x \, (1-\sin^2 x)^k \cos x \, dx \\ &= \int t^m x \, (1-t^2)^k \, dx\end{aligned}$$

로 변형할 수 있다.

예제 4.1 다음 부정적분을 구하여라.

(1) $\int \sin^3 x \cos^2 x \, dx$　　(2) $\int \sin^3 x \cos^3 x \, dx$

풀이

(1) $\cos x = t$라 하면 $\sin x \, dx = -dt$이므로

$$\begin{aligned}\int \sin^3 x \cos^2 x \, dx &= \int \sin^2 x \cos^2 x \sin x \, dx \\ &= \int (1-\cos^2 x)\cos^2 x \sin x \, dx \\ &= \int (t^4 - t^2)\, dt = \frac{1}{5}t^5 - \frac{1}{3}t^3 + C \\ &= \frac{1}{5}\cos^5 x - \frac{1}{3}\cos^3 x + C\end{aligned}$$

(2) $\sin x = t$라 하면 $\cos x\, dx = dt$이므로

$$\begin{aligned}\int \sin^3 x \cos^3 x\, dx &= \int \sin^3 x \cos^2 x \cos x\, dx \\ &= \int \sin^3 x (1-\sin^2 x) \cos x\, dx \\ &= \int t^3 (1-t^2)\, dt \\ &= \int (t^3 - t^5)\, dt = \frac{1}{4}t^4 - \frac{1}{6}t^6 + C \\ &= \frac{1}{4}\sin^4 x - \frac{1}{6}\sin^6 x + C\end{aligned}$$

(다른 해)

$\cos x = t$라 하면 $\sin x\, dx = -\, dt$이므로

$$\begin{aligned}\int \sin^3 x \cos^3 x\, dx &= \int \sin^2 x \cos^3 x \sin x\, dx \\ &= \int (1-\cos^2 x) \cos^3 x \sin x\, dx \\ &= \int (t^5 - t^3)\, dt = \frac{1}{6}t^6 - \frac{1}{4}t^4 + C \\ &= \frac{1}{6}\cos^6 x - \frac{1}{4}\cos^4 x + C\end{aligned}$$

■

TYPE 2 $\int \sin^m x \cos^n x\, dx$ (m과 n이 모두 짝수) 꼴

해법

삼각함수의 반각공식

$$\sin^2 x = \frac{1-\cos 2x}{2}, \quad \cos^2 x = \frac{1+\cos 2x}{2}$$

을 반복 사용하여

$$\sin^m x \cos^n x = a + b\cos\alpha + c\cos\beta + c\cos\gamma + \cdots \quad (a,\ b,\ c\text{는 상수})$$

로 변형한다.

예제 4.2 다음 부정적분을 구하여라.

(1) $\int \sin^2 x\, dx$　　(2) $\int \cos^2 x\, dx$

(3) $\int \sin^2 x \cos^2 x\, dx$　　(4) $\int \cos^4 \frac{x}{4}\, dx$

풀이

(1) $\sin^2 x = \dfrac{1-\cos 2x}{2}$ 이므로

$$\begin{aligned}\int \sin^2 x\, dx &= \int \frac{1-\cos 2x}{2}\, dx \\ &= \frac{1}{2}\int (1-\cos 2x)\, dx \\ &= \frac{1}{2}x - \frac{1}{4}\sin 2x + C\end{aligned}$$

(2) $\cos^2 x = \dfrac{1+\cos 2x}{2}$ 이므로

$$\begin{aligned}\int \cos^2 x\, dx &= \int \frac{1+\cos 2x}{2}\, dx \\ &= \frac{1}{2}\int (1+\cos 2x)\, dx \\ &= \frac{1}{2}x + \frac{1}{4}\sin 2x + C\end{aligned}$$

(3)
$$\begin{aligned}\int \sin^2 x \cos^2 x\, dx &= \int \left(\frac{1-\cos 2x}{2}\right)\left(\frac{1+\cos 2x}{2}\right) dx \\ &= \frac{1}{4}\int (1-\cos 2x)(1+\cos 2x)\, dx \\ &= \frac{1}{4}\int (1-\cos^2 2x)\, dx \\ &= \frac{1}{4}\int \left(1-\frac{1+\cos 4x}{2}\right) dx \\ &= \frac{1}{8}\int (1-\cos 4x)\, dx \\ &= \frac{1}{8}\left(x-\frac{1}{4}\sin 4x\right) + C \\ &= \frac{1}{8}x - \frac{1}{32}\sin 4x + C\end{aligned}$$

(4) $\cos^4 \frac{x}{4} = \left(\cos^2 \frac{x}{4}\right)^2 = \left(\frac{1+\cos\frac{x}{2}}{2}\right)^2$

$$= \frac{1}{4}\left(1 + 2\cos\frac{x}{2} + \cos^2\frac{x}{2}\right)$$

$$= \frac{1}{4}\left(1 + 2\cos\frac{x}{2} + \frac{1+\cos x}{2}\right)$$

$$= \frac{3}{8} + \frac{1}{2}\cos\frac{x}{2} + \frac{1}{8}\cos x$$

이다. 따라서

$$\int \cos^4 \frac{x}{4}\,dx = \int \left(\frac{3}{8} + \frac{1}{2}\cos\frac{x}{2} + \frac{1}{8}\cos x\right)dx$$

$$= \frac{3}{8}x + \sin\frac{x}{2} + \frac{1}{8}\sin x + C$$

■

TYPE 3 $\int \sin ax \sin bx\,dx$, $\int \sin ax \cos bx\,dx$, $\int \cos ax \cos bx\,dx$ 꼴 $(a \neq 0,\, b \neq 0)$

해법

삼각함수에서 곱을 합 또는 차로 나타내는 아래 공식을 이용한다.

$$\sin a \sin b = -\frac{1}{2}(\cos(a+b) - \cos(a-b))$$

$$\sin a \cos b = \frac{1}{2}(\sin(a+b) + \sin(a-b))$$

$$\cos a \cos b = \frac{1}{2}(\cos(a+b) + \cos(a-b))$$

예제 4.3 다음 부정적분을 구하여라.

(1) $\int \sin 3x \sin 2x\,dx$

(2) $\int \sin 5x \cos 2x\,dx$

(3) $\int \cos 4x \sin x\,dx$

(4) $\int \cos 6x \cos 5x\,dx$

풀이

(1) $\sin 3x \sin 2x = -\frac{1}{2}(\cos 5x - \cos x)$이므로

$$\int \sin 3x \sin 2x \, dx = -\frac{1}{2}\int (\cos 5x - \cos x)\, dx$$
$$= -\frac{1}{2}\left(\frac{1}{5}\sin 5x - \sin x\right) + C$$
$$= -\frac{1}{10}\sin 5x + \frac{1}{2}\sin x + C$$

(2) $\sin 5x \cos 2x = \frac{1}{2}(\sin 7x + \sin 3x)$이므로

$$\int \sin 5x \cos 2x \, dx = \frac{1}{2}\int (\sin 7x + \sin 3x)\, dx$$
$$= \frac{1}{2}\left(-\frac{1}{7}\cos 7x - \frac{1}{3}\cos 3x\right) + C$$
$$= -\frac{1}{14}\cos 7x - \frac{1}{6}\cos 3x + C$$

(3) $\sin x \cos 4x = \frac{1}{2}(\sin 5x + \sin(-3x))$이므로

$$\int \cos 4x \sin x \, dx = \frac{1}{2}\int (\sin 5x + \sin(-3x))dx$$
$$= \frac{1}{2}\int (\sin 5x - \sin 3x)\, dx$$
$$= \frac{1}{2}\left(-\frac{1}{5}\cos 5x + \frac{1}{3}\cos 3x\right) + C$$
$$= -\frac{1}{10}\cos 5x + \frac{1}{6}\cos 3x + C$$

(4) $\cos 6x \cos 5x = \frac{1}{2}(\cos 11x + \cos x)$이므로

$$\int \cos 6x \cos 5x \, dx = \frac{1}{2}\int (\cos 11x + \cos x)\, dx$$
$$= \frac{1}{2}\left(\frac{1}{11}\sin 11x + \sin x\right) + C$$
$$= \frac{1}{22}\sin 11x + \frac{1}{2}\sin x + C$$

■

TYPE 4 $\int \tan^m x \sec^n x\, dx$, $\int \cot^m x \csc^n x\, dx$ 꼴

해법

경우 1: m이 홀수

$\sec x = t$ 또는 $\csc x = t$로 치환하고 $\sec x \tan x\, dx = dt$ 또는 $-\csc x \cot x\, dx = dt$의 관계를 이용한다.

$m-1$은 짝수이므로 $m-1=2k$ (k는 정수)라 하면

$$\begin{aligned}\int \tan^m x \sec^n x\, dx &= \int \tan^{m-1} x \sec^{n-1} x (\sec x \tan x\, dx)\\ &= \int (\tan^2 x)^k \sec^{n-1} x (\sec x \tan x\, dx)\\ &= \int (\sec^2 x - 1)^k \sec^{n-1} x (\sec x \tan x\, dx)\\ &= \int (t^2-1)^k t^{n-1} dt\end{aligned}$$

$$\begin{aligned}\int \cot^m x \csc^n x\, dx &= -\int \cot^{m-1} x \csc^{n-1} x\, (-\csc x \cot x\, dx)\\ &= -\int (\cot^2 x)^k \csc^{n-1} x\, (-\csc x \cot x\, dx)\\ &= -\int (\csc^2 x - 1)^k \csc^{n-1} x\, -(-\csc x \cot x\, dx)\\ &= -\int (t^2-1)^k t^{n-1}\, dt\end{aligned}$$

경우 2: n이 짝수

삼각함수 공식

$$1+\tan^2 x = \sec^2 x,\ 1+\cot^2 x = \csc^2 x$$

와 치환적분법을 이용한다.

예제 4.4 다음 부정적분을 구하여라.

(1) $\int \cot^3 x \csc x\, dx$ (2) $\int \tan^2 x \sec^2 x\, dx$

(3) $\int \cot^2 x \csc^4 x\, dx$ (4) $\int \tan x \sec^4 x\, dx$

풀이

(1) $\csc x = t$라 하면 $-\csc x \cot x\, dx = dt$이고 $\cot^2 x = \csc^2 x - 1$이므로

$$\int \cot^3 x \csc x\, dx = -\int \cot^2 x\,(-\csc x \cot x\, dx) = -\int (t^2 - 1)\, dt$$
$$= \int (1 - t^2)\, dx = t - \frac{1}{3}t^3 + C$$
$$= \csc x - \frac{1}{3}\csc^3 x + C$$

(2) $\tan x = t$라 하면 $\sec^2 x\, dx = dt$ 이므로

$$\int \tan^2 x \sec^2 x\, dx = \int t^2\, dt = \frac{1}{3}t^3 + C$$
$$= \frac{1}{3}\tan^3 x + C$$

(3) $\cot x = t$라 하면 $-\csc^2 x\, dx = dt$ 이므로

$$\int \cot^2 x \csc^4 x\, dx = \int \cot^2 x\,(\cot^2 x + 1)\csc^2 x\, dx$$
$$= \int t^2 (t^2 + 1)(-dt)$$
$$= -\int (t^4 + t^2)\, dt = -\left(\frac{1}{5}t^5 + \frac{1}{3}t^3\right) + C$$
$$= -\frac{1}{5}\cot^5 x - \frac{1}{3}\cot^3 x + C$$

(4) $\int \tan x \sec^2 x \sec^2 x\, dx = \int \tan(1 + \tan^2 x)\sec^2 x\, dx$에서 $\tan x = t$라 하면

$\int t(1+t^2)dt = \frac{1}{2}t^2 + \frac{1}{4}t^4 + C$이므로

$\frac{1}{2}\tan^2 x + \frac{1}{4}\tan^4 x + C = \frac{1}{4}\sec^4 x + C$이다. ■

[주의] **4.5** 예제 4.4의 (2)은 Type 4의 경우 2의 해법으로도 부정적분을 구할 수 있다.

$\tan x = t$라 하면 $\sec^2 x\, dx = dt$ 이므로

$$\int \tan x \sec^2 x\, dx = \int t\, dt = \frac{1}{2}t^2 + C$$
$$= \frac{1}{2}\tan^2 x + C$$

TYPE 5 $\int \tan^m x\,dx$, $\int \cot^n x\,dx$ 꼴

해법

삼각함수 공식 $1+\tan^2 x = \sec^2 x$, $1+\cot^2 x = \csc^2 x$
를 이용하여 피적분함수를 변형한 후에

$$\tan x = t \text{ 또는 } \cot x = t$$

로 치환하면 부정적분을 구할 수 있다.

예제 4.6 다음 부정적분을 구하여라.

(1) $\int \tan^3 x\,dx$　　(2) $\int \cot^3 x\,dx$

풀이

(1) $$\int \tan^3 x\,dx = \int \tan x\,(\sec^2 x - 1)\,dx = \int (\tan x \sec^2 x - \tan x)\,dx$$

이다. $\tan x = t$라 하면 $\sec^2 x\,dx = dt$이므로

$$\int \tan x \sec^2 x dx = \int t\,dt = \frac{1}{2}t^2 + C = \frac{1}{2}\tan^2 x + C$$

이다. 한편 $\cos x = t$라 하면 $-\sin x\,dx = dt$이므로

$$\int \tan x\,dx = \int \frac{\sin x}{\cos x}\,dx = \int \frac{1}{t}(-dt) = -\int \frac{1}{t}\,dt = -\ln|t| + C = -\ln|\cos x| + C$$

이다. 그러므로

$$\int \tan^3 x\,dx = \int (\tan x \sec^2 x - \tan x)\,dx$$

$$= \frac{1}{2}\tan^2 x + \ln|\cos x| + C$$

(2) $$\int \cot^3 x\,dx = \int \cot x \cot^2 x\,dx$$

$$= \int \cot x\,(\csc^2 x - 1)\,dx$$

$$= \int \cot x \csc^2 x dx - \int \cot x\,dx$$

이다. $\cot x = t$라 하면 $-\csc^2 x\,dx = dt$이므로

$$\int \cot x \csc^2 x\,dx = \int t(-dt)$$

$$= -\frac{1}{2}t^2 + C$$

$$= -\frac{1}{2}\cot^2 x + C$$

이다. 한편 $\sin x = t$라 하면 $\cos x\,dx = dt$이므로

$$\int \cot x\,dx = \int \frac{\cos x}{\sin x}\,dx$$

$$= \int \frac{1}{t}\,dt$$

$$= \ln|t| + C$$

$$= \ln|\sin x| + C$$

이다. 그러므로

$$\int \cot^3 x\,dx = \int \cot x \csc^2 x dx - \int \cot x\,dx$$

$$= -\frac{1}{2}\cot^2 x - \ln|\sin x| + C$$

■

TYPE 6 $\int f(x)dx$ 에서, $f(x) = x^n \cdot$ (역삼각함수) 꼴

해법

$u =$역삼각함수, $dv = x^n dx$라 하고 부분적분법을 적용한다. 필요에 따라서 치환적분법을 사용한다.

예제 4.7 다음 부정적분을 구하여라.

(1) $\int \sin^{-1} x\, dx$　　(2) $\int \cos^{-1} x\, dx$

(3) $\int \tan^{-1} x\, dx$　　(4) $\int \cot^{-1} x\, dx$

풀이

(1) $u = \sin^{-1} x$, $dv = dx$라 하면 $du = \dfrac{dx}{\sqrt{1-x^2}}$, $v = x$이므로

$$\int \sin^{-1} x\, dx = x \sin^{-1} x - \int \frac{x}{\sqrt{1-x^2}}\, dx$$

이다. $1 - x^2 = t$라 하면 $x\, dx = -\dfrac{1}{2}\, dt$이므로

$$\begin{aligned}\int \frac{x}{\sqrt{1-x^2}}\, dx &= \int \frac{1}{\sqrt{t}}\left(-\frac{1}{2}\, dt\right) \\ &= -\frac{1}{2}\int \frac{1}{\sqrt{t}}\, dt \\ &= -\sqrt{t} + C \\ &= -\sqrt{1-x^2} + C\end{aligned}$$

이다. 그러므로

$$\int \sin^{-1} x\, dx = x \sin^{-1} x + \sqrt{1-x^2} + C$$

(2) $u = \cos^{-1} x$, $dv = dx$라 하면 $du = -\dfrac{dx}{\sqrt{1-x^2}}$, $v = x$이므로

$$\int \cos^{-1} x\, dx = x \cos^{-1} x + \int \frac{x}{\sqrt{1-x^2}}\, dx$$

이다. $1 - x^2 = t$라 하면 $x\, dx = -\dfrac{1}{2}\, dt$이므로

$$\begin{aligned}\int \frac{x}{\sqrt{1-x^2}}\, dx &= \int \frac{1}{\sqrt{t}}\left(-\frac{1}{2}\, dt\right) \\ &= -\frac{1}{2}\int \frac{1}{\sqrt{t}}\, dt \\ &= -\sqrt{t} + C \\ &= -\sqrt{1-x^2} + C\end{aligned}$$

이다. 그러므로

$$\int \cos^{-1} x\, dx = x\cos^{-1} x - \sqrt{1-x^2} + C$$

(3) $u = \tan^{-1} x$, $dv = dx$라 하면 $du = \dfrac{dx}{1+x^2}$, $v = x$이므로

$$\int \tan^{-1} x\, dx = x\tan^{-1} x - \int \frac{x}{1+x^2}\, dx$$

이다. $1+x^2 = t$라 하면 $x\, dx = \dfrac{1}{2}\, dt$이므로

$$\begin{aligned}\int \frac{x}{1+x^2}\, dx &= \int \frac{1}{t}\left(\frac{1}{2}\, dt\right) \\ &= \frac{1}{2}\int \frac{1}{t}\, dt = \frac{1}{2}\ln|t| + C \\ &= \frac{1}{2}\ln|1+x^2| + C\end{aligned}$$

이다. 그러므로

$$\int \tan^{-1} x\, dx = x\tan^{-1} x - \frac{1}{2}\ln(x^2+1) + C$$

(4) $u = \cot^{-1} x$, $dv = dx$라 하면 $du = -\dfrac{dx}{1+x^2}$, $v = x$이므로

$$\int \cot^{-1} x\, dx = x\cot^{-1} x + \int \frac{x}{1+x^2}\, dx$$

이다. $1+x^2 = t$라 하면 $x\, dx = \dfrac{1}{2}\, dt$이므로

$$\begin{aligned}\int \frac{x}{1+x^2}\, dx &= \int \frac{1}{t}\left(\frac{1}{2}\, dt\right) \\ &= \frac{1}{2}\int \frac{1}{t}\, dt = \frac{1}{2}\ln|t| + C \\ &= \frac{1}{2}\ln|1+x^2| + C\end{aligned}$$

이다. 그러므로

$$\int \cot^{-1} x\, dx = x\cot^{-1} x + \frac{1}{2}\ln|x^2+1| + C$$

■

➡ 연습문제 해답 516쪽

4.4 연습문제

01. 다음 부정적분을 구하여라.

(1) $\int \sin x \cos x \, dx$

(2) $\int \sin^6 x \cos^3 x \, dx$

(3) $\int \sin^5 x \cos^4 x \, dx$

(4) $\int \sin^2 x \cos^5 x \, dx$

(5) $\int \sin^7 x \cos x \, dx$

(6) $\int \sin x \cos^9 x \, dx$

(7) $\int \sin^5 x \, dx$

(8) $\int \cos^3 x \, dx$

02. 다음 부정적분을 구하여라.

(1) $\int \sin^2 \frac{x}{2} \, dx$

(2) $\int \sin^2 2x \, dx$

(3) $\int \cos^4 \frac{x}{4} \, dx$

(4) $\int \sin^2 \frac{x}{2} \cos^2 \frac{x}{2} \, dx$

(5) $\int \sin^2 x \cos^4 x \, dx$

(6) $\int \sin^4 \frac{x}{2} \cos^2 \frac{x}{2} \, dx$

03. 다음 부정적분을 구하여라.

(1) $\int \sin 2x \sin \frac{1}{2} x \, dx$

(2) $\int \cos 3x \sin \frac{1}{3} x \, dx$

(3) $\int \sin \frac{1}{2} x \cos \frac{1}{3} x \, dx$

(4) $\int \cos x \cos \frac{1}{4} x \, dx$

04. 다음 부정적분을 구하여라.

(1) $\int \tan^3 x \sec^2 x \, dx$ (2) $\int \cot^3 x \csc^3 x \, dx$

(3) $\int \tan^8 x \sec^4 x \, dx$ (4) $\int \cot^4 x \csc^2 x \, dx$

(5) $\int \tan^5 x \sec^3 x \, dx$ (6) $\int \cot^4 x \csc^4 x \, dx$

05. 다음 부정적분을 구하여라.

(1) $\int \tan^4 x \, dx$ (2) $\int \tan^5 x \, dx$

(3) $\int \cot^4 x \, dx$ (4) $\int \cot^5 x \, dx$

06. 다음 부정적분을 구하여라.

(1) $\int x \sin^{-1} x \, dx$ (2) $\int x \cos^{-1} x \, dx$

(3) $\int x^2 \tan^{-1} x \, dx$ (4) $\int x^3 \cot^{-1} x \, dx$

힌트 $\int \sqrt{1-x^2} \, dx = \frac{1}{2}\left(x\sqrt{1-x^2} + \sin^{-1} x\right) + C$

07. n이 2 이상의 자연수일 때 다음을 증명하여라.

(1) $\int \sin^n x \, dx = -\frac{1}{n} \sin^{n-1} x \cos x + \frac{n-1}{n} \int \sin^{n-2} x \, dx$

(2) $\int \tan^n x \, dx = \frac{1}{n-1} \tan^{n-1} x - \int \tan^{n-2} x \, dx$

5. 유리함수의 적분

유리함수의 적분 문제를 다루기 전에 유리식의 부분분수 분해에 대하여 알아보자.
두 분수식

$$\frac{3}{x+4} \text{과 } \frac{2}{x-3}$$

를 더하는 문제를 생각하자. 이 결과는 다음과 같다.

$$\frac{3}{x+4}+\frac{2}{x-3}=\frac{3(x-3)+2(x+4)}{(x+4)(x-3)}=\frac{5x-1}{x^2+x-12}$$

유리식 $\frac{5x-1}{x^2-x-12}$에서 시작하여 이 유리식을 두 개의 더 간단한 분수식 $\frac{3}{x+4}$과 $\frac{2}{x-3}$의 합(또는 차)로 쓰는 역과정을 **부분분수 분해**라 하고, 두 개의 더 간단한 분수식을 **부분분수**라 한다. 복잡한 유리함수를 부분분수들의 합으로 분해하는 것은 유리함수의 적분 문제를 푸는 데 중요하다.

유리함수라는 뜻은 두 다항함수 $p(x)$와 $q(x)$의 비, 즉

$$\frac{p(x)}{q(x)}$$

를 의미한다. 여기서 $q(x) \neq 0$고 $p(x)$와 $q(x)$는 공통인수가 없는 것으로 가정한다.
$\frac{p(x)}{q(x)}$가 **진분수**라는 뜻은 $\deg(p(x)) < \deg(q(x))$임을 의미한다. 여기서 $\deg(p(x))$는 $p(x)$의 차수를 나타낸다. 그렇지 않으면 $\frac{p(x)}{q(x)}$는 **가분수**라 한다.
임의의 가분수는 긴 나눗셈에 의하여 다항함수와 진분수식 합으로 이루어지는 혼합 꼴로 변형될 수 있기 때문에, 앞으로 유리함수 $\frac{p(x)}{q(x)}$가 진분수인 것으로 제한할 것이다.

이제 진분수인 유리함수 $\frac{p(x)}{q(x)}$ 를 부분분수 분해하는 방법에 대하여 알아보자.

경우 1 $q(x) = (x-a_1)(x-a_2) \cdot \cdots \cdot (x-a_n)$ $(a_i \neq a_j)$

$$\frac{p(x)}{q(x)} = \frac{A_1}{x-a_1} + \frac{A_2}{x-a_2} + \cdots + \frac{A_n}{x-a_n} \tag{5.1}$$

여기서 $A_1, A_2, \cdots, A_n$은 미정계수법에 의해서 결정되는 상수이다.

예제 5.1 $\frac{x}{x^2-5x+6}$ 를 부분분수로 분해하라.

풀이

$x^2-5x+6 = (x-2)(x-3)$이므로 (5.1)에 의하여

$$\frac{x}{x^2-5x+6} = \frac{A}{x-2} + \frac{B}{x-3}$$

이다. $(x-2)(x-3) = x^2-5x+6$을 양변에 곱하여 정리하면

$$x = (A+B)x + (-3A-2B)$$

이고, 이것은 항등식이므로 계수비교법에 의하여

$$\begin{cases} 1 = A + B \\ 0 = -3A - 2B \end{cases}$$

이다. 연립방정식을 풀면 $A = -2$이고 $B = 3$이므로 아래의 부분분수 분해를 얻는다.

$$\frac{x}{x^2-5x+6} = \frac{-2}{x-2} + \frac{3}{x-3}$$

■

경우 2 $q(x) = (x-a)^n$ ($n \geq 2$은 정수)

$$\frac{p(x)}{q(x)} = \frac{A_1}{x-a} + \frac{A_2}{(x-a)^2} + \cdots + \frac{A_n}{(x-a)^n} \tag{5.2}$$

여기서 $A_1, A_2, \cdots, A_n$은 미정계수법에 의해서 결정되는 상수이다.

예제 5.2 $\dfrac{x+2}{x^3-2x^2+x}$를 부분분수로 분해하라.

풀이

$x^3-2x^2+x=x(x^2-2x+1)=x(x-1)^2$이므로 (5.1)과 (5.2)에 의해서

$$\frac{x+2}{x^3-2x^2+x}=\frac{A}{x}+\frac{B}{x-1}+\frac{C}{(x-1)^2}$$

이다. $x^3-2x^2+x=x(x-1)^2$을 양변에 곱하여 정리하면

$$x+2=A(x-1)^2+Bx(x-1)+Cx \tag{5.3}$$

(5.3)은 항등식이므로 $x=0$, $x=1$, $x=2$에 대하여 (5.3)이 성립한다.

$x=0$이면 $2=A(-1)^2$; $x=1$이면 $3=C$이므로 $A=2$, $C=3$이다. 그러므로 항등식 (5.3)은 다음과 같이 쓸 수 있다.

$$x+2=2(x-1)^2+Bx(x-1)+3x$$

이제 위의 항등식에 $x=2$를 대입하면

$$4=2(1)^2+B(2)(1)+3(2),\text{ 즉 } B=-2$$

이다. 따라서 다음의 부분분수 분해를 얻는다.

$$\frac{x+2}{x^3-2x^2+x}=\frac{2}{x}+\frac{-2}{x-1}+\frac{3}{(x-1)^2}$$ ■

어떤 이차식이 실계수를 갖는 1차 인수로 인수분해 될 수 없을 때 이 이차식은 기약 이차식이다. 예를 들어, x^2+x+1과 x^2+4는 기약 이차식이다. 이제 분모에 기약 이차식 인수가 있는 경우를 살펴보자.

경우 3 $q(x)$가 반복되지 않는 기약 이차 인수, 즉 ax^2+bx+c를 포함하면

$$\frac{Ax+B}{ax^2+bx+c} \tag{5.4}$$

로 부분분수 분해된다. 여기서 A와 B는 미정계수법에 의해서 결정되는 상수이다.

예제 5.3 $\dfrac{3x-5}{x^3-1}$를 부분분수로 분해하라.

풀이

$x^3-1=(x-1)(x^2+x+1)$이므로

$$\frac{3x-5}{x^3-1}=\frac{A}{x-1}+\frac{Bx+C}{x^2+x+1} \tag{5.5}$$

이다. (5.5)의 양변에 $x^3-1=(x-1)(x^2+x+1)$을 곱하여 정리하면

$$3x-5=A(x^2+x+1)+(Bx+C)(x-1) \tag{5.6}$$

이다. (5.6)은 항등식이므로 $x=0$, $x=1$, $x=-1$을 대입하여 정리하면

$$A-C=-5,\ 3A=-2,\ A+2B-2C=-8$$

이다. 연립하여 풀면 $A=-\dfrac{2}{3}$, $B=\dfrac{2}{3}$, $C=\dfrac{13}{3}$이므로 아래의 부분분수 분해를 얻는다.

$$\frac{3x-5}{x^3-1}=\frac{-\frac{2}{3}}{x-1}+\frac{\frac{2}{3}x+\frac{13}{3}}{x^2+x+1}$$

■

경우 4 $q(x)=(ax^2+bx+1)^n$ ($n\geq 2$은 정수)

$$\frac{A_1x+B_1}{ax^2+bx+c}+\frac{A_2x+B_2}{(ax^2+bx+c)^2}+\cdots+\frac{A_nx+B_n}{(ax^2+bx+c)^n} \tag{5.7}$$

여기서 수 $A_1, B_1, A_2, B_2, \cdots, A_n, B_n$은 미정계수법에 의해서 결정되는 상수이다.

예제 5.4 $\dfrac{x^3+x^2}{(x^2+4)^2}$을 부분분수로 분해하라.

풀이

(5.7)에 의해서

$$\frac{x^3+x^2}{(x^2+4)^2}=\frac{Ax+B}{x^2+4}+\frac{Cx+D}{(x^2+4)^2} \tag{5.8}$$

이다. (5.8)의 양변에 $(x^2+4)^2$을 곱하여 정리하면

$$x^3 + x^2 = Ax^3 + Bx^2 + (4A + C)x + 4B + D$$

이다. 위의 등식은 항등식이므로 계수비교법에 의하여

$$A = B = 1,\ 4A + C = 0,\ 4B + D = 0$$

이므로 $A = 1,\ B = 1,\ C = -4,\ D = -4$이다. 따라서 아래의 부분분수 분해를 얻는다.

$$\frac{x^3 + x^2}{(x^2+4)^2} = \frac{x+1}{x^2+4} + \frac{-4x-4}{(x^2+4)^2}$$ ■

이제 유리함수의 부분분수 분해는 이것으로 끝내고 유리함수 $\frac{p(x)}{q(x)}$의 부정적분

$$\int \frac{p(x)}{q(x)}\,dx$$

을 알아보자.

TYPE 1 $\deg(p(x)) \geq \deg(q(x))$ 꼴

해법

단계 1: 긴 나눗셈을 이용하여

$$\frac{p(x)}{q(x)} = f(x) + \frac{h(x)}{q(x)}$$

로 변형한다. 여기서 $\deg(h(x)) < \deg(q(x))$, 즉 $\frac{h(x)}{q(x)}$는 기약분수이다.

단계 2: 필요하면, 이미 학습한 부분분수 분해를 이용하여

$$\frac{h(x)}{q(x)}$$

의 부분분수 분해를 얻는다.

단계 3: 1절부터 4절에서 학습한 적분방법을 이용한다.

예제 5.5 다음 부정적분을 구하여라.

(1) $\int \frac{x^3 - x}{x}\,dx$ (2) $\int \frac{x^4 - 2x + 1}{x}\,dx$

(3) $\int \frac{x^2}{x+1}\,dx$ (4) $\int \frac{x^2}{x-2}\,dx$

(5) $\int \frac{x^2 - 1}{x+2}\,dx$ (6) $\int \frac{x^3}{x-1}\,dx$

풀이

(1) $\frac{x^3 - x}{x} = x^2 - 1$ 이므로

$$\int \frac{x^3 - x}{x}\,dx = \int (x^2 - 1)\,dx$$
$$= \frac{1}{3}x^3 - x + C$$

(2) $\frac{x^4 - 2x + 1}{x} = x^3 - 2 + \frac{1}{x}$ 이므로

$$\int \frac{x^4 - 2x + 1}{x}\,dx = \int \left(x^3 - 2 + \frac{1}{x}\right)dx$$
$$= \frac{1}{4}x^4 - 2x + \ln|x| + C$$

(3) $\frac{x^2}{x+1} = x - 1 + \frac{1}{x+1}$ 이므로

$$\int \frac{x^2}{x+1}\,dx = \int \left(x - 1 + \frac{1}{x+1}\right)dx$$
$$= \frac{1}{2}x^2 - x + \ln|x+1| + C$$

(4) $\frac{x^2}{x-2} = x + 2 + \frac{4}{x-2}$ 이므로

$$\int \frac{x^2}{x-2}\,dx = \int \left(x + 2 + \frac{4}{x-2}\right)dx$$
$$= \frac{1}{2}x^2 + 2x + 4\ln|x-2| + C$$

(5) $\frac{x^2 - 1}{x+2} = x - 2 + \frac{3}{x+2}$ 이므로

$$\int \frac{x^2-1}{x+2}\,dx = \int \left(x-2+\frac{3}{x+2}\right)dx$$
$$= \frac{1}{2}x^2 - 2x + 3\ln|x+2| + C$$

(6) $\dfrac{x^3}{x-1} = x^2+x+1+\dfrac{1}{x-1}$ 이므로

$$\int \frac{x^3}{x-1}\,dx = \int \left(x^2+x+1+\frac{1}{x-1}\right)dx$$
$$= \frac{1}{3}x^3 + \frac{1}{2}x^2 + x + \ln|x-1| + C$$

■

TYPE 2 $\deg(h(x)) < \deg(q(x))$, 즉 $\dfrac{h(x)}{q(x)}$는 기약분수 꼴

해법

Type 1의 해법의 단계 2와 단계 3을 적용한다.

예제 5.6 다음 부정적분을 구하여라.

(1) $\displaystyle\int \frac{1}{x(x+1)}\,dx$　　(2) $\displaystyle\int \frac{1}{x(x-1)}\,dx$

(3) $\displaystyle\int \frac{1}{(x+1)(x-2)}\,dx$　　(4) $\displaystyle\int \frac{5}{(x-3)(x+2)}\,dx$

풀이

(1) 분모$=x(x+1)$이므로 아래의 부분분수 분해를 얻는다.

$$\frac{1}{x(x+1)} = \frac{a}{x} + \frac{b}{x+1}$$

양변에 $x(x+1)$을 곱하여 정리하면

$$(a+b)x + a = 1$$

이다. 위 등식은 항등식이므로 계수비교법에 의하여

$$a+b=0,\ a=1, \text{즉 } a=1,\ b=-1$$

이므로

$$\frac{1}{x(x+1)} = \frac{1}{x} - \frac{1}{x+1}$$

이다. 그러므로

$$\int \frac{1}{x(x+1)}\,dx = \int \left(\frac{1}{x} - \frac{1}{x+1}\right) dx = \ln|x| - \ln|x+1| + C$$

(2) 분모가 $x(x-1)$이므로 아래의 부분분수 분해를 얻는다.

$$\frac{1}{x(x+1)} = \frac{a}{x} + \frac{b}{x-1}$$

양변에 $x(x-1)$을 곱하여 정리하면

$$(a+b)x - a = 1$$

이다. 위 등식은 항등식이므로 계수비교법에 의하여

$$a+b=0,\ a=-1,\text{즉 } a=-1,\ b=1$$

이므로

$$\frac{1}{x(x+1)} = -\frac{1}{x} + \frac{1}{x-1}$$

이다. 그러므로

$$\int \frac{1}{x(x-1)}\,dx = \int \left(-\frac{1}{x} + \frac{1}{x-1}\right) dx = -\ln|x| + \ln|x-1| + C$$

(3) 분모가 $(x+1)(x-2)$이므로 아래의 부분분수 분해를 얻는다.

$$\frac{1}{(x+1)(x-2)} = \frac{a}{x+1} + \frac{b}{x-2}$$

양변에 $(x+1)(x-2)$을 곱하여 정리하면

$$(a+b)x - 2a + b = 1$$

이다. 위 등식은 항등식이므로 계수비교법에 의하여

$$a+b=0,\ -2a+b=1,\text{즉 } a=-\frac{1}{3},\ b=\frac{1}{3}$$

이므로

$$\frac{1}{(x+1)(x-2)} = \frac{-\frac{1}{3}}{x+1} + \frac{\frac{1}{3}}{x-2} = \frac{1}{3}\left(-\frac{1}{x+1} + \frac{1}{x-2}\right)$$

이다. 그러므로

$$\int \frac{1}{(x+1)(x-2)}\,dx = \frac{1}{3}\int\left(-\frac{1}{x+1}+\frac{1}{x-2}\right)dx$$
$$= \frac{1}{3}\left(-\ln|x+1| + \ln|x-2|\right) + C$$

(4) 분모가 $(x-3)(x+2)$이므로 아래의 부분분수 분해를 얻는다.

$$\frac{5}{(x-3)(x+2)} = \frac{a}{x-3} + \frac{b}{x+2}$$

양변에 $(x-3)(x+2)$을 곱하여 정리하면

$$(a+b)x + 2a - 3b = 5$$

이다. 위 등식은 항등식이므로 계수비교법에 의하여

$$a+b=0,\ 2a-3b=5,\ \text{즉 } a=1,\ b=-1$$

이므로

$$\frac{5}{(x-3)(x+2)} = \frac{1}{x-3} - \frac{1}{x+2}$$

이다. 그러므로

$$\int \frac{5}{(x-3)(x+2)}\,dx = \int\left(\frac{1}{x-3} - \frac{1}{x+2}\right)dx$$
$$= \ln|x-3| - \ln|x+2| + C$$

■

예제 5.6에서 유리함수의 분모가 인수분해되어 있는 문제를 다루었다. 아래의 예제는 그렇지 않은 경우이다.

예제 5.7 다음 부정적분을 구하여라.

(1) $\displaystyle\int \frac{1}{x^2-1}\,dx$ (2) $\displaystyle\int \frac{x}{x^2-1}\,dx$

(3) $\displaystyle\int \frac{1}{x^2-2x-8}\,dx$ (4) $\displaystyle\int \frac{x+2}{x^2+2x-8}\,dx$

풀이

(1) 분모가 $x^2-1=(x-1)(x+1)$이므로 아래의 부분분수 분해를 얻는다.

$$\frac{1}{x^2-1}=\frac{a}{x-1}+\frac{b}{x+1}$$

양변에 $(x-1)(x+1)$을 곱하여 정리하면

$$(a+b)x+a-b=1$$

이고 위 등식은 항등식이므로 계수비교법에 의하여

$$a+b=0,\ a-b=1\text{이므로 } a=\frac{1}{2},\ b=-\frac{1}{2}$$

이다. 따라서

$$\frac{1}{x^2-1}=\frac{\frac{1}{2}}{x-1}-\frac{\frac{1}{2}}{x+1}=\frac{1}{2}\left(\frac{1}{x-1}-\frac{1}{x+1}\right)$$

이므로

$$\int\frac{1}{x^2-1}\,dx=\frac{1}{2}\int\left(\frac{1}{x-1}-\frac{1}{x+1}\right)dx$$

$$=\frac{1}{2}\left(\ln|x-1|-\ln|x+1|\right)+C$$

(2) 분모가 $x^2-1=(x-1)(x+1)$이므로 아래의 부분분수 분해를 얻는다.

$$\frac{x}{x^2-1}=\frac{a}{x-1}+\frac{b}{x+1}$$

양변에 $(x-1)(x+1)$을 곱하여 정리하면

$$(a+b)x+a-b=x$$

이고 위 등식은 항등식이므로 계수비교법에 의하여

$$a+b=1,\ a-b=0\text{이므로 } a=\frac{1}{2},\ b=\frac{1}{2}$$

이다. 따라서

$$\frac{x}{x^2-1}=\frac{\frac{1}{2}}{x-1}+\frac{\frac{1}{2}}{x+1}=\frac{1}{2}\left(\frac{1}{x-1}+\frac{1}{x+1}\right)$$

이므로

$$\int\frac{x}{x^2-1}\,dx=\frac{1}{2}\int\left(\frac{1}{x-1}+\frac{1}{x+1}\right)dx$$

$$= \frac{1}{2}(\ln|x-1| + \ln|x+1|) + C$$

[다른 해법] $x^2 - 1 = t$라 하면 $2x\,dx = dt$이므로

$$\int \frac{x}{x^2-1}\,dx = \frac{1}{2}\int \frac{1}{t}\,dt$$

$$= \frac{1}{2}\ln|t| + C$$

$$= \frac{1}{2}\ln|x^2-1| + C$$

(3) 분모가 $x^2 - 2x - 8 = (x-4)(x+2)$이므로 아래의 부분분수 분해를 얻는다.

$$\frac{1}{x^2-2x-8} = \frac{a}{x-4} + \frac{b}{x+2}$$

양변에 $(x-4)(x+2)$을 곱하여 정리하면

$$(a+b)x + 2a - 4b = 1$$

이고 위 등식은 항등식이므로 계수비교법에 의하여

$$a+b=0,\ 2a-4b=1\text{이므로 } a=\frac{1}{6},\ b=-\frac{1}{6}$$

이다. 따라서

$$\frac{1}{x^2-2x-8} = \frac{\frac{1}{6}}{x-4} - \frac{\frac{1}{6}}{x+2} = \frac{1}{6}\left(\frac{1}{x-4} - \frac{1}{x+2}\right)$$

이므로

$$\int \frac{1}{x^2-2x-8}\,dx = \frac{1}{6}\int\left(\frac{1}{x-4} - \frac{1}{x+2}\right)dx$$

$$= \frac{1}{6}(\ln|x-4| - \ln|x+2|) + C$$

(4) 분모가 $x^2 + 2x - 8 = (x+4)(x-2)$이므로 아래의 부분분수 분해를 얻는다.

$$\frac{x+2}{x^2+2x-8} = \frac{a}{x+4} + \frac{b}{x-2}$$

양변에 $(x+4)(x-2)$을 곱하여 정리하면

$$(a+b)x - 2a + 4b = x + 2$$

이고 위 등식은 항등식이므로 계수비교법에 의하여

$$a+b=1,\ -2a+4b=2\text{이므로 } a=\frac{1}{3},\ b=\frac{2}{3}$$

이다. 따라서

$$\frac{x+2}{x^2+2x-8} = \frac{\frac{1}{3}}{x+4} + \frac{\frac{2}{3}}{x-2} = \frac{1}{3}\left(\frac{1}{x+4} + \frac{2}{x-2}\right)$$

이므로

$$\int \frac{x+2}{x^2+2x-8}\,dx = \frac{1}{3}\int\left(\frac{1}{x+4} + \frac{2}{x-2}\right)dx$$
$$= \frac{1}{3}\left(\ln|x+4| + 2\ln|x-2|\right) + C$$ ■

유리함수의 분모에 2차 기약다항식 또는 3차 기약다항식이 포함되어 있는 예제를 살펴보자. 특히 분모에 3차 기약다항식이 포함되어 있으면, 이에 대응하는 부분분수 분해는

$$\frac{ax^2+bx+c}{3\text{차 다항식}}$$

로 표시될 수 있음에 유의한다.

예제 5.8 다음 부정적분을 구하여라.

(1) $\displaystyle\int \frac{1}{x(x^2+1)}\,dx$　　(2) $\displaystyle\int \frac{x^2+x+2}{(x+1)(x^2+1)}\,dx$

(3) $\displaystyle\int \frac{2x^2+x+1}{x^3+x^2+x+1}\,dx$　　(4) $\displaystyle\int \frac{x^2-x+2}{x^3-x^2+x-1}\,dx$

풀이

(1) 분모가 $x(x^2+1)$이므로 아래의 부분분수 분해를 얻는다.

$$\frac{1}{x(x^2+1)} = \frac{a}{x} + \frac{bx+c}{x^2+1}$$

양변에 $x(x^2+1)$을 곱하여 정리하면

$$(a+b)x^2+cx+a=1$$

이고 위 등식은 항등식이므로 계수비교법에 의하여

$$a+b=0,\ c=0,\ a=1\text{이므로 } a=1,\ b=-1,\ c=0$$

이다. 따라서

$$\frac{1}{x(x^2+1)} = \frac{1}{x} - \frac{x}{x^2+1}$$

이고 치환적분에 의하여

$$\int \frac{1}{x(x^2+1)}\,dx = \int \left(\frac{1}{x} - \frac{x}{x^2+1}\right)dx$$

$$= \ln|x| - \frac{1}{2}\ln|x^2+1| + C$$

(2) 분모가 $(x+1)(x^2+1)$이므로 아래의 부분분수 분해를 얻는다.

$$\frac{x^2+x+2}{(x+1)(x^2+1)} = \frac{a}{x+1} + \frac{bx+c}{x^2+1}$$

양변에 $x(x^2+1)$을 곱하여 정리하면

$$(a+b)x^2+(b+c)x+a+c = x^2+x+2$$

이고 위 등식은 항등식이므로 계수비교법에 의하여

$a+b=1,\ b+c=1,\ a+c=2$이므로 $a=1,\ b=0,\ c=1$

이다. 따라서

$$\frac{x^2+x+2}{(x+1)(x^2+1)} = \frac{1}{x+1} + \frac{1}{x^2+1}$$

이므로

$$\int \frac{x^2+x+2}{(x+1)(x^2+1)}\,dx = \int \left(\frac{1}{x+1} + \frac{1}{x^2+1}\right)dx$$

$$= \ln|x+1| + \tan^{-1}x + C$$

(3) 분모가 $x^3+x^2+x+1 = (x+1)(x^2+1)$이므로 아래의 부분분수 분해를 얻는다.

$$\frac{2x^2+x+1}{x^3+x^2+x+1} = \frac{a}{x+1} + \frac{bx+c}{x^2+1}$$

양변에 $(x+1)(x^2+1)$을 곱하여 정리하면

$$(a+b)x^2+(b+c)x+a+c = 2x^2+x+1$$

이고 위 등식은 항등식이므로 계수비교법에 의하여

$a+b=2,\ b+c=1,\ a+c=1$이므로 $a=1,\ b=1,\ c=0$

이다. 따라서

$$\frac{2x^2+x+1}{x^3+x^2+x+1} = \frac{1}{x+1} + \frac{x}{x^2+1}$$

이므로

$$\int \frac{2x^2+x+1}{x^3+x^2+x+1}\,dx = \int \left(\frac{1}{x+1} + \frac{x}{x^2+1}\right) dx$$
$$= \ln|x+1| + \frac{1}{2}\ln|x^2+1| + C$$

(4) 분모가 $x^3-x^2+x-1=(x-1)(x^2+1)$이므로 아래의 부분분수 분해를 얻는다.

$$\frac{x^2-x+2}{x^3-x^2+x-1} = \frac{a}{x-1} + \frac{bx+c}{x^2+1}$$

양변에 $(x-1)(x^2+1)$을 곱하여 정리하면

$$(a+b)x^2+(-b+c)x+a-c = x^2-x+2$$

이고 위 등식은 항등식이므로 계수비교법에 의하여

$$a+b=1,\ -b+c=-1,\ a-c=2 \text{이므로 } a=1,\ b=0,\ c=-1$$

이다. 따라서

$$\frac{x^2-x+2}{x^3-x^2+x-1} = \frac{1}{x-1} - \frac{1}{x^2+1}$$

이므로

$$\int \frac{x^2-x+2}{x^3-x^2+x-1}\,dx = \int \left(\frac{1}{x-1} - \frac{1}{x^2+1}\right) dx$$
$$= \ln|x-1| - \tan^{-1}x + C$$

■

마지막으로 부분분수 분해의 경우 1과 경우 2에 해당하는 유리함수의 부정적분을 살펴보자.

예제 5.9 다음 부정적분을 구하여라.

(1) $\displaystyle\int \frac{x^2-2x-1}{x(x-1)(x+1)}\,dx$ (2) $\displaystyle\int \frac{2x^2+6x+6}{(x+1)(x+2)(x+3)}\,dx$

(3) $\displaystyle\int \frac{1}{x^2(x+1)}\,dx$ (4) $\displaystyle\int \frac{1}{x^2(x-1)}\,dx$

풀이

(1) 분모가 $x(x-1)(x+1)$이므로 아래의 부분분수 분해를 얻는다.

$$\frac{x^2-2x-1}{x(x-1)(x+1)}=\frac{a}{x}+\frac{b}{x-1}+\frac{c}{x+1}$$

양변에 $x(x-1)(x+1)$을 곱하여 정리하면

$$(a+b+c)x^2+(b-c)x-a=x^2-2x-1$$

이고 위 등식은 항등식이므로 계수비교법에 의하여

$$a+b+c=1,\ b-c=-2,\ -a=-1\text{이므로 } a=1,\ b=-1,\ c=1$$

이다. 따라서

$$\frac{x^2-2x-1}{x(x-1)(x+1)}=\frac{1}{x}-\frac{1}{x-1}+\frac{1}{x+1}$$

이므로

$$\int\frac{x^2-2x-1}{x(x-1)(x+1)}\,dx=\int\left(\frac{1}{x}-\frac{1}{x-1}+\frac{1}{x+1}\right)dx$$
$$=\ln|x|-\ln|x-1|+\ln|x+1|+C$$

(2) 분모가 $(x+1)(x+2)(x+3)$이므로 아래의 부분분수 분해를 얻는다.

$$\frac{2x^2+6x+6}{(x+1)(x+2)(x+3)}=\frac{a}{x+1}+\frac{b}{x+2}+\frac{c}{x+3}$$

양변에 $x(x+1)(x+2)(x+3)$을 곱하여 정리하면

$$(a+b+c)x^2+(5a+4b+3c)x+6a+3b+2c=2x^2+6x+6$$

이고 위 등식은 항등식이므로 계수비교법에 의하여

$$a+b+c=2,\ 5a+4b+3c=6,\ 6a+3b+2c=6$$

이므로

$$a=1,\ b=-2,\ c=3$$

이다. 따라서

$$\frac{2x^2+6x+6}{(x+1)(x+2)(x+3)}=\frac{1}{x+1}-\frac{2}{x+2}+\frac{3}{x+3}$$

이므로

$$\int \frac{2x^2+6x+6}{(x+1)(x+2)(x+3)}\,dx = \int \left(\frac{1}{x+1} - \frac{2}{x+2} + \frac{3}{x+3}\right) dx$$
$$= \ln|x+1| - 2\ln|x+2| + 3\ln|x+3| + C$$

(3) 분모가 $x^2(x+1)$이므로 아래의 부분분수 분해를 얻는다.

$$\frac{1}{x^2(x+1)} = \frac{a}{x} + \frac{b}{x^2} + \frac{c}{x+1}$$

양변에 $x^2(x+1)$을 곱하여 정리하면

$$(a+c)x^2 + (a+b)x + b = 1$$

이고 위 등식은 항등식이므로 계수비교법에 의하여

$a+c=0$, $a+b=0$, $b=1$이므로 $a=-1$, $b=1$, $c=1$

이다. 따라서

$$\frac{1}{x^2(x+1)} = -\frac{1}{x} + \frac{1}{x^2} + \frac{1}{x+1}$$

이므로

$$\int \frac{1}{x^2(x+1)}\,dx = \int \left(-\frac{1}{x} + \frac{1}{x^2} + \frac{1}{x+1}\right) dx$$
$$= -\ln|x| - \frac{1}{x} + \ln|x+1| + C$$

(4) 분모가 $x^2(x-1)$이므로 아래의 부분분수 분해를 얻는다.

$$\frac{1}{x^2(x-1)} = \frac{a}{x} + \frac{b}{x^2} + \frac{c}{x-1}$$

양변에 $x^2(x-1)$을 곱하여 정리하면

$$(a+c)x^2 + (-a+b)x - b = 1$$

이고 위 등식은 항등식이므로 계수비교법에 의하여

$a+c=0$, $-a+b=0$, $-b=1$이므로 $a=-1$, $b=-1$, $c=1$

이다. 따라서

$$\frac{1}{x^2(x-1)} = -\frac{1}{x} - \frac{1}{x^2} + \frac{1}{x-1}$$

이므로

$$\int \frac{1}{x^2(x-1)}\,dx = \int \left(-\frac{1}{x} - \frac{1}{x^2} + \frac{1}{x-1}\right) dx$$

$$= -\ln|x| + \frac{1}{x} + \ln|x-1| + C$$

■

<참고 5.10>

인수분해가 되지 않는 이차식의 경우는

① $\int \frac{1}{a^2+x^2}\,dx = \frac{1}{a} + z^{-1}\frac{x}{a}$

② $\int \frac{1}{a^2-x^2}\,dx = \frac{1}{a} + h^{-1}\frac{x}{a}$

를 이용한다.

➡ 연습문제 해답 518쪽

4.5 연습문제

01. 다음 부정적분을 구하여라.

(1) $\displaystyle\int \frac{x^5-2}{x^2}\,dx$ (2) $\displaystyle\int \frac{x\sqrt{x}-\sqrt{x}+3}{x}\,dx$

(3) $\displaystyle\int \frac{x}{x+4}\,dx$ (4) $\displaystyle\int \frac{x^2}{x-3}\,dx$

(5) $\displaystyle\int \frac{x^2+3x+5}{x+2}\,dx$ (6) $\displaystyle\int \frac{x^3+2}{-x+2}\,dx$

(7) $\displaystyle\int \frac{x^4+2x^2}{x^2+1}\,dx$ (8) $\displaystyle\int \frac{-x^3-x^2-x+2}{x^2+1}\,dx$

02. 다음 부정적분을 구하여라.

(1) $\displaystyle\int \frac{1}{x(x-10)}\,dx$ (2) $\displaystyle\int \frac{1}{x(x+\sqrt{2})}\,dx$

(3) $\displaystyle\int \frac{1}{(x+3)(x-4)}\,dx$ (4) $\displaystyle\int \frac{9}{(x-3)(x-6)}\,dx$

(5) $\displaystyle\int \frac{x+2}{x(x+3)}\,dx$ (6) $\displaystyle\int \frac{-x+3}{x(x-2)}\,dx$

(7) $\displaystyle\int \frac{2x+3}{(2x-1)(x+1)}\,dx$ (8) $\displaystyle\int \frac{-3x-1}{(2x-1)(3x-1)}\,dx$

03. 다음 부정적분을 구하여라.

(1) $\displaystyle\int \frac{1}{x^2+11x}\,dx$ (2) $\displaystyle\int \frac{x-1}{x^2-5x}\,dx$

(3) $\displaystyle\int \frac{x+1}{x^2-6x+8}\,dx$ (4) $\displaystyle\int \frac{3x-1}{x^2-8x-20}\,dx$

(5) $\displaystyle\int \frac{4}{4x^2+4x-3}\,dx$ (6) $\displaystyle\int \frac{2x-1}{3x^2-4x+1}\,dx$

04. 다음 부정적분을 구하여라.

(1) $\displaystyle\int \frac{x^2+x+1}{x^3+2x^2+2x+4}\,dx$ (2) $\displaystyle\int \frac{4x^2-2x+1}{x^3+x}\,dx$

(3) $\displaystyle\int \frac{5x^4+4x+1}{x^5+2x^2+x}\,dx$ (4) $\displaystyle\int \frac{3x^3+10x}{x^4+7x^2+12}\,dx$

05. 다음 부정적분을 구하여라.

(1) $\displaystyle\int \frac{10x-4}{x(x^2-4)}\,dx$ (2) $\displaystyle\int \frac{x^2+5}{x^2(x-5)}\,dx$

(3) $\displaystyle\int \frac{3x^2-6x+8}{(x^2-4)(x-2)}\,dx$ (4) $\displaystyle\int \frac{1}{(x+3)(x^2-9)}\,dx$

(5) $\displaystyle\int \frac{x^3+5x^2-4x}{(x^2+1)(x^2-4)}\,dx$ (6) $\displaystyle\int \frac{1}{x^2(x-1)^2}\,dx$

Section 6

6. 무리함수의 적분

우리는 이미 5.2절의 치환적분법 중 피적분함수가 무리함수인 부정적분 문제(예제 2.10 참조)를 다루었다. 복습 차원에서 간단한 치환적분법을 이용할 수 있는 무리함수의 부정적분을 살펴본 후에 특수 꼴의 무리함수의 부정적분을 해결할 방법을 찾아보자.

예제 6.1 다음 부정적분을 구하여라.

(1) $\int \sqrt{4x-1}\, dx$　　(2) $\int x\sqrt{x^2+3}\, dx$

(3) $\int \frac{1}{\sqrt{x-1}}\, dx$　　(4) $\int \frac{x}{\sqrt{x^2-1}}\, dx$

풀이

(1) $4x-1=t$라 하면 $dx=\frac{1}{4}dt$이므로

$$\begin{aligned}\int \sqrt{4x-1}\, dx &= \frac{1}{4}\int \sqrt{t}\, dt\\ &= \frac{1}{4}\cdot\frac{2}{3}t\sqrt{t}+C\\ &= \frac{1}{6}(4x-1)\sqrt{4x-1}+C\end{aligned}$$

(2) $x^2+3=t$라 하면 $x\,dx=\frac{1}{2}dt$이므로

$$\begin{aligned}\int x\sqrt{x^2+3}\, dx &= \frac{1}{2}\int \sqrt{t}\, dt\\ &= \frac{1}{2}\cdot\frac{2}{3}t\sqrt{t}+C\\ &= \frac{1}{3}(x^2+3)\sqrt{x^2+3}+C\end{aligned}$$

(3) $x-1=t$라 하면 $dx=dt$이므로

$$\int \frac{1}{\sqrt{x-1}}\,dx = \int \frac{1}{\sqrt{t}}\,dt$$
$$= 2\sqrt{t} + C$$
$$= 2\sqrt{x-1} + C$$

(4) $x^2-1=t$라 하면 $x\,dx = \frac{1}{2}\,dt$이므로

$$\int \frac{x}{\sqrt{x^2-1}}\,dx = \frac{1}{2}\int \frac{1}{\sqrt{t}}\,dt$$
$$= \frac{1}{2}\cdot 2\sqrt{t} + C$$
$$= \sqrt{x^2-1} + C$$

■

부정적분

$$\int f(x)dx$$

에서, $f(x)$에 아래의 특별한 무리함수가 포함된 문제를 해결하는 방법을 알아보자.

$$\sqrt{a^2-x^2},\quad \sqrt{a^2+x^2},\quad \sqrt{x^2-a^2}\quad (a>0)$$

이 방법을 **삼각치환적분법**이라 한다.

TYPE 1 $f(x)$가 $\sqrt{a^2-x^2}$을 포함하는 꼴

해법

단계 1: $x = a\sin\theta$ (단, $-\frac{\pi}{2} \le \theta \le \frac{\pi}{2}$)로 치환하면

$$\sqrt{a^2-x^2} = \sqrt{a^2-a^2\sin^2\theta} = a\cos\theta \text{이고 } dx = a\cos\theta\, d\theta$$

이므로 $\int f(x)dx$는 피적분함수가 삼각함수인 부정적분으로 변형된다.

단계 2: 단계 1의 결과에, $\sin\theta = \frac{x}{a}$를 이용하여 필요한 삼각함수를 구하여 대입한다.

TYPE 2 $f(x)$가 $\sqrt{a^2+x^2}$을 포함하는 꼴

해법

단계 1: $x = a\tan\theta$ (단, $-\frac{\pi}{2} < \theta < \frac{\pi}{2}$)로 치환하면

$$\sqrt{a^2 + x^2} = \sqrt{a^2 + a^2\tan^2\theta} = a\sec\theta \text{이고 } dx = a\sec^2\theta d\theta$$

이므로 $\int f(x)dx$ 는 피적분함수가 삼각함수인 부정적분으로 변형된다.

단계 2: 단계 1의 결과에, $\tan\theta = \frac{x}{a}$를 이용하여 필요한 삼각함수를 구하여 대입한다.

TYPE 3 $f(x)$가 $\sqrt{x^2 - a^2}$ 을 포함하는 꼴

해법

단계 1: $x = a\sec\theta$ (단, $0 \le \theta < \frac{\pi}{2}$ 또는 $\pi \le \theta < \frac{3}{2}\pi$)로 치환하면

$$\sqrt{x^2 - a^2} = \sqrt{a^2\sec^2\theta - a^2} = a\tan\theta \text{이고 } dx = a\sec\theta\tan\theta d\theta$$

이므로 $\int f(x)dx$ 은 피적분함수가 삼각함수인 부정적분으로 변형된다.

단계 2: 단계 1의 결과에, $\sec\theta = \frac{x}{a}$를 이용하여 필요한 삼각함수를 구하여 대입한다.

예제 6.2 다음 부정적분을 구하여라.

(1) $\int \sqrt{1 - x^2}\, dx$　　(2) $\int \frac{1}{\sqrt{1 - x^2}}\, dx$

(3) $\int \frac{1}{\sqrt{1 + x^2}}\, dx$　　(4) $\int \frac{\sqrt{x^2 - 1}}{x}\, dx$

풀이

(1) $x = \sin\theta$라 하면 $dx = \cos\theta\, d\theta$, $1 - \sin^2\theta = \cos^2\theta$이므로

$$\int \sqrt{1-x^2}\,dx = \int \cos\theta\,(\cos\theta\,d\theta)$$
$$= \int \cos^2\theta\,d\theta$$
$$= \int \left(\frac{1}{2}+\frac{1}{2}\cos 2\theta\right)d\theta$$
$$= \frac{1}{2}\theta + \frac{1}{4}\sin 2\theta + C = \frac{1}{2}\theta + \frac{1}{2}\sin\theta\cos\theta + C$$
$$= \frac{1}{2}\sin^{-1}x + \frac{1}{2}x\sqrt{1-x^2} + C$$

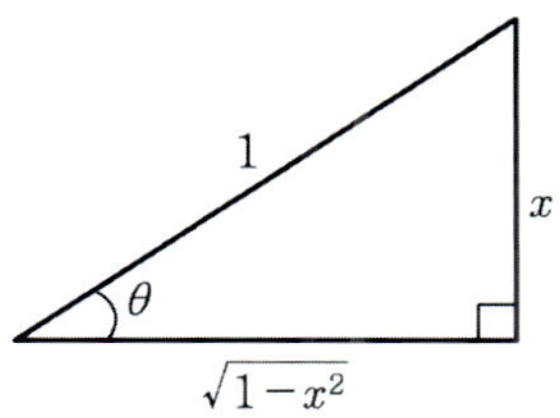

(2) $x=\sin\theta$라 하면 $dx=\cos\theta\,d\theta$, $1-\sin^2\theta=\cos^2\theta$이므로

$$\int \frac{1}{\sqrt{1-x^2}}\,dx = \int \frac{1}{\cos\theta}\,(\cos\theta\,d\theta)$$
$$= \int d\theta = \theta + C$$
$$= \sin^{-1}x + C$$

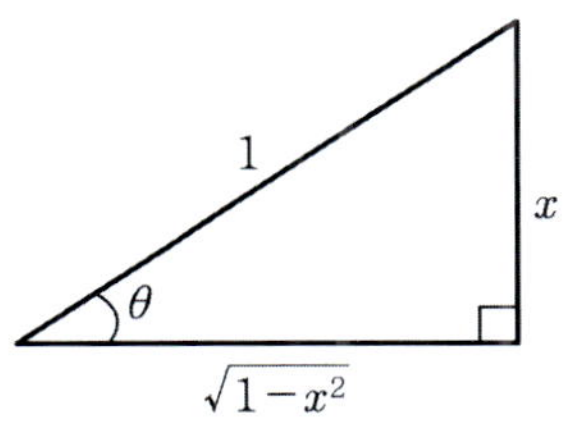

(3) $x=\tan\theta$라 하면 $dx=\sec^2\theta\,d\theta$, $1+\tan^2\theta=\sec^2\theta$이므로

$$\int \frac{1}{\sqrt{1+x^2}}\,dx = \int \frac{1}{\sec\theta}\sec^2\theta\,d\theta$$
$$= \int \sec\theta\,d\theta$$
$$= \int \frac{1}{\cos\theta}\,d\theta = \int \frac{\cos\theta}{\cos^2\theta}\,d\theta$$

$$= \int \frac{\cos\theta}{1-\sin^2\theta}\,d\theta$$

이다. $\sin\theta = t$라 하면 $\cos\theta\,d\theta = dt$이므로

$$\begin{aligned}
\int \frac{\cos\theta}{1-\sin^2\theta}\,d\theta &= \int \frac{1}{1-t^2}\,dt \\
&= \frac{1}{2}\int\left(\frac{1}{1-t}+\frac{1}{1+t}\right)dt \\
&= \frac{1}{2}\left(-\ln|1-t| + \ln|1+t|\right) + C \\
&= \frac{1}{2}\left(-\ln|1-\sin\theta| + \ln|1+\sin\theta|\right) + C \\
&= \frac{1}{2}\left(-\ln\left|1-\frac{x}{\sqrt{1+x^2}}\right| + \ln\left|1+\frac{x}{\sqrt{1+x^2}}\right|\right) + C
\end{aligned}$$

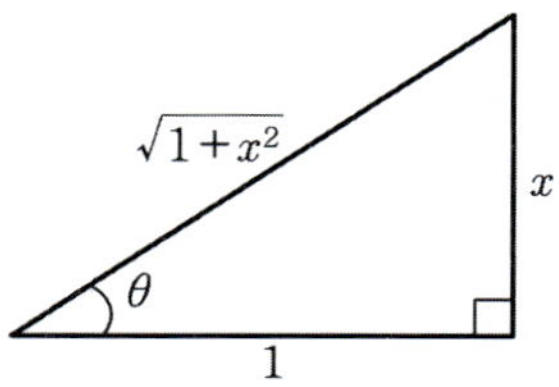

(4) $x = \sec\theta$라 하면 $dx = \sec\theta\tan\theta\,d\theta$, $\sec^2\theta - 1 = \tan^2\theta$이므로

$$\begin{aligned}
\int \frac{\sqrt{x^2-1}}{x}\,dx &= \int \frac{\tan\theta}{\sec\theta}(\sec\theta\tan\theta)\,d\theta \\
&= \int \tan^2\theta\,d\theta \\
&= \int (\sec^2\theta - 1)\,d\theta = \tan\theta - \theta + C \\
&= \sqrt{x^2-1} - \sec^{-1}x + C
\end{aligned}$$

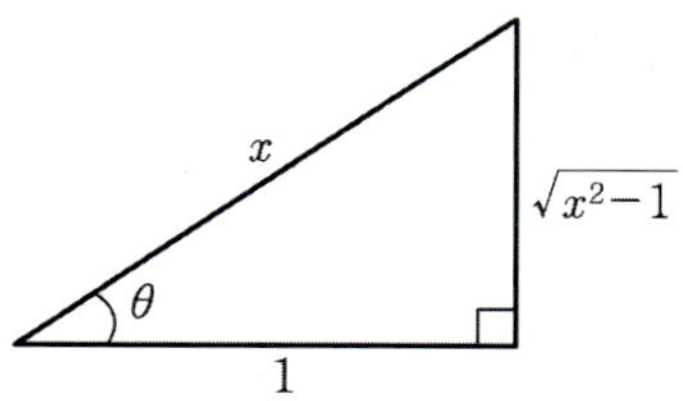

부정적분

$$\int f(x)dx$$

에서, $f(x)$가 아래의 무리함수를 동시에 포함하는 경우의 해법을 알아보자.

$$\sqrt[m]{ax+b} \text{ 과 } \sqrt[n]{ax+b} \ (m \text{ 과 } n \text{ 이 서로 다른 자연수이고 } a \neq 0)$$

해법 m과 n의 최소공배수 k를 택하여

$$\sqrt[k]{ax+b} = t$$

로 치환한다. 그러면 부정적분을 구할 수 있다.

예제 6.3 다음 부정적분을 구하여라.

(1) $\displaystyle\int \frac{1}{\sqrt{x} + \sqrt[3]{x}}\, dx$ (2) $\displaystyle\int \frac{1}{\sqrt[3]{x} - \sqrt[4]{x}}\, dx$

풀이

(1) $m = 2$이고 $n = 3$이므로 m과 n의 최소공배수는 6이다. 따라서 $\sqrt[6]{x} = t$라 하면 $x = t^6$이고 $dx = 6t^5\, dt$이므로

$$\begin{aligned}\int \frac{1}{\sqrt{x} + \sqrt[3]{x}}\, dx &= \int \frac{1}{t^3 + t^2}(6t^5\, dt) \\ &= 6\int \frac{t^3}{t+1}\, dt \\ &= 6\int \left(t^2 - t + 1 - \frac{1}{t+1}\right) dt \\ &= 6\left(\frac{1}{3}t^3 - \frac{1}{2}t^2 + t - \ln|t+1|\right) + C \\ &= 6\left(\frac{1}{3}\sqrt{x} - \frac{1}{2}\sqrt[3]{x} + \sqrt[6]{x} - \ln|\sqrt[6]{x} + 1|\right) + C\end{aligned}$$

(2) $m = 3$이고 $n = 4$이므로 m과 n의 최소공배수는 12이다. 따라서 $\sqrt[12]{x} = t$라 하면 $x = t^{12}$이고 $dx = 12t^{11}\, dt$이므로

$$\begin{aligned}\int \frac{1}{\sqrt[3]{x} - \sqrt[4]{x}}\, dx &= \int \frac{1}{t^4 - t^3}(12t^{11}\, dt) \\ &= 12\int \frac{t^8}{t-1}\, dt \\ &= 12\int \left(t^7 + t^6 + t^5 + t^4 + t^3 + t^2 + t + 1 + \frac{1}{t-1}\right) dt\end{aligned}$$

$$= 12\int\left(\sum_{i=0}^{7} t^i + \frac{1}{t-1}\right)dt$$
$$= 12\left(\sum_{i=0}^{7}\frac{1}{i+1}t^{i+1} + \ln|t-1|\right) + C$$
$$= 12\left(\sum_{i=0}^{7}\frac{1}{i+1}\sqrt[12]{x^{i+1}} + \ln|\sqrt[12]{x}-1|\right) + C$$ ■

예제 6.4 다음 부정적분을 구하여라.

(1) $\int \frac{1}{\sqrt{x+1} + \sqrt[3]{x-1}}dx$ (2) $\int \frac{1}{\sqrt{x} + \sqrt[4]{x}}dx$

풀이

(1) $x+1 = t$로 치환하면 $\int \frac{1}{\sqrt{x} + \sqrt[3]{x}}dx$가 되어 예제 6.3(1)과 같다.

(2) $t = \sqrt[4]{x}$로 치환하면 $dt = \frac{1}{4x^{\frac{3}{4}}}dx$이다. 따라서

$$4\int \frac{u^3}{u^2+u}du = 4\int \frac{u^2}{u+1}du$$
$$= 4\left(\frac{1}{2}u^2 - u + \ln|u+1|\right) + C$$
$$= 2\sqrt{x} - 4\sqrt[4]{x} + 4\ln|\sqrt[4]{4} - 1| + C$$ ■

특수치환 반각치환

피적분함수가 $\sin x$나 $\cos x$를 포함하는 유리 함수 형식인 경우 아래와 같은 특별한 치환을 사용하면 피적분 함수를 변수 u에 관한 유리함수로 변환 할 수 있다. 이러한 치환을 반각치환이라고 한다.

$$u = \tan\frac{x}{2}$$

이 식을 미분하면 $\frac{du}{dx} = \frac{1}{2}\sec^2\frac{x}{2} = \frac{1+\tan^2\frac{x}{2}}{2} = \frac{1+u^2}{2}$ 로 부터

$$dx = \frac{2}{1+u^2}du \quad \text{---(1)}$$

을 얻는다.

삼각함수의 배각공식 $\tan 2\theta = \dfrac{2\tan\theta}{1-\tan^2\theta}$ 에 $\theta = \dfrac{x}{2}$ 를 대입하면

$$\tan x = \frac{2u}{1-u^2} \text{--(2)}$$

를 얻는다. 식 (2)의 관계를 나타내는 아래 그림에서

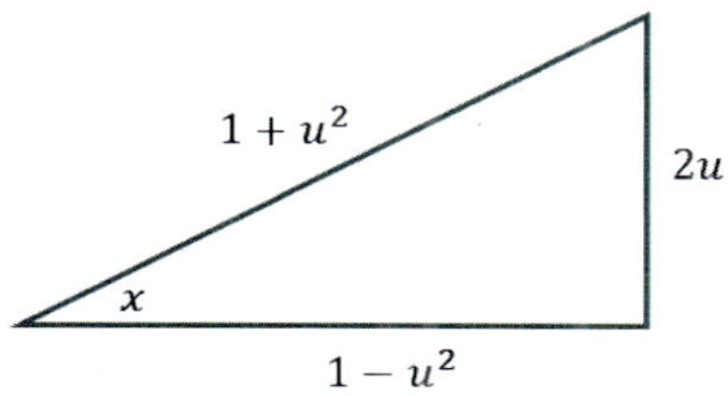

$$\sin x = \frac{2u}{1+u^2} \text{ 과 } \cos x = \frac{1-u^2}{1+u^2} \text{---------------------------(3)}$$

을 얻을 수 있다.

예제 6.5 $\displaystyle\int \frac{1}{4\sin x + 3\cos x}dx$를 구하여라.

풀이

$u = \tan\dfrac{x}{2}$, $\sin x = \dfrac{2u}{1+u^2}$, $\cos x = \dfrac{1-u^2}{1+u^2}$, $dx = \dfrac{2}{1+u^2}du$ 을 이용하여 식을 다시 쓰면

$$\int \frac{\frac{2}{1+u^2}}{4\frac{2u}{1+u^2} + 3\frac{1-u^2}{1+u^2}}du = -2\int \frac{1}{3u^2-8u-3}du = -2\int \frac{1}{(3u+1)(u-3)}du$$

$$= -2\int\left(-\frac{3}{10}\cdot\frac{1}{3u+1} + \frac{1}{10}\cdot\frac{1}{u-3}\right)du = \frac{3}{5}\int\frac{1}{3u+1}du - \frac{1}{5}\int\frac{1}{u-3}du$$

$$= \frac{1}{5}\ln|3u+1| - \frac{1}{5}\ln|u-3| + C = \frac{1}{5}\ln\left|\frac{3u+1}{u-3}\right| + C$$

$$= \frac{1}{5}\ln\left|\frac{3\tan\frac{x}{2}+1}{\tan\frac{x}{2}-3}\right| + C$$

예제 6.6 $\int \sec x dx = \ln|\sec x + \tan x| + C$ 임을 보여라.

풀이

방법 1. 오른쪽 식을 미분하면

$$(\ln|\sec x + \tan x| + C)' = \frac{\sec x \tan x + \sec^2 x}{\sec x + \tan x} = \frac{\sec x(\tan x + \sec x)}{\sec x + \tan x} = \sec x$$

이므로 식이 성립한다.

방법2. $u = \tan\frac{x}{2}$, $\sin x = \frac{2u}{1+u^2}$, $\cos x = \frac{1-u^2}{1+u^2}$, $dx = \frac{2}{1+u^2}du$ 을 이용하여 식을 다시 쓰면

$$\int \sec x dx = \int \frac{1}{\cos x} dx = \int \frac{1+u^2}{1-u^2} \cdot \frac{2}{1+u^2} du = \int \frac{2}{1-u^2} du$$

$$= \int \left(\frac{1}{1+u} + \frac{1}{1-u}\right) du = \ln|1+u| - \ln|1-u| + C = \ln\left|\frac{1+u}{1-u}\right| + C$$

$$= \ln\left|\frac{(1+u)^2}{(1-u)(1+u)}\right| + C = \ln\left|\frac{1+2u+u^2}{1-u^2}\right| + C = \ln\left|\frac{1+u^2}{1-u^2} + \frac{2u}{1-u^2}\right| + C$$

$$= \ln|\sec x + \tan x| + C$$

➡ 연습문제 해답 520쪽

4.6 연습문제

01. 다음 부정적분을 구하여라.

(1) $\int \sqrt{3x+2}\, dx$

(2) $\int x^2 \sqrt[5]{3-2x^3}\, dx$

(3) $\int \frac{1}{\sqrt{5-x}}\, dx$

(4) $\int \frac{x^3}{\sqrt{x^4-1}}\, dx$

(5) $\int \frac{2x}{\sqrt{3-x}}\, dx$

(6) $\int \frac{x^2+1}{\sqrt{x-1}}\, dx$

(7) $\int \frac{1}{\sqrt{x}\,(\sqrt{x}+3)^3}\, dx$

(8) $\int \frac{1}{\sqrt[4]{x^3}\,(\sqrt[4]{x}+2)^2}\, dx$

02. 다음 부정적분을 구하여라.

(1) $\int \frac{1}{1+x^2}\, dx$

(2) $\int \sqrt{4-x^2}\, dx$

(3) $\int \frac{x^2}{\sqrt{1-x^2}}\, dx$

(4) $\int \frac{1}{(1+x^2)^2}\, dx$

(5) $\int \frac{1}{\sqrt{9+x^2}}\, dx$

(6) $\int \frac{\sqrt{1-x^2}}{x}\, dx$

03. 다음 부정적분을 구하여라.

(1) $\int \frac{1}{\sqrt{x}+\sqrt[6]{x}}\, dx$

(2) $\int \frac{1}{\sqrt[3]{x}-\sqrt[5]{x}}\, dx$

(3) $\int \frac{1}{\sqrt[4]{x}+\sqrt[6]{x}}\, dx$

(4) $\int \frac{1}{\sqrt[6]{x}-\sqrt[8]{x}}\, dx$

(5) $\int \frac{1}{\sqrt{2x-1}+\sqrt[3]{2x-1}}\, dx$

(6) $\int \frac{1}{\sqrt{3x+2}+\sqrt[4]{3x+2}}\, dx$

CHAPTER 5

정적분

Section 1

1. 넓이와 정적분

지금까지 "넓이"라는 용어를 그 의미가 직관적으로 명확하다는 전제하에 자유롭게 사용해왔다. 그러나 궁극적으로 넓이에 대한 직관적인 개념을 정확한 수학적인 개념으로 대체해야만 한다. 평면에서 임의의 영역의 넓이 개념을 상세히 설명하기 위해 정의를 고안하고자 하는 것은 지극히 자연스러운 현상이다. 이 절에서는 합과 시그마기호의 의미와 극한을 이용하여 어떤 영역의 넓이를 구하는 방법을 소개하고자 한다. 이것은 정적분을 정의하는 데 기초로 활용될 것이다.

이 절에서는 정적분을 정의하는 데 필요한 긴 합을 간결한 형태로 표현할 수 있는 시그마기호에 대하여 소개하고자 한다. 이 기호는 뒤에 언급되는 넓이를 논의할 때 유용하게 사용될 것이다. **시그마기호**(sigma notation) 또는 **합기호**(summation notation)는 그리스어 대문자 $\sum$로 나타낸다. 우선

$$1^2 + 2^2 + 3^2 + 4^2$$

에서 각 항은 정수 k가 1부터 4까지 연속적으로 변할 때 k^2의 합이라 할 수 있고 이를 시그마기호 $\sum$로 나타내면

$$\sum_{k=1}^{4} k^2$$

으로 표현할 수 있다. 일반적으로 정수 k가 a부터 시작하여 b까지 연속적으로 변할 때 k의 함수 $f(k)$의 합은

$$\sum_{k=a}^{b} f(k) \tag{1.1}$$

으로 표현한다.

식 (1.1)에서 숫자 a와 b를 각각 **합의 하한**과 **상한**이라 부르고 문자 k를 합의 지수라 한다. 합의 지수를 반드시 k만 사용하는 것은 아니다. 예를 들면

$$\sum_{i=1}^{5} \frac{1}{i}, \quad \sum_{j=1}^{5} \frac{1}{j}, \quad \sum_{n=1}^{5} \frac{1}{n}$$

은 모두

$$1 + \frac{1}{2} + \frac{1}{3} + \frac{1}{4} + \frac{1}{5}$$

을 나타낸다. 합의 하한과 상한이 같다면 식 (1.1)의 합은 하나의 항으로 나타난다. 즉

$$\sum_{k=2}^{2} k^3 = 2^3, \quad \sum_{i=1}^{1} \frac{1}{i+2} = \frac{1}{3}$$

이다.

우리는 종종 주어진 합에 대한 시그마기호를 다른 합의 상한, 하한의 시그마기호로 바꾸고자 하는 경우가 있다. 다음 예제는 이것을 잘 표현해준다.

예제 1.1 다음 시그마기호 $\sum_{k=3}^{7} 5^{k-2}$ 의 하한을 3이 아닌 0으로 나타내어라.

풀이

새로운 합의 지수 $j = k - 3$ 라 놓으면 k 가 3부터 7까지 움직일 때 j 는 0부터 4까지 움직인다. 따라서 $k = j + 3$ 이므로

$$\sum_{k=3}^{7} 5^{k-2} = \sum_{j=0}^{4} 5^{(j+3)-2} = \sum_{j=0}^{4} 5^{j+1}$$

이다. 두 개의 시그마기호 $\sum_{k=3}^{7} 5^{k-2}$ 과 $\sum_{j=0}^{4} 5^{j+1}$ 을 체크해보면 둘 다

$$5 + 5^2 + 5^3 + 5^4 + 5^5$$

임을 알 수 있다. ■

일반적으로 자연수의 집합 $\mathbb{N}$ 에서 실수의 집합 $\mathbb{R}$ 로 대응되는 함수 $a : \mathbb{N} \to \mathbb{R}$ 를 수열이라 하고 대응값 $a(n)$ 을 a_n 으로 나타내며 수열을 $\{a_n\}$ 으로 표시하는 것이 관례이다. 따라서 $\sum$ 는 수열에 관한 연산자로 생각할 수 있으며 다음과 같은 성질이 있다.

정리 1.2 $\sum$의 대수적 성질

(1) $\displaystyle\sum_{k=1}^{n} ca_k = c\sum_{k=1}^{n} a_k$ (c는 상수)

(2) $\displaystyle\sum_{k=1}^{n} (a_k + b_k) = \sum_{k=1}^{n} a_k + \sum_{k=1}^{n} b_k$

(3) $\displaystyle\sum_{k=1}^{n} (a_k - b_k) = \sum_{k=1}^{n} a_k - \sum_{k=1}^{n} b_k$

증명

(1) $\displaystyle\sum_{k=1}^{n} ca_k = ca_1 + ca_2 + \cdots + ca_n = c(a_1 + a_2 + \cdots + a_n) = c\sum_{k=1}^{n} a_k$

(2) $$\begin{aligned}\sum_{k=1}^{n} (a_k + b_k) &= (a_1 + b_1) + (a_2 + b_2) + \cdots + (a_n + b_n) \\ &= (a_1 + a_2 + \cdots + a_n) + (b_1 + b_2 + \cdots + b_n) \\ &= \sum_{k=1}^{n} a_k + \sum_{k=1}^{n} b_k\end{aligned}$$

(3) $$\begin{aligned}\sum_{k=1}^{n} (a_k - b_k) &= (a_1 - b_1) + (a_2 - b_2) + \cdots + (a_n - b_n) \\ &= (a_1 + a_2 + \cdots + a_n) - (b_1 + b_2 + \cdots + b_n) \\ &= \sum_{k=1}^{n} a_k - \sum_{k=1}^{n} b_k\end{aligned}$$

위의 정리를 요약하면 상수배한 수열의 합은 상수를 시그마기호 앞으로 옮길 수 있고 수열의 합 또는 차의 시그마는 수열 시그마의 합 또는 차와 같다는 의미이다.

예제 1.3 다음을 계산하여라.

(1) $\displaystyle\sum_{k=1}^{100} a_k = 60$, $\displaystyle\sum_{k=1}^{100} b_k = 11$일 때 $\displaystyle\sum_{k=1}^{100} (2a_k - 3b_k + 4)$

(2) $\displaystyle\sum_{k=1}^{n} (a_k - a_{k-1})$

풀이

(1) $$\sum_{k=1}^{100}(2a_k - 3b_k + 4) = \sum_{k=1}^{100} 2a_k - \sum_{k=1}^{100} 3b_k + \sum_{k=1}^{100} 4$$
$$= 2\sum_{k=1}^{100} a_k - 3\sum_{k=1}^{100} b_k + \sum_{k=1}^{100} 4$$
$$= 2 \times 60 - 3 \times 11 + 100 \times 4 = 487$$

(2) $$\sum_{k=1}^{n}(a_k - a_{k-1}) = (a_1 - a_0) + (a_2 - a_1) + (a_3 - a_2) + \cdots + (a_n - a_{n-1})$$
$$= -a_0 + a_1 - a_1 + a_2 - a_2 + a_3 - \cdots - a_{n-1} + a_n$$
$$= -a_0 + a_n = a_n - a_0$$ ■

다음 정리는 유용한 공식으로 사용된다.

정리 1.4

(1) $\displaystyle\sum_{k=1}^{n} k = \frac{n(n+1)}{2}$

(2) $\displaystyle\sum_{k=1}^{n} k^2 = \frac{n(n+1)(2n+1)}{6}$

(3) $\displaystyle\sum_{k=1}^{n} k^3 = \left(\frac{n(n+1)}{2}\right)^2$

(4) $\displaystyle\sum_{k=1}^{n} a = na$

1.1 넓이

함수 $y=f(x)$가 닫힌구간 $[a, b]$에서 연속이고 $f(x) \geq 0$일 때 직선 $x=a$, $x=b$와 x축 그리고 곡선 $y=f(x)$로 둘러싸인 영역의 넓이 R(그림 1.1)를 계산하여 보자.

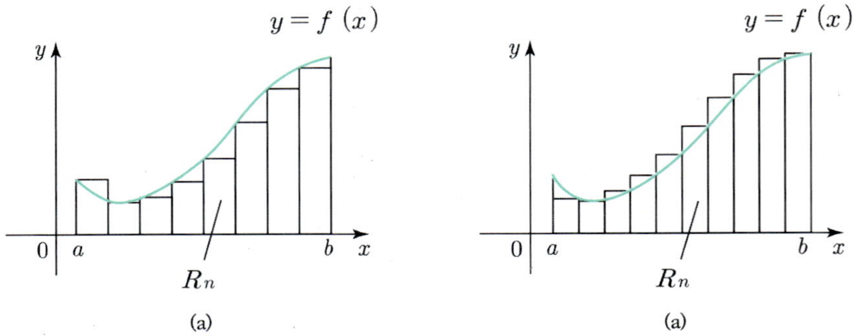

〈그림 1.1〉

먼저 닫힌구간 $[a, b]$를 n 등분한 $(n-1)$개의 점

$$a = x_0 < x_1 < x_2 < \cdots < x_{n-1} < x_n = b$$

인 $x_1, x_2, \cdots, x_{n-1}$을 취하여 각각의 길이가 $\Delta x = \dfrac{(b-a)}{n}$인 n개의 소구간 $[x_{k-1}, x_k]$ $(k = 1, 2, \cdots, n)$으로 분할하자(그림 1.2). 그러면

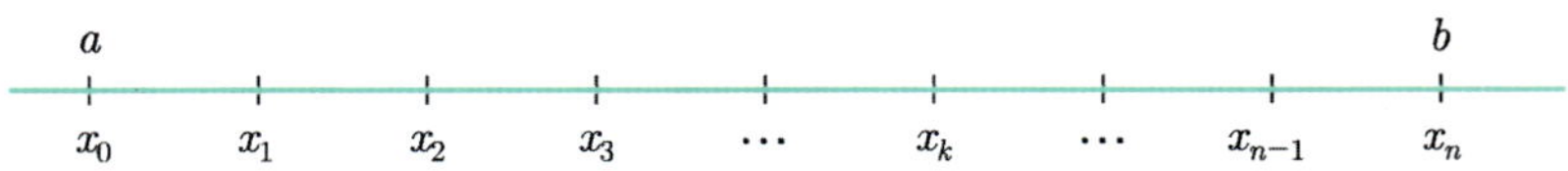

〈그림 1.2〉

$$x_0 = a,\ x_1 = a + \Delta x = a + \frac{(b-a)}{n},$$

$$x_2 = a + 2\Delta x = a + \frac{2(b-a)}{n},$$

$$x_3 = a + 3\Delta x = a + \frac{3(b-a)}{n},$$

$$\vdots$$

$$x_k = a + k\Delta x = a + \frac{k(b-a)}{n},$$

$$\vdots$$

$$x_{n-1} = a + (n-1)\Delta x = a + \frac{(n-1)(b-a)}{n},$$

$$x_n = a + n\Delta x = a + \frac{n(b-a)}{n} = b$$

이다. 다음에는 밑변이 $\Delta x = [x_{k-1}, x_k]$, 높이가 $f(x_{k-1})$인 직사각형을 생각해보자. 이것

의 넓이는 $f(x_{k-1})\Delta x$ 이다(그림 1.1의 (a)). 이와 같은 직사각형들의 부분합 R_n 은 그림 1.1의 (a)에서 보는 바와 같이 넓이 R 에 **내접하는 직사각형의 합(하한)**을 이룬다. 즉

$$R_n = f(x_0)\Delta x + f(x_1)\Delta x + f(x_2)\Delta x + \cdots + f(x_{n-1})\Delta x$$
$$= \sum_{k=0}^{n-1} f(x_k)\Delta x$$

이고 따라서

$$R = \lim_{n\to\infty} R_n = \lim_{n\to\infty}\sum_{k=0}^{n-1} f(x_k)\Delta x$$

이다. 이번에는 밑변이 $\Delta x = [x_{k-1},\ x_k]$, 높이가 $f(x_k)$ 인 직사각형을 생각해보자. 이것의 넓이는 $f(x_k)\Delta x$ 이다(그림 1.1의 (b)). 이와 같은 직사각형들의 부분합 R_n' 은 그림 1.1의 (b)에서 보는 바와 같이 넓이 R 에 **외접하는 직사각형의 합(상한)**을 이룬다. 즉

$$R_n' = f(x_1)\Delta x + f(x_2)\Delta x + f(x_3)\Delta x + \cdots + f(x_n)\Delta x$$
$$= \sum_{k=1}^{n} f(x_k)\Delta x$$

이고 따라서

$$R = \lim_{n\to\infty} R_n' = \lim_{n\to\infty}\sum_{k=1}^{n} f(x_k)\Delta x$$

이다. 결론적으로

$$R = \lim_{n\to\infty} R_n = \lim_{n\to\infty} R_n'$$

이다. 참고로 넓이를 계산할 때에는 하한의 극한값이든 상한의 극한값이든 어느 하나를 구하여 계산하면 된다.

예제 1.5 구간 $[1,\ 2]$ 에서 함수 $f(x) = x$ 에 의한 영역의 넓이를 구하여라.

풀이

구간 $[1,\ 2]$를 n 등분하는 $n-1$개의 점은

$$1 = x_0 < x_1 < x_2 < \cdots < x_{n-1} < x_n = 2$$

인 $x_1,\ x_2,\ \cdots,\ x_{n-1}$ 을 취하여 각각의 길이가 $\Delta x = \dfrac{(b-a)}{n}$ 인 n 개의 소구간 $[x_{k-1},\ x_k]$

$(k=1, 2, \cdots, n)$으로 분할하자. 그러면 n개의 소구간의 길이는 $\Delta x = \frac{b-a}{n} = \frac{2-1}{n} = \frac{1}{n}$

이다. 따라서

$$x_0 = 1$$

$$x_1 = 1 + \Delta x = 1 + \frac{1}{n}$$

$$x_2 = 1 + 2\Delta x = 1 + \frac{2}{n}$$

$$x_3 = 1 + 3\Delta x = 1 + \frac{3}{n}$$

$$\vdots$$

$$x_k = 1 + k\Delta x = 1 + \frac{k}{n}$$

$$\vdots$$

$$x_{n-1} = 1 + (n-1)\Delta x = 1 + \frac{n-1}{n}$$

이다. 그러므로 **부분합** R_n은

$$\begin{aligned} R_n &= f(x_0)\Delta x + f(x_1)\Delta x + f(x_2)\Delta x + \cdots + f(x_{n-1})\Delta x \\ &= \sum_{k=0}^{n-1} f(x_k)\Delta x \\ &= \left[1 + \left(1+\frac{1}{n}\right) + \left(1+\frac{2}{n}\right) + \left(1+\frac{3}{n}\right) + \cdots + \left(1+\frac{n-1}{n}\right)\right]\frac{1}{n} \\ &= \left[n + \left(\frac{1}{n} + \frac{2}{n} + \frac{3}{n} + \cdots + \frac{n-1}{n}\right)\right]\frac{1}{n} \\ &= 1 + \frac{1}{n^2}[1+2+3+\cdots+(n-1)] \\ &= 1 + \frac{1}{n^2} \times \frac{(n-1)n}{2} \\ &= \frac{3}{2} - \frac{1}{2n} \end{aligned}$$

이고 따라서

$$\begin{aligned} R = \lim_{n\to\infty} R_n &= \lim_{n\to\infty}\sum_{k=0}^{n-1} f(x_k)\Delta x \\ &= \lim_{n\to\infty}\left(\frac{3}{2} - \frac{1}{2n}\right) = \frac{3}{2} \end{aligned}$$

이다.

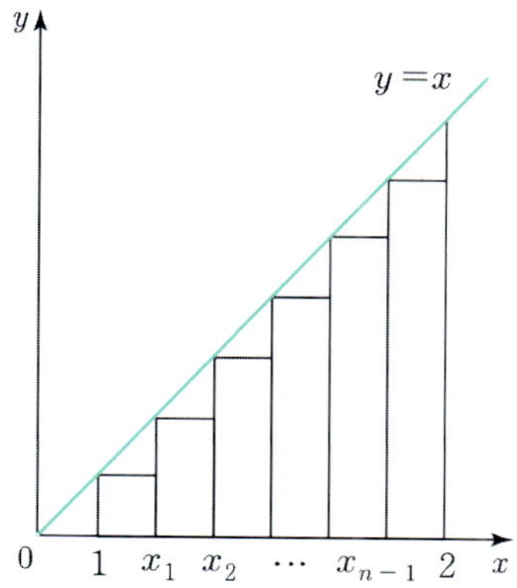

〈그림 1.3〉

■

예제 1.6 **구간 $[0, 2]$에서 함수 $f(x) = x^2$에 의한 영역의 넓이를 구하여라.**

풀이

구간 $[0, 2]$를 n등분하는 $n-1$개의 점은 $x_k = \frac{2k}{n}$이고 각각의 소구간의 길이는 $\frac{2}{n}$이다. 또한 주어진 함수는 구간 $[0, 2]$에서 증가함수이므로 각 소구간에서 함숫값은 $f\left(\frac{2(k-1)}{n}\right)$이므로 구하고자 하는 넓이는

$$\begin{aligned} R &= \lim_{n\to\infty} \sum_{k=1}^{n} f\left(\frac{2(k-1)}{n}\right) \cdot \frac{2}{n} \\ &= \lim_{n\to\infty} \sum_{k=1}^{n} \frac{4(k-1)^2}{n^2} \cdot \frac{2}{n} \\ &= \lim_{n\to\infty} \frac{8}{n^3} \sum_{k=1}^{n} (k^2 - 2k + 1) \\ &= \lim_{n\to\infty} \frac{8}{n^3} \left(\frac{n(n+1)(2n+1)}{6} - n(n+1) + n\right) \\ &= \frac{8}{3} \end{aligned}$$

■

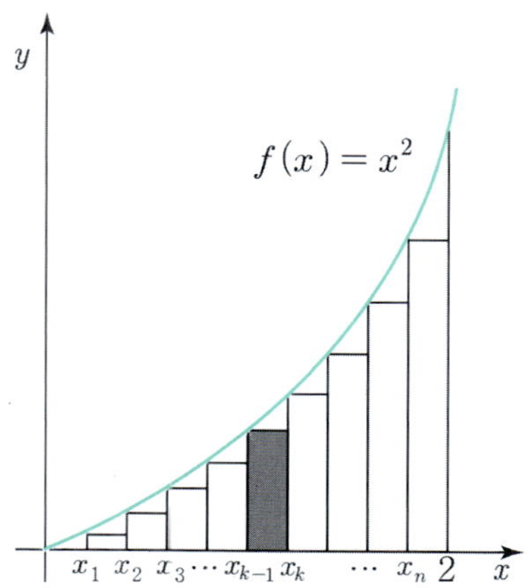

〈그림 1.4〉

예제 1.7 물체가 $v = f(t) = \frac{1}{4}t^3 + 1$ (m/sce)의 속도로 t축을 따라 움직인다고 하면 $t=0$과 $t=3$ 사이에 움직인 거리는 얼마나 되는지 구하여라.

풀이

그림 1.5의 그래프는 $v = f(t) = \frac{1}{4}t^3 + 1$이다. 닫힌구간 $[0, 3]$을 n등분하는 $n-1$개의 점은 $0 = t_0 < t_1 < t_2 < \cdots < t_{n-1} < t_n = 3$인 $t_0, t_1, t_2, \cdots, t_{n-1}$이고 각각의 길이가 $\Delta t = \frac{3}{n}$인 n개의 소구간 $[t_{k-1}, t_k]$ $(t = 1, 2, \cdots, n)$으로 분할하자. 이때 밑변이 $[t_{k-1}, t_k]$, 높이가 $f(t_k) = f\left(\frac{3k}{n}\right)$인 직사각형들의 합 R_n의 극한값 $\lim_{n\to\infty} R_n$이 움직인 거리가 된다. 즉, $v = f(t) = \frac{1}{4}t^3 + 1$, t축, $t=0$과 $t=3$으로 둘러싸인 영역의 넓이이다. 따라서

$$
\begin{aligned}
R_n &= f(t_1)\Delta t + f(t_2)\Delta t + \cdots + f(t_n)\Delta t \\
&= \sum_{k=1}^{n} f(t_k)\Delta t \\
&= \sum_{k=1}^{n}\left[\frac{1}{4}\left(\frac{3k}{n}\right)^3 + 1\right]\frac{3}{n} \\
&= \sum_{k=1}^{n}\left(\frac{81}{4n^4}k^3 + \frac{3}{n}\right) \\
&= \frac{81}{4n^4}\sum_{k=1}^{n}k^3 + \sum_{k=1}^{n}\frac{3}{n} \\
&= \frac{81}{4n^4}\left[\frac{n(n+1)}{2}\right]^2 + \frac{3}{n}\times n \\
&= \frac{81}{16}\left[n^2\frac{(n^2+2n+1)}{n^4}\right] + 3 \\
&= \frac{81}{16}\left(1 + \frac{2}{n} + \frac{1}{n^2}\right) + 3
\end{aligned}
$$

이므로

$$\lim_{n\to\infty} R_n = \frac{81}{16} + 3 = \frac{129}{16} \fallingdotseq 8.06 \text{ (m)}$$

이다.

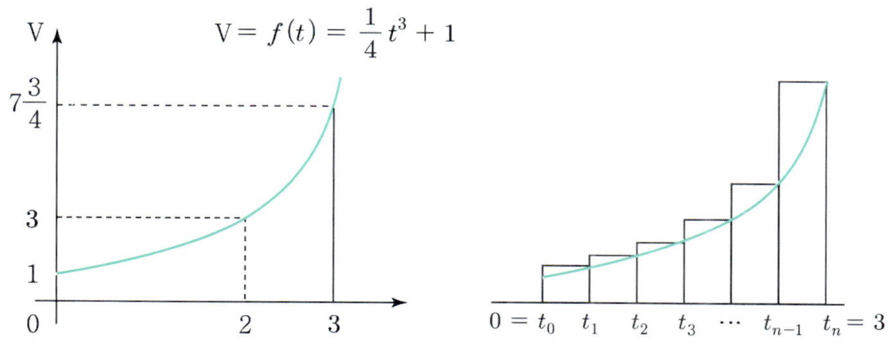

〈그림 1.5〉

수학과 자연과학에서 넓이와 매우 유사한 성질을 갖는 길이, 부피, 밀도, 일, 확률, 기타 등의 다양한 개념이 있다. 이 절에서는 이러한 다양한 개념들과 관련된 맥락에서 정적분의 개념을 소개하고자 한다.

1.2 리만합

우리는 1장에서 구간 $[a, b]$ 위에 정의된 연속인 함수 $y = f(x)$로 둘러싸인 영역의 넓이 R을 구하는 두 가지 동치인 방법을 설명하였다. 한 가지는 내접하는 직사각형의 부분합을 R_n 이라 했을 때

$$R = \lim_{n\to\infty} R_n = \lim_{n\to\infty} \sum_{k=0}^{n-1} f(c_k)\Delta x \tag{1.2}$$

이고 두 번째는 외접하는 직사각형들의 부분합을 $R_n{}'$이라 했을 때

$$R = \lim_{n\to\infty} R_n{}' = \lim_{n\to\infty} \sum_{k=1}^{n} f(d_k)\Delta x \tag{1.3}$$

이다. 결론적으로

$$R = \lim_{n\to\infty} R_n = \lim_{n\to\infty} R_n{}'$$

이었다. 그러나 이것만이 넓이 R을 구할 수 있는 공식은 아니다. k번째 소구간에서 $f(x)$의 최솟값 $f(c_k)$ 또는 최댓값 $f(d_k)$인 직사각형의 높이를 선택하는 것이 아니라 직사각형의 어떤 중간 높이를 설정할 수 있다. 따라서 이러한 목적을 위해 각 소구간 $x_{k-1} \le \overline{x_k} \le x_k$

$(k = 1, 2, \cdots, n)$에서 임의의 점 $\overline{x_k}$를 선택하자. $f(c_k)$와 $f(d_k)$는 각각 k 번째 소구간에서 $f(x)$의 최솟값과 최댓값이므로

$$f(c_k) \le f(\overline{x_k}) \le f(d_k)$$

이고

$$f(c_k)\Delta x \le f(\overline{x_k})\Delta x \le f(d_k)\Delta x$$

이다. 따라서

$$\sum_{k=1}^{n} f(c_k)\Delta x \le \sum_{k=1}^{n} f(\overline{x_k})\Delta x \le \sum_{k=1}^{n} f(d_k)\Delta x \tag{1.4}$$

이 되어 양변에 극한을 취하면

$$\lim_{n\to\infty}\sum_{k=1}^{n} f(c_k)\Delta x \le \lim_{n\to\infty}\sum_{k=1}^{n} f(\overline{x_k})\Delta x \le \lim_{n\to\infty}\sum_{k=1}^{n} f(d_k)\Delta x$$

이므로 식 (2.1), (2.2)와 조임정리에 의하여

$$R = \lim_{n\to\infty}\sum_{k=1}^{n} f(\overline{x_k})\Delta x$$

이 된다.

같은 너비의 직사각형은 계산하기 편하지만 반드시 그럴 필요는 없다. 넓이 R을 다른 너비를 가진 직사각형의 넓이의 합의 극한으로도 나타낼 수 있다.

구간 $[a, b]$에 $a = x_0 < x_1 < \cdots < x_n = b$인 $n-1$개의 임의의 점 $x_1, x_2, \cdots, x_{n-1}$을 취하여 n개의 소구간으로 나눈다. 이때

$$P = \{a = x_0 < x_1 < \cdots < x_n = b\}$$

를 구간 $[a, b]$의 **분할**이라 하고 각 소구간 $[x_{k-1}, x_k]$의 길이를 $\Delta x_k = x_k - x_{k-1}$로 나타낼 때

$$|P| = \max_k\{\Delta x_k : 1 \le k \le n\}$$

을 분할 P의 **크기**라 한다. $\max_k\{\Delta x_k : 1 \le k \le n\}$는 구간들 중 가장 길이가 긴 구간을 의미한다. 각각의 소구간의 길이는 $|P|$을 넘지 않으므로 $|P|$의 크기를 아주 작게 하면 할수록 분할 P는 **세분**된다고 말한다. 각각의 소구간 $[x_{k-1}, x_k]$에서 임의로 택한 점 $\overline{x_k}$를 **표본점**이라 한다.

정리 1.8 리만합

$x_{k-1} \le \overline{x_k} \le x_k \ (k = 1, 2, \cdots, n)$인 n개의 표본점 $\overline{x_k}$를 임의로 선정하여 만든 합 $R_P = \sum_{k=1}^{n} f(\overline{x_k})\Delta x_k$를 구간 $[a, b]$ 위에서 함수 f의 분할 P에 대한 **리만합**이라 한다(그림 1.6).

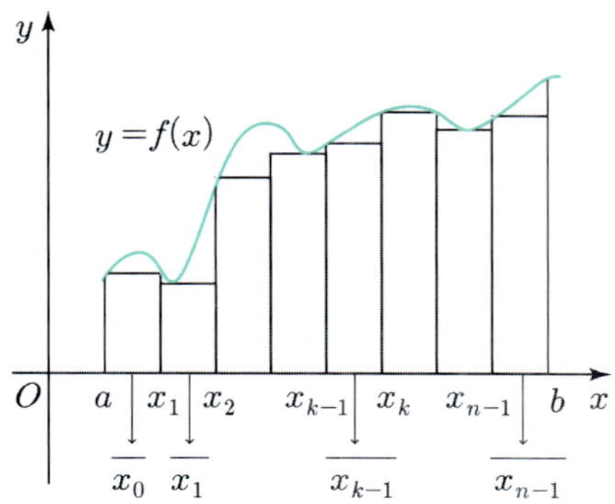

〈그림 1.6〉

예제 1.9 구간 $[0, 5]$에서 정의되는 함수

$$f(x) = (x+1)(x-2)(x-4) = x^3 - 5x^2 + 2x + 8$$

에 대하여 분할점들 $0 < 1.1 < 2 < 3.2 < 4 < 5$로 만들어진 분할과 표본점들 $\overline{x_1} = 0.5$, $\overline{x_2} = 1.5$, $\overline{x_3} = 2.5$, $\overline{x_4} = 3.6$, $\overline{x_5} = 5$에 대한 리만합을 구하여라(그림 2.2).

풀이

$$\begin{aligned} R_P &= \sum_{k=1}^{5} f(\overline{x_k})\Delta x_k \\ &= f(0.5)(1.1-0) + f(1.5)(2-1.1) + f(2.5)(3.2-2) + f(3.6)(4-3.2) + f(5)(5-4) \\ &= (7.875)(1.1) + (3.125)(0.9) + (-2.625)(1.2) + (-2.944)(0.8) + (18)(1) \\ &= 23.9698 \end{aligned}$$

■

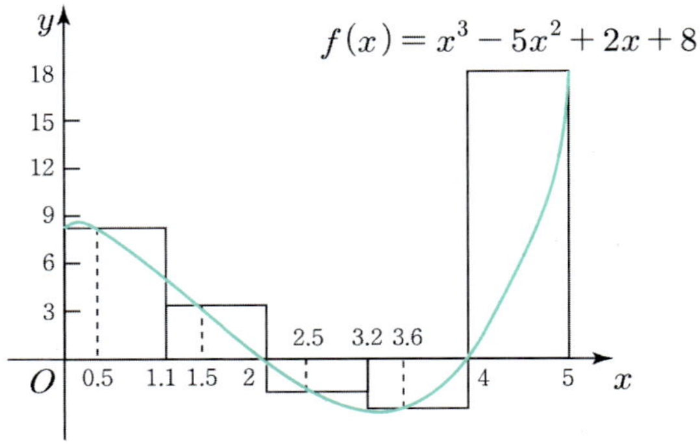

〈그림 1.7〉

예제 1.10 구간 $[-1,\ 2]$에서 정의되는 함수 $f(x)=x^2+1$에 대하여 분할점들 $-1<-0.5<0<0.5<1<1.5<2$로 만들어진 분할과 표본점들 $\overline{x_1}=-0.75,\ \overline{x_2}=-0.25,\ \overline{x_3}=0.25,\ \overline{x_4}=0.75,\ \overline{x_5}=1.25,\ \overline{x_6}=1.75$에 대한 리만합을 구하여라(그림 2.3).

풀이

$$
\begin{aligned}
R_P &= \sum_{k=1}^{6} f(\overline{x_k})\Delta x_k \\
&= f(\overline{x_1})\Delta x_1 + f(\overline{x_2})\Delta x_2 + f(\overline{x_3})\Delta x_3 + f(\overline{x_4})\Delta x_4 + f(\overline{x_5})\Delta x_5 + f(\overline{x_6})\Delta x_6 \\
&= [f(-0.75) + f(-0.25) + f(0.25) + f(0.75) + f(1.25) + f(1.75)] \times 0.5 \\
&= [1.5625 + 1.0625 + 1.0625 + 1.5625 + 2.5625 + 4.0625] \times 0.5 \\
&= 5.9375
\end{aligned}
$$

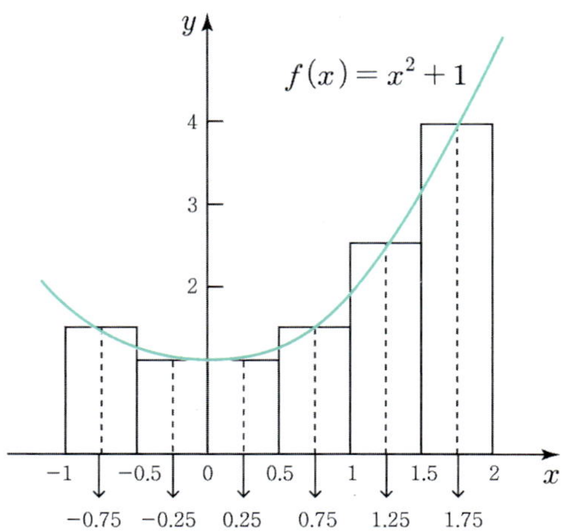

〈그림 1.8〉

1.3 정적분과 적분 가능성

정의 1.11 정적분

분할 $P = \{a = x_0 < x_1 < \cdots < x_n = b\}$을 한없이 세분할 때 즉, $|P| \to 0$일 때 표본점 $\overline{x_k}$의 선택에 관계없이 리만합 R_p가 어떤 일정한 값 R에 한없이 가까워진다면 함수 $f(x)$는 구간 $[a, b]$에서 **적분 가능**하다고 하며, 이 일정한 값 R을 a에서 b까지의 함수 $y = f(x)$의 **정적분**(또는 **리만적분**)이라 하고 $R = \int_a^b f(x)\,dx$로 나타낸다. 즉,

$$\lim_{|P| \to 0} R_p = \lim_{|P| \to 0} \sum_{k=1}^{n} f(\overline{x_k})\,\Delta x_k = \int_a^b f(x)\,dx \tag{2.4}$$

이다. 이때 a, b를 각각 이 정적분의 하한, 상한이라 한다.

또한 다음의 관계를 정의한다.

(1) $\int_a^a f(x)\,dx = 0$ (2) $\int_b^a f(x)\,dx = -\int_a^b f(x)\,dx$

특히 함수 $y = f(x)$가 구간 $[a, b]$에서 연속일 때, 각각의 소구간에서 함숫값을 최소로 하는 표본점을 택한 리만합을 **하합** L_P, 함숫값을 최대로 하는 표본점을 택한 리만합을 **상합** U_P라 한다. 즉

$$L_P = \sum_{k=1}^{n} m_k \Delta x_k, \quad m_k = \min\{f(x) : x \in [x_{k-1}, x_k]\}$$

$$U_P = \sum_{k=1}^{n} M_k \Delta x_k, \quad M_k = \max\{f(x) : x \in [x_{k-1}, x_k]\}$$

이때 분할 P의 크기를 무한히 작게 하면 즉 $|P| \to 0$을 취하면

$$\lim_{|P| \to 0} (U_P - L_P) = 0$$

또는

$$\lim_{|P| \to 0} U_P = \lim_{|P| \to 0} L_P$$

이 된다. 그런데 각각의 소구간 $[x_{k-1}, x_k]$ 안의 임의의 표본점 $\overline{x_k}$에 대하여

$$L_P \le \sum_{k=1}^{n} f(\overline{x_k})\,\Delta x_k \le U_P$$

을 만족하므로 정적분 A 는

$$\lim_{|P| \to 0} L_P = \lim_{|P| \to 0} \sum_{k=1}^{n} f(\overline{x_k})\,\Delta x_k = \int_a^b f(x)\,dx = \lim_{|P| \to 0} U_P \tag{2.5}$$

가 된다.

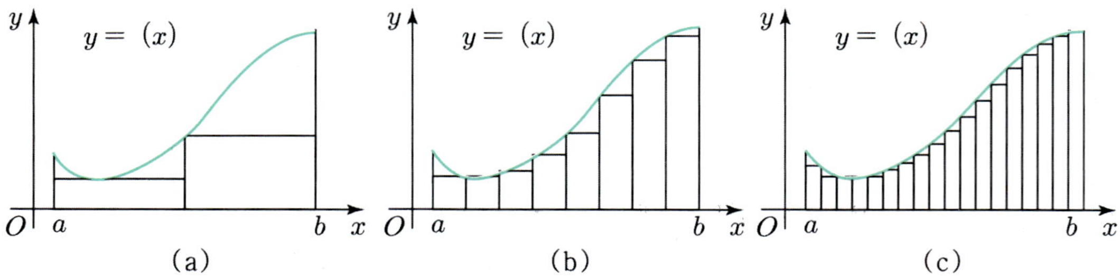

〈그림 1.9〉

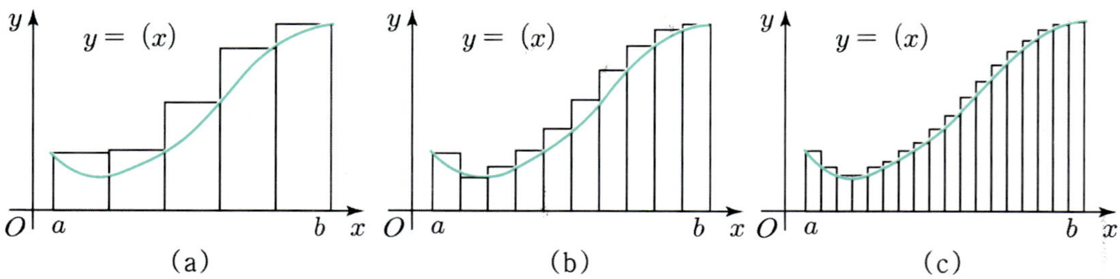

〈그림 1.10〉

예제 1.12 함수

$$f(x) = \begin{cases} 0, & x \text{는 유리수} \\ 1, & x \text{는 무리수} \end{cases}$$

는 구간 $[0, 1]$ 에서 적분 가능하지 않음을 보여라.

풀이

구간 $[0, 1]$ 의 임의의 분할

$$P: \; 0 = x_0 < x_1 < \cdots < x_{n-1} < x_n = 1$$

에 대해서 소구간 $[x_{k-1}, x_k]$ 안에는 항상 유리수 p_k 와 무리수 q_k 가 반드시 존재한다. 그러므로

하합은 모든 소구간에서 표본점을 유리수로 택할 때

$$\lim_{|P|\to 0} L_P = \lim_{|P|\to 0} \sum_{k=1}^{n} f(p_k)\Delta x_k = 0$$

이고, 상합은 모든 소구간에서 표본점을 무리수로 택할 때

$$\lim_{|P|\to 0} U_P = \lim_{|P|\to 0} \sum_{k=1}^{n} f(q_k)\Delta x_k = \lim_{|P|\to 0} \sum_{k=1}^{n} \Delta x_k = 1$$

이다. 즉, 표본점의 선택에 따라 값이 다르므로 극한은 존재하지 않는다. 따라서 주어진 함수는 $[0, 1]$에서 적분 가능하지 않다. ■

1.4 정적분의 기본성질

정적분의 정의와 위의 예제에서 볼 수 있듯이 적분 가능성의 판정은 극한값 R의 존재 여부로 판정하는 것이 용이하지 않다. 다음의 정리는 적분 가능성에 대한 여러 가지 정리 중에서도 아주 유용하게 사용된다.

정리 1.13 정적분의 존재 정리(1)

함수 f가 구간 $[a, b]$에서 연속이면 적분 가능하며 실제로 표본점 $\overline{x_k}$의 선택에 관계 없이

$$\int_a^b f(x)dx = \lim_{|P|\to 0} \sum_k f(\overline{x_k})\Delta x_k \tag{2.6}$$

을 만족한다.

정리 1.14 정적분의 존재 정리(2)

함수 f가 구간 $[a, b]$에서 유한개의 점을 제외한 모든 점에서 연속이고 유계이면 f는 $[a, b]$에서 적분 가능하다.

위의 정리로부터 닫힌구간에서 정의된 대부분의 다항함수 $P(x)$, 유리함수 $\dfrac{P(x)}{Q(x)}$ $(Q(x) \neq 0)$와 사인함수, 코사인함수, 지수함수 a^x $(a > 0,\ a \neq 1)$, 로그함수 $\log_a x$ 등은 모두 적분 가능함을 알 수 있다.

닫힌구간 $[a, b]$에서 위의 정리를 만족하는 함수 f는 항상 적분 가능하므로, 정적분값은 구간 $[a, b]$의 분할 P와 소구간의 표본점을 어떻게 선택하느냐에 관계없이 일정하다. 따라서 정적분을 계산할 때 보통 분할은 소구간의 길이를 같게 하는 정칙분할을 택하며 소구간의 표본점은 끝점을 택한다. 즉 구간의 길이와 표본점은

$$\Delta x_k = \frac{b-a}{n}, \quad \overline{x_k} = a + \frac{b-a}{n}k$$

이고 따라서

$$\int_a^b f(x)\,dx = \lim_{n\to\infty}\sum_{k=1}^{n} f\left(a+\frac{b-a}{n}k\right)\frac{b-a}{n}$$

이다. 이와 같은 정적분 계산법을 **구분구적법**이라고 한다.

예제 1.15 구분구적법으로 다음 적분값을 구하여라.

(1) $\int_{-3}^{1}(2-x)\,dx$ (2) $\int_{-2}^{1}(x^2-4x)\,dx$

풀이

(1) 구간 $[-3, 1]$을 n등분하면 소구간의 길이는 모두 $\frac{4}{n}$이고, 각 소구간 $[x_{k-1}, x_k]$에서 표본점을 $\overline{x_k} = -3 + \frac{4}{n}k$로 택하면

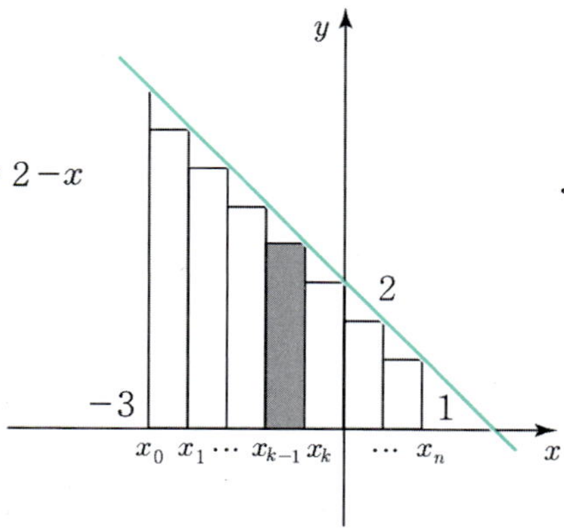

〈그림 1.11〉

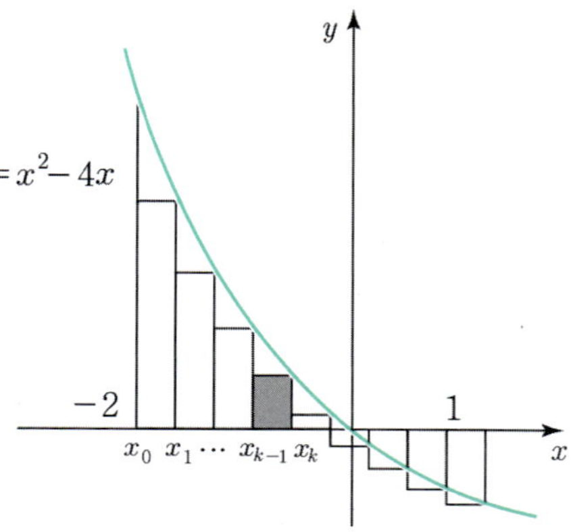

〈그림 1.12〉

$$f(\overline{x_k}) = 2 - \left(-3 + \frac{4}{n}k\right) = 5 - \frac{4}{n}k$$

이다. 따라서 구하는 정적분은

$$\int_{-3}^{1}(2-x)\,dx = \lim_{n\to\infty}\sum_{k=1}^{n}\left(5-\frac{4}{n}k\right)\frac{4}{n} = \lim_{n\to\infty}\sum_{k=1}^{n}\left(\frac{20}{n}-\frac{16}{n^2}k\right)$$

$$= \lim_{n\to\infty}\left[\frac{20}{n}\times n - \frac{16}{n^2}\times\frac{n(n+1)}{2}\right]$$

$$= 20 - 8 = 12$$

(2) 구간 $[-2, 1]$ 을 n등분하면 소구간의 길이는 모두 $\frac{3}{n}$이고, 각 소구간 $[x_{k-1}, x_k]$ 에서 표본점을 $\overline{x_k} = -2+\frac{3}{n}k$ 로 택하면

$$f(\overline{x_k}) = \left(-2+\frac{3}{n}k\right)^2 - 4\left(-2+\frac{3}{n}k\right) = 12-\frac{24}{n}k+\frac{9}{n^2}k^2$$

이다. 따라서 구하는 정적분은

$$\int_{-2}^{1}(x^2-4x)\,dx = \lim_{n\to\infty}\sum_{k=1}^{n}\left(12-\frac{24}{n}k+\frac{9}{n^2}k^2\right)\frac{3}{n}$$

$$= \lim_{n\to\infty}\sum_{k=1}^{n}\left(\frac{36}{n}-\frac{72}{n^2}k+\frac{27}{n^3}k^2\right)$$

$$= \lim_{n\to\infty}\left[\frac{36}{n}\cdot n-\frac{72}{n^2}\cdot\frac{n(n+1)}{2}+\frac{27}{n^3}\cdot\frac{n(n+1)(2n+1)}{6}\right]$$

$$= 36-36+9 = 9$$ ■

[주의] 기억해야 할 점은 정적분은 어떤 구간에서 리만합의 극한으로 정의된 값(숫자)이라는 것이다. 또한 함수 f가 주어진 구간 $[a, b]$에서 음이 아니면 정적분 $\int_a^b f(x)\,dx$값은 바로 함수의 그래프가 x축과 이룬 영역의 넓이와 같다는 것은 자명하다. 따라서 정적분은 부정적분과 달리 적분변수를 달리해도 단지 축의 또 다른 표현일 뿐 정적분값은 언제나 같다. 즉 임의의 변수 u에 대해서 $\int_a^b f(u)\,du = \int_a^b f(x)\,dx$이다.

정적분의 정의와 극한의 성질로부터 부정적분과 마찬가지로 다음 정리가 성립한다.

정리 1.16 정적분의 대수적 성질

두 함수 f, g가 닫힌구간 $[a, b]$에서 적분 가능하면 cf (c는 상수)와 $f \pm g$도 적분 가능하고 다음이 성립한다.

(1) $\int_a^b cf(x)dx = c\int_a^b f(x)dx$ (c는 상수)

(2) $\int_a^b [f(x) \pm g(x)]dx = \int_a^b f(x)dx \pm \int_a^b g(x)dx$

(3) 구간 $[a, b]$의 모든 점 x에 대하여 $f(x) \le g(x)$이면

$\int_a^b f(x)dx \le \int_a^b g(x)dx$

(4) 함수 $f(x)$가 닫힌구간 $[a, b]$에서 적분 가능하고 $[a, b]$의 모든 점 x에 대하여 m과 M을 각각 $f(x)$의 최솟값과 최댓값이라 할 때(그림 1.1),

$$m(b-a) \le \int_a^b f(x)dx \le M(b-a)$$

이다.

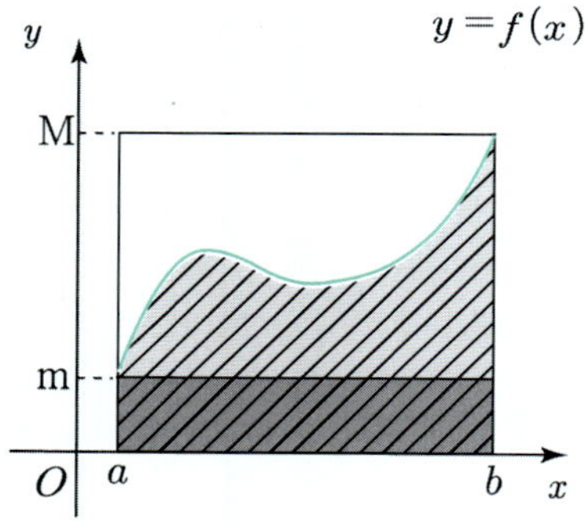

〈그림 1.13〉

증명

(4)만 증명하기로 한다.

그림 1.13에서 닫힌구간 $[a, b]$의 모든 점 x에 대하여 $g(x) = M$으로 놓으면 정리 1.17의 (3)에 의하여

$$\int_a^b f(x)dx \le \int_a^b g(x)dx$$

이다. 이때

$$\int_a^b g(x)\,dx = \int_a^b M\,dx = [Mx]_a^b = M(b-a)$$

이므로

$$\int_a^b f(x)\,dx \le M(b-a)$$

이다. 따라서 오른쪽 부등호는 증명되었다. 같은 방법으로 왼쪽 부등호도 증명하면 된다.

예제 1.17 $1 \le \int_0^1 \sqrt{1+x^4}\,dx \le \frac{6}{5}$을 증명하여라.

풀이

구간 $[0, 1]$의 모든 x에 대하여 $f(x) = \sqrt{1+x^4}$과 $g(x) = 1+x^4$은 연속이고 부등식

$$1 \le \sqrt{1+x^4} \le 1+x^4$$

이 성립한다. 따라서 정리 1.16의 (3)에 의하여

$$\int_0^1 1\,dx \le \int_0^1 \sqrt{1+x^4}\,dx \le \int_0^1 (1+x^4)\,dx$$

이므로 적분하면

$$1 \le \int_0^1 \sqrt{1+x^4}\,dx \le \frac{6}{5}$$

이다. ■

➡ 연습문제 해답 521

5.1 연습문제

01. 다음 극한값을 정적분으로 나타내어라.

(1) $\lim_{|P| \to 0} \sum_{k=1}^{n} (\overline{x_k})^2 \Delta x_k$; $a = 1,\ b = 3$

(2) $\lim_{|P| \to 0} \sum_{k=1}^{n} \left(\dfrac{\overline{x_k}}{1 + \overline{x_k}} \right) \Delta x_k$; $a = 0,\ b = 3$

02. 정칙분할을 이용하여 다음 정적분값을 구하여라.

(1) $\int_0^4 (2x + 3)\, dx$

(2) $\int_{-1}^2 (x^2 - 1)\, dx$

(3) $\int_0^4 (x^2 - 2x)\, dx$

03. 다음 함수의 적분 가능성을 판별하여라.

(1) $f(x) = x^2 + \sin x$

(2) $f(x) = \dfrac{1}{x+3}$

(3) $f(x) = \begin{cases} \dfrac{1}{x^2}, & x > 0 \\ 0, & x = 0 \end{cases}$

(4) $f(x) = \begin{cases} \sin \dfrac{1}{x}, & x \neq 0 \\ 0, & x = 0 \end{cases}$

04. 적분의 성질을 이용하여 적분의 계산 없이 다음 부등식이 참임을 밝혀라.

(1) $2 \le \int_{-1}^1 \sqrt{1+x^2}\, dx \le 2\sqrt{2}$

(2) $\frac{\pi}{12} \leq \int_{\frac{\pi}{4}}^{\frac{\pi}{3}} \tan x \, dx \leq \frac{\sqrt{3}\pi}{12}$

05. $a \geq 0$일 때 구간 $[a, b]$ 위에 $y = x^3$으로 둘러싸인 넓이를 구하는 공식을 구하여라.

06. 물체가 $v(t) = t + 1$ (m/sec)의 속도로 t축을 따라 움직인다고 하면 $t = 0$에서 $t = 2$ 사이에 움직인 거리는 얼마인가?

Section 2

2. 정적분의 계산

2장에서 어떤 함수의 도함수를 구할 때 도함수의 정의로부터 구하지 않고 미분법의 공식을 이용하여 구하는 것이 훨씬 간편했음을 알 수 있었다. 마찬가지로 정적분의 정의로 몇몇의 정적분값은 계산할 수 있으나 지루하고 어려우며, 때로는 실질적으로 불가능하기도 하다. 따라서 정적분 계산을 간편하게 할 수 있는 방법을 알아본다.

2.1 미적분학의 제1기본정리

역도함수와 넓이 사이의 관계가 역도함수와 정적분 사이의 좀 더 일반적인 관계의 특별한 경우임을 보여주는 미적분학의 제1기본정리를 증명하고자 한다. 다음 정리는 정적분값을 보다 간편하게 계산할 수 있는 방법을 제시해준다.

정리 2.1 미적분학의 제1기본정리

함수 f가 닫힌구간 $[a, b]$에서 연속이고 F를 f의 역도함수 중 하나라 하면

$$\int_a^b f(x)\,dx = F(b) - F(a) \tag{3.1}$$

이다.

증명

$[a, b]$의 임의의 분할을 $P: a = x_0 < x_1 < x_2 < \cdots < x_{n-1} < x_n = b$라 놓자. 그러면 이 점들은 $[a, b]$를 길이가 각각 $\Delta x_1, \Delta x_2, \cdots, \Delta x_n$인 n개의 소구간 $[x_0, x_1], [x_1, x_2], \cdots, [x_{n-1}, x_n]$으로 나눈다. 이제 $F(b) - F(a)$는 다음과 같이

나타낼 수 있다. 즉,

$$
\begin{aligned}
F(b)-F(a) &= [F(x_1)-F(x_0)]+[f(x_2)-F(x_1)] \\
&\quad +[F(x_3)-F(x_2)]+\cdots+[F(x_n)-F(x_{n-1})] \\
&= \sum_{k=1}^{n}[F(x_k)-F(x_{k-1})]
\end{aligned}
$$

이다. 한편 도함수의 평균값 정리에 의하여

$$\frac{F(x_k)-F(x_{k-1})}{x_k-x_{k-1}} = F'(\overline{x_k}) = f(\overline{x_k})$$

가 성립하는 점 $\overline{x_k}$ 가 열린구간 $(x_{k-1},\ x_k)$ 안에 적어도 하나 존재한다. 그러므로

$$F(x_k)-F(x_{k-1}) = F'(\overline{x_k})(x_k-x_{k-1}) = f(\overline{x_k})\Delta x_k$$

이다. 따라서

$$F(b)-F(a) = \sum_{k=1}^{n}[F(x_k)-F(x_{k-1})] = \sum_{k=1}^{n} f(\overline{x_k})\Delta x_k \qquad (2.2)$$

여기서 $|P|\to 0$이 되도록 n을 증가시켜보자. f가 $[a,\ b]$에서 연속이라고 가정했기 때문에 (2.2)의 오른쪽 항은 정리 2.6에 의하여 $\int_a^b f(x)\,dx$에 수렴할 것이다. (2.2)의 왼쪽 항은 n에 독립인 상수이기 때문에

$$F(b)-F(a) = \lim_{|P|\to 0}\sum_{k=1}^{n} f(\overline{x_k})\Delta x_k = \int_a^b f(x)\,dx$$

이다. $F(b)-F(a)$는 보통 $[F(x)]_a^b$로 표현되므로 식 (2.1)은

$$\int_a^b f(x)\,dx = [F(x)]_a^b$$

로 쓸 수 있다.

예제 2.2 다음을 증명하여라.

(1) $\int_a^b k\,dx = k(b-a)$ (k는 상수)　　(2) $\int_a^b x\,dx = \frac{1}{2}(b^2-a^2)$

(3) $\int_a^b x^t\,dx = \frac{1}{t+1}(b^{t+1}-a^{t+1})$　$(t \in \mathbb{Q},\ t \neq -1)$

풀이

(1) $F(x) = kx$는 $f(x) = k$의 역도함수 중 하나이므로 미적분학의 제1기본정리에 의하여

$$\int_a^b k\,dx = F(b) - F(a) = kb - ka = k(b-a)$$

(2) $F(x) = \frac{x^2}{2}$는 $f(x) = x$의 역도함수 중 하나이므로 미적분학의 제1기본정리에 의하여

$$\int_a^b x\,dx = F(b) - F(a) = \frac{1}{2}(b^2-a^2)$$

(3) $F(x) = \frac{x^{t+1}}{t+1}$는 $f(x) = x^t$의 역도함수 중 하나이므로 미적분학의 제1기본정리에 의하여

$$\int_a^b x^t\,dx = F(b) - F(a) = \frac{1}{t+1}(b^{t+1}-a^{t+1})$$

이다. 여기서 $t < 0$인 경우 $t \in [a,\,b] - \{0\}$이다. ■

예제 2.3 다음을 계산하여라.

(1) $\int_1^8 (x^{1/3} + x^{4/3})\,dx$　　(2) $\int_0^{\frac{\pi}{2}} \cos x\,dx$

(3) $\int_0^2 x^2\sqrt{x^3+1}\,dx$　　(4) $\int_0^{\frac{\pi}{4}} \sin^3 2x \cos 2x\,dx$

풀이

(1)
$$\begin{aligned}\int_1^8 (x^{1/3} + x^{4/3})\,dx &= \left[\frac{3}{4}x^{4/3} + \frac{3}{7}x^{7/3}\right]_1^8 \\ &= \left(\frac{3}{4}\times 16 + \frac{3}{7}\times 128\right) - \left(\frac{3}{4}\times 1 + \frac{3}{7}\times 1\right) \\ &= \frac{45}{4} + \frac{381}{7} = \frac{1839}{28}\end{aligned}$$

(2) $\int_0^{\frac{\pi}{2}} \cos x\, dx = [\sin x]_0^{\pi/2} = \sin\frac{\pi}{2} - \sin 0$

$= 1 - 0 = 1$

(3) $\int_0^2 x^2\sqrt{x^3+1}\, dx$를 계산하기 위하여 먼저 피적분함수 $f(x) = x^2\sqrt{x^3+1}$의 역도함수 중 하나인 $F(x)$를 구해 보자. 먼저 $u = x^3+1$로 치환하면 $du = 3x^2\, dx$ 또는 $x^2\, dx = \frac{1}{3}du$이므로

$$\begin{aligned} F(x) = \int x^2\sqrt{x^3+1}\, dx &= \int \frac{1}{3}\sqrt{u}\, du \\ &= \frac{2}{9}u^{3/2} + C \\ &= \frac{2}{9}(x^3+1)^{3/2} + C \end{aligned}$$

이다($C = 0$ 이라 생각해도 무방하다). 따라서 미적분학의 제1기본정리에 의하여

$$\begin{aligned} \int_0^2 x^2\sqrt{x^3+1}\, dx &= [F(x)]_0^2 = \left[\frac{2}{9}(x^3+1)^{3/2}\right]_0^2 \\ &= F(2) - F(0) = \frac{2}{9}(27) - \frac{2}{9} \\ &= \frac{52}{9} \end{aligned}$$

(4) (3)과 같은 방법으로

$u = \sin 2x$로 치환하면 $du = 2\cos 2x\, dx$, $\frac{1}{2}du = \cos 2x\, dx$이므로

$$\begin{aligned} \int \sin^3 2x\cos 2x\, dx &= \frac{1}{2}\int u^3\, du \\ &= \frac{1}{2} \times \frac{u^4}{4} + C \\ &= \frac{1}{8}\sin^4 2x + C \end{aligned}$$

이다. 따라서 미적분학의 제1기본정리에 의하여

$$\int_0^{\frac{\pi}{4}} \sin^3 2x\cos 2x\, dx = \left[\frac{\sin^4 2x}{8}\right]_0^{\pi/4}$$

$$= \frac{1}{8} - 0$$

$$= \frac{1}{8}$$ ■

닫힌구간 $[a, b]$를 말할 때는 $a < b$임을 항상 가정한다. 따라서 정적분의 정의(정의 2.4)인

$$\int_a^b f(x)\,dx$$

는 $a = b$ 또는 $a > b$ 인 경우는 허락하지 않는다. 그러나 이러한 경우를 포함하여 정적분의 개념을 확장하여 정의 2.4에서 언급한 내용을 다시 소개하고자 한다.

정의 2.4 정적분의 정의 확장

(1) a가 f의 정의역 안에 있다면

$$\int_a^a f(x)\,dx = 0$$

(2) $b < a$이고 f가 단힌구간 $[b, a]$에서 적분 가능하면

$$\int_a^b f(x)\,dx = -\int_b^a f(x)\,dx$$

예제 2.5 다음을 계산하여라.

(1) $\int_1^1 x^2\,dx$ (2) $\int_4^0 x\,dx$

풀이

(1) $\int_1^1 x^2\,dx = 0$

(2) $\int_4^0 x\,dx = -\int_0^4 x\,dx = \left[-\frac{x^2}{2}\right]_0^4 = -8$ ■

정적분의 정의는 넓이를 구하는 문제로부터 유도되었다. 그림 2.1의 닫힌구간 $[a, b]$에서 $y = f(x)$가 연속이고 두 영역 R_1, R_2에서 $R = R_1 \cup R_2$라 하자. 그러면 영역 R의 넓이

$A(R)$은

$$A(R) = A(R_1 \cup R_2) = A(R_1) + A(R_2)$$

즉

$$\int_a^b f(x)\,dx = \int_a^c f(x)\,dx + \int_c^b f(x)\,dx$$

이다. 이와 같은 것이 정적분에서도 성립한다는 것이 다음 정리이다.

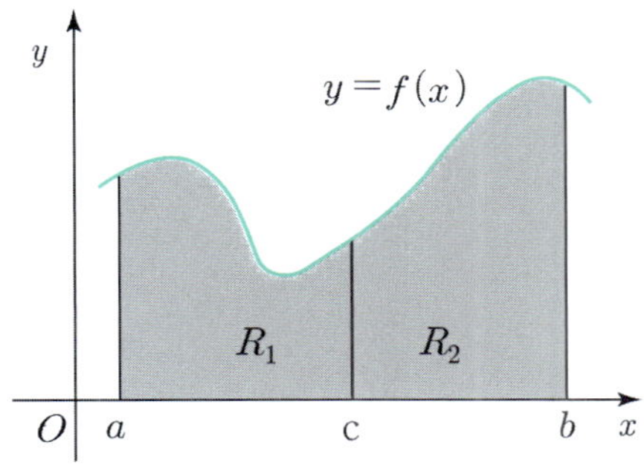

〈그림 2.1〉

정리 2.6 적분구간의 분할

함수 $f(x)$가 세 점 a, b, c를 포함하는 닫힌구간에서 적분 가능하면

$$\int_a^b f(x)\,dx = \int_a^c f(x)\,dx + \int_c^b f(x)\,dx \tag{2.3}$$

이다. 여기에서 세 점 a, b, c는 순서에 관계없다(그림 2.2).

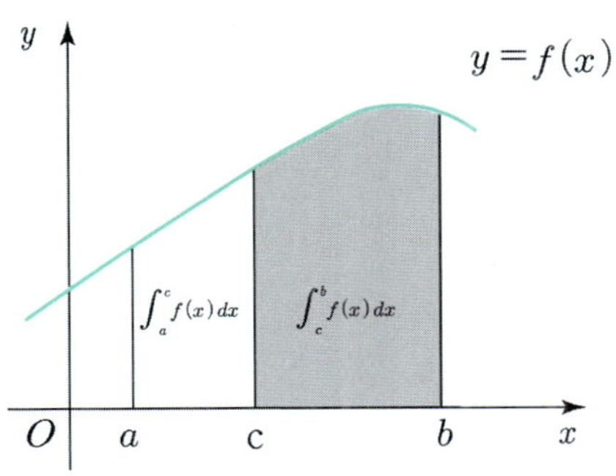

〈그림 2.2〉

증명은 생략하고 그 활용에 중점을 둔다.

예를 들면

$$\int_0^3 x^3\,dx = \int_0^1 x^3\,dx + \int_1^3 x^3\,dx$$

이고

$$\int_0^3 x^3\,dx = \int_0^4 x^3\,dx + \int_4^3 x^3\,dx$$

이다.

예제 2.7 $f(x) = |x-2|$ 일 때 $\int_0^4 f(x)\,dx$ 를 구하여라.

풀이

$|x-2| = \begin{cases} 2-x, & 0 \le x < 2 \\ x-2, & 2 \le x \le 4 \end{cases}$ 이므로 위의 정리 2.6에 의하여

$$\begin{aligned}\int_0^4 f(x)\,dx &= \int_0^2 f(x)\,dx + \int_2^4 f(x)\,dx \\ &= \int_0^2 (2-x)\,dx + \int_2^4 (x-2)\,dx\end{aligned}$$

이 성립하고, 미적분학의 제1기본정리에 의하여

$$\begin{aligned}\int_0^2 f(x)\,dx + \int_2^4 f(x)\,dx &= \int_0^2 (2-x)\,dx + \int_2^4 (x-2)\,dx \\ &= \left[2x - \frac{1}{2}x^2\right]_0^2 + \left[\frac{1}{2}x^2 - 2x\right]_2^4 = 4\end{aligned}$$

■

2.2 운동물체의 위치, 운동거리

직선운동을 하는 물체가 시간 $t=a$에서 $t=b$까지 움직인 위치 $s(t)$의 실제 변화를 구하기 위해서 물체의 속도함수 $v(t)$를 a에서 b까지 적분한다. 또한 물체의 총 운동거리를 구하기 위해서는 속력 $|v(t)|$를 적분한다.

일반적으로 직선운동을 하는 물체의 위치함수 $s(t)$와 속도함수 $v(t)$와의 관계는

$$s(t) = \int v(t)\,dt$$

이다. 따라서 시간 t가 $t_1 \le t \le t_2$ 동안 움직였을 때 위치 $s(t)$는 미적분학의 제1기본정리에 의하여

$$\int_{t_1}^{t_2} v(t)\,dt = [s(t)]_{t_1}^{t_2} = s(t_2) - s(t_1) \tag{2.4}$$

이다. $s(t_1)$은 시간 t_1에서 질점의 위치이고 $s(t_2)$는 시간 t_2에서 질점의 위치이기 때문에 차 $s(t_2) - s(t_1)$은 $[t_1, t_2]$ 동안 질점의 위치 변화이다. 그 값이 양이면 질점이 시간 t_1일 때보다 시간 t_2일 때 더 오른쪽에 있음을 의미하고, 음이면 왼쪽에 있음을 의미한다.

(1) $[t_1, t_2]$에서 $v(t) \ge 0$인 경우는 질점이 양의 방향으로만 움직인 경우이고 따라서 위치 $s(t_2) - s(t_1)$는 질점이 움직인 거리이다.

(2) $[t_1, t_2]$에서 $v(t) \le 0$인 경우는 질점이 음의 방향으로만 움직인 경우이고 따라서 위치 $s(t_2) - s(t_1)$는 질점이 움직인 거리에 마이너스를 곱한 값이다.

(3) $[t_1, t_2]$에서 $v(t)$가 양의 값과 음의 값을 모두 갖는 경우는 질점이 앞뒤로 움직인 경우이고 따라서 위치는 양의 방향으로 움직인 거리에서 음의 방향으로 움직인 거리의 차이다. 이 경우에 총 이동거리를 찾기 원한다면(양의 방향으로 움직인 이동거리 + 음의 방향으로 움직인 이동거리) 속도함수의 절댓값을 적분해야만 한다. 즉

$$[t_1, t_2]\text{에서 총 이동거리} = \int_{t_1}^{t_2} |v(t)|\,dt \tag{2.5}$$

이다.

예제 2.8 어떤 한 질점이 좌표 위에서 속도 $v(t) = t^2 - 2t$ (m/sec)로 움직인다고 하자. 이때 다음을 구하여라.

(1) $0 \le t \le 3$ 동안 움직였을 때 질점의 위치

(2) $0 \le t \le 3$ 동안 움직인 거리

풀이

(1) 위치를 나타내는 공식 (2.4)로부터

$$\int_0^3 v(t)\,dt = \int_0^3 (t^2 - 2t)\,dt = \left[\frac{t^3}{3} - t^2\right]_0^3 = 0$$

이다. 따라서 질점은 $t = 0$이나 $t = 3$에서 같은 위치에 있다.

(2) 속도함수 $v(t) = t^2 - 2t = t(t-2)$는 $0 \le t \le 2$에서 $v(t) \le 0$이고 $2 \le t \le 3$에서는 $v(t) \ge 0$이므로 이동거리는 공식 (2.5)로부터

$$\begin{aligned}\int_0^3 |v(t)|\,dt &= \int_0^2 -v(t)\,dt + \int_2^3 v(t)\,dt \\ &= \int_0^2 -(t^2-2t)\,dt + \int_2^3 (t^2-2t)\,dt \\ &= -\left[\frac{t^3}{3} - t^2\right]_0^2 + \left[\frac{t^3}{3} - t^2\right]_2^3 \\ &= \frac{4}{3} + \frac{4}{3} \\ &= \frac{8}{3}\,(\mathrm{m})\end{aligned}$$

■

예제 2.9 속도 $v(t) = \pi \sin \pi t$로 직선운동을 하는 물체가 $t = 0$에서 $t = \dfrac{5}{2}$까지 운동한 후의 위치를 구하여라.

풀이

물체의 위치를 구하는 것이므로, 물체의 운동속도를 적분하면

$$s\left(\frac{5}{2}\right) - s(0) = \int_0^{\frac{5}{2}} \pi \sin \pi t\,dt = -\left[\cos \pi t\right]_0^{\frac{5}{2}} = -(0-1) = 1$$

이다. 그러므로 이 물체는 처음 $\dfrac{5}{2}$초 동안 오른쪽으로 1만큼 이동했다.

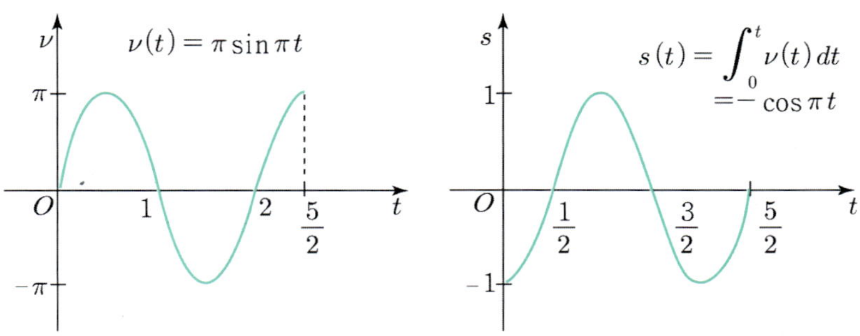

〈그림 2.3〉

■

예제 2.10 속도 $v(t)=\pi\sin\pi t$로 직선운동을 하는 물체가 $t=0$에서 $t=\frac{5}{2}$까지 실제 운동한 거리를 구하여라.

풀이

운동거리는 속력을 적분하여 얻는다.

$$
\begin{aligned}
D &= \int_0^{5/2} |\pi\sin\pi t|\,dt \\
&= \int_0^1 \pi\sin\pi t\,dt + \int_1^2 \pi\sin\pi t\,dt + \int_2^{5/2} \pi\sin\pi t\,dt \\
&= 2+2+1 = 5
\end{aligned}
$$

■

예제 2.11 속도 $v(t)=49-9.8t$로 직선운동을 하는 물체가 $t=0$에서 $t=10$까지 운동한 후의 위치 S와 운동거리 D를 말하여라.

풀이

주어진 속도 $v(t)$와 속력 $|v(t)|$을 각각 적분하면 다음을 얻는다.

$$
S=\int_0^{10} v(t)\,dt = \int_0^{10}(49-9.8t)\,dt = \left[49t-\frac{49}{10}t^2\right]_0^{10} = 0
$$

$$
\begin{aligned}
D=\int_0^{10}|v(t)|\,dt &= \int_0^{10}|49-9.8t|\,dt \\
&= \int_0^5 (49-9.8t)\,dt + \int_5^{10}(9.8t-49)\,dt \\
&= \left[49t-\frac{49}{10}t^2\right]_0^5 + \left[\frac{49}{10}t^2-49t\right]_5^{10} \\
&= \frac{245}{2}+\frac{245}{2} = 245
\end{aligned}
$$

■

예제 2.12 시간 t에서 물체의 속도 $v(t)$가 다음과 같을 때 $t=0$에서 $t=3$까지 실제 운동한 거리 D와 물체의 위치 S를 구하여라.

(1) $v(t)=t-[t]$ (단, $[t]$는 최대 정수값 함수이다.)

(2) $v(t)=\begin{cases} 1, & 2n \le t < 2n+1 \\ 0, & 2n+1 \le t < 2n+2 \end{cases}$

(3) $v(t)=\begin{cases} -1, & 2n \le t < 2n+1 \\ 1, & 2n+1 \le t < 2n+2 \end{cases}$

풀이

(1) 모든 t에 대해서 $t \ge [t]$이므로 항상 $v(t) \ge 0$이다. 따라서

$$\begin{aligned} D=S=\int_0^3 (t-[t])\,dt &= \int_0^1 t\,dt+\int_1^2 (t-1)\,dt+\int_2^3 (t-2)\,dt \\ &= \left[\frac{1}{2}t^2\right]_0^1+\left[\frac{1}{2}t^2-t\right]_1^2+\left[\frac{1}{2}t^2-2t\right]_2^3 \\ &= \frac{1}{2}+\frac{1}{2}+\frac{1}{2} = \frac{3}{2} \end{aligned}$$

(2) 모든 t에 대해서 항상 $v(t) \ge 0$이므로

$$D=S=\int_0^3 v(t)\,dt = \int_0^1 1dt+\int_2^3 1dt = 1+1 = 2$$

(3) 그림 2.4와 같이 정수구간에 따라 $v(t)$는 -1과 $+1$이 반복되므로 위치 S는

$$\begin{aligned} S &= \int_0^3 v(t)\,dt = \int_0^1 (-1)\,dt+\int_1^2 1dt+\int_2^3 (-1)dt \\ &= -1+1-1 = -1 \end{aligned}$$

이고 운동거리 D는

$$D=\int_0^3 v(t)\,dt = \int_0^3 1dt = 3$$

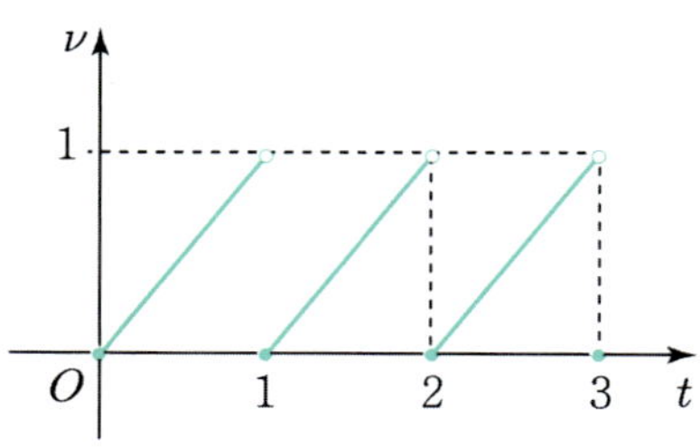

(1)의 그래프

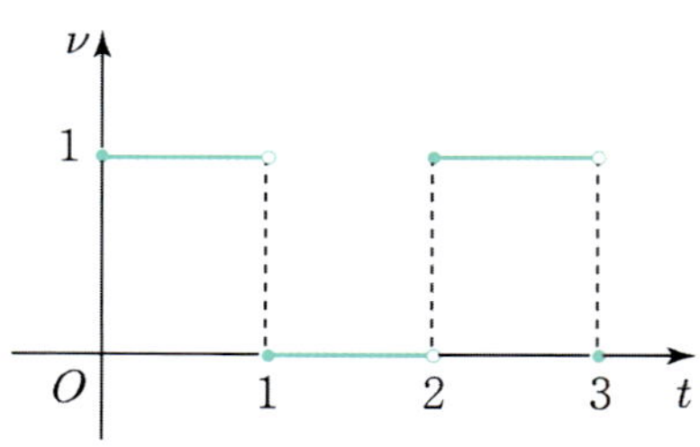

(2)의 그래프

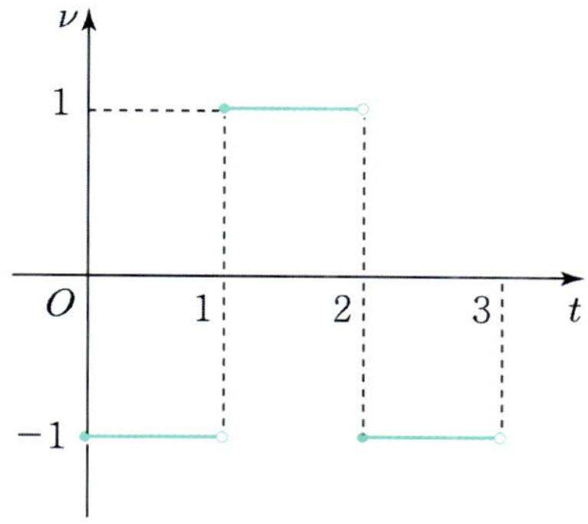

(3)의 그래프

〈그림 2.4〉 ■

예제 2.13 $\frac{\pi}{12} \le \int_{\frac{\pi}{6}}^{\frac{\pi}{3}} \sin x\, dx \le \frac{\sqrt{3}}{12}\pi$**임을 보여라.**

풀이

$\frac{\pi}{6} \le x \le \frac{\pi}{3}$이면 $\frac{1}{2} \le \sin x \le \frac{\sqrt{3}}{2}$이다.

$\frac{1}{2}\left(\frac{\pi}{3} - \frac{\pi}{6}\right) \le \int_{\frac{\pi}{6}}^{\frac{\pi}{3}} \sin x\, dx \le \frac{\sqrt{3}}{2}\left(\frac{\pi}{3} - \frac{\pi}{6}\right)$이므로 이 식이 성립한다. ■

2.3 미적분학의 제2기본정리

함수 $f(x)$가 닫힌구간 $[a, b]$에서 연속이면 $[a, b]$의 임의의 점 x에 대하여 $f(x)$는 닫힌구간 $[a, x]$에서도 연속이므로 정적분 $\int_a^x f(t)\, dt$가 존재한다. 따라서 구간 $[a, b]$의 모든 점 x에 대하여 $[a, b]$를 정의역으로 하는 함수

$$F(x) = \int_a^x f(t)\, dt$$

가 존재한다. 다음 정리는 미적분학의 두 번째 중요한 기본정리이다.

정리 2.14 미적분학의 제2기본정리

함수 $f(x)$가 닫힌구간 $[a, b]$에서 연속이면, 함수

$$F(x) = \int_a^x f(t)\,dt$$

는 열린구간 (a, b) 안의 모든 x에 대해서 미분 가능하고, 또한

$$\frac{dF}{dx} = \frac{d}{dx}\int_a^x f(t)dt = f(x) \tag{2.6}$$

이다.

증명

$F(x) = \int_a^x f(t)\,dt$라 놓고 도함수의 정의에 의하여

$$F'(x) = \lim_{h\to 0}\frac{F(x+h) - F(x)}{h} = f(x)$$

임을 보이자. 정적분의 성질에 의하면

$$\begin{aligned} F(x+h) - F(x) &= \int_a^{x+h} f(t)\,dt - \int_a^x f(t)\,dt \\ &= \int_a^{x+h} f(t)\,dt + \int_x^a f(t)\,dt \\ &= \int_x^{x+h} f(t)\,dt \end{aligned}$$

임을 알 수 있다. 이제 양수 $h > 0$에 대해서 함수 f는 닫힌구간 $[x, x+h]$에서 연속이므로 이 구간에서 최댓값 M과 최솟값 m을 갖는다. 따라서 위의 정리 2.13에 의하여

$$mh \le \int_x^{x+h} f(t)\,dt = F(x+h) - F(x) \le Mh$$

이므로

$$m \le \frac{F(x+h) - F(x)}{h} \le M$$

이다. f가 연속이므로 $h \to 0^+$이면 $m \to f(x)$, $M \to f(x)$이고, 따라서 우극한은

$$F_+{}'(x) = \lim_{h\to 0^+}\frac{F(x+h) - F(x)}{h} = f(x)$$

이다. 또한 $h<0$일 때 구간 $[x-h,\ x]$에 대해서 위의 방법을 적용하여

$$F_{-}'(x) = \lim_{h\to 0^-}\frac{F(x+h)-F(x)}{h} = f(x)$$

가 증명된다. 따라서

$$F'(x) = \frac{d}{dx}F(x) = f(x)$$

이다.

예제 2.15 다음을 계산하여라.

(1) $\dfrac{d}{dx}\left(\displaystyle\int_0^x \cos\frac{t}{2}\,dt\right)$ (2) $\dfrac{d}{dx}\left(\displaystyle\int_{-\pi/4}^x \frac{\sin t}{1+t^2}\,dt\right)$

풀이

(1) 함수 $f(x)=\cos\dfrac{x}{2}$가 연속이므로 위의 정리 2.15에 의해서

$$\frac{d}{dx}\left(\int_0^x \cos\frac{t}{2}\,dt\right) = \cos\frac{x}{2}$$

(2) 함수 $f(x)=\dfrac{\sin x}{1+x^2}$가 연속이므로 위의 정리에 의해서

$$\frac{d}{dx}\left(\int_{-\pi/4}^x \frac{\sin t}{1+t^2}\,dt\right) = \frac{\sin x}{1+x^2}$$

■

예제 2.16 $y=\displaystyle\int_0^{x^2}\sin t\,dt$일 때 $\dfrac{dy}{dx}$를 구하여라.

풀이

이 문제는 적분구간에 x가 아닌 x^2이 있음을 주의해야 한다. 이 경우 $v=x^2$이라 놓으면 y는 두 함수

$$f(v) = \int_0^v \sin t\,dt\ ,\quad v = x^2$$

의 합성함수이고, 또한 $\dfrac{dy}{dv}=\sin v$, $\dfrac{dv}{dx}=2x$이므로 미분에 대한 연쇄법칙에 의하여

$$\frac{dy}{dx} = \frac{dy}{dv}\frac{dv}{dx} = \sin v \cdot (2x) = 2x\sin x^2$$

임을 얻는다. 실제로 다음의 미적분학의 제1기본정리를 이용하면

$$y = \int_0^{x^2} \sin t\, dt = [-\cos t]_0^{x^2} = -\cos x^2 + 1$$

이므로

$$\frac{dy}{dx} = \sin x^2 \cdot (2x) = 2x\sin x^2$$

임을 쉽게 알 수 있다. ■

[참고] 다음은 정적분으로 정의되는 함수의 몇 가지 예이다.

(a) 로그함수(natural logarithm function)

$$\ln x = \int_1^x \frac{1}{t}\, dt, \quad x > 0$$

(b) 오류함수(error function): 확률론 및 열전도이론, 신호전송이론에서 볼 수 있다.

$$\mathrm{erf}(\mathrm{x}) = \frac{2}{\sqrt{\pi}}\int_0^x e^{-t^2} dt$$

(c) 사인적분함수(sine integral)

$$\mathrm{si}(x) = \int_0^x \frac{\sin t}{t} dt$$

정리 2.17 역도함수의 존재 정리

함수 $f(x)$가 구간 $[a, b]$에서 연속이면 f는 $[a, b]$에서 역도함수를 갖는다.

증명

임의의 $x \in [a, b]$에 대해서 f가 구간 $[a, x]$에서 함수 f가 연속이다. 따라서 정적분의 존재 정리에 의해서 $\int_a^x f(t)\,dt$가 존재하고 이를 $F(x)$라 하면 위의 정리에 의해서 $\frac{dF}{dx} = f(x)$이므로 $f(x)$는 역도함수

$$F(x) = \int f(t)\,dt \tag{2.7}$$

을 갖는다.

예제 2.18 다음을 계산하여라.

(1) $\dfrac{d}{dx}\left(\displaystyle\int_2^x \frac{t^{3/2}}{\sqrt{t^2+17}}\,dt\right)$ (2) $\dfrac{d}{dx}\left(\displaystyle\int_x^4 \tan^2 u\cos u\,du\right),\ \dfrac{\pi}{2}<x<\dfrac{3\pi}{2}$

(3) $\dfrac{d}{dx}\left(\displaystyle\int_0^{x^2}(3t-1)\,dt\right)$ (4) $\dfrac{d}{dx}\left(\displaystyle\int_{2x}^5 \sqrt{t^2+2}\,dt\right)$

풀이

(1) 정리 2.15에 의하여

$$\frac{d}{dx}\left(\int_2^x \frac{t^{3/2}}{\sqrt{t^2+17}}\,dt\right) = \frac{x^{3/2}}{\sqrt{x^2+17}}$$

(2)
$$\begin{aligned}\frac{d}{dx}\left(\int_x^4 \tan^2 u\cos u\,du\right) &= \frac{d}{dx}\left(-\int_4^x \tan^2 u\cos u\,du\right)\\ &= -\frac{d}{dx}\left(\int_4^x \tan^2 u\cos u\,du\right)\\ &= -\tan^2 x\cos x\end{aligned}$$

(3) $G(x)=\displaystyle\int_0^x (3t-1)\,dt,\ u(x)=x^2$ 이라 놓으면

$$G(u(x)) = \int_0^{x^2}(3t-1)\,dt$$

이므로

$$\begin{aligned}\frac{d}{dx}\left(\int_0^{x^2}(3t-1)\,dt\right) &= \frac{d}{dx}[G(u(x))] = \frac{d}{du}[G(u)]\cdot\frac{du}{dx}\\ &= (3u-1)(2x)\\ &= (3x^2-1)(2x) = 6x^3-2x\end{aligned}$$

(4)
$$\begin{aligned}\frac{d}{dx}\left(\int_{2x}^5 \sqrt{t^2+2}\,dt\right) &= \frac{d}{dx}\left(-\int_5^{2x}\sqrt{t^2+2}\,dt\right)\\ &= -\frac{d}{dx}\left(\int_5^{2x}\sqrt{t^2+2}\,dt\right)\\ &= -\left(\sqrt{(2x)^2+2}\right)\cdot 2 = -2\sqrt{4x^2+2}\end{aligned}$$

■

2.4 적분의 평균값 정리

이 절에서는 정적분의 기본적인 성질 중 적분의 평균값 정리와 함수의 평균값을 정의한다.

정리 2.19 적분의 평균값 정리

함수 $f(x)$가 닫힌구간 $[a, b]$에서 연속이면

$$\int_a^b f(x)\,dx = f(c)(b-a) \tag{2.8}$$

인 점 $c \in (a, b)$가 적어도 하나 반드시 존재한다.

증명

$F(x) = \int_a^x f(t)\,dt$, $a \le x \le b$라 놓으면 $F(x)$는 구간 $[a, b]$에서 미분 가능하므로 미분에 관한 평균값 정리에 의하여

$$F(b) - F(a) = F'(c)(b-a)$$

인 점 $c \in (a, b)$가 반드시 존재한다. 그런데 $F'(x) = f(x)$이므로 위 식을 다시 쓰면

$$\int_a^b f(x)\,dx = F(b) - F(a) = f(c)(b-a)$$

이다.

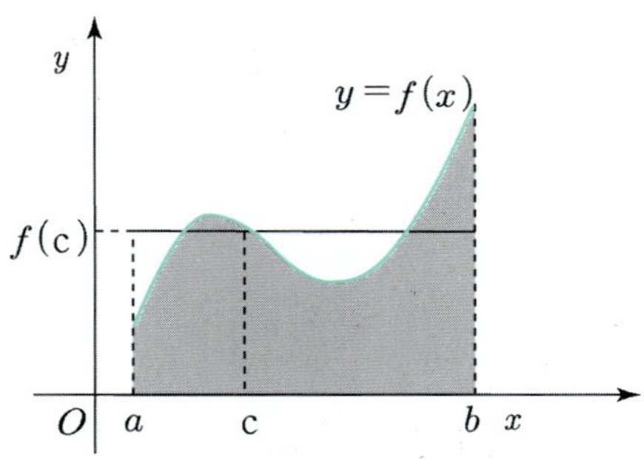

〈그림 2.6〉

예제 **2.20** 구간 $[0, 2]$에서 함수 $f(x) = x^3$에 대하여 적분의 평균값 정리를 만족하는 c를 구하여라(그림 2.7).

풀이

구간 $[0, 2]$에서 적분의 평균값 정리에 의하면

$$4 = \int_0^2 x^3\,dx = f(c)(2-0)$$

인 점 c가 닫힌구간 $[0, 2]$ 안에 존재하고 이것은 $f(c) = c^3 = 2$, 즉

$$c = \sqrt[3]{2}$$

이다.

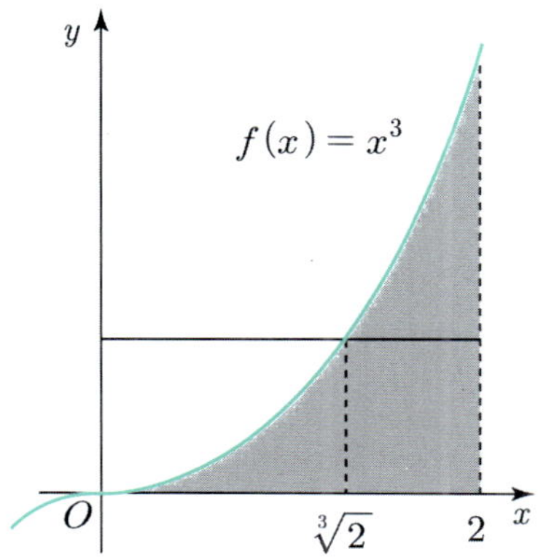

〈그림 2.7〉

■

정의 2.21 함수의 평균값

함수 $f(x)$가 닫힌구간 $[a, b]$에서 적분 가능하면

$$f_{av} = \frac{1}{b-a}\int_a^b f(x)\,dx$$

에서 등식의 우변을 **닫힌구간 $[a, b]$에서 함수 $f(x)$의 평균값**이라고 하고 f_{av}로 나타낸다.

우선 정칙분할 P가 $P: a = x_0 < x_1 < x_2 < \cdots < x_n = b$라 하자. 이때 n개의 함숫값

$$f(x_1),\ f(x_2),\ \cdots,\ f(x_n)$$

의 평균은

$$\begin{aligned}\frac{f(x_1)+f(x_2)+\cdots+f(x_n)}{n} &= \sum_{k=1}^{n} f(x_k)\frac{1}{n} \\ &= \frac{1}{b-a}\sum_{k=1}^{n} f(x_k)\frac{b-a}{n} \\ &= \frac{1}{b-a}\sum_{k=1}^{n} f(x_k)\Delta x_k\end{aligned}$$

이다. 그런데

$$\lim_{n\to\infty}\sum_{k=1}^{n} f(x_k)\Delta x_k = \int_a^b f(x)\,dx$$

이므로

$$\frac{1}{b-a}\int_a^b f(x)\,dx$$

는 우리가 잘 알고 있는 평균값 개념의 확장이다.

예제 2.22 닫힌구간 $[0, 4]$에서 $y = \sqrt{x}$의 평균값을 구하여라.

풀이

$$y_{av} = \frac{1}{4}\int_0^4 \sqrt{x}\,dx = \frac{1}{4}\left[\frac{2}{3}x^{3/2}\right]_0^4 = \frac{4}{3}$$ ■

예제 2.23 $|v(t)|$의 속력으로 직선운동을 하는 물체가 시간 $t = a$에서 $t = b$ 사이에 실제 운동한 거리는

$$\text{운동거리} = \int_a^b |v(t)|\,dt$$

이다. 그러므로 운동의 평균속력은

$$\text{평균속력} = \frac{\text{운동거리}}{b-a} = \frac{1}{b-a}\int_a^b |v(t)|\,dt$$

이다. ■

전기회로의 유효 전압과 전류를 평균값을 이용하여 계산한다.

예제 2.24 우리 가정의 전원공급 회로는 전류의 흐름이 함수 $i = I\sin wt$를 따르는 교류장치이다. i는 시간 t에 대한 함수로서 단위는 암페어이고 진폭 I는 최상승점이고 주기는 $2\pi/w$이다. 반주기 동안의 i의 평균값 i_{av}를 구하여라.

풀이

$$\begin{aligned} i_{av} &= \frac{1}{\pi/w}\int_0^{\pi/w} I\sin wt\,dt \\ &= \frac{Iw}{\pi}\int_0^{\pi/w} \sin wt\,dt \\ &= \frac{Iw}{\pi}\left[-\frac{\cos wt}{w}\right]_0^{\pi/w} = \frac{2I}{\pi} \end{aligned}$$

■

위의 예제에서 일주기 동안의 i의 평균값 i_{av}는

$$i_{av} = \frac{2}{2\pi/w}\int_0^{\pi/w} I\sin wt\,dt = 0$$

이다. 따라서 전류가 표준 이동 코일 검류계로 측정된다면 계량기는 0을 가리킨다.

[참고] 전류를 효과적으로 측정하기 위하여 전류의 제곱의 평균값의 제곱근을 측정하는 장치 $I_{\text{rms}} = \sqrt{(i^2)_{av}}$를 이용한다. 한 주기 동안의 i^2의 평균값 i_{av}^2은

$$(i^2)_{av} = \frac{w}{2\pi}\int_0^{2\pi/w} I^2\sin^2 wt\,dt = \frac{I^2}{2}$$

이므로 rms(root mean square) 전류는

$$I_{\text{rms}} = \sqrt{\frac{I^2}{2}} = \frac{I}{\sqrt{2}}$$

이다. 같은 방법으로 사인곡선(sinusoidal) 전압 $\nu = V\sin wt$의 rms 값은

$$V_{\text{rms}} = \frac{V}{\sqrt{2}}$$

이다. 가정용 전압과 전류의 값은 항상 rms 값이다. 따라서 “115 volts ac”는 rms 전압이 115볼트라는 것을 의미한다. 따라서 위의 식에 의하여 전압의 피크는

$$V = \sqrt{2}\, V_{\mathrm{rms}} = \sqrt{2} \cdot 115 \fallingdotseq 163\text{볼트}$$

이다.

➡ 연습문제 해답 522쪽

5.2 연습문제

01. 미적분학의 기본정리를 이용하여 다음 정적분을 구하여라.

(1) $\int_{2}^{3} x^3\, dx$

(2) $\int_{1}^{2} \frac{1}{x^6}\, dx$

(3) $\int_{-1}^{2} x(1+x^3)\, dx$

(4) $\int_{0}^{4} \sqrt{t}\, dt$

(5) $\int_{4}^{9} 2y\sqrt{y}\, dy$

(6) $\int_{1}^{8} (5x^{2/3} - 4x^{-2})\, dx$

(7) $\int_{0}^{1} (x^3+1)^{10}(3x^2)\, dx$

(8) $\int_{-\frac{\pi}{2}}^{\frac{\pi}{2}} \sin\theta\, d\theta$

(9) $\int_{-\frac{\pi}{4}}^{\frac{\pi}{4}} \frac{\sin 2x}{\cos x}\, dx$

(10) $\int_{0}^{1} (x - \sec x \tan x)\, dx$

(11) $\int_{\frac{\pi}{6}}^{\frac{\pi}{2}} \left(x + \frac{2}{\sin^2 x}\right) dx$

(12) $\int_{0}^{1} \frac{1}{\sqrt{3t+1}}\, dt$

(13) $\int_{-1}^{1} \pi\cos(x+2)\, dx$

(14) $\int_{-\frac{3\pi}{4}}^{-\frac{\pi}{4}} \sin x \cos x\, dx$

(15) $\int_{-1}^{1} \frac{x^2}{\sqrt{x^3+9}}\, dx$

(16) $\int_{0}^{1} 5t^2(t^3+5)^{20}\, dt$

02. 다음을 계산하여라.

(1) $\lim_{n\to\infty}\sum_{k=1}^{n}\left(\frac{3k}{n}\right)^2 \frac{3}{n}$

(2) $\lim_{n\to\infty}\sum_{k=1}^{n}\left[\sin\left(\frac{\pi k}{n}\right)\right]\frac{\pi}{n}$

03. $\int_0^1 f(x)\,dx = 5$이고 $\int_0^1 g(x)\,dx = -4$일 때 다음을 구하여라.

(1) $\int_0^1 [f(x) - g(x)]\,dx$ (2) $\int_0^1 [3f(x) - 7g(x)]\,dx$

04. $\int_0^1 f(x)\,dx = 2$, $\int_1^2 f(x)\,dx = 3$, $\int_0^1 g(x)\,dx = -1$, $\int_0^2 g(x)\,dx = 4$일 때 다음 정적분값을 계산하여라.

(1) $\int_0^2 f(x)\,dx$ (2) $\int_1^2 g(x)\,dx$

(3) $\int_2^1 5f(x)\,dx$ (4) $\int_0^2 [3f(x) - 2g(x)]\,dx$

05. 다음 함수 $F(x)$의 도함수 $F'(x)$를 구하여라.

(1) $F(x) = \int_{-5}^{x} (3t + 2)\,dt$

(2) $F(x) = \int_2^x \sqrt{5 + t^3}\,dt$

(3) $F(x) = \int_x^{\frac{\pi}{4}} u \tan u\,du, \quad -\frac{\pi}{2} < x < \frac{\pi}{2}$

(4) $F(x) = \int_0^{\sin x} (t^2 + \cos t)\,dt$

(5) $F(x) = \int_x^{x^3} \sqrt{1 + u^4}\,du$

06. 정리 2.6을 사용하여 다음 정적분값을 구하여라.

(1) $\int_1^5 |x - 2|\,dx$ (2) $\int_0^{\frac{3\pi}{4}} |\cos x|\,dx$

(3) $f(x) = \begin{cases} -x, & x \geq 0 \\ x^2, & x < 0 \end{cases}$ 일 때 $\int_{-2}^{3} f(x)\,dx$

07. $v(t)$는 좌표축을 따라 움직이는 질점의 속도 (m/sec)이다. 다음 주어진 시간 동안 질점이 움직인 거리와 위치를 구하여라.

(1) $v(t) = 2t - 4\,;\ 0 \le t \le 4$
(2) $v(t) = t^2 + t - 2\,;\ 0 \le t \le 2$
(3) $v(t) = |t - 3|\,;\ 0 \le t \le 5$
(4) $v(t) = \cos t\,;\ 0 \le t \le \pi$

08. 다음 주어진 구간 위에서 함수 $f(x)$의 평균값과 적분의 평균값 정리를 만족하는 c값을 구하여라.

(1) $f(x) = x^2;\ [0,\ 2]$
(2) $f(x) = x^3;\ [1,\ 2]$
(3) $f(x) = \sqrt{x}\,;\ [0,\ 4]$
(4) $f(x) = \sin x;\ [-\pi,\ \pi]$

09. $s(t)$는 좌표축 위를 움직이는 질점의 위치함수라고 하자. 이때 $[t_0,\ t_1]$상에서 평균속도 v_{av}는 $v_{av} = \dfrac{s(t_1) - s(t_0)}{t_1 - t_0}$이다.

(1) 위 내용이 $[t_0,\ t_1]$상에서 속도함수의 평균값 $v_{av} = \dfrac{1}{t_1 - t_0}\displaystyle\int_{t_0}^{t_1} v(t)\,dt$으로 설명될 수 있음을 보여라.

(2) (1)의 결과를 이용하여 $[0,\ 5]$상에서 속도함수 $v(t) = 32t$로 좌표축 위를 움직이는 질점에 대하여 평균속도를 구하여라.

10. 다음의 그래프를 보고 함수의 평균값을 구하여라.

(1)

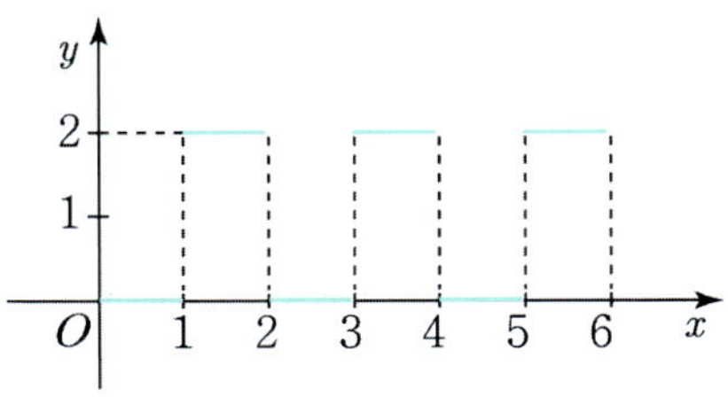

(2)

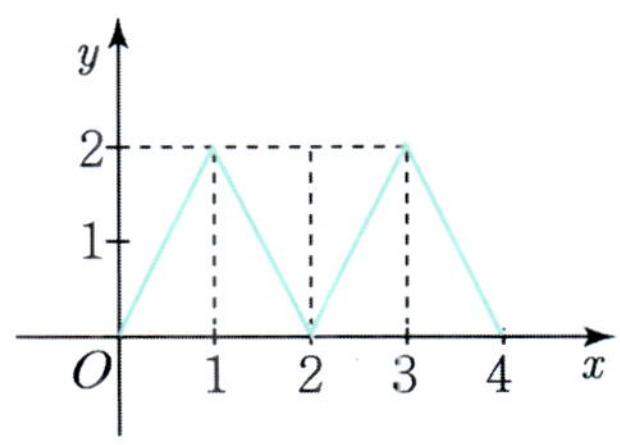

11. 반지름이 3 ft이고 높이가 5 ft인 원통형 탱크를 채우기 위해 물을 1 (ft^3/min) 속도로 일정하게 넣는다고 하자. 탱크는 초기에 비웠다고 가정하자. 탱크를 채우기 위해 요구되는 시간당 바닥에 가해지는 평균 힘을 구하여라. 단 물의 밀도는 62.4 (lb/ft^3)이다(lb는 무게의 단위인 pound의 약칭이고 상형 기준 약 453.6 g임).

12. $f(x)$가 구간 $[a, b]$에서 적분 가능하면

$$\int_a^b [f(x) - f_{av}]\, dx = 0$$

임을 증명하여라.

Section 3

3. 우함수, 기함수의 정적분

이 절에서는 우함수, 기함수의 정적분에 관해 논의한다. 우함수, 기함수의 정적분은 주어진 함수가 우함수인지 기함수인지에 따라 그 계산이 간편할 수가 있음을 살펴본다. 또한 주기함수의 정적분에 대한 계산법을 알아본다.

3.1 우함수, 기함수의 정적분

$f(-x)=f(x)$를 만족하는 함수를 우함수라 하고, $f(-x)=-f(x)$를 만족하는 함수를 기함수라 한다. 우함수의 그래프는 y축에 관하여 대칭이고 기함수의 그래프는 원점에 관하여 대칭이다. 이와 같은 성질을 갖는 함수들의 정적분 계산을 용이하게 하는 적분정리가 있다.

정리 3.1 대칭정리

구간 $[-a, a]$에서 적분 가능한 함수 f에 대하여 f가 우함수이면

$$\int_{-a}^{a} f(x)\,dx = 2\int_{0}^{a} f(x)\,dx \tag{3.1}$$

이고 f가 기함수이면

$$\int_{-a}^{a} f(x)\,dx = 0 \tag{3.2}$$

이다.

증명

정적분의 성질에 의하여

$$\int_{-a}^{a} f(x)dx = \int_{-a}^{0} f(x)dx + \int_{0}^{a} f(x)dx$$

이므로

i) $f(x)$가 우함수인 경우:

구간 내의 모든 x에 대해서 $u=-x$라 놓으면 $du=-dx$이다.

$f(-x)=f(x)$를 만족하므로

$$\int_{-a}^{0} f(x)dx = -\int_{a}^{0} f(u)du = \int_{0}^{a} f(u)du = \int_{0}^{a} f(x)dx$$

가 되어

$$\int_{-a}^{a} f(x)dx = 2\int_{0}^{a} f(x)dx$$

ii) $f(x)$가 기함수인 경우:

구간 내의 모든 x에 대해서 $f(-x)=-f(x)$를 만족하므로

$$\int_{-a}^{0} f(x)dx = \int_{a}^{0} f(u)du = -\int_{0}^{a} f(u)du = -\int_{0}^{a} f(x)dx$$

가 되어

$$\int_{-a}^{a} f(x)dx = 0$$

이다.

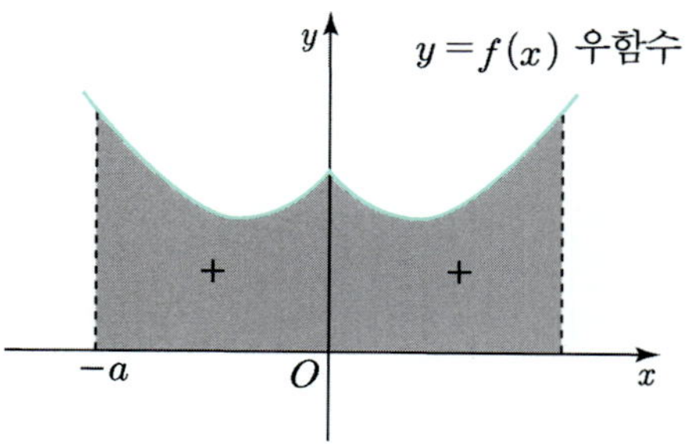

〈그림 3.1〉

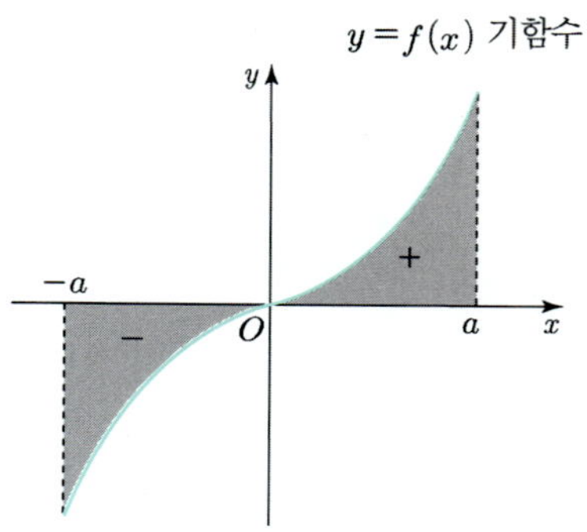

〈그림 3.2〉

예제 3.2 다음의 정적분을 구하여라.

(1) $\int_{-\pi}^{\pi} (\sin x + \cos x)^2 dx$ (2) $\int_{-\pi/4}^{\pi/4} \left(\frac{\sin x}{1+\cos x}\right) dx$

(3) $\int_{-\pi}^{\pi} \cos\left(\frac{x}{4}\right) dx$ (4) $\int_{-5}^{5} \left(\frac{x^5}{x^2+4}\right) dx$

풀이

(1) $(\sin x + \cos x)^2 = 1 + 2\sin x \cos x$이고 $f(x) = \sin x \cos x$는 기함수이므로 대칭구간에서 정적분은 0 이다. 따라서

$$\int_{-\pi}^{\pi} (\sin x + \cos x)^2 dx = \int_{-\pi}^{\pi} (1 + 2\sin x \cos x) dx$$
$$= \int_{-\pi}^{\pi} 1 dx + 2\int_{-\pi}^{\pi} \sin x \cos x\, dx$$
$$= 2\pi$$

(2) $f(x) = \dfrac{\sin x}{1+\cos x}$는 기함수이므로 대칭구간에서 정적분값은 0이다. 즉

$$\int_{-\pi/4}^{\pi/4} \frac{\sin x}{1+\cos x} dx = 0$$

(3) $\cos\left(\dfrac{x}{4}\right)$는 우함수이다. 따라서 대칭구간이므로

$$\int_{-\pi}^{\pi} \cos\left(\frac{x}{4}\right) dx = 2\int_{0}^{\pi} \cos\left(\frac{x}{4}\right) dx = 8\int_{0}^{\pi} \cos\left(\frac{x}{4}\right) \cdot \frac{1}{4} dx$$
$$= 8\int_{0}^{\pi} \cos u\, du = [8\sin u]_{0}^{\pi/4} = 4\sqrt{2}$$

(4) 주어진 함수는 기함수이므로 대칭구간에서 정적분값은 0이다. 즉

$$\int_{-5}^{5} \left(\frac{x^5}{x^2+4}\right) dx = 0$$

■

함수 f가 정의역에 속하는 모든 x값에 대하여 $f(x+p) = f(x)$를 만족하는 실수 p가 존재할 때 f를 주기함수라 하고 가장 작은 양의 실수 p를 주기라 한다. 다음 정리는 주어진 피적분함수가 주기함수인 경우 정적분을 간편하게 계산하는 방법을 제시해준다.

정리 3.3 주기함수의 정적분

함수 f가 주기가 p인 주기함수이면

$$\int_{a+p}^{b+p} f(x)\,dx = \int_a^b f(x)\,dx \tag{3.3}$$

이다.

증명

함수 f가 주기가 p인 주기함수라는 조건과 $x+p=t$로 치환하면 정적분의 추이성에 의하여

$$\int_a^b f(x)\,dx = \int_{a+p}^{b+p} f(t-p)\,dt = \int_{a+p}^{b+p} f(t)\,dt = \int_{a+p}^{b+p} f(x)\,dx$$

를 만족한다.

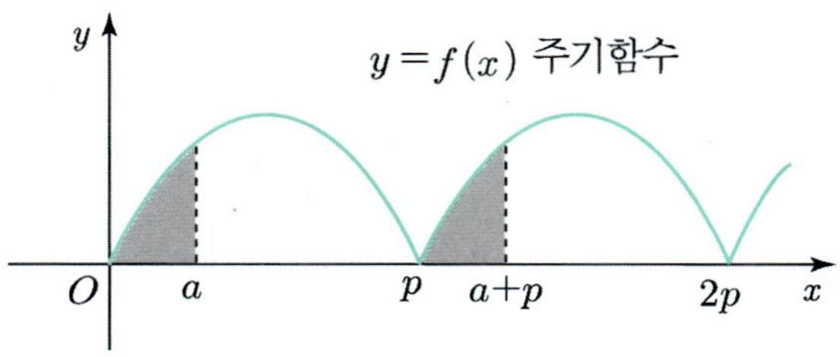

〈그림 3.3〉

예제 3.4 정적분 $\int_0^{2\pi} |\sin x|\,dx$의 값을 구하여라.

풀이

$f(x)=|\sin x|$는 주기가 π인 주기함수이므로 위의 정리에 의하여

$$\begin{aligned}\int_0^{2\pi} |\sin x|\,dx &= \int_0^{\pi} |\sin x|\,dx + \int_{\pi}^{2\pi} |\sin x|\,dx \\ &= \int_0^{\pi} |\sin x|\,dx + \int_0^{\pi} |\sin x|\,dx \\ &= \left[-2\cos x\right]_0^{\pi} = 4\end{aligned}$$

■

SECTION 5.3

➡ 연습문제 해답 523쪽

5.3 연습문제

01. 대칭성과 주기를 이용하여 다음 정적분값을 구하여라.

(1) $\int_{-\pi}^{\pi}(\sin x+\cos x)\,dx$

(2) $\int_{-\frac{\pi}{2}}^{\frac{\pi}{2}}\frac{\sin x}{1+\cos x}\,dx$

(3) $\int_{\frac{\pi}{8}}^{\frac{5\pi}{8}}\sin x\,dx$

(4) $\int_{0}^{4\pi}|\cos x|\,dx$

(5) $\int_{-1}^{1}(|x^3|+x^3)\,dx$

(6) $\int_{-\pi}^{\pi}(\sin x+\cos x)^2\,dx$

02. $f(x)$가 우함수일 때 $\int_{-b}^{-a}f(x)\,dx$와 $\int_{a}^{b}f(x)\,dx$를 비교해 보고 $f(x)$가 기함수일 때도 비교하여 보아라.

03. $f(x)$가 주기가 p인 주기함수일 때 $\int_{a}^{a+p}f(x)\,dx=\int_{0}^{p}f(x)\,dx$임을 그래프를 그려서 확인하고 이것을 이용하여 $\int_{1}^{1+\pi}|\sin x|\,dx$를 구하여라.

Section 4

4. 이상적분

정적분의 계산에 미적분학의 기본정리를 이용할 수 있는 필요조건은 적분구간(닫힌구간)에서 피적분함수가 연속인 것이다. 예를 들어, $\int_0^1 \frac{1}{x}dx$에서 피적분함수 $f(x) = \frac{1}{x}$이 $x = 0$에서 연속이 아니므로 역도함수에 양 끝점을 대입하여 정적분을 계산하는 과정에서 문제가 발생한다. 즉, $f(x)$의 역도함수인 $F(x) = \ln x$에서 $F(0)$은 정의되지 않는다. 이와 같은 경우는 다음과 같이 정적분의 극한으로 계산해야 한다. 이 절에서는 이상적분에 대하여 설명한다.

4.1 무한대 극한의 적분

정의 4.1 이상적분 I

정적분 $\int_a^b f(x)dx$가 다음 중 적어도 하나의 경우에 해당될 때, 이를 **이상적분**(improper integral)이라 한다.

(A) 한쪽 무한대 극한: 함수 $y = f(x)$가 구간 $[a, \infty)$에서 연속이라면

$$\int_a^\infty f(x)dx = \lim_{b\to\infty}\int_a^b f(x)dx \tag{4.1}$$

로 정의하고

함수 $y = f(x)$가 $(-\infty, b]$에서 연속이면

$$\int_{-\infty}^b f(x)dx = \lim_{a\to-\infty}\int_a^b f(x)dx \tag{4.2}$$

로 정의한다. 오른쪽 극한값이 유한이면 이에 대응하는 이상적분은 '수렴한다'고 하고 이를 이상적분의 값으로 정의한다. 그렇지 않으면 이상적분은 '발산한다'고 한다.

(B) 양쪽 무한대 극한 : $\int_{-\infty}^{0} f(x)\,dx$와 $\int_{0}^{\infty} f(x)\,dx$가 수렴한다면 $\int_{-\infty}^{\infty} f(x)\,dx$는 수렴한다고 하고 그 값은

$$\int_{-\infty}^{\infty} f(x)\,dx = \int_{-\infty}^{0} f(x)\,dx + \int_{0}^{\infty} f(x)\,dx \tag{4.3}$$

로 정의한다. 그렇지 않으면 $\int_{-\infty}^{\infty} f(x)\,dx$는 발산한다.

예제 4.2 다음의 적분값이 존재하면 그 값을 계산하여라.

(1) $\int_{-\infty}^{-1} x e^{-x^2}\,dx$　　(2) $\int_{1}^{\infty} \frac{1}{x^2}\,dx$

(3) $\int_{1}^{\infty} \frac{1}{x}\,dx$　　(4) $\int_{-\infty}^{0} e^{x}\,dx$

풀이

(1)
$$\int_{a}^{-1} x e^{-x^2}\,dx = -\frac{1}{2}\int_{a}^{-1} e^{-x^2}(-2x\,dx)$$
$$= \left[-\frac{1}{2}e^{-x^2}\right]_{a}^{-1}$$
$$= -\frac{1}{2}e^{-1} + \frac{1}{2}e^{-a^2}$$

이다. 따라서

$$\int_{-\infty}^{-1} x e^{-x^2}\,dx = \lim_{a\to-\infty}\int_{a}^{-1} x e^{-x^2}\,dx$$
$$= \lim_{a\to-\infty}\left[-\frac{1}{2}e^{-1} + \frac{1}{2}e^{-a^2}\right]$$
$$= -\frac{1}{2e}$$

(2)
$$\int_{1}^{\infty} \frac{1}{x^2}\,dx = \lim_{b\to\infty}\int_{1}^{b}\frac{1}{x^2}$$
$$= \lim_{b\to\infty}\left[-\frac{1}{x}\right]_{1}^{b}$$

$$= \lim_{b \to \infty}\left(-\frac{1}{b}+1\right) = 1$$

(3) $\displaystyle\int_1^{\infty} \frac{1}{x}\,dx = \lim_{b \to \infty}\int_1^{b}\frac{1}{x}\,dx$

$$= \lim_{b \to \infty}\left[\ln|x|\right]_1^b = \lim_{b \to \infty} \ln|b| = \infty$$

(4) $\displaystyle\int_a^0 e^x\,dx = [e^x]_a^0 = 1 - e^a$ 이므로

$$\int_{-\infty}^0 e^x\,dx = \lim_{a \to -\infty}\int_a^0 e^x\,dx = \lim_{a \to -\infty}(1 - e^a) = 1$$

■

위의 예제에서 흥미로운 것은 (2)번과 (3)번의 경우 주어진 적분구간에서 그래프가 유사해 보이지만 $x \to \infty$일 때 $\frac{1}{x^2}$의 그래프가 $\frac{1}{x}$의 그래프보다 더 빠르게 0에 접근한다는 것이다. 따라서 (2)번은 수렴하고 (3)번은 발산한다.

예제 4.3 뉴턴의 역제곱법칙에 의하여 우주선에 지구가 미치는 힘은 $-\frac{k}{x^2}$이다. 여기에서 x는 지구 중심에서 우주선까지의 거리이다. 그러므로 우주선을 들어 올리는 데 필요한 힘 $F(x) = \frac{k}{x^2}$이다. 1,000 lb의 우주선을 지구의 중력장 밖으로 이탈시킬 때 하는 일을 구하여라(단, 거리 단위는 마일이고 지구의 반지름 $x = 3{,}960$마일이다).

풀이

지구의 반지름 $x = 3{,}960$마일, $F(x) = 1{,}000$ lb라는 것을 이용하여 k를 계산하면 $k = 1000 \times 3960^2 \fallingdotseq 1.568 \times 10^{10}$이다. 그러므로 하는 일 W는

$$W = \int_{3960}^{\infty} F(x)\,dx = \int_{3960}^{\infty}\frac{k}{x^2}\,dx = 1.568 \times 10^{10}\int_{3960}^{\infty}\frac{1}{x^2}\,dx$$

$$= \lim_{b \to \infty}(1.568 \times 10^{10})\left[-\frac{1}{x}\right]_{3960}^{b}$$

$$= \lim_{b \to \infty}(1.568 \times 10^{10})\left[-\frac{1}{b}+\frac{1}{3960}\right]$$

$$= \frac{1.568 \times 10^{10}}{3960} \fallingdotseq 3.96 \times 10^6$$

이다.

■

예제 4.4 $\int_1^\infty \frac{1}{x^p}dx$는 $p \le 1$일 때 발산하고 $p > 1$일 때 수렴함을 보여라.

풀이

$p = 1$이면

$$\begin{aligned}\int_1^\infty \frac{1}{x}dx &= \lim_{b\to\infty}\int_1^b \frac{1}{x}dx = \lim_{b\to\infty}[\ln x]_1^b \\ &= \lim_{b\to\infty}[\ln b - \ln 1] = \infty\end{aligned}$$

$p \ne 1$이면

$$\begin{aligned}\int_1^\infty \frac{1}{x^p}dx &= \lim_{b\to\infty}\int_1^b x^{-p}dx = \lim_{b\to\infty}\left[\frac{x^{-p+1}}{-p+1}\right]_1^b \\ &= \frac{1}{1-p}\lim_{b\to\infty}\left(\frac{1}{b^{p-1}} - 1\right) \\ &= \begin{cases}\infty, & p < 1 \\ \dfrac{1}{p-1}, & p > 1\end{cases}\end{aligned}$$

이다. ■

예제 4.5 $f(x) = \dfrac{k}{1+x^2}$는 확률론에서 다루는 함수인데 이를 코시 밀도함수라 한다. k는 구간 $(-\infty, \infty)$상에서 전체의 넓이가 1이 되도록 설정한다(그림 4.1). k값을 결정하여라.

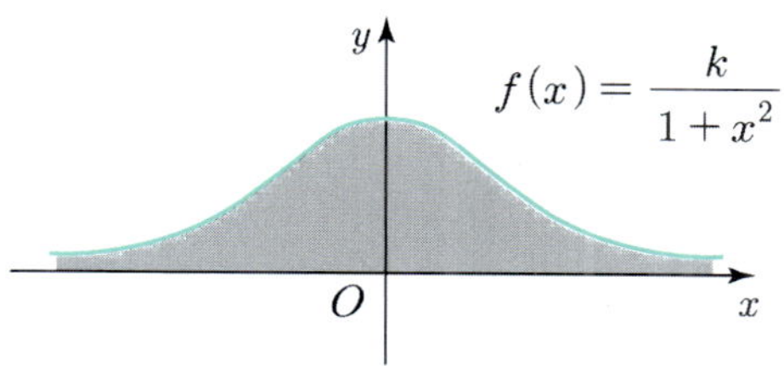

〈그림 4.1〉

풀이

$\int_{-\infty}^\infty \frac{k}{1+x^2}dx = 1$이다. 그런데

$$\int_0^{\infty} \frac{k}{1+x^2}\,dx = \lim_{b\to\infty}\int_0^{b} \frac{k}{1+x^2}\,dx$$

$$= \lim_{b\to\infty}[k\tan^{-1}x]_0^b = \lim_{b\to\infty} k\tan^{-1}b = k\frac{\pi}{2}$$

이고 대칭성에 의해

$$\int_{-\infty}^{0} \frac{k}{1+x^2}\,dx = k\frac{\pi}{2}$$

이므로

$$\int_{-\infty}^{\infty} \frac{k}{1+x^2}\,dx = \int_{-\infty}^{0} \frac{k}{1+x^2}\,dx + \int_0^{\infty} \frac{k}{1+x^2}\,dx = k\pi = 1$$

이다. 따라서 $k = \frac{1}{\pi}$이다. ■

예제 4.6 확률론에서 표준정규 밀도함수는 $f(x) = \frac{1}{\sqrt{2\pi}}e^{-x^2/2}$이다(그림 4.2).

이를 구간 $(-\infty, \infty)$상에서 적분하면

$$\frac{1}{\sqrt{2\pi}}\int_{-\infty}^{\infty} e^{-x^2/2}\,dx = 1$$

임이 알려져 있다. 이 사실을 이용하여 다음을 구하여라.

(1) 밀도함수 $f(x)$의 평균 $E(X)$ (2) 밀도함수 $f(x)$의 분산 $V(X)$

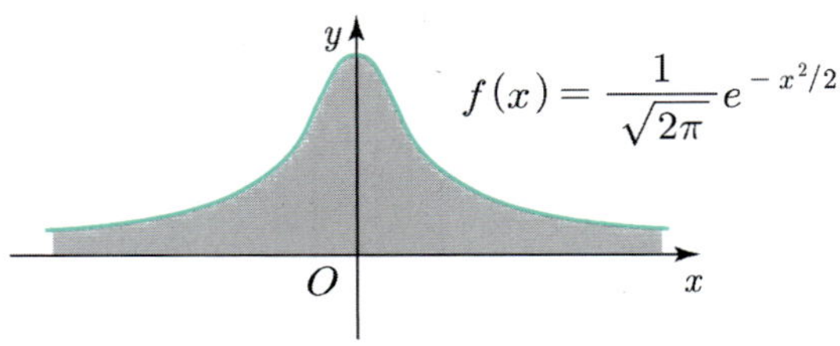

〈그림 4.2〉

풀이

(1) 확률밀도함수 $f(x) = \frac{1}{\sqrt{2\pi}}e^{-x^2/2}$의 평균

$$E(X) = \int_{-\infty}^{\infty} x\,f(x)\,dx = \frac{1}{\sqrt{2\pi}}\int_{-\infty}^{\infty} x\,e^{-x^2/2}\,dx$$

이므로 이를 계산해보자. 우선 $e^{-x^2/2}$은 우함수이므로 $y = f(x)$의 그래프는 y축에 관하여 대칭이다(그림 4.2). 그러므로

$$\frac{1}{\sqrt{2\pi}}\int_{0}^{\infty} e^{-x^2/2}\,dx = \frac{1}{2}$$

이다. 이 결과는 (2)의 풀이에서 이용한다.

$$\begin{aligned}\frac{1}{\sqrt{2\pi}}\int_{0}^{\infty} x\,e^{-x^2/2}\,dx &= \lim_{b\to\infty}\left[-\frac{1}{\sqrt{2\pi}}\int_{0}^{b} e^{-x^2/2}(-x)\,dx\right]\\ &= \lim_{b\to\infty}\left[-\frac{1}{\sqrt{2\pi}}e^{-x^2/2}\right]_0^b = \frac{1}{\sqrt{2\pi}}\end{aligned}$$

이고, $x\,e^{-x^2/2}$은 기함수이므로

$$\frac{1}{\sqrt{2\pi}}\int_{-\infty}^{0} x\,e^{-x^2/2}\,dx = -\frac{1}{\sqrt{2\pi}}\int_{0}^{\infty} x\,e^{-x^2/2}\,dx = -\frac{1}{\sqrt{2\pi}}$$

이다. 그러므로 밀도함수 $f(x)$의 평균

$$\begin{aligned}E(X) &= \int_{-\infty}^{\infty} x\,f(x)\,dx = \frac{1}{\sqrt{2\pi}}\int_{-\infty}^{\infty} x\,e^{-x^2/2}\,dx\\ &= \frac{1}{\sqrt{2\pi}}\left[\int_{-\infty}^{0} x\,e^{x^2/2}\,dx + \int_{0}^{\infty} x\,e^{x^2/2}\,dx\right]\\ &= 0\end{aligned}$$

이다.

(2) 확률밀도함수 $f(x) = \dfrac{1}{\sqrt{2\pi}}e^{-x^2/2}$의 분산

$$V(X) = \int_{-\infty}^{\infty} x^2 f(x)\,dx = \frac{1}{\sqrt{2\pi}}\int_{-\infty}^{\infty} x^2 e^{-x^2/2}\,dx$$

이므로 이를 계산해보자.

$$\begin{aligned}\frac{1}{\sqrt{2\pi}}\int_{0}^{\infty} x^2 e^{-x^2/2}\,dx &= \lim_{b\to\infty}\frac{1}{\sqrt{2\pi}}\int_{0}^{b}(-x)(-e^{-x^2/2}x)\,dx\\ &= \lim_{b\to\infty}\frac{1}{\sqrt{2\pi}}\left\{\left[-x\,e^{-x^2/2}\right]_0^b + \int_{0}^{b} e^{-x^2/2}\,dx\right\}\end{aligned}$$

$$= \frac{1}{\sqrt{2\pi}}\left(0 + \int_0^{\infty} e^{-x^2/2}\,dx\right) = \frac{1}{2}$$

이다. 한편 $x^2 e^{-x^2/2}$은 우함수이므로

$$\frac{1}{\sqrt{2\pi}}\int_{-\infty}^{0} x^2 e^{-x^2/2}\,dx = \frac{1}{2}$$

이다. 따라서 밀도함수 $f(x)$의 분산

$$V(X) = \int_{-\infty}^{\infty} x^2 f(x)\,dx = \frac{1}{\sqrt{2\pi}}\int_{-\infty}^{\infty} x^2 e^{-x^2/2}\,dx = 1$$

이다. ■

4.2 불연속인 피적분함수의 적분

지금까지 다룬 특이적분을 생각한다면 다음 적분은 매우 간단해 보일 수 있다.

$$\int_{-2}^{1}\frac{1}{x^2}\,dx = \left[-\frac{1}{x}\right]_{-2}^{1} = -1 - \frac{1}{2} = -\frac{3}{2}$$

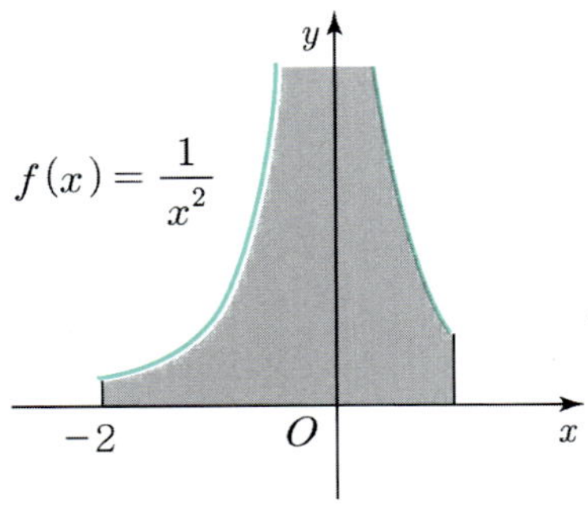

〈그림 4.3〉

그림 4.3의 그래프를 보면 위의 계산이 틀렸음을 알 수 있다. 왜냐하면 답은 양수이어야 하기 때문이다. 모든 적분 가능한 함수는 유계이어야 하는데, 위에서 설명한 피적분함수 $f(x) = \frac{1}{x^2}$ 은 유계가 아니다. 그러므로 정상적인 의미로써는 적분 불가능하다. 이와 같이 피적분함수가 주어진 구간 내에서 무한대인 경우를 살펴보도록 하자.

정의 4.7 이상적분 Ⅱ

정적분 $\int_a^b f(x)\,dx$이 다음 중 적어도 하나의 경우에 해당할 때, 이를 **무한대인 피적분 함수를 가지는 이상적분**이라 한다.

(C) 끝점에서 무한대인 피적분함수: 함수 $y = f(x)$가 구간 $[a, b)$에서 연속이고 $\lim_{x \to b^-}|f(x)| = \infty$라 하자. 그러면

$$\int_a^b f(x)\,dx = \lim_{t \to b^-}\int_a^t f(x)\,dx \tag{4.4}$$

이다. 단, 오른쪽 극한값이 유한하면 이 적분은 수렴하고 그렇지 않으면 발산한다.

(D) 내점에서 무한대인 피적분함수: 함수 $y = f(x)$가 $a < c < b$인 구간 $[a, b]$에서 c를 제외하고 연속이며 $\lim_{x \to c}|f(x)| = \infty$라 하자. 이때

$$\int_a^b f(x)\,dx = \int_a^c f(x)\,dx + \int_c^b f(x)\,dx \tag{4.5}$$

로 정의한다. 단, 오른쪽 두 개의 적분이 수렴하면 이 적분은 수렴한다고 하고 그렇지 않으면 발산한다고 한다.

예제 4.8 다음의 적분값이 존재하면 그 값을 계산하여라.

(1) $\int_0^1 \frac{1}{\sqrt{x}}\,dx$　　(2) $\int_0^2 \frac{1}{\sqrt{4-x^2}}\,dx$

(3) $\int_{-1}^2 \frac{1}{x^2}\,dx$　　(4) $\int_0^3 \frac{1}{(x-1)^{2/3}}\,dx$

풀이

(1) $f(x) = \frac{1}{\sqrt{x}}$이라 하면 $f(x)$는 $x = 0$에서 정의되지 않으므로 미적분학의 기본정리를 직접 사용할 수 없는 이상적분이다. 그러므로 다음 방법으로 계산한다.

$$\int_0^1 \frac{1}{\sqrt{x}}\,dx = \lim_{a\to 0^+}\left[\int_a^1 \frac{1}{\sqrt{x}}\,dx\right]$$
$$= \lim_{a\to 0^+}\left[2-2\sqrt{a}\,\right] = 2$$

(2) $f(x) = \dfrac{1}{\sqrt{4-x^2}}$이라 하면 $f(x)$는 $x=2$에서 정의되지 않으므로 이상적분법을 사용하여 다음과 같이 계산한다.

$$\int_0^2 \frac{1}{\sqrt{4-x^2}}\,dx = \lim_{b\to 2^-}\int_0^b \frac{1}{\sqrt{4-x^2}}\,dx$$
$$= \lim_{b\to 2^-}\left[\sin^{-1}\left(\frac{x}{2}\right)\right]_0^b$$
$$= \lim_{b\to 2^-}\left[\sin^{-1}\left(\frac{b}{2}\right) - \sin^{-1}\left(\frac{0}{2}\right)\right] = \frac{\pi}{2}$$

(3) $f(x) = \dfrac{1}{x^2}$이라 하면 적분구간 $[-1, 2]$ 안에 $f(x)$의 값이 무한대가 되는 점 0이 있다. 그러므로 이상적분 계산법에 의하여

$$\int_{-1}^2 \frac{1}{x^2}\,dx = \int_{-1}^0 \frac{1}{x^2}\,dx + \int_0^2 \frac{1}{x^2}\,dx$$
$$= \lim_{s\to 0^-}\left[\int_{-1}^s \frac{1}{x^2}\,dx\right] + \lim_{t\to 0^+}\left[\int_t^2 \frac{1}{x^2}\,dx\right]$$
$$= \lim_{s\to 0^-}\left[-\frac{1}{s}-1\right] + \lim_{t\to 0^+}\left[-\frac{1}{2}+\frac{1}{t}\right]_t^2$$
$$= \infty + \infty = \infty$$

(4) $f(x) = \dfrac{1}{(x-1)^{2/3}}$은 $x=1$에서 무한대이므로

$$\int_0^3 \frac{1}{(x-1)^{2/3}}\,dx = \int_0^1 \frac{1}{(x-1)^{2/3}}\,dx + \int_1^3 \frac{1}{(x-1)^{2/3}}\,dx$$
$$= \lim_{t\to 1^-}\int_0^t \frac{1}{(x-1)^{2/3}}\,dx + \lim_{s\to 1^+}\int_s^3 \frac{1}{(x-1)^{2/3}}\,dx$$
$$= \lim_{t\to 1^-}\left[3(x-1)^{1/3}\right]_0^t + \lim_{s\to 1^+}\left[3(x-1)^{1/3}\right]_s^3$$
$$= 3\lim_{t\to 1^-}\left[(t-1)^{1/3}+1\right] + 3\lim_{s\to 1^+}\left[2^{1/3}-(s-1)^{1/3}\right]$$
$$= 3 + 3\sqrt[3]{2}$$

■

➡ 연습문제 해답 524쪽

5.4 연습문제

01. 다음 이상적분을 계산하여라.

(1) $\int_{0}^{\infty} e^{-x}\, dx$

(2) $\int_{4}^{\infty} x\, e^{-x^2}\, dx$

(3) $\int_{1}^{\infty} \frac{1}{\sqrt{x}}\, dx$

(4) $\int_{4}^{\infty} \frac{2}{x^2 - 1}\, dx$

(5) $\int_{2}^{\infty} \frac{1}{x\,(\ln x)^2}\, dx$

(6) $\int_{-\infty}^{2} \frac{1}{(x^2 + 4)}\, dx$

(7) $\int_{-\infty}^{\infty} \frac{x}{\sqrt{x^2 + 2}}\, dx$

(8) $\int_{-\infty}^{\infty} \frac{1}{x^2 + 2x + 5}\, dx$

(9) $\int_{0}^{\infty} e^{-x} \cos x\, dx$

(10) $\int_{0}^{9} \frac{1}{\sqrt{9 - x}}\, dx$

(11) $\int_{-2}^{2} \frac{1}{x^2}\, dx$

(12) $\int_{0}^{\frac{\pi}{2}} \frac{\cos\theta}{\sqrt{1 - \sin\theta}}\, d\theta$

02. x축과 곡선 $y = \frac{8}{x^2 - 4}$ $(x \geq 3)$로 둘러싸인 영역의 넓이를 구하여라.

03. x축과 $x = 0$, $x = 4$ 그리고 곡선 $y = \frac{1}{(1 - x)^2}$로 둘러싸인 영역의 넓이를 구하여라.

04. 전자기 이론에서 나선코일의 축 상의 한 점에서 자기 퍼텐셜(magnetic potential)은

$$u = \frac{2\pi NIr}{k}\int_{a}^{\infty}\frac{1}{(r^2+x^2)^{3/2}}\,dx$$

으로 주어진다. u를 구하여라. (단, N, I, r, k, a는 상수이다.)

05. 이상적분 $\int_{0}^{1}\frac{1}{x^p}\,dx$를 구하고 p의 값에 따른 수렴성을 판정하여라.

CHAPTER 6

정적분의 응용

Section 1

1. 평면도형의 넓이

이 절에서는 정적분을 이용하여 평면상의 곡선과 직선으로 둘러싸인 영역의 넓이를 계산하는 과정을 다룬다. 실제로 정적분(리만적분)은 주어진 구간에서 곡선과 x축 사이의 넓이를 구하는 개념에서 유도되었다.

1.1 평면에서의 넓이

정적분의 정의 자체는 넓이를 구하는 문제로부터 유도되었으나 역으로 정적분의 정의가 성립된다고 가정하고 정적분을 이용하여 복잡한 형태의 영역의 넓이를 구하여보자.

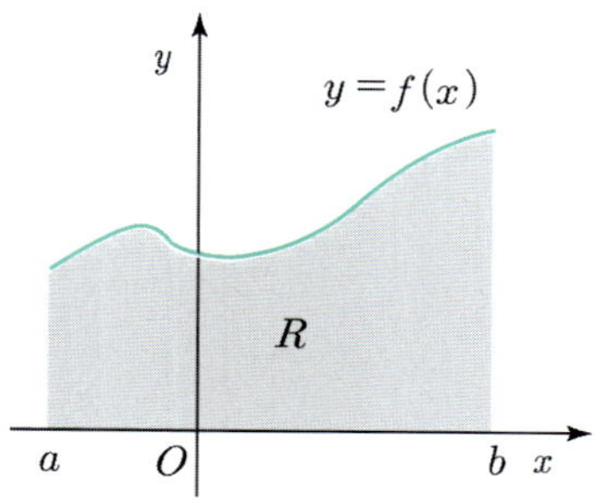

〈그림 1.1〉

먼저 함수 $f(x)$가 닫힌구간 $[a, b]$에서 연속이고 주어진 구간의 모든 x에 대하여 $f(x) \geq 0$일 때 $y = f(x)$와 x축 및 두 직선 $x = a$, $x = b$로 둘러싸인 영역을 R이라 하면(그림 1.1) R의 넓이 $A(R)$은 다음 정적분에 의하여 계산된다. 즉,

$$A(R) = \int_a^b f(x)\,dx \tag{1.1}$$

실제 넓이는 음수가 될 수 없지만 정의된 구간에서 함숫값이 음수일 경우에는 정적분이 음수가

된다. 그러므로 함숫값이 음수인 구간에서도 영역의 넓이는 양수의 값이 되도록 하기 위해서는 함수의 절댓값을 적분하여야 한다.

따라서 함수 $f(x)$가 닫힌구간 $[a, b]$에서 연속이고 주어진 구간의 모든 x에 대하여 함수 $y = f(x)$와 x축 및 두 직선 $x = a$, $x = b$로 둘러싸인 영역을 R이라 하면(그림 1.2)

$$A(R) = \int_a^b |f(x)|\, dx$$

이 된다.

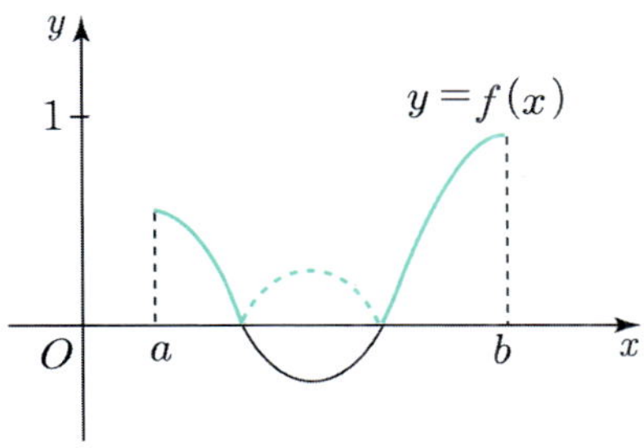

〈그림 1.2〉

예제 1.1 곡선 $y = x^2 - 5$, x축, $x = -1$, $x = 2$로 둘러싸인 영역 R의 넓이 $A(R)$을 구하여라.

풀이

$$\begin{aligned} A(R) &= \int_{-1}^{2} |x^2 - 5|\, dx \\ &= \int_{-1}^{2} (5 - x^2)\, dx \\ &= \left[5x - \frac{1}{3}x^3 \right]_{-1}^{2} \\ &= 5(2+1) - \frac{1}{3}(8+1) \\ &= 15 - 3 \\ &= 12 \end{aligned}$$

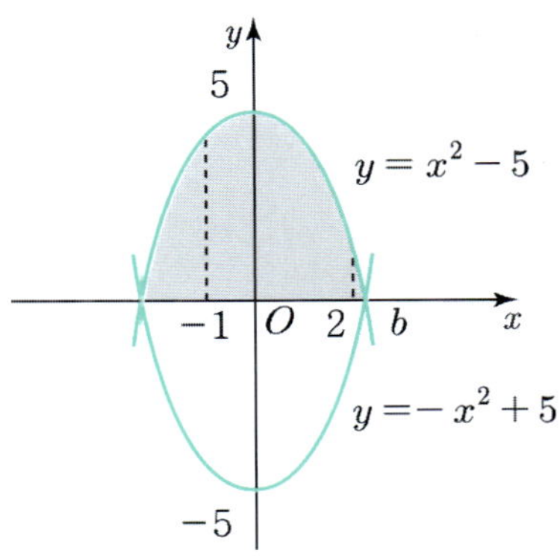

〈그림 1.3〉

■

예제 1.2 곡선 $y = x^3 - 1$, x축, $x = 0$, $x = 3$으로 둘러싸인 영역 R의 넓이 $A(R)$을 구하여라.

풀이

$$\begin{aligned} A(R) &= \int_0^3 |x^3 - 1|\,dx \\ &= -\int_0^1 (x^3 - 1)\,dx + \int_1^3 (x^3 - 1)\,dx \\ &= \left[x - \frac{1}{4}x^4\right]_0^1 + \left[\frac{1}{4}x^4 - x\right]_1^3 \\ &= \left(1 - \frac{1}{4}\right) + \left[\frac{1}{4}(81 - 1) - (3 - 1)\right] \\ &= \frac{3}{4} + (20 - 2) \\ &= \frac{75}{4} \end{aligned}$$

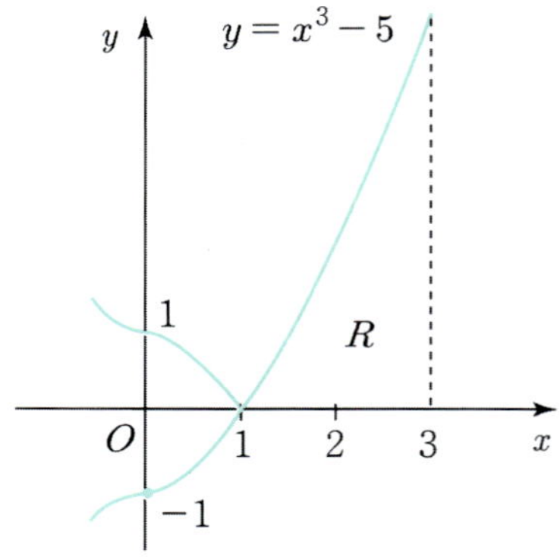

〈그림 1.4〉

■

예제 1.3 다음 주어진 곡선과 직선으로 둘러싸인 영역 R의 넓이 $A(R)$을 구하여라.

(1) $y = \dfrac{x^2}{3} - 4$, x축, $x = -2$, $x = 3$

(2) $y = x^4 - 2x^3 + 2$, x축, $x = -1$, $x = 2$

(3) $y = x^3 - 3x^2 - x + 3$, x축, $x = -1$, $x = 2$

풀이

(1) $$\begin{aligned} A(R) &= \int_{-2}^3 \left|\frac{x^2}{3} - 4\right| dx \\ &= -\int_{-2}^3 \left(\frac{x^2}{3} - 4\right) dx \\ &= -\left[\frac{x^3}{9} - 4x\right]_{-2}^3 \\ &= -\left(\frac{27}{9} + \frac{8}{9}\right) + 4(3 + 2) \\ &= -\frac{35}{9} + 20 = \frac{145}{9} \end{aligned}$$

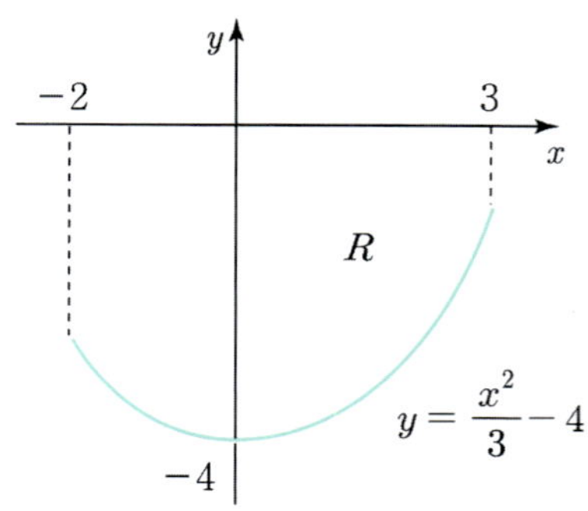

〈그림 1.5〉

(2) $A(R) = \int_{-1}^{2} |x^4 - 2x^3 + 2|\, dx$

$$= \int_{-1}^{2} (x^4 - 2x^3 + 2)\, dx$$

$$= \left[\frac{x^5}{5} - \frac{x^4}{2} + 2x\right]_{-1}^{2}$$

$$= \frac{1}{5}(32+1) - \frac{1}{2}(16-1) + 2(2+1)$$

$$= \frac{33}{5} - \frac{15}{2} + 6$$

$$= \frac{51}{10}$$

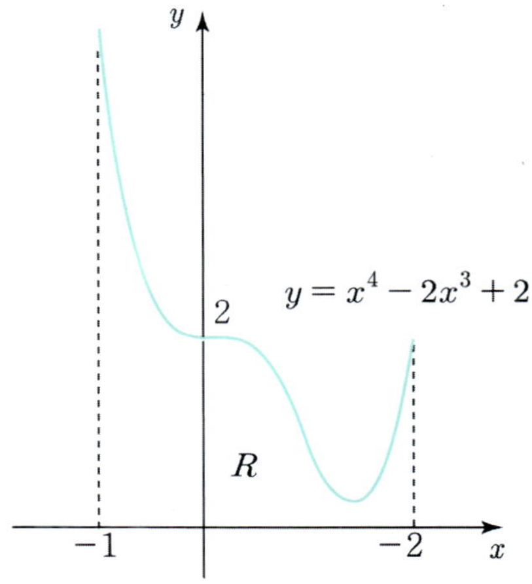

〈그림 1.6〉

(3) $A(R) = \int_{-1}^{2} |x^3 - 3x^2 - x + 3|\, dx$

$$= \int_{-1}^{1} (x^3 - 3x^2 - x + 3)\, dx - \int_{1}^{2} (x^3 - 3x^2 - x + 3)\, dx$$

$$= \left[\frac{x^4}{4} - x^3 - \frac{x^2}{2} + 3x\right]_{-1}^{1} - \left[\frac{x^4}{4} - x^3 - \frac{x^2}{2} + 3x\right]_{1}^{2}$$

$$= \left[\frac{1}{4}(1-1) - (1+1) - \frac{1}{2}(1-1) + 3(1+1)\right]$$

$$- \left[\frac{1}{4}(16-1) - (8-1) - \frac{1}{2}(4-1) + 3(2-1)\right]$$

$$= (-2+6) - \left(\frac{15}{4} - 7 - \frac{3}{2} + 3\right)$$

$$= 8 - \frac{9}{4}$$

$$= \frac{23}{4}$$

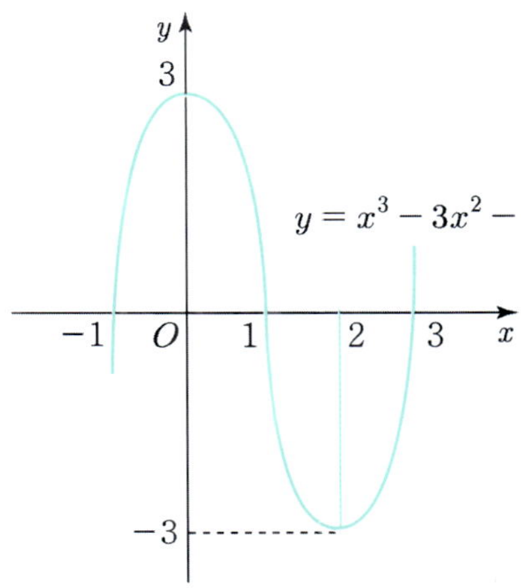

〈그림 1.7〉

1.2 두 곡선 사이의 넓이

복잡한 영역(예를 들면 두 곡선 사이의 영역)의 넓이를 구할 경우에는 다음과 같은 5단계를 거치면 효율적이다.

1. 영역을 그린다.
2. 영역을 x축에 수직 또는 y축에 수직인 직선으로 얇게 자른다.
3. 얇게 자른 조각을 직사각형으로 가정하여 조각 넓이의 근삿값을 구한다.
4. 3의 넓이들의 유한합을 구한다.
5. 조각의 폭이 0으로 접근할 때의 합의 극한을 취하여 정적분을 구한다.

예제 1.4 곡선 $y = 1 + \sqrt{x}$, x축 및 두 직선 $x = 0$, $x = 4$로 둘러싸인 영역의 넓이를 위의 5단계로 구하여라.

풀이

1. 그래프를 그린다.
2. 자른다.
3. 조각의 넓이의 근삿값을 구한다: $\Delta A_k \approx (1 + \sqrt{x_k})\Delta x_k$
4. 합한다: $S_n = \sum_{k=1}^{n} (1 + \sqrt{x_k})\Delta x_k$
5. 극한을 취한다: $A(R) = \lim_{n \to \infty} \sum_{k=1}^{n} (1 + \sqrt{x_k})\Delta x_k = \int_0^4 (1 + \sqrt{x})\,dx$

   따라서 넓이는

$$
\begin{aligned}
A(R) &= \int_0^4 (1 + \sqrt{x})\,dx = \left[x + \frac{2}{3}x^{3/2} \right]_0^4 \\
&= 4 + \frac{2}{3} \times 8 \\
&= \frac{28}{3}
\end{aligned}
$$

■

위 5단계 절차를 이해하고 나면 자르고, 근삿값을 구하고, 적분하는 3단계로 압축할 수 있다.

적분한다는 의미를 더한 다음 조각의 폭이 0으로 접근할 때의 극한을 추하는 것으로 생각하자. 즉, $\sum \cdots \Delta x$가 $\int \cdots dx$로 바뀐다. 그림 1.8은 예제 1.1의 5단계를 3단계로 압축한 그림이다.

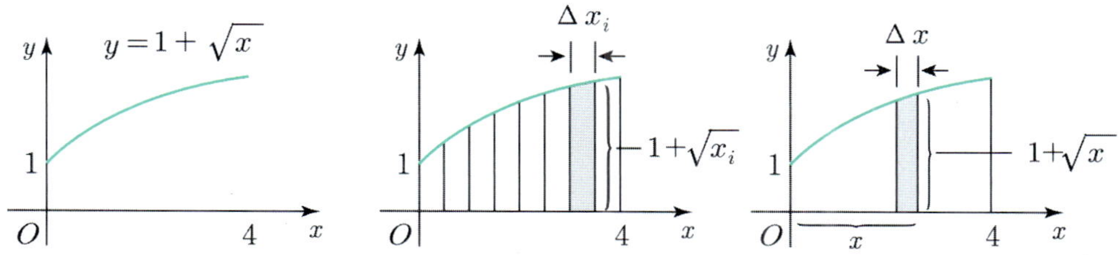

〈그림 1.8〉

위의 **"자르고, 근삿값을 구하고, 적분하는" 3단계 과정**을 적용하여 일반적인 두 곡선 사이의 넓이를 구하는 방법을 살펴보자.

구간 $[a, b]$의 모든 x에서 $f(x) \leq g(x)$인 관계에 있는 두 연속함수와 $x = a$, $x = b$로 둘러싸인 영역의 넓이를 구하여보자. 우선 구간 $[a, b]$를 길이가 $\Delta x = (b-a)/n$인 n개의 부분구간으로 균등 분할하고(**"자르고"**) 그 분할점을 $a = x_0, x_1, x_2, \cdots, x_{n-1}, x_n = b$라 하자. 이때 정적분의 정의와 마찬가지로 소구간의 길이 Δx를 밑변, $g(x_k) - f(x_k)$을 높이로 하는 직사각형들의 넓이 $A_k = (g(x_k) - f(x_k)) \cdot \Delta x$의 합(**"근삿값을 구하고"**)

$$S_n = \sum_{k=1}^{n} A_k = \sum_{k=1}^{n} (g(x_k) - f(x_k)) \cdot \Delta x$$

에 $n \to \infty$인 극한을 취하면 정적분의 존재 정리(6장의 정리 2.6 참고)에 의하여(**"적분하는"**)

$$\lim_{n \to \infty} S_n = \int_a^b (g(x) - f(x))dx$$

이 된다.

함수 $f(x)$의 그래프가 x축 아래에 존재하는 경우에도 $g(x) - f(x)$는 직사각형 조각의 높이임을 유의해야 한다. 또한 $g(x)$와 $f(x)$가 음수일 때도 $g(x) - f(x)$는 조각의 높이임을 알 수 있다.

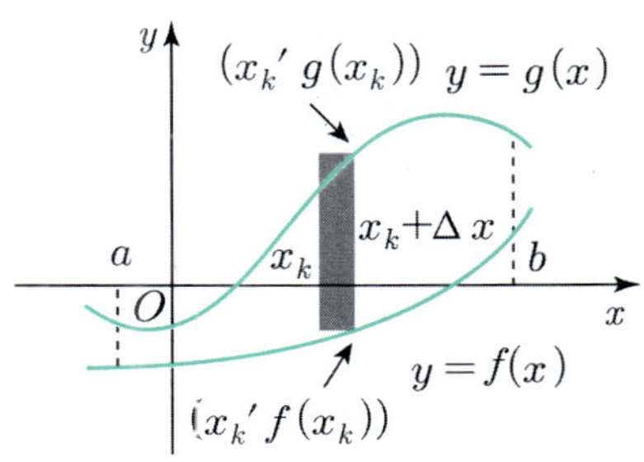

〈그림 1.9〉

정리 1.5 두 곡선 사이의 넓이

구간 $[a, b]$에서 $f(x) \le g(x)$인 두 연속함수 $y = f(x)$, $y = g(x)$와 $x = a$, $x = b$가 이루는 영역의 넓이 $A(R)$은

$$A(R) = \int_a^b (g(x) - f(x))\,dx$$

이다.

예제 1.6 $y = x^2 - 2$와 $y = x$로 둘러싸인 영역의 넓이를 구하여라.

풀이

영역의 시작점과 끝점의 x좌표는 방정식 $x^2 - 2 = x$의 두 근이다(그림 1.10). 따라서 정적분의 한계점은 -1과 2이다. 또한 이 구간에서 $x \ge x^2 - 2$이므로 구하고자 하는 영역의 넓이는 "자르고, 근삿값을 구하고, 적분하는" 3단계 방법을 거치면

$$A(R) = \int_{-1}^{2} [x - (x^2 - 2)]\,dx = \left[\frac{x^2}{2} - \frac{x^3}{3} + 2x\right]_{-1}^{2}$$
$$= \frac{1}{2}(4-1) - \frac{1}{3}(8+1) + 2(2+1) = \frac{3}{2} - 3 + 6 = \frac{9}{2}$$

이다.

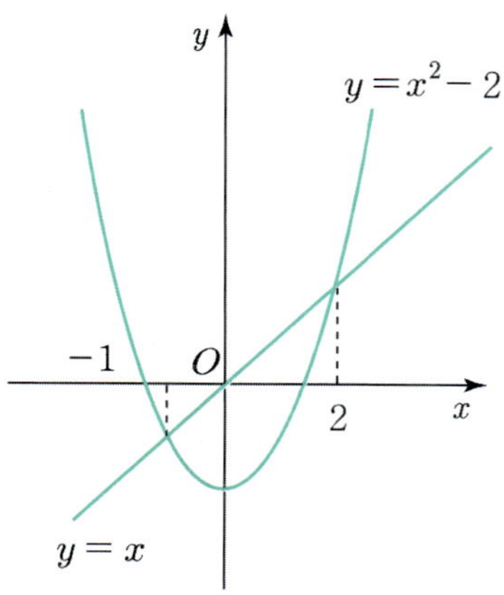

〈그림 1.10〉

분할: Δx

조각의 근삿값: $\Delta A \approx (x - x^2 + 2)\Delta x$

적분: $A(R) = \int_{-1}^{2} [x - (x^2 - 2)]\,dx$

■

넓이를 구하기 위한 적분에서 지금까지는 x축 위의 구간을 분할한 소구간을 밑변으로 하여 만들어지는 수직적 직사각형의 넓이를 이용하였는데, 때로는 y축 위의 구간을 분할하여 만들 수 있는 수평적 직사각형의 넓이를 이용하는 것(y에 관한 적분)이 편리할 때가 있다. 그 방법은 x축에 대한 방법과 동일하다.

예제 1.7 포물선 $y^2 = x$와 직선 $y = x-2$ 그리고 x축으로 둘러싸인 영역의 넓이를 구하여라.

풀이

(i) **y에 관한 적분의 경우**: 두 곡선을 y에 관한 식으로 다시 표현하면 $x = y^2$, $x = y+2$이고, 구하는 영역의 시작점과 끝점의 y좌표는 각각 0과 2이다. 또한 이 구간에서 $y+2 \ge y^2$이므로 구하고자 하는 영역의 넓이를 정적분으로 표현하면

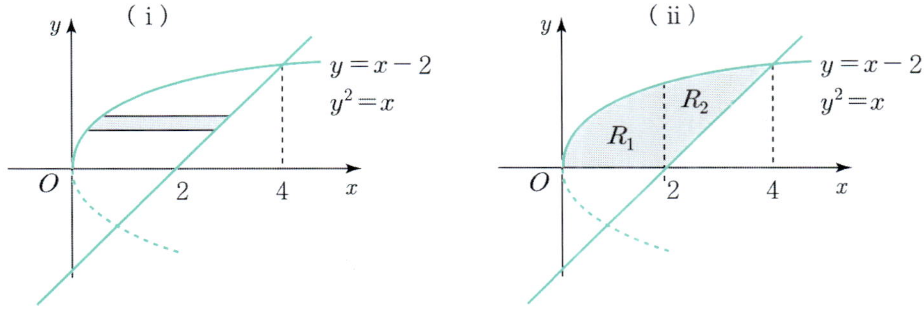

〈그림 1.11〉

$$\int_0^2 \left[(y+2)-y^2\right] dy = \left[\frac{y^2}{2} + 2y - \frac{y^3}{3}\right]_0^2 = \frac{4}{2} + 4 - \frac{8}{3} = \frac{10}{3}$$

이 된다.

(ii) x **에 관한 적분의 경우**: 그림에서 보듯이 x축 분할을 통하여 구하려면 구하고자 하는 영역을 두 부분으로 나누어야 한다. 하나는 구간 $[0, 2]$에서 $y=\sqrt{x}$와 $y=0$으로 둘러싸인 영역 R_1이고, 또 하나는 구간 $[2, 4]$에서 $y=\sqrt{x}$와 $y=x-2$로 둘러싸인 영역 R_2이다. 따라서 구하고자 하는 영역의 넓이를 정적분으로 표현하면

$$\begin{aligned} A(R) &= A(R_1)+A(R_2) \\ &= \int_0^2 \sqrt{x}\,dx + \int_2^4 [\sqrt{x}-(x-2)]\,dx \end{aligned}$$

가 된다. 즉, 구하는 넓이는

$$\begin{aligned} A(R) &= \int_0^2 \sqrt{x}\,dx + \int_2^4 [\sqrt{x}-(x-2)]\,dx \\ &= \left[\frac{2}{3}x^{\frac{3}{2}}\right]_0^2 + \left[\frac{2}{3}x^{\frac{3}{2}} - \frac{1}{2}x^2 + 2x\right]_2^4 \\ &= \frac{4\sqrt{2}}{3} + \left[\frac{2}{3}(8-2\sqrt{2}) - \frac{1}{2}(16-4) + 2(4-2)\right] \\ &= \frac{4\sqrt{2}}{3} + \left[\frac{16}{3} - \frac{4\sqrt{2}}{3} - 6 + 4\right] \\ &= \frac{10}{3} \end{aligned}$$

■

➡ 연습문제 해답 524쪽

6.1 연습문제

01. 다음의 곡선들로 둘러싸인 영역의 넓이를 구하여라. (영역을 그린 후 "자르고, 근삿값을 구하고, 적분하는" 3단계 방법을 이용하여라.)

(1) $y = x^2$, $y = x + 6$, $x = 0$, $x = 2$

(2) $y = \sqrt{x - 4}$, $y = 0$, $x = 8$

(3) $y = x^4$, $y = 2x - x^2$

(4) $y^2 = 4x$, $4x - 3y = 4$

02. 곡선 $y = x^2$과 $y = 4$로 둘러싸인 영역을 직선 $y = c$가 이등분할 때 상수 c의 값을 구하여라.

03. 곡선 $y = x^2$ 위의 두 점 A, B와 원점 O가 정삼각형을 형성할 때, 곡선과 선분 $\overline{OA}$로 둘러싸인 영역의 넓이를 구하여라.

Section 2

2. 입체도형의 부피

공간상의 일반적인 부피는 이변수 함수가 나타내는 곡면에 의해 형성되고 따라서 그 부피를 구하기 위해서는 이변수 함수에 대한 이중적분을 계산하여야 한다. 그러나 이 절에서는 입체의 단면적 함수가 주어진 경우 단면적의 적분을 통하여 입체의 부피를 구한다.
또 주어진 구간에서 평면상의 곡선을 x축 또는 y축 등을 회전축으로 하여 회전시킬 때 생기는 입체의 부피를 원반의 방법, 나사받이의 방법, 원기둥 껍질법 등을 사용하여 구해본다.

2.1 입체도형의 부피

공간상의 입체의 부피를 구하는 과정을 살펴보자. 우선 입체의 시작점과 끝점의 x좌표를 구하여 그 구간 $[a, b]$를 앞의 경우와 마찬가지로 분할하고 각 분할점을 $a = x_0 \le x_1 \le x_2 \le \cdots \le x_{n-1} \le x_n = b$라 하자. 이 분할점에서 x축에 수직인 평면으로 입체를 잘게 자르면 입체는 얇은 평판들로 분할된다. 입체를 x축에 수직인 평면으로 자른 단면의 넓이를 $A(x)$라 하면 각 평판의 부피 ΔV_k는 Δx_k 두께의 얇은 원기둥의 부피와 근사하다. 즉 $\Delta V_k \approx A(\overline{x_k})\,\Delta x_k$, $x_{k-1} \le \overline{x_k} \le x_k$임을 알 수 있다. 이 얇은 원기둥의 부피의 합 $\sum_{k=1}^{n} A(\overline{x_k})\,\Delta x_k$에 구간 $[a, b]$의 분할의 크기(norm)를 0으로 보내는 극한을 취할 때 만약 이 극한이 존재하면 이 극한값은 입체의 부피 V가 되고 이 값은

$$V = \int_a^b A(x)\,dx$$

가 된다.

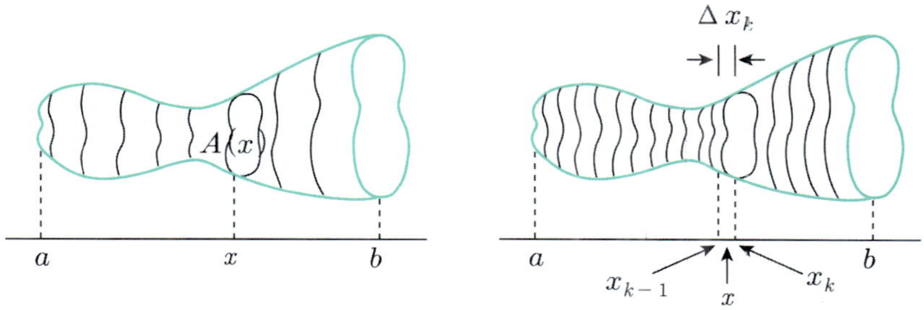

〈그림 2.1〉

예제 2.1 함수 $y = \sin x\ (0 \le x \le \pi)$의 그래프와 x축으로 둘러싸인 영역을 밑면으로 하고 x축에 수직인 평면으로 자른 단면이 정삼각형인 입체도형의 부피를 구하여라.

풀이

임의의 $x \in [0, \pi]$에서 입체를 x축에 수직인 평면으로 자른 단면의 부피 $A(x)$는

$$A(x) = \frac{\sqrt{3}}{4}\sin^2 x$$

이므로 입체도형의 부피 V는

$$V = \int_0^\pi \frac{\sqrt{3}}{4}\sin^2 x\,dx = \frac{\sqrt{3}}{4}\int_0^\pi \left(\frac{1-\cos 2x}{2}\right)dx$$

$$= \frac{\sqrt{3}}{4}\left[\frac{1}{2}x - \frac{\sin 2x}{4}\right]_0^\pi = \frac{\sqrt{3}}{8}\pi$$ ■

예제 2.2 반지름이 r인 구의 부피를 구하여라.

풀이

원점을 중심으로 하고 반지름이 r인 구를 생각하자. 이 구를 $0 < x < r$에서 x축과 수직으로 잘랐을 때의 단면은 반지름이 $\sqrt{r^2 - x^2}$인 원으로 그 넓이는 $A(x) = \pi(r^2 - x^2)$이다. 따라서 구의 부피는

$$V = \int_{-r}^{r} A(x)\,dx = \int_{-r}^{r} \pi(r^2 - x^2)dx = 2\int_{0}^{r} \pi(r^2 - x^2)\,dx$$

$$= 2\pi\left[r^2 x - \frac{1}{3}x^3\right]_0^r = \frac{4}{3}\pi r^3$$

■

예제 2.3 반지름이 r 인 원기둥이 있다. 이 원기둥 밑면 원의 중심을 포함하고 밑면과 이룬 각이 α 인 평면으로 원기둥을 잘랐을 때 생기는 입체 중 모서리 부분의 부피를 구하여라. (단, 원기둥의 높이는 충분히 크다.)

풀이

원기둥 밑면은 xy 평면 위에 있고 그 중심을 원점이라 가정하자. 또한 원기둥을 자른 평면은 원기둥과 y 축에서 만난다고 가정하자. 이때 모서리 부분의 입체를 x 축 또는 y 축에 수직으로 자르는 두 가지의 방법을 살펴보자.

(i) y **축에 수직으로 자르는 경우**

임의의 $-r < y < r$ 에서 단면은 직각삼각형으로 $h = x\tan\alpha$ 이고 $x^2 = r^2 - y^2$ 인 x 와 h 에 대해서

$$A(y) = \frac{1}{2}xh$$

이다. 따라서 구하고자 하는 입체의 부피는

$$V = \int_{-r}^{r} A(y)\,dy = \frac{1}{2}\tan\alpha\int_{-r}^{r}(r^2 - y^2)\,dy$$

$$= \frac{1}{2}\tan\alpha\left[r^2 y - \frac{1}{3}y^3\right]_{-r}^{r}$$

$$= \frac{1}{2}\tan\alpha\left[\left(r^3 - \frac{1}{3}r^3\right) - \left(-r^3 + \frac{1}{3}r^3\right)\right]$$

$$= \frac{2}{3}r^3\tan\alpha$$

(ii) x **축에 수직으로 자르는 경우**

임의의 $0 < x < r$ 에서 단면은 높이가 $x\tan\alpha$ 이고 밑변이 $2\sqrt{r^2 - x^2}$ 인 직사각형으로

넓이는 $A(x) = 2x\tan\alpha\ \sqrt{r^2 - x^2}$ 이다. 따라서 구하는 입체의 부피는

$$V = \int_0^r A(x)\,dx = 2\tan\alpha \int_0^r x\sqrt{r^2 - x^2}\,dx$$

이다. $r^2 - x^2 = t$ 라 치환하면 치환적분법에 의하여

$$\int_0^r x\sqrt{r^2 - x^2}\,dx = -\frac{1}{2}\int_{r^2}^0 \sqrt{t}\,dt = -\frac{1}{2}\left[\frac{2}{3}t^{\frac{3}{2}}\right]_{r^2}^0 = \frac{1}{3}r^3$$

이다. 그러므로 $V = \frac{2}{3}r^3\tan\alpha$ 이다.

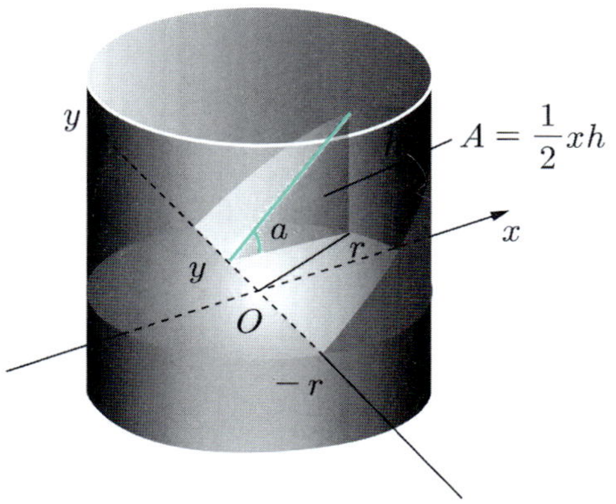

〈(i)의 경우〉

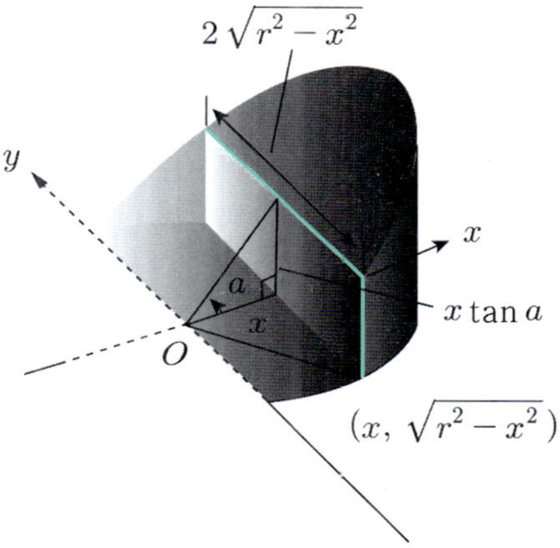

〈(ii)의 경우〉 ■

2.2 회전체의 부피

이 절에서는 평면상의 곡선을 주어진 구간에서 x축 또는 y축 등을 회전축으로 하여 회전시킬 때 생기는 입체의 부피를 원반의 방법, 나사받이의 방법, 원기둥 껍질법 등을 사용하여 구해본다.

원판의 방법

1.1절의 내용을 이용하면 회전체의 부피를 구하는 것은 매우 용이하다. 실제로 회전체의 단면은 원 또는 환이므로 계산이 용이하다. 회전체의 부피는 회전축 및 회전시킬 영역의 형태에 따라 다양한 방법을 적용하여 구하는데 각각의 경우를 예제를 통하여 설명한다.

원판에 의한 부피 공식

$$V_x = \int_a^b \pi\,(\text{반지름})^2\,dx = \int_a^b \pi\,(f(x))^2\,dx$$

$$V_y = \int_a^b \pi\,(\text{반지름})^2\,dy = \int_a^b \pi\,(g(y))^2\,dy \qquad (2.1)$$

예제 2.4 $y=\sqrt{x}$, x축 그리고 $x=4$로 둘러싸인 영역을 x축을 회전축으로 하여 회전시킬 때 생기는 입체의 부피를 구하여라.

풀이

임의의 $x\in[0,4]$에 대해서 단면적은 $A(x)=\pi(\sqrt{x})^2$이므로 구하는 부피는

$$V=\int_0^4 \pi x\,dx = \pi\left[\frac{x^2}{2}\right]_0^4 = 8\pi$$

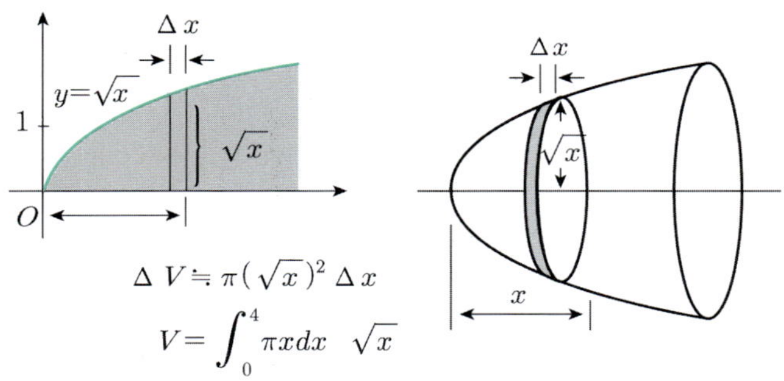

〈그림 2.4〉

■

예제 2.5 곡선 $y=x^3$, y축 그리고 직선 $y=3$으로 둘러싸인 영역을 y축을 회전축으로 하여 회전시킬 때 생기는 입체의 부피를 구하여라.

풀이

이 경우는 y축을 기준으로 회전시키므로 회전체를 y축에 수직이 되게 잘라야 단면이 원이 되고 이 경우 임의의 $y\in[0,3]$에 대한 단면의 반지름은 $x=\sqrt[3]{y}$이므로 단면적은 $A(y)=\pi\left(\sqrt[3]{y}\right)^2$이다. 따라서 구하는 회전체의 부피는

$$V = \int_0^3 \pi\, y^{2/3}\, dy = \pi \left[\frac{3}{5} y^{5/3} \right]_0^3 = \frac{9\sqrt[3]{9}}{5}\pi$$

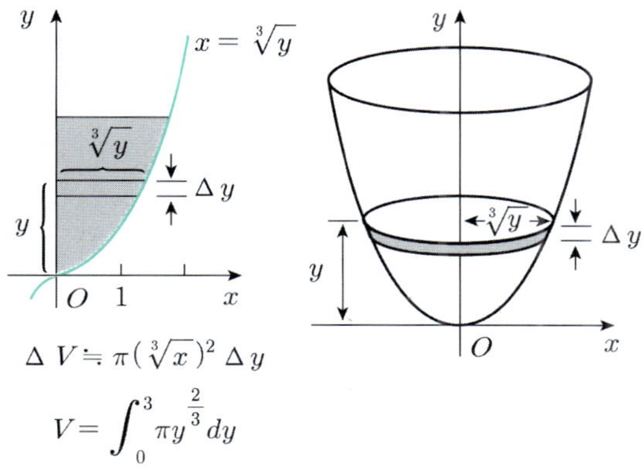

〈그림 2.5〉

나사받이 방법

앞의 경우와 다르게 때때로 회전체의 단면이 원이 아닌 환인 경우가 있는데, 이 경우 회전체를 회전축에 수직인 평면들로 자른 조각들은 나사받이(그림 2.6 참조)와 유사한 형태를 취한다. 따라서 이 회전체의 부피는 나사받이들의 부피의 합과 근사할 것이고 이후의 과정은 앞의 경우와 유사하다. 이런 과정으로 부피를 구하는 방법을 나사받이 방법이라 한다.

나사받이에 의한 부피 공식

$$V_x = \int_a^b \pi\left(R^2(x) - r^2(x)\right) dx$$
$$V_y = \int_a^b \pi\left(R^2(y) - r^2(y)\right) dy \qquad (2.2)$$

여기서 R은 외부의 반지름, r은 내부의 반지름

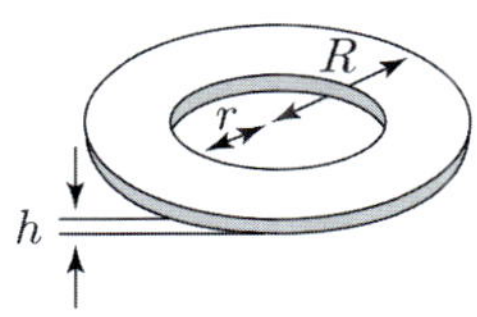

$V = \pi(R^2 - r^2)h$

〈그림 2.6〉

예제 2.6 두 포물선 $y=x^2$과 $y^2=8x$로 둘러싸인 영역을 x축을 회전축으로 하여 회전시킬 때 생기는 입체의 부피를 구하여라.

풀이

두 곡선은 $x=0$과 $x=2$에서 만나고 임의의 $x\in[0,\ 2]$에서 회전체의 단면은 중심이 $(x,\ 0)$이고 반지름이 각각 $\sqrt{8x}$, x^2인 두 원이 구성하는 환이다. 따라서 구하는 회전체의 부피는

$$V=\int_0^2 \pi\left\{(\sqrt{8x})^2-(x^2)^2\right\}dx = \pi\int_0^2(8x-x^4)\,dx=\pi\left[4x^2-\frac{1}{5}x^5\right]_0^2 = \frac{48\pi}{5}$$

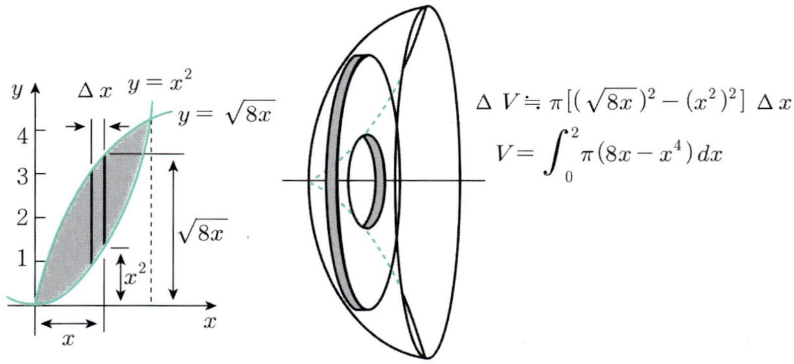

〈그림 2.7〉

예제 2.7 곡선 $x=\sqrt{4-y^2}$과 y축으로 둘러싸인 영역을 직선 $x=-1$을 회전축으로 하여 회전시킬 때 생기는 회전체의 부피를 구하여라.

풀이

주어진 영역과 회전축을 x축으로 1만큼 평행이동하면 구하고자 하는 입체의 부피는 곡선 $x=\sqrt{4-y^2}+1$과 직선 $x=1$로 둘러싸인 영역을 y축을 회전축으로 하여 회전시킨 입체의 부피와 같다. 임의의 $y\in[-2,\ 2]$에서 y축에 수직인 평면으로 자른 단면은 외부의 반지름이 $\sqrt{4-y^2}+1$이고 내부의 반지름이 1인 환형으로 넓이는 $\pi\left[\left(\sqrt{4-y^2}+1\right)^2-1^2\right]$이다. 따라서 부피는

$$V=\int_{-2}^{2}\pi\left[\left(\sqrt{4-y^2}+1\right)^2-1^2\right]dy$$

$$= 2\pi \int_0^2 \left[2\sqrt{4-y^2} + 4 - y^2\right] dy$$

$$= 4\pi \int_0^2 \sqrt{4-y^2}\, dy + 2\pi \int_0^2 (4-y^2)\, dy =$$

$$= 4\pi \times \pi + 2\pi \left[4y - \frac{1}{3}y^3\right]_0^2$$

$$= 4\pi^2 + \frac{32}{3}\pi$$

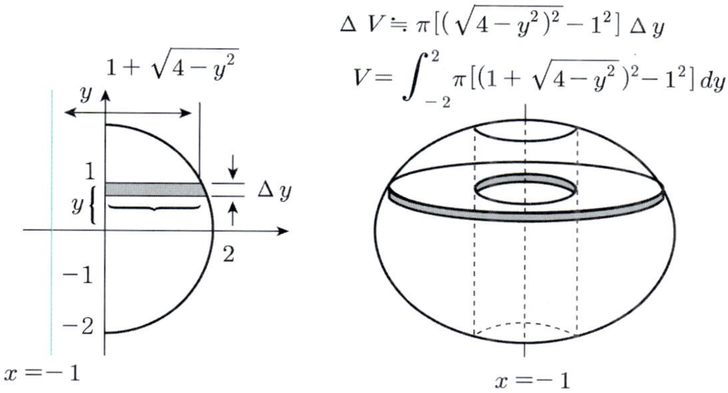

〈그림 2.8〉

원기둥 껍질법

회전체의 부피를 구하는 다른 방법으로 원기둥 껍질법이 있다. 원기둥 껍질은 중심이 같은 두 개의 직원기둥 사이의 입체이다. 실제로 내부의 반지름이 r_1이고 외부의 반지름이 r_2인 원기둥 껍질의 부피 V는

$$\begin{aligned}\Delta V &= (\text{밑넓이}) \times (\text{높이}) \\ &= \pi(r_2^2 - r_1^2)\, h = \pi (r_2 + r_1)(r_2 - r_1)\, h \\ &= 2\pi\left(\frac{r_2 + r_1}{2}\right) h\, (r_2 - r_1) \\ &= 2\pi \times (\text{반지름의 평균}) \times (\text{높이}) \times (\text{두께}) \\ &\equiv 2\pi\, r\, h\, \Delta r\end{aligned}$$

이다.

원기둥 껍질에 의한 부피 공식

$$y\text{축회전} \ : \ V_x = \int_a^b 2\pi\,(\text{반지름})(\text{높이})\,dx = 2\pi \int_a^b x f(x)\,dx \qquad (2.3)$$

$$x\text{축회전} \ : \ V_y = \int_a^b 2\pi\,(\text{반지름})(\text{높이})\,dy = 2\pi \int_a^b y g(y)\,dy$$

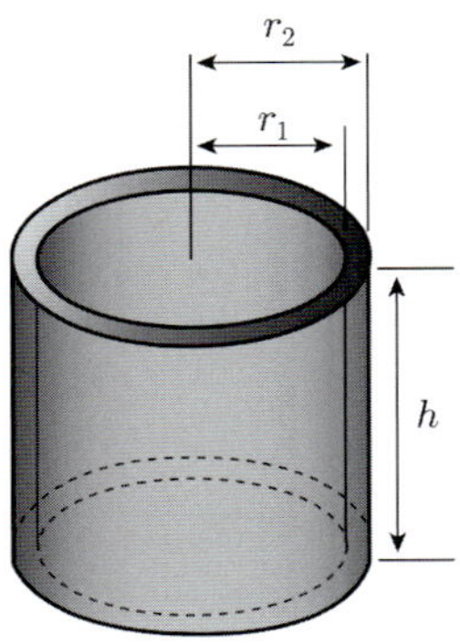

〈그림 2.9〉

이와 같은 공식은 다음의 형태로도 이해할 수 있다. 정의에 의하면 정적분은 x 또는 y의 어떤 구간을 아주 잘게 분할하여 계산하는 과정이 있고 이런 과정이 원통형껍질에도 적용되면 두께는 마치 종이처럼 아주 얇아지고 따라서 한 원기둥 껍질의 부피를 다음과 같이 펼쳐서 계산할 수 있다.

$$V_x = \lim_{\Delta x \to 0} \sum_{k=1}^{n} 2\pi x_k y_k \Delta x_k = \int_a^b 2\pi x f(x)\,dx$$

$$V_y = \lim_{\Delta y \to 0} \sum_{k=1}^{n} 2\pi y_k x_k \Delta y_k = \int_a^b 2\pi y g(y)\,dy$$

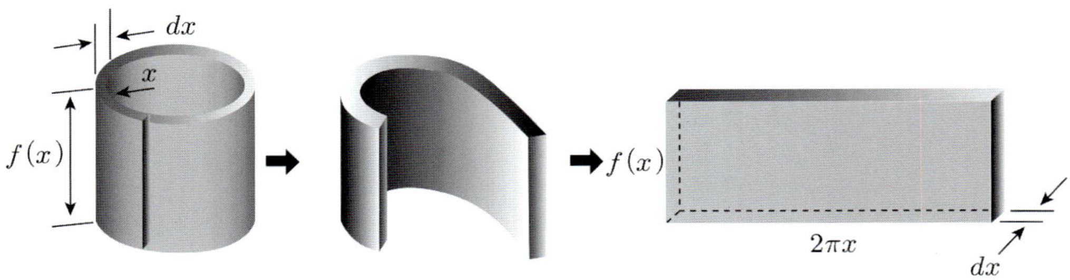

〈그림 2.10〉

예제 2.8 곡선 $y=\dfrac{1}{\sqrt{x}}$, x축 그리고 직선 $x=1$과 $x=4$로 둘러싸인 영역을 y축을 회전축으로 하여 회전시킨 회전체의 부피를 구하여라.

풀이

그림 2.11과 같은 방법으로 구하면 부피는

$$V=2\pi\int_1^4 x\frac{1}{\sqrt{x}}\,dx = 2\pi\int_1^4 \sqrt{x}\,dx = 2\pi\left[\frac{2}{3}x^{3/2}\right]_1^4 = \frac{28}{3}\pi$$

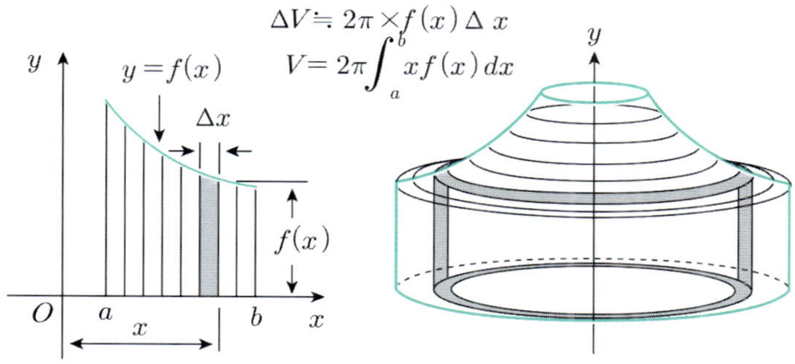

〈그림 2.11〉

■

예제 2.9 원 $x^2+(y-1)^2=1$, $x \geq 0$을 x축을 회전축으로 하여 회전시킨 회전체의 부피를 원기둥 껍질법으로 구하여라.

풀이

그림 2.12에서 보는 바와 같이, 임의의 $y\in[0, 2]$에 대한 원기둥 껍질은 반지름이 y이고 높이가 $x=\sqrt{1-(y-1)^2}$, 두께가 Δy이므로 원기둥 껍질의 부피 ΔV는

$$\Delta V = 2\pi y\sqrt{1-(y-1)^2}$$

이고 따라서 구하고자 하는 입체의 부피는

$$V=\int_0^2 2\pi y\sqrt{1-(y-1)^2}\,dy$$

$$=2\pi\int_{-1}^1 (t+1)\sqrt{1-t^2}\,dt \qquad y-1=t\text{로 치환}$$

$$= 2\pi \int_{-1}^{1} t\sqrt{1-t^2}\,dt + 2\pi \int_{-1}^{1} \sqrt{1-t^2}\,dt$$

$$= 0 + 2\pi \times \frac{\pi}{2} = \pi^2$$

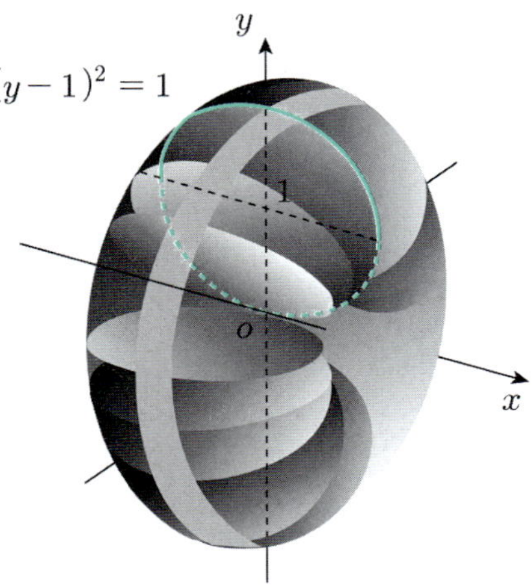

〈그림 2.12〉

■

➡ 연습문제 해답 524쪽

6.2 연습문제

01. 적분을 이용하여 가로, 세로, 높이가 각각 3 m 인 피라미드의 부피를 구하여라.

02. 입체도형의 밑면은 원 $x^2 + y^2 = 4$ 의 내부이다. x 축에 수직으로 자른 도형의 단면이 정사각형일 때, 입체도형의 부피를 구하여라.

03. 반지름이 r 이고 높이가 h 인 직원뿔의 부피는 $V = \frac{1}{3}\pi r^2 h$ 임을 증명하여라.

04. 곡선 $y = x^2$, $x = 4$, $y = 0$ 으로 둘러싸인 영역을 x 축을 중심으로 회전시킬 때 생기는 회전체의 부피를 구하여라.

05. 곡선 $y^2 = x$, $x = 0$, $y = 2$ 로 둘러싸인 영역을 y 축을 중심으로 회전시킬 때 생기는 회전체의 부피를 구하여라.

06. 곡선 $y = \frac{4}{x}$, $x = 1$, $x = 4$, $y = 0$ 으로 둘러싸인 영역을 y 축을 중심으로 회전시킬 때 생기는 회전체의 부피를 구하여라.

07. 곡선 $y = \sqrt{x}$, $x = 4$, $y = 0$ 으로 둘러싸인 영역을 $x = 4$ 를 회전축으로 하여 회전시킬 때 생기는 회전체의 부피를 구하여라.

08. $0 \le x \le \pi$ 에서 곡선 $y = \sin x$ 를 $y = \frac{1}{2}$ 을 회전축으로 하여 회전시킬 때 생기는 입체의 부피를 구하여라.

09. $y = 4 - x^2$ 의 1사분면의 영역을 x 축과 y 축을 각각 회전축으로 하여 회전시킨 입체의 부피를 구하여라.

10. 밑면은 $y = \cos x$, $0 \le x \le 2\pi$ 가 이루는 영역이고, x 축에 수직으로 자른 단면이 반원인 입체도형의 부피를 구하여라.

11. 아래 그림의 영역 R에 대하여 다음을 회전축으로 하여 회전시킬 때 생기는 회전체의 부피를 구하는 식을 세워보아라.

(1) x 축　　(2) y 축

(3) 직선 $x = a$　　(4) 직선 $x = b$

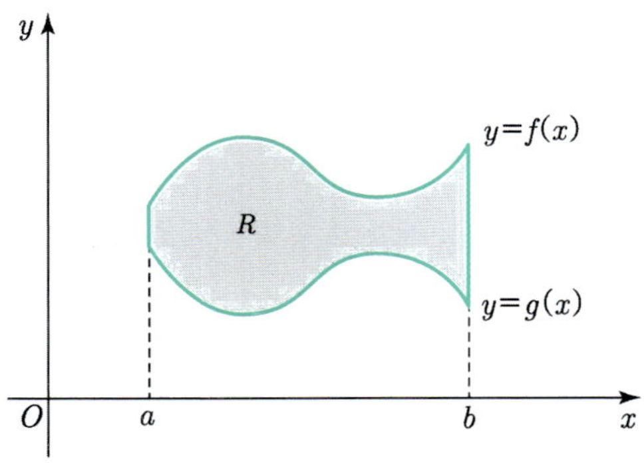

12. $y = x^2 - x$ 와 $y = x$ 로 둘러싸인 영역을 x 축을 회전축으로 하여 회전시킨 회전체의 부피를 구하여라.

13. 원 $x^2 + y^2 = a^2$ 을 $x = b$ $(b > |a|)$를 축으로 하여 회전시켰을 때 생기는 도넛 모양의 부피를 구하는 식을 세워라.

Section 3

3. 평면곡선의 길이와 회전체의 겉넓이

이 절에서는 평면의 넓이나 입체의 부피를 구할 때와 유사한 방법으로 평면 위의 곡선의 길이를 구한다. 주어진 구간에서 곡선 위에 여러 개의 점을 잡고 서로 인접한 점을 선분으로 연결한 것의 합은 선분을 세분화할수록 곡선의 길이에 근접한다.

3.1 곡선의 길이

그림 3.1과 같이 $x=a$에서 $x=b$까지 함수 $y=f(x)$가 그리는 곡선의 길이를 구하여보자. 우선 곡선 위에 n개의 분할점을 잡고 이 연속적인 분할점을 연속적인 선분으로 연결한다. 그러면 한 선분 PQ의 길이는

$$\Delta l_k = \sqrt{(\Delta x_k)^2 + (\Delta y_k)^2}$$

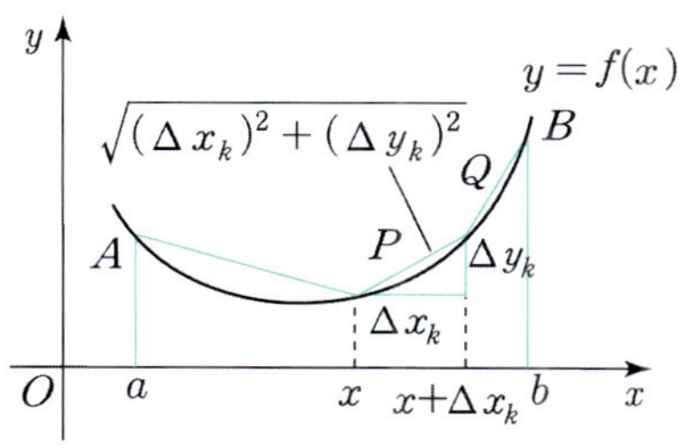

〈그림 3.1〉

이다. 이들의 합

$$\sum_{k=1}^{n} \Delta l_k = \sum_{k=1}^{n} \sqrt{(\Delta x_k)^2 + (\Delta y_k)^2}$$

은 주어진 곡선의 길이에 근사할 것이고 또한 각각의 선분의 길이를 0으로 보내는 극한이 존재하면 바로 이 극한값이 곡선의 길이가 될 것으로 기대된다. 이런 과정을 살펴보면 다음과 같다.

함수 f가 $[a, b]$에서 미분 가능하면 평균값정리에 의하여 접선의 기울기가 선분 PQ의 기울기와 같은 곡선 위의 접점 (c_k, d_k)가 존재할 것이다. 즉

$$f'(c_k) = \frac{\Delta y_k}{\Delta x_k} \text{ 또는 } \Delta y_k = f'(c_k)\,\Delta x_k$$

이다. 따라서

$$\begin{aligned}\sum_{k=1}^{n} \Delta l_k &= \sum_{k=1}^{n} \sqrt{(\Delta x_k)^2 + (f'(c_k)\,\Delta x_k)^2} \\ &= \sum_{k=1}^{n} \sqrt{1 + (f'(c_k))^2}\,\Delta x_k\end{aligned}$$

이므로 구하고자 하는 곡선의 길이 L은 위 식의 극한인 적분

$$L = \int_a^b \sqrt{1 + (f'(x))^2}\,dx$$

가 된다.

곡선의 길이

(1) $L = \int_a^b \sqrt{1 + \left(\frac{dy}{dx}\right)^2}\,dx$

(2) $L = \int_c^d \sqrt{1 + \left(\frac{dx}{dy}\right)^2}\,dy$

예제 3.1 $x = 0$에서 $x = 1$ 사이의 곡선 $y = \frac{4\sqrt{2}}{3}x^{3/2} - 1$의 길이를 구하여라.

풀이

$y' = \frac{4\sqrt{2}}{3} \cdot \frac{3}{2}x^{1/2} = 2\sqrt{2}\,x^{1/2}$이므로

$$1 + (y')^2 = 1 + (2\sqrt{2}\,x^{1/2})^2 = 1 + 8x$$

이다. 따라서 곡선의 길이는

$$L = \int_0^1 \sqrt{1 + (y')^2}\,dx = \int_0^1 \sqrt{1 + 8x}\,dx = \left[\frac{2}{3} \cdot \frac{1}{8}(1 + 8x)^{3/2}\right]_0^1 = \frac{13}{6}$$ ■

예제 3.2 (0.0)에서 (1.1)까지 곡선 $y^2 = x$의 길이를 구하여라.

풀이

$x = y^2$ 이므로 $\dfrac{dx}{dy} = 2y$ 이다. 따라서 구하는 곡선의 길이는 $L = \int_0^1 \sqrt{1+4y^2}\,dy$ 이다.

이제 삼각치환 $y = \dfrac{1}{2}\tan t$ 를 이용하면 $dy = \dfrac{1}{2}\sec^2 t\,dt$ 가 되어

$\int \sqrt{1+4y^2}\,dy = \int \sqrt{1+\tan^2 t}\,(\dfrac{1}{2}\sec^2 t)dt = \dfrac{1}{2}\int \sec^3 t\,dt$ 이다.

부부적분법을 이용하면 $\int \sec^3 t\,dt = \dfrac{1}{2}(\sec t\tan t + \ln|\sec t + \tan t|)$ 이므로

$= \dfrac{1}{2}\int \sec^3 t\,dt = \dfrac{1}{4}(\sec t\tan t + \ln|\sec t + \tan t|)$ 가 되고, $y = \dfrac{1}{2}\tan t$ 에서 $\tan t = 2y$,

$\sec t = \sqrt{1+4y^2}$ 이므로

$L = \dfrac{1}{4}\left[2y\sqrt{1+4y^2} + \ln\left|\sqrt{1+4y^2} + 2y\right|\right]_0^1 = \dfrac{1}{4}(2\sqrt{5} + \ln(2+\sqrt{5}))$

$= \dfrac{\sqrt{5}}{2} + \dfrac{\ln(2+\sqrt{5})}{4}$ 이다. ■

3.2 회전체의 겉넓이

그림 3.2와 같이 함수 $y = f(x)$ $(a \le x \le b)$가 그리는 곡선 AB를 x축을 회전축으로 하여 회전시킨 회전체의 겉넓이를 구하여보자. 앞에서 살펴본 곡선의 길이를 구하는 경우처럼 곡선 AB를 잘게 분할하였을 때 각각의 부분 곡선 PQ는 두 점을 연결한 짧은 선분 $\overline{PQ}$와 근사할 것이고 이 선분을 회전시킨 회전체는 원뿔의 일부분 모양이 되는데 이것을 **원뿔대**(frustum of the cone)라 부른다. 이 절에서는 이러한 회전체의 겉넓이 계산법을 소개한다.

그림 3.2의 한 원뿔대의 양 측면인 원의 반경을 각각 r_1, r_2라 하면 이 원뿔대의 옆넓이 A는

$$A = \pi(r_1 + r_2)L, \quad L = \overline{PQ}$$

가 되는데 이들 원뿔대의 옆넓이를 합하면 구하고자 하는 곡선의 겉넓이 S의 근삿값이 된다.

$$A = \left(\frac{2\pi r_1 + 2\pi r_2}{2}\right)L = \pi(r_1 + r_2)L$$

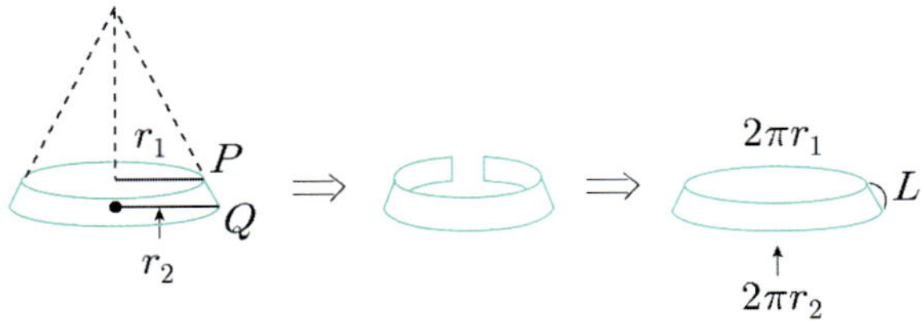

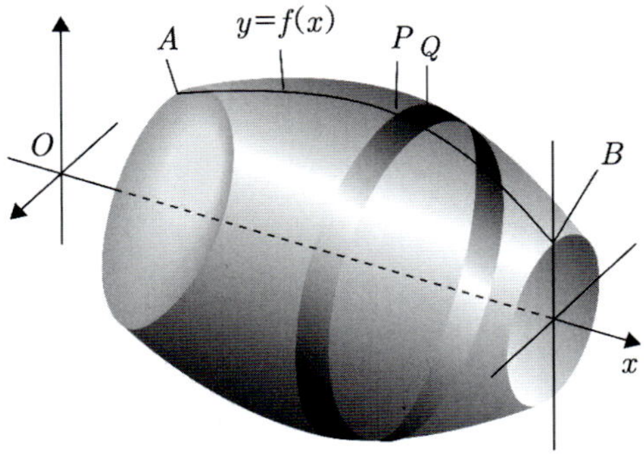

〈그림 3.2〉

이 근삿값은 결국 겉넓이 S를 구하는 적분의 형태를 유도하는데 그 과정을 살펴보면 다음과 같다.

점 P와 Q의 좌표를 각각 (x_k, y_k), $(x_k+\Delta x_k, y_k+\Delta y_k)$라 하면

$$r_1 = y_k,\ \ r_2 = y_k + \Delta y_k,\ \ L = \sqrt{(\Delta x_k)^2 + (\Delta y_k)^2}$$

이므로 원뿔대의 옆넓이의 합은

$$\begin{aligned}\sum_{k=1}^{n} A_k &= \sum_{k=1}^{n} \pi(2y_k + \Delta y_k)\sqrt{(\Delta x_k)^2 + (\Delta y_k)^2} \\ &= \sum_{k=1}^{n} 2\pi\left(y_k + \frac{1}{2}\Delta y_k\right)\sqrt{1+\left(\frac{\Delta y_k}{\Delta x_k}\right)^2}\,\Delta x_k\end{aligned}$$

이다. 여기에 곡선 AB의 분할의 크기를 0으로 보내는 극한을 취하면(즉, $\overline{PQ}$의 길이를 0으로 보내는 극한을 취하면 $\Delta x_k \to 0$이고 $\Delta y_k \to 0$) 원뿔대의 옆넓이의 합 $\sum_{k=1}^{n} A_k$는 구하고자 하는 겉넓이

$$S = \int_a^b 2\pi y\sqrt{1+\left(\frac{dy}{dx}\right)^2}\,dx$$

로 수렴한다.

예제 3.3 곡선 $y=\sqrt{x}\,(0\le x\le 2)$를 x축을 중심으로 회전시킨 회전체의 겉넓이를 구하여라.

풀이

$$\begin{aligned}S &= \int_0^2 2\pi y\sqrt{1+\left(\frac{dy}{dx}\right)^2}\,dx\\ &= \int_0^2 2\pi\sqrt{x}\left(\frac{\sqrt{4x+1}}{2\sqrt{x}}\right)dx\\ &= \pi\int_0^2\sqrt{4x+1}\,dx\\ &= \left[\pi\cdot\frac{2}{3}\cdot\frac{1}{4}(4x+1)^{3/2}\right]_0^2\\ &= \frac{13\pi}{2}\end{aligned}$$

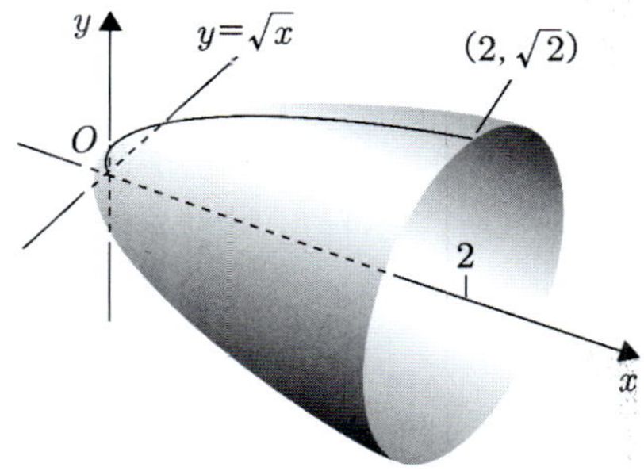

〈그림 3.3〉

■

만약 $x=g(y)$ $(c\le y\le d)$를 y축을 중심으로 회전시켰다면 겉넓이 S는

$$S=\int_c^d 2\pi x\sqrt{1+\left(\frac{dx}{dy}\right)^2}\,dy$$

➡ 연습문제 해답 526쪽

6.3 연습문제

01. $0 \le x \le 3$ 에서 곡선 $y = \frac{1}{3}(x^2+2)^{\frac{3}{2}}$ 의 길이를 구하여라.

02. $0 \le x \le \frac{\pi}{4}$ 에서 곡선 $y = \int_0^x \sqrt{\cos 2\theta}\, d\theta$ 의 길이를 구하여라.

03. $y = 2\left(e^{\frac{x}{4}} + e^{-\frac{x}{4}}\right)$의 $x=0$ 에서 $x=4$ 까지의 곡선의 길이를 구하여라.

04. 원 $(x-1)^2 + y^2 = 1$ 을 y 축을 회전축으로 회전시킬 때 생기는 입체의 겉넓이를 구하여라.

05. 곡선 $y = x^2$ $(0 \le x \le 1)$을 y 축으로 회전시킬 때 생기는 사발 모양의 겉넓이를 구하여라.

06. $y = \sqrt{25 - x^2}$ 의 $-2 \le x \le 3$ 사이의 영역을 x 축을 회전축으로 하여 회전시킨 입체의 겉넓이를 구하여라.

Section 4

4. 기타 분야에서의 응용

공학이나 물리학에서 연구되는 많은 구조와 기계장치들은 마치 전체 질량이 질량중심이라 불리는 한 점에 집중된 것처럼 작동한다. 예를 들어 태양은 그 주위를 공전하는 행성들의 질량중심이 되는 것이고, 시소의 질량중심은 중앙점이다. 질량중심이 어디에 위치하는가를 알아내는 것은 기본적으로 수학적인 문제로서 여기서는 1차 또는 2차원의 표준화된 모양들의 질량중심을 구해본다. 또한 일과 액체의 압력과 힘에 대해서도 살펴보고 마지막으로 경제학에서 적분이 어떻게 응용되는지 살펴본다.

4.1 모멘트와 질량중심

질량이 m 인 입자가 지정된 점으로부터 거리가 d 인 지점에 놓여 있을 때 md 를 주어진 지점에서의 **모멘트**(moment)라 한다. 이제 그림 4.1과 같이 질량이 각각 m_1, m_2, m_3 인 세 점 x_1, x_2, x_3 이 원점에 지렛대가 놓인 x 축에 있다고 하자. 이때 각 모멘트의 총합을 원점에 관한 이 입자들의 총 모멘트라 한다. 즉, 총 모멘트 M은

$$M = x_1 m_1 + x_2 m_2 + x_3 m_3$$

이다. 또한 총 모멘트가 0일 때 원점에 관하여 이 입자들의 모멘트는 균형을 이룬다고 한다. 실제로 질량이 m_k 인 입자 x_k 들의 모멘트가 어떤 점 $\overline{x}$ 에 관하여 균형을 이룬다는 것은 이 점에 관한 총 모멘트가 0이 된다는 것이다. 즉,

$$\sum_k (x_k - \overline{x}) m_k = 0$$

이다. 따라서 $\overline{x} = \dfrac{\sum_k x_k m_k}{\sum_k m_k}$ 이고 이 점을 입자계의 **질량중심**(center of mass)이라 한다.

〈그림 4.1〉

예제 4.1 질량이 2kg, 1kg, 4kg 인 3개의 입자가 각각 x 축 위의 점 0, 2, 4에 놓여 있다. 이들 입자계의 질량중심을 구하여라.

풀이

총 질량은 $m = 2 + 1 + 4 = 7(\text{kg})$이고 총 모멘트는

$$M = 0 \cdot 2 + 2 \cdot 1 + 4 \cdot 4 = 18$$

이다. 따라서 질량중심 $\overline{x}$ 는

$$\overline{x} = \frac{M}{m} = \frac{18}{7}$$

이다. ■

연속적인 질량분포의 중심을 구하는 형태로 길이가 $b - a$ 인 선분모양의 연속적인 질점 x 에서의 밀도를 $\delta(x)$라 하면 총 질량은 $m = \int_a^b \delta(x)\, dx$ 이고 또한 총 모멘트는

$$M = \int_a^b x\,\delta(x)\, dx$$

이다. 따라서 질량중심은

$$\overline{x} = \frac{M}{m} = \frac{\int_a^b x\,\delta(x)\, dx}{\int_a^b \delta(x)\, dx}$$

이다.

예제 4.2 x 축 위의 $0 \le x \le 5$ 에 밀도가 $\delta(x) = 2x$ 인 철사 모양의 물체가 놓여 있을 때 그 질량중심을 구하여라.

풀이

연속적인 입자계의 질량중심 $\bar{x}$는

$$\bar{x} = \frac{\int_0^5 x \cdot 2x\,dx}{\int_0^5 2x\,dx} = \frac{\left[\frac{2}{3}x^3\right]_0^5}{\left[x^2\right]_0^5} = \frac{10}{3}$$ ■

좌표평면상에서 질량이 m_k인 입자 (x_k, y_k)의 x축과 y축에 관한 총 모멘트를 각각 M_x, M_y라 하면

$$M_x = \sum_k y_k m_k,\ M_y = \sum_k x_k m_k$$

이고 질량중심의 x, y좌표 $\bar{x}$, $\bar{y}$는 각각

$$\bar{x} = \frac{M_y}{m} = \frac{\sum_k x_k m_k}{\sum_k m_k}, \quad \bar{y} = \frac{M_x}{m} = \frac{\sum_k y_k m_k}{\sum_k m_k}$$

이다.

예제 4.3 평면상에서 질량이 각각 2, 3, 4인 세 점 $(-1, 0)$, $(2, 0)$, $(-1, 1)$의 질량중심을 구하여라.

풀이

질량중심의 x좌표와 y좌표는 각각 다음과 같다.

$$\bar{x} = \frac{M_y}{m} = \frac{\sum_k x_k m_k}{\sum_k m_k} = \frac{-2+6-4}{9} = 0$$

$$\bar{y} = \frac{M_x}{m} = \frac{\sum_k y_k m_k}{\sum_k m_k} = \frac{0+0+4}{9} = \frac{4}{9}$$ ■

닫힌구간 $[a, b]$의 모든 x에 대해서 $g(x) \le f(x)$인 두 함수로 둘러싸인 영역 내의 모든 점이 일정한 밀도 δ를 갖는다고 하자. 영역을 구간 $[a, b]$를 세분한 점에서 y축에 평행한 직선들로

잘랐을 때 생기는 작은 영역은 거의 직사각형 모양이므로 이것의 질량중심을 직사각형의 중점으로 간주할 때, 이 작은 영역의 총 질량 Δm 과 ΔM_x, ΔM_y 는 다음과 같다.

$$\Delta m \approx \delta\,[f(x)-g(x)]\,\Delta x$$

$$\Delta M_x \approx \delta\,\frac{f(x)+g(x)}{2}\,[f(x)-g(x)]\,\Delta x$$

$$\Delta M_y \approx \delta\, x\,[f(x)-g(x)]\,\Delta x$$

이들의 총합에 대한 분할의 극한을 취하면 이 평면의 총 질량 m 과 모멘트 M_x, M_y 는 각각

$$m = \delta\int_a^b [f(x)-g(x)]\,dx$$

$$M_x = \frac{\delta}{2}\int_a^b [f(x)+g(x)]\,[f(x)-g(x)]\,dx$$

$$M_y = \delta\int_a^b x\,[f(x)-g(x)]\,dx$$

이다. 따라서 이 영역의 질량중심의 좌표는

$$\bar{x} = \frac{M_y}{m} = \frac{\displaystyle\int_a^b x\,[f(x)-g(x)]\,dx}{\displaystyle\int_a^b [f(x)-g(x)]\,dx}$$

$$\bar{y} = \frac{M_x}{m} = \frac{\displaystyle\frac{1}{2}\int_a^b [f^2(x)-g^2(x)]\,dx}{\displaystyle\int_a^b [f(x)-g(x)]\,dx} \tag{4.1}$$

이다. 밀도가 일정한 평판인 경우 그 질량중심은 밀도와 질량에 무관하다. 이 경우의 질량중심을 **도심**(centroid)이라 한다.

예제 4.4 두 곡선 $y=x$ 와 $y=x^4$ 으로 둘러싸인 영역의 도심을 구하여라.

풀이

두 곡선은 $x=0$ 과 $x=1$ 에서 만나므로 질량중심의 좌표는

$$\bar{x} = \frac{M_y}{m} = \frac{\int_0^1 x\,[x - x^4]\,dx}{\int_0^1 [x - x^4]\,dx} = \frac{\frac{1}{6}}{\frac{3}{10}} = \frac{5}{9}$$

$$\bar{y} = \frac{M_x}{m} = \frac{\frac{1}{2}\int_0^1 [x^2 - x^8]\,dx}{\int_0^1 [x - x^4]\,dx} = \frac{\frac{1}{9}}{\frac{3}{10}} = \frac{10}{27}$$

이다. 따라서 도심은 $\left(\frac{5}{9}, \frac{10}{27}\right)$이다. ■

4.2 일

어떤 물체가 운동하는 방향으로 일정한 힘 F가 작용한다는 전제하에 한 직선을 따라 거리 d만큼 움직인다면 물리학자나 공학자들은 다음과 같이 일(work) W를 정의한다. 즉

$$W = F \cdot d \tag{4.2}$$

힘은 파운드, 거리는 피트로 측정된다면 일의 단위는 피트 파운드(foot-pounds)이다. 즉, 1 파운드 무게의 물체를 1피트 들어 올리는 데 필요한 일의 양을 의미한다. 미터법 체계에서 힘은 **다인**(dyne, 1그램(gm)의 물체에 작용하여 1cm/sec^{2}의 가속도를 생기게 하는 힘) 또는 **뉴턴**(newtons, 1킬로그램(kg)의 물체에 작용하여 1m/sec^{2}의 가속도를 생기게 하는 힘)으로 측정한다. 미터법 체계에서 일의 공통단위는 뉴턴-미터와 다인-센티미터이다.

예제 4.5 물체가 5 피트 움직인다. 100 파운드의 일정한 힘으로 운동의 앞 방향으로 움직인다고 했을 때 일의 양 W를 구하여라.

풀이

$W = F \cdot d = 5 \times 100 = 500$ (피트-파운드) ■

어떤 물체가 x축 위에 표시되는 운동 방향에서, 힘이 $F(x)$인 좌표 선을 따라 양의 방향으로 움직인다고 가정하자. 이때 물체가 구간 $[a, b]$에서 움직인다면 이 힘에 의해 발생한 일을 구하여 보자.

예를 들어 그림 4.2는 압축된 용수철 힘의 지배를 받는 블록을 보여준다. 블록이 a에서 b까지 움직임에 따라 스프링은 늘어나고 힘은 감소한다. 따라서 힘 $F(x)$는 용수철 변량 x를 따른다.

〈그림 4.2〉

이 문제를 해결하기 전에 가변적인 힘에 의해 발생한 일의 의미를 먼저 정의해야만 한다. 구간 $[a, b]$를 $a = x_0 < x_1 < x_2 < \cdots < x_{n-1} < x_n = b$이고 길이가

$$\Delta x_1,\ \Delta x_2,\ \cdots,\ \Delta x_n$$

인 n개의 소구간으로 나누자. 물체가 k번째 소구간을 지나 움직일 때 발생한 일을 W_k라 하면 물체가 전 구간 $[a, b]$를 지나 움직일 때 전체 일 W는

$$W = W_1 + W_2 + \cdots + W_n$$

이 될 것이다. 이제 W_k의 근삿값을 계산해보자. k번째 소구간이 짧고 $F(x)$가 연속이라 하면 힘은 이 소구간 위에서 거의 상수가 될 정도로 많이 변하지는 않을 것이다. $\overline{x_k}$가 k번째 소구간의 임의의 점일 때 거의 상숫값인 힘 $F(\overline{x_k})$로 근사시킬 수 있다. 따라서 공식 (4.2)로부터 k번째 소구간에서 발생한 일 W_k는

$$W_k \approx F(\overline{x_k})\Delta x_k$$

이고 전 구간 $[a, b]$에서 발생한 일 W는

$$W = \sum_{k=1}^{n} W_k \approx \sum_{k=1}^{n} F(\overline{x_k})\Delta x_k$$

이다. $\max \Delta x_k \to 0$이 되도록 소구간의 수를 늘리면 직관적으로 그 근삿값은 더욱더 W에 접근할 것이다. 따라서

$$W = \lim_{\max \Delta x_k \to 0} \sum_{k=1}^{n} F(\overline{x_k})\Delta x_k$$

이고, 이것은

$$W = \lim_{\max \Delta x_k \to 0} \sum_{k=1}^{n} F(\overline{x_k})\Delta x_k = \int_a^b F(x)\, dx$$

임을 보여준다.

정의 4.6 힘 $F(x)$에 의해 운동하는 물체에 발생한 일

운동 방향으로 가변적인 힘 $F(x)$가 전제될 때 어떤 물체가 구간 $[a, b]$의 양의 방향으로 움직이면 힘 $F(x)$에 의해 발생한 일 W는

$$W = \int_a^b F(x)\, dx \tag{4.3}$$

이다.

[참고] 훅(Hooke, 1635~1703, 영국의 물리학자)의 법칙

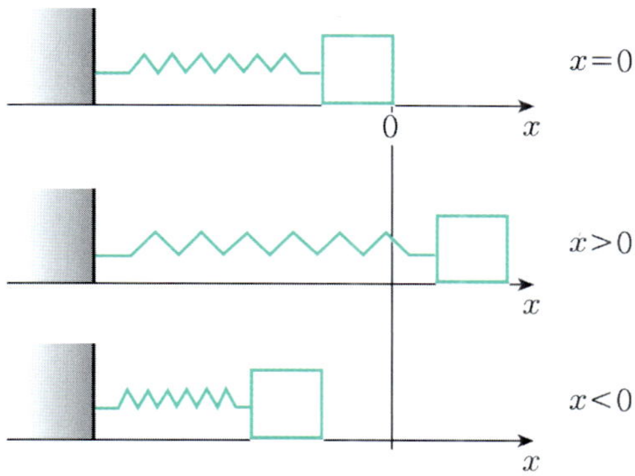

〈그림 4.3〉

매끈하고 수평인 마루 위에 용수철을 둔다. 용수철의 오른쪽 방향을 양의 x축이라고 하자. 용수철 왼쪽 끝을 고정하고 외력이 없을 때 오른쪽 끝의 위치를 x의 원점으로 잡자. 용수철 길이가 변했을 때, 오른쪽 끝의 x좌표로 변형 상태를 나타내기로 한다. $x > 0$이면 늘어난 것이고, $x < 0$이면 줄어든 것이다. 용수철 길이의 변화가 x일 때의 복원력을 $F(x)$라 하자. 힘이 오른쪽 방향이면 $F(x) > 0$이고, 왼쪽 방향이면 $F(x) < 0$이라 한다. 이때 훅 법칙은 다음과 같이 나타낼 수 있다.

$$F(x) = -kx$$

이때 k를 용수철 상수라고 부른다. 용수철 상수는 용수철의 힘 혹은 유연한 정도를 나타내는 상수로 각각의 용수철마다 다른 값을 갖는다.

예제 4.7 자연 상태에서 길이가 24 인치인 용수철을 10 인치 늘이기 위해 5 파운드 힘을 가했다.

(1) 용수철 상수 k값을 구하여라.

(2) 자연 상태의 길이에서 42인치의 길이로 늘이는 데 필요한 일은 얼마인가?

풀이

(1) 훅의 법칙

$$F(x) = -kx$$

으로부터 $F(x) = 5$ 파운드이고 $x = 10$ 이므로

$$5 = -10k$$

이다. 따라서

$$k = -\frac{1}{2}$$

이다. 이것은 용수철을 x 인치 늘이는 데 필요한 힘은 $\frac{1}{2}x$ 이고 복원력 $F(x)$는

$$F(x) = -\frac{1}{2}x \tag{4.4}$$

임을 의미한다.

(2) 그림 4.4에서와 같이 x축을 따라 용수철을 놓자. $x = 0$ 에서 $x = 18$ 까지 용수철을 늘이는 데 필요한 일 W는 식 (4.3)과 (4.4)로부터

$$\begin{aligned} W &= \int_a^b F(x)\,dx \\ &= \int_0^{18} -\frac{1}{2}x\,dx \\ &= -\left[\frac{x^2}{4}\right]_0^{18} \\ &= -81 \text{ (인치-파운드)} \end{aligned}$$

이다. 즉, 81(인치-파운드)만큼 일이 필요하다는 의미이다.

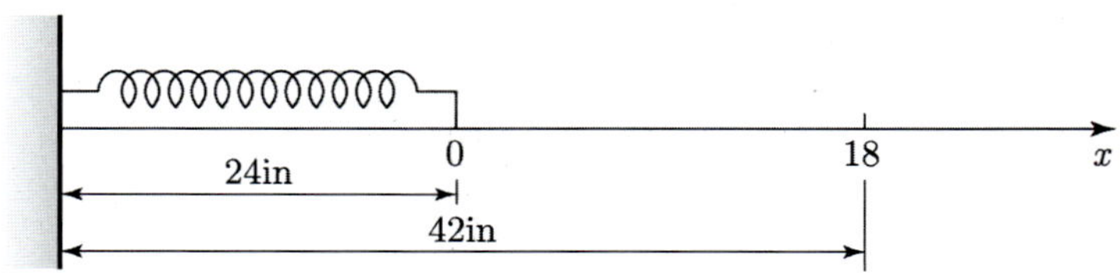

〈그림 4.4〉

예제 4.8 반지름이 10 피트이고 높이가 30 피트인 원기둥 모양의 물탱크에 물을 반 채웠다. 탱크에 물을 가득 채우기 위해 필요한 일은 얼마인가? (단, 물의 밀도는 $62.4\,\text{lb}/\text{ft}^3$ 이다.)

풀이

그림 4.5와 같이 좌표선을 잡는다. 물을 n개의 얇은 두께

$$\Delta x_1,\ \Delta x_2,\ \cdots,\ \Delta x_n$$

을 가진 단층으로 나눈다고 가정하자. k번째 단층을 움직이기 위해 필요한 힘은 물의 밀도 ($62.4\,\text{lb}/\text{ft}^3$)와 부피를 곱함으로써 구할 수 있는 단층의 무게와 같다. k번째 단층은 반지름이 $r = 10$ 피트이고 높이는 Δx_k이기 때문에 그것을 움직이기 위해 요구되는 힘 $F(\Delta x_k)$는

$$\begin{aligned} F(\Delta x_k) &= (\pi r^2 \Delta x_k) \cdot (\text{물의 밀도}) \\ &= (\pi (10)^2 \Delta x_k)(62.4) = 6240\pi \Delta x_k \end{aligned}$$

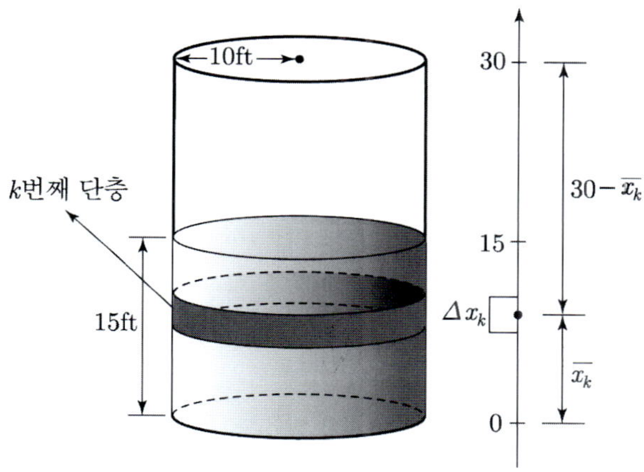

〈그림 4.5〉

이다. k번째 단층은 유한 두께를 가졌기 때문에 상한과 하한의 겉넓이는 원점으로부터 다른 거리에 있다. 그러나 단층이 얇다면 이 거리는 아주 작고 전체 단층은 원점으로부터 하나의 거리 $\overline{x_k}$라고 논리적으로 가정할 수 있다(그림 4.5). 이러한 가정하에 가장자리 위로 k번째 단층을 채우는 데 필요한 일 W_k는 근사적으로

$$W_k = d \cdot F \approx (30 - \overline{x_k}) \cdot 6240\pi \Delta x_k$$

이고 모든 n단층을 가득 채우는 데 필요한 일 W는 근사적으로

$$W = \sum_{k=1}^{n} W_k \approx \sum_{k=1}^{n} (30 - \overline{x_k})(6240\pi)\Delta x_k$$

이다. 일의 정확한 값을 찾기 위해 우변에 극한을 취하면

$$\begin{aligned} W &= \lim_{\max \Delta x \to 0} \sum_{k=1}^{n} (30 - \overline{x_k})(6240\pi)\Delta x_k \\ &= \int_0^{15} (30 - x)(6240\pi)\, dx \\ &= 6240\pi \left[30x - \frac{x^2}{2} \right]_0^{15} \\ &= 2,106,000\pi \text{ (피트-파운드)} \end{aligned}$$

이다. ■

4.3 유체의 압력과 힘

수중에 가라앉은 표면 위에 유체가 가하는 힘을 계산하기 위해 정적분을 이용하는 방법을 살펴보자. 넓이가 R인 편평한 표면이 유체의 용기 안에 깊이 h로 수중에 수평으로 가라앉았다고 하면 표면 위에 힘 F가 다음과 같이 가해진다.

$$F = \rho h R \tag{4.5}$$

여기에서 ρ는 유체의 밀도(단위부피당 무게)이다.

식 (4.5)에서 힘 F는 용기의 크기나 모양에 의존하지 않는다는 것은 물리적 사실이다. 따라서 그림 4.6과 같이 서로 다른 세 개의 용기의 바닥 넓이가 같고 깊이 h만큼 유체를 채웠다면 각 용기는 바닥에 같은 유체의 힘을 가질 것이다. 식 (4.5)에서 단위는 모순되지 않아야 한다. 예를 들어 높이가 피트이고 힘이 파운드라면 밀도 ρ는 파운드당 세제곱피트로 표현되어야 한다. 물의 밀도는 대략 $62.4\ (\text{lb}/\text{ft}^3)$이다.

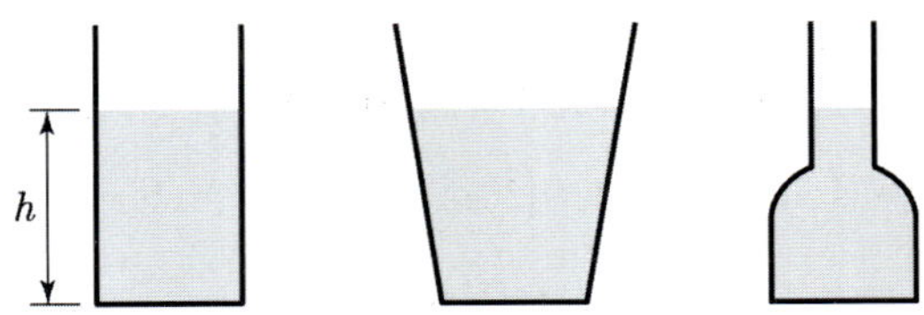

〈그림 4.6〉

정의 4.9 압력

압력(pressure)은 힘당 단위넓이로 정의된다. 따라서 식 (4.5)로부터 깊이 h 만큼 수평으로 수중에 가라앉은 면적이 R 인 편평한 표면의 각 점에 가해지는 압력 p 는

$$p = \frac{F}{R} = \rho h\,. \tag{4.6}$$

예제 4.10 **반지름 $r = 2$ 피트의 편평한 원형 판의 위쪽 표면이 3 피트 깊이의 물에 수평으로 가라앉았다고 하면 판의 위쪽 표면에 가해지는 힘과 압력을 구하여라.**

풀이

위쪽 표면에 가해지는 힘 F 는

$$\begin{aligned} F &= \rho h R \\ &= \rho h(\pi r^2) \\ &= 62.4 \times 3 \times 4\pi \\ &= 748.8\pi \text{ (파운드)} \end{aligned}$$

이다. 또 표면의 각 점에서의 압력 p 는

$$\begin{aligned} p &= \rho h \\ &= 62.4 \times 3 \\ &= 187.2 \text{ (lb/ft}^2\text{)} \end{aligned}$$

이다. ■

물리학에서 파스칼의 법칙은 유체 압력은 모든 방향에서 같다고 서술한다. 따라서 편평한 표면이 수직으로(또는 임의의 각도로) 수중에 잠긴다면 깊이 h 의 각 점에서의 압력은 수평표면위에 깊이 h 의 한 점에서의 압력과 정확하게 같다(그림 4.7). 그러나 식 (4.5)는 수평으로 수중에 잠기기 않은 얇은 판의 평면 위에 작용하는 전체 힘을 구하는 데 적용될 수 없다. 왜냐하면 깊이 h 는 표면 위의 점에서 변하기 때문이다. 이는 미적분학이 필요한 문제이다.

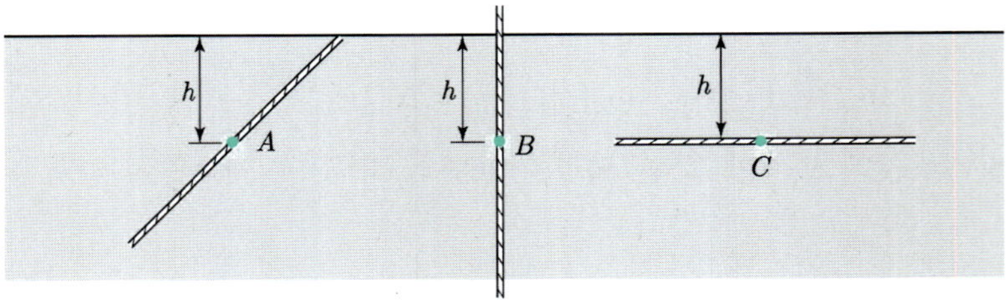

〈그림 4.7〉

수중에 잠긴 수직 평면에 대하여 전체 유체의 힘을 계산하는 문제를 생각해보자. 그림 4.8과 같이 양의 방향이 아래이고 원점이 임의의 편한 점인, 수직인 x축을 설정해보자. (a)와 같이 얇은 판의 물에 잠긴 부분이 x축 위에 $x = a$에서 $x = b$까지 걸쳐진다고 가정하자. 그리고 좌표축 위의 한 점 x에 대하여 높이를 $h(x)$라 놓고 얇은 판의 너비를 $w(x)$라 하자.

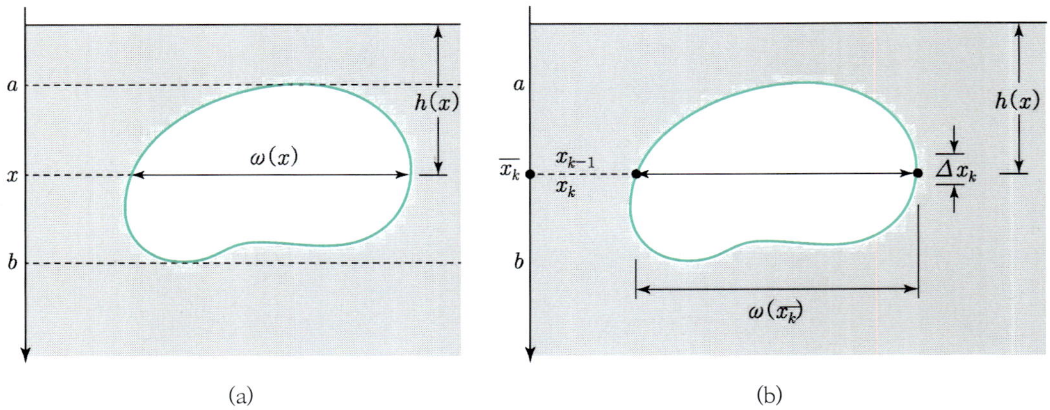

〈그림 4.8〉

다음으로 구간 $[a, b]$를 길이가

$$\Delta x_1,\ \Delta x_2,\ \cdots,\ \Delta x_n$$

인 n개의 소구간으로 나누고 각 소구간에서 임의의 표본점 $\overline{x_k}$를 선택하자. 익숙한 방법으로 직사각형의 길이가 $w(\overline{x_k})$이고 너비가 Δx_k인 k번째 소구간의 얇은 판 조각의 근삿값을 구한다(그림 4.8의 (b)). 이 직사각형의 위 모서리와 아래 모서리가 다른 깊이이기 때문에 식 (4.5)는 이 직사각형 위에서 힘을 계산하는 데 사용될 수 없다. 그러나 Δx_k는 작고 위 모서리와 아래 모서리의 깊이 차이가 작다면 전체 직사각형은 표면 아래 한 점의 깊이 $h(\overline{x_k})$로 가정해도 무방하다. 이러한 가정 아래 식 (4.5)는 k번째 직사각형 위의 힘 F_k를 근사시키는 데 사용될 수 있다. 직사각형의 넓이 $R = w(\overline{x_k})\Delta x_k$이므로

$$F_k \approx \rho h(\overline{x_k})w(\overline{x_k})\Delta x_k$$

이고 따라서 얇은 판 위의 총힘 F는

$$F = \sum_{k=1}^{n} F_k \approx \sum_{k=1}^{n} \rho h(\overline{x_k})w(\overline{x_k})\Delta x_k$$

로 근사한다. 힘의 정확한 값을 구하기 위해 우변에 $\max \Delta x_k \to 0$을 취하면

$$F = \lim_{\max \Delta x \to 0} \sum_{k=1}^{n} \rho h(\overline{x_k})w(\overline{x_k})\Delta x_k = \int_a^b \rho h(x)w(x)dx$$

를 얻는다.

정의 4.11 유체 안에 수직으로 잠긴 평면에 가해지는 힘

밀도가 ρ인 유체 안에 얇은 판을 수직으로 가라앉힌다고 하자. 그리고 유체 안에 가라앉은 부분이 수직인 x축 위에 $x = a$에서 $x = b$까지 걸쳐진다고 가정하자.
$a \le x \le b$에 대하여 $w(x)$를 x에서 얇은 판의 너비라고 하고 $h(x)$를 x에서의 깊이라 하자. 그러면 얇은 판 위에서 총 유체 힘은

$$F = \int_a^b \rho h(x)w(x)\, dx \tag{4.7}$$

이다.

예제 4.12 댐의 표면이 높이가 100 피트이고 너비가 200 피트인 직사각형이라 하자(그림 4.9). 물 표면이 댐의 꼭대기까지 찼을 때 표면에 가해지는 총 유체 힘을 구하여라. (단, 물의 밀도 $\rho = 62.4$ (lb/ft^3)이다.)

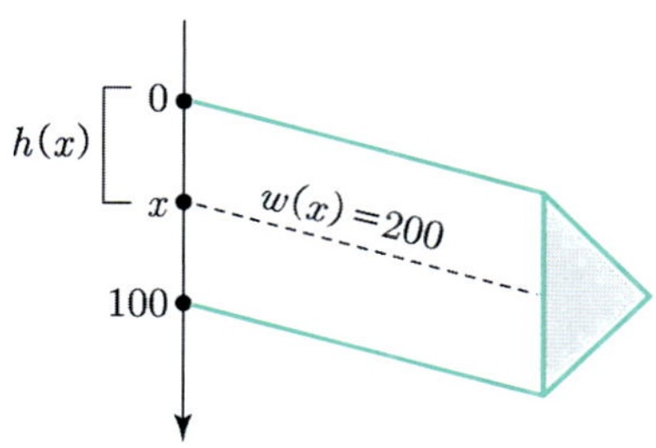

〈그림 4.9〉

풀이

그림 4.9와 같이 물 표면에 원점을 가진 x축을 설정하자. 이 축 위의 한 점 x에서 댐의 너비는 피트단위에서

$$w(x) = 200$$

이고 높이는

$$h(x) = x$$

이다. 따라서 식 (4.7)로부터

$$\begin{aligned} F &= \int_0^{100} (62.4)\,x\,(200)\,dx \\ &= 12{,}480 \int_0^{100} x\,dx \\ &= 12{,}480 \left[\frac{x^2}{2} \right]_0^{100} \\ &= 62{,}400{,}000 \text{ (파운드)} \end{aligned}$$

를 얻는다. ■

예제 4.13 밑면이 10 피트이고 높이가 4 피트인 이등변삼각형 모양의 얇은 판이 그림 4.10의 (a)와 같이 기름 안에 수직으로 잠겨 있다. 기름의 밀도 $\rho = 30$ (lb/ft^3)라고 할 때 얇은 판의 표면에 대한 유체 힘 F를 구하여라.

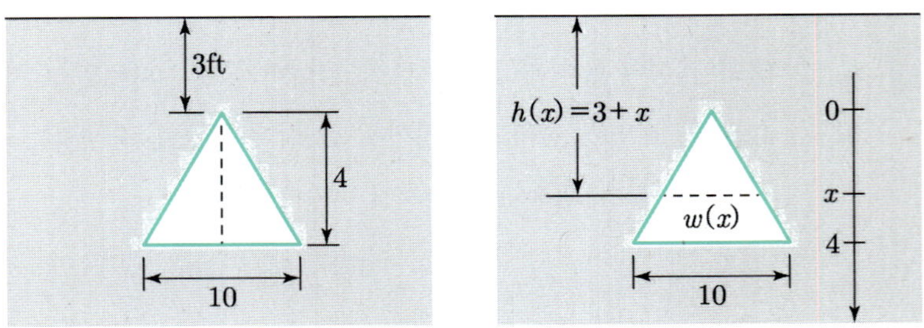

〈그림 4.10〉

풀이

그림 4.10의 (b)와 같이 x축을 설정하자. 깊이 $h(x) = 3 + x$에서 얇은 판의 너비는

$$\frac{w(x)}{10} = \frac{x}{4}$$

이고 따라서

$$w(x) = \frac{5}{2}x$$

이다. 그러므로 식 (4.7)로부터 얇은 판 위에서의 유체 힘은

$$F = \int_0^4 30(3+x)\left(\frac{5}{2}x\right)dx$$

$$= 75\int_0^4 (3x + x^2)\,dx = 75\left[\frac{3x^2}{2} + \frac{x^3}{3}\right]_0^4$$

$$= 3{,}400 \text{ (파운드)}$$

이다. ■

4.4 경제학에서의 응용

적분은 여러 가지 방식으로 경제적 분석에 활용된다. 이 절에서는 몇 가지 간단한 적분을 응용한 사례들을 예제를 통해 제시해보고자 한다.

한계함수와 총함수

총함수(총비용함수)가 주어지면 미분하여 한계함수(한계비용함수)를 구할 수 있다. 또한 적분은 미분의 역함수이기 때문에 주어진 한계함수로부터 적분으로 총함수를 구할 수 있다

예제 4.14 기업의 한계비용(MC)이 산출량의 함수로서 $C'(Q) = 2e^{0.2Q}$이고 또 $C_F = 90$일 때 총비용함수 $C(Q)$를 구하여라.

풀이

$C'(Q)$를 Q에 관하여 적분하면

$$C(Q) = \int 2e^{0.2Q}\,dQ = 2\frac{1}{0.2}e^{0.2Q} + C$$

$$= 10e^{0.2Q} + C$$

이다. 초기조건 $C_F = 90$은 총비용 $C(0)$과 같으므로 $Q = 0$으로 놓으면

$$10e^0 + C = 90$$

에서 $C = 80$이므로 총비용함수

$$C(Q) = 10e^{0.2Q} + 80$$

이다. ■

투자와 자본형성

자본형성은 주어진 자본축적량(stock)을 증가시키는 과정이다. 이 과정이 시간의 흐름에 따라 연속적이라고 본다면 자본축적량을 시간의 함수 $K(t)$로 표현할 수 있고 도함수 $\frac{dK}{dt}$를 사용하여 자본형성의 속도를 나타낼 수 있다. 그러나 시간 t에서 자본형성의 속도는 시간 t에서의 순 투자(유량)의 속도 $I(t)$와 동일하다. 따라서 자본축적량 K와 순 투자 I는 다음과 같은 관계를 가진다.

$$\frac{dK}{dt} \equiv I(t) \tag{4.8}$$

$$K(t) = \int I(t)\,dt = \int \frac{dK}{dt}\,dt = \int 1\,dK \tag{4.9}$$

식 (4.8)은 항등식으로 순 투자와 자본의 증가는 같은 의미라는 것을 나타낸다. $I(t)$가 $K(t)$의 도함수이므로 식 (4.9)에서 보듯이 $K(t)$는 $I(t)$의 적분 또는 역도함수라는 것은 당연하다. 또 피적분함수의 변환 역시 쉽게 이해할 수 있다. 즉, $I(t)$를 $\frac{dK}{dt}$로 바꾼 것은 정의에 의한 것이고 다음 변환은 치환법칙에 의해 두 개의 동일한 미분을 소거한 것이다.

어떤 모형에서는 종종 총투자(gross investment)의 개념이 순 투자의 개념과 함께 사용된다. 총투자를 I_g, 순 투자를 I라고 나타내면

$$I_g = I + \delta K$$

이다. 여기에서 δ는 자본의 감가상각률, δK는 대치투자(replacement investment)의 속도를 나타낸다.

예제 4.15 순 투자의 흐름을 식

$$I(t) = 3t^{\frac{1}{2}}$$

으로 나타낼 수 있고 $t = 0$에서의 초기 자본축적량을 $K(0)$라고 하자. 이때 자본 K의 시간경로를 구하여라.

풀이

$I(t)$를 t에 관해 적분하면

$$K(t) = \int I(t)\, dt$$

$$= \int 3t^{\frac{1}{2}}\, dt = 2t^{\frac{3}{2}} + C$$

이다. 한편 $K(0) = C$이므로 K의 시간경로는

$$K(t) = 2t^{\frac{3}{2}} + K(0)$$

이다. ■

어떤 기간 동안의 자본 형성량을 구하고자 할 때 정적분의 개념이 필요하다.

$$\int I(t)\, dt = K(t)$$

이므로 기간 $[a, b]$ 동안의 총자본축적을 다음과 같은 정적분으로 나타낼 수 있다.

$$\int_a^b I(t)\, dt = [K(t)]_a^b = K(b) - K(a)$$

물론 이것도 $I(t)$ 곡선 아래의 면적을 나타낸다. 그러나 $K(t)$ 함수의 그래프에서는 이 정적분이 두 수직거리 $K(b)$와 $K(a)$ 간의 차이로 나타난다.

$K(t)$와 $I(t)$ 간의 구별을 완전히 이해하기 위해서는 투자 I가 유량(flow) 개념인 데 비해 자본 K는 축적량(stock) 개념이라는 점을 염두에 두어야 한다. 따라서 $K(t)$가 각 시점에 존재하는 K의 양을 말해주고 있는 데 반해 $I(t)$는 각 시점에서 이루어지고 있는 연간(또는 단위기간당) (순)투자의 속도에 관한 정보를 알려주고 있다. 따라서 순 투자(자본축적)량을 계산하기 위해서는 먼저 분석기간의 길이를 명확히 하여야만 한다. 이 사실은 항등식

$$\frac{dK}{dt} \equiv I(t)$$

에서

$$dK \equiv I(t)\,dt$$

이므로 K의 증가량 dK는 흐름의 속도 $I(t)$뿐만 아니라 경과한 시간 dt에도 의존하고 있음을 보여준다. 이처럼 $I(t)\,dt$의 표현 속에 기간을 명시할 필요가 있기 때문에 정적분이 등장하게 되며 이 정적분은 $I(t)$ 곡선 아래의 면적을 나타낸다.

예제 4.16 **순 투자가 $I(t) = 1{,}000$(연간)으로 일정한 흐름을 보인다면 $t = 0$에서 $t = 1$까지 1년 동안의 총 순 투자(자본형성)는 얼마인가?**

풀이

$$\int_0^1 I(t)\,dt = \int_0^1 1000\,dt$$
$$= [1000\,t]_0^1 = 1000 \text{ (달러)}$$

■

예제 4.17 **투자가 $I(t) = 3t^{\frac{1}{2}}$ (연간 1000 달러)으로 일정하지 않은 흐름을 보인다면 기간 $[1, 4]$ 동안 즉, 2차 연도, 3차 연도, 4차 연도 동안 자본형성은 얼마나 되는가?**

풀이

$$\int_1^4 3t^{\frac{1}{2}}\,dt = \left[2t^{3/2}\right]_1^4 = 16 - 2 = 14$$

이므로 기간 $[1, 4]$ 동안 $14 \times 1000 = 14000$(달러)가 형성되었다. ■

지금까지의 내용을 정리하면 임의 투자속도 $I(t)$에 의한 기간 $[0, t]$ 동안의 자본축적량은

$$\int_0^t I(t)\,dt = [K(t)]_0^t = K(t) - K(0)$$

로 나타낼 수 있다. 위 식을 다른 관점에서 보면 다음과 같이 시간경로 $K(t)$를 얻을 수 있다.

$$K(t) = K(0) + \int_0^t I(t)\,dt$$

즉, 임의의 시점 t에서 K의 양 $K(t)$는 초기 자본량에 그 이후의 총 자본축적량을 더한 것과 같다.

➡ 연습문제 해답 526쪽

6.4 연습문제

01. 질량이 $m_1 = 4$, $m_2 = 6$, $m_3 = 9$ 인 3 개의 입자가 각각 $x_1 = 2$, $x_2 = -2$, $x_3 = 1$ 에 놓여 있을 때 그 질량중심을 구하여라.

02. 다음 주어진 곡선들로 둘러싸인 영역의 도심을 구하여라.

(1) $y = 4 - x^2$, $y = 0$

(2) $y = x^3$, $y = 0$, $x = 2$

03. 다음과 같이 한 일을 구하여라.

(1) x 축을 따라 30 파운드의 일정한 힘으로 $x = -2$ 인치에서 $x = 5$ 인치까지 물체를 움직인다.

(2) x 축을 따라 $F(x) = \dfrac{1}{x^2}$ 의 가변적인 힘으로 $x = 1$ 인치에서 $x = 6$ 인치까지 물체를 움직인다.

04. 한 변의 길이가 3 피트이고 무시해도 좋은 두께를 가진 편평한 정사각형 모양의 판이 유체에 수평으로 잠겨있다. 다음의 경우에 표면 위에 작용하는 힘과 압력을 구하여라.

(1) 유체가 물이고 판은 5 피트의 깊이에 있다.

(2) 유체의 밀도는 $40\ \mathrm{lb/ft^3}$ 이고 판은 10 피트의 깊이에 있다.

05. 아래 그림처럼 편평한 표면이 물에 수직으로 잠겨 있다고 하자. 이때 표면에 작용하는 유체 힘을 구하여라.

(1)

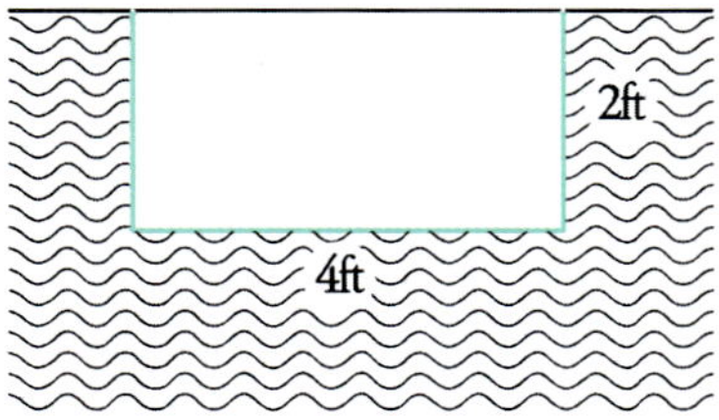

(2)

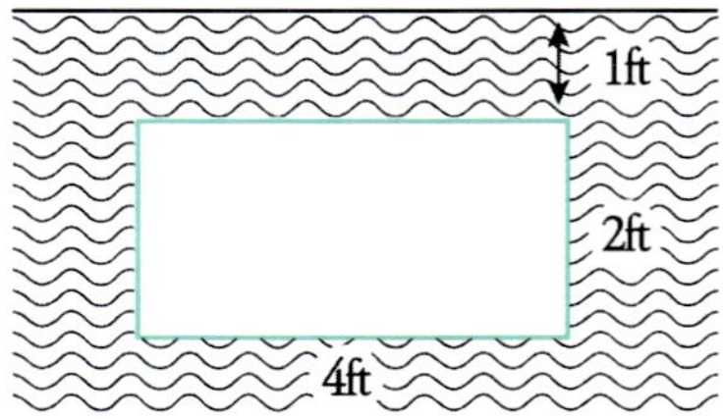

(3)

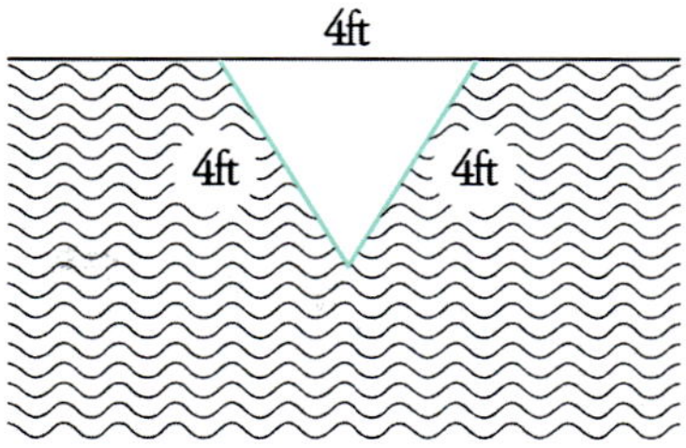

(4)

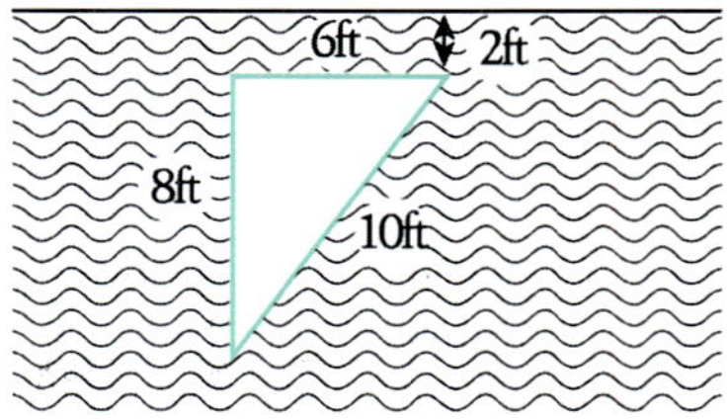

(5)

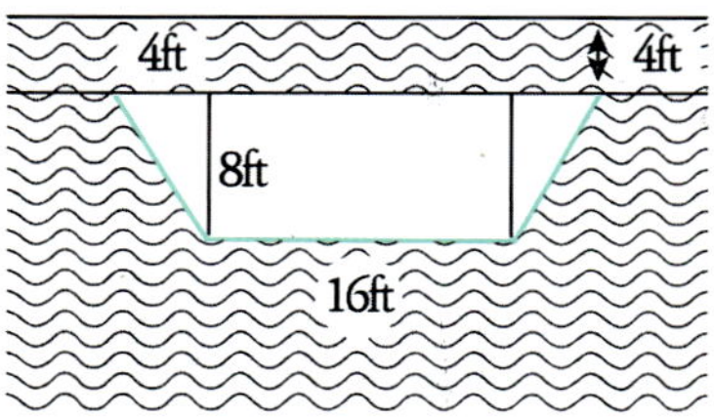

(6)

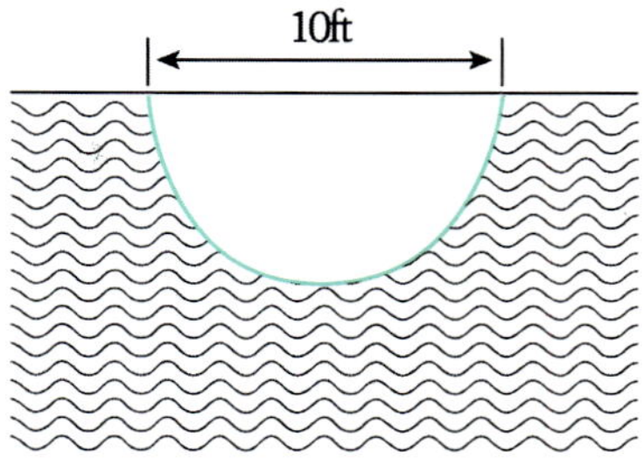

06. 기름 탱크가 지름이 4 피트인 원기둥 모양이라 하자. 축이 수평이고 탱크에 밀도가 50 lb/ft^3 인 기름을 반만큼 채웠을 때 한 점에 작용하는 총 유체 힘을 구하여라.

07. 한계수입성향이 $M'(Y) = 0.1$ 로 주어져 있고 $Y = 0$ 일 때 $M = 20$ 임을 안다면 이때 수입함수 $C(Y)$를 구하여라.

부록

호도법과 삼각함수

1. 각의 크기와 삼각함수의 뜻
2. 삼각함수의 그래프와 여러 가지 공식들

Section 1

1. 각의 크기와 삼각함수의 뜻

1.1 각의 크기와 표시법

〈그림 1.1〉

반직선이란 직선 위의 한 점 V에서 출발하여 한 방향으로 한없이 뻗어가는 직선의 부분을 말한다. 반직선의 출발점 V를 이 반직선의 **정점** 또는 **꼭짓점**(vertex)이라 한다(그림 1.1). 두 반직선이 공통의 정점과 함께 그려지면 각(angle)을 만든다. 각의 반직선 중의 하나를 **처음변**(initial side), 다른 하나를 **끝변**(terminal side)이라 한다. 만들어지는 각은 처음변에서 끝변까지 회전의 방향과 양을 보여줌으로써 확인된다. 각이 시계 반대 방향으로 회전하면 양(positive)이고, 시계 방향으로 회전하면 음(negative)이다(그림 1.2). α(alpha), β(beta), γ(gamma), θ(theta)와 같은 그리스문자의 소문자가 각을 표시하는 데 사용될 것이다. 그림 1.2(a)에서 처음변에서 끝변까지 회전 방향이 시계 반대 방향이므로 각 α는 양이다. 그림 1.2(b)에서 회전 방향이 시계 방향과 같으므로 각 β는 음이다. 그림 1.2(c)에서 각 γ는 양이다. 그림 1.2(a)에서 각 α와 그림 1.2(c)에서 각 γ는 같은 처음변과 같은 끝변을 갖고 있지만 α와 γ는 같지 않다. 왜냐하면 처음변에서 끝변까지 가는 데 필요한 회전의 양은 각 α보다 각 γ가 더 크기 때문이다.

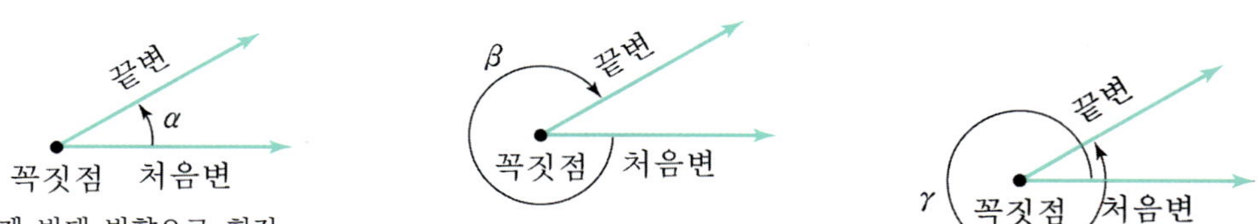

(a) 시계 반대 방향으로 회전 양의 각

(b) 시계 방향으로 회전 음의 각

〈그림 1.2〉

각 θ가 **표준위치에 있다**는 뜻은 꼭짓점이 직각좌표계의 원점에 있고 처음변이 양의 x축과 일치함을 의미한다(그림 1.3).

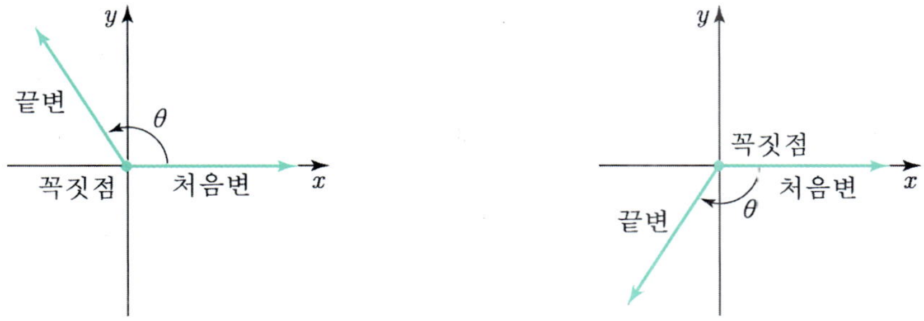

(a) θ는 표준위치에 있다.
θ는 양이다.

(b) θ는 표준위치에 있다.
θ는 음이다.

〈그림 1.3〉

각 θ가 표준위치에 있을 때 끝변은 어떤 사분면에 있거나 x축 또는 y축 위에 있을 것이다. 끝변이 어떤 사분면에 있을 때 θ는 이 사분면에 있다고 말한다. 그리고 끝변이 x축 또는 y축 위에 있을 때, θ는 사분면의 각이라 한다. 예를 들어 그림 1.4(a)에서 각 θ는 2사분면에 있고, 그림 1.4(b)에서 각 θ는 4사분면에 있으며, 그림 1.4(c)에서 각 θ는 사분면의 각이다.

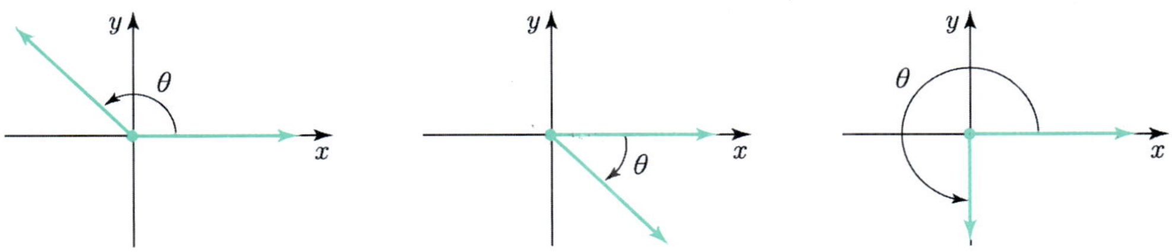

(a) θ는 2사분면에 있다.　(b) θ는 4사분면에 있다.　(c) θ는 사분면 각이다.

〈그림 1.4〉

60분법

처음변을 원래 위치와 일치할 때까지 시계 반대 방향으로 꼭 한 번 회전(1회전)함으로써 생기는 각을 **360도**(360 degrees; 360°로 씀)라 한다.

$\frac{1}{360}$회전으로 생기는 각을 1°라 한다. 90°인 각 또는 $\frac{1}{4}$회전으로 생기는 각을 **직각**이라 하고, 180° 또는 $\frac{1}{2}$회전으로 생기는 각을 **직선각**이라 한다(그림 1.5). 그림 1.5(b)와 같이 직각 기호 ∟을 사용함으로써 직각을 나타낸다.

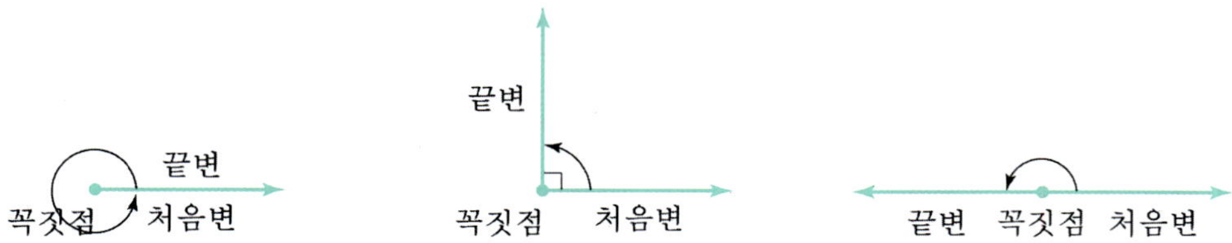

(a) 시계 반대 방향으로 1회전 360°

(b) 직각, 시계 반대 방향으로 1/4회전 90°

(c) 직선각, 시계 반대 방향으로 1/2회전 180°

〈그림 1.5〉

예제 1.1 각 그리기

다음 각을 그려라.

(1) 45° (2) $-90°$ (3) 225° (4) 405°

풀이

(1) 45°는 직각의 $\frac{1}{2}$이다(그림 1.6).

(2) $-90°$는 시계 방향으로 $\frac{1}{4}$회전이다(그림 1.7).

(3) 225°는 180°를 지나 45°를 더 회전한다(그림 1.8).

(4) 405°는 1회전(360°) 후 45°를 더 회전한다(그림 1.9). ■

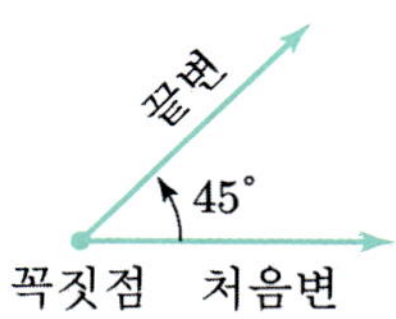

〈그림 1.6〉

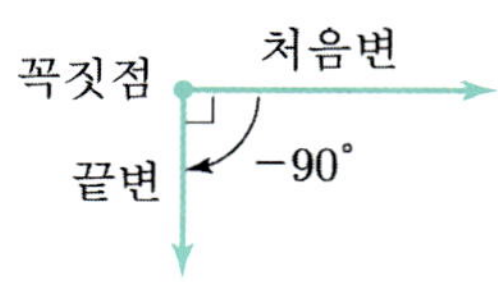

〈그림 1.7〉

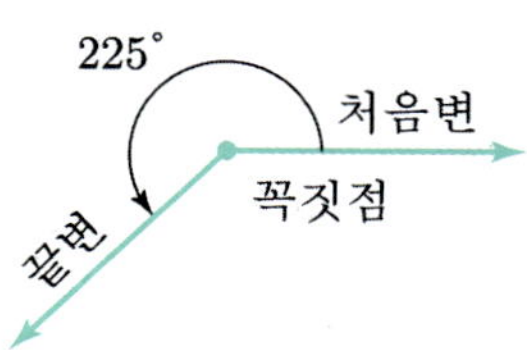

〈그림 1.8〉

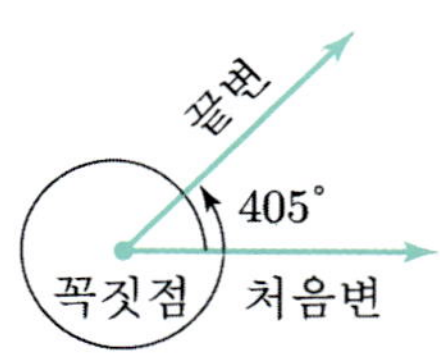

〈그림 1.9〉

도, 분, 초와 소수 꼴

도의 세분은 소수를 사용함으로써 얻을 수 있지만 **분**(minute)과 **초**(second)의 표시를 사용할 수도 있다. 1분은 $1'$로 표시하고 $\frac{1}{60}$도로 정의된다. 1초는 $1''$로 표시하고 $\frac{1}{60}$분으로 정의된다. 그러므로 $1'' = \frac{1}{3,600}$도이다. 30도 40분 10초의 각은 $30°40'10''$로 쓸 수 있다. 지금까지 논의한 내용을 다음과 같이 요약한다.

정의 1.2 도, 분, 초

시계 반대 방향의 1회전 $=360°$, $1°=60'$, $1'=60''$이다.

도, 분, 초 표시($D°M'S''$)를 소수 꼴로 바꾸거나 반대로 바꾸는 것이 때때로 필요하다. 예를 들어, $15°30'$을 도의 소수 꼴로 나타내보자. $1°=60'$이므로

$$30' = 30' \cdot \frac{1°}{60'} = \left(\frac{1}{2}\right)^{\circ} = 0.5°$$

이므로 $15°30'=15.5°$이다. 반대로 소수 꼴로 주어진 $32.25°$를 도, 분, 초로 나타내보자. $32.25° = 32° + 0.25°$이므로

$$0.25° = 0.25° \cdot \frac{60'}{1°} = 15'$$

이다. 그러므로 $32.25° = 32°15'$이다.

예제 1.3 도, 분, 초와 소수 꼴 사이의 관계

(1) $50°6'21''$를 도의 소수 꼴로 바꾸라.

(2) $21.256°$를 $D°M'S''$꼴로 바꾸라.

풀이

(1) 정의 1.2에 의하여

$$6' = 6' \cdot \frac{1°}{60'} = \left(\frac{1}{10}\right)^{\circ} = 0.1°$$

$$21'' = 21'' \cdot \frac{1'}{60''} \cdot \frac{1°}{60'} = 21 \cdot \left(\frac{1}{60} \cdot \frac{1}{60}\right)^{\circ} \approx 0.005833°$$

이다. 따라서
$$\begin{aligned} 50°6'21'' &= 50° + 6' + 21'' \\ &\approx 50° + 0.1° + 0.005833° \\ &= 50.105833° \end{aligned}$$

이다.

(2) $21.256°$의 소수부분 $0.256°$를 분으로 바꾸면

$$0.256° = 0.256° \cdot \underset{\uparrow\, 1° = 60'}{\frac{60'}{1°}} = 15.36'$$

이다. 이제 $15.36'$의 소수부분 $0.36'$을 초로 바꾸면

$$0.36' = 0.36' \cdot \underset{\uparrow\, 1' = 60''}{\frac{60''}{1'}} = 21.6'' \approx 22''$$

이다. 따라서

$$\begin{aligned} 21.256° &= 21° + 0.256° = 21° + 15.36' = 21° + 15' + 0.36' \\ &= 21° + 15' + 21.6'' \approx 21°15'22'' \end{aligned}$$

이다. ■

별의 정확한 위치 또는 바다에 있는 보트의 정밀한 위치를 설명하는 것과 같은 응용에서 도, 분과 심지어 초로 측정되는 각이 사용된다. 계산 목적을 위하여, 이들은 소수 꼴로 변형된다. 특히 미분적분학의 응용에서 각은 **호도법**을 사용하여 측정된다.

호도법

중심각이란 꼭짓점이 원의 중심에 있는 각을 말한다. 중심각의 두 반직선은 원 위의 한 호를 만든다. 원의 반지름이 r이고 중심각에 의하여 한계가 정해지는 호의 길이가 r일 때, 그 중심각의 크기를 **1라디안**(radian)이라 한다(그림 1.10(a)).

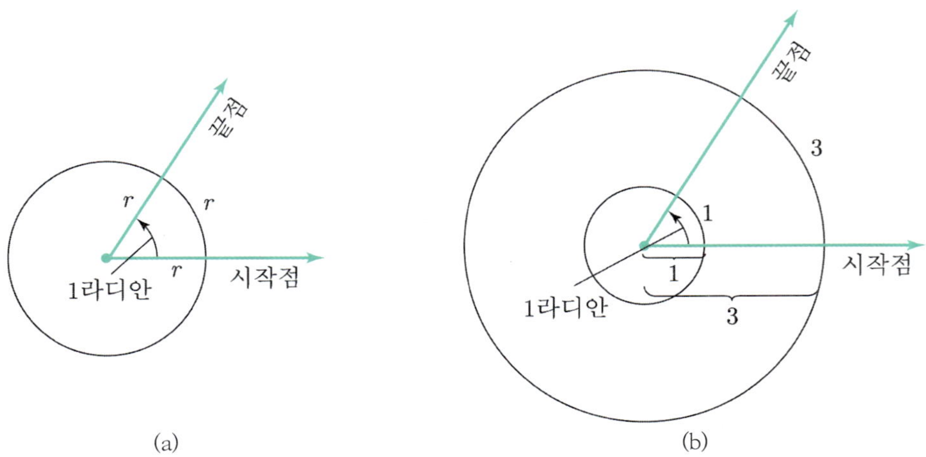

〈그림 1.10〉

반지름이 1인 원에 대하여, 크기 1라디안을 갖는 중심각의 두 반직선은 길이가 1인 호의 한계를 정할 것이다. 반지름 3인 원에 대하여, 크기 1라디안을 갖는 중심각의 두 반직선은 길이가 3인 호의 한계를 정할 것이다(그림 1.10(b)).

원의 호의 길이

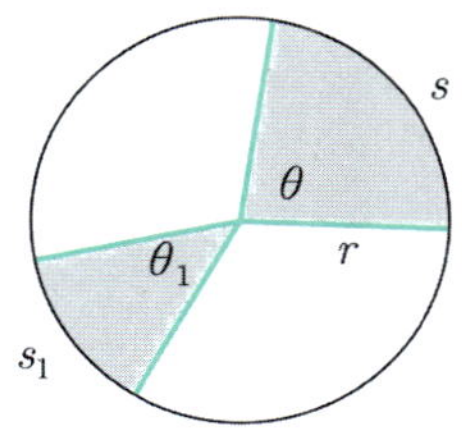

$$\frac{\theta}{\theta_1}=\frac{l}{l_1}$$

〈그림 1.11〉

이제 반지름 r인 원과 호도법으로 측정된 두 중심각 θ와 θ_1을 생각하자. 그림 1.11에서 보듯이 이 중심각들은 각각 길이 l와 l_1인 호의 한계를 정한다고 가정한다. 중심각의 크기의 비는 대응하는 호의 길이의 비와 같다. 즉

$$\frac{\theta}{\theta_1}=\frac{l}{l_1} \tag{1.1}$$

이다. $\theta_1=1$라디안이라고 가정하자. 그림 1.10(a)를 다시 참고하라. 중심각 $\theta_1=1$라디안에 의하여 한계가 정해지는 호 l_1의 길이는 이 원의 반지름과 같다. 즉 $l_1=r$이므로 식 (1.1)은

$$\frac{\theta}{1}=\frac{l}{r} \text{ 즉 } l=r\theta \tag{1.2}$$

로 변형된다.

정리 1.4 호의 길이

r은 원의 반지름, 중심각의 크기는 θ라디안이고 l은 중심각에 대응하는 호의 길이라 하면

$$l=r\theta \tag{1.3}$$

이다.

[주의] **1.5** 공식들은 사용되는 단위가 일관되어야 한다. 방정식 (1.3)에서

$$l = r\theta$$

로 쓴다. 그러나 단위를 알아보기 위하여 방정식 (1.2)로 되돌아가서 다음과 같이 써야 한다.

$$\frac{\theta \text{ 라디안}}{1 \text{ 라디안}} = \frac{l \text{ 길이 단위}}{r \text{ 길이 단위}}$$

$$l \text{ 길이 단위} = r \text{ 길이 단위} \frac{\theta \text{ 라디안}}{1 \text{ 라디안}}$$

라디안은 소거되므로, 위 방정식은 다음과 같다.

$$l \text{ 길이 단위} = (r \text{ 길이 단위})\,\theta$$

여기서 θ는 "단위가 없는" 것처럼 보이지만, 실제로는 라디안으로 측정된다. 그러므로 공식 $l = r\theta$를 사용함에 있어서, θ의 단위는 라디안이고 (인치 또는 미터와 같은) 길이의 임의의 단위가 l과 r에 대하여 사용될 수 있다.

예제 1.6 원의 호의 길이 구하기

반지름 2m인 원에서 중심각의 크기가 0.25라디안인 호의 길이를 구하여라.

풀이

$r = 2\,\text{m}$, $\theta = 0.25$ 라디안이고 l은 호의 길이라 하면, 방정식 (1.3)에 의하여

$$l = r\theta = 2(0.25) = 0.5\,\text{m}$$

이다. ■

60분법과 호도법 사이의 관계

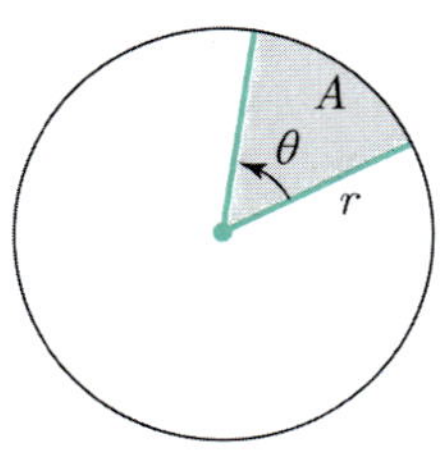

〈그림 1.12〉

반지름 r인 원을 생각하자. 1회전의 중심각은 원의 원둘레에 대응할 것이다(그림 1.12).

이 호의 길이를 l이라 하면, 원둘레는 $2\pi r$이므로 $l=2\pi r$이다. 그러므로 방정식 (1.3)에 의하여

$$2\pi r = r\theta \qquad \theta = 1\text{회전} : l = 2\pi r$$

$$\theta = 2\pi \text{ 라디안} \qquad \theta\text{에 대하여 푼다.}$$

이다. 따라서 다음의 결과를 얻는다.

정리 1.7 1회전의 중심각의 크기

$$1\text{회전} = 2\pi \text{ 라디안} \tag{1.4}$$

1회전했을 때 60분법으로 측정된 각은 360°이므로, (1.4)로부터 $360° = 2\pi$라디안임을 쉽게 알 수 있다. 따라서 다음의 결과를 쉽게 얻는다.

정리 1.8 60분법의 각과 호도법의 각 사이의 관계

$$180° = \pi \text{ 라디안} \tag{1.5}$$

$$\text{특히 } 1° = \frac{\pi}{180} \text{ 라디안, } 1\text{라디안} = \frac{180°}{\pi} \tag{1.6}$$

예제 1.9 도를 라디안으로 바꾸기

60분법의 각을 호도법의 라디안으로 바꾸어라.

(1) 60°　　(2) 150°　　(3) −45°　　(4) 90°

풀이

(1) $60° = 60° \cdot \dfrac{\pi \text{ 라디안}}{180°} = \dfrac{\pi}{3}$ 라디안

↑ (1.6)

(2) $150° = 150° \cdot \dfrac{\pi \text{ 라디안}}{180°} = \dfrac{5\pi}{6}$ 라디안

(3) $-45° = -45° \cdot \dfrac{\pi \text{ 라디안}}{180°} = -\dfrac{\pi}{4}$ 라디안

(4) $90° = 90° \cdot \dfrac{\pi \text{ 라디안}}{180°} = \dfrac{\pi}{2}$ 라디안

■

예제 1.9는 각을 표기할 때 소수보다는 π의 분수 배로 표시함을 보여준다. 예를 들어, 예제 1.9(4)에서 직각은 근삿값

$$\frac{\pi}{2} \approx \frac{3.1416}{2} = 1.5708 \text{ 라디안}$$

을 사용하지 않고 정확하게 $\frac{\pi}{2}$ 라디안으로 놔둔다.

예제 1.10 라디안을 도로 바꾸기

다음 호도법의 각을 60분법의 도로 바꾸어라.

(1) $\frac{\pi}{6}$ 라디안 (2) $\frac{3\pi}{2}$ 라디안 (3) $-\frac{3\pi}{4}$ 라디안 (4) $\frac{7\pi}{3}$ 라디안

풀이

(1) $\frac{\pi}{6} \text{ 라디안} = \frac{\pi}{6} \text{ 라디안} \cdot \frac{180°}{\pi \text{ 라디안}} = 30°$

↑ (1.6)

(2) $\frac{3\pi}{2} \text{ 라디안} = \frac{3\pi}{2} \text{ 라디안} \cdot \frac{180°}{\pi \text{ 라디안}} = 270°$

(3) $-\frac{3\pi}{4} \text{ 라디안} = -\frac{3\pi}{4} \text{ 라디안} \cdot \frac{180°}{\pi \text{ 라디안}} = -135°$

(4) $\frac{7\pi}{3} \text{ 라디안} = \frac{7\pi}{3} \text{ 라디안} \cdot \frac{180°}{\pi \text{ 라디안}} = 420°$ ■

보통 자주 쓰는 몇 개의 각들에 대하여 60분법의 각과 호도법의 각 사이의 관계를 표 1.1에 열거한다.

〈표 1.1〉 60분법의 각과 호도법의 각 사이의 관계

60분법의 각	0°	30°	45°	60°	90°	120°	135°	150°	180°
호도법의 각	0	$\frac{\pi}{6}$	$\frac{\pi}{4}$	$\frac{\pi}{3}$	$\frac{\pi}{2}$	$\frac{2\pi}{3}$	$\frac{3\pi}{4}$	$\frac{5\pi}{6}$	π
60분법의 각		210°	225°	240°	270°	300°	315°	330°	360°
호도법의 각		$\frac{7\pi}{6}$	$\frac{5\pi}{4}$	$\frac{4\pi}{3}$	$\frac{3\pi}{2}$	$\frac{5\pi}{3}$	$\frac{7\pi}{4}$	$\frac{11\pi}{6}$	2π

각이 60분법으로 측정될 때, 도를 나타내는 기호가 언제나 표시되어야 한다. 그러나 각이 호도법

으로 측정될 때, 라디안 단어를 생략하고 쓰는 것이 보통이다. 예를 들어, $\frac{\pi}{6}$ 라디안 대신에 $\frac{\pi}{6}$ 로 쓴다.

부채꼴의 넓이

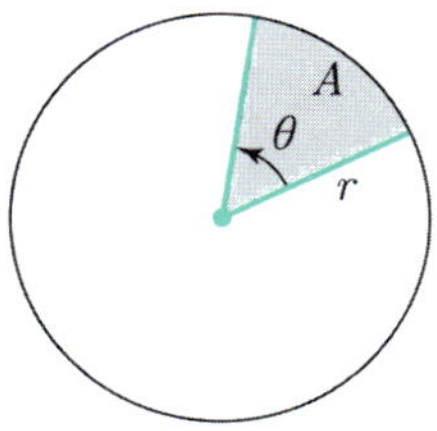

〈그림 1.13〉

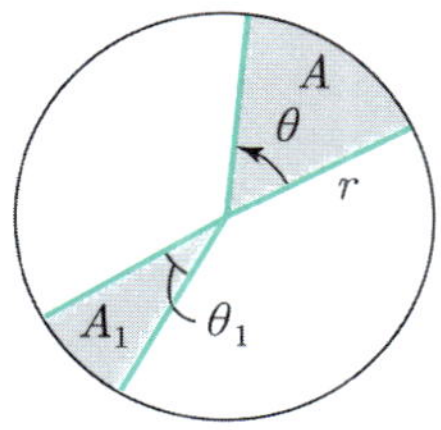

〈그림 1.14〉

반지름 r인 원을 생각하자. 호도법으로 측정된 θ는 이 원의 중심각이라 가정한다(그림 1.13). 각 θ에 의해서 만들어지는 부채꼴(색칠한 부분)의 넓이 A에 대한 공식을 찾는다.
반지름 r인 원과 호도법으로 측정된 두 중심각 θ와 θ_1을 생각하자(그림 1.14). 두 각의 크기의 비는 두 각으로 만들어지는 두 부채꼴의 대응하는 넓이의 비와 같다. 즉

$$\frac{\theta}{\theta_1} = \frac{A}{A_1}$$

이다. $\theta_1 = 2\pi$라 가정하면 $A_1 =$ 원의 넓이$= \pi r^2$이다. 따라서

$$A = A_1 \frac{\theta}{\theta_1} = \pi r^2 \frac{\theta}{2\pi} = \frac{1}{2} r^2 \theta$$

이다. 그러므로 다음의 결과를 얻는다.

정리 1.11 부채꼴의 넓이

반지름이 r이고 중심각이 θ라디안인 부채꼴의 넓이를 A라 하면

$$A = \frac{1}{2} r^2 \theta \tag{1.7}$$

이다.

예제 1.12 원의 부채꼴의 넓이 구하기

반지름이 2m이고, 중심각이 30°인 부채꼴의 넓이를 구하여라.

풀이

$$r = 2\,\mathrm{m},\ \ \theta = 30° = \frac{\pi}{6}$$

이므로 방정식 (1.7)에 의하여

$$A = \frac{1}{2}r^2\theta = \frac{1}{2}(2)^2\frac{\pi}{6} = \frac{\pi}{3}\mathrm{m}^2$$

이다.

원운동

물체의 평균속력은 움직인 거리를 경과된 시간으로 나눈 것으로 정의한다. 어떤 물체가 일정한 속력으로 반지름 r인 원 주위를 움직인다고 가정하자. s가 원 주위에서 t시간 동안 움직인 거리라 하면, 물체의 **1차속력**(linear speed)은 다음과 같이 정의된다.

$$v = \frac{s}{t} \qquad \text{1차속력은 움직인 거리를 움직인 거리로 나눈 것} \tag{1.8}$$

물체가 원의 주위에서 움직일 때, (호도법으로 측정된) θ가 t시간 동안 지나는 중심각이라 가정하자(그림 1.15). 그러면 이 물체의 **각속력** ω(그리스문자 omega임)는 지나간 각을 경과한 시간으로 나눈 것으로 정의한다.

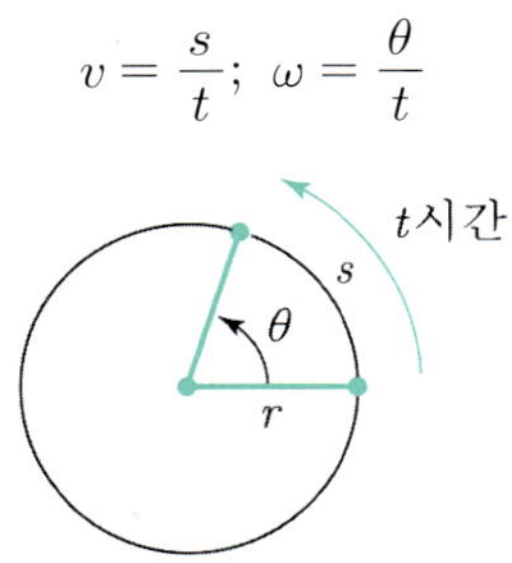

〈그림 1.15〉

$$w = \frac{\theta}{t} \qquad \text{각속력은 지나간 각을 시간으로 나눈 것} \tag{1.9}$$

각속력은 엔진의 회전율을 설명하는 방법이다. 예를 들어, 900rpm(revolutions per minute: 분당 회전)으로 공전하는 엔진은

$$900\frac{\text{회전}}{\text{분}} = 900\frac{\text{회전}}{\text{분}} \cdot 2\pi\frac{\text{라디안}}{\text{회전}} = 1800\pi\frac{\text{라디안}}{\text{분}}$$

의 각속력으로 회전한다.

1차속력과 각속력 사이에 중요한 관계가 있다.

$$\text{1차 속력} = v = \frac{s}{t} = \frac{r\theta}{t} = r\left(\frac{\theta}{t}\right)$$

이다. 따라서 방정식 (1.9)로부터 다음을 얻는다.

$$v = rw \qquad (1.10)$$

여기서 w는 단위시간당 호도법으로 측정된다.

방정식 (1.10)을 사용할 때, $v = \frac{s}{t}$(1차속력)는 (초에 대하여 cm (또는 feet) 또는 시간에 대하여 km (또는 mile)와 같은) 단위시간에 대하여 길이의 크기를 갖고, r(원의 반지름)은 s와 같은 길이의 크기를 가지며, w(각속력)는 단위시간에 대하여 라디안의 크기를 갖는다. 각속력이 단위시간에 대하여 **회전**으로 주어지면, 방정식 (1.10)을 사용하기 전에 반드시 회전을 단위시간에 대하여 **라디안**으로 고쳐야 한다.

예제 1.13 1차속력 구하기

어떤 어린이가 1분에 180회전율(rpm)로 2m 끈의 끝에 돌을 달아서 돌리고 있다. 끈을 놓을 때 돌의 1차속력을 구하여라.

〈그림 1.16〉

풀이

그림 1.16을 보라. 돌은 반지름 $r = 2$ m인 원의 주위에서 움직이고 있다. 이 돌의 각속력 w는

$$w = 180\frac{\text{회전}}{\text{분}} = 180\frac{\text{회전}}{\text{분}} \cdot 2\pi\frac{\text{라디안}}{\text{회전}} = 360\pi\frac{\text{라디안}}{\text{분}}$$

이다. 방정식 (1.10)에 의하여 돌의 1차속력 v는

$$v = rw = 2\text{m} \cdot 360\pi\frac{\text{라디안}}{\text{분}} = 720\pi\text{m}/\text{분}$$

이다. 따라서 돌의 1차속력은 720π m/분이다. ■

1.2 삼각함수의 성질

삼각함수의 정의역과 치역

θ는 표준위치에 있는 각이고 $P=(x,\ y)$는 θ에 대응하는 단위원 위의 점이라 하자(그림 1.17). 이때

$$\sin\theta=\frac{y}{r},\qquad \cos\theta=\frac{x}{r},\qquad \tan\theta=\frac{y}{x}\quad(x\neq 0),$$

$$\csc\theta=\frac{r}{y}\quad(y\neq 0),\quad \sec\theta=\frac{r}{x}\quad(x\neq 0),\quad \cot\theta=\frac{x}{y}\quad(y\neq 0)$$

이다.

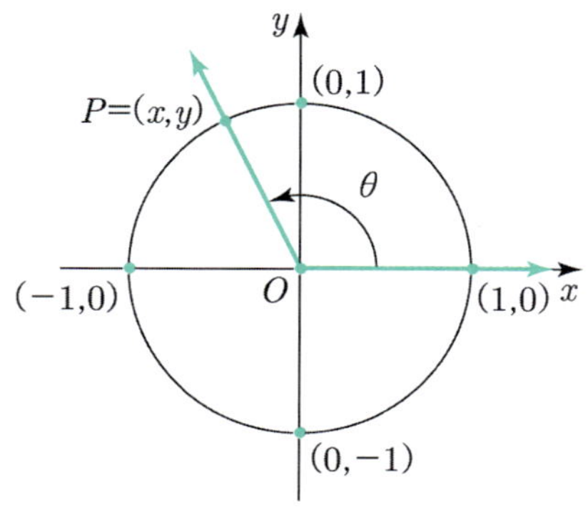

〈그림 1.17〉

$\sin\theta$와 $\cos\theta$에 대하여, θ는 임의의 각일 수 있으므로 사인함수와 코사인함수의 정의역은 모든 실수의 집합이 된다. 따라서 다음의 결과를 얻는다.

정리 1.14 사인함수와 코사인함수의 정의역

(1) 사인함수의 정의역$=\mathbb{R}$

(2) 코사인함수의 정의역$=\mathbb{R}$

$x=0$이면 탄젠트함수와 시컨트함수는 정의되지 않는다. 즉, 탄젠트함수와 시컨트함수에 대하여 $P=(x,\ y)$의 x좌표가 0이 될 수 없다. 단위원 위에 두 개의 점 $(0,\ 1)$과 $(0,\ -1)$이 있다. 두 점은 각 $\frac{\pi}{2}=90°$와 $\frac{3\pi}{2}=270°$ 또는 더 일반적으로 $\frac{\pi}{2}=90°$, $\frac{3\pi}{2}=270°$, $\frac{5\pi}{2}=450°$,

$-\frac{\pi}{2}=-90°$, $-\frac{3\pi}{2}=-270°$ 등과 같은 $\frac{\pi}{2}=90°$의 홀수배인 임의의 각에 대응한다. 그러므로 이와 같은 각들은 탄젠트함수와 시컨트함수의 정의역에서 제외되어야 한다. 따라서 다음의 결과를 얻는다.

정리 1.15 탄젠트함수와 시컨트함수의 정의역

(1) 탄젠트함수의 정의역$=\left\{\theta\in\mathbb{R} : \theta\neq\frac{(2n-1)\pi}{2},\ n\in\mathbb{Z}\right\}$

(2) 시컨트함수의 정의역$=\left\{\theta\in\mathbb{R} : \theta\neq\frac{(2n-1)\pi}{2},\ n\in\mathbb{Z}\right\}$

$y=0$이면 코탄젠트함수와 코시컨트함수는 정의되지 않는다. 코탄젠트함수와 코시컨트함수에 대하여 $P=(x, y)$의 y좌표는 0이 될 수 없다. 단위원 위에 두 개의 점 $(1,\ 0)$과 $(-1,\ 0)$이 있다. 두 점은 각 $0=0°$와 $\pi=180°$ 또는 더 일반적으로 $0=0°$, $\pi=180°$, $2\pi=360°$, $3\pi=540°$, $-\pi=-180°$ 등과 같은 $\pi=180°$의 정수배인 임의의 각에 대응한다. 그러므로 이와 같은 각들은 코탄젠트함수와 코시컨트함수의 정의역에서 제외되어야 한다. 따라서 다음의 결과를 얻는다.

정리 1.16 코탄젠트함수와 코시컨트함수의 정의역

(1) 코탄젠트함수의 정의역$=\{\theta\in\mathbb{R} : \theta\neq n\pi,\ n\in\mathbb{Z}\}$

(2) 코시컨트함수의 정의역$=\{\theta\in\mathbb{R} : \theta\neq n\pi,\ n\in\mathbb{Z}\}$

다음에 6개 삼각함수 각각의 치역을 결정한다. 다시 그림 1.25를 참고하라. $P=(x, y)$가 각 θ에 대응하는 단위원 위의 점이라 하면 $-1\leq x\leq 1$이고 $-1\leq y\leq 1$이다. 정의에 의하여 $\sin\theta=y$이고 $\cos\theta=x$이므로, $-1\leq\sin\theta\leq 1$이고 $-1\leq\cos\theta\leq 1$이다. 따라서 다음의 결과를 얻는다.

정리 1.17 사인함수와 코사인함수의 치역

(1) 사인함수의 치역$=\{t\in\mathbb{R} : -1\le t\le 1\}$ 또는 구간 $[-1,\ 1]$

(2) 코사인함수의 치역$=\{t\in\mathbb{R} : -1\le t\le 1\}$ 또는 구간 $[-1,\ 1]$

θ가 $\pi=180°$의 배수가 아니면, 정의에 의하여 $\csc\theta=\dfrac{1}{y}$이다. 그러면 $y=\sin\theta$이고 $|y|=|\sin\theta|\le 1$이다. 따라서 $|\csc\theta|=\dfrac{1}{|\sin\theta|}=\dfrac{1}{|y|}\ge 1$이므로 코시컨트함수의 치역은 -1보다 작거나 같고 또는 1보다 크거나 같은 모든 실수로 이루어진다.

한편 θ가 $\dfrac{\theta}{2}=90°$의 홀수배가 아니면, 정의에 의하여, $\sec\theta=\dfrac{1}{x}$이다. 그러면 $x=\cos\theta$이고 $|x|=|\cos\theta|\le 1$이다. 따라서

$$|\sec\theta|=\frac{1}{|\cos\theta|}=\frac{1}{|x|}\ge 1$$

이므로 시컨트함수의 치역은 -1보다 작거나 같고 또는 1보다 크거나 같은 모든 실수로 이루어진다. 따라서 다음의 결과를 얻는다.

정리 1.18 코시컨트함수와 시컨트함수의 치역

(1) 코시컨트함수의 치역$=\{t\in\mathbb{R} : t\le -1$ 또는 $t\ge 1\}$
$=\{t\in\mathbb{R} : |t|\ge 1\}$ 또는 $(-\infty,-1]$ 또는 $[1,\infty)$

(2) 시컨트함수의 치역$=\{t\in\mathbb{R} : t\le -1$ 또는 $t\ge 1\}$
$=\{t\in\mathbb{R} : |t|\ge 1\}$ 또는 $(-\infty,-1]$ 또는 $[1,\infty)$

탄젠트함수와 코탄젠트함수의 치역에 대한 증명은 연습문제로 넘기고 여기에는 결과만 써둔다.

정리 1.19 탄젠트함수와 코탄젠트함수의 치역

탄젠트함수의 치역$=\mathbb{R}=$코탄젠트함수의 치역

표 1.2는 지금까지 논의한 결과들을 요약한 것이다.

〈표 1.2〉 삼각함수의 정의역과 치역

함수	기호	정의역	치역
사인	$f(\theta)=\sin\theta$	$\mathbb{R}$	$[-1, 1]$
코사인	$f(\theta)=\cos\theta$	$\mathbb{R}$	$[-1, 1]$
탄젠트	$f(\theta)=\tan\theta$	$\left\{\theta\in\mathbb{R} : \theta\neq\dfrac{(2n-1)\pi}{2},\ n\in\mathbb{Z}\right\}$	$\mathbb{R}$
코시컨트	$f(\theta)=\csc\theta$	$\{\theta\in\mathbb{R} : \theta\neq n\pi,\ n\in\mathbb{Z}\}$	$(-\infty,-1]$ 또는 $[1,\infty)$
시컨트	$f(\theta)=\sec\theta$	$\left\{\theta\in\mathbb{R} : \theta\neq\dfrac{(2n-1)\pi}{2},\ n\in\mathbb{Z}\right\}$	$(-\infty,-1]$ 또는 $[1,\infty)$
코탄젠트	$f(\theta)=\cot\theta$	$\{\theta\in\mathbb{R} : \theta\neq n\pi,\ n\in\mathbb{Z}\}$	$\mathbb{R}$

삼각함수의 주기

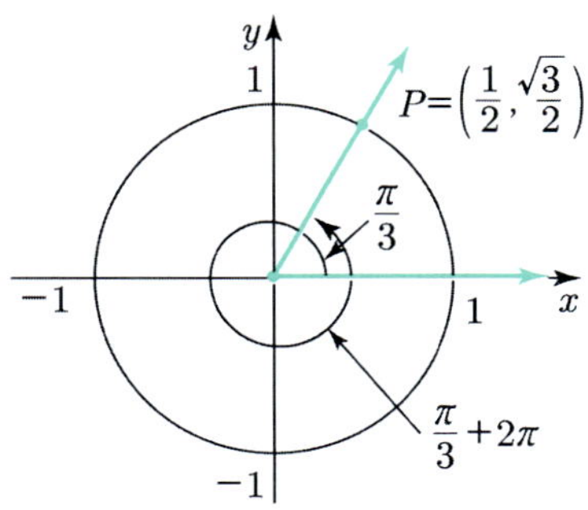

〈그림 1.18〉

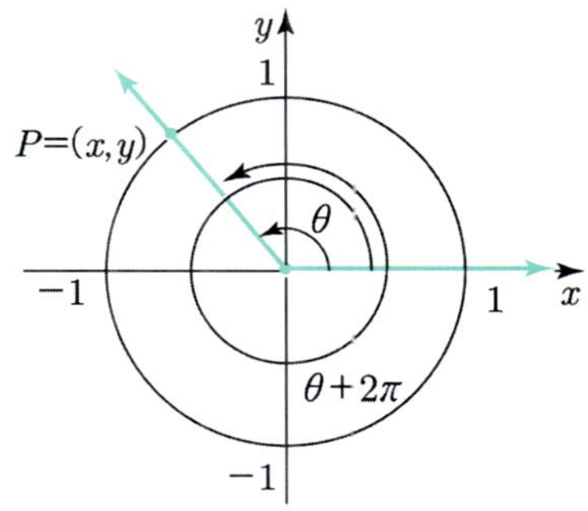

〈그림 1.19〉

그림 1.18을 살펴보자. 각 $\frac{\pi}{3}$라디안에 대하여, 단위원 위에 대응하는 점 P는 $\left(\frac{1}{2}, \frac{\sqrt{3}}{2}\right)$이다. 각 $\frac{\pi}{3}+2\pi$라디안에 대응하는 점 P 역시 $\left(\frac{1}{2}, \frac{\sqrt{3}}{2}\right)$이다. 따라서

$$\sin\frac{\pi}{3}=\frac{\sqrt{3}}{2}\text{이고}\quad \sin\left(\frac{\pi}{3}+2\pi\right)=\frac{\sqrt{3}}{2}$$

$$\cos\frac{\pi}{3}=\frac{1}{2}\text{이고}\quad \cos\left(\frac{\pi}{3}+2\pi\right)=\frac{1}{2}$$

이다.

호도법으로 측정된 임의의 각 θ에 대하여, 점 $P=(x, y)$는 θ에 대응하는 단위원 위의 점이라 하자. θ에 2π를 더하면 $\theta+2\pi$에 대응하는 단위원 위의 점은 θ에 대응하는 단위원 위의 점 P와 일치함을 알게 된다(그림 1.19). $\theta+2\pi$의 삼각함수들의 값들은 θ에 대응하는 삼각함수들의 값들과 같다.
이제 θ에 2π의 정수배를 더해도 삼각함수들의 값들은 여전히 변하지 않음을 알 수 있다. 따라서 다음의 결과를 얻는다.

정리 1.20 사인과 코사인함수의 성질

$$\sin(\theta+2n\pi)=\sin\theta,\quad \cos(\theta+2n\pi)=\cos\theta \tag{1.11}$$

여기서 θ는 임의의 실수이고 n은 임의의 정수이다.

정리 1.21 주기함수

함수 f가 **주기함수**(periodic function)라는 뜻은 양수 p가 존재하여 다음의 조건을 만족하는 것이다.
(i) θ가 f의 정의역의 원이면, $\theta+p$ 역시 f의 정의역의 원이다.
(ii) $f(\theta+p)=f(\theta)$
조건 (ii)를 만족하는 가장 작은 p를 f의 **(기본)주기**(fundamental period)라 한다.

방정식 (1.11)에 근거하여, 사인과 코사인함수는 주기함수이다. 실제로 사인과 코사인함수는 주기 2π를 갖는다. 시컨트와 코시컨트함수 역시 주기가 2π인 주기함수이고, 탄젠트와 코탄젠트 함수는 주기가 π인 주기함수이다. 증명은 연습문제에서 다룰 것이다.

정리 1.22 삼각함수의 주기적 성질

θ는 임의의 실수이고 n은 임의의 정수라 하면

$$\sin(\theta+2n\pi)=\sin\theta,\ \cos(\theta+2n\pi)=\cos\theta,\ \tan(\theta+n\pi)=\tan\theta,$$
$$\csc(\theta+2n\pi)=\csc\theta,\ \sec(\theta+2n\pi)=\sec\theta,\ \cot(\theta+n\pi)=\cot\theta$$

이다.

사인, 코사인, 시컨트, 코시컨트함수는 주기 2π를 갖기 때문에, $0 \le \theta < 2\pi$에 대한 삼각함수의 값을 알면, $\theta + 2n\pi$에 대한 삼각함수의 값을 구할 수 있다. 비슷하게 탄젠트와 코탄젠트함수는 주기 π를 갖기 때문에, $0 \le \theta < \pi$에 대하여 $\tan\theta$와 $\cot\theta$의 값을 알면, $\tan(\theta + n\pi)$와 $\cot(\theta + n\pi)$의 값을 구할 수 있다.

예제 1.23 주기적 성질을 이용하여 정확한 값 구하기

다음의 정확한 값을 구하여라.

(1) $\sin\dfrac{17\pi}{4}$ (2) $\cos(5\pi)$ (3) $\tan\dfrac{5\pi}{4}$

풀이

(1) 그림 1.20(a)에서 보는 것처럼, 먼저 주어진 각의 그림을 그리는 것이 좋다. 사인함수의 주기는 2π이므로

$$\sin\frac{17\pi}{4} = \sin\left(\frac{\pi}{4} + 4\pi\right) = \sin\frac{\pi}{4} = \frac{\sqrt{2}}{2}$$

이다.

(2) 그림 1.20(b)를 보라. 코사인함수의 주기는 2π이므로

$$\cos(5\pi) = \cos(\pi + 4\pi) = \cos\pi = -1$$

이다.

(3) 그림 1.20(c)를 보라. 탄젠트함수의 주기는 π이므로

$$\tan\frac{5\pi}{4} = \tan\left(\frac{\pi}{4} + \pi\right) = \tan\frac{\pi}{4} = 1$$

이다.

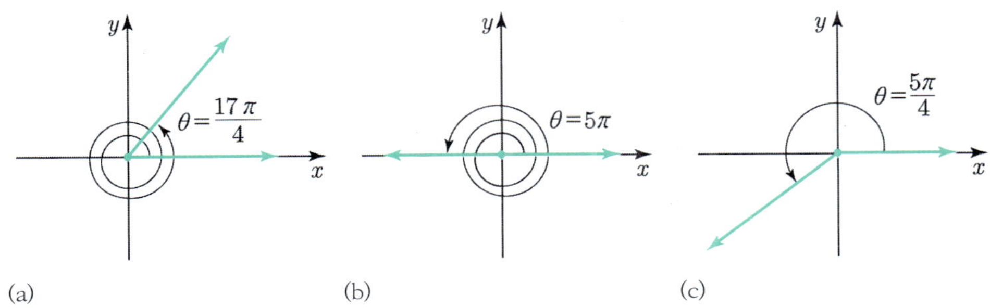

〈그림 1.20〉

$P=(x, y)$가 각 θ에 대응하는 단위원 위의 점이라 하면

$$x^2+y^2=1$$

이다. 그런데 정의에 의하여 $x=\cos\theta$이고 $y=\sin\theta$이므로

$$(\sin\theta)^2+(\cos\theta)^2=1 \tag{1.12}$$

이다. $(\sin\theta)^2$과 $(\cos\theta)^2$ 대신에 각각 $\sin^2\theta$와 $\cos^2\theta$로 쓴다. 나머지 삼각함수에 대해서도 마찬가지이다. 이 표시로 방정식 (1.12)를 다음과 같이 다시 쓸 수 있다.

$$\sin^2\theta+\cos^2\theta=1 \tag{1.13}$$

$\cos\theta\neq 0$이면, 방정식 (1.13)의 양변을 $\cos^2\theta$로 나눌 수 있다. 그러면

$$\frac{\sin^2\theta}{\cos^2\theta}+1=\frac{1}{\cos^2\theta}$$
$$\left(\frac{\sin\theta}{\cos\theta}\right)^2+1=\left(\frac{1}{\cos\theta}\right)^2$$

이다. 따라서공식 (1.12)와 (1.13)으로부터 다음을 얻는다.

$$\tan^2\theta+1=\sec^2\theta \tag{1.14}$$

비슷하게, $\sin\theta\neq 0$이면 방정식 (1.14)의 양변을 $\sin^2\theta$로 나눈 후에 공식 (1.12)와 (1.13)에 의하여 다음을 얻는다.

$$1+\cot^2\theta=\csc^2\theta \tag{1.15}$$

총괄하여 방정식 (1.13), (1.14), (1.15)의 항등식을 **피타고라스 항등식**(Pythagorean identity)이라 한다.

정리 1.24 삼각함수의 기본항등식

θ는 임의의 실수라 하면

$$\tan\theta=\frac{\sin\theta}{\cos\theta},\quad \cot\theta=\frac{\cos\theta}{\sin\theta},$$
$$\csc\theta=\frac{1}{\sin\theta},\quad \sec\theta=\frac{1}{\cos\theta},\quad \cot\theta=\frac{1}{\tan\theta},$$
$$\sin^2\theta+\cos^2\theta=1,\quad \tan^2\theta+1=\sec^2\theta,\quad 1+\cot^2\theta=\csc^2\theta$$

이다.

Section 2

2. 삼각함수의 그래프와 여러 가지 공식들

2.1 사인과 코사인함수의 그래프

xy평면에서 삼각함수의 그래프를 그릴 것이므로, 각 함수의 독립변수와 종속변수를 각각 전통적인 기호 x와 y로 사용할 것이다. 그러므로 6개 삼각함수를 다음과 같이 쓴다.

$$y=f(x)=\sin x,\ \ y=f(x)=\cos x,\ \ y=f(x)=\tan x,$$
$$y=f(x)=\csc x,\ \ y=f(x)=\sec x,\ \ y=f(x)=\cot x$$

여기서 독립변수 x는 호도법으로 측정된 각을 나타낸다. 미분적분학에서 x는 보통 실수로 취급된다.

$y=\sin x$의 그래프

사인함수는 주기 2π를 가지므로, 구간 $[0,\ 2\pi]$에서만 $y=\sin x$의 그래프를 그린다. 사인함수 그래프의 나머지는 이 부분의 반복으로 이루어진다.

〈표 2.1〉

x	$y=\sin x$	$(x,\ y)$	x	$y=\sin x$	$(x,\ y)$
0	0	$(0,\ 0)$	$\frac{7\pi}{6}$	$-\frac{1}{2}$	$\left(\frac{7\pi}{6},\ -\frac{1}{2}\right)$
$\frac{\pi}{6}$	$\frac{1}{2}$	$\left(\frac{\pi}{6},\ \frac{1}{2}\right)$	$\frac{3\pi}{2}$	-1	$\left(\frac{3\pi}{2},\ -1\right)$
$\frac{\pi}{2}$	1	$\left(\frac{\pi}{2},\ 1\right)$	$\frac{11\pi}{6}$	$-\frac{1}{2}$	$\left(\frac{11\pi}{6},\ -\frac{1}{2}\right)$
$\frac{5\pi}{6}$	$\frac{1}{2}$	$\left(\frac{5\pi}{6},\ \frac{1}{2}\right)$	2π	0	$(2\pi,\ 0)$
π	0	$(\pi,\ 0)$			

표 2.1과 같이 $0 \le x \le 2\pi$에서 $y = \sin x$의 그래프 위의 몇 개의 점들을 정하는 것으로부터 시작한다. $y = \sin x (0 \le x \le 2\pi)$의 그래프는 원점에서 시작한다. x가 0에서 $\frac{\pi}{2}$까지 증가할 때 $y = \sin x$의 값은 0에서 1까지 증가하고, x가 $\frac{\pi}{2}$에서 π를 지나 $\frac{3}{2}\pi$까지 증가할 때 y의 값은 1에서 0을 지나 -1까지 감소하며, x가 $\frac{3}{2}\pi$에서 2π까지 증가할 때 y의 값은 -1에서 0까지 증가한다. 표 2.1에 열거된 점들의 위치를 정하고 매끄러운 곡선으로 이들을 연결하면 그림 2.1의 그래프를 얻는다.

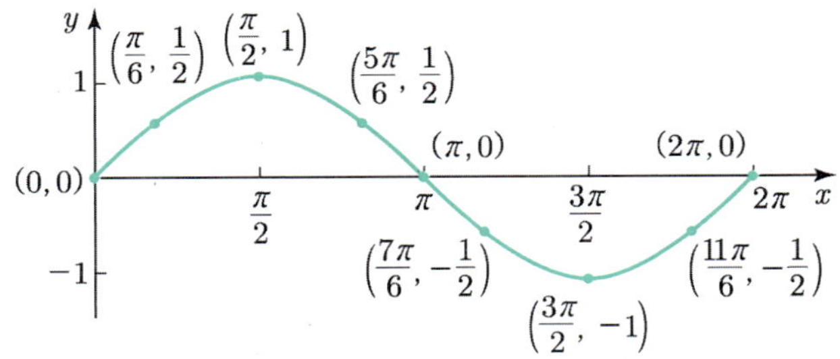

〈그림 2.1〉

그림 2.1에 있는 그래프는 $y = \sin x$의 그래프의 1주기(one period 또는 one cycle)이다. $y = \sin x$의 완전한 그래프를 얻기 위하여, 그림 2.2처럼 각 방향에서 이 주기를 반복한다.

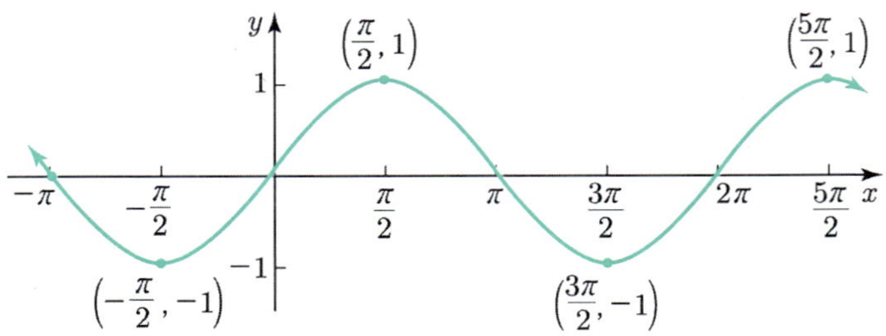

〈그림 2.2〉 $y = \sin x, \ -\infty < x < \infty$

$y = \sin x$의 그래프는 사인함수에 대하여 이미 아는 사실들 중의 몇 가지를 설명해준다.

[주의] 2.1 사인함수의 성질

(1) 정의역 $= \mathbb{R}$

(2) 치역 $= [-1, 1]$ 또는 $\{y \in \mathbb{R} : -1 \le y \le 1\}$

(3) 그래프는 원점에 관하여 대칭이다. 즉, 사인함수는 기함수이다.

(4) 사인함수는 주기 2π를 갖는 주기함수이다.

(5) x절편 : $\cdots,\ -2\pi,\ -\pi,\ 0,\ \pi,\ 2\pi,\ 3\pi,\ \cdots$

y절편 : 0

(6) 최댓값은 1이고 $x=\cdots,\ -\frac{3\pi}{2},\ \frac{\pi}{2},\ \frac{5\pi}{2},\ \frac{9\pi}{2}$에서 생기고,

최솟값은 -1이고 $x=\cdots,\ -\frac{\pi}{2},\ \frac{3\pi}{2},\ \frac{7\pi}{2},\ \frac{11\pi}{2},\ \cdots$에서 생긴다.

$y=\cos x$의 그래프

코사인함수 역시 주기 2π를 갖는다. 표 2.2와 같이 $0 \le x \le 2\pi$에서 $y=\cos x$의 그래프 위의 몇 개의 점들을 정함으로써 시작한다.

〈표 2.2〉

x	$y=\cos x$	$(x,\ y)$	x	$y=\cos x$	$(x,\ y)$
0	1	$(0,\ 1)$	$\frac{4\pi}{3}$	$-\frac{1}{2}$	$\left(\frac{4\pi}{3},\ -\frac{1}{2}\right)$
$\frac{\pi}{3}$	$\frac{1}{2}$	$\left(\frac{\pi}{3},\ \frac{1}{2}\right)$	$\frac{3\pi}{2}$	0	$\left(\frac{3\pi}{2},\ 0\right)$
$\frac{\pi}{2}$	0	$\left(\frac{\pi}{2},\ 0\right)$	$\frac{5\pi}{3}$	$\frac{1}{2}$	$\left(\frac{5\pi}{3},\ \frac{1}{2}\right)$
$\frac{2\pi}{3}$	$-\frac{1}{2}$	$\left(\frac{2\pi}{3},\ -\frac{1}{2}\right)$	2π	1	$(2\pi,\ 1)$
π	-1	$(\pi,\ -1)$			

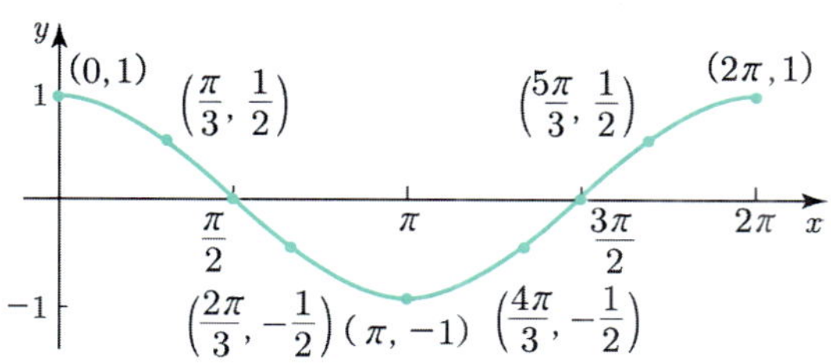

〈그림 2.3〉 $y=\cos x\ \ (0 \le x \le 2\pi)$

$y=\cos x(0 \le x \le 2\pi)$의 그래프는 점 $(0,1)$에서 시작한다. x가 0에서 $\frac{\pi}{2}$를 지나 π까지 증가할 때 y의 값은 1에서 0을 지나 -1까지 감소하고, x가 π에서 $\frac{3\pi}{2}$를 지나 2π까지 증가할 때 y의 값은 -1에서 0을 지나 1까지 증가한다. 앞에서처럼 이 그래프의 1주기를 얻기 위하여 표 2.2에서 점들의 위치를 정한다(그림 2.3).

$y = \cos x$의 완전한 그래프는 그림 2.4처럼 각 방향에서 이 주기를 반복함으로써 얻어진다.

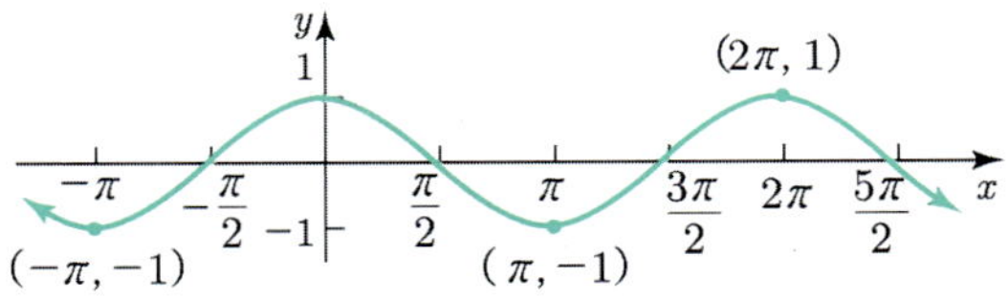

〈그림 2.4〉 $y = \cos x$ $(-\infty < x < \infty)$

$y = \cos x$의 그래프는 코사인함수에 대하여 우리가 이미 알고 있는 사실들 중 몇 가지를 설명해 준다.

[주의] **2.2** 코사인함수의 성질

(1) 정의역$= \mathbb{R}$

(2) 치역$= [-1, 1]$ 또는 $\{y \in \mathbb{R} : -1 \le y \le 1\}$

(3) 그래프는 y축에 관하여 대칭이다. 즉, 코사인함수는 우함수이다.

(4) 코사인함수는 주기 2π를 갖는 주기함수이다.

(5) x절편: $\cdots, -\dfrac{3\pi}{2}, -\dfrac{\pi}{2}, \dfrac{\pi}{2}, \dfrac{3\pi}{2}, \dfrac{5\pi}{2}, \cdots$

y절편: 1

(6) 최댓값은 1이고 $x = \cdots, -2\pi, 0, 2\pi, 4\pi, 6\pi, \cdots$에서 생긴다.
최솟값은 -1이고 $x = \cdots, -\pi, \pi, 3\pi, 5\pi, \cdots$에서 생긴다.

2.2 탄젠트, 코탄젠트, 코시컨트, 시컨트함수의 그래프

$y = \tan x$와 $y = \cot x$의 그래프

탄젠트함수는 주기 π를 갖기 때문에 길이가 π인 어떤 구간에서만 그래프를 결정하면 된다. 그래프의 나머지는 이 부분의 반복으로 이루어진다. 탄젠트함수는 $\cdots, -\dfrac{3\pi}{2}, -\dfrac{\pi}{2}, \dfrac{\pi}{2}, \dfrac{3\pi}{2}, \cdots$에서 정의되지 않기 때문에 길이가 π인 구간 $\left(-\dfrac{\pi}{2}, \dfrac{\pi}{2}\right)$에 집중하여 $y = \tan x$ $\left(-\dfrac{\pi}{2} < x < \dfrac{\pi}{2}\right)$의 그래프 위에 있는 몇 개의 점의 목록을 작성할 것이다(표 2.3). 표에 있는 점들의 위치를 정하고 매끄러운 곡선으로 연결한다. $-\dfrac{\pi}{3} \le x \le \dfrac{\pi}{3}$ 범위에서 $y = \tan x$의 부분적인 그래프를 보라(그림 2.5).

〈표 2.3〉

x	$y=\tan x$	(x, y)
$-\frac{\pi}{3}$	$-\sqrt{3}$	$\left(-\frac{\pi}{3}, -\sqrt{3}\right)$
$-\frac{\pi}{4}$	-1	$\left(-\frac{\pi}{4}, -1\right)$
$-\frac{\pi}{6}$	$-\frac{\sqrt{3}}{3}$	$\left(-\frac{\pi}{6}, -\frac{\sqrt{3}}{3}\right)$
0	0	$(0, 0)$
$\frac{\pi}{6}$	$\frac{\sqrt{3}}{3}$	$\left(\frac{\pi}{6}, \frac{\sqrt{3}}{3}\right)$
$\frac{\pi}{4}$	1	$\left(\frac{\pi}{4}, 1\right)$
$\frac{\pi}{3}$	$\sqrt{3}$	$\left(\frac{\pi}{3}, \sqrt{3}\right)$

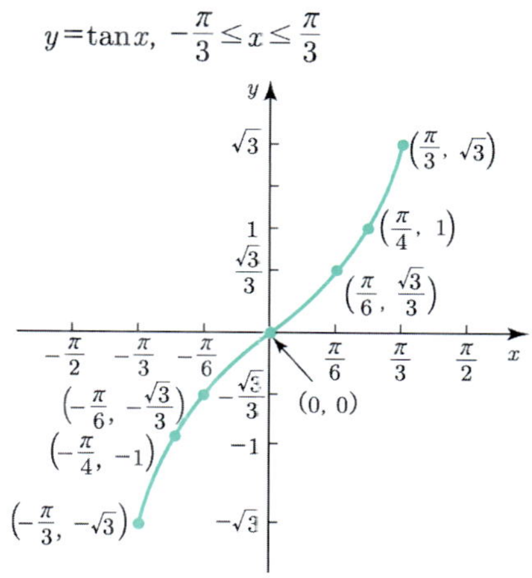

〈그림 2.5〉

$y=\tan x$의 그래프의 1주기를 완성하기 위하여 x가 $-\frac{\pi}{2}$와 $\frac{\pi}{2}$에 접근할 때 함수의 값을 조사할 필요가 있다. 그렇지만 이 함수는 $-\frac{\pi}{2}$와 $\frac{\pi}{2}$에서 정의되지 않기 때문에 조심해야 한다. 이 값을 결정하기 위하여 다음 항등식을 사용한다.

$$\tan x = \frac{\sin x}{\cos x}$$

$\frac{\pi}{2}$보다 작은 값을 유지하면서 x가 $\frac{\pi}{2}$의 근처에 있으면, $\sin x$는 1 근처이고 $\cos x$는 양이고 0 근처일 것이다. (사인함수와 코사인함수의 그래프를 다시 참고하라.) 따라서 비 $\frac{\sin x}{\cos x}$는 큰 양수가 될 것이다. 실제로 x가 $\frac{\pi}{2}$에 더 가까운 값을 취할수록 $\sin x$는 1에, $\cos x$는 0에 점점 더 가까워진다. 그러므로 $\tan x$는 ∞에 접근한다$\left(\lim_{x\to\pi/2^-} \tan x = \infty\right)$. 바꾸어 말하면, 세로직선 $x=-\frac{\pi}{2}$는 그래프의 점근선이다(그림 2.5). x가 $-\frac{\pi}{2}$보다 큰 값을 유지하면서 $-\frac{\pi}{2}$에 가까우면, $\sin x$는 -1에 가깝고 $\cos x$는 양이고 0에 가까울 것이다. 따라서 비 $\frac{\sin x}{\cos x}$는 $-\infty$에 접근한다$\left(\lim_{x\to-\pi/2^+} \tan x = -\infty\right)$. 바꾸어 말하면, 세로 직선 $x=-\frac{\pi}{2}$ 역시 $y=\tan x$의 그래프의 세로점근선이다.

지금까지의 논의를 통하여 $y=\tan x$의 그래프의 1주기를 완성할 수 있다. 그림 2.5와 같이 이 주기를 반복함으로써 $y=\tan x$의 완전한 그래프를 얻는다.

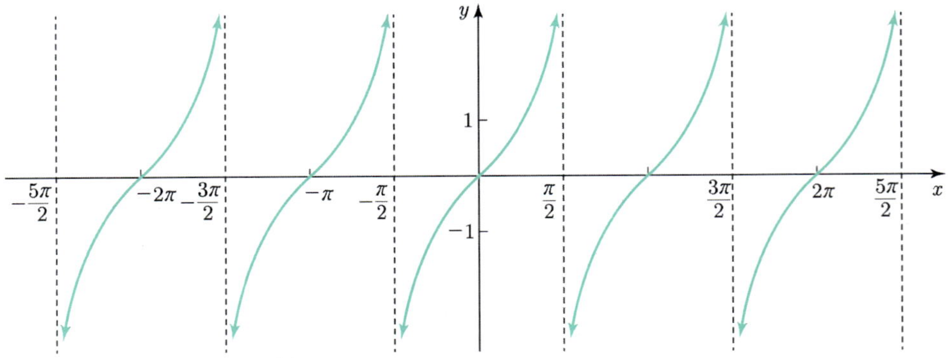

$y=\tan x$ $(-\infty < x < \infty,\ x \neq \frac{\pi}{2}$의 홀수배수)

〈그림 2.6〉

$y=\tan x$의 그래프는 이미 탄젠트함수에 대하여 알고 있는 몇 가지 사실을 설명해준다.

[주의] 2.3 탄젠트함수의 성질

(1) 정의역 $=\left\{x \in \mathbb{R} : x \neq \dfrac{(2n+1)\pi}{2},\ n \in \mathbb{Z}\right\}$

(2) 치역 $=\mathbb{R}$

(3) 탄젠트함수의 그래프는 원점에 관하여 대칭이다. 즉, 탄젠트함수는 기함수이다.

(4) 탄젠트함수는 주기 π를 갖는 주기함수이다.

(5) x절편: $\cdots,\ -2\pi,\ -\pi,\ 0,\ \pi,\ 2\pi,\ 3\pi,\ \cdots$

y절편: 0

(6) 세로점근선은 $x=\ \cdots,\ -\dfrac{3\pi}{2},\ -\dfrac{\pi}{2},\ \dfrac{\pi}{2},\ \dfrac{3\pi}{2},\ \cdots$에서 생긴다.

$y=\csc x$와 $y=\sec x$의 그래프

때때로 역의 함수라고 부르는, 코시컨트와 시컨트함수는 역의 항등식

$$\csc x = \frac{1}{\sin x} \text{와 } \sec x = \frac{1}{\cos x}$$

을 사용함으로써 그래프를 그릴 수 있다. 예를 들어, 주어진 수 x에서 코시컨트함수 $y=\csc x$의 값은 사인함수의 값이 0이 아니라는 가정에서 사인함수 값의 역과 같다. $\sin x$의 값이 0이면, 이와 같은 값 (π의 정수배수) x에서, 코시컨트함수의 그래프는 세로점근선을 갖는다(그림 2.7).

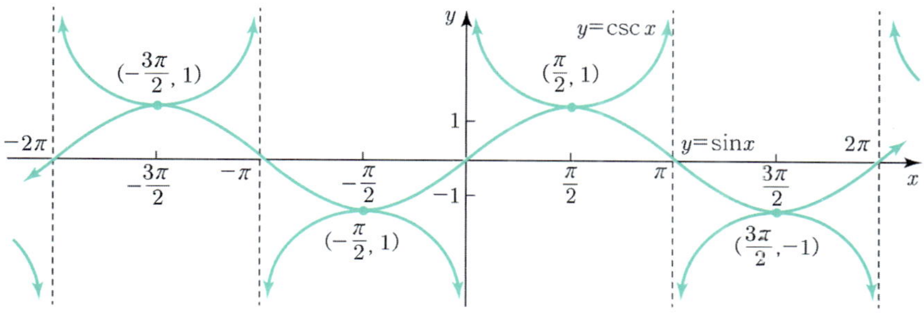

〈그림 2.7〉 $y = \csc x$ $(-\infty < x < \infty,\ x \neq \pi$의 정수배수)

예제 2.4 $y = \csc x$의 변환 그래프 그리기

다음 그래프를 그려라.

$$y = 2\csc\left(x - \frac{\pi}{2}\right)$$

풀이

역의 관계를 사용하여, 비슷하게 $y = \sec x$의 그래프를 얻을 수 있다(그림 2.8).

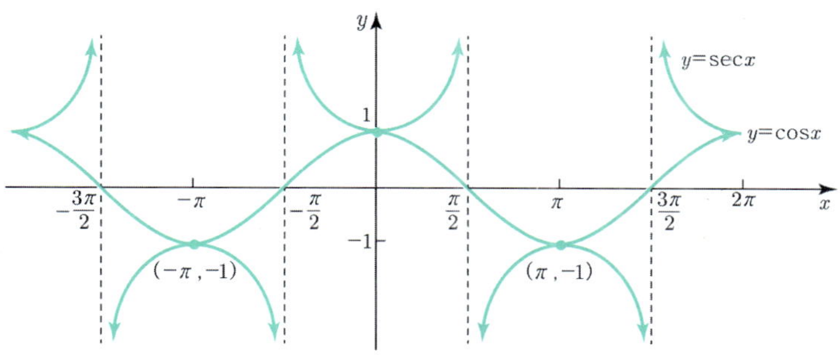

〈그림 2.8〉 $y = \sec x$ $(-\infty < x < \infty,\ x \neq \frac{\pi}{2}$의 홀수배수)

2.3 합과 차의 공식

이제 $\cos(\alpha + \beta)$, $\cos(\alpha - \beta)$, 또는 $\sin(\alpha + \beta)$와 같은 두 각의 합 또는 차를 포함하는 공식을 얻음으로써 삼각항등식을 계속하여 유도한다. 이와 같은 공식을 **합과 차의 공식**(sum and difference formula)이라 한다. $\cos(\alpha + \beta)$와 $\cos(\alpha - \beta)$에 대한 공식부터 시작한다.

정리 2.5 코사인에 대한 합과 차 공식

$$\cos(\alpha+\beta)=\cos\alpha\cos\beta-\sin\alpha\sin\beta \tag{2.9}$$

$$\cos(\alpha-\beta)=\cos\alpha\cos\beta+\sin\alpha\sin\beta \tag{2.10}$$

항등식을 증명하기 위하여 합과 차 공식을 사용

다음은 정리 2.17의 직접적인 결과이다.

따름정리 2.6

$$\cos\left(\frac{\pi}{2}-\theta\right)=\sin\theta \tag{2.11a}$$

$$\sin\left(\frac{\pi}{2}-\theta\right)=\cos\theta \tag{2.11b}$$

증명 공식 (2.11a)를 증명하기 위하여, $\alpha=\frac{\pi}{2}$이고 $\beta=\theta$라 하고 공식 (2.10)를 사용하면

$$\begin{aligned}\cos\left(\frac{\pi}{2}-\theta\right)&=\cos\frac{\pi}{2}\cos\theta+\sin\frac{\pi}{2}\sin\theta\\&=0\cdot\cos\theta+1\cdot\sin\theta\\&=\sin\theta\end{aligned}$$

이다. 공식 (2.11b)를 증명하기 위하여, 방금 증명한 항등식(2.11a)를 이용하면

$$\sin\left(\frac{\pi}{2}-\theta\right)=\cos\left[\frac{\pi}{2}-\left(\frac{\pi}{2}-\theta\right)\right]=\cos\theta$$

↑ 2.11(a)를 사용

이다.

다음은 공식 (2.11a)의 직접적인 결과이다.

따름정리 2.7 $\cos\left(\theta-\frac{\pi}{2}\right)=\sin\theta$

증명

$$\cos\left(\theta-\frac{\pi}{2}\right)=\cos\left[-\left(\theta-\frac{\pi}{2}\right)\right]=\cos\left(\frac{\pi}{2}-\theta\right)$$

↑ 코사인의 우함수 성질

이고

$$\cos\left(\frac{\pi}{2}-\theta\right)=\sin\theta$$
$$\uparrow \ (2.11(a))$$

이다. 따라서 $\cos\left(\theta-\frac{\pi}{2}\right)=\sin\theta$이다.

따름정리 2.19으로부터, $y=\cos\left(\theta-\frac{\pi}{2}\right)$와 $y=\sin\theta$의 그래프는 일치함을 알 수 있다. 더욱이 공식 (2.11a)와 (2.11b)로부터 사인에 대한 합과 차 공식을 얻을 수 있다.

따름정리 2.8 사인에 대한 합과 차 공식

$$\sin(\alpha+\beta)=\sin\alpha\cos\beta+\cos\alpha\sin\beta \tag{2.12}$$
$$\sin(\alpha-\beta)=\sin\alpha\cos\beta-\cos\alpha\sin\beta \tag{2.13}$$

증명

$$\sin(\alpha+\beta)=\cos\left[\frac{\pi}{2}-(\alpha+\beta)\right] \qquad \theta=\alpha+\beta\text{를 공식(2.11a)에 대입한다.}$$
$$=\cos\left[\left(\frac{\pi}{2}-\alpha\right)-\beta\right]$$
$$=\cos\left(\frac{\pi}{2}-\alpha\right)\cos\beta+\sin\left(\frac{\pi}{2}-\alpha\right)\sin\beta \qquad \text{공식 (2.10)}$$
$$=\sin\alpha\cos\beta+\cos\alpha\sin\beta \qquad \text{공식 (2.11a)와 (2.11b)}$$

$$\sin(\alpha-\beta)=\sin[\alpha+(-\beta)]$$
$$=\sin\alpha\cos(-\beta)+\cos\alpha\sin(-\beta) \qquad \text{방금 얻은 사인에 대한 합 공식 사용}$$
$$=\sin\alpha\cos\beta+\cos\alpha(-\sin\beta) \qquad \text{우함수·기함수 항등식}$$
$$=\sin\alpha\cos\beta-\cos\alpha\sin\beta$$

따름정리 2.9 탄젠트에 대한 합과 차 공식

$$\tan(\alpha+\beta)=\frac{\tan\alpha+\tan\beta}{1-\tan\alpha\tan\beta} \tag{2.14}$$
$$\tan(\alpha-\beta)=\frac{\tan\alpha-\tan\beta}{1+\tan\alpha\tan\beta} \tag{2.15}$$

예제 **2.10** $\tan(\theta+\pi)=\tan\theta$임을 보여라.

풀이

$$\tan(\theta+\pi)=\frac{\tan\theta+\tan\pi}{1-\tan\theta\tan\pi}=\frac{\tan\theta+0}{1-\tan\theta\cdot 0}=\tan\theta$$ ■

예제 2.22에서 얻은 결과는 앞에서 언급했던 사실인, 탄젠트함수가 주기 π인 주기함수임을 실증한 셈이다.

[주의] **2.23** 공식 (2.14)와 (2.15)을 사용할 때는 주의하라. 이 공식들은 $\frac{\pi}{2}$의 홀수배수를 제외한 모든 각, 즉 $\tan\alpha$와 $\tan\beta$가 정의되는 각 α와 β에 대해서만 사용할 수 있다.

예제 **2.11** $\tan\left(\theta+\frac{\pi}{2}\right)=-\cot\theta$임을 보여라.

풀이

$\tan\frac{\pi}{2}$는 정의되지 않으므로 공식 (2.14)를 사용할 수 없다. 대신에 다음과 같이 진행한다.

$$\tan\left(\theta+\frac{\pi}{2}\right)=\frac{\sin\left(\theta+\frac{\pi}{2}\right)}{\cos\left(\theta+\frac{\pi}{2}\right)}=\frac{\sin\theta\cos\frac{\pi}{2}+\cos\theta\sin\frac{\pi}{2}}{\cos\theta\cos\frac{\pi}{2}-\sin\theta\sin\frac{\pi}{2}}$$
$$=\frac{(\sin\theta)(0)+(\cos\theta)(1)}{(\cos\theta)(0)-(\sin\theta)(1)}=\frac{\cos\theta}{-\sin\theta}=-\cot\theta$$ ■

예제 **2.12** $\sin\left(\cos^{-1}\frac{1}{2}+\sin^{-1}\frac{3}{5}\right)$의 정확한 값을 구하여라.

풀이

$\alpha=\cos^{-1}\frac{1}{2}$이고 $\beta=\sin^{-1}\frac{3}{5}$이라 하면, 역코사인함수와 역사인함수의 정의에 의하여

$$\cos\alpha=\frac{1}{2},\ 0\le\alpha\le\pi\text{이고 }\sin\beta=\frac{3}{5},\ -\frac{\pi}{2}\le\beta\le\frac{\pi}{2}$$

이다. 더욱이 $0\le\alpha<\frac{\pi}{2}$이고 $0<\beta\le\frac{\pi}{2}$이다. 이제 $\sin\alpha$와 $\cos\beta$를 얻기 위하여 피타고라스 항등식을 사용한다. $\sin\alpha>0$이고 $\cos\beta>0$이므로

$$\sin\alpha = \sqrt{1-\cos^2\alpha} = \sqrt{1-\frac{1}{4}} = \sqrt{\frac{3}{4}} = \frac{\sqrt{3}}{2},$$

$$\cos\beta = \sqrt{1-\sin^2\beta} = \sqrt{1-\frac{9}{25}} = \sqrt{\frac{16}{25}} = \frac{4}{5}$$

이다. 따라서

$$\sin\left(\cos^{-1}\frac{1}{2}+\sin^{-1}\frac{3}{5}\right) = \sin(\alpha+\beta) = \sin\alpha\cos\beta + \cos\alpha\sin\beta$$
$$= \frac{\sqrt{3}}{2}\cdot\frac{4}{5}+\frac{1}{2}\cdot\frac{3}{5} = \frac{4\sqrt{3}+3}{10}$$

이다. ■

예제 2.13 $\sin(\sin^{-1}u+\cos^{-1}v)$를 u와 v를 포함하는 대수식(즉 어떠한 삼각함수도 없는 식)으로 써라.

풀이

$\alpha = \sin^{-1}u$이고 $\beta = \cos^{-1}v$라 하면

$$\sin\alpha = u,\ -\frac{\pi}{2} \le \alpha \le \frac{\pi}{2}\text{이고 } \cos\beta = v,\ 0 \le \beta \le \pi$$

이다. $-\frac{\pi}{2} \le \alpha \le \frac{\pi}{2}$이므로 $\cos\alpha \ge 0$이다. 따라서

$$\cos\alpha = \sqrt{1-\sin^2\alpha} = \sqrt{1-u^2}$$

이다. 비슷하게 $0 \le \beta \le \pi$이므로 $\sin\beta \ge 0$이다. 따라서

$$\sin\beta = \sqrt{1-\cos^2\beta} = \sqrt{1-v^2}$$

이므로

$$\sin(\sin^{-1}u+\cos^{-1}v) = \sin(\alpha+\beta)$$
$$= \sin\alpha\cos\beta+\cos\alpha\sin\beta$$
$$= uv+\sqrt{1-u^2}\sqrt{1-v^2}$$

이다. ■

2.4 배각과 반각공식

정리 2.14 배각공식

$$\sin(2\theta) = 2\sin\theta\cos\theta \tag{2.16}$$

$$\cos(2\theta) = \cos^2\theta - \sin^2\theta \tag{2.17a}$$

$$\cos(2\theta) = 1 - 2\sin^2\theta \tag{2.17b}$$

$$\cos(2\theta) = 2\cos^2\theta - 1 \tag{2.17c}$$

예제 2.15 배각공식을 사용하여 정확한 값 구하기

$\sin\theta = \frac{3}{5}$이고 $\frac{\pi}{2} < \theta < \pi$일 때, 다음 각각의 정확한 값을 구하여라.

(1) $\sin(2\theta)$　　　　(2) $\cos(2\theta)$

풀이

(1) $\sin\theta = \frac{3}{5}$이고 $\sin(2\theta) = 2\sin\theta\cos\theta$이므로 $\cos\theta$만 구하면 된다. $\sin\theta = \frac{3}{5} = \frac{y}{r}$이므로 $y = 3$이고 $r = 5$라 하자. 또한 $P = (x, y) = (x, 3)$은 반지름 5인 원 $x^2 + y^2 = 25$ 위의 점이라 하자. $\frac{\pi}{2} < \theta < \pi$이므로 θ는 2사분면 위에 있다. 따라서 $x < 0$이므로(그림 2.24)

$$\begin{aligned} x^2 + y^2 &= 25 \\ x^2 + 9 &= 25 && y = 3 \\ x^2 &= 25 - 9 = 16 \\ x &= -4 && x < 0 \end{aligned}$$

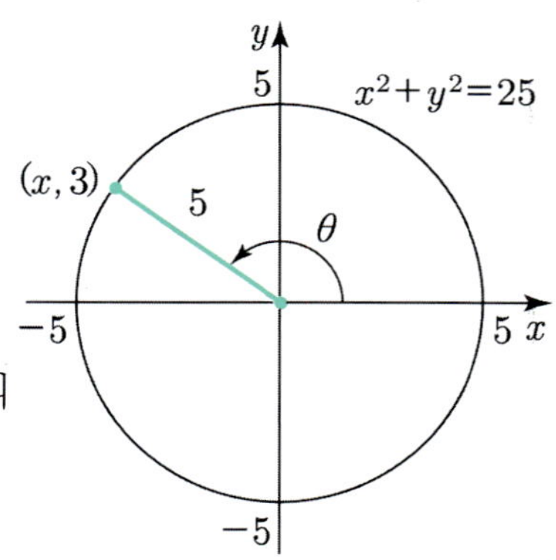

〈그림 2.24〉

이다. 따라서 $\cos\theta = \frac{x}{r} = \frac{-4}{5}$이므로 공식 (2.16)에 의하여

$$\sin(2\theta) = 2\sin\theta\cos\theta = 2\left(\frac{3}{5}\right)\left(-\frac{4}{5}\right) = -\frac{24}{25}$$

이다.

(2) $\sin\theta = \dfrac{3}{5}$이 주어져 있으므로, 공식 (2.17b)를 사용하면

$$\cos(2\theta) = 1 - 2\sin^2\theta = 1 - 2\left(\frac{9}{25}\right) = 1 - \frac{18}{25} = \frac{7}{25}$$

이다. ■

[주의] **2.16** 예제 2.28 (2)에서 $\cos(2\theta)$를 구하는 데 있어서, 배각공식 (2.17a)의 변형인 공식 (2.17b)를 선택하여 사용했다. $\sin(2\theta) = -\dfrac{24}{25}$인 피타고라스 항등식 $\cos(2\theta) = \pm\sqrt{1-\sin^2(2\theta)}$를 사용할 수 없음에 주목하라. 왜냐하면 어떤 부호를 선택해야 할지 알 수 있는 방법이 없기 때문이다.

예제 2.17 항등식 확인하기

(1) $\tan(2\theta)$를 $\tan\theta$로 나타내라.

(2) $\sin(3\theta)$를 $\sin\theta$와 $\cos\theta$로 나타내라.

풀이

(1) $\tan(\alpha+\beta)$에 대한 합 공식에서, $\alpha = \beta = \theta$라 하면

$$\tan(2\theta) = \tan(\theta+\theta) = \frac{\tan\theta + \tan\theta}{1 - \tan\theta\tan\theta} = \frac{2\tan\theta}{1-\tan^2\theta}$$

이다.

(2) 먼저 $\sin(\alpha+\beta)$에 대한 공식을 사용하면

$$\sin(3\theta) = \sin(2\theta+\theta) = \sin(2\theta)\cos\theta + \cos(2\theta)\sin\theta$$

이다. 따라서 배각공식에 의하여

$$\begin{aligned}\sin(3\theta) &= (2\sin\theta\cos\theta)(\cos\theta) + (\cos^2\theta - \sin^2\theta)(\sin\theta) \\ &= 2\sin\theta\cos^2\theta + \sin\theta\cos^2\theta - \sin^3\theta \\ &= 3\sin\theta\cos^2\theta - \sin^3\theta \end{aligned} \tag{2.18}$$

(3.9)를 다음과 같이 다시 쓸 수 있다.

$$\begin{aligned}\sin(3\theta) &= 3\sin\theta\cos^2\theta - \sin^3\theta = 3(\sin\theta(1-\sin^2\theta)) - \sin^3\theta \\ &= 3\sin\theta - 4\sin^3\theta\end{aligned}$$

■

예제 2.30으로부터 다음의 공식을 얻는다.

정리 2.18 탄젠트의 배각과 사인의 3배각 공식

$$\tan(2\theta) = \frac{2\tan\theta}{1-\tan^2\theta} \tag{2.19}$$

$$\sin(3\theta) = 3\sin\theta - 4\sin^3\theta \tag{2.20}$$

배각공식의 다른 변형

배각공식 (2.17b)와 (2.17c)를 다시 정돈함으로써, 이 장의 뒤에서 사용할 다른 공식들을 얻는다.

공식 (2.17b)에서 시작하여 $\sin^2\theta$에 대하여 풀면

$$\cos(2\theta) = 1 - 2\sin^2\theta$$

$$2\sin^2\theta = 1 - \cos(2\theta)$$

$$\sin^2\theta = \frac{1-\cos(2\theta)}{2} \tag{2.21}$$

이다. 비슷하게 공식 (2.17c)를 $\cos^2\theta$에 대하여 풀면

$$\cos(2\theta) = 2\cos^2\theta - 1$$

$$2\cos^2\theta = 1 + \cos(2\theta)$$

$$\cos^2\theta = \frac{1+\cos(2\theta)}{2} \tag{2.22}$$

이다. 공식 (2.21)와 (2.22)은 $\tan^2\theta$에 대한 공식을 유도하는 데 사용될 수 있다.

$$\tan^2\theta = \frac{\sin^2\theta}{\cos^2\theta} = \frac{\dfrac{1-\cos(2\theta)}{2}}{\dfrac{1+\cos(2\theta)}{2}}$$

이다. 따라서 다음을 얻는다.

$$\tan^2\theta = \frac{1-\cos(2\theta)}{1+\cos(2\theta)} \tag{2.23}$$

공식 (2.21)와 (2.22)을 기억할 필요는 없다. 잊으면 배각공식에서 유도하면 되기 때문이다. 공식 (2.21)와 (2.22)은 미분적분학에서 중요하다. 다음의 예제는 공식 (2.22)이 필요한 미분적분학의 문제이다.

배각공식과 같은 항등식은 더 적합한 꼴로 식을 다시 쓰는 데 사용할 수 있다.

예제 2.19 발사체 운동

어떤 물체가 1초에 v_0피트의 처음속도를 갖고 수평선과 각 θ를 이루면서 위쪽으로 나아간다(그림 2.25). 공기저항을 무시하면, 이 물체가 움직인 수평거리 R은 다음과 같이 주어진다.

$$R = \frac{1}{16} v_0^2 \sin\theta \cos\theta$$

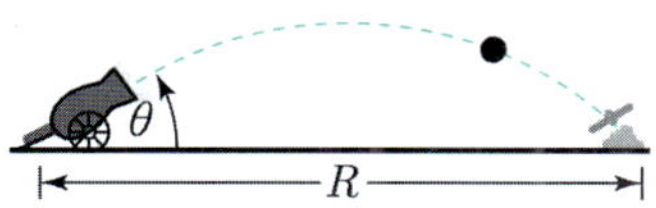

〈그림 2.25〉

(1) $R = \dfrac{1}{32} v_0^2 \sin(2\theta)$임을 보여라.

(2) R이 최대가 되는 각 θ를 구하여라.

풀이

(1) $\sin(2\theta) = 2\sin\theta\cos\theta$이므로

$$R = \frac{1}{16} v_0^2 \sin\theta \cos\theta = \frac{1}{16} v_0^2 \frac{2\sin\theta\cos\theta}{2} = \frac{1}{32} v_0^2 \sin(2\theta)$$

이다.

(2) (1)의 결과에서, $\sin(2\theta) = 1$일 때, R은 최댓값을 가진다.

$$2\theta = 90°$$

$$\theta = 45°$$

이므로 $\theta = 45°$일 때, R은 최댓값을 갖는다. ■

반각공식

공식 (2.21)~(2.23)에서 $\theta = \frac{\alpha}{2}$라 하면, 다음의 결과를 쉽게 얻는다.

$$\sin^2\frac{\alpha}{2} = \frac{1-\cos\alpha}{2}, \quad \cos^2\frac{\alpha}{2} = \frac{1+\cos\alpha}{2}, \quad \tan^2\frac{\alpha}{2} = \frac{1-\cos\alpha}{1+\cos\alpha} \tag{2.24}$$

[주의] 2.20 공식 (2.24)는 미분적분학의 적분법에서 유용하게 사용될 것이다.

공식 (2.24)를 각각 좌변에 대하여 풀면 반각공식(half-angle formula)이라 부르는 다음의 결과를 얻는다.

정리 2.21 반각공식

$$\sin\frac{\alpha}{2} = \pm\sqrt{\frac{1-\cos\alpha}{2}} \tag{2.25a}$$

$$\cos\frac{\alpha}{2} = \pm\sqrt{\frac{1+\cos\alpha}{2}} \tag{2.25b}$$

$$\tan\frac{\alpha}{2} = \pm\sqrt{\frac{1-\cos\alpha}{1+\cos\alpha}} \tag{2.25c}$$

여기서 + 또는 − 부호는 각 $\frac{\alpha}{2}$의 사분면에 의하여 결정된다.

예제 2.22 반각공식을 사용하여 정확한 값 구하기

각각의 정확한 값을 구하여라.

(1) $\cos 15°$ (2) $\sin(-15°)$

풀이

(1) $15° = \frac{30°}{2}$이므로, $\alpha = 30°$인 $\cos\frac{\alpha}{2}$에 대한 반각공식을 사용할 수 있다. 그런데 15°는 1사분면에 있으므로 $\cos 15° > 0$이다. 따라서 공식 (2.25a)를 사용하는 데 있어서 + 부호를 택한다. 따라서

$$\cos 15° = \cos\frac{30°}{2} = \sqrt{\frac{1+\cos 30°}{2}}$$

$$= \sqrt{\frac{1+\frac{\sqrt{3}}{2}}{2}} = \sqrt{\frac{2+\sqrt{3}}{4}} = \frac{\sqrt{2+\sqrt{3}}}{2}$$

이다.

(2) $\sin(-15°) = -\sin 15°$인 사실과 공식 (2.25b)를 사용하면

$$\sin(-15°) = -\sin\frac{30°}{2} = -\sqrt{\frac{1-\cos 30°}{2}}$$

$$= -\sqrt{\frac{1-\frac{\sqrt{3}}{2}}{2}} = -\sqrt{\frac{2-\sqrt{3}}{4}} = -\frac{\sqrt{2-\sqrt{3}}}{2}$$

이다. ■

2.5 곱-합과 합-곱 공식

곱-합 공식

합과 차 공식은 사인 및 또는 코사인의 곱을 합 또는 차로 나타내는 공식을 유도하는 데 사용될 수 있다. 이와 같은 항등식을 일반적으로 **곱-합 공식**(product-to-sum formular)이라 한다.

정리 2.23 곱-합 공식

$$\sin\alpha\,\sin\beta = \frac{1}{2}[\cos(\alpha-\beta) - \cos(\alpha+\beta)] \tag{2.26}$$

$$\cos\alpha\,\cos\beta = \frac{1}{2}[\cos(\alpha-\beta) + \cos(\alpha+\beta)] \tag{2.27}$$

$$\sin\alpha\,\cos\beta = \frac{1}{2}[\sin(\alpha+\beta) + \sin(\alpha-\beta)] \tag{2.28}$$

[주의] **2.24** 정리 2.36에 있는 세 개의 항등식을 기억할 필요는 없다. 사인과 코사인의 합과 곱 공식에서 유도되기 때문이다.

예제 2.25 곱을 합으로 나타내기

다음의 각 곱을 사인 또는 코사인만을 포함하는 합으로 나타내라.

(1) $\sin(6\theta)\sin(4\theta)$ (2) $\cos(3\theta)\cos\theta$ (3) $\sin(3\theta)\cos(5\theta)$

풀이

(1) 공식 (2.26)을 사용하면

$$\begin{aligned}\sin(6\theta)\sin(4\theta) &= \frac{1}{2}[\cos(6\theta-4\theta)-\cos(6\theta+4\theta)]\\ &= \frac{1}{2}[\cos(2\theta)-\cos(10\theta)]\end{aligned}$$

이다.

(2) 공식 (2.27)를 사용하면

$$\begin{aligned}\cos(3\theta)\cos\theta &= \frac{1}{2}[\cos(3\theta-\theta)+\cos(3\theta+\theta)]\\ &= \frac{1}{2}[\cos(2\theta)+\cos(4\theta)]\end{aligned}$$

이다.

(3) 공식 (2.28)을 사용하면

$$\begin{aligned}\sin(3\theta)\cos(5\theta) &= \frac{1}{2}[\sin(3\theta+5\theta)+\sin(3\theta-5\theta)]\\ &= \frac{1}{2}[\sin(8\theta)+\sin(-2\theta)] = \frac{1}{2}[\sin(8\theta)-\sin(2\theta)]\end{aligned}$$

이다. ■

다음은 **합-곱 공식**(sum-to-product formula)이다.

정리 2.26 합-곱 공식

$$\sin\alpha+\sin\beta=2\sin\frac{\alpha+\beta}{2}\cos\frac{\alpha-\beta}{2} \tag{2.29}$$

$$\sin\alpha-\sin\beta=2\sin\frac{\alpha-\beta}{2}\cos\frac{\alpha+\beta}{2} \tag{2.30}$$

$$\cos\alpha+\cos\beta=2\cos\frac{\alpha+\beta}{2}\cos\frac{\alpha-\beta}{2} \tag{2.31}$$

$$\cos\alpha-\cos\beta=-2\sin\frac{\alpha+\beta}{2}\sin\frac{\alpha-\beta}{2} \tag{2.32}$$

예제 2.27 합 또는 차를 곱으로 나타내기

합 또는 차를 사인 및 또는 코사인의 곱으로 나타내라.

(1) $\sin(5\theta)-\sin(3\theta)$　　(2) $\cos(3\theta)+\cos(2\theta)$

풀이

(1) 공식 (2.30)를 사용하면

$$\begin{aligned}\sin(5\theta)-\sin(3\theta)&=2\sin\frac{5\theta-3\theta}{2}\cos\frac{5\theta+3\theta}{2}\\&=2\sin\theta\cos(4\theta)\end{aligned}$$

이다.

(2) $$\begin{aligned}\cos(3\theta)+\cos(2\theta)&=2\cos\frac{3\theta+2\theta}{2}\cos\frac{3\theta-2\theta}{2} \quad \text{공식 (2.31)}\\&=2\cos\frac{5\theta}{2}\cos\frac{\theta}{2}\end{aligned}$$

■

ANSWER

연습문제 해답

Section 1.1
함수의 극한과 계산

01. (1) 3　(2) -1　(3) 존재하지 않음

(4) 1　(5) 3　(6) 존재하지 않음

02. 2

03. $-\dfrac{2}{a^3}$

04. 3

05. 3

06. 6

07. 0

08. $\dfrac{1}{3}$

09. $\dfrac{1}{2}$

10.

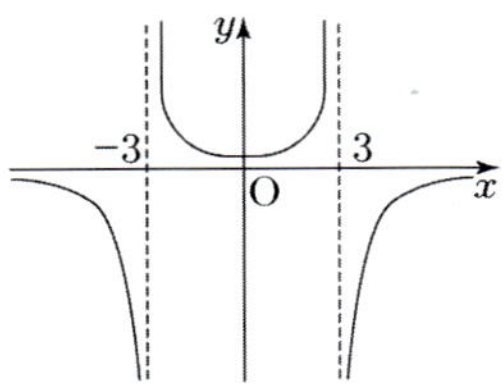

$\lim\limits_{x\to\infty}\dfrac{3}{9-x^2}=0$, $\lim\limits_{x\to\infty}\dfrac{3}{9-x^2}=0$이므로 수평점근선은 $y=0$이다. 또

$\lim\limits_{x\to3^-}\dfrac{3}{9-x^2}=0$, $\lim\limits_{x\to3^+}\dfrac{3}{9-x^2}=\infty$, $\lim\limits_{x\to-3^+}\dfrac{3}{9-x^2}=\infty$, $\lim\limits_{x\to(-3)^-}\dfrac{3}{9-x^2}=-\infty$이므로

두 개의 수직점근선 $x=3$과 $x=-3$을 갖는다.

11. (1) 모든 x에 대하여 $0\le f(x)\le x^2$ 이다.

조인 정리에 의해 $\lim\limits_{x\to0}f(x)=0$ 이다.

(2) $-1\le\sin(\dfrac{3\pi}{x})\le 1$ 이므로 양변에 지수함수를 적용하면 $e^{-1}\le e^{\sin\frac{3\pi}{x}}\le\sqrt{x}\,e$

이므로 조인 정리에 의해 $\lim\limits_{x\to0}f(x)=0$ 이다.

12. $f(x) = \dfrac{x + |x|(1-x)}{x} \circ \dfrac{1}{x}$이라하자

① $x > 0$ 일 때 $f(x) = -x \circ \dfrac{1}{x}$ 이므로 $\lim\limits_{x \to 0} f(x) = 0$

② $x < 0$ 일 때 $f(x) = (2+x) \circ \dfrac{1}{x}$이므로 극한값은 존재하지 않는다.

Section 1.2
함수의 연속과 성질

01. $f(2)$가 정의되지 않음.

02. $x = 0$에서도 연속

03. $c = -2$

04. $f(1) = \dfrac{1}{2}$로 정의하면 연속함수

05. $f(x)$는 $x = 0$에서 불연속

06. $\{x | x^2 - 4x + 28 \geq 0\} = \{x | x^2 - 4x + 4 \geq 24\} = \{x | (x-2)^2 \geq 24\}$
$= \{x | (x-2) \geq 2\sqrt{6}\} = (-\infty,\ 2-\sqrt{6}] \cup [2+2\sqrt{6},\ \infty)$
7은 정의역에 있으므로

$$\begin{aligned}\lim_{x \to 7} f(x) &= f(7) \\ &= 2^{\sqrt{49-28+28}} \\ &= 2^7 = 128\end{aligned}$$

07. $f(1) = 2 - 3 + 7 - 10 = -4 < 0$, $f(2) = 16 - 12 + 14 - 10 = 8 > 0$이므로 $f(c) = 0$이 되는 c가 구간 $(1, 2)$에 존재한다.

08. 통분하면 $f(x) = (x-b)(x-c) + (x-a)(x-c) + (x-a)(x-b) = 0$이 서로 다른 두 실근을 가짐을 보여도 된다.

09. $f(0) = 1 > 0$, $f(-2) = -8 + 2 + 1 = -5 < 0$이므로 $x = x^3 + 1$은 구간 $(-2, 0)$에서 실근을 갖는다.

10. $\frac{x}{2}$는 ℝ에서 연속이고, $\sin\frac{x}{2}$와 $\cos\frac{x}{2}$도 ℝ에서 연속이므로

$$\lim_{x\to\pi}\sin\left(\frac{x}{2}+\cos\frac{x}{2}\right)=\sin\left(\frac{\pi}{2}+\cos\frac{\pi}{2}\right)=\sin\frac{\pi}{2}=1$$

11. (1) $c^2-2c=8$에서 $c^2-2c-8=0$, $(c-4)(c+2)=0$ 이므로 $c=4$와 $c=-2$ 이다.
이때 $c=4$가 $[1,5]$에 있는 유일한 값이다.

(2) $c^2-4c+1=6$에서 $c^2-4c-5=0$, $(c+5)(c-1)=0$ 이므로 $c=-5$와 $c=1$ 이다.
이때 $c=1$가 $[-2,5]$에 있는 유일한 값이다.

(3) $\frac{17}{c^2+1}=1$에서 $c^2+1=17$, $c^2=16$에서 $c=4$ 이다.
이때 $c=4$가 $[0,5]$에 있는 유일한 값이다.

Section 1.3

변화율 문제

01. $y=-\frac{1}{3}x+\frac{7}{3}$

02. $-19.4\,(\mathrm{m/sec})$

03.

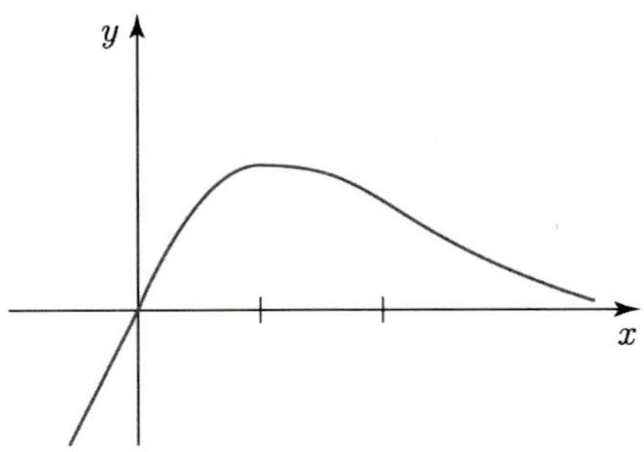

04. $-\frac{1}{a+2}$

05. $f'(x)=\lim_{x\to a}\frac{f(x)-f(a)}{x-a}$

$$=\lim_{x\to a}\frac{\frac{1}{\sqrt{x}}-\frac{1}{\sqrt{a}}}{x-a}=\lim_{x\to a}\frac{\frac{1}{\sqrt{x}}-\frac{1}{\sqrt{a}}}{x-a}\cdot\frac{\sqrt{x}\sqrt{a}}{\sqrt{x}\sqrt{a}}$$

$$=\lim_{x \to a} \frac{\sqrt{a}-\sqrt{x}}{\sqrt{ax}\,(x-a)}$$

$$=\lim_{x \to a} \frac{\sqrt{a}-\sqrt{x}}{\sqrt{ax}\,(x-a)} \cdot \frac{\sqrt{a}+\sqrt{x}}{\sqrt{a}+\sqrt{x}}$$

$$=\lim_{x \to a} \frac{a-x}{\sqrt{ax}\,(x-a)(\sqrt{a}+\sqrt{x})}$$

$$=\lim_{x \to a} \frac{-1}{\sqrt{ax}\,(\sqrt{a}+\sqrt{x})}$$

$$=\frac{-1}{\sqrt{a^2}\,(\sqrt{a}+\sqrt{a})}=-\frac{1}{2a^{\frac{3}{2}}}$$

06. (1) 3일부터 4일까지 1,060
4일부터 5일까지 1,100
1일부터 5일까지 687.5
(2) 3일부터 4일까지 평균변화율은 1,060이고 4일부터 5일까지 평균변화율은 1,100이므로 4일째의 순간변화율은 약 1,080원이다.

07. (1) 소금생산량 1kg당 비용의 변화율로 원/kg이다.
(2) 20kg의 소금을 생산하는데 드는 비용은 17,000원/kg이다.

Section 1.4
도함수와 미분가능

01. $\frac{1}{(x+1)^2}$

02. $\frac{-1}{2x\sqrt{x}}$

03. 모든 x에 대하여 미분가능하다.

04. $f(x)$는 $x=0$에서 미분가능하다.

05. $x=0$에서 미분가능하지 않다.

06. $a=2,\ b=-1$

07. $f'(a)\cdot 3\sqrt[3]{a^2}$

08. $f'(x)=3x^2-2x$
$f''(x)=6x-2$

$f'''(x) = 6$

$f^{(4)}(x) = 0$

09. $v(t) = 5 - 4t$, $a(t) = -4$

따라서 $v(1) = 1$, $a(1) = -4$이다.

10. 도함수는 그래프에서 접선의 기울기를 나타내므로 기울기가 0인 점을 위주로 생각해 보면 편리하다. (3)번 그래프가 수평접선을 갖는 점에서 (2)번 식의 함숫값이 0이므로 (3)번 함수의 도함수가 (2)번 함수이다. 또 (2)번 그래프가 수평접선을 갖는 점에서 (4)번 식의 함숫값이 0이므로 (2)번 함수의 도함수가 (4)번 함수이다. 마지막으로 (4)번 그래프의 기울기는 일정하므로 (1)번 함수가 (4)번 함수의 도함수이다. 따라서 (3)번이 $f(x)$, (2)번이 $f'(x)$, (4)번이 $f''(x)$, (1)번이 $f'''(x)$의 그래프이다.

Section 2.1
다항함수, 자연지수함수, 삼각함수의 미분법

01. (1) $f'(x) = 35x^4 - 12x^2 + 6x - 5$ (2) $V'(r) = 4\pi r^2$

(3) $g'(x) = \frac{3}{2}\sqrt{x} - \frac{3}{2\sqrt{x}} - \frac{5}{2\sqrt{x^3}}$ (4) $s' = \frac{2}{3\sqrt[3]{t}} - \frac{6}{2\sqrt{t^5}}$

02. $x = 2$와 $x = -2$에서 미분 가능하지 않다.

$$f'(x) = \begin{cases} 2x, & x < -2,\ x > 2 \\ -2x, & -2 < x < 2 \end{cases}$$

03. (1) $e^x - 2$ (2) $6x + 4 - e^x$

04. (1) 10 (2) e

05. (1) $\frac{3}{2}\sqrt{x}\,e^x + \frac{1}{2}\sqrt{x^3} + \sqrt{x} - 5e^x - 5$ (2) $\frac{e^x(x-1)^2}{(1+x^2)^2}$

06. $\frac{x^2 - 4x + 2}{e^x}$

07. (1) $((fg)h)' = (fg)'h + (fg)h' = (f'g + fg')h + (fg)h' = f'gh + fg'h + fgh'$

(2) $(f^3)' = f'ff + ff'f + fff' = 3f^2f'$

(3) $y' = 3(x^2+1)^2(2x)$

08. $y=\sin x,\ y'=\cos x,\ y''=-\sin x,\ y'''=-\cos x$

$y^{(4)}=\sin x \cdots$이므로

$y^{(100)}=\sin x$이다.

09. (1) $f'(x)=\sec x\tan x$

$f''(x)=\sec x\tan^2 x+\sec^3 x$

(2) $f'(x)=-\csc x\cot x$

$f''(x)=+\csc x\cot^2 x+\csc^3 x$

10. $y'=e^x,\ y''=e^x$이므로 $f''(0)=e^0=1$

11. (1) $(2-x^2)\sin x+4x\cos x$ (2) $-2e^x\sin x$

12. (1) $x\sin 2x+x^2\cos 2x$

(2) $\csc x(1-\csc^2 x)-\cot x(x+\cot x)\csc x$

(3) $\sec\theta(1+\theta\tan\theta)$ (4) $\dfrac{\tan x(\sec x+2)}{(1+\cos x)^2}$

Section 2.2
합성함수와 음함수 미분법

01. (1) $\dfrac{x}{\sqrt{x^2+1}}$ (2) $\dfrac{-4(3x^2+2)}{(x^3+2x)^5}$

(3) $3\sin^2 x\cos x$ (4) $-\sin x\sec^2(\cos x)$

02. (1) $y=22(x-1)+9=22x-13$ (2) $y=0(x-0)+1=1$

03. (1) $y=0(x-0)+1=1$ (2) $y=0\left(x-\dfrac{\pi}{2}\right)+1=1$

04. (1) $e^x(1+x)$ (2) $xa^x(2+x\ln a)$

(3) $-\ln 3\sin x(3^{\cos x})$ (4) $e^{\sin x}(\cos^2 x-\sin x)$

05. (1) $-\ln 2\cdot 2^{\cos(\sin(\tan x))}(\sin(\sin(\tan x))\cos(\tan x)\sec^2 x)$

(2) $x2^{x^2+1}3^{2^{x^2}}\ln 2\cdot\ln 3$

06. (1) $y=\dfrac{3}{4}(x-3)+2=\dfrac{3}{4}x-\dfrac{1}{4}$ (2) $y=-\dfrac{1}{2}x$

07. (1) 수평접선을 갖는 곡선의 점은 $(1,\ -2)$와 $(-1,2)$이다.

(2) 수평접선을 갖는 점은 정수 k에 대해 $\left(\pi k+\frac{\pi}{4},\ 1\right)$, $\left(\pi k+\frac{\pi}{4},\ -\frac{4}{3}\right)$과

$\left(\pi k+\frac{3\pi}{4},\ \frac{-1-\sqrt{73}}{6}\right)$, $\left(\pi k+\frac{3\pi}{4},\ \frac{-1+\sqrt{73}}{6}\right)$이다.

08. (1) $\frac{dy}{dx}=-\frac{y(\sqrt{2xy}(2x+y)-1)}{x(\sqrt{2xy}(x+2y)-1)}$　　(2) $\frac{dy}{dx}=\frac{ye^x-2xy^3}{3x^2y^2+4y^3-e^x}$

(3) $\frac{dy}{dx}=\cot x\cot y$　　(4) $\frac{dy}{dx}=-\frac{(x-y)^2\sec^2(x+y)+y}{(x-y)^2\sec^2(x+y)-x}$

09. (1) $\frac{dy}{dx}=\frac{2xy\left(1-2\sqrt{3+x^2y}\cdot y^2e^{x^2y}\right)}{2\sqrt{3+x^2y}\,(2ye^{x^2y}+x^2)-x^2}$

(2) $\frac{dy}{dx}=-\cos x\csc y$

(3) $e^{x^2+y^2}(2x+2y\cdot y)+y'\cos y=y'\sec y=y'\sec y\cdot\tan y$

$(e^{x^2+y^2})(2y+\cos y-\sec y\cdot\tan y)y'=-2xe^{x^2+y^2}$

$y'(e^{x^2+y^2})=\frac{-2xe^{x^2+y^2}}{2y+\cos y-\sec y\cdot\tan y}$

(4) $2x+y+xy'+2y\cdot y'+\cos(x^2+y^2)(2x+2yy')=e^{-xy}(-y-xy')$

10. (1) $y=-\frac{11}{6}x-\frac{13}{3}$　　(2) $y=x$

11. $y=e^{ax},\ y'=ae^{ax},\ y''=a^2e^{ax}$

$y'''=a^3e^{ax}$이므로

$y^{(n)}=a^ne^{ax}$이다.

Section 2.3
역삼각함수와 로그함수의 미분법

01. (1) $\frac{1}{12}$　　(2) $\frac{1}{3\sqrt[3]{x^2}}$

02. $y=x+1$

03. (1) $\sin^{-1}(-1)=-\frac{\pi}{2}$　　(2) $\cot^{-1}\sqrt{3}=\frac{\pi}{6}$

04. (1) $-\frac{\sqrt{3}}{3}$　　(2) $\sqrt{2}$　　(3) $\frac{2\sqrt{3}}{3}$

(4) $\dfrac{1}{2\sqrt{2}}$ (5) $\dfrac{-3}{\sqrt{10}}$ (6) $-\dfrac{\pi}{4}$

05. $\theta = \tan^{-1}v$라 하면

$$\sin(\tan^{-1}v) = \tan\theta\cos\theta = \frac{\tan\theta}{\sec\theta} = \frac{\tan\theta}{\sqrt{1+\tan^2\theta}} = \frac{v}{\sqrt{1+v^2}}$$

06. (1) $\theta = \tan^{-1}v$라 하자. $\sec(\tan^{-1}v) = \sec\theta = \sqrt{1+v^2}$

(2) $\theta = \sin^{-1}v$라 하자. $\cos(\sin^{-1}v) = \cos\theta = \sqrt{1-v^2}$

07. (1) $\sin^{-1}\dfrac{1}{2} = \alpha$, $\cos^{-1}0 = \beta$라 하자. 그러면 $\alpha = \dfrac{\pi}{6}$, $\beta = \dfrac{\pi}{2}$이므로

$$\sin\left(\sin^{-1}\frac{1}{2} + \cos^{-1}0\right) = \sin\left(\frac{\pi}{6} + \frac{\pi}{2}\right) = \cos\frac{\pi}{6} = \frac{\sqrt{3}}{2}$$

(2) $\sin^{-1}\dfrac{5}{13} = \alpha$, $\tan^{-1}\dfrac{3}{4} = \beta$라 하자. 그러면 $\cos\beta = \dfrac{4}{5}$, $\sin\beta = \dfrac{3}{5}$이다.

$$\cos\left(\sin^{-1}\frac{5}{13} - \tan^{-1}\frac{3}{4}\right) = \frac{12}{13}\cdot\frac{4}{5} + \frac{5}{13}\cdot\frac{3}{5} = \frac{63}{65}$$

08. $\sin^{-1}u = \alpha$, $\cos^{-1}v = \beta$라 하자. 그러면 $\dfrac{uv - \sqrt{1-u^2}\sqrt{1-v^2}}{v\sqrt{1-u^2} + u\sqrt{1-v^2}}$

09. (1) $\alpha = \sin^{-1}v$이고 $\beta = \cos^{-1}v$라 하면 $\alpha + \beta = \dfrac{\pi}{2}$이다.

(2) $\alpha = \tan^{-1}\dfrac{1}{v}$이고 $\beta = \tan^{-1}v$라 하자. $\dfrac{\pi}{2} - \tan^{-1}v$이다.

10. $$\frac{2z}{1+z^2} = \frac{2\tan\left(\frac{\alpha}{2}\right)}{1+\tan^2\left(\frac{\alpha}{2}\right)} = \frac{2\tan\left(\frac{\alpha}{2}\right)}{\sec^2\left(\frac{\alpha}{2}\right)} = 2\sin\left(\frac{\alpha}{2}\right)\cos\left(\frac{\alpha}{2}\right) = \sin\alpha$$

11. (1) $y = -\dfrac{1}{3}x + \dfrac{1}{3}$ (2) $y = \dfrac{1}{2}x + \dfrac{1}{2}$

12. (1) $\dfrac{2x\sqrt{1-x^2}+1}{\sqrt{1-x^2}}$ (2) $2x\tan^{-1}x + \dfrac{x^2}{1+x^2}$

(3) $e^t\sin^{-1}t + \dfrac{e^t+1}{\sqrt{1-t^2}}$

13. (1) $\dfrac{x+1-\sin^{-1}x\sqrt{1-x^2}}{(x+1)^2\sqrt{1-x^2}}$ (2) $e^{\tan^{-1}(2x)}\dfrac{2}{1+(2x)^2}$

(3) $\dfrac{\pi}{2\sqrt{1-t^2}(1+\sin^{-1}t)^2}$

14. (1) $\dfrac{1}{x\sqrt{x^2-1}}-3x^2\cos^{-1}x+\dfrac{x^3}{\sqrt{1-x^2}}$

(2) $\dfrac{1}{x\sqrt{x^2-1}}(x-\cot^{-1}x)+(1-\csc^{-1}x)\left(1-\dfrac{1}{x^2+1}\right)$

(3) 0

15. (1) $\dfrac{x}{|x|(1+x^2)}$ (2) $\dfrac{2x\sin(x^2+1)}{1+\cos^2(x^2+1)}$

(3) $-2x$ (4) $-\dfrac{1}{r\sqrt{r^2-1}}+\dfrac{1}{\sqrt{1-r^2}}$

16. (1) $\dfrac{2x}{x^2+5}$ (2) $\csc x\sec x$

(3) $\dfrac{e^x}{(1+e^x)\ln 10}$ (4) $\dfrac{-1}{(x^2-x)\ln 2}$

17. (1) $-\dfrac{(x-1)^2}{1+x^2}$ (2) $\dfrac{2+2\ln 2}{x(1+\ln(2x))^2}$

18. (1) $f''(x)=\csc x\cot x$

(2) $2\log_{10}(x^2+1)+\dfrac{4}{\ln 10}\dfrac{x^2}{x^2+1}+\dfrac{2}{\ln 10}\dfrac{x^2(x^2+3)}{(x^2+1)^2}$

19. (1) $y=3x-3$ (2) $y=3e$

20. (1) $y=ex$ (2) $y=\dfrac{1}{e}x-1$

21. (1) $f'(x)=\dfrac{(x^2-5)^5}{(x^4+3x)^6}\left(\dfrac{10x}{x^2-5}-\dfrac{24x^3+18}{x^4+3x}\right)$

(2) $f'(x)=\dfrac{\sin^2x\cos^4x}{(x^2+1)^3}\left(2\cot x-4\tan x-\dfrac{6x}{x^2+1}\right)$

(3) $f'(x)=(\ln x)^{\sin x}\left(\cos x\cdot\ln(\ln x)+\dfrac{\sin x}{x\ln x}\right)$

22. (1) $f'(x)=(\ln(x+2))^{(x^2+2x)}\left((2x+2)\ln(\ln(x+2))+\dfrac{x}{\ln(x+2)}\right)$

(2) $f'(x)=(1-3x^2)^{\sin^2x}\cdot 2\sin x\left(\cos x\ln(1-3x^2)-\dfrac{3x\sin x}{1-3x^2}\right)$

(3) $f'(x)=\dfrac{e^x\ln x}{\sqrt{x^2+1}(x+2)^4}\left(1+\dfrac{1}{x\ln x}-\dfrac{x}{x^2+1}-\dfrac{4}{x+2}\right)$

23. (1) $\dfrac{3}{4}$ (2) $-\dfrac{3}{2\ln 2}$ (3) 2 (4) $2\ln 3$

24. (1) $\frac{1}{e^3}$ (2) $\frac{3}{2}$ (3) 3 (4) -2

Section 2.4
쌍곡선함수의 미분법

01. (1) 0 (2) 1 (3) 0
(4) $\frac{4}{3}$ (5) $\frac{5}{4}$ (6) $\frac{12}{13}$

02. (1) $\ln(1+\sqrt{2})$ (2) 0 (3) $\ln\frac{\sqrt{15}}{3}$

03. (1) $-\sinh x$ (2) $\cosh x$ (3) $-\tanh x$

04. $\frac{x^2-1}{x^2+1}$

05. (1) $\sinh 2x = \sinh(x+x) = \sinh x\cosh x + \cosh x\sinh x = 2\sinh x\cosh x$
(2) $\cosh 2x = \cosh(x+x) = \cosh^2 x + \sinh^2 x$
(3) $\tanh 2x = \tanh(x+x) = \frac{\tan x + \tan x}{1+\tanh^2 x} = \frac{2\tanh x}{1+\tanh^2 x}$

06. (1) $f'(x) = 2\cosh 2x + 3\sinh 3x$
(2) $g'(x) = 5x^4\sinh x + x^5\cosh x - 3\operatorname{sech}^2 x$
(3) $h'(x) = \cosh^2 x + \sinh^2 x = \cosh 2x$
(4) $k'(x) = \coth x - (x+2)\operatorname{csch}^2 x$

07. (1) $e^x(\tanh x + \operatorname{sech}^2 x)$ (2) $-\operatorname{csch}^2\sqrt{1+x^2}\cdot\frac{x}{\sqrt{1+x^2}}$
(3) $\tanh x$ (4) $2\sinh(2x)e^{\cosh 2x}$

08. (1) $\frac{1}{2\sqrt{x}(1-x)}$ (2) $\frac{2(x-1)}{\sqrt{x^4-4x^3+4x^2+1}}$
(3) $-\frac{2}{x^3+2x}$ (4) $\frac{1}{1-x^2}$

09. (1) $y=5$ (2) $y=\left(\frac{e-e^{-1}}{2}\right)x+\frac{10}{e}-5$

10. $x=\ln(1+\sqrt{2})$

11. $(a+b)\cosh x+(a-b)\sinh x$

12. $\left(\frac{a+b}{2}\right)e^{x}+\left(\frac{a-b}{2}\right)e^{-x}$

Section 2.5
자연과학과 사회과학에서의 응용

01. (1) $v(t)=3(t-2)(t-6)$ (2) $v(3)=-9$ (m/s), $v(6)=0$
(3) $t=2$, $t=6$ (4) 32 (m)

02. (1) $\frac{(1+t)(1-t)}{(1+t^2)^2}$
(2) $t=2$일 때 -0.12 (m/s), $t=3$일 때 -0.08 (m/s)
(3) $t=1$
(4) $\frac{1}{2}$ (m)

03. (1) $I(t)=3t^2-6t+5$(2) $I(2)=12-12+5=5$
(3) $I(1)=3-6+5=2$

04. (1) $\frac{1}{2}$ (2) 0 kg/m
(3) ρ는 $0\le x\le 1$에서 감소한다. 따라서 선밀도는 $x=0$에서 최고, $x=1$에서 최저가 된다.

05. (1) $P(t)=3^tP$ (2) $\frac{\Delta P}{\Delta t}=4P$ (3) $\left.\frac{dP}{dt}\right|_{t=2}=9\ln 3P\approx 9.887510P$

06. (1) $v=1.546875$ cm/s
(2) $\left.\frac{dv}{dr}\right|_{r=0.001}=-\frac{4000(0.001)}{2(0.016)4}$
(3) $r=0$일 때 속도가 가장 빠르다.
(4) 혈관의 중심에서 멀수록 혈액의 속도 변화가 커진다.

07. $\frac{dT}{dt}=\frac{10-2.1}{0.82}=9.63415$(켈빈/분)

08. (1) 반응속도는 $\frac{9k}{(3kt+1)^2}$ (2) 반응속도는 0이 된다.

09. (1) $C'(x) = \frac{6}{1,000}x^2 + \frac{6}{100}x + 3$

(2) $C'(100) = \frac{6}{1,000}100^2 + \frac{6}{100}100 + 3 = 69$(원/개)

(3) $C'(100) = 69$는 0.632(원/개) 정도의 차이가 난다.

10. (1) $C'(x) = \frac{1}{2} - \frac{10,000}{x^2}$

(2) $C(200) = 350$, $C'(200) = 0.25$

(3) $x = 100\sqrt{2}$

11. $r = 2$일 때 16π, $r = 4$일 때 64π

Section 3.1

최댓값과 최솟값

01. (1) $x = 0$과 $x = 2$에서 극솟값이면서 동시에 최솟값 $f(0) = f(2) = 0$,
$x = 1$에서 극댓값 $f(1) = 1$을 갖고 최댓값은 존재하지 않는다.

(2) $x = -1$에서 최댓값 3, $x = 0$과 $x = 2$에서 최솟값 $f(0) = f(2) = 0$,
$x = 0$에서 극솟값 $f(0) = 0$을 갖고 $x = 1$에서 극댓값 $f(1) = 1$을 갖는다.

(3) $x = 1$에서 최댓값이자 극댓값 $f(1) = 1$을 갖는다. $x = 0$에서 최솟값 $f(0) = 0$을 가지며 극솟값은 존재하지 않는다.

(4) 최댓값은 존재하지 않고 최솟값은 $x = 0$에서 $f(0) = 0$이다. 극댓값은 존재하지 않으며 극솟값은 $x = 0$에서 $f(0) = 0$이다.

02. $x = 2n\pi + \pi$에서 극댓값이자 최댓값인 5를 갖는다.
$x = 2n\pi$에서 극솟값이자 최솟값인 1을 갖는다.

03. (1) $x = 2$

(2) $x = 0$과 $x = 1$

(3) $x = 0$과 $x = -2$

(4) $x = 2n\pi \pm \frac{\pi}{3}$, $x = (2n+1)\pi \pm \frac{\pi}{3}$

04. (1) $x = 1$, $x = \frac{3}{2}$, $x = -\frac{2}{3}$

(2) $x = 0$, $x = 1$, $x = 2$

(3) $x = 0$과 $x = -2$

(4) $x = n\pi$

05. (1) $f(-7)=1511$, $f\left(\frac{1}{4}\right)=-\frac{213}{16}$

(2) 큰 값은 3456으로 최댓값, 가장 작은 값은 -81로 최솟값

(3) 가장 큰 값은 $-\frac{12-2\sqrt{43}}{7}$, 가장 작은 값은 $-\frac{12+2\sqrt{43}}{7}$

(4) e^5로 최댓값, e^{-27}로 최솟값

06. (1) 가장 큰 값은 $\frac{3\sqrt{3}+5\pi}{6}$, 가장 작은 값은 $-\frac{3\sqrt{3}+5\pi}{6}$

(2) 가장 큰 값은 ln91, 가장 작은 값은 $\ln\left(\frac{133-20\sqrt{10}}{27}\right)$

07. $c=\frac{-1+\sqrt{7}}{3}$

08. $f(x)=15x-e^{-3x}$로 두면 $f(0)=-1$이고 $f(1)=15-e^{-3}\approx 14.95021$이다. $f(x)$는 다항함수와 지수함수의 차이므로 연속이고 따라서 중간값 정리에 의해 $f(c)=0$인 c가 $(0, 1)$ 사이에 존재한다.

09. (1) $c=\frac{-2-\sqrt{13}}{3}$과 $c=\frac{-2+\sqrt{13}}{3}$ (2) $c=-1-\frac{3}{4}\ln 2+\frac{1}{4}\ln(e^8-1)$

10. $\left|\frac{\cos(2b)-\cos(2a)}{b-a}\right|=|-2\sin(2c)|\le 2$

11. (1) $f(x)=\tan^{-1}x+\tan^{-1}\frac{1}{x}$로 두면

$$f'(x)=\frac{1}{1+x^2}+\frac{1}{1+\frac{1}{x^2}}\cdot\left(-\frac{1}{x^2}\right)=\frac{1}{1+x^2}-\frac{1}{1+x^2}=0\text{이므로}$$

$\tan^{-1}x+\tan^{-1}\frac{1}{x}=\frac{\pi}{2}$이다.

(2) $f(x)=\sin^{-1}\left(\frac{x-1}{x+1}\right)-2\tan^{-1}\sqrt{x}$로 두면

$$f'(x)=\frac{x+1}{\sqrt{4x}}\cdot\left(\frac{2}{(x+1)^2}\right)-\frac{1}{\sqrt{x}(1+x)}=0\text{이므로}$$

$\sin^{-1}\left(\frac{x-1}{x+1}\right)-2\tan^{-1}\sqrt{x}=-\frac{\pi}{2}$이다.

12. $f(x)=x\sin x$는 $\left[0, \frac{\pi}{2}\right]$에서 연속이고 $\left(0, \frac{\pi}{2}\right)$에서 미분 가능하다.

$g'(x)=-\sin x \neq 0$이므로 코시의 평균값 정리에 의해 $\dfrac{f\left(\frac{\pi}{2}\right)-f(0)}{g\left(\frac{\pi}{2}\right)-g(0)}=\dfrac{f'(c)}{g'(c)}$를 만족하는 $c\in\left(0, \frac{\pi}{2}\right)$가 존재한다.

13. $\dfrac{f(x)}{x}$는 $[a, b]$에서 연속이고 (a, b)에서 미분 가능하다. $\dfrac{1}{x}$의 도함수는 모든 $x\in(a, b)$에 대해 $-\dfrac{1}{x^2}\neq 0$이므로 코시의 평균값 정리에 의해

$\dfrac{\frac{f(b)}{b}-\frac{f(a)}{a}}{\frac{1}{b}-\frac{1}{a}}=\dfrac{\frac{f'(c)c-f(c)}{c^2}}{-\frac{1}{c^2}}$를 만족하는 $c\in(a, b)$가 존재한다. 그러므로

$\dfrac{af(b)-bf(a)}{a-b}=\dfrac{bf(a)-af(b)}{b-a}=-(f'(c)c-f(c))\ =f(c)-cf'(c)$를 만족하는 $c\in(a, b)$가 존재한다.

Section 3.2
함수의 그래프와 도함수 사이의 관계

01. (1) $f(x)$는 구간 $\left(-\frac{3}{2}, 1\right)$과 $(4, \infty)$에서 증가하고 구간 $\left(-\infty, -\frac{3}{2}\right)$과 $(1, 4)$에서 감소한다.

(2) 극댓값은 $f(1)=\frac{5}{3}$, 극솟값은 $f\left(-\frac{3}{2}\right)=-\frac{655}{32}$와 $f(4)=-\frac{103}{3}$이다.

02. (1) 아래로 오목인 구간은 $\left(-\infty, -\frac{1}{\sqrt{3}}\right)$과 $\left(\frac{1}{\sqrt{3}}, \infty\right)$이고 위로 오목인 구간은 $\left(-\frac{1}{\sqrt{3}}, \frac{1}{\sqrt{3}}\right)$이며 변곡점은 $\left(-\frac{1}{\sqrt{3}}, f\left(-\frac{1}{\sqrt{3}}\right)\right)$과 $\left(\frac{1}{\sqrt{3}}, f\left(\frac{1}{\sqrt{3}}\right)\right)$이다.

(2) 아래로 오목인 구간은 $\left(-\infty, -\frac{1}{3}\right)$이고 위로 오목인 구간은 $\left(-\frac{1}{3}, 0\right)$과 $(0, \infty)$이며 변곡점은 $\left(-\frac{1}{3}, f\left(-\frac{1}{3}\right)\right)$이다.

(3) 아래로 오목인 구간은 $\left(0, \frac{2\pi}{3}\right)$와 $\left(\frac{4\pi}{3}, 2\pi\right)$이고 위로 오목인 구간은 $\left(\frac{2\pi}{3}, \frac{4\pi}{3}\right)$, 변곡점은 $\left(\frac{2\pi}{3}, f\left(\frac{2\pi}{3}\right)\right)$와 $\left(\frac{4\pi}{3}, f\left(\frac{4\pi}{3}\right)\right)$이다.

03. (1) 극솟값은 $f(0)=-2$과 $f(3)=\frac{5}{2}$이고 극댓값은 $f(2)=\frac{10}{3}$이다.

(2) $f(-2)=-4$이고 극솟값은 $f(0)=0$이다.

(3) 극댓값 $f((2n+1)\pi)=5$, $x=2n\pi$에서 극솟값 $f(2n\pi)=1$을 갖는다.

(4) $x=0$에서 극솟값 $f(0)=0$, $x=-2$에서 극댓값 $f(-2)=4^{e^{-2}}=\frac{4}{e^2}$를 갖는다.

04. ① 정의역. $(-\infty, -1)\cup(-1, 1)\cup(1, \infty)$

② x와 y의 절편은 둘다 0이다.

③ $f(-x)=f(x)$이므로, $y=f(x)$는 우함수(y축 대칭)이다.

④ $\lim_{x\to\pm\infty}\frac{x^2}{x^2-1}=1$이므로 $y=1$은 수평점근선이다.

⑤ $\lim_{x\to1^+}\frac{x^2}{x^2-1}=\infty$, $\lim_{x\to1^-}\frac{x^2}{x^2-1}=-\infty$

$\lim_{x\to-1^+}\frac{x^2}{x^2-1}=-\infty$, $\lim_{x\to-1^-}\frac{x^2}{x^2-1}=\infty$이므로 $x=\pm1$은 수직점근선이다.

⑥ $f'(x)=-\frac{2x}{(x^2-1)^2}$이므로 $x<0$일 때 증가하고, $x>0$일 때 감소한다.

⑦ $f''(x)=-\frac{6x^2+2}{(x^2-1)^3}$이므로 $f''(x)<0 \Leftrightarrow |x|<1$이다. 따라서 $(-\infty, -1)$과 $(1-\infty)$에서 위로 오목, $(-1, 1)$에서 아래로 오목하다.

⑧ 그래프는

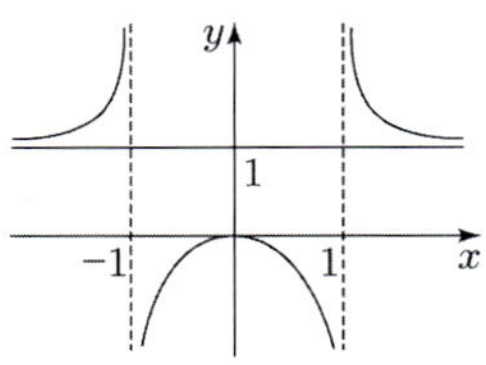

05. A-1. $f(x)$의 정의역은 $\{x : x^2>0\}=\{x : x\neq0\}=(-\infty, 0)\cup(0, \infty)$이다.

A-2. y절편은 없으며 x절편은 $x\ln(x^2)=0$에서 -1, 1이다. (0은 정의역에 포함되지 않는다.)

A-3. $f(-x)=-x\ln((-x)^2)=-x\ln(x^2)=-f(x)$이므로 $f(x)$는 기함수이고 그래프는 원점대칭이다.

A-4. 점근선은 없다.

B-1. $f'(x)=\ln(x^2)+x\dfrac{2x}{x^2}=\ln(x^2)+2$이므로 $f(x)$의 임계점은 $\ln(x^2)=-2$, 즉, $x=\pm\dfrac{1}{e}$이다.

B-2. $x<-\dfrac{1}{e}$ 또는 $x>\dfrac{1}{e}$이면 $f'(x)>0$이므로 $f(x)$는 증가하며 $-\dfrac{1}{e}<x<0$ 또는 $0<x<\dfrac{1}{e}$에서 $f'(x)<0$이므로 $f(x)$는 감소한다.

B-3. $f'\left(-\dfrac{1}{e}\right)=0$이고 f'이 양에서 음으로 변하므로 $\left(-\dfrac{1}{e}, \dfrac{2}{e}\right)$는 극대점이다. $f'\left(\dfrac{1}{e}\right)=0$이고 f'이 음에서 양으로 변하므로 $\left(\dfrac{1}{e}, -\dfrac{2}{e}\right)$은 극소점이다.

C-1. $f''(x)=\dfrac{2}{x}$이므로 정의역에서 $f''(x)=0$인 x는 존재하지 않는다.

C-2. $x<0$이면 $f''(x)<0$이므로 $f(x)$는 아래로 오목이며 $x>0$이면 $f''(x)>0$이므로 $f(x)$는 위로 오목이다. $x=0$에서 $f''(x)$의 부호가 바뀌나 $x=0$은 정의역에 포함되지 않으므로 변곡점은 없다.

이 모든 정보를 이용하여 그래프를 그리면 다음과 같다.

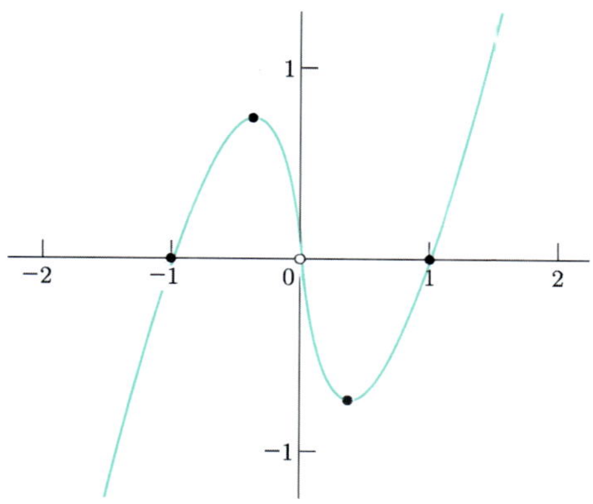

Section 3.3
부정형과 로피탈의 법칙

01. (1) 6 (2) $-\dfrac{10}{3}$ (3) $\dfrac{5}{2}$ (4) $-\dfrac{1}{7}$

02. (1) $\frac{40}{3}$ (2) $\frac{1}{12}$ (3) 2 (4) 2

(5) 3 (6) -2

03. (1) 1 (2) 1 (3) $\frac{a}{b}$ (4) $\frac{a}{b}$

04. (1) $\frac{3}{7}$ (2) 1 (3) 1 (4) $\frac{4}{\pi}$

05. (1) 0 (2) $\frac{1}{3}$ (3) $\frac{1}{2}$ (4) $\frac{1}{9}$

06. (1) ∞ (2) 1 (3) $-\infty$ (4) 0

07. (1) e^6 (2) e^3 (3) 1 (4) 1

(5) e (6) e^9

08. (1) 0 (2) $\frac{1}{3}$ (3) $e^{-\frac{1}{6}}$ (4) 1

Section 3.4
최적화 문제

01. 두 양수는 $10\sqrt{10}$과 $10\sqrt{10}$

02. 가로의 길이는 250(cm), 세로의 길이도 250(cm)

03. 정사각형

04. 가로의 길이는 $x = \frac{50}{13}$, 세로의 길이는 $y = \frac{5}{2}$

05. 가로의 길이는 $x = 20\sqrt{2}$(cm), 세로의 길이는 $y = 10\sqrt{2}$(cm)

06. 부피가 최대가 되는 높이 h는 $\frac{14-\sqrt{61}}{3} \approx 2.0633$(cm)이다.

07. 최대 부피는 $96\sqrt{3}\pi(\text{cm}^3)$

08. 최대 넓이는 $2\frac{r}{\sqrt{2}}\frac{r}{\sqrt{2}} = r^2$

09. 가장 가까운 점은 $\left(\frac{9}{8}, -\frac{\sqrt{247}}{8}\right)$과 $\left(\frac{9}{8}, \frac{\sqrt{247}}{8}\right)$

10. 최대 넓이는 24이다.

11. 최대일 때는 $x=25$, 최소일 때는 $x=\dfrac{25}{1+\sqrt{3}\,\pi}$

12. 빛이 이동시간을 최소화하는 경로로 이동한다는 페르마의 법칙을 적용하면

$\dfrac{\sin\theta_1}{v_1}=\dfrac{\sin\theta_2}{v_2}$, 즉 $\dfrac{\sin\theta_1}{\sin\theta_2}=\dfrac{v_1}{v_2}$이 성립한다.

13. $L\approx 8\sec(0.8226)+10\csc(0.8226)=25.4033(\mathrm{m})$

14. 선분 AB 위의 점 P의 위치는 길이가 2인 선분과 AB와 만나는 점과의 거리가

$\dfrac{-12+\sqrt{854}}{5}$

Section 3.5
선형근사와 역도함수

01. $L(x)=2+\dfrac{1}{4}(x-1)=\dfrac{1}{4}x+\dfrac{7}{4}$

02. $L(x)=0+1(x-0)=x$

03. $L(\theta)=0-1\left(\theta-\dfrac{\pi}{2}\right)=-\theta+\dfrac{\pi}{2}$

04. (1) $L(x)=1-6(x-0)=-6x+1$

(2) $L(x)=\sqrt{2}+\dfrac{\sqrt{2}}{2}(x-1)=\dfrac{\sqrt{2}}{2}x+\dfrac{\sqrt{2}}{2}$

(3) $L(x)=0+(x-1)=x-1$

(4) $L(x)=1+(x-0)=x+1$

05. (1) 일차 근사식은 $16+32(x-2)=32x-48$이다.

(2) 일차 근사식은 $1-3(x-1)=-3x+4$이다.

(3) 일차 근사식은 $1+(x-0)=x+1$이다.

(4) 일차 근사식은 $1+2\left(x-\dfrac{\pi}{4}\right)=2x+1-\dfrac{\pi}{2}$이다.

06. (1) $dy=\left(\dfrac{4}{4+1}\right)\cdot 0.1=0.08$　　(2) $dy=\left(\dfrac{4}{4+1}\right)\cdot 0.01=0.008$

07. (1) $V\approx 2\pi hr\Delta r$　　(2) 근사식의 오차는

8. (1) $x_1=\frac{1}{2},\ x_2=\frac{9}{11},\ x_3=\frac{629}{649}$

(2) $x_1=-1,\ x_2=\frac{-\cos(-1)-\sin(-1)+1}{\cos(-1)-2}$

9. $x_1=\frac{3-\frac{\pi}{2}}{3}$

$x_2=\frac{x_1^2+x_1-\tan^{-1}x_1(x_1^2+1)+1}{x_1^2+2}$

$x_3=\frac{x_2^2+x_2-\tan^{-1}x_2(x_2^2+1)+1}{x_2^2+2}$

10. (1) $\frac{1}{6}x^6-\frac{3}{5}x^5+2x^4-x^2+5x+C$　(2) $4\sqrt[4]{x^5}+\frac{21}{8}\sqrt[3]{x^8}+C$

(3) $-\frac{2}{3x^6}-\frac{5}{3x^3}+5x+C$　(4) $\frac{1}{2}x^2-\frac{3}{2\sqrt[3]{x^2}}+C$

11. (1) $f(x)=2x-\cos x+2$　(2) $f(x)=-\sin x+\cos x+2x$

(3) $f(x)=4\sin^{-1}x+1-\frac{2\pi}{3}$　(4) $f(x)=e^x-2\cos x-e^{\pi}$

12. $s(t)=-\ln t+2t-1$

Section 4.1
부정적분의 성질

01. (1) $\frac{3}{5}x^5-\frac{1}{2}x^2+\frac{1}{2}x+C$　(2) $\frac{3}{2}x^{2/3}+C$

(3) $x^3-\frac{5}{x}+C$　(4) $\frac{1}{2\pi}x^2+\pi\ln|x|+C$

(5) $\ln|x|-\frac{1}{x}+C$　(6) $\frac{4}{3}x^3+2x^2+x+C$

(7) $\frac{1}{4}x^4-2x^3+6x^2-8x+C$　(8) $\frac{1}{5}x^5-\frac{1}{3}x^3+C$

02. (1) $\frac{1}{2}x^2-3x+3\ln|x|+C$　(2) $\frac{1}{3}x^3+\frac{3}{x}+C$

(3) $\frac{1}{3}x^3-\frac{3}{2}x^2+9x+C$　(4) $x^2+\frac{2}{3}x^{\frac{3}{2}}+\frac{1}{x}+C$

03. (1) $\sin x + \tan x + C$ (2) $e^x - \ln|x| + C$

(3) $\frac{1}{\ln 125}125^x + C$ (4) $\frac{1}{\ln 27}27^x - \frac{1}{\ln 3}3^x + C$

04. (1) $-\frac{1}{2x^2} + \cos^{-1}x + C$ (2) $\ln|x| + \sec^{-1}x + C$

(3) $\tanh^{-1}x + \sin^{-1}x + C$ (4) $\tan^{-1}x + \sinh^{-1}x + C$

05. (1) $-\cos x + \cosh x + C$ (2) $\sinh x + x + C$

Section 4.2
치환적분법

01. (1) $\frac{1}{101}(x-1)^{101} + C$ (2) $-\frac{1}{24}(2-3x)^8 + C$

(3) $-\frac{1}{\pi(\pi x - 1)} + C$ (4) $\frac{1}{3}\ln|3x-5| + C$

(5) $\frac{2}{\pi+1}\left(\frac{1}{2}x + \frac{1}{3}\right)^{\pi+1} + C$ (6) $\frac{5}{24}(7x+2)^{\frac{6}{5}} + C$

02. (1) $-\frac{7}{2}\cos\frac{2}{7}x + C$ (2) $\frac{3}{11}\sin\frac{11}{3}x + C$

(3) $-\frac{1}{0.14}\cos 0.14x + C$ (4) $\frac{1}{1.315}\sin 1.315x + C$

(5) $-\frac{\sqrt{5}}{\pi}\cos\frac{\pi}{\sqrt{5}}x + C$ (6) $\frac{\pi^2}{5!}\sin\frac{5!}{\pi^2}x + C$

(7) $-\sqrt{5}\tan\left(\sqrt{5} - \frac{1}{\sqrt{5}}x\right) + C$ (8) $-\sqrt{2}\cosh\left(3 - \frac{1}{\sqrt{2}}x\right) + C$

(9) $\frac{1}{2}\operatorname{sech}(1-2x) + C$ (10) $-\frac{1}{3}\coth 3x + C$

03. (1) $\frac{1}{12}(x^2+4)^6 + C$ (2) $\frac{1}{15}t^5 + C = \frac{1}{15}(x^3-2)^5 + C$

(3) $\frac{1}{7}(x^2-3)^{\frac{7}{2}} + C$ (4) $-\frac{1}{4}(4-x^3)^{\frac{4}{3}} + C$

(5) $\frac{1}{3}\sin(x^3+3x) + C$ (6) $\frac{1}{2}e^{(x+1)^2} + C$

(7) $\frac{1}{5}(\cosh x + 2)^5 + C$ (8) $-\frac{1}{8}(3-2\tanh x)^4 + C$

04. (1) $\frac{1}{13}(x-1)^{13}+\frac{1}{6}(x-1)^{12}+\frac{1}{11}(x-1)^{11}+C$

(2) $\frac{1}{4}\left(\frac{1}{6}t^6+\frac{3}{5}t^5\right)+C=\frac{1}{4}\left(\frac{1}{6}(2x-3)^6+\frac{3}{5}(2x-3)^5\right)+C$

(3) $\frac{1}{2}\left(\frac{1}{7}(x^2-1)^7+\frac{1}{6}(x^2-1)^6\right)+C$

(4) $3\left(\frac{1}{5}\left(\frac{1}{3}x^3-1\right)^5+\frac{1}{4}\left(\frac{1}{3}x^3-1\right)^4\right)+C$

(5) $\frac{1}{7}(\cos x+1)^7+\frac{1}{3}(\cos x+1)^6+C$

(6) $\frac{1}{7}(\sinh x-4)^7+\frac{4}{3}(\sinh x-4)^6+\frac{17}{5}(\sinh x-4)^5+C$

05. (1) $\frac{2}{9}t^{\frac{3}{2}}+C=\frac{2}{9}(x^3+3)^{\frac{3}{2}}+C$

(2) $\frac{1}{24}t^{\frac{3}{2}}+C=\frac{1}{24}(4x^4+3)^{\frac{3}{2}}+C$

(3) $\frac{2}{5}t^{\frac{5}{4}}+C=\frac{2}{5}(x^2+2x+1)^{\frac{5}{4}}+C$

(4) $-\frac{5}{36}t^{\frac{6}{5}}+C=-\frac{5}{36}(3-2x^3)^{\frac{6}{5}}+C$

(5) $-\frac{2}{5}t^{\frac{5}{2}}+C=-\frac{2}{5}(\cos x+2)^{\frac{5}{2}}+C$

(6) $\frac{1}{4}t^{\frac{4}{3}}+C=\frac{1}{4}(2+3\sinh x)^{\frac{4}{3}}+C$

06. (1) $\frac{1}{3}\ln|x^3-2|+C$

(2) $-\frac{1}{4}\ln|3-x^4|+C$

(3) $\frac{3}{8}\ln|4x^2+11|+C$

(4) $\frac{2}{5}\ln|1-x^5|+C$

(5) $\frac{1}{2}\ln|x^2-6x+10|+C$

(6) $\ln|t|+C=\ln|(x-\frac{1}{2})^2|+C$

(7) $-\frac{1}{3}\ln|3\cos x-2|+C$

(8) $-\frac{\pi}{5}\ln|2-5\sin x|+C$

(9) $\ln|e^x+3|+C$ (10) $\frac{1}{3}\ln|e^{3x}+3|+C$

07. (1) $\frac{2}{5}(x-1)^{\frac{5}{2}}+\frac{4}{3}(x-1)^{\frac{3}{2}}+2(x-1)^{\frac{1}{2}}+C$

(2) $\frac{1}{2}\left(\frac{2}{3}(x^2+1)^{\frac{3}{2}}-2(x^2+1)^{\frac{1}{2}}\right)+C$

(3) $\sec x+C$

(4) $-\ln|\cos x|+C$

(5) $2\sqrt{2}\cos^{-1}\sqrt{2}x+C$

(6) $\frac{1}{3}\tan^{-1}3x+C$

08. (1) $2\sin\sqrt{x}+C$ (2) $-2e^{-\sqrt{x}}+C$

(3) $-\frac{1}{3}(\ln x)^{-3}+C$ (4) $-\frac{2}{\sqrt{x}+3}+C$

(5) $-\cosh\left(\frac{1}{x}+1\right)+C$ (6) $\frac{1}{2}(\sec^{-1}x)^2+C$

09. (1) $2\sqrt{x}+C$

(2) $2\sqrt{x+2}+C$

(3) $\frac{2}{3}t^{\frac{3}{2}}-4t^{\frac{1}{2}}+C=\frac{2}{3}(x+2)^{\frac{3}{2}}-4(x+2)^{\frac{1}{2}}+C$

(4) $2(t-2\ln|t|)+C=2(\sqrt{x}+2-2\ln|\sqrt{x}+2|)+C$

Section 4.3
부분적분법

01. (1) $=-xe^{-x}-e^{-x}+C$ (2) $-\frac{1}{2}x\cos 2x+\frac{1}{4}\sin 2x+C$

(3) $\frac{1}{2}x\cosh 2x-\frac{1}{4}\sinh 2x+C$ (4) $\frac{1}{4}(2x\sinh(2x)-\cosh(2x))+C$

02. (1) $-\frac{1}{2}x^2\cos 2x+\frac{1}{2}x\sin 2x+\frac{1}{4}\cos 2x+C$

(2) $(x^4-4x^3+12x^2-24x+24)e^x+C$

(3) $x-2(x\cosh x-\sinh x)+C$

(4) $\frac{1}{4}((2x^2+1)\cosh(2x)-2x\sinh(2x))$

03. (1) $\int x^2 \ln x\, dx = \frac{1}{3}x^3 \ln x - \frac{1}{3}\int x^2\, dx = \frac{1}{3}x^3 \ln x - \frac{1}{9}x^3 + C$

(2) $\left(2x - \frac{3}{2}x^2\right)\ln x - 2x + \frac{3}{4}x^2 + C$

(3) $-\frac{\ln x}{x} - \frac{1}{x} + C$

(4) $-\frac{1}{9}x^3 + \frac{1}{3}x(x^2+3)\ln x - x + C = -\frac{x^3}{9} + \frac{1}{3}x^3 \ln x - x + x\ln x + C$

04. (1) $x\sin^{-1}x + \sqrt{1-x^2} + C$

(2) $x\cot^{-1}x + \frac{1}{2}\ln|1+x^2| + C$

(3) $x\ln(2+x) - x + 2\ln|2+x| + C$

(4) $\frac{1}{2}\ln(x^2+1) + x\tan^{-1}\left(\frac{1}{x}\right) + C$

05. (1) $\frac{1}{2}(-\sin x\, e^{-x} - \cos x\, e^{-x}) + C$

(2) $\frac{9}{10}\left(\frac{1}{3}\sin x\, e^{3x} - \frac{1}{9}\cos x\, e^{3x}\right) + C$

(3) $\frac{1}{2}(\sin x \cosh x - \cos x \sinh x) + C$

(4) $\frac{1}{2}(\cos x \sinh x + \sin x \cosh x) + C$

06. (1) $\frac{1}{2}(-x^2\cos x^2 + \sin x^2) + C$

(2) $\frac{1}{6}(\cos(3x+1)\sin(3x+1) + 3x + 1) + C$

(3) $\frac{1}{x}\cos\frac{1}{x} - \sin\frac{1}{x} + C$

(4) $\frac{1}{4}(2x - \sin(2x+6) + 6) + C$

Section 4.4
삼각함수의 적분

01. (1) $\frac{1}{2}\sin^2 x + C$

(2) $\frac{1}{7}\sin^7 x - \frac{1}{9}\sin^9 x + C$

(3) $-\frac{1}{5}\cos^5 x + \frac{2}{7}\cos^7 x - \frac{1}{9}\cos^9 x + C$

(4) $\frac{1}{3}\sin^3 x - \frac{2}{5}\sin^5 x + \frac{1}{7}\sin^7 x + C$

(5) $\frac{1}{8}\sin^8 x + C$

(6) $-\frac{1}{10}\cos^{10} x + C$

(7) $-\cos x + \frac{2}{3}\cos^3 x - \frac{1}{5}\cos^5 x + C$

(8) $\sin x - \frac{1}{3}\sin^3 x + C$

02. (1) $\frac{1}{2}(x - \sin x) + C$

(2) $\frac{1}{2}\left(x - \frac{1}{4}\sin 4x\right) + C$

(3) $\frac{3}{8}x + \sin\frac{x}{2} + \frac{1}{8}\sin x + C$

(4) $\frac{1}{8}x - \frac{1}{16}\sin 2x + C$

(5) $\frac{1}{16}x + \frac{1}{16}\sin 2x - \frac{1}{64}\sin 4x - \frac{1}{16}\left(\sin 2x - \frac{1}{3}\sin^3 2x\right) + C$

(6) $\frac{1}{16}x - \frac{1}{8}\sin x - \frac{1}{32}\sin 2x + \frac{1}{8}\left(\sin x - \frac{1}{3}\sin^3 x\right) + C$

03. (1) $-\frac{1}{5}\sin\frac{5}{2}x + \frac{1}{3}\sin\frac{3}{2}x + C$

(2) $\frac{1}{2}\left(-\frac{3}{10}\cos\frac{10}{3}x + \frac{3}{8}\cos\frac{8}{3}x\right) + C$

(3) $\frac{1}{2}\left(-\frac{6}{5}\cos\frac{5}{6}x - 6\cos\frac{1}{6}x\right) + C$

(4) $\frac{1}{2}\left(\frac{4}{5}\sin\frac{5}{4}x + \frac{4}{3}\sin\frac{3}{4}x\right) + C$

04. (1) $\frac{1}{4}\tan^4 x + C$

(2) $\frac{1}{3}\csc^3 x - \frac{1}{5}\csc^5 x + C$

(3) $\frac{1}{9}\tan^9 x + \frac{1}{11}\tan^{11} x + C$

(4) $-\frac{1}{5}\cot^5 x + C$

(5) $\frac{1}{7}\sec^7 x - \frac{2}{5}\sec^5 x + \frac{1}{3}\sec^3 x + C$

(6) $-\frac{1}{5}\cot^5 x - \frac{1}{7}\cot^7 x + C$

05. (1) $\frac{1}{3}\tan^3 x - \tan x + x + C$

(2) $\frac{1}{4}\tan^4 x - \frac{1}{2}\tan^2 x - \ln|\cos x| + C$

(3) $-\frac{1}{3}\cot^3 x + \cot x + x + C$

(4) $-\frac{1}{4}\cot^4 x + \frac{1}{2}\cot^2 x + \ln|\sin x| + C$

06. (1) $\frac{1}{2}x^2\sin^{-1}x + \frac{1}{4}(x\sqrt{1-x^2} - \sin^{-1}x) + C$

(2) $\frac{1}{2}x^2\cos^{-1}x - \frac{1}{4}(x\sqrt{1-x^2} - \sin^{-1}x) + C$

(3) $\frac{1}{3}x^3\tan^{-1}x - \frac{1}{3}\left(\frac{x^2}{2} - \frac{1}{2}\ln|1+x^2|\right) + C$

(4) $\frac{1}{4}x^4\cot^{-1}x + \frac{1}{4}\left(\frac{1}{3}x^3 - x + \tan^{-1}x\right) + C$

07. (1) $\int \sin^n x\,dx = \int \sin^{n-1}x\sin x\,dx$ 이므로 $u = \sin^{n-1}x$, $v' = \sin x$ 라 하면

$u' = (n-1)\sin^{n-2}x\cos x$, $v = -\cos x$ 이다.

(2) $\tan^n x = \tan^{n-2}x\tan^2 x = \tan^{n-2}x(\sec^2 x - 1)$ 이므로

$\int \tan^n x\,dx = \int \tan^{n-2}x\sec^2 x\,dx - \int \tan^{n-2}x\,dx$ 이다.

Section 4.5
유리함수의 적분

01. (1) $\frac{1}{4}x^4 + \frac{2}{x} + C$ (2) $\frac{2}{3}x\sqrt{x} - 2\sqrt{x} + 3\ln|x| + C$

(3) $x - 4\ln|x+4| + C$ (4) $\frac{1}{2}x^2 + 3x + 9\ln|x-3| + C$

(5) $\frac{1}{2}x^2 + x + 3\ln|x+2| + C$ (6) $-\frac{1}{3}x^3 - x^2 - 4x - 10\ln|x-2| + C$

(7) $\frac{1}{3}x^3+x-\tan^{-1}x+C$ (8) $-\frac{1}{2}x^2-x+3\tan^{-1}x+C$

02. (1) $\frac{1}{10}(-\ln|x|+\ln|x-10|)+C$

(2) $\frac{\sqrt{2}}{2}(\ln|x|-\ln|x+\sqrt{2}|)+C$

(3) $\frac{1}{7}(-\ln|x+3|+\ln|x-4|)+C$

(4) $3(-\ln|x-3|+\ln|x-6|)+C$

(5) $\frac{1}{3}(2\ln|x|+\ln|x+3|)+C$

(6) $\frac{1}{2}(-3\ln|x|+\ln|x-2|)+C$

(7) $\frac{1}{3}(4\ln|x-\frac{1}{2}|-\ln|x+1|)+C$

(8) $-\frac{5}{2}\ln|x-\frac{1}{2}|+2\ln|x-\frac{1}{3}|+C$

03. (1) $\int\frac{1}{x^2+11x}dx=\frac{1}{11}\int\left(\frac{1}{x}-\frac{1}{x+11}\right)dx=\frac{1}{11}(\ln|x|-\ln|x+11|)+C$

(2) $\int\frac{x-1}{x^2-5x}dx=\frac{1}{5}\int\left(\frac{1}{x}+\frac{4}{x-5}\right)dx=\frac{1}{5}(\ln|x|+4\ln|x-5|)+C$

(3) $\frac{1}{2}(-3\ln|x-2|+5\ln|x-4|)+C$

(4) $\frac{1}{12}(29\ln|x-10|+7\ln|x+2|)+C$

(5) $\frac{1}{2}\left(\ln|x-\frac{1}{2}|-\ln|x+\frac{3}{2}|\right)+C$

(6) $\frac{1}{2}\left(\frac{1}{3}\ln\left|x-\frac{1}{3}\right|+\ln|x-1|\right)+C$

04. (1) $\frac{1}{2}\left(\ln|x+2|+\frac{1}{2}|x^2+2|\right)+C$

(2) $\ln|x|+\frac{3}{2}\ln|x^2+1|-2\tan^{-1}x+C$

(3) $\ln|x|+\ln|x^4+2x+1|+C$

(4) $\frac{1}{2}\ln|x^2+3|+\ln|x^2+4|+C$

05. (1) $\ln|x|-3\ln|x+1|+2\ln|x-1|+C$

(2) $-\frac{1}{5}\ln|x|+\frac{1}{x}+\frac{6}{5}\ln|x-5|+C$

(3) $\ln|x-2| - \dfrac{2}{x-2} + 2\ln|x+2| + C$

(4) $-\dfrac{1}{12}\ln|x+3| + \dfrac{1}{2(x+3)} + \dfrac{1}{12}\ln|x-3| + C$

(5) $\dfrac{1}{2}\ln|x^2+1| + \tan^{-1}x + \ln|x-2| - \ln|x+2| + C$

(6) $2\ln|x| - \dfrac{1}{x} - 2\ln|x-1| - \dfrac{1}{x-1} + C$

Section 4.6
무리함수의 적분

01. (1) $\dfrac{2}{9}(3x+2)\sqrt{3x+2} + C$

(2) $-\dfrac{5}{36}(3-2x^3)\sqrt[5]{3-2x^3} + C$

(3) $-2\sqrt{5-x} + C$

(4) $\dfrac{1}{2}\sqrt{x^4-1} + C$

(5) $\dfrac{4}{3}(3-x)\sqrt{3-x} - 12\sqrt{3-x} + C$

(6) $\dfrac{2}{5}(x-1)^2\sqrt{x-1} + \dfrac{4}{3}(x-1)\sqrt{x-1} + 4\sqrt{x-1} + C$

(7) $-\dfrac{1}{(\sqrt{x}+3)^2} + C$

(8) $-\dfrac{4}{\sqrt[4]{x}+2} + C$

02. (1) $\tan^{-1}x + C$

(2) $2\sin^{-1}\dfrac{x}{2} + \dfrac{x}{2}\sqrt{4-x^2} + C$

(3) $\dfrac{1}{2}\sin^{-1}x - \dfrac{1}{2}x\sqrt{1-x^2} + C$

(4) $\dfrac{1}{2}\tan^{-1}x + \dfrac{x}{2(x^2+1)} + C$

(5) $\dfrac{1}{2}\left(-\ln\left|1-\dfrac{x}{\sqrt{9+x^2}}\right| + \ln\left|1+\dfrac{x}{\sqrt{9+x^2}}\right|\right) + C$

(6) $\dfrac{1}{2}(\ln|\sqrt{1-x^2}-1| - \ln|\sqrt{1-x^2}+1|) + \sqrt{1-x^2} + C$

03. (1) $6\left(\frac{1}{3}\sqrt[6]{x^3}-\sqrt[6]{x}+\tan^{-1}\sqrt[6]{x}\right)+C$

(2) $15\left(\frac{1}{10}\sqrt[15]{x^{10}}+\frac{1}{8}\sqrt[15]{x^8}+\frac{1}{6}\sqrt[15]{x^6}+\frac{1}{4}\sqrt[15]{x^4}+\frac{1}{2}\sqrt[15]{x^2}+\frac{1}{2}\ln|\sqrt[15]{x^2}-1|\right)+C$

(3) $12\left(\sum_{i=0}^{8}\frac{(-1)^i}{i+1}\sqrt[12]{x^{i+1}}-\ln|\sqrt[12]{x}+1|\right)+C$

(4) $24\left(\sum_{i=0}^{19}\frac{1}{i+1}\sqrt[24]{x^{i+1}}+\ln|\sqrt[24]{x}-1|\right)+C$

(5) $3\left(\frac{1}{3}\sqrt[6]{(2x-1)^3}-\frac{1}{2}\sqrt[6]{(2x-1)^2}+\sqrt[6]{2x-1}-\ln|\sqrt[6]{2x-1}+1|\right)+C$

(6) $\frac{4}{3}\left(\frac{1}{2}\sqrt[4]{(3x+2)^2}-\sqrt[4]{3x+2}+\ln|\sqrt[4]{3x+2}+1|\right)+C$

Section 5.1
넓이와 정적분

01. (1) $\int_1^3 x^2\,dx$ (2) $\int_0^3 \frac{x}{1+x}\,dx$

02. (1) 28 (2) 0 (3) $\frac{16}{3}$

03. (1) 모든 구간에서 연속이므로 적분 가능

(2) 유계가 아니므로 적분 불가능

(3) 유계가 아니므로 적분 불가능

(4) $x=0$ 에서 불연속이므로 적분 불가능

04. (1) $-1\le x\le 1$에서 $0\le x^2\le 1,\ 1\le x^2+1\le 2,\ 1\le\sqrt{x^2-1}\le\sqrt{2}$ 이므로

$$2=\int_{-1}^{1}1\,dx\le\int_{-1}^{1}\sqrt{1+x^2}\,dx\le\int_{-1}^{1}\sqrt{2}\,dx=2\sqrt{2}$$

(2) $\frac{\pi}{4}\le x\le\frac{\pi}{3}$에서 $1\le\tan x\le\sqrt{3}$, $\int_{\frac{\pi}{4}}^{\frac{\pi}{3}}dx\le\int_{\frac{\pi}{4}}^{\frac{\pi}{3}}\tan x\,dx\le\int_{\frac{\pi}{4}}^{\frac{\pi}{3}}\sqrt{3}\,dx$이므로

$$\left(\frac{\pi}{3}-\frac{\pi}{4}\right)=\frac{\pi}{12}\le\int_{\frac{\pi}{4}}^{\frac{\pi}{3}}\tan x\,dx\le\left(\frac{\pi}{3}-\frac{\pi}{4}\right)\sqrt{3}=\frac{\sqrt{3}}{12}\pi$$

05. $R=\frac{1}{4}(b^2-a^2)(b^2+a^2)=\frac{1}{4}(b^4-a^4)$

06. $R=4$ (feet)

Section 5.2
정적분의 계산

01. (1) $\frac{65}{4}$ (2) $\frac{31}{160}$ (3) $\frac{81}{10}$ (4) $\frac{16}{3}$

(5) $\frac{844}{5}$ (6) $\frac{179}{2}$ (7) $\frac{1}{11}(2^{11}-1)$ (8) 0

(9) 0 (10) $\frac{3}{2}-\sec 1$ (11) $\frac{1}{9}\pi^2+2\sqrt{3}$ (12) $\frac{2}{3}$

(13) $\pi(\sin 3-\sin 1)$ (14) 0

(15) $\frac{2}{3}(\sqrt{10}-\sqrt{8})$ (16) $\frac{5}{63}(6^{21}-5^{21})$

02. (1) 9 (2) 2

03. (1) 9 (2) 43

04. (1) 5 (2) 5 (3) -15 (4) 7

05. (1) $3x+2$ (2) $\sqrt{5+x^3}$

(3) $-x\tan x$ (4) $\{\sin^2 x+\cos(\sin x)\}$

(5) $3x^2\sqrt{1+x^{12}}-\sqrt{1+x^4}$

06. (1) 5 (2) $2-\frac{\sqrt{2}}{2}$ (3) $-\frac{11}{6}$

07. (1) (i) 움직인 거리 $=8$ (ii) 위치 $=0$

(2) (i) 움직인 거리 $=3$ (ii) 위치 $=\frac{2}{3}$

(3) (i) 움직인 거리 $=\frac{29}{2}$ (ii) 위치 $=\frac{29}{2}$

(4) (i) 움직인 거리 $=2$ (ii) 위치 $=0$

08. (1) (i) 평균값 $=\frac{4}{3}$ (ii) c 값 $=\frac{2}{\sqrt{3}}$

(2) (i) 평균값 $=\frac{15}{4}$ (ii) c 값 $=\sqrt[3]{\frac{15}{4}}$

(3) (i) 평균값 $=\frac{4}{3}$ (ii) c 값 $=\frac{16}{9}$

(4) (i) 평균값 $=0$ (ii) c 값 $=0$

09. (1) $v_{av} = \dfrac{1}{t_1 - t_0}\displaystyle\int_{t_0}^{t_1} v(t)\,dt = \dfrac{1}{t_1 - t_0}\left[s(t)\right]_{t_0}^{t_1} = \dfrac{s(t_1) - s(t_0)}{t_1 - t_0}$

(2) $v_{av} = 80$

10. (1) 1 (2) 1

11. $P_{av} = 1{,}404\pi\ (\mathrm{lb/ft^3})$

12. $f_{av} = \dfrac{1}{b-a}\displaystyle\int_a^b f(x)\,dx$ 이고 $F(x) = \displaystyle\int f(x)\,dx$ 라 놓으면

$$\int_a^b [f(x) - f_{av}]\,dx = \int_a^b f(x)\,dx - \int_a^b f_{av}\,dx$$
$$= F(b) - F(a) - (F(b) - F(a)) = 0$$

Section 5.3
우함수, 기함수의 정적분

01. (1) 0 (2) 0 (3) $\cos\dfrac{\pi}{8} + \sin\dfrac{\pi}{8}$

(4) 8 (5) $\dfrac{1}{2}$ (6) 2π

02. $f(x)$가 우함수일 때 $\displaystyle\int_{-b}^{-a} f(x)dx = \int_a^b f(x)dx$ 이다. $f(x)$가 기함수이면

$\displaystyle\int_{-b}^{-a} f(x)dx + \int_a^b f(x)dx = 0$ 이다.

03. $\displaystyle\int_1^{1+\pi} |\sin x|\,dx = 2$

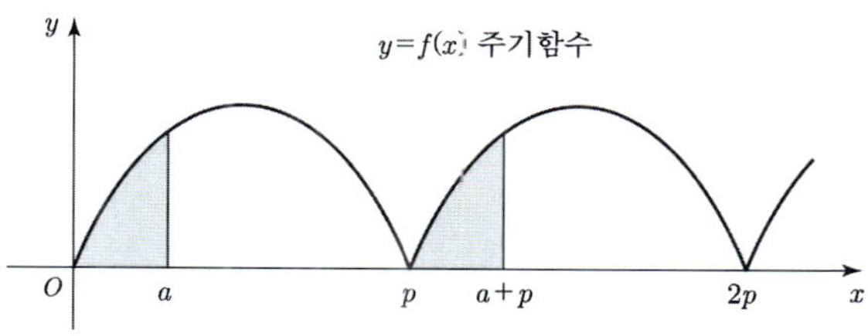

〈주기가 p인 함수의 그래프〉

Section 5.4
이상적분

01. (1) 1 (2) $\dfrac{1}{2e^{16}}$ (3) ∞ 발산한다. (4) $-\ln\left(\dfrac{3}{5}\right)$

(5) $\dfrac{1}{\ln 2}$ (6) $\dfrac{3\pi}{8}$ (7) 발산한다. (8) $\dfrac{\pi}{2}$

(9) $\dfrac{1}{2}$ (10) 6 (11) ∞ 발산한다. (12) 2

02. $2\ln 5$

03. ∞

04. $\dfrac{2\pi NI}{kr}\left[1-\sin\left(\tan^{-1}\dfrac{a}{r}\right)\right]$

05. $\begin{cases} \infty, & p > 1 \\ \dfrac{1}{1-p}, & p < 1 \end{cases}$

Section 6.1
평면도형의 넓이

01. (1) $\dfrac{34}{3}$ (2) $\dfrac{2}{3}(7\sqrt{7}-3\sqrt{3})$ (3) $\dfrac{7}{15}$ (4) $\dfrac{125}{24}$

02. $c=\sqrt[3]{16}$

03. $\dfrac{\sqrt{3}}{2}$

Section 6.2
입체도형의 부피

01. 9

02. $\dfrac{128}{3}$

03. 입체도형의 부피 V는

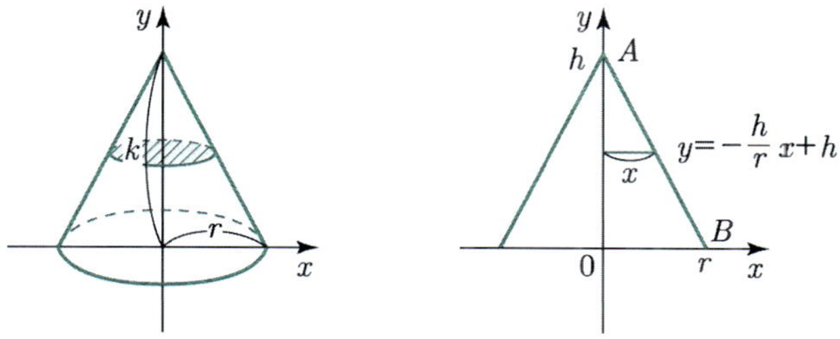

$$V = \int_0^h \frac{\pi r^2}{h^2}(h-y)^2\,dy = \frac{\pi r^2}{h^2}\left[h^2 y - h y^2 + \frac{1}{3}y^3\right]_0^h$$

$$= \frac{\pi r^2}{h^2}\left(h^3 - h^3 + \frac{1}{3}h^3\right) = \frac{1}{3}\pi r^2 h$$

04. $\frac{1024}{5}\pi$

05. $\frac{32}{5}\pi$

06. 24π

07. $\frac{256}{15}\pi$

08. $\frac{\pi}{4}(3\pi - 8)$

09. x축 회전 $\frac{256}{15}\pi$

y축 회전 8π

10. $\frac{1}{2}\pi^2$

11. (1) $V = \pi\int_a^b (f(x)-g(x))^2\,dx$

(2) $V = 2\pi\int_a^b x(f(x)-g(x))\,dx$

(3) $V = 2\pi\int_a^b (x-a)y\,dx = 2\pi\int_a^b (x-a)(f(x)-g(x))\,dx$

(4) $V = 2\pi\int_a^b (b-x)y\,dx = 2\pi\int_a^b (b-x)(f(x)-g(x))\,dx$

12. $\frac{49}{30}\pi$

13. $4\pi\int_{-a}^{a}(b-x)\sqrt{a^2-x^2}\,dx$

Section 6.3
평면곡선의 길이와 회전체의 겉넓이

01. 12

02. 1

03. $2\left(e-\frac{1}{e}\right)$

04. 8π

05. $\left(\frac{5\sqrt{5}-1}{6}\right)\pi$

06. 50π

Section 6.4
기타 분야에서의 응용

01. $\frac{5}{19}$

02. (1) 도심의 좌표는 $\left(0,\ \frac{8}{5}\right)$이다.

(2) 도심의 좌표는 $\left(\frac{8}{5},\ \frac{16}{7}\right)$이다.

03. (1) $W=F\cdot d=30\times 7=210$ (피트-파운드)

(2) $W=\int_1^6 \frac{1}{x^2}dx=\frac{5}{6}$

04. (1) 표면 위에 작용하는 힘은 $F=2808$ (lb)이다.

(2) 표면 위에 작용하는 힘 $F=3600$ (lb)이다.

05. (1) 유체의 힘은 $F = \int_0^2 62.4(x)4\,dx$

(2) 유체의 힘은 $F = \int_0^2 62.4(x+1)4\,dx$

(3) 유체의 힘은 $F = \int_0^{2\sqrt{3}} 62.4(x)\left(4 - \frac{2\sqrt{3}}{3}x\right)dx$

(4) 유체의 힘은 $F = \int_0^8 62.4(x+2)\left(6 - \frac{3}{4}x\right)dx$

(5) 유체의 힘은 $F = \int_0^8 62.4(x+4)(-x+24)dx$

(6) 유체의 힘은 $F = \int_0^5 62.4(x)(2\sqrt{25-x^2})dx = 62.4\left[\frac{25}{2}\theta - \frac{25}{4}\sin 2\theta\right]_0^{\frac{\pi}{2}} = 390\pi$

06. 유체 힘 $F = \int_0^{\frac{h}{2}} \rho h(x)w(x)dx = \int_0^{\frac{h}{2}} (50)x(4)dx = 25h^2$ lb 이다.

07. $C(Y) = 0.1\,Y + 20$ 이다.

Index

찾아보기

※ 본 연구는 한성대학교 학술연구비 지원과제임

대학수학 I

지은이 민경진
펴낸이 조경희
펴낸곳 경문사
펴낸날 2023년 3월 2일 1판 1쇄
등 록 1979년 11월 9일 제1979-000023호
주 소 04057, 서울특별시 마포구 와우산로 174
전 화 (02)332-2004 팩스 (02)336-5193
이메일 kyungmoon@kyungmoon.com

값 33,000원

ISBN 979-11-6073-599-4